U0275915

博物大百科

刘长江　编著

华龄出版社
HUALING PRESS

责任编辑：李梦娇
责任印制：李未圻

图书在版编目（CIP）数据

博物大百科 / 刘长江编著 . -- 北京 : 华龄出版社，2020.3

ISBN 978-7-5169-1656-8

Ⅰ . ①博⋯ Ⅱ . ①刘⋯ Ⅲ . ①自然科学－儿童读物 Ⅳ . ① N49

中国版本图书馆 CIP 数据核字（2021）第 115809 号

书　　名：博物大百科
作　　者：刘长江　编著

出版发行：华龄出版社
地　　址：北京市东城区安定门外大街甲 57 号　**邮　　编**：100011
电　　话：010-58122246　**传　　真**：010-84049572
网　　址：http://www.hualingpress.com

印　　刷：三河市双升印务有限公司
版　　次：2021 年 7 月第 1 版　2021 年 7 月第 1 次印刷
开　　本：889mm × 1194mm　1/8　**印　　张**：75
字　　数：180 千字
定　　价：460.00 元

孕育生命的星球

古生物化石、矿石与矿物

菌类植物

目录

动物世界

植物世界

昆虫世界

自然奇观

历史古迹

交通工具

编前的话

在地球跨越几十亿年的演化进程中，每一个物种都是独一无二的存在。从显微镜才能分辨的微生物、菌类，到畅游大海的庞然大物蓝鲸；从覆盖地表的绿油油的苔藓，到几乎撑满一角天空的高大的松柏。它们都是地球上丰富物种的普通一族，与我们人类生于同源，落于同地，共同构成这个生机勃勃的世界。

《博物大百科》，从地球的诞生与演化进程入手，立足于博大广阔的自然、物质世界，循着历史的轨迹铺展开来。我们力求把视角延伸到世界的每一个角落，从远古的古生物化石，世界各地稀有的动植物标本、矿藏宝石；到今天依然生存繁衍在陆地、海洋、天空中的各种各类的生物、物种，大自然鬼斧神工造就的自然奇观、巧夺天工的历史古迹，五彩斑斓、生机盎然的植物、动物世界，细致展示，逐一阐述。几千幅栩栩如生的实物、实景图片，构成一个真实、鲜活的博物世界，无不呈现着从地球诞生到人类现代文明的整个进化史。

通过《博物大百科》一书，我们力图为读者打开一个神奇的世界。我们传播“博物”知识，并不仅仅是为了培养博物学家，更重要的是希望通过这部书，提升读者对自然的热爱，引导沉迷现实的人们重新回归自然母亲的怀抱。

你能意识到同你生活在同一片天空下的物种有多少吗？当你看到那些已经灭绝、陈列在博物馆里风干的物种，如今还能安静地躺在展馆的某个角落，你是不是能怀着宽厚的心情，善待我们这个美丽家园里的万物生灵。“敬畏生命”是《博物大百科》的精髓，由热爱自然到敬畏生命，这是境界的升华，是心灵的一次朝圣之旅。

孕育生命的星球

地球是人类的家园，万物生灵的栖息地；它漂浮在宇宙，从一个点开始，犹如一粒尘埃，汇聚成巨大的星体。千百年来，人类对地球的探索从未止步。地球母亲神秘的面纱被一点点地掀开，那些隐秘的世界角落，面目逐渐变得清晰（xī）起来。

地球的起源

群星璀璨的茫茫宇宙之中，有一个孕育了原始生命的蓝色星体，它就是地球。地球是太阳系大家族八大行星之一，按照离太阳远近的次序排为第三颗。地球是一颗生态星球，比宇宙中其他行星更加神秘未知。千百年来，人类从未停止过对地球的探索。

太空俯瞰

在古代，人们没有办法自己离开居住的地球，无法直观而完整地看到地球的外形。随着现代科技的迅猛发展，人类已经可以把人造地球卫星或载人的宇宙飞船发射到几百千米甚至更高的太空中。宇航员可以从太空中看到自己的“家”，并且通过飞船上的相机，拍下最珍贵的镜头——地球的全身相。蔚蓝星球，从太空视角看地球，会给人以更深的触动。浩瀚宇宙，蔚蓝星球，这就是我们所有人的家园。地球是一个两极稍扁、赤道略鼓的球体。地球被一层浓厚的大气包围着，表面有美丽的山川、森林、海洋、岛屿、大陆。

宇宙大爆炸

1922 年苏联科学家弗里德曼首先提出了宇宙大爆炸的假说，1927 年比利时天文学家勒梅特提出了类似的膨胀宇宙说。“爆炸说”主要是指 150 亿至 180 亿年前，宇宙所有的物质高度集中在一点，某一天突然爆炸，空间开始持续膨胀，形成了当前的宇宙。而在大爆炸形成地球后，在地球上又出现了新的进化。

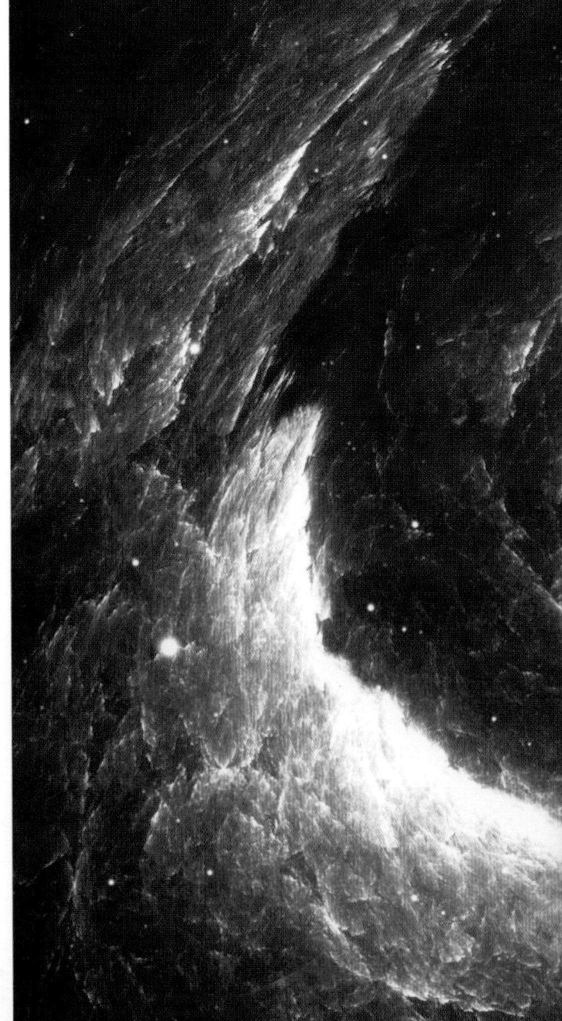

地球的诞生

浩瀚宇宙，星河灿烂，从太空望去，地球是那么熟悉、亲切，就如同我们的家：淡蓝色的海洋，白雪覆盖的灰白山脉，斑驳的绿色大地，大家对于地球都非常的好奇，那么地球是如何诞生的？

盘古开天辟地

盘古开天地的神话故事源于《山海经》。很久以前，天和地还没有分开，宇宙混沌一片。有一个叫盘古的巨人，在这混沌之中沉睡了一万八千年。有一天，盘古突然醒来。他见周围一片黑暗，就抡起大斧头，朝眼前的黑暗猛劈过去。一声巨响，混沌（dùn）一片的东西分开了。轻而清的东西缓缓上升，变成了天；重而浊的东西慢慢下降，变成了地。

起源于原始太阳星云

大约 46 亿年前，太阳随宇宙一起爆发了，尘埃和气体在太阳周围旋转着。在引力的作用下，尘埃开始聚集成团，形成了大大小小的众多小行星。其中，有一个小星球与太阳保持着最佳的距离，适宜万物生长，它就是原始的地球，它是由尘埃粒子和岩石组成的。

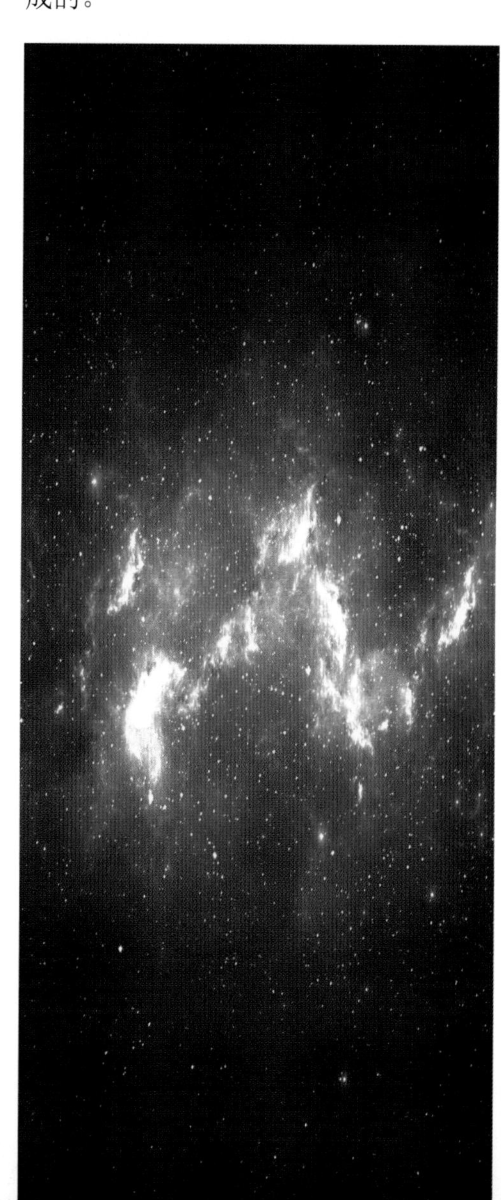

地球的年龄

每过一年，我们都要长大一岁，相对于人类，地球的年龄要以亿年来计算。从诞（dàn）生开始，地球的年龄至少有 46 亿年了。

沧海桑田的巨变

地球的演化经历了五个时期：太古代、远古代、古生代、中生代、新生代。太古代：地球刚形成，没有陆地，一片汪洋；远古代：出现陆地的雏形，晚期亚欧板块开始分离，海洋中出现单细胞的浮游生物；古生代：亚欧大陆七大板块基本形成，藻类、低等无脊椎动物产生，出现少量植物；中生代：动植物大量产生和繁殖，天气形成，出现恐龙，随后灭绝；新生代：自然天气形成规律化，人类主宰地球。

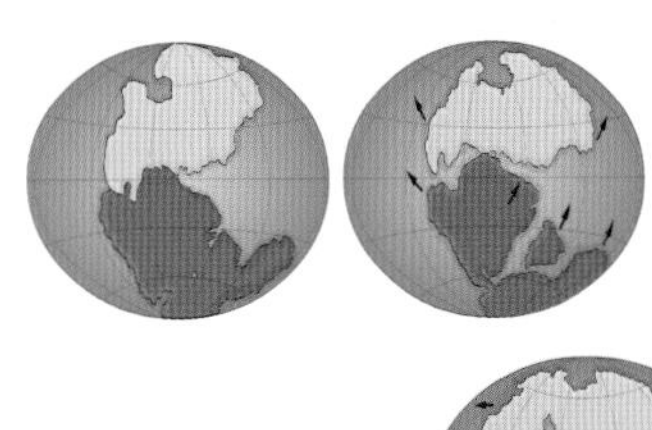

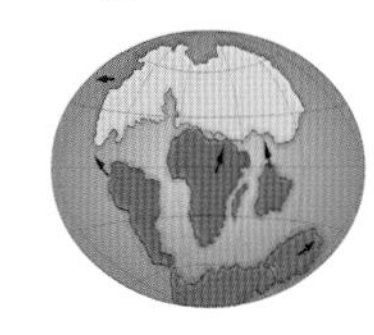

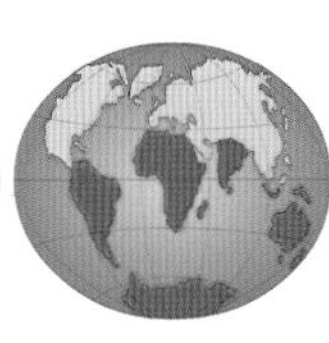

地球历史分为两大阶段

地理角度看 46 亿年地球起源与演化史，人类历史数千年仅是眨眼瞬间。从地球成为一个独立的行星体起到人类历史有文字记载开始之前，地球历史中有相当漫长的岩层记录时期。由于目前已经发现地球上最老的地层同位素年龄值约 46 亿年左右。因此，学术界一般以 46 亿年为界限，将地球历史分为两大阶段，46 亿年以前阶段称为“天文时期”，46 亿年以后阶段称为“地质时期”。地质时期是地史学研究的主要时期。

同位素地质测定法

20 世纪初期，人们发现地壳中普遍存在微量的放射性元素，它们的原子核中能自动放出某些粒子而变成其他元素，这种现象被称作放射性衰变。在天然条件下，放射性元素衰变的速度不受外界物理化学条件的影响而始终保持稳定。人们又用同样的方法推算了各类陨石以及“阿波罗”宇航员从月球上取回的月岩的年龄。结果，它们的年龄都是 45 亿年至 46 亿年。这说明太阳系中这些天体是同时形成的，同时也说明同位素地质测定法测定的地球年龄是准确的。

化石刻写历史

46 亿年里，地球上还繁衍（yǎn）了各种各样的生命，其中的大多数都已经灭绝了，但它们的遗留物有一部分在岩层中保留了下来，形成了化石。地质学家正是通过对岩层和化石的研究，更加深入地了解地球历史。其中在不同时期、世界各地发现的恐龙化石，对研究地球的演化进程尤其重要。

恐龙时代

距今 2.5 亿年—6500 万年前，中生代侏罗纪时期，地球气候温暖潮湿，植被繁茂，地球上的生物经历了约 5000 多万年的进化，衍生出一大片形态各异的恐龙和其他生物。同时期的海洋里也游着稀奇古怪的鱼龙类和蛇颈龙类，小的几米、大的十几米不等，天空飞舞的翼龙也形态各异。这时期由恐龙主宰地球，时间达到上亿年。6500 万年前，地球遭受小行星碰撞，导致恐龙灭绝，大量的蜥蜴和蛇类也灭绝消失。

地球的运动

地球处在太阳系中，以太阳为中心的太阳系又处于银河系中，银河系本身又在自转，地球在做自转和公转的同时，还在绕着银河系中心旋转。银河系在总星系中又是运动的，所以作为银河系里的一部分，地球在自转、公转、绕银河系转动的同时还要随着银河系一起运动。

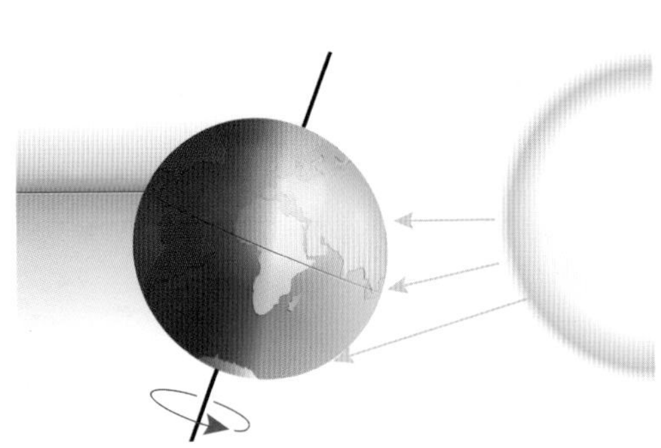

地球自转

地球绕地轴的旋转运动，叫做地球的自转。地轴的空间位置基本上是稳定的，自转一周为一天。地球自转的方向是自西向东，从北极上空看，呈逆时针方向旋转。天文学上把我们感受到的这1天的24小时称为太阳日。地球自转产生了昼夜更替。昼夜更替使地球表面的温度不至太高或太低，适合人类生存。天空中各种天体东升西落的现象都是地球自转的反映。

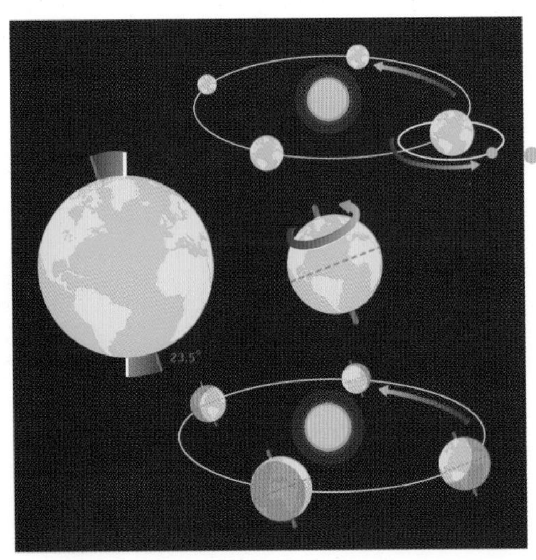

地球公转

地球绕太阳的运动，叫做公转。从北极上空看是逆时针绕日公转。地球公转的路线叫做公转轨道。它是近正圆的椭（tuǒ）圆轨（guǐ）道。太阳位于椭圆的两焦点之一。每年1月3日，地球运行到离太阳最近的位置，这个位置称为近日点；7月4日，地球运行到距离太阳最远的位置，这个位置称为远日点。地球公转的方向也是自西向东，公转一周的时间为一年。在近日点时公转速度较快，在远日点时较慢。

宜居的内部环境

地球与太阳的距离适中，使地球表面的平均气温为 15 摄氏度。地球的体积和质量适中，其引力可以使大量气体聚集在地球周围，形成包围地球的大气层。地球内部放射性元素的衰变和物质的运动等，形成了原始大洋，从而产生了孕育生命的摇篮。

稳定的外部环境

地球的质量、体积、平均密度和公转、自转运动有自己的特点，但并不特殊，地球贵在是一颗适于生物生存和繁衍的行星。这与地球所处的宇宙环境以及地球本身的条件有密切的关系。外部条件：太阳没有明显的变化，地球所处的光照条件一直比较稳定；地球附近的行星际空间，大小行星绕日公转方向一致，且绕日公转轨道面几乎在同一个平面上。大小行星各行其道，互不干扰，使地球处于比较安全的宇宙环境之中。

永不停息的地球

在我们人类的眼中，没有什么可以比脚下的大地更加坚固，也没有什么能比陆地上的高山和广袤的大海更加永恒；可事实上，我们脚下的地球是一个非常活跃好动的天体。

涌动的岩浆之海

我们的地球表面覆盖了一层薄薄的岩石地壳（qiào），地球的核心是一个主要由铁元素为主而构成的地核的中心，在地球的地壳与地核之间存在的是一个温度极高的地幔区域，高温熔融的岩浆海就在这其中缓缓地流动着。

缓慢进行的板块运动

我们脚下的地壳也是由一些巨大的陆地与海洋的板块所构成的；地幔的运动不断推动着这颗星球的表面上地壳的板块结构，时刻进行着这种地壳上的各种运动，有时还会表现为地震爆发和火山喷发等能量的释放，从而被地表上的人们与所有自然界中的生物所感知到。只是大部分变化是缓慢进行的，人们的眼睛是发现不了的。

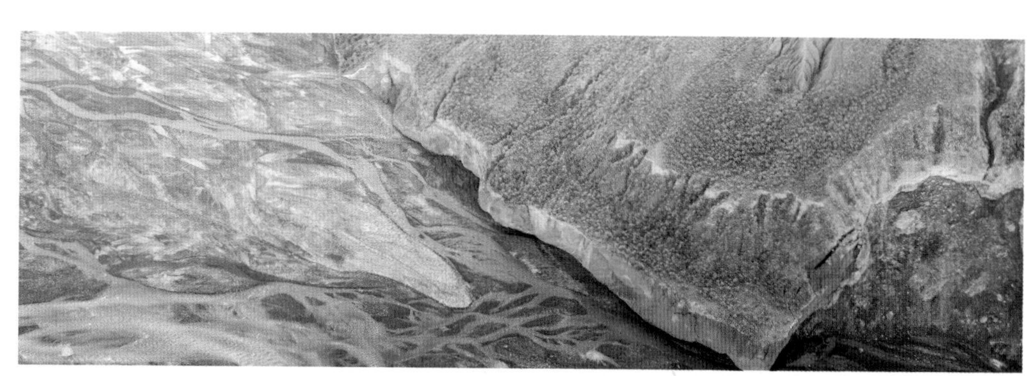

山呼海啸

地壳表面构造的大陆板块与海洋板块之间，相互碰撞的地带上或者新的海底地壳诞生的地方，经常会有剧烈的火山喷发与岩浆涌出地表的活动。大地不断遭受侵蚀——流水、冰雪、空气渐渐地侵蚀着地表面。有时平静的大地会突然发生地震，地面爆裂、骤变；火山喷发，灼热的熔岩倾泻到地面上。

山川巨变

地球诞生以来永不停息的变动，经过千百万年的变迁，山脉也有兴衰，海洋吞噬了陆地，复又吐出，造出了新土地，冰川冲刷大地，开凿出溪谷，演变成了今天这个盛满生命的美丽母亲的摇篮。

三次大冰期

“大冰期”是地球上极为寒冷的时期，气温很低。极地和高纬度区广布冰盖，中、低纬地区也分布有很多大陆冰川和山岳冰川，冰川地质作用十分强烈。在遥远的冰河世纪，冰川从极地几乎延伸至赤道，整个地球覆盖上冰冻的皮肤。

三次大冰期

大冰期、冰期、间冰期，都是依据气候划分的地质时间单位。在地球历史上，地质时期总共经历了三次大冰期，分别是距今6亿年前元古代末期的震旦纪大冰期，距今2.5亿年前的石炭二叠纪大冰期和距今200万年前开始的第四纪大冰期。大冰期之间大约间隔2至3亿年时间，这一时期相对温暖，称为“大间冰期”。

动物灭绝之谜

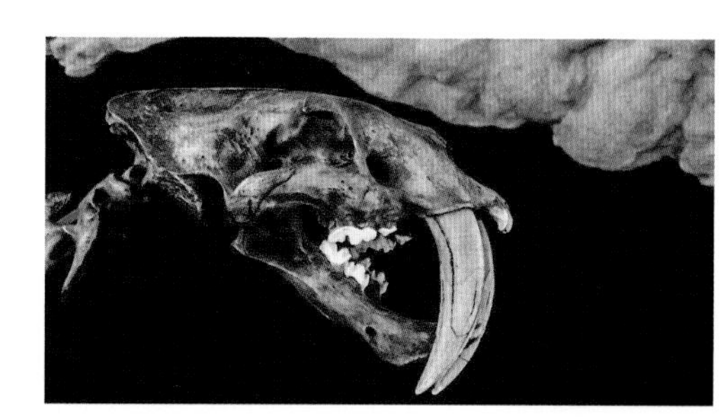

科学家们对于冰河时代物种灭绝之谜的探索从未停止，对于灭绝之谜，目前有两个理论，其中的一个理论是将动物的灭绝归结于气候的变化。在上个冰河世纪的末期发生了严重的气候变化，全球的气温急剧（jù）变冷，这也意味着很多的动物无法找到合适的栖息地。

灭绝与新生

冰河期与一切反面动力是一样的，它促进了旧物种的灭绝，新物种的产生与进化。冰河期来临，世界气候整体变干、变冷，大量的水被以冰雪的形式固定，海平面下降，陆地面积扩大，森林面积缩小，这些灾难是人类发展不可缺少的自然因素。冰河期过后，万物再度繁荣，人口增加，人类社会得到新的发展。

天文因素

科学家们认为，天文因素可能是大冰期周期性出现的原因之一。太阳系在银河系中的运行，银河系空间物质的疏密不同，太阳系经过星际物质的稠密地段时，太阳光热辐射的传导受阻，地球接受日光能较少，因而出现冰冷的周期。也有学者认为，太阳运行到距银河系中心最近时，亮度也会变小，使行星变冷。太阳绕银河一周的公转周期大约是3亿年左右，太阳绕银河公转一周，行星会变冷一次。由于地球表面多水，在这一周期到来时便会产生一次大冰期。

磁性的地球

海龟、鲸鱼等在汪洋大海中迁徙几千千米还能精确定位，信鸽从遥远的地方飞回而不迷失方向，这些生物是怎么做到的呢？科学家们发现，上述生物能通过感知地球所产生的磁场来辨别方向。人类也利用能感知地球磁场的物质发明指南针来辨别方向。那么，地球磁场究竟是什么物质？地球的磁场是如何产生的？它的作用又是什么呢？

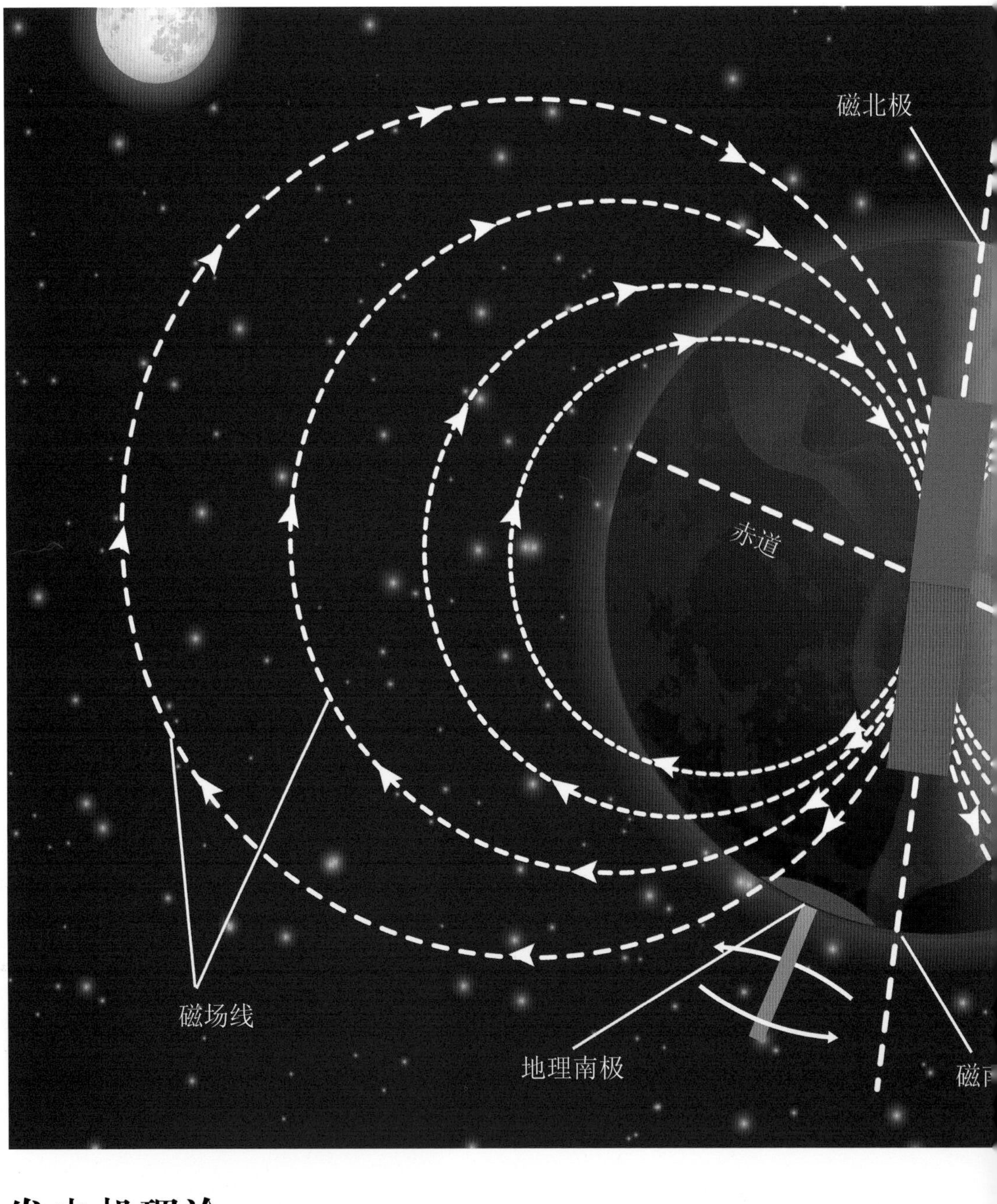

地球——巨大的“磁铁”

我们都知道磁铁“同性相斥、异性相吸”的特征，这靠的是磁性物质的磁场。同理可以把地球看作一个更加庞大且具有磁场的物质，人类就生活在这样一块“磁铁”之上，其所产生的地磁场就像一张无形的网一样环绕着地球。

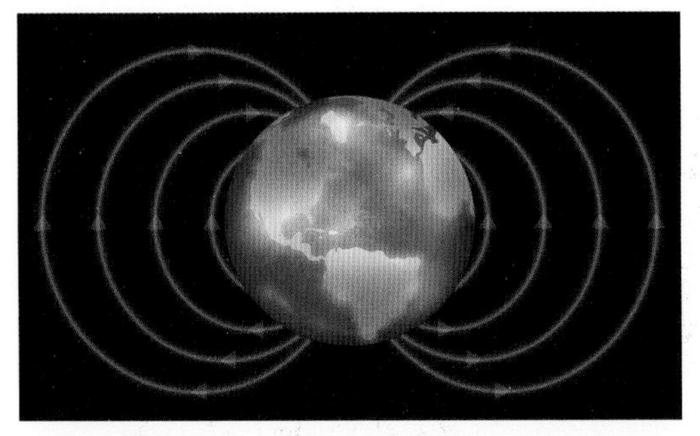

磁北极

赤道

磁场线

地理南极

磁南

发电机理论

20 世纪 40 年代发展起来的“发电机理论”认为，地球内部液态的铁流体在最初的微弱磁场中运动，像磁流体发电机一样产生电流，电流的磁场又使原来的弱磁场增强，磁场增强到一定程度就稳定下来，形成了现在的地球磁场。目前地球的磁场向太空绵延数千千米，保护我们不受宇宙射线的侵袭（xí），也阻止了生物赖以生存的大气层不被太阳风等“吹跑”。

奥斯特与发电机

1820年，丹麦物理学家奥斯特偶然发现：当导体中通过电流时，它旁边的磁针发生了偏转，之后他又做了许多实验，终于证实了电流的周围存在磁场，在世界上第一个发现了电与磁之间的联系。英国物理学家法拉第经过10年的探索，在1831年取得突破，发现了利用磁场产生电流的条件和规律。法拉第的发现，进一步揭示了电现象和磁现象之间的联系。根据这个发现，后来发明了发电机，使人类大规模用电成为了可能，开辟了电气化的时代。

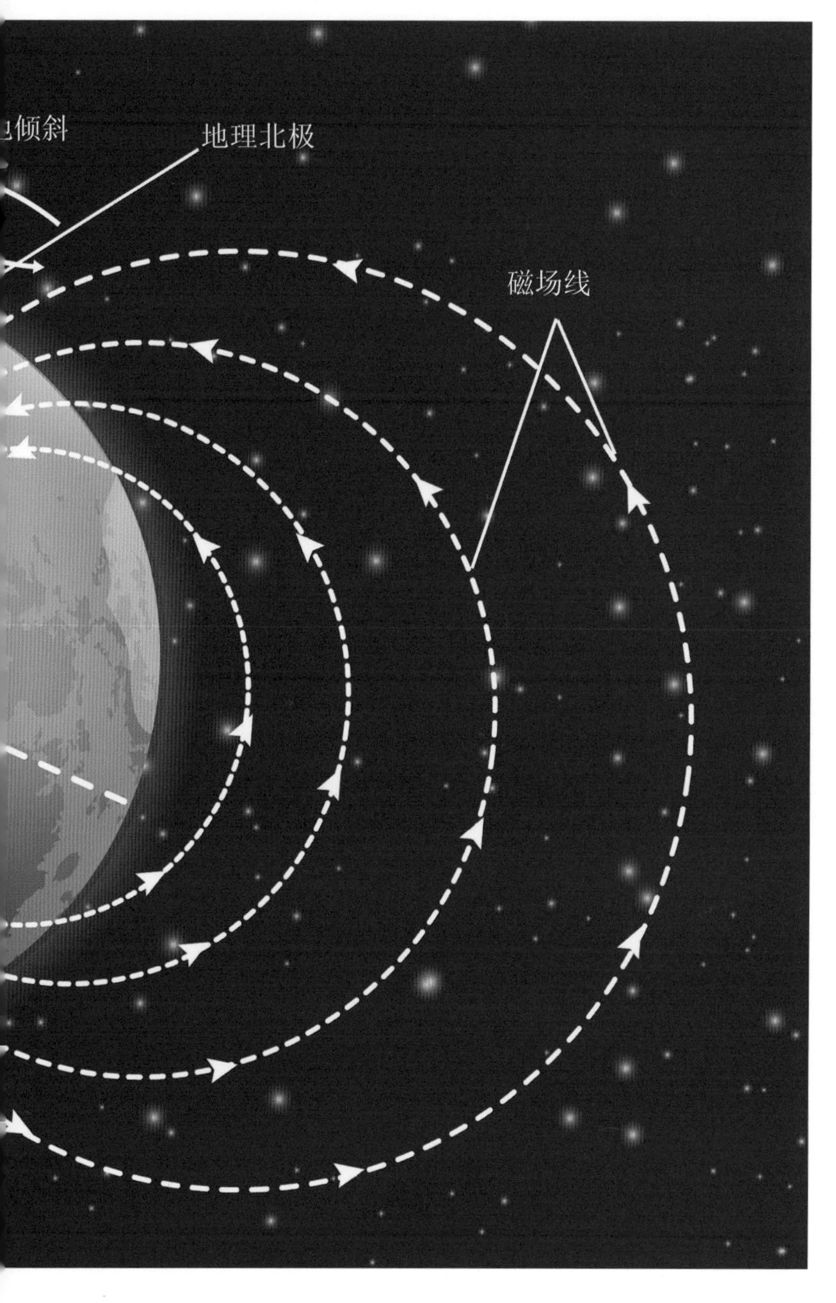

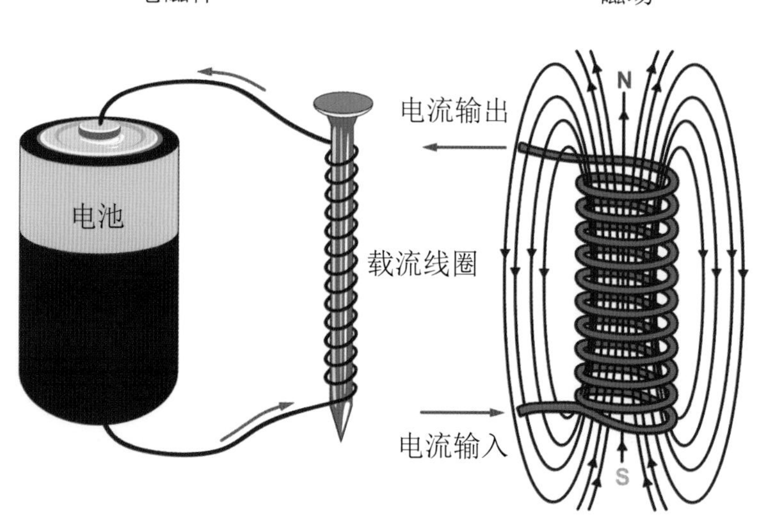

磁场传感器

磁场传感器是可以将各种磁场及其变化的量变成电信号输出的装置。自然界和人类社会生活的许多地方都存在磁场或与磁场有关的信息。利用人工设置的永久磁体产生的磁场可作为许多信息的载体。因此，探测、采集、存储、转换、复现和监控各种磁场和磁场中的各种信息的任务，自然就落在了磁场传感器身上。

磁场与人体

地球磁场是南北向的，南极和北极之间有一个大而弱的磁场，如果人体长期顺着地磁的南北方向，可使人体器官有序化，调整和增（zēng）进器官功能。所以，人睡觉最好南北方向，是有一定科学依据的。

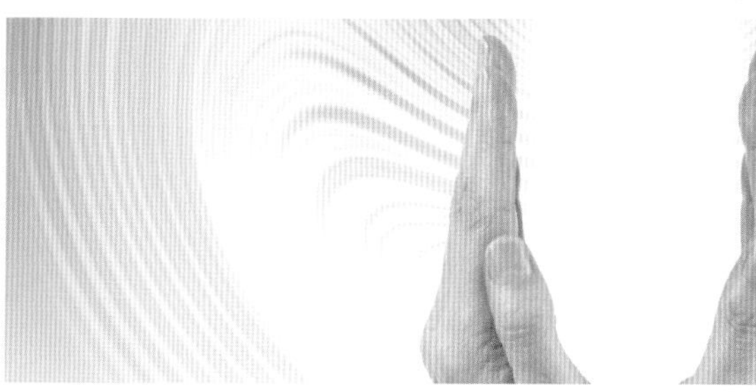

地球的“保护伞”

地球是一个由被称为大气层的气体层所包围着的，这就保护了它免受致命的辐射和流星的伤害。大气层也像毯子一样保持地球温度的稳定。

大气层

大气层又叫大气圈，地球就被这一层很厚的大气层包围着。大气层的主要成分有氮气、氧气、氩气。还有少量的二氧化碳、稀有气体和水蒸气。大气层的空气密度随高度而减小，越高空气越稀薄。大气层的厚度大约在1000千米以上，但没有明显的界限。整个大气层随高度不同表现出不同的特点，分为对流层、平流层、臭氧层、中间层、热层和散逸层，再上面就是星际空间了。

对流层

对流层位于大气的最低层，从地球表面开始向高空伸展，直至对流层顶，即平流层的起点为止。平均厚度约为12千米，是大气中最稠密的一层。大气中的水汽几乎都集中于此，是展示风云变幻的“大舞台”：刮风、下雨、降雪等天气现象都是发生在对流层内。对流层最显著的特点是有强烈的对流运动。

平流层

在对流层上面，直到高于海平面50千米这一层，气流主要表现为水平方向运动，对流现象减弱，这一大气层叫做“平流层”，又称“同温层”。这里基本上没有水汽，晴朗无云，很少发生天气变化，适于飞机航行。在20多千米高处，氧分子在紫外线作用下，形成臭氧层，像一道屏（píng）障保护着地球上的生物免受太阳紫外线及高能粒子的袭击。

中间层

又称中层。自平流层顶到85千米之间的大气层。该层内因臭氧含量低，同时，能被氮、氧等直接吸收的太阳短波辐射已经大部分被上层大气所吸收，所以温度垂直递减率很大，对流运动强盛。物质组成：氮气和氧气为主，几乎没有臭氧。该层的60～90千米高度上，有一个只有在白天出现的电离层，叫做D层。

电离层

电离层是地球大气的一个电离区域。60千米以上的整个地球大气层都处于部分电离或完全电离的状态，电离层是部分电离的大气区域，完全电离的大气区域称磁层。也有人把整个电离的大气称为电离层，这样就把磁层看作电离层的一部分。

大约距地球表面10～80千米。散逸层在暖层之上，由带电粒子组成。

热层

中间层以上，到离地球表面500千米，叫做“热层”。在这两层内，经常会出现许多有趣的天文现象，如极光、流星等。

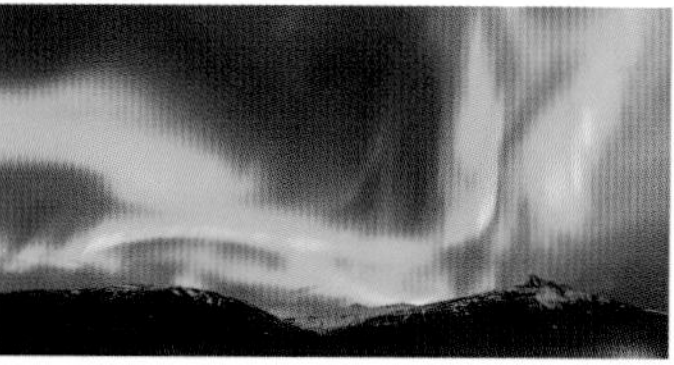

外层

外层，又名散逸层，热层顶以上是外大气层，延伸至距地球表面1000千米处。这里的温度很高，可达数千度；大气已极其稀薄，其密度为海平面处的一亿亿分之一。外大气层也叫磁力层，它是大气层的最外层，是大气层向星际空间过渡的区域，外面没有明显的边界。这里空气极其稀薄。

气候

由于地球上有水、陆分布的差异，地形高低的不同，地面植物状况也不一样，所以，世界上的气候是千变万化、形形色色的，影响气候形成的因素也是多种多样的，就是在同一个气候带中各地的气候也不会都是一样的。

五个气候带

气候带是根据气候要素的纬向分布特性而划分的带状气候区。世界上气候带的分布是非常有规律的，它们的排列与纬线平行，而且南北半球对称。五个气候带：即热带、南温带、北温带、南寒带、北寒带。

太阳光热决定气候

把世界气候划分为五个气候带，是最基本的划分方法。一个地方获得太阳光热的多少，对气候的形成具有决定性的影响，那就是，纬度越低，气温越高；纬度越高，气温越低。

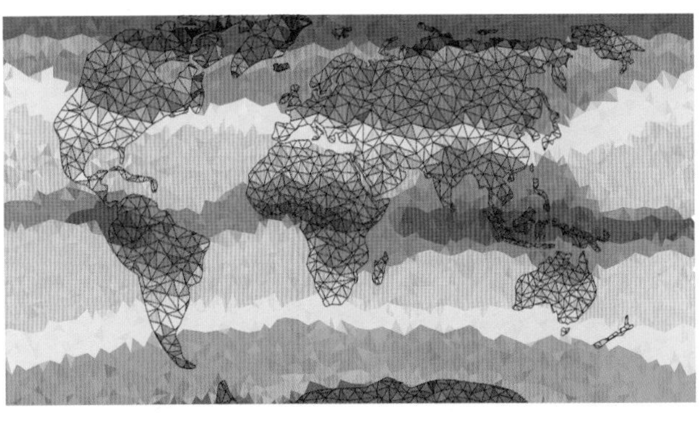

热带

南北回归线之间的地带，地处赤道两侧，占全球总面积 39.8%。本带太阳高度终年很大，在两回归线之间的广大地区一年有两次太阳直射的机会。在赤道上终年昼夜等长，向南、北昼夜长短变化幅度渐增，但最长和最短的白昼（zhòu）时间仅差两个多小时。所以热带的特点是全年高温，变幅很小，只有相对热季和凉季之分或雨季、干季之分。

温带

南、北回归线和南、北极圈之间的中纬地带，南、北温带的总面积占全球总面积的52%。本带内太阳高度变化很大，随纬度增高，太阳高度逐渐减小。太阳高度一年之中有一次由大到小的变化，气温也随之出现一高一低的变化。太阳高度和昼夜长短的变化非常显著（zhù），所以四季分明是温带的特点。

寒带

分别以南北极为中心，极圈为边界的地带，仅占全球总面积的8.2%。本带太阳高度终年很小。极昼和极夜现象随纬度的增高愈加显著。极昼时期由于太阳高度很低，地面获得热量很少；极夜时期，地面没有太阳辐射。

温室效应

随着工农业生产的发展和人类生活水平的提高，煤、石油、天然气等化石燃料的需求不断增大，它们燃烧后放出大量的二氧化碳等温室气体；而由于一些天灾和乱砍滥伐，能吸收二氧化碳的大片森林和草原绿地却在不断消失，从而导致碳氧循环不平衡（héng），致使大气中二氧化碳等温室气体增多，地球表面温度上升。温室效应导致冰川融化，海平面上升，地球表面的水分蒸发，使土地沙漠化、农业减产等。

高原

通常是指海拔在 2000 米以上，上方平坦开阔，周边以明显的陡坡为界，比较完整的大面积隆起地区。从概念我们得知高原是海拔高而平坦的区域，当然海拔 2000 米以上，这个要求有点高，世界上很多高原的海拔都不到 2000 米，比如内蒙古高原海拔在 1000 ～ 1200 米，印度的德干高原海拔在 500 ～ 600 米，所以通常高原的海拔高度被放宽到 500 米以上即可。

高原的地形特征

高原和平原都是地势平坦开阔的，只是海拔高度不同，当然有的高原上方也并不平坦，也就是说世界上有一些高原，其地势是崎岖的，不是平坦的。比如我国黄土高原和云贵高原，就是典型的崎岖的高原。当然这两个高原形成之初应该是较平坦的，只是经过千万年流水的侵蚀和溶蚀作用，变得崎岖不平了。

形成原因

高原是大面积地壳连续抬升运动的结果，也就是说形成高原，需要较强大的内力作用，那么在板块的消亡边界，就具备这样的地质运动条件，所以当今世界上海拔特别高的高原，都位于板块的消亡边界，比如青藏高原、伊朗高原、安纳托利亚高原、云贵高原等，这些高原的海拔还在提升，都属于年轻的高原。反之，那些目前远离板块消亡边界的高原，往往就是形成时间较早的高原，经过长期的外力侵蚀作用，高度不断下降，总体海拔不高，而且较平缓，如巴西高原、中西伯利亚高原、德干高原等。

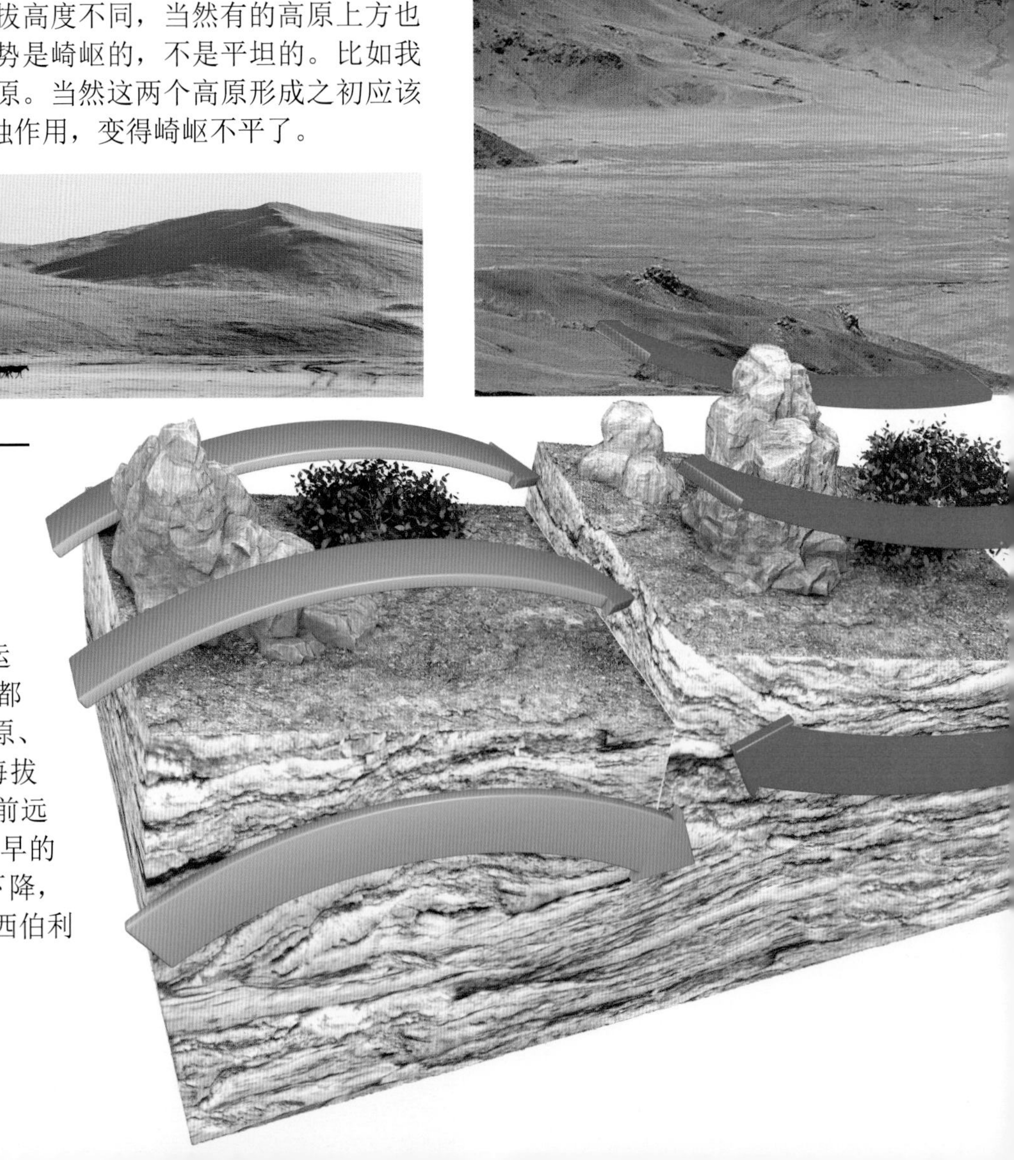

青藏高原

青藏高原是世界上最高的高原，平均海拔高度在 4000 米以上，有“世界屋脊”和“第三极”之称。它的边界，向东是横断山脉，向南和向西是喜马拉雅山脉，向北是昆仑山脉。它包括中国西藏自治区、青海省的全部和新疆维吾尔自治区等省的部分，不丹、锡金、尼泊尔、印度、巴基斯坦、阿富汗、塔吉克斯坦、吉尔吉斯坦的部分或全部，总面积250万平方千米。青藏（zàng）高原的周围有许多山脉，其中南部的喜马拉雅山脉中的许多山峰名列世界前十位，尤其珠穆朗玛峰是世界上最高的山峰。高原上还有很多冰川、高山湖泊和高山沼泽。亚洲许多主要河流的源头都在这里。

世界上的高原

世界上海拔最高的高原是我国的青藏高原，被称为“世界屋脊”，其平均海拔高达 4000 米以上；世界上面积最大的高原是南美洲的巴西高原，其总面积达 500 多万平方千米。世界高原总面积占世界陆地总面积的近三分之一，是五种基本地形中占比最高的。

巴西高原

在世界所有高原中，面积最大的就是位于南美洲的“巴西高原”，其总面积约为 500 多万平方千米，大约为青藏高原的两倍。巴西高原东临大西洋，西靠安第斯山脉，北部接亚马逊平原，南部接拉普拉塔平原。巴西高原大部分地区地处热带地区，主要的气候类型为热带草原气候，以热带草原自然带为主。巴西高原是巴西许多热带经济作物的种植所在地，也是巴西畜牧业的主要产区。

山地

山地是五种基本地形之一，是指海拔在 500 米以上的高地，起伏很大，坡度陡峻，沟谷幽深。山地与丘陵在形态上比较相似，主要的差别是山地的高度差异比丘陵要大，丘陵海拔在 500 米以下。山地和高原都是海拔较高，在 500 米以上，但是地势山地崎岖而高原平坦。

山脉

山地一般多成脉状分布，称为山脉，如喜马拉雅山脉、阿尔卑斯山脉、阴山山脉等。多列成因相同的山脉一起组成山系，比如北美洲的落基山脉和南美洲的安第斯山脉，共同组成了世界上最长的科迪勒拉山系。

山地划分

山地根据海拔高度的不同可以分为低、中、高山。海拔在1000米以下的称为低山，海拔在1000米至3500米的称为中山，海拔在3500米以上的称为高山。根据山地的成因又可以分为褶皱山（如喜马拉雅山）、断块山（如华山、泰山）、火山（如日本富士山）等。

气候差异巨大

有些山地由于海拔高，山麓（lù）和山顶相对高差大，导致山麓至山顶气候差异巨大，比如气温会随着海拔每升高1000米而下降6摄氏度，降水也会随着海拔升高发生变化，从而会使得山麓至山顶的自然带出现明显的更替现象，成为山地的垂直分异。

分界线

山地往往是其他地形单元的分界线，比如大兴安岭是内蒙古高原和东北平原的分界，太行山是黄土高原和华北平原的分界，巫山是四川盆地和长江中下游平原的分界，雪峰山是云贵高原和东南丘陵的分界。

形态各异

山地形态各异，往往成为丰富的自然旅游景观，比如中国有五岳，泰山、华山、嵩山、衡山和恒山，还有佛教名山，如峨眉山、五台山、九华山等。世界上也有很多著名的山脉，如阿巴拉契亚山脉、乌拉尔山、高加索山脉、斯堪的纳维亚山脉、大分水岭等。

草原

草原是地球上重要的生态系统之一，分为热带草原、温带草原等多种类型，是地球上分布最广的植被类型。草原的形成最主要的原因是地表土层较薄或降水量少，不适合生长大型植被，所以，草原虽美，但生态系统极为脆弱。在世界众多的草原中，有四片大草原被公认为“世界四大草原”。分别是：呼伦贝尔大草原、巴音布鲁克草原、那拉提草原和潘帕斯草原。

“牧草王国”：呼伦贝尔大草原

呼伦贝尔大草原是世界著名的天然牧场，是世界四大草原之一。呼伦贝尔大草原位于大兴安岭以西，内蒙古东北部，因境内的呼伦湖和贝尔湖而得名。地势东高西低，海拔在 650 ～ 700 米之间。这里是我国目前保存最完好的草原，水草丰美，生长着碱草、针茅、苜蓿、冰草等120多种营养丰富的牧草，有“牧草王国”之称。“天苍苍，野茫茫，风吹草低见牛羊”，就是呼伦贝尔大草原最形象的描述。

天山之颠最美：巴音布鲁克草原

巴音布鲁克蒙古语意为“丰富的山泉”，位于新疆和静县西北部，平均海拔2500米，总面积约1100平方千米，由无数条曲曲弯弯的大小湖组成，是我国第二大草原。草原地势平坦，水草丰盛，是典型的禾草草甸草原，也是新疆最重要的畜牧业基地之一。著名的开都河就发源于巴音布鲁克大草原，这里也是我国唯一一个天鹅自然保护区。

空中草原——新疆那拉提

那拉提草原位于新疆天山腹（fù）地的伊犁河谷中，是新疆最著名的草原之一。这里丘陵连绵、水草丰茂，除了连绵的草原外还有森林、雪山、野花等，景色十分优美。传说成吉思汗西征时，有一支蒙古军队由天山深处向伊犁进发，时值春日，山中却是风雪弥漫，饥饿和寒冷使这支军队疲乏不堪，不想翻过山岭，眼前却是一片繁花织锦的莽莽草原，泉眼密布，流水淙淙，犹如进入了另一个世界，这时云开日出，夕阳如血，人们不由的大叫“那拉提（有太阳），那拉提”，于是留下了这个地名。

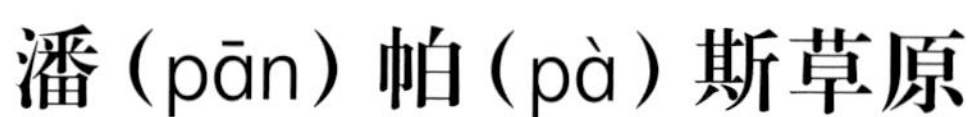

潘（pān）帕（pà）斯草原

“孕育着阿根廷民族的潘帕斯草原，让我们有了不停迁徙的移居性质，无论是古代还是现代，跨过那条有着奇妙光晕的地平线是我们的宿命。”潘帕斯草原是位于南美洲南部，阿根廷中、东部亚热带型大草原。北连格连查科草原，南接巴塔哥尼亚高原，西抵安第斯山麓，东达大西洋岸，面积约76万平方千米。“潘帕斯”源于印第安丘克亚语，意为“没有树木的大草原”，是南美洲比较独特的一种植被类型。在潘帕斯草原上，有着世界上最美丽奇幻的地平线。

沙漠

沙漠是陆地的组成部分，由于土地沙化及不断扩张，在陆地表面形成了薄厚不均的沙质覆盖层。沙漠形成有两个主要原因，就是干旱和风，加上人们滥伐森林树木，破坏草原，使土地表面失去了植物的覆盖，沙漠便因此形成。

世界十大沙漠

撒哈拉沙漠、阿拉伯沙漠、利比亚沙漠、澳大利亚沙漠、戈壁沙漠、巴塔哥尼亚沙漠、鲁卜哈利沙漠、卡拉哈里沙漠、大沙沙漠、塔克拉玛干沙漠。

“沙海”

“沙海”由复杂而有规则的大小沙丘排列而成，形态复杂多样，有高大的固定沙丘，有较低的流动沙丘，还有大面积的固定、半固定沙丘。流动沙丘顺风向不断移动，在撒哈拉沙漠曾观测到流动沙丘一年移动 9 米的记录。

恶劣的环境

沙漠地区温差大，平均年温差可达 30℃～50℃，日温差更大，夏天午间地面温度可达 60℃以上。沙漠地区风沙大、风力强。最大风力可达 10～12 级。强大的风力卷起大量浮沙，形成凶猛的风沙流，不断吹蚀地面，使地貌发生急剧变化。

沙漠化

在干旱多风的沙质地表环境中，由于过度的人为活动破坏了脆弱的生态平衡，使原非沙漠的地区出现了以风沙活动为主要特征的类似沙漠景观，造成土地生产力下降的环境退化过程。沙漠化是当前世界上一个重要的生态环境问题。目前，全球沙漠化仍在蔓延。

最大的沙漠——撒哈拉沙漠

世界上最大的沙漠是撒哈拉沙漠，位于非洲北部，面积达906.5万平方千米，是塔克拉玛干沙漠的27倍，比整个大洋洲面积还大，几乎与中国和美国的国土面积差不多大了。撒哈拉沙漠也是地球上自然条件最为严酷的地方之一，地面植被非常稀少，和火星表面的地貌差不多。这里的气候非常干旱，常年风沙弥漫，是世界上降雨量最少的地方。但是这里又是世界上阳光最为充足的地方，也是地球表面气温最高的地方。20世纪50年代以来，沙漠中陆续发现丰富的石油、天然气、铀、铁、锰、磷酸盐等矿。

森林

森林是大自然赋予人类的宝贵财富，人类的发展是以森林为舞台的背景发展起来的。可以说，没有森林，就没有人类。在远古的时候，人类利用森林伐薪烧炭，制造农具。在现代社会，森林更是广泛地应用于工业、农业和人类生活当中。

完美的自然生态环境

森林是一种自然生态环境，是以木本植物为主体的生物群落，集中了乔木与其他植物、动物、微生物，与土壤之间相互依存、相互制约，并与环境相互影响，从而形成一个生态系统的总体。联合国粮食及农业组织将森林定义为：“面积在 0.5 公顷以上、树木高于 5 米、林冠覆盖率超过 10%，或树木在原生境能够达到这一阈值的土地。”

“地球之肺”

森林能吸收二氧化碳，排放氧气，能吸收其他有毒有害气体，监测大气污染，使污染的环境得到净化，是地球生物圈中最重要的栖息地之一，被誉为“地球之肺”。

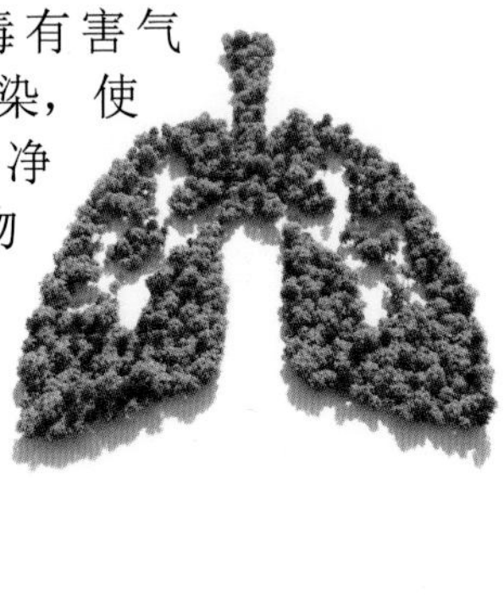

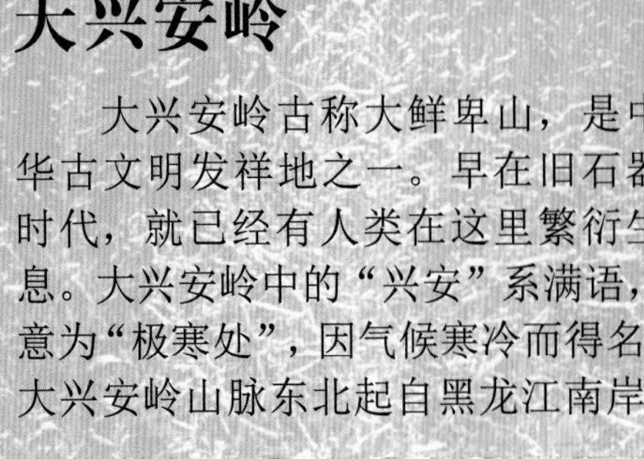

大兴安岭

大兴安岭古称大鲜卑山，是中华古文明发祥地之一。早在旧石器时代，就已经有人类在这里繁衍生息。大兴安岭中的“兴安”系满语，意为“极寒处”，因气候寒冷而得名。大兴安岭山脉东北起自黑龙江南岸，南止于内蒙赤峰市境内西拉木伦河上游谷地，呈东北一西南走向。大兴安岭是中国东北部的著名山脉，也是中国最重要的林业基地之一。木材贮量占中国的一半，有许多优质的木材，如红松、水曲柳。

亚马逊热带雨林

亚马逊河两岸密林莽（mǎng）莽，充沛的雨水、湿热的气候和长时间的强烈日照，给亚马逊河流域地区的植物生长提供了得天独厚的条件，使这一地区成为全球最大及物种最多的热带雨林。森林面积 3 亿公顷，占世界现存热带雨林的一半，森林面积的 20%。这里自然资源丰富，生态环境纷繁复杂，生物多样性保存完好，有“生物科学家的天堂”和“地球之肺”的美誉。除了亚马逊热带雨林，世界上比较有名的森林还有西伯利亚针叶林、中非灌木林、印度尼西亚热带雨林等。

中国三大林区

指东北林区、西南林区、南方林区。东北部的大兴安岭、小兴安岭和长白山是我国最大的森林区，一般称为东北林区。西南林区主要包括四川、云南和西藏三省区交界处的横断山区，以及西藏东南部的喜马拉雅山南坡等地区。秦岭、淮（huái）河以南，云贵高原以东的广大地区，属于我国第三个大林区——南方林区（东南林区）。

江河

无论是在地球表面还是内部，水都是涌动不息的，如果把地球比喻为人，那水就是这个“人”的血液。人类主宰整个地球，没有了血液就没有了一切，水给人类的祸福远远超过其他一切自然物，因而成为人类最早产生并延续最长久的自然崇拜之一。水，是人类生存最重要的因素和最强大的自然力。滔滔江河，汇聚万千溪流，滋养着地球上的万物生灵。

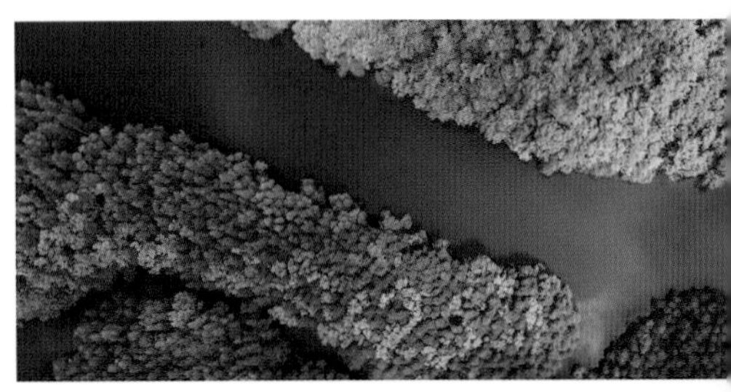

人类古文明的发源地

古巴比伦文明发源于幼发拉底河和底格里斯河

古印度文明发源于印度河

古埃及文明发源于尼罗河

中华文明发源于黄河

现代文明的摇篮

人类四大文明都发源于大江大河，文明出现在江河流域并非因为人类亲水，而是为了农业生产的需要。为了农业，人们不远千里长途跋涉，最终定居在大河两岸，世代繁衍。有水源的地方人畜才能生存，耕地才有水灌溉。没有火车飞机的时代，道路也不发达，船运是便捷的运输方式。因此，大江大河也是人类现代文明的摇篮。

世界第一长河——尼罗河

尼罗河，位于非洲东北部，非洲主河流之父，是一条国际性的河流。尼罗河大约在 6500 万年前就已经存在了，是一条非常古老的河流。尼罗河流经非洲东部与北部，与中非地区的刚果河以及西非地区的尼日尔河并列非洲最大的三个河流系统。河长 6670 千米，是世界上最长的河流。尼罗河是埃及人民的生命源泉，她为沿岸人民积聚了大量的财富，缔造了古埃及文明。6700 多千米的尼罗河创造了金字塔，创造了古埃及文明，创造了人类的奇迹。

亚马逊河

不同的河流，具有不同的水文和水系特征，如果从河流的年径流量和流域面积入手，来寻找世界上流域面积和年径流量最大的河流，它就是南美洲的亚马逊河。它是一条位于南美洲北部的巨大河流，主要流经亚马逊平原。亚马逊河是世界第二长河，亚马逊河流经的热带雨林被称作“地球之肺”。亚马逊河水系跨赤道南北，终年高温多雨，物种丰富，淡水鱼类多达2000余种。其中还有海牛、淡水豚、鳄、巨型水蛇等水生动物。

长江

长江发源于“世界屋脊（jǐ）”——青藏高原的唐古拉山脉各拉丹冬峰西南侧。长江干流自西而东横贯中国中部，于崇明岛以东注入东海，全长约6300千米，比黄河长800余千米。在世界大河中长度仅次于非洲的尼罗河和南美洲的亚马逊河，居世界第三位。尼罗河流域跨非洲9国，亚马逊河流域跨南美洲7国，长江则为中国所独有。在长江上修建的三峡大坝是世界上最大的水力发电站。

湖泊

湖泊是由陆地上洼地积水形成的、水域比较宽广、换流缓慢的水体。在地壳构造运动、冰川作用、河流冲淤等地质作用下，地表形成许多凹地，积水成湖。按湖泊成因，可分为：构造湖、冰川湖、火口湖和堰塞湖等；按湖水矿化度，可分为淡水湖和盐水湖。湖泊就像散落在地球上的明珠一样，把地球装点得美丽多姿。

世界十大湖泊

分别为：里海、苏必利尔湖、维多利亚湖、休伦湖、密歇根湖、坦噶尼喀湖、贝加尔湖、大熊湖、马拉维湖、大奴湖。

里海

里海是世界上最大的湖泊且为咸水湖，面积相当于全世界湖泊总面积的14%，位于欧洲和亚洲的内陆交界处。里海拥有与海洋相似的生态系统，海运业发达。里海在地理学上属性为“海迹湖”，它与黑海最后分离成为一个内陆湖泊，距今不过1.1万多年。

贝加尔湖

位于俄罗斯东西伯利亚南部，狭长弯曲，好像一轮弯月镶嵌在东西伯利亚南缘，是全世界最深、蓄水量最大的淡水湖。其总蓄水量可供50亿人饮用半个世纪。贝加尔湖蕴藏着丰富的生物资源，是俄罗斯的主要渔场之一。贝加尔湖虽是淡水湖，但湖里却生活着许多地道的海洋生物，如海豹、海螺、龙虾等。它们是怎么来到贝加尔湖定居的，至今还是个谜。

青海湖

位于中国青海省内青藏高原的东北部，是中国最大的湖泊，也是中国最大的咸水湖、内流湖。青海湖由祁连山的大通山、日月山与青海南山之间的断层陷落形成，海拔3260米，比两个东岳泰山还要高。青海湖古称“西海”，从北魏起才更名为“青海”。

天池

长白山天池又称白头山天池。坐落在吉林省东南部，是中国和朝鲜的界湖。湖的北部在吉林省境内，是松花江、图们江、鸭绿江三江之源。因为它所处的位置高，所以被称为“天池”。长白山天池是一座休眠（mián）的火山，火山口积水成湖，是中国最大的火山湖。夏融池水比天还要蓝，冬冻冰面雪一样白，像一块碧玉镶嵌在雄伟的长白山群峰之中。

地下水资源

地下水资源是指在一定期限内，能提供给人类使用的，且能逐年得到恢复的地下淡水量，是水资源的组成部分。通常以地面入渗补给量（包括天然补给量和开采补给量）计算其数量。因此，地下水资源的开采一般不应超过补给量，否则会给环境带来危害，使生态条件恶化。

水循环

地下水资源不仅是我们生活中必不可少的生命之源，而且地下水资源还能够参与全球的水循环，通过水循环保持地球上的水资源平衡，调节整个地球的气候稳定，净化空气。同时地下水资源在保持生物多样性方面也有很大的贡献。

暗河涌动

潜入地下的河段称暗河，又称地下河。暗河主要是在喀斯特发育中期形成的，是流经洞穴（xué）的地下水道。石灰岩地面有许多缝隙，水流沿着缝隙（xì）渗透下去，在地下深处积聚起来，成为一股见不着阳光的地下河流，这就是暗河——石灰岩山野的“天然下水道”。

平塘天坑群

贵州省平塘天坑群中的打岱河天坑是世界上最大的天坑，天坑里有条亚洲最大的地下暗河。打岱河天坑是平塘天坑群中最大的天坑，南北长 2100 米，东西宽 1800 米，深度 589 米，坑底面积超过 5 平方千米，地下暗河流经天坑群底部。坑底有许多神秘洞穴，洞内大小溶洞相互交错，钟乳石繁多。洞中有水，水上有滩，洞底有河，构成庞大的地下溶洞群。打岱河天坑群的地下水系，其规模堪（kān）称亚洲之最。

泉水叮咚

泉是地下水天然出露至地表的地点，或者地下含水层露出地表的地点。根据水流状况的不同，可以分为间歇泉和常流泉。如果地下水露出地表后没有形成明显水流，称为渗水。根据水流温度，泉可以分为温泉和冷泉。泉水为人类提供了理想的水源，如理疗泉、饮用泉等。中国地大物博，名泉众多，如济南趵突泉、杭州虎跑泉、北京玉泉 、大理蝴蝶泉等。

火山

在地球悠久的历史中，有许许多多威力巨大的火山爆发，只不过沧海桑田，岁月更迭，有许许多多我们都无法找到它们的痕迹。但是它们并没有消失，也没有沉睡，这来自地下的灾难之火，随时都可能爆发，威胁着人类的生存。

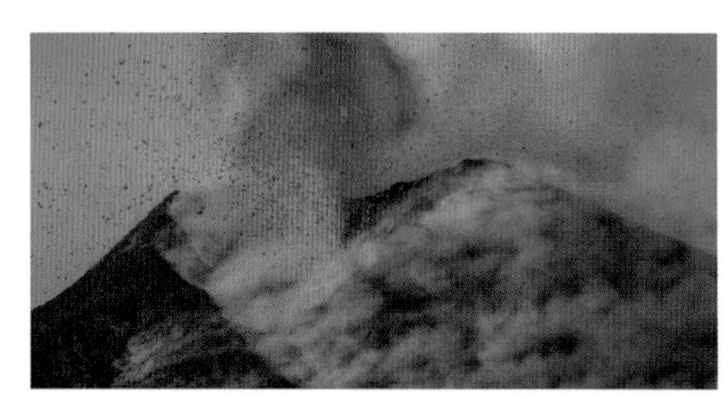

两座城市的消失

世界上最著名的一次火山喷发，是发生在公元79年的维苏威火山喷发，把罗马的两座最繁华的城市——庞培城和赫库尔兰努姆城整个掩埋了。世界文明的百科全书编撰者普利尼就是在这次火山喷发中丧生的。从火山爆发的这些现象看，都表明是地球内部的能量物质燃烧和爆炸的结果。

世界著名火山

火山是炽热地心的窗口，是地球上最具爆发性的力量，爆发时能喷（pēn）出多种物质，危害极大。火山分为活火山、死火山和休眠火山。世界著名的火山包括：克利夫兰火山、帕卡亚火山、富士山、默拉皮火山、亚苏尔火山、科利马火山、马荣火山、埃特纳火山、维龙加火山等。

坦博拉火山爆发

1815年，印度尼西亚的坦博拉火山爆发，是伤亡人数最多的一次。巨大爆发的火山灰进入大气层传播至全世界，随后世界气候变冷，次年成了没有夏天的年份。数千人当场死于火山爆发中，随后由于农作物毁灭、疾病、水源污染等，数万人在年内死亡。据估计，约有92000人直接或间接死于此次火山爆发。

黄石公园超级火山

位于美国，是世界上最大的一座火山。它之所以有这样的称号，不仅仅是它有着巨大的占地面积，更是因为它是一座极度活跃（yuè）的火山。在最近200万年时间里，它就爆发过三次。每一次都造成了巨大的损失。而且现代依旧有着爆发的风险。

岩浆是不是很美

火山爆发时喷出的大量火山灰和火山气体，对气候造成极大的影响，昏暗的白昼和狂风暴雨，甚至泥浆雨都会困扰当地居民很长时间。火山灰和火山气体被喷到高空中去，会随风散布到很远的地方。这些火山物质会遮住阳光，导致气温下降。还会滤掉某些波长的光线，使得太阳和月亮看起来就像蒙上一层光晕，或是泛（fàn）着奇异的色彩，尤其在日出和日落时能形成奇特的自然景观。

平原

指地面平坦或起伏较小的一个比较大的区域，一般分布在比较大的河流两岸或者靠近海洋的地方。平原是人类比较适合居住和生活的地方，古代最早的文明一般都是诞生在平原地带。今天，平原依然是各种经济活动，包括农业、工业和商业的最重要场所。

世界分布

世界地形图中的绿色部分就是平原地形，在世界地形中平原大概占了地球总面积的7.3%。平原的主要特点是地势低平，起伏和缓，相对高度一般不超过55米，坡度在5°以下。我国主要有东北平原、华北平原和长江中下游平原三大平原。在世界上重要的平原有，亚马逊平原、北美中央大平原、西欧平原、东欧平原、西西伯利亚平原、图兰平原、恒河平原、印度河平原、美索不达米亚平原等。

世界上面积最大的平原

亚马逊平原位于南美洲北部，亚马逊河中下游，介于圭亚那高原和巴西高原之间，西接安第斯山，东滨大西洋，跨居巴西、秘鲁、哥伦比亚和玻利维亚四国领土，面积达560万平方千米（其中巴西境内220多万平方千米，约占该国领土1/3），是世界上面积最大的冲积平原。

波状起伏的平原

大多数平原地形应该是平坦开阔的，但是有的平原却呈一定的波状起伏，比如西欧平原。之所以呈波状起伏是因为受到了冰川侵蚀作用的影响。

海拔最高的平原

不是所有的平原海拔都在 200 米以下，实际上有很多的平原海拔在 200 米以上，比如中国的河套平原和宁夏平原海拔都在 1000 米以上，成都平原海拔（bá）也在 500 米以上。位于秘鲁共和国西南沿海伊卡省的纳斯卡平原，海拔在 2000 米左右。以上这些无法用地形概念去解释，只能理解为习惯叫法了。后套即为河套平原，西套即为宁夏平原。

世界上以平原地形为主的大洲

在世界七大洲中，以平原地形为主的大洲是欧洲，海拔 200 米以下的平原约占全洲面积的 60%。欧洲是世界上平均海拔最低的大洲，只有 300 米。欧洲的主要平原有西欧平原、波德平原和东欧平原。

盆地

盆地是五种基本地形之一，是五种基本地形之中唯一没有海拔要求的地形。盆地顾名思义，就是像一个“盆”，也就是四周高，中间低的地形形态。盆地根据其封闭程度可以分为完全型盆地（四周封闭性较好）和非完全型盆地（四周封闭性较差）两类。

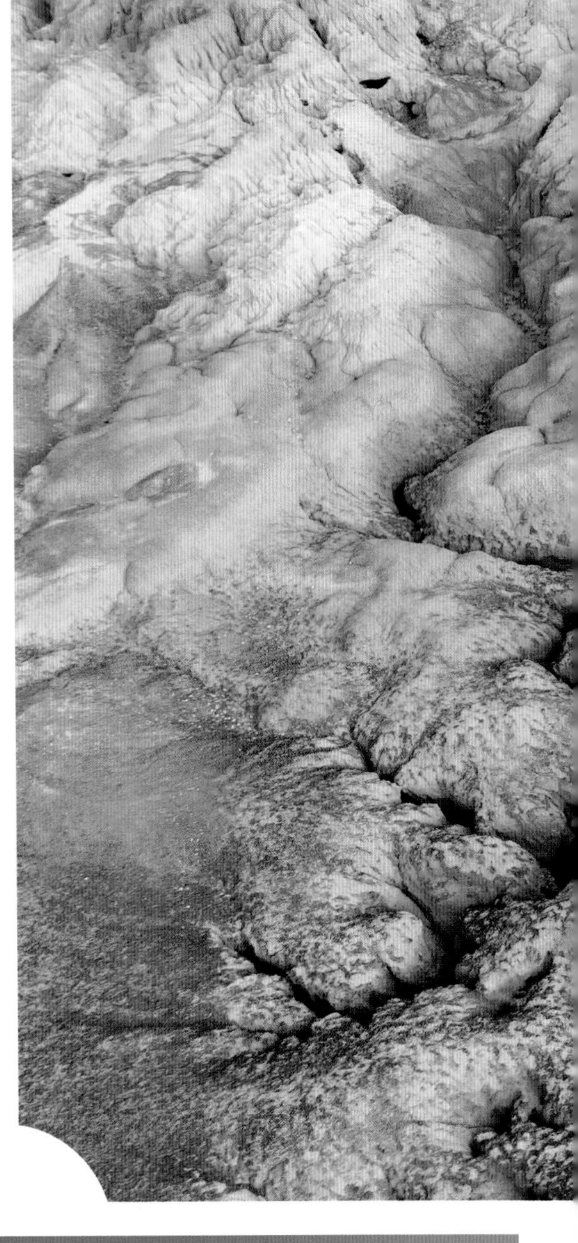

形成原因

盆地的形成有多种原因，一种是地壳构造运动形成的盆地，称为构造盆地，如我国新疆的吐鲁番盆地，由于断裂下陷，形成盆地。另一种是由冰川、流水、风和岩溶侵蚀形成的盆地，称为侵蚀盆地。

曾经位于海底

许多现在在陆地上的盆地曾经都位于海底，由于泥沙的沉积，曾经生活过的大量海洋生物死亡以后被埋入淤泥中，最终会形成石油、天然气等能源。后来由于地壳运动，露出水面，形成陆地上的盆地，所以很多盆地都是油气资源丰富的区域，比如我国的塔里木盆地、四川盆地等。

盆地分布

世界上很多地区都有盆地地形，比如非洲的刚果盆地、乍得盆地，澳大利亚的大自流盆地等。在我国也分布着大大小小许多盆地，其中我国的四大盆地为：塔里木盆地、准噶（gá）尔盆地、柴达木盆地和四川盆地。

丘陵

丘陵为世界五大陆地基本地形之一，是指地球岩石圈表面形态起伏和缓，绝对高度在500米以内，相对高度不超过200米，由各种岩类组成的坡面组合体。

丘陵地形

丘陵一般没有明显的脉络，顶部浑圆，是山地久经侵蚀的产物。相对于山地而言，丘陵坡度一般较缓，切割破碎，无一定方向，由连绵不断的低矮山丘组成的地形。从海拔和形态来看，丘陵一般位于山地、高原和平原的过渡地带。

世界上最大的丘陵——哈萨克丘陵

哈萨克丘陵，亦称“哈萨克褶（zhě）皱地”，世界最大丘陵，面积达 54 多万平方千米。位于哈萨克斯坦中部，北接西西伯利亚平原，东缘多山地，西南部为图兰低地和里海低地。哈萨克丘陵地处亚欧大陆内陆，气候相对干旱，以草原自然带为主，当地农业生产以畜牧业为主。

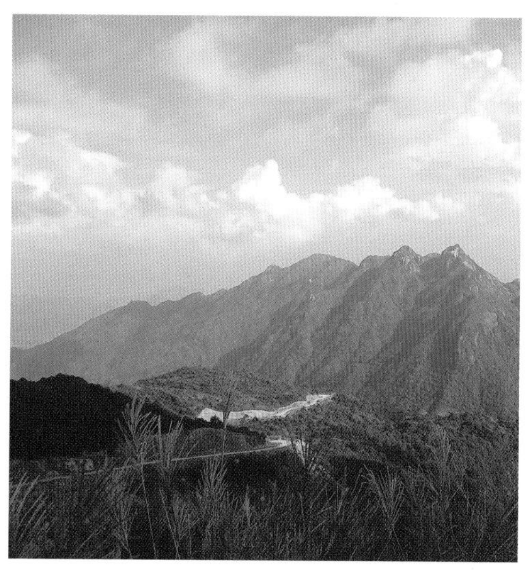

东南丘陵

中国最大的丘陵——东南丘陵（包括江南丘陵、浙闽丘陵和两广丘陵）。丘陵是北至长江，南至两广，东至大海，西至云贵高原的大片低山和丘陵（即雪峰山以东）的总称。东南丘陵海拔多在 200 至 600 米之间，其中主要的山峰超过 1500 米。丘陵多呈东北—西南走向，丘陵与低山之间多数有河谷盆地，适宜发展农业。东南丘陵的主要山岭有：黄山、九华山、衡山、丹霞山、武夷山、南岭等。

中国地形图

在欧亚大陆和南北美洲，都有大片的丘陵地带。我国地势西高东低，大兴安岭、太行山、巫山和雪峰山一线以西以山地、高原地形为主，以东过渡到平原地形，其间有辽东丘陵、山东丘陵、江南丘陵、浙闽丘陵和两广丘陵。

北美帕劳瑟（sè）丘陵

帕劳瑟丘陵位于美国西海岸华盛顿州，风光秀丽，丘陵地形起伏和缓，农业发达。

岛屿

四周被海水包围的小块陆地叫做岛屿。陆地大部分分布于北半球，岛屿多分布于大陆的东岸。一面与大陆相连，其他三面被海水包围的陆地叫做半岛。

马拉若岛

马拉若岛位于亚马逊河的河口，是世界上最大的淡水岛。这座岛屿面积达4.8万平方千米，不过岛上没什么人，整座岛屿完全被淡水包围，如果你生活在岛上，完全不用为淡水资源担心。

格陵兰岛

格陵兰岛位于丹麦境内，是世界上最大的岛屿，没有之一。整个格陵兰岛上80%以上的面积都被冰雪覆盖，这里全年的气温都在0度～零下70度之间。

爪哇岛

爪哇岛位于印度尼西亚境内，是世界上人口最多的岛屿。爪哇岛虽然不大，但这里是印度尼西亚的经济中心，其首都雅（yǎ）加达就在岛上。整座岛屿一共生活着约 1.35 亿人民，典型的地少人多。

崇明岛

相信很多中国人对这里都不陌生，因为崇明岛位于我国东海，这座岛是后天形成的，据说是因为长江的泥沙在海中不断堆积，于是就有了崇明岛。所以崇明岛也是世界上最大的沙质岛。

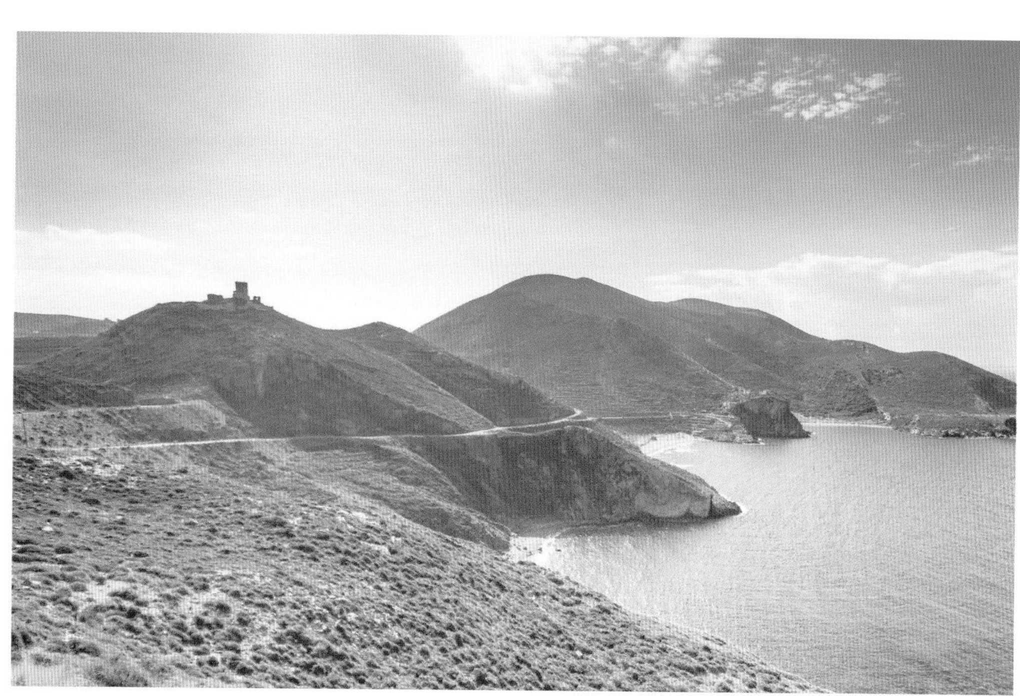

马尼图林岛

这座岛屿位于休伦湖中，是世界上最大的湖中岛。休伦湖也是世界上第三大淡水湖。据说马尼图林岛上还有一个湖泊，如今已被列为世界最大的湖中湖。

海洋和陆地

地球表面未被水淹没的部分叫陆地，由大陆、岛屿、半岛和地峡等几部分组成，约占地球表面积的 29%。其中面积广大的陆地称为大陆，全球有亚欧大陆、非洲大陆、北美洲大陆、南美洲大陆、澳大利亚大陆和南极洲大陆等六块大陆。

蔚蓝水球

因为地球海洋面积远远大于陆地面积，故有人将地球称为一个“蔚（wèi）蓝水球”。

洋

是海洋的中心部分，是海洋的主体。大洋的水深，一般在 3000 米以上，最深处可达 1 万多米。大洋离陆地遥远，不受陆地的影响。每个大洋都有自己独特的洋流和潮汐系统。大洋的水色蔚蓝，透明度很大，水中的杂质很少。世界共有太平洋、印度洋、大西洋、北冰洋 4 个大洋。

海

在洋的边缘（yuán），是大洋的附属部分。海的水深比较浅，平均深度从几米到 2 ～ 3 千米。海临近大陆，受大陆、河流、气候和季节的影响，海水的温度、盐度、颜色和透明度都受陆地影响，有明显的变化。

太平洋

即使乘坐飞机，跨越太平洋也需要连续飞行十多个小时，其辽阔可见一斑。作为世界第一大洋，它覆盖了大约1/3个地球，而这还是它已经缩小了的面积，过去的太平洋面积更大。太平洋中岛屿众多，自然资源极其丰富，沿岸分布着30余个国家和地区。

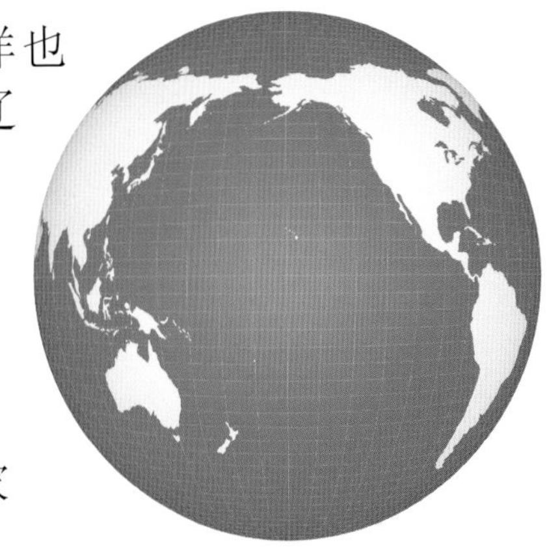

命名者麦哲（zhé）伦

麦哲伦是葡萄牙人，为西班牙政府效力。1519年9月20日，他率领270名水手组成的探险队从西班牙启航，西渡大西洋，穿越日后以他的名字命名的“麦哲伦海峡”，吃尽了苦头，总算驶入一片风平浪静的海域。在接下来100多天的航行中，船队始终没遭遇过狂风大浪，他心情大好，遂将这片海域命名为“太平洋”。但由于太平洋太辽阔，长期看不到陆地，又遇不上岛屿，他们不得不吃牛皮和锯末苦撑。

达尔文日记

1月13日，暴风大作，海浪四起，海况更加恶劣（liè）。大海看上去无比凶恶，犹如平原上突然袭来了暴风雪。“小猎犬”号在暴风中挣扎前行，与天空中遨游的信天翁形成鲜明对比。中午时分，一个大浪猛烈袭来，将我们的一条捕鲸船灌满了海水，我们不得不割断绳索放弃了它。可怜的大船也摇摆不定，有那么几分钟，舵手都无法控制“小猎犬”号了，幸好不一会儿它就恢复了正常，重新迎击暴风。只消再有一个大浪，我想我们都会丧身海底。……我们一路向西，连续航行了24天，船上所有人的衣服都磨破了，并且一连多日都要穿着潮湿的衣服。

地圆说

早在公元前6世纪，古希腊数学家毕达哥拉斯就提出了“大地是球体”的概念。后来，古希腊哲学家亚里士多德通过观测北极星，从理论上证明了它。麦哲伦环球航行，则以无可辩驳的事实向全人类证实了地圆说。

香料之旅

1521 年 4 月 27 日夜间，麦哲伦死于一场部落冲突。事后，他的同伴们继续航行，最终于次年 9 月 6 日返抵西班牙，完成了人类史上首次环球航行。尽管出发时的 5 条船只剩下一艘，出发时的 270 人也仅剩 18 人，但他们运回了数量可观、价格极其昂贵的香料，所以最终还挣了大笔利润。这也正是他们出发时的主要目的之一。

大西洋

大西洋整体呈S形，横亘于美洲与欧亚非大陆之间，相当于一个超级大海湾，也是旧大陆与新大陆的分割者。它是世界第二大洋，但面积比太平洋小了近一倍。不过，长期以来，它在以每年2.5厘米的速度不断扩张着。它有许多著名的属海和海湾，如地中海、加勒比海、波罗的（dì）海、墨西哥湾、几内亚湾等。

源自神话

“大西”一词，源自古希腊神话中大力士阿特拉斯的名字。在传说中，他拥有神力，支撑着石柱，使天与地分开。他住在大西洋里，并且知道任何一处海洋的深度。早在明代，“大西洋”一词就出现在中文典籍中了。

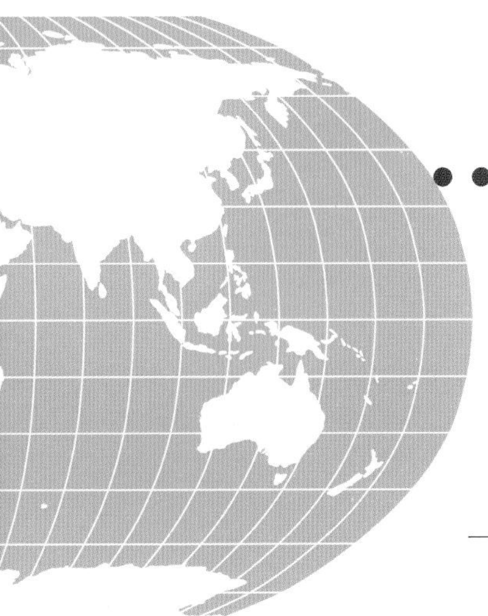

经纬线

经纬线是人们假想出来的用于度量的辅助线，从中又派生出了经度与纬度，经度分东西，指南北，纬度分南北，指东西。人们很早就可以通过测量北极星的高度或太阳的高度确定纬度。即使在海上。经度的测度也相对很难。1709 年，由于计算错误，直接导致 4 艘英国战舰失事，2000 人命丧海底。英国政府受了刺激，宣布谁能研究出有效方法，重奖 1 万英镑。直到 1764 年，一个名叫哈里森的钟表匠制造出一台精准的计时器，才初步解决了这个问题。

大西洋中脊

也称大西洋海岭，本质上是一条弯曲延伸的长长的山链，从北冰洋一直到非洲南端附近，总长度约 1.6 万千米。海岭高出海面的地方，就形成了岛屿，比如亚速尔群岛和北欧国家冰岛。追溯起来，这一切都要拜板块运动与火山活动所赐。

海水淘金

20 世纪初，一位叫哈伯的德国化学家曾试图从海水中提取黄金。海水中确实含有金元素，但含量太低，即使是现在，科学技术今非昔比，真正从海水中提取黄金也十分困难。巧的是，哈伯在此过程中意外地发明了今天已广为使用的声呐，并通过声呐发现了高高凸起的大西洋中脊。

印度洋

印度洋是世界第三大洋，面积稍小于大西洋，深度则略深于大西洋，古称厄立特里亚海，意思是红海。除了最南端的水域，它大部分位于热带，降水充沛，风光旖旎，资源丰富。印度洋有一些著名的属海和海湾，最为著名的是盛产石油的波斯湾。

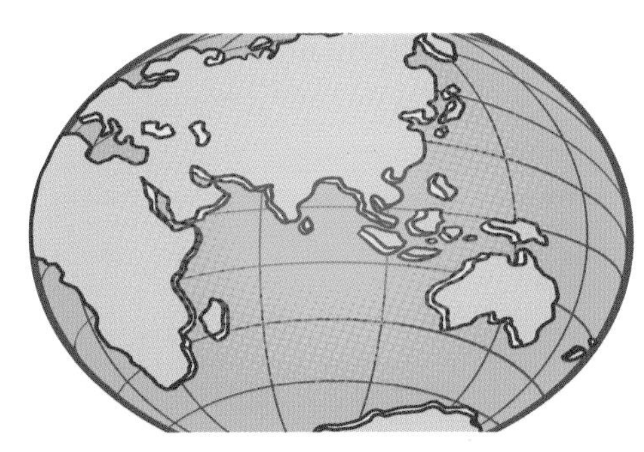

西洋与旱西洋

明朝时期的西洋，主要是指今天的文莱以西的东南亚地区和印度洋沿岸地区，广义的西洋还包括欧洲等地。伴随着郑和下西洋，“西洋”一词流行开来，并且衍生出了“旱西洋”的概念，范围包括当时的哈列、撒马儿罕、哈密等西域诸国。

海盗与殖民者

作为新航路的开拓者，达·伽马无愧于航海家的称号，但他同时也是一个凶残的海盗和殖民者。他倾向于用暴力解决问题，甚至直接劫掠商船，杀人越货，就连他的手下都看不下去，给国王写匿名信说：“全船队的人都希望他赶紧去死！”

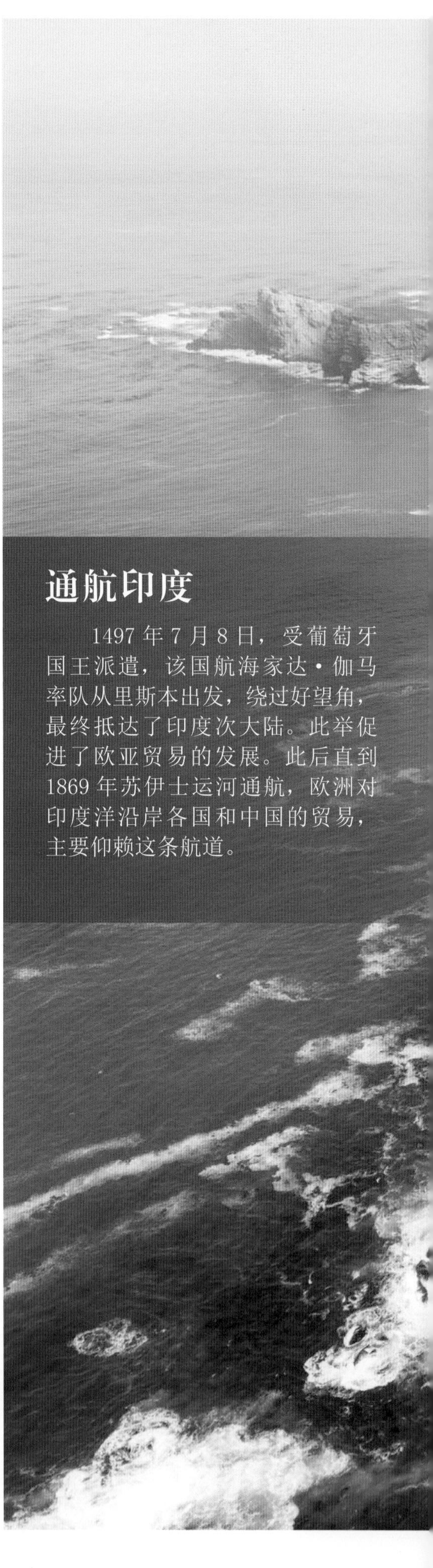

通航印度

1497 年 7 月 8 日，受葡萄牙国王派遣，该国航海家达·伽马率队从里斯本出发，绕过好望角，最终抵达了印度次大陆。此举促进了欧亚贸易的发展。此后直到 1869 年苏伊士运河通航，欧洲对印度洋沿岸各国和中国的贸易，主要仰赖这条航道。

折损（sǔn）过半

达·伽马曾先后三次抵达印度，首航的船队有 4 条船，170 余人。他和自己的哥哥保罗分别指挥两艘大船，国王的亲戚尼古拉指挥一艘小船，达·伽马的朋友科卡罗指挥补给船。在好望角附近，达·伽马下令烧掉了补给船，水手和物资被分配到其他船上。在返航途中又烧掉了一艘大船，因为很多人得了坏血病，能干活的水手只够开两艘船了。他的哥哥保罗也死在了海上。回到葡萄牙时，已只剩两艘船和一半船员。

九尾鞭

也称“舰长的女儿”，因为只有舰长可以使用或者命令使用它，但不得超过 12 下。因为这种多股软鞭设计独特，可以导致强烈的疼痛，有的鞭梢还带有钢球或者铁刺，以提高损伤。

北冰洋

北冰洋又称北极海，是四大洋中最小、最浅的大洋，面积不足太平洋的 1/10。它是最冷的大洋，大部分海面常年覆盖着厚厚的坚冰，有些海冰已持续存在了 300 万年。近年来，由于气候变暖，北冰洋的海冰正在减少，引发了一系列生态危机。

格陵兰岛

北冰洋海岸线曲折，岛屿众多，并且拥有世界第一大岛格陵兰岛。该岛面积广达 216 万平方千米，超过排名第二的新几内亚岛、排名第三的加里曼丹岛、排名第四的马达加斯加岛的总和。该岛覆盖着巨大的冰盖，千里冰封，终年严寒。1888 年前，挪威探险家、动物学家费里特乔夫·南森首次穿越了格陵兰岛冰原。

坏血病

1741 年，白令率两艘船向美洲进发，但遭遇了风暴，虽然已看到阿拉斯加（属美洲）的南岸，仍不得不返航。归途中，他身染重病，死于白令岛。1991 年，一支考古队发现了他的墓，并将遗体运回莫斯科。他的牙齿完好无损，这表明他并非死于坏血病。大航海时代的很多航海家和水手都死于这种病，如麦哲伦的团队仅 270 人，因坏血病而死者就多达 70 多人。但郑和下西洋时就没有出现这种情况。这一是因为他们远航时带了豆子，可以泡发豆芽，补充维生素；二是因为中国人有饮茶的习惯，茶水中也富含维生素，能有效预防坏血病。

巴伦支海

1596 年 5 月 10 日，44 岁的荷兰探险家威廉·巴伦支第三次率队出航，试图探索通过北极前往东亚的航道。他们发现了一些新的岛屿，几乎到达了北极圈，但不幸撞上了浮冰，被迫在新地岛上越冬。他们搭建木棚，挖掘地穴，烧船板取暖，猎杀北极熊和海象充饥，在岛上艰难度日，有 3 个月没见过太阳，却坚决不肯动用船上的货物（包括食品与药材），直至获救。返航时，船员已所剩无几，巴伦支也在归途中去世。1871 年，在他离世近 300 年后，人们发现了他当年住过的棚屋，屋里仍有一些生活用具和部分日记，以及他当年藏在烟囱（cōng）里的一封信。为了纪念他，人们便把他航行过的一部分海域命名为巴伦支海。

白令海峡

白令海峡是亚洲和北美洲的分界线，也是连接北冰洋和太平洋的通道。它的名字来自丹麦探险家、俄国海军军官维他斯·白令，他于 1728 年穿越白令海峡，到达亚洲的最东端。除了白令海峡，以他的名字命名的地名还包括白令海、白令岛和白令地峡。

万物生灵的家园

著名的哲学三问“我是谁？我从哪里来？要到哪里去？”自从达尔文的进化论创立以来，科学家们一直面临着一个终极谜题——第一个生命是怎么诞生的？在这卷壮丽的生命演化诗篇中，进化论能解释所有后面发生的事情，唯独无法解释这一切是怎么开始的。

生命的四个共同特征：

地球上的生命都是碳基生命，并且基本上都依赖于液态水。生命都有着如下的四个共同特征：

（1）生命有新陈代谢，生命会从外部获取能量和资源供自己使用；

（2）生命会对外界环境的刺激做出反应，并相应地改变自己的行为；

（3）生命可以生长，并适应它们的环境，或者从它们现在的形态进化成另一种形态；

（4）生命可以繁殖后代，把基因延续下去。

这四种特征必须同时存在，这样才能被认为是生命。

地球存在生命的原因

地球之所以存在生命，其主要原因有如下几点：太阳的稳定——提供光和热；安全的行星际空间——轨道共面同向，大小行星各行其道；温度——地球与太阳距离适中，使大量的气体聚集，形成大气层；水——结晶水汽化，形成原始的海洋。

太阳提供光和热

太阳为地球上的生物提供了能量。如果没有太阳，地球将会变得十分寒冷，太阳发出光和热，地球又处在它的宜居带。它诱发和维系了万千生命形式，亿兆的生命体。又因为地球围绕它的公转和自转，形成四季和昼夜。光和热的蒸腾与大气层相互作用，有了雨雪云雾、晴朗和阴暗。所以，太阳对地球的生物和规律影响最大。

地球的伴侣（lǚ）：月球

地球很幸运，能够拥有一颗质量与自己“相当”的伴星（相对于其他行星系的质量而言）。月球能够稳定地球的自转轴，引发潮汐，降低地球的自转速度，这都为生命创造了一个稳定的环境。没有月球的话，现在地球的 1 天将只有 10 小时，火山与地震将频繁得多，而且四季将会飘忽不定。虽然高等生命仍然很可能出现，但它们将面对的环境会比现在恶劣得多。

生命之源——水

生命离不开水，它是生命的源泉，是人类赖以生存和发展不可缺少的最重要的物质资源之一。人的生命一刻也离不开水，水是人生命需要最主要的物质。而对人体而言的生理功能是多方面的，而体内发生的一切化学反应都是在介质水中进行，没有水，养料不能被吸收；氧气不能运到所需部位；养料和激素也不能到达它的作用部位；废物不能排除，新陈代谢将停止，人将死亡。因此，水对人的生命是最重要的物质。

古生物化石、矿石与矿物

古生物化石是地球历史的见证者，是重要的地质遗迹，是我国宝贵的、不可再生的自然遗产。矿石矿物是可以利用的金属或非金属矿物，如铜矿石中的黄铜矿和斑铜矿，云母矿石中的云母，叶蜡（là）石矿石中的叶蜡石等。矿石矿物大多数是不透明矿物，往往具有金属光泽，但也有一些是透明矿物。矿石矿物有时作为自然金属产出，如自然金、铂等，但其大多数为化合物。

古生物化石

》海绵动物

斗篷海绵↑

分类地位：单轴海绵目、斗篷海绵科
化石产地：云南 海口
地质年代：早寒武世
生活环境：海底固着底栖生活
典型大小：盘体直径 2 厘米

斗篷海绵体中等大小，呈椭圆球形，约 20 毫米，盘体由单轴骨针呈放射状排列组成，主要为密集的细小骨针，另外可见粗大骨针由盘体中央延伸到盘体之外，直径可达 0.2 毫米，可延伸出盘体边缘 20 毫米以上。

网格拟小细丝海绵↑

分类地位：网针目、细丝海绵科
化石产地：云南 海口
地质年代：早寒武世
生活环境：海底固着底栖生活
典型大小：体长 5 厘米

海绵体角椎形，近顶端收缩成椎状，体壁由单轴针状双尖骨针组成，较大的纵向骨针分布于外骨层，弯弓状，交错排列成网眼状。横向单轴骨针呈束状排列，束与束之间间距约 1 毫米，近顶端成束性不明显，每一束的横向骨针数一般为 4 ～ 5 根。

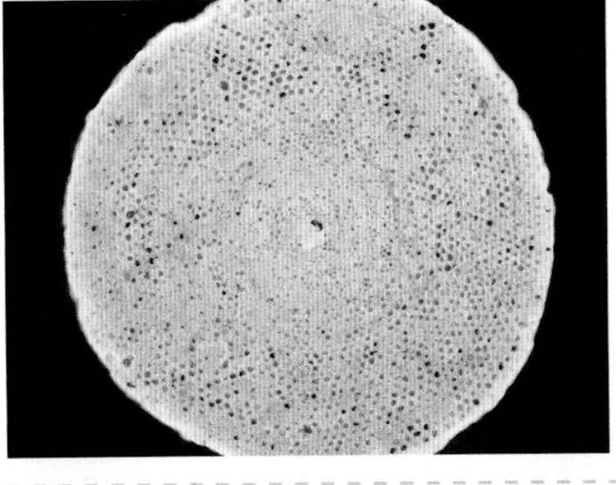

←层孔虫

分类地位：层孔虫纲、层孔虫目
化石产地：广西 南宁
地质年代：早泥盆世
生活环境：光照较好、水动力较强的浅海
典型大小：数毫米～ 1 米以上

层孔虫最早出现于早奥陶世晚期，至白垩纪完全绝灭，因其共骨的表面呈层状而得名。层孔虫是一类群体生活的海洋底栖动物，常与珊瑚、藻类大量聚集在一起而形成生物礁，是重要的造礁生物之一，也是重要的指相化石，可以显示礁体的生态环境，这类礁体通常是重要的油气储存场所。

←苔藓虫

分类地位：苔藓动物门、苔藓虫纲
化石产地：贵州遵义、广西南宁等
地质年代：早奥陶世——现代
生活环境：固着海底或其他物体上生活
典型大小：个体一般不超过 1 毫米，群体从数毫米至数百毫米

无脊椎动物，外形很像苔藓植物，所以称苔藓虫。所有的苔藓虫都是由许多个体组成的群体，所以也称群虫。群体的骨骼部分称硬体，多为钙质，或为几丁质，可保存化石，也有极少数没有硬体。苔藓虫个体很小，属微古生物学研究的范畴，需要制作切面在显微镜下观察。苔藓虫分布极广，常与珊瑚、腕足类等共生。中国奥陶纪至三叠纪海相地层中均发现有苔藓虫化石，晚古生代地层中较为丰富。

》蠕（rú）虫动物

晋宁环饰蠕虫↑

分类地位：古蠕虫科、环饰虫属
化石产地：云南 海口
地质年代：早寒武世
生活环境：浅海营潜穴生活，以食沉积物为主
典型大小：体长 6 厘米

虫体较长，呈圆管状。吻部向前翻出，前端为咽，中部为小疣，后部为吻颈、吻刺和吻疣。躯干体环显著而平直，前部体环细而密，每 1 毫米有 4 个体环，体环上光滑无饰。主躯干体环纵向较宽，每 1 毫米有 2 ～ 3 个，体环上有一对环形突起。尾端具一钩状小刺。

》腔肠动物

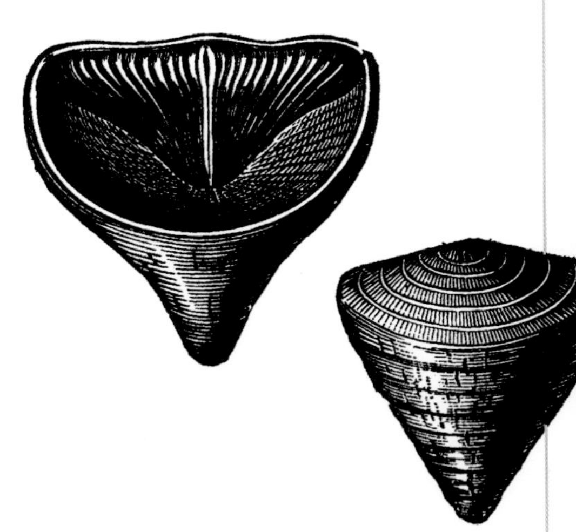

拖鞋珊瑚尖锐状亚种↑

分类地位：拟泡沫珊瑚目、方锥珊瑚科
化石产地：广西 柳州
地质年代：中泥盆世
生活环境：生活于温暖的浅海
典型大小：体长 2 厘米

属四射珊瑚。小型拖鞋状珊瑚，顶角尖锐状，在本种内属窄长形，底面平坦，个体外壁上发育纤细的生长纹及纵肋，时而也发育粗壮环褶，对隔壁明显。

》节肢动物

延长抚仙湖虫↑

分类地位：抚仙湖虫目、抚仙湖虫科
化石产地：云南 澄江
地质年代：早寒武世
生活环境：浅海近底爬行、游泳
典型大小：体长 8 厘米

抚仙湖虫是节肢动物的祖先类型。背壳由头甲、躯干和尾甲组成。头甲半圆形，前端具 1 对柄状眼，躯干分为胸部和腹部，胸部次长办形，具 17 个体节，中轴宽，肋叶较窄，肋刺短。腹部分 14 节，尾甲由一扇形的两叶和 1 个尾刺组成。

四节盘龙虫↑

分类地位：赫尔梅蒂虫目、赫尔梅蒂虫科
化石产地：云南 昆明
地质年代：早寒武世
生活环境：浅海底栖生活
典型大小：体长 1.5 厘米

四节盘龙虫属于三叶形虫，虫体较小，呈长卵形。头甲半圆形，中部略凸起，两侧较平，颊角圆润。头甲两侧各具 3 条放射状的脊状线。头甲前端有一横线将头甲前缘分开为一“板状”构造。胸部 4 个体节，宽度均匀，近横伸，末端具一向后伸的钝刺。尾甲宽大，呈钝三角形，较头甲略长。中轴微弱凸起，肋部具 4 条脊状线，将尾肋部分为 4 对肋节，边缘圆润无刺。

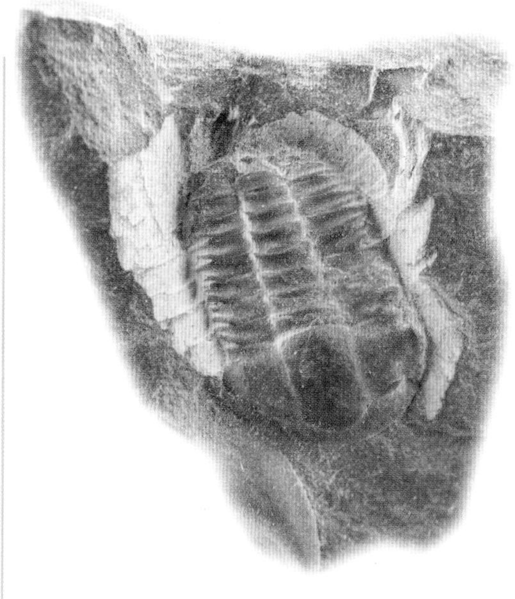

刺状纳罗虫↑

分类地位：游盾目、纳罗虫科
化石产地：云南 澄江
地质年代：早寒武世
生活环境：浅海近底爬行、游泳，食腐、食泥
典型大小：体长 3 厘米

背甲分头尾两部分，头甲半圆，尾甲半长椭圆形。头甲两后基角刺状。尾甲具侧刺，具一对较大的后侧刺，后尾刺之间另具 3 ～ 4 个小刺。纳罗虫化石是侯先光 1984 年在帽天山上发现的第一块化石，继而发现了轰动世界的澄江生物群。

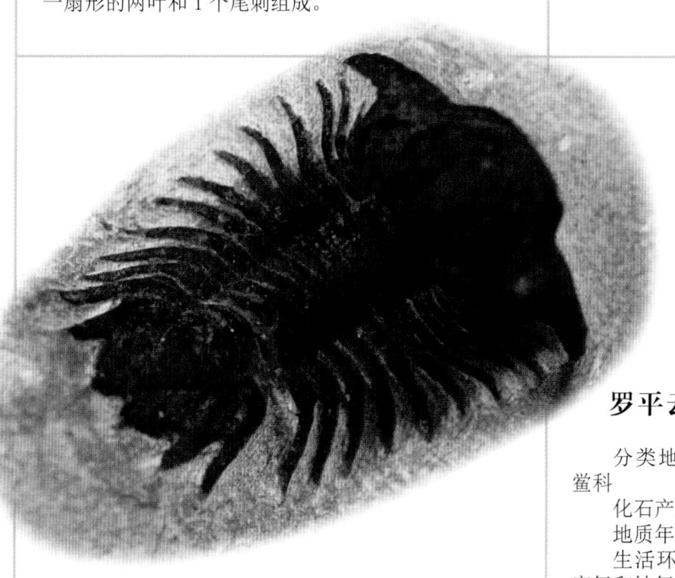

眼镜海怪虫↑

分类地位：海怪虫目、海怪虫科
化石产地：云南 澄江
地质年代：早寒武世
生活环境：浅海近底爬行、游泳
典型大小：体长 6 厘米

体较大，长椭圆形。头部半圆形，后侧端具一短刺。背面两侧具 1 对复眼，面线横向延伸至边缘。头部腹面具 1 个卵形的口板，1 对触角和 6 对双分附肢。胸部分 7 节。尾部分 4 节，肋刺向后加长。

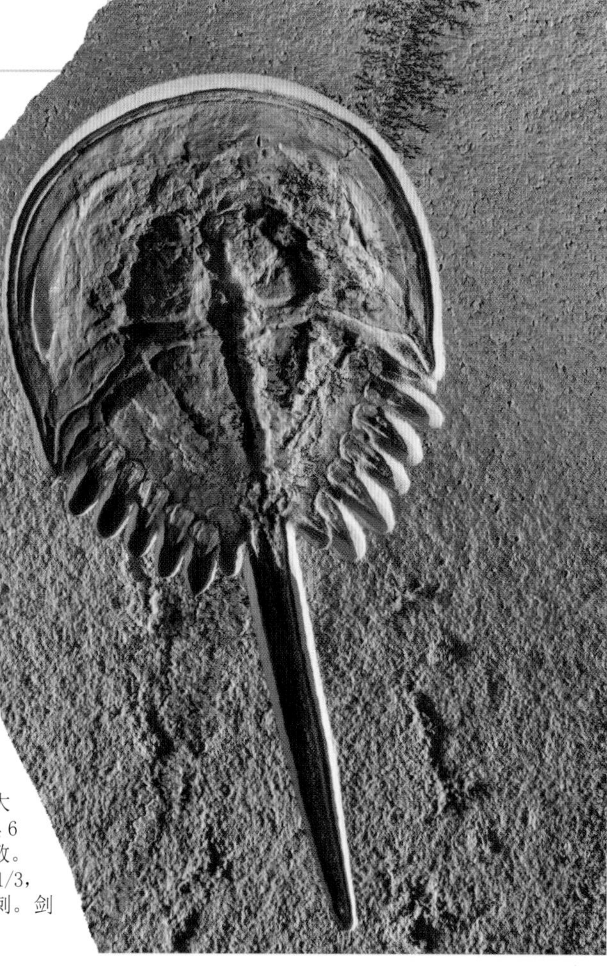

罗平云南鲎→

分类地位：剑尾目、中鲎科
化石产地：云南 罗平
地质年代：中三叠世
生活环境：海水交替升降的富氧和缺氧环境，栖息于砂质底浅海区
典型大小：体长 10 厘米

个体中等大小，从前向后可分为前体、后体和剑尾。前体半圆形，左右两侧分别向后延伸形成颊刺。眼位于眼脊后部。前体中部眼肌之间具椎形的轴部。轴部向前收缩，具 4 对轴沟。后体不分节，前后体的结合处较平直。后体前端宽度稍大于前体眼脊区，向后逐步收缩。前体腹部具 6 对步足，第 1 对略小，后面 5 对形态基本一致。后体具明显的轴部，轴部横向宽度为后体的 1/3，由前后略有收缩。后体的边缘部分具边缘刺。剑尾呈长矛状，长度相当于前体和后体之和。

》笔石动物

树笔石↑

分类地位：树形笔石目、树笔石科
化石产地：贵州 遵义
地质年代：中奥陶世
生活环境：营海洋漂浮生活
典型大小：体高5厘米

树笔石体始部具有茎和根状构造，呈树形；分枝不规则，枝间无横耙和绞结物连接；胞管有正胞管、副胞管及茎胞管3种；胞管排列呈锯齿状，正胞管为管状或部分孤立，副胞管形状不定。

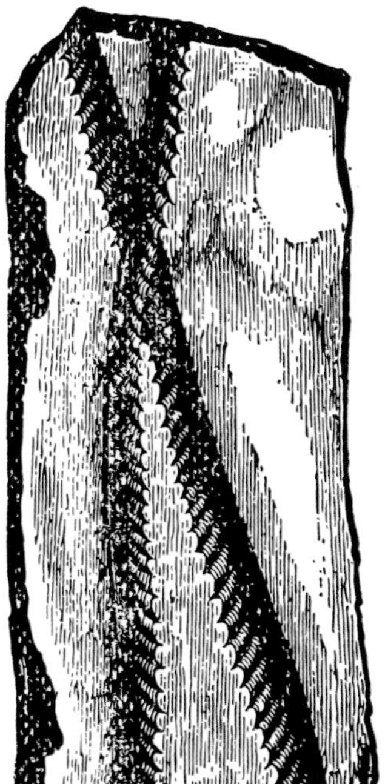

直笔石↑

分类地位：正笔石目、双笔石科
化石产地：湖北 宜昌
地质年代：中奥陶世
生活环境：营浅海漂浮生活
典型大小：体长6厘米

两枝向上攀合，形成双裂胞管的笔石体，横切面近方形，胞管为均分笔石式。腹缘直或微弯曲，常具有口刺。

塔形螺(luó)旋笔石↓

分类地位：正笔石目、单笔石科
化石产地：广东 郁南
地质年代：早志留世
生活环境：营浅海漂浮生活
典型大小：体高3厘米

笔石体作螺旋形旋转，构成圆椎形，胎管位于椎体的尖端。胎管的尖端到达第二个胞管的顶端，枝的平均宽度为1毫米。胞管具有更发育的口刺，长2毫米，掩盖1/2。在10毫米内有12个胞管。

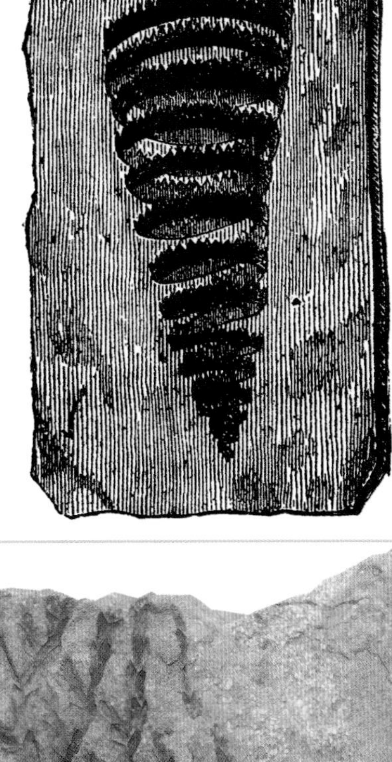

刺笔石↑

分类地位：树形笔石目、刺笔石科
化石产地：贵州 遵义
地质年代：中奥陶世
生活环境：营海洋漂浮生活
典型大小：体高4厘米

刺笔石体为灌木状，分枝不规则。胞管细长，几个胞管互相紧靠，形成芽枝，左右排列，骤视之，好像枝上生刺。

栅笔石↑

分类地位：正笔石目、双笔石科
化石产地：湖北 京山
地质年代：晚奥陶世
生活环境：营海洋漂浮生活
典型大小：体长4厘米

笔石体直，双列，横切面呈卵形。胞管强烈弯曲，腹缘作"S"形曲折，形成方形口穴，即栅笔石式胞管。

网格笔石→

分类地位：树形笔石目、树笔石科
化石产地：贵州 遵义
地质年代：中奥陶世
生活环境：营海洋漂浮生活
典型大小：体高10厘米

网格笔石体呈锥形或盘形，胎管露出或包围在根状的构造里；笔石枝为正分枝，各枝平行或近于平行，枝间有横靶连接，形成网格状；胶结少或无；正胞管为直管状，侧面呈锯齿状，副胞管的形式无定。

双腹扭形贝↑

分类地位：扭月贝目、齿扭贝科
化石产地：广西 南宁
地质年代：早泥盆世
生活环境：在陆棚区浅海环境底栖生活
典型大小：体长 2 厘米

贝体中等至大型，轮廓肺叶形。铰合线直，内缘具完整的副铰齿。主端向两侧强烈突伸，呈纯针状。侧视狭薄，凸凹形。沿两壳纵中线都有一个深槽。腹壳铰合面高，斜倾至下倾型。背壳铰合面低，下倾型。两壳的三角孔均复有凸起的假窗板，壳纹较密细，作分枝式的增加。

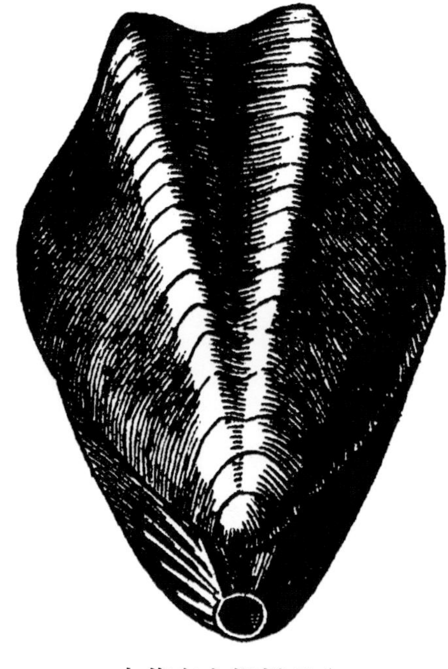

中华东方搁板贝↑

分类地位：正形贝目、德姆贝科
化石产地：广西 南宁
地质年代：早泥盆世
生活环境：在陆棚区浅海环境底栖生活
典型大小：体长 1.2 厘米

贝体中等，侧貌腹双凸（tū）型。腹壳凸度约为背壳的两倍左右，背壳缓凸，最凸处位于背壳后面，前方壳面平坦，纵中线发育一个浅阔的凹（āo）槽。同心状纹饰缺失或细弱，前缘附近偶见 1 ～ 3 条同心层。

常见喙石燕↑

分类地位：石燕目、窗孔贝科
化石产地：广西 南宁
地质年代：早泥盆世
生活环境：在陆棚区浅海环境底栖生活
典型大小：体长 7 厘米

贝体横宽展翼，凸度较强，槽深隆高，前舌长，饰褶粗壮而稀少，侧翼各 6 ～ 7 条，近中央的 3 ～ 5 条尤为粗壮，近主端处还有 2 ～ 3 条细弱的饰褶，同心层密集而显著。

弓石燕↓

分类地位：石燕目、弓形贝科
化石产地：广西 柳州
地质年代：晚泥盆世
生活环境：生活在松软的海底
典型大小：体长 4 厘米

壳近方形，壳的最大宽度位于铰合线上。双凸形，铰合面低矮，中槽与中隆均发育良好。中槽内及中隆上的壳线比较密集，侧区壳线较粗，简单不分枝。全部壳面均有放射状排列的细瘤延伸而成的细放射纹。

美丽蕉叶贝↑

分类地位：长身贝目、欧姆贝科
化石产地：贵州 贵阳
地质年代：早二叠世
生活环境：生活于海底
典型大小：体长 9 厘米

贝体大。轮廓不规则，一般为长卵形。腹壳近平或略凸，壳面光滑，具有细密的同心纹。侧隔板较厚，为数在 20 以上，板顶平坦，略微向前凸起。背壳内的侧叶平坦，与中叶直交，与侧缘斜交成 60°～ 70° 的交角。

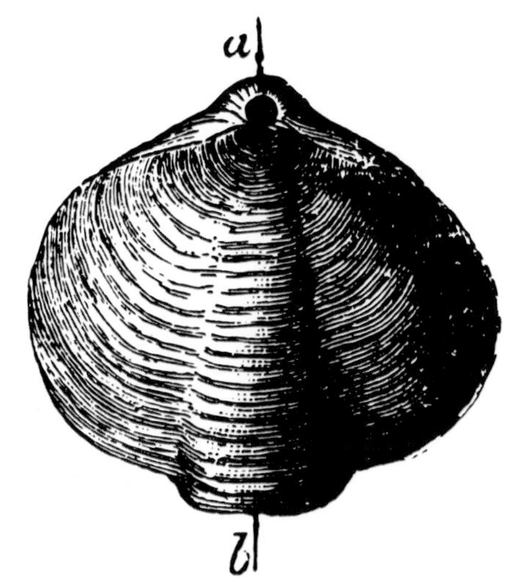

巨大无窗贝↑

分类地位：无窗贝目、无窗贝科
化石产地：广西 南宁
地质年代：早泥盆世
生活环境：在陆棚区浅海环境底栖生活
典型大小：体长 5 厘米

壳体巨大，近横长方形，最大壳宽约位于横中线，双凸型。腹壳凸起平缓，中槽自壳顶区前方开始出露，形成一个舌状体。喙部小，强烈弯曲几与背壳顶部相接触。背壳凸度远大于腹壳，中隆狭，隆升不高，隆顶圆形，喙部强烈弯曲，隐掩在腹壳窗孔之下。

》头足纲

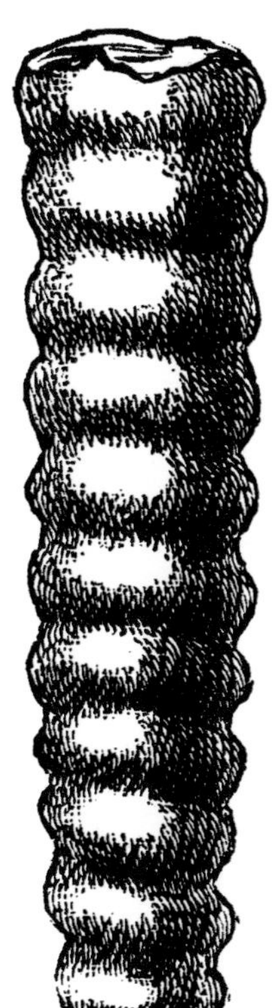

←前环角石

分类地位：爱丽斯木角石目、前环角石科
化石产地：湖北 宜昌
地质年代：早奥陶世
生活环境：海洋游泳生活
典型大小：体长 8 厘米

壳直或微弯。横切面圆至椭圆形。壳面饰有横环，环及环间有细的横纹。体管中等大小，不在中央。隔壁颈短而直，连接环甚厚。缝合线为直线型。

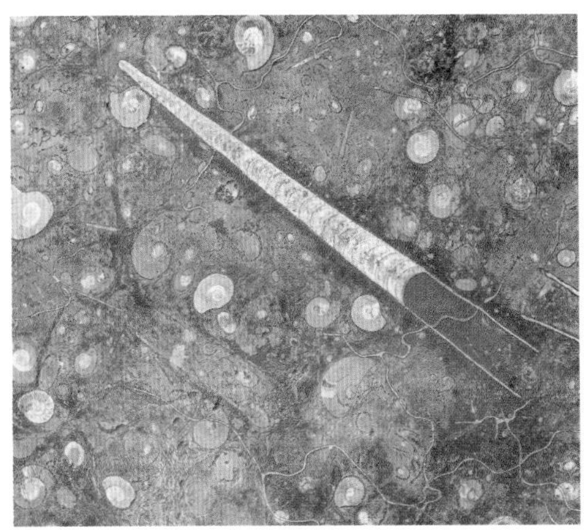

震旦角石↑

分类地位：米锲林角石目、米锲林角石科
化石产地：湖北 宜昌
地质年代：中奥陶世
生活环境：海洋游泳生活
典型大小：体长 20 ～ 60 厘米

外壳呈圆锥形或圆柱形，壳面覆以显著的波状横纹，隔壁颈相当于气室深度的一半。体管细小，位居中央或微偏，住室无纵沟。纵切面磨光状如塔，可用作陈列品，故俗称"宝塔石"，又称"中华角石"。一般为 20 ～ 60 厘米，最长可达一米多。

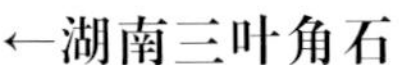

←湖南三叶角石

分类地位：塔飞角石目、微石科
化石产地：湖南 永顺
地质年代：中奥陶世
生活环境：海洋游泳生活
典型大小：体长 20 厘米

幼年期壳的初始端平卷，形成 3 ～ 4 个旋环，成年期后长成直壳，壳面有横肋及与之平行的生长纹。角石的体管靠近背边。化石采自宝塔组的石灰岩中，被方解石替代，形成了通透的晶体，常见打磨剖光后加工成工艺品。

布兰弗菊石→

分类地位：菊石目、伯利亚斯菊石科
化石产地：西藏 阿里
地质年代：晚侏罗世
生活环境：栖居侏罗纪的广阔海洋，游泳缓慢
典型大小：直径 10 厘米

壳外卷，呈盘状，壳体较厚，腹部有明显的腹中沟。肋纹在脐部分及侧面外围向前方斜展，在腹中沟两侧中断结为疣节而消失。住室部分的肋纹变粗，距离变大。

球形墨西哥菊石→

分类地位：棱菊石目、环叶菊石科
化石产地：浙江 建德
地质年代：早二叠世
生活环境：生活于浅海环境，适合快速游泳
典型大小：直径 3 厘米

壳体内卷，呈亚球形。脐部很小，腹部宽穹，侧部较窄，弯曲。旋环横断面呈新月形。每一旋环具有 4 个显著的、微弯曲的收缩沟，在脐缘外微向前方弯曲，在侧部微向后方弯曲，在腹部微向前方弯曲。缝合线的腹支叶窄，后端二分；内侧有两个长齿，第一至第三侧叶呈掌状，后部齿很长，脐壁上的缝合线不清楚，可能有 1 个二分的小叶。

假海乐菊石→

分类地位：棱菊石目、假海乐菊石科
化石产地：湖南 湘潭
地质年代：早二叠世
生活环境：生活于浅海环境
典型大小：直径 3 厘米

壳为菊石形，内卷为椭圆形，旋环横断面呈半圆形。脐很窄或闭合。体管位于中央。壳面具有显著的横肋和沟，横越腹部而不中断。缝合线齿菊石型，叶和鞍均为 8 个。

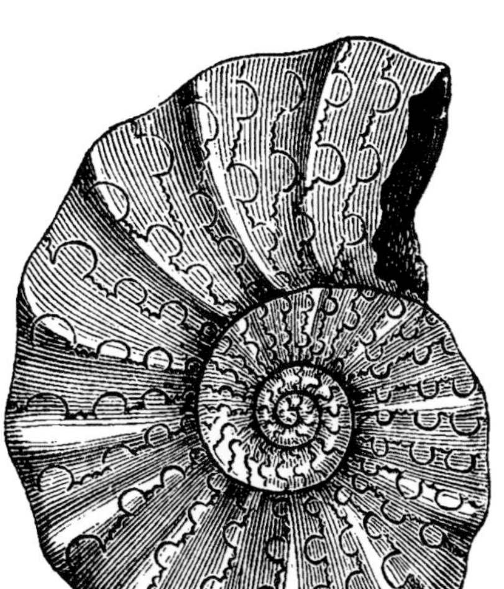

←新铺埃诺鹦鹉螺

分类地位：鹦鹉螺目、鹦鹉螺科
化石产地：贵州 关岭
地质年代：晚三叠世早期
生活环境：生活于水深 60 ～ 400 米处，作后退式游泳
典型大小：直径 20 厘米

新铺埃诺鹦鹉螺系贵州关岭 2003 年首次发现报道。在关岭生物群中头足类以菊石为主，鹦鹉螺类相对较少。鹦鹉螺类动物在寒武纪晚期已经出现，奥陶纪进入全盛时期，此后衰退，二叠纪后期生物大灭绝后，所剩鹦鹉螺属种十分有限，到现在仅有鹦鹉螺一属。新铺埃诺鹦鹉螺外形呈卷曲状，它们通过向前喷水所产生的反作用力在海洋中作后退式游泳。

阿尔图菊石→

分类地位：棱菊石目、副腹菊石科
化石产地：浙江 建德
地质年代：早二叠世
生活环境：生活于浅海环境
典型大小：直径 5 厘米

壳体大，半外卷到半内卷，呈盘状。脐部中等大。壳表具粗的纵旋纹及细的生长线。脐缘饰有肋状物，在生长的早期尤其发育。具收缩沟，并随着壳体增长而消失。生长线和收缩沟形成腹弯。腹叶不是很宽，两侧边几乎平行，腹支叶相当窄，略呈压舌板状。腹中鞍中等高，鞍顶相当宽。

←阿翁粗菊石

分类地位：齿菊石目、粗菊石科
化石产地：贵州 关岭
地质年代：晚三叠世早期
生活环境：生活于浅海
典型大小：直径 5 厘米

壳体半内卷，呈盘状。腹部较窄；旋环高，断面略呈半椭圆形；具腹中沟，两侧各具两排瘤。侧面稍凸，饰有弯曲的横肋，横肋大多数在侧面内围分叉，横肋上具 8 排瘤。脐部较小，脐（qí）缘上具一排瘤。

多瘤粗菊石→

分类地位：齿菊石目、粗菊石科
化石产地：贵州 关岭
地质年代：晚三叠世早期
生活环境：生活于浅海，不适于远洋快速游泳
典型大小：直径 6 厘米

壳近内卷，呈厚饼状或扁饼状。腹部窄圆，腹中沟明显，两旁的腹棱上有两排瘤。侧面饰有微弯的肋纹，肋上有若干排成旋转状的瘤。亚菊石型缝合线，每边有两个分齿不长的侧叶。

←假提罗菊石

分类地位：齿菊石目、假提罗菊石科
化石产地：广西 来宾
地质年代：晚二叠世
生活环境：生活于浅海，不善于游泳
典型大小：直径 5 厘米

壳外旋。侧部具明显的横肋，距腹部不远处常有侧瘤。腹部具明显的腹棱。缝合线为菊面石式，每侧具有两个齿状的侧叶及短的肋线系，有一个低的内腹鞍二分的腹叶。

←蛇菊石

分类地位：齿菊石目、蛇菊石科
化石产地：浙江 长兴
地质年代：早三叠世早期
生活环境：生活于浅海，营游泳生活
典型大小：直径 3 厘米

壳外卷，呈盘状，腹部窄圆。脐部很宽，脐壁高而直立。壳面一般光滑或具少量不明显的肋或瘤。缝合线为菊面石式，具两个细长的侧叶及短的肋线条。

前粗菊石↑

分类地位：齿菊石目、粗菊石科
化石产地：云南 富源
地质年代：晚三叠世早期
生活环境：浅海生活，不善游泳
典型大小：直径 5 厘米

壳形似粗菊石，近内卷，呈扁饼状，唯腹沟旁的腹棱上有一排瘤。缝合线似粗菊石，但比较原始。

村上翼形莱德利基虫↑

分类地位：莱德利基虫目、莱德利基虫科
化石产地：贵州 凯里
地质年代：早寒武世
生活环境：生活于温暖透光的海洋陆棚区
典型大小：体长 2 厘米

背壳长卵形，头鞍长锥形，具 3 对头鞍沟，后二对在头鞍中部相连；眼叶长，向后弯曲；眼前翼横向较短，面线前支近乎平伸，长度中等；活动颊较宽，颊刺较长；胸部 15 节，第 11 节上有轴刺；尾部小。

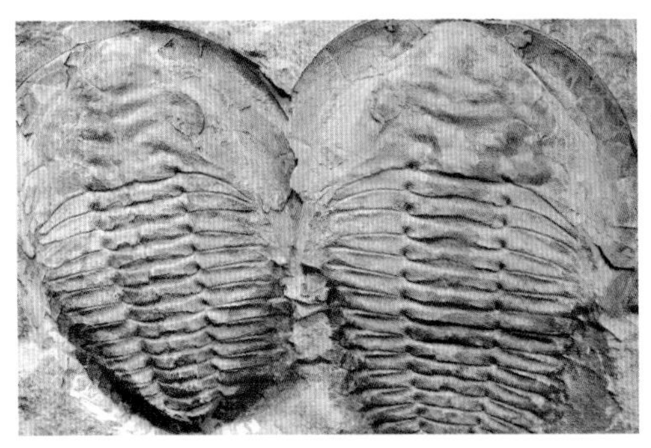

满苏氏莱德利基虫↑

分类地位：莱德利基虫目、莱德利基虫科
化石产地：云南 昆明
地质年代：早寒武世
生活环境：浅海潮坪环境底栖爬行生活
典型大小：体长 6 厘米

背壳宽卵形，头部半圆，头盖亚梯形，表面具指纹状不规则纹饰。头鞍锥形，具 3 对头鞍沟。内眼颊极狭，眼脊短，眼叶长。活动颊较短，颊刺粗壮。胸部 14 节，中轴较肋叶稍宽，每个中轴环节上具一小瘤，第 10 轴节上具一长轴刺。尾部小，半圆，具肋沟，肋刺短小。

兰氏古油栉虫→

分类地位：莱德利基虫目、古油栉虫科
化石产地：云南 昆明
地质年代：早寒武世
生活环境：生活于浅海潮坪环境
典型大小：体长 1 厘米

虫体较小。背壳长卵形，头盖次方形，宽大于长。头鞍长方形，平凸，具 4 对头鞍沟。固定颊较宽，后侧翼宽而短。眼脊较长，眼叶较小。活动颊较窄，颊刺短小。胸部 13 节，肋刺短。尾部小，半椭圆形，中轴宽，尾边缘两侧稍宽，后缘较窄。

←光滑马龙虫

分类地位：莱德利基虫目、欺诈油栉虫科
化石产地：云南 马龙
地质年代：早寒武世
生活环境：生活于浅海潮坪环境
典型大小：体长 3 厘米

背壳长卵形，头部半圆，头盖次梯形。头鞍锥形，平凹，具 3 对微弱的头鞍沟。眼叶中等大小，眼脊较弱，固定颊（jiá）较窄。活动颊宽而平，颊刺粗壮。胸部具 14 个胸节，肋刺较长。尾部小，中轴凸，短而宽，肋叶窄而平，具 1 对剪刀形的尾刺。

中间型古莱德利基虫↑

分类地位：莱德利基虫目、莱德利基虫科
化石产地：云南 海口
地质年代：早寒武世
生活环境：浅海潮坪环境底栖爬行
典型大小：体长 6 厘米

背壳长卵形，头部半圆形。头盖次方形，头鞍凸起，锥形，头鞍沟 3 对。眼叶新月形，较短，末端离头鞍稍远。活动颊宽而平坦，具狭而长的颊刺。胸部 15 节，第 9 节轴节具长刺。尾部极小，具一横沟。此标本完整地保存了触须，十分少见。

剪刀形小宜良虫↓

分类地位：莱德利基虫目、巨尾虫科
化石产地：云南 马龙
地质年代：早寒武世
生活环境：生活于浅海潮坪环境
典型大小：体长3厘米

背壳长卵形，头部半圆，头盖次梯形。头鞍凸起，呈锥形，具3对浅而宽的头鞍沟。固定颊狭窄，眼叶较小。活动颊宽，颊刺较长。胸部16节，第一中轴环节上具一小瘤，肋刺由前向后加长。尾部小，中轴凸起，肋部由2对肋节向后延出2对大而长的尾刺。

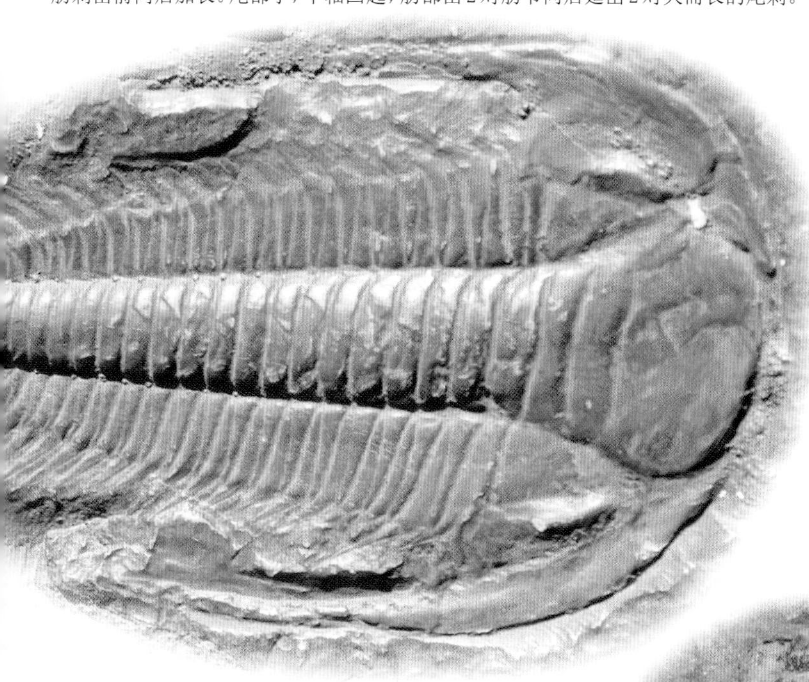

长形张氏虫↑

分类地位：耸棒头虫目、掘头虫科
化石产地：湖南 花垣
地质年代：早寒武世
生活环境：营浅海漂游生活
典型大小：体长1厘米

个体小，背壳长椭圆形。头鞍长，向前微微扩大并紧靠外边缘。3对头鞍沟成圆而长的坑状。颈环平而窄。眼叶颇大，稍弯曲。胸部14节，轴狭。尾部小，中车由分3～4节，尾部后端伸展成分叉尖刺，肋部伸长成细密的刺。

←贵州宽背虫

地质年代：中寒武世
生活环境：温暖透光的海洋陆棚区
典型大小：体长6厘米

背壳椭圆形。头部半圆形，颊刺发育。头鞍短而较宽，向前收缩较快。头鞍沟3对。眼大而长，眼脊宽。颈环具颈疣或颈刺，活动颊颊刺较短。胸部13节，胸轴宽而突起，胸肋部肋节横向宽度自前向后加大。并由前至后逐步加长至第11节，第11节为大肋节，最宽，肋刺最长，第12、13节不发育，不具肋刺。尾部半圆形，相对较短而宽，具一个窄的轴环和轴后节。

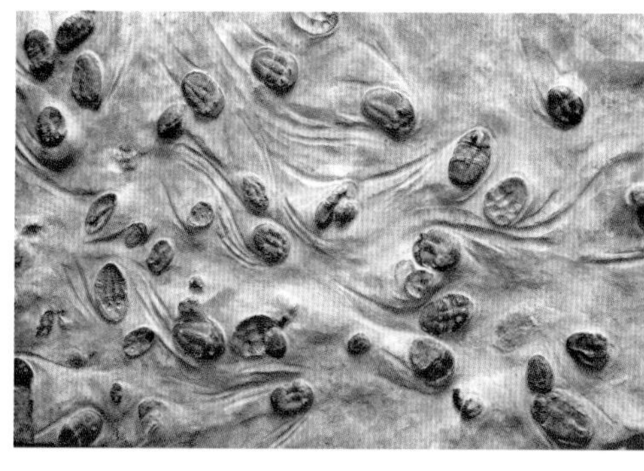

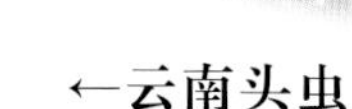

←云南头虫

分类地位：莱德利基虫目、云南头虫科
化石产地：云南 澄江
地质年代：早寒武世
生活环境：生活于浅海潮坪环境
典型大小：体长2厘米

背壳长椭圆形。头部K，头鞍长锥形，具3对窄而向后弯曲的头鞍沟。颈环大，眼叶大，眼脊横向伸展。外边缘狭，内边缘低下，面线前支向前轻微扩大，后支倾斜伸出。活动颊大。胸部14节，每一个中轴环节上具一小瘤，尾部小。

耙榔虫↑

分类地位：耸棒头虫目、耙榔虫科
化石产地：湖南 花垣
地质年代：早寒武世
生活环境：浅海底栖生活
典型大小：体长0.8厘米

个体较小的后颊类三叶虫。壳体略呈椭圆形。头鞍长方形，两侧平行或略向前收缩。头鞍沟3对。固定颊稍凸起。眼叶长大，眼脊微弱。活动颊狭，颊刺极短小。胸部4节，中轴向后缓慢收缩，肋沟深而狭。尾部大，略呈半圆形，中轴长，轴节9～10个。肋沟清晰，边缘狭，边缘沟浅。

高雅小栉虫↑

分类地位：栉虫目、栉虫科
化石产地：湖南 永顺
地质年代：早奥陶世
生活环境：海洋底栖生活
典型大小：体长 8 厘米

头部及尾部边缘均凹陷。头部具颊刺。头鞍长，略凸出，眼小，靠近头鞍。胸部八节。尾部宽，中轴不显。

等称虫↑

分类地位：栉虫目、栉虫科
化石产地：贵州 黄平
地质年代：早奥陶世
生活环境：浅海陆棚环境底栖
典型大小：体长 4 厘米

头尾大小相等，头盖及尾部光滑，具有不发育的边缘，唇板两侧平行，后端分叉深。头部前边缘相当长，背沟不显，几乎完全消失。眼中等大小，位于头部巾线之后。胸部 8 节，中轴宽。尾部中轴宽，但不显，肋部光滑或有极微弱的分节。

似镰虫↑

分类地位：栉虫目、镰虫科
化石产地：贵州 黄平
地质年代：早奥陶世
生活环境：浅海陆棚环境底栖
典型大小：体长 6 厘米

头部边缘不明显地与凸起的颊部及鞍前区分开，叶状体小，半圆形，低于颊部的高度。头鞍约为头部的 3/10，头鞍后侧叶明显，眼粒位于头鞍前侧缘相对位置上，眼脊略向后弯。颊脊强壮，呈放射状，伸向狭而凸的前边缘，在凹陷的边缘上，颊脊与颊脊之间有不规则的小陷孔。胸部 20 多节，胸轴窄，肋部宽。

中华斜视虫↓

分类地位：栉虫目、斜视虫科
化石产地：贵州 遵义
地质年代：中奥陶世
生活环境：海洋底栖生活，具卷曲功能，可以钻入淤泥
典型大小：体长 5 厘米

背壳卵形，头部半圆形，宽约为长的两倍，强烈凸起。头鞍强烈高凸，向后缘隆起。眼中等大小，位于头部中线之后。活动颊宽度约为固定颊两倍，壳面具许多平行的同心线纹。胸部 10 节。尾部抛物线形，中轴短而狭，尖锥形。

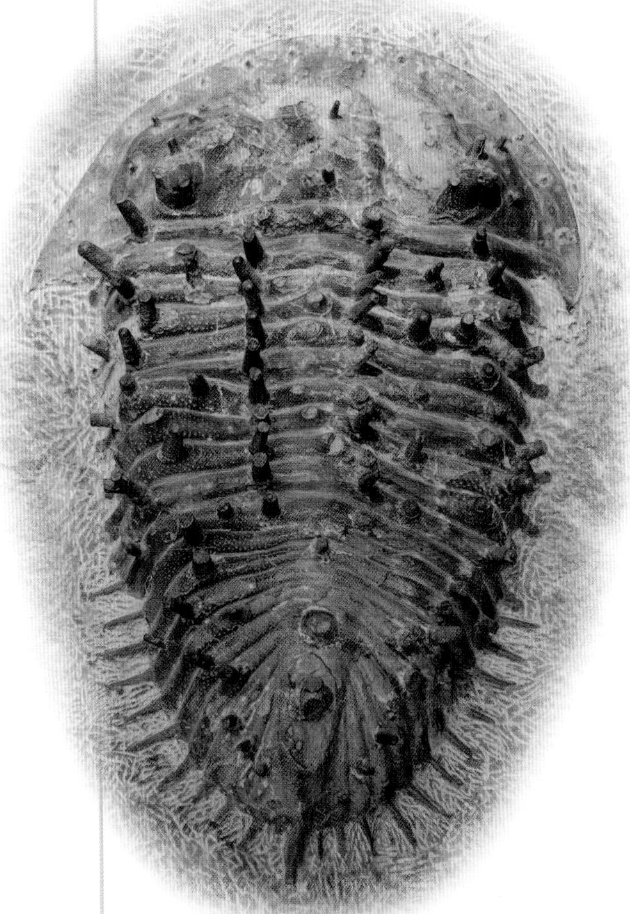

大湾假帝王虫↑

分类地位：栉虫目、栉虫科
化石产地：贵州 黄平
地质年代：早奥陶世
生活环境：浅海陆棚环境底栖
典型大小：体长 6 厘米

头部外形呈半圆形，微凸。头鞍平凸、窄。在颈沟之前有一个小而明显的中瘤。头鞍具 3 对头鞍沟。眼中等大小、圆润，位置在头鞍横中线之后。固定颊外形次椭圆形。活动颊大，极平缓的凸起。胸节具显著的中轴，肋沟深而宽，微倾斜。尾部宽，外形呈次椭圆形，中等凸起，具一宽而凹陷的边缘。

←王冠虫

分类地位：镜眼虫目、彗（huì）星虫科
化石产地：湖南 张家界
地质年代：中志留世
生活环境：浅海底栖生活
典型大小：体长 6 厘米

因头部边缘有一列突起的小瘤，状似王冠，故名。头部呈新月形至次三角形，具很长的颊刺。头鞍前宽后窄，成棒状，后面狭窄部分被 3 条深而宽的横沟穿过；活动颊边缘上有 9 个齿状瘤，头甲具粗瘤。胸部 11 节；尾部三角形，中轴窄、平凸、向后逐渐变窄。

沟通虫↑

分类地位：镜眼虫目、镜眼虫科
化石产地：广西 南丹
地质年代：中泥盆世
生活环境：较深水环境下钻泥盲眼生活
典型大小：体长 3 厘米

个体长椭圆形，中等大小。头部半圆形。头鞍光滑，前部宽于后部。颈环和颊环微弱显现，仅在侧部见有小凹坑。后边缘窄。胸部 11 节。尾部近半圆形，中轴分节不清，往后明显收缩，直达边缘，背沟浅。肋部光滑，仅在前关节面上可见有横沟。

宝石虫↓

分类地位：栉虫目、宝石虫科
化石产地：贵州 黄平
地质年代：早奥陶世
生活环境：海洋底栖生活，具卷曲功能，可以钻入淤泥。
典型大小：体长 5 厘米

后颊类，头尾大小几乎相等。头鞍极宽，无头鞍沟，眼大，半圆形，靠近头鞍，两活动颊在前端融合成一单体，腹边缘连接不分开。胸部 8 节。尾部半圆形，壳面光滑。

←帕氏德氏虫

分类地位：裂肋虫目、德氏虫科
化石产地：山东 临朐
地质年代：中寒武世晚期—晚寒武世早期
生活环境：浅海底栖生活
典型大小：体长 8 厘米

背壳呈椭圆形，头部宽，头鞍长，亚筒状，向前逐步收缩，头鞍沟短，颈沟深，固定颊宽，眼叶中等大小，位于头鞍沟横向中线的位置，颊刺有间夹角前方伸出；胸部前 1/3 较宽，有 12 胸节，中轴宽度约为肋部宽度的一半，肋刺较长并向后侧方延伸；尾部呈半圆形，中轴呈锥形，后端圆，肋脊向外伸出不同长度的肋刺；整个壳面布满瘤点。

镜眼虫→

分类地位：镜眼虫目、镜眼虫科
化石产地：新疆 和布克赛尔
地质年代：泥盆纪
生活环境：生活在温暖的浅水域
典型大小：体长 5 厘米

头鞍大、平凸。前端下弯或向前伸出。颈环之前有下凹的夹环。背沟深且宽。胸部 12 节，每一体节都有许多面，能助其更容易卷曲。尾短，尾沟深。

←矛头虫

分类地位：栉虫目、带针虫科
化石产地：贵州 遵义
地质年代：中奥陶世
生活环境：生活于浅海环境
典型大小：体长 3 厘米

头部外形呈等边三角形，头鞍矛状凸起，沿中轴有一脊梁。头鞍具有 4 对明显的肌肉痕。固定颊凸起，呈三角形。胸部 5 节，最宽处在第 2 胸节，关节沟明显。尾部半椭圆形，宽度大于长度，中轴隐约呈现，边缘强烈下弯，由两侧向后逐步加宽，边缘上饰以和后缘平行的细线纹。

大洪山虫→

分类地位：栉虫目、大洪山虫科
化石产地：贵州 黄平
地质年代：早奥陶世
生活环境：浅海陆棚环境底栖
典型大小：体长 6 厘米

头鞍徐徐向前扩大，达于前缘，头鞍沟极浅。固定颊窄，眼小，靠近头鞍。活动颊具颊刺。胸部 8 节，中轴与肋叶的宽度大致相等，具短肋刺。尾部略呈方形或半椭圆形，中轴及肋部明显分节，后侧具 1 对后伸的侧刺。边缘宽，后端圆润。

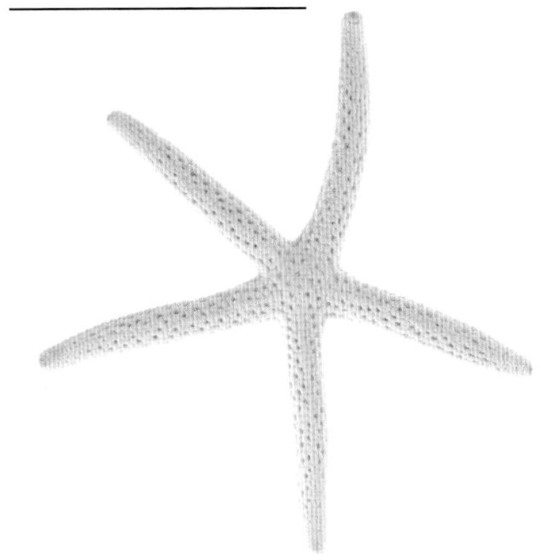

海星↑

分类地位：棘皮动物门、海星纲
化石产地：云南 罗平
地质年代：中三叠世
生活环境：生活于浅海爬行
典型大小：直径2厘米

罗平生物群无脊椎动物，未定种。体扁、星形、具腕。腕中空，由短棘和叉棘覆盖。下面的沟内有成行的管足，使海星能向任何方向爬行。内骨骼由石灰质骨板组成。

关岭创孔海百合↑

分类地位：海百合纲、石莲科
化石产地：贵州 关岭
地质年代：晚三叠世早期
生活环境：海洋中营假浮游生活
典型大小：冠长30厘米

个体较大，冠长30厘米以上，茎长可大于150厘米。冠大，上宽下窄，呈雨合花状。萼部小，碗状，碗板交错排列，碗内侧分粗羽支和细羽支，碗侧分粗羽支，对称生长。茎圆，无蔓枝，根锚状。

俞氏贵州始海百合↑

分类地位：戈氏海百合目、始海百合科
化石产地：贵州 凯里
地质年代：早寒武世
生活环境：浅海陆棚深水环境的沙泥质海底，以茎同着生活
典型大小：体长3厘米

中小型始海百合。萼部椭圆形，最大宽度在萼部中上部。萼板由下部向上部加大，至萼部中上部位置萼板最大。萼下部缝孔不发育，向上发育。萼板则呈齿轮状。茎呈倒锥柱状，由多边形小球粒组成。具吸盘，腕枝比较发育，一般6～8根，细长，成年标本腕枝呈螺旋状缠绕。

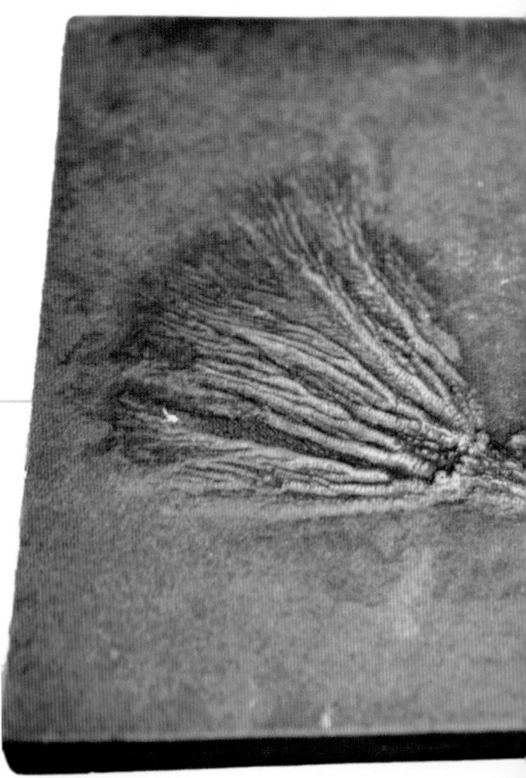

卢氏中国始海百合→

分类地位：戈氏海百合目、始海百合科
化石产地：贵州 凯里
地质年代：中寒武世早期
生活环境：浅海陆棚深水环境的沙泥质海底，以茎固着生活
典型大小：体长4厘米

成年期萼部呈倒梨形，口面较宽圆，反口面较窄，最大宽度位于萼的中上部，萼板清晰可见，呈齿轮状，由4～7列规则的萼板组成。缝孔发育呈椭圆状，萼板上部的缝孔形状通常复杂，而接近茎部的缝孔形状要简单些。茎为倒锥管状，直的腕枝，有6～10根不等。

许氏创孔海百合↑

分类地位：海百合纲、石莲科
化石产地：贵州 关岭
地质年代：晚三叠世早期
生活环境：海洋中营假浮游生活
典型大小：冠长 15 厘米

海百合分为冠、茎和根 3 部分，冠部由萼和着生在萼上的腕组成，各部分均由各种骨板组成。许氏创孔海百合个体中等大小，冠长，上宽下窄。萼部碗状，内底板、底板、辐板各 5 块，10 个一级腕板及一些间腕板，未见肛板。三级腕 20 个，双列。茎圆，无蔓板，茎中央孔小而圆。

海胆↓

分类地位：棘皮动物门、海胆纲
化石产地：云南 罗平
地质年代：中三叠世
生活环境：栖息在潮间带以下的海区礁林间或石缝中
典型大小：直径 2.5 厘米

罗平生物群无脊椎动物，未定种。海胆有中空的石灰质壳。管足从壳上穿孔到达体表；其功能各有不同。所有的种都有棘刺和棘钳（qián）。辐射对称的海胆呈球形，肛门位于反口面。两侧对称的海胆体扁，口偏离中心，肛门与口在同一面。体呈球形、半球形、心形或盘形。壳上布满了许多能动的棘。

脊椎动物亚门化石

无颌纲

宽展亚洲鱼↑

分类地位：华南鱼目、华南鱼科
化石产地：广西 横县
地质年代：早泥盆世
生活环境：生活于滨海环境
典型大小：体长 12 厘米

宽展亚洲鱼属于无颌类中的华南鱼类。亚洲鱼是中国最早描述的带有吻突和侧展的胸角的华南鱼类化石之一，在地层和生物对比上具有重要意义，在早泥盆世的中晚期与其他的如三岔鱼、鸭吻鱼、龙门山鱼等组成了种类繁多的华南鱼类世界。

棘鱼纲

中华棘鱼↑

分类地位：棘鱼目、棘鱼科
化石产地：武汉 汉阳
地质年代：早志留世
生活环境：河口或三角洲及滨海环境
典型大小：鱼棘长 5 厘米

鳍棘大，扁平，长而宽，末端略显弯曲，形似尖刀。中腔大，壁薄，近基部的横切面为三角形，延纵面布满细长的纵脊与沟痕，互相平行，并与棘的弯曲一致，大部分向末端聚合。含中华棘鱼的地层不是典型的海相层，而且也很少和海相化石一起保存，保存下来的化石也较破碎，仅有鳍棘，至今未发现过完整的个体。

盾皮纲

沟鳞鱼↑

分类地位：胴甲鱼目、沟鳞鱼科
化石产地：云南 武定
地质年代：中泥盆世
生活环境：生活在沿海和河道口
典型大小：体长 40 厘米

具甲，头甲半圆形，头部和胸部的外面由许多块骨板合成，上面有弯曲的细沟。腹部长有 1 对长而坚硬的胸附肢，用以在水底保持平衡。中国的华南泥盆纪地层富含沟鳞鱼化石。

硬骨鱼纲

新疆维吾尔鳕→

分类地位：古鳕目、古鳕科
化石产地：新疆 吐鲁番
地质年代：早白垩世
生活环境：生活于淡水湖泊中
典型大小：体长 16 厘米

个体小，长纺锤形。吻圆钝。顶骨大，长方形。上颌骨后部呈三角形。下颌骨很窄长。鳃盖骨高大，略呈长方形。胸鳍大，鳍条约 25 根。腹鳍条 27 ～ 30 根。背鳍居腹鳍和臀鳍之间空隙的上面，鳍条 26 ～ 30 根。所有鳍条均完全分节，均具基部棘鳞。尾鳍为全歪型，深分叉。鳞片小，菱形，表面有脊和沟，通常有锯齿状后缘。

斑鳞鱼→

分类地位：总鳍鱼目、班鳞鱼属
化石产地：广西 南宁
地质年代：早泥盆世
生活环境：滨海相环境
典型大小：体长 25 厘米

斑鳞鱼属于硬骨鱼类中的原始肉鳍鱼类，目前仅在广西和云南等地的早泥盆世地层中有发现。斑鳞鱼是研究四足动物起源的重要材料，属于整个硬骨鱼类分类系统中的祖先或基干地位，是最原始的肉鳍鱼类，这种早期肉鳍鱼类的发现揭示了中国华南是肉鳍鱼类的起源中心，为探讨原始硬骨鱼类的早期演化历史提供了重要依据。

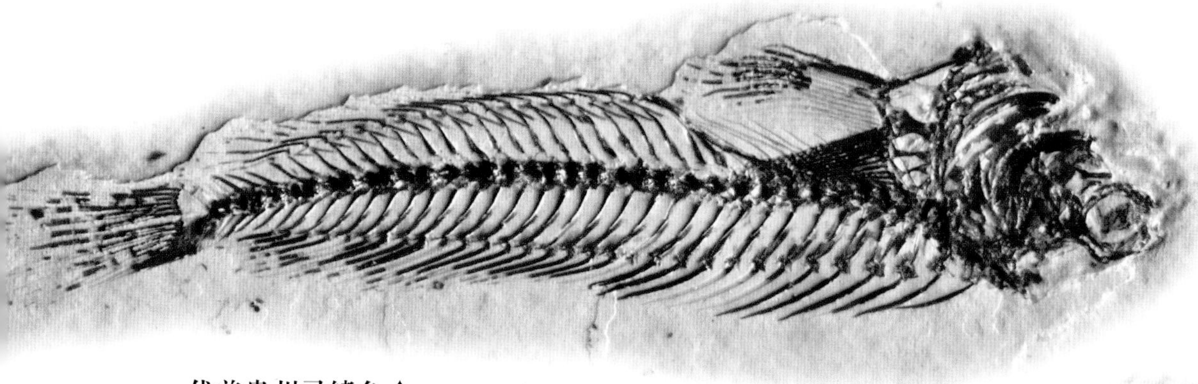

辽宁中华弓鳍鱼↓

分类地位：弓鳍鱼目、弓鳍鱼科
化石产地：辽宁 朝阳
地质年代：早白垩世
生活环境：生活于淡水湖泊中
典型大小：体长 30 厘米

辽宁中华弓鳍鱼属硬骨鱼纲、中华弓鳍鱼属的一种，新种。体型短粗，吻骨较短，鼻骨近四方形，围眶骨较多，前鳃盖骨强烈弯曲，背鳍条较少，尾鳍条较多，臀鳍鳍基起点到鱼体背缘的鳞列较多，鳞片后缘不具锯齿，尾鳍具有纤维状的角质鳍条。

优美贵州弓鳍鱼↑

分类地位：弓鳍鱼目、弓鳍鱼科
化石产地：云南 富源
地质年代：晚三叠世早期
生活环境：水体相对较深的局限海或泻湖环境
典型大小：体长 8 厘米

鱼个体小，身体纺锤形，脊索发育，脊椎数目较少，椎体未完全骨化。前尾区发育雏形双体锥形，髓骨、髓突、脉弧、脉突、椎体、横突和肋骨完全骨化。上髓突片状，数目少。偶鳍小且鳍条较少。背、臀鳍的形状和结构为典型的弓鳍鱼型。半歪尾型，无尾裂。各鳍鳍条分叉简单。

←高背罗雄鱼

分类地位：辐鳍亚纲、罗雄鱼属
化石产地：云南 罗平
地质年代：中三叠世
生活环境：海水交替升降的富氧和缺氧环境
典型大小：体长 15 厘米

中等体型，侧扁；身体轮廓为三角形，背鳍之前的背部区域高高耸起成为三角形的一个顶点；腮盖系统完整，有间腮盖；牙齿分布在上下颌副碟骨和内翼骨上，口裂小；尾为半歪尾；鳍条在中部分节并在尖端分叉；鳍前边缘棘鳞发育；身体被四边形倒菱形的鳞片覆盖，表面有瘤点纹饰，后缘具梳状纹饰，鳞片由楔臼（jiù）结构连接。

小鳞贵州鳕→

分类地位：古鳕目、古鳕科
化石产地：云南 富源
地质年代：晚三叠世早期
生活环境：水体相对较深的局限海或泻湖环境
典型大小：体长 35 厘米

鱼个体颇大，身体呈长纺锤形。上、下颌骨为典型的古鳕型。口裂很长，口缘具有锥状牙。腹鳍小，位于胸鳍和臀鳍之间。背、臀鳍颇大，前者位于身体中后部；后者比前者大且长，鳍条数目多。背鳍的起点稍在臀鳍的起点之前。棘鳞发育。歪尾型，尾鳍正形且尾裂深。硬鳞很小，为菱形。躯干横列、鳞列数目多。

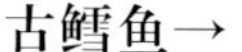

古鳕鱼→

分类地位：古鳕目、古鳕科
化石产地：云南 富源
地质年代：晚三叠世早期
生活环境：水体相对较深的局限海或泻湖环境
典型大小：体长 10 厘米

体呈长纺锤形，骨骼主要是软骨。上颌骨与前鳃骨紧密连接，几乎不能动，上颌具有独特的菜刀形。顶骨和额骨皆一对。悬挂骨倾斜，眼大，位于头部的前端。下鳃盖小于鳃盖，无间鳃盖。牙齿圆锥形。鳞片多为菱形硬鳞，表面有珐琅质，棘鳞发育。背鳍的辐状骨多于鳍条数，歪尾型，上叶有硬鳞。未定种。

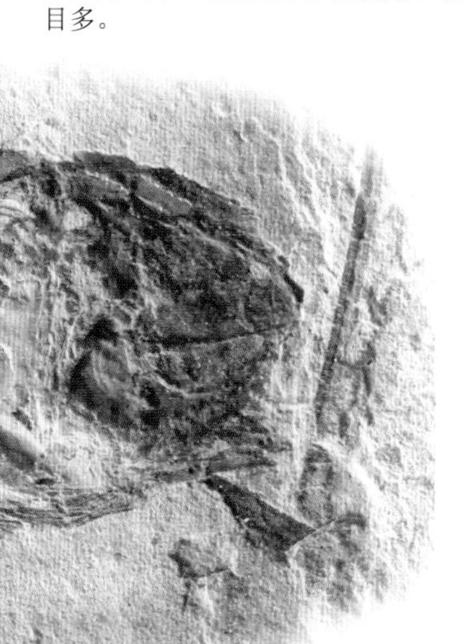

宽泪颧骨罗平空棘鱼↑

分类地位：空棘鱼目、空棘鱼科
化石产地：云南 罗平
地质年代：中三叠世
生活环境：海水交替升降的富氧和缺氧环境
典型大小：体长 30 厘米

空棘鱼属于中型食肉鱼类，起源于三亿六千万年前，活跃于三叠纪的淡水及海水中，这种鱼至今仍然存在于深海中。中等体型，侧扁。副蝶骨的腹面分布着许多圆形的牙齿。内翼骨背缘与腹缘的夹角为 100°，且腹缘平直。前颌骨分布着强壮的牙尖。颊部由泪颧骨、眶后骨、鳞状骨、前鳃骨、鳃盖和气门板组成，泪颧骨三角形，其后宽大且后边缘具凹口。齿骨分叉强烈，牙齿分布在单独的齿板上。胸鳍有 20 根鳍条，两条背鳍。尾鳍分三叶，椎棘在第一背鳍和头部之间很短，在两背鳍之间最长，脉棘在第一背鳍的后边缘处才出现。肋骨未骨化，鳞片呈椭圆形，前部有同心纹，后缘有脊状纹饰。

潘氏北票鲟↓

分类地位：鲟形目、北票鲟科
化石产地：辽宁 北票
地质年代：早白垩世
生活环境：生活于淡水湖泊中
典型大小：体长 40 厘米

幼鲟不足 5 厘米，成鲟可达 90 厘米。内骨骼全部为软骨质，外骨（鳞片）退化，鱼体几乎全裸无鳞，体长，成梭形，背缘较平直，头宽而平直。口宽，吻部圆钝。牙齿退化，背鳍条数 37 ～ 42，臀鳍条数 34 ～ 38，尾鳍条数 83 ～ 89，尾鳍为长歪尾，尾上叶无菱形鳞片，为淡水定居或溯河性鱼类，与狼鳍鱼共生。

刘氏原白鲟↑

分类地位：鲟形目、匙（shí）吻鲟科
化石产地：内蒙古 宁城
地质年代：早白垩世
生活环境：生活于淡水湖泊中
典型大小：体长 50 厘米

体呈纺锤形，体长可达 1 米。头长，略扁平。头长约为全长的 1/4，吻部极为突出，前端渐变尖细，吻端稍上翘。眼小，口大，口缘无牙齿。躯干和尾部侧扁，腹面不明显扁平，身体两侧齿状鳞片密布，背鳍较大，居臀鳍之前，大小相似，腹鳍位于胸鳍与臀鳍之中部，尾鳍叉裂明显。成体的尾鳍上下叶近对称发育，俗称“尖嘴”。

长奇鳍中华龙鱼↑

分类地位：龙鱼目、龙鱼科
化石产地：云南 罗平
地质年代：中三叠世
生活环境：海水交替升降的富氧和缺氧环境
典型大小：体长 40 厘米

中等体型，奇鳍伸长达到下颌的长度；鳃盖到尾鳍之间的锥弓数减少，具椎棘的椎弓数减少；背鳍前背中鳞个数比属型减少；尾椎具 14 ～ 15 个特征明显的脉棘；胸鳍呈三角形，长约下颌的 1/3；两侧后颞骨至上匙骨以背中鳞列为界；匙骨呈靴形，6 列鳞，背中鳞列比腹中鳞列宽，呈心形。

长背鳍燕鲟↑

分类地位：鲟形目、北票鲟科
化石产地：辽宁 朝阳
地质年代：早白垩世
生活环境：生活于淡水湖泊中
典型大小：体长 50 厘米

体似纺锤形，背缘较平直。头略扁平，长大于高，头长约为全长的 1/5。吻部稍突出，口宽，弧形，口裂近达眼缘，口缘无牙齿。眼位于头部两侧前上方。躯干部腹面不扁平，尾部较粗。背鳍很长，可达全长的 1/3 左右，背鳍条约 170 根，臀鳍条 50 余根，胸腹鳍条 40 余根。方颧骨长条形。骨骼骨化程度较高，鳍条上残留有硬鳞质，尾鳍无轴上鳍条。其较北票鲟鱼更为原始一些。

←圣乔治鱼

分类地位：半椎鱼目、半椎鱼科
化石产地：云南 罗平
地质年代：中三叠世
生活环境：海水交替升降的富氧和缺氧环境
典型大小：体长 10 厘米

中等体型。前鳃盖前有一块很大的眶下骨，7 块眶后骨，眶上骨 2 块，靠前的眶上骨伸长，前端尖。口裂小。牙齿分布在上颌骨、下颌骨和前颌骨上；大部分鳞片后缘平直，只有少部分鳞片后缘有锯齿，背脊鳞发育。

←兴义亚洲鳞齿鱼

分类地位：半椎鱼目、鳞齿鱼科
化石产地：云南 富源
地质年代：晚三叠世早期
生活环境：水体相对较深的局限海或泻湖环境
典型大小：体长 20 厘米

鱼体呈高纺锤形，头尾均较长，约小于体长 1/3，背鳍基线较长，起点位于腹鳍起点稍后，所有鳍的棘鳞都不太发达；头骨外部骨片和鳞盖的表面具有细小疣突，鳃盖骨略呈长方形，下鳃盖骨较上鳃盖骨小；尾鳍深分叉，半歪尾形，鳍条分叉分节；鳞片菱形，躯干前部侧鳞较大，较厚，略成长方形，鳞片表面光滑。

东方肋鳞鱼↑

分类地位：肋鳞鱼目、肋鳞鱼科
化石产地：云南 富源
地质年代：晚三叠世早期
生活环境：水体相对较深的局限海或泻湖环境
典型大小：体长 4 厘米

体小，呈纺锤形。头小，其长小于体高，头部骨片表面光滑，上颌骨后部略呈三角形。鳃盖骨较下鳃盖骨略大。前鳃盖骨直立，上部加宽，呈板状。背鳍较臀鳍小，其起点居臀鳍起点稍前。体侧鳞片特别高。

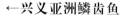

》两栖纲

临朐蟾（chán）蜍（chú）→

分类地位：无尾目、蟾蜍科
化石产地：山东 山旺
地质年代：中新世
生活环境：亚热带温暖湿润气候下的山旺湖及边缘地带
典型大小：体长10厘米

个体大，头宽显著大于头长，吻宽圆。上颌无齿，也无梨骨齿。副蝶骨前突极短，不及两侧突间宽度之半。荐前椎8个，均前凹型，椎横突粗壮发达。尾杆骨与荐椎呈双髁关节，且发育尾杆骨嵴。荐椎横突宽大，与身体长轴垂直相交。肩带弧胸型。腰带略呈U形，无髂嵴，坐骨结节发达。后肢短粗，股骨S形弯曲明显。胫短，跗节长于胫长之半。

↓奇异热河螈

分类地位：滑体两栖亚纲、有尾目
化石产地：辽宁 凌源
地质年代：早白垩世
生活环境：生活于淡水环境及边缘地带
典型大小：体长12厘米

两栖纲有尾目的一种，是中国已知最古老的有尾类之一。奇异热河螈的头骨特征与隐鳃鲵科和小鲵科的成员关系较近。翼骨具有一个不与上颌骨后端相连、而与头骨中部相连的前内侧突，鼻骨大，无前凹，额骨不向前侧方延伸，上颌弓短且不完整，前额骨的翼突显著，上颌骨短。具有17枚骶前椎，脊椎横突短，肋骨单头且近端膨大，前足趾式2-2-3-2，后足趾式2-3-3-2。

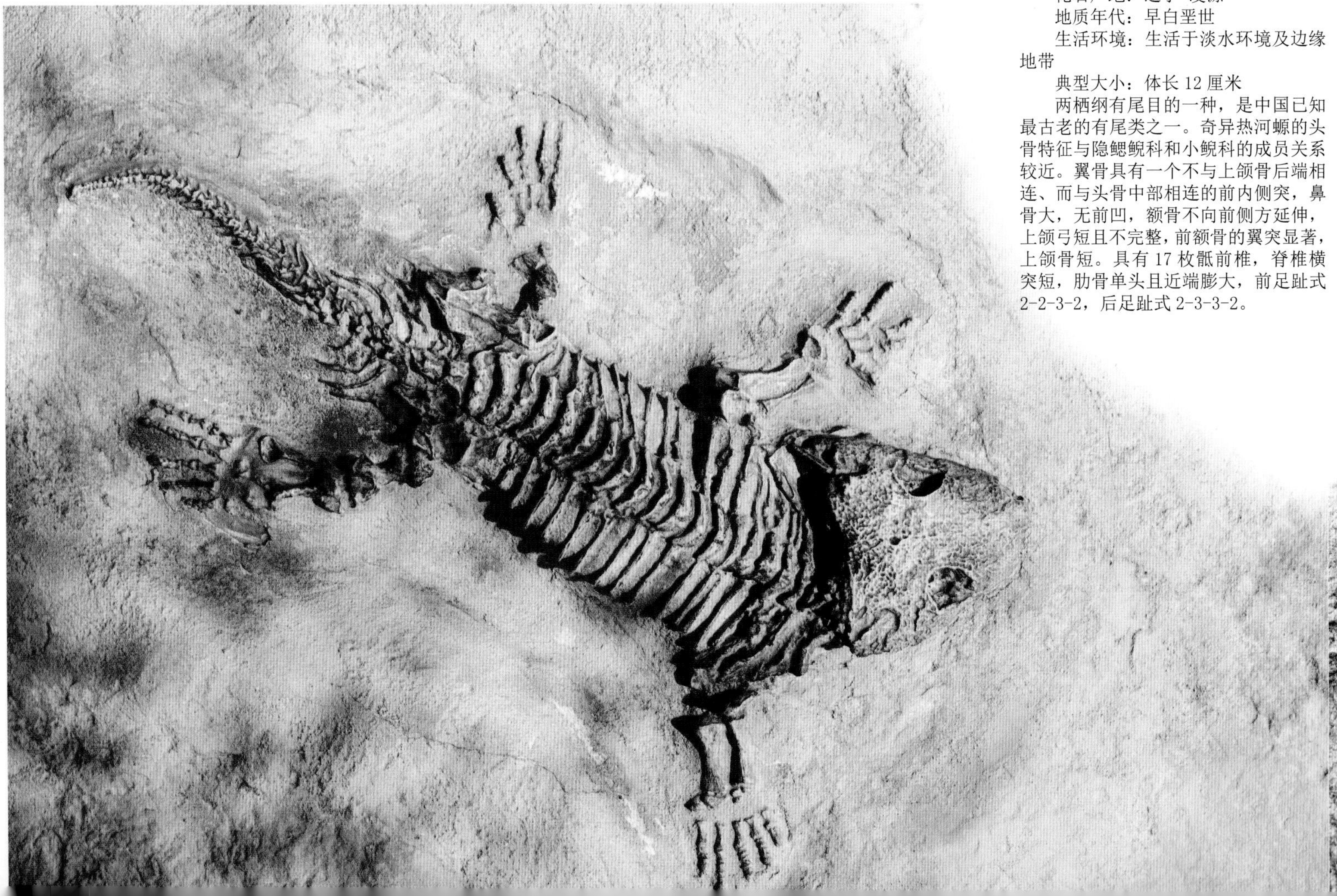

》爬行纲

中华龙鸟↓

分类地位：蜥臀目，兽脚类
化石产地：辽宁
地质年代：早白垩世
生活环境：林地
典型大小：体长 0.9 ～ 2 米

一种肉食性的美颌龙类，在已知的兽脚类中尾巴最长之一（64 枚尾椎）。头骨比股骨长 15%，前肢是腿长的 30%，与之相反的是，美颌龙的头骨与股骨长度相同，前肢是腿长的 40%。在美颌龙类中，美颌龙的前肢与股骨比例（90%～ 99%）明显短于中华龙鸟的前肢与股骨比例（61%～ 65%），在所知的内兽脚类中，中华龙鸟的第Ⅱ指长度超过桡骨长。脉弧形态简单，呈勺形，不同于美颌龙的锥形远端。

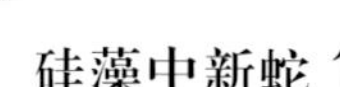

硅藻中新蛇↑

分类地位：蛇目、游蛇科
化石产地：山东 山旺
地质年代：中新世
生活环境：湿润的亚热带混交中生林
典型大小：体长 80 厘米

游蛇是蛇类中最大的一个“家族”，它几乎包括了所有的无毒蛇和热带的一些毒性较小的蛇。身体中等大小，体长 0.5 ～ 1 米。牙齿细小，分布紧密。上颚齿 15 颗左右，牙齿之间也无齿隙。颚骨 11 个左右。翼骨齿极细小，沿内侧边缘分布。翼骨呈扁的三角形。椎下突遍及全身，突起较短，但前后高度相同，向后无增高现象。

←混鱼龙

分类地位：鱼龙目、混鱼龙科
化石产地：贵州 盘县
地质年代：中三叠世
生活环境：仅限在浅海环境生活
典型大小：体长 1.2 米

混鱼龙广泛分布于三叠纪中期地层中，为小型鱼龙类，相对原始。前颌骨后端收缩成点状，无鼻上分支。眼眶背缘由前额骨和后额骨构成的眼脊形成。头骨顶中央有长而显著的，由顶骨、额骨和鼻骨构成的顶冠，上颞孔前凹平台扩大至鼻骨区。尾部中段脊椎体明显增高。四肢呈标准的桡足状，四肢相对短而粗。

» 鸟纲

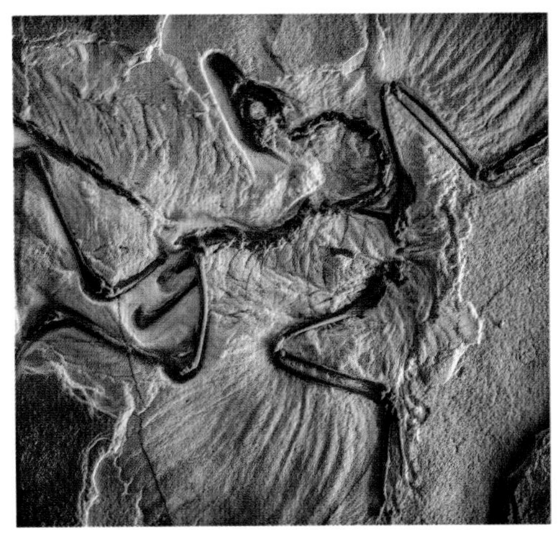

孔子鸟↑

分类地位：鸟纲
化石产地：辽宁
地质年代：早白垩世
生活环境：林地
典型大小：20～30厘米

头骨各骨块很少愈合，尚具有其爬行类祖先遗留下来的眶后骨，牙齿退化，出现了最早的角质喙。前肢仍有3个发育的指爪，胸骨无龙骨突，肱骨有一大气囊孔等。

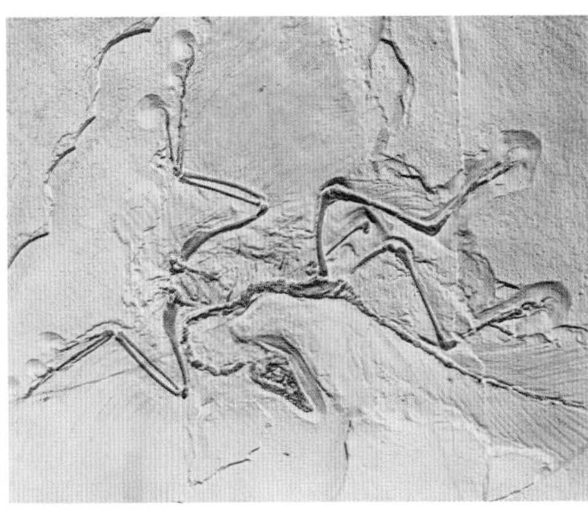

热河鸟↑

分类地位：鸟纲
化石产地：辽宁
地质年代：早白垩世
生活环境：林地
典型大小：约70厘米

一种大型古鸟类，有着以下衍生特征：泪骨有两个垂直且延长的气窝；下颌骨粗壮儿骨化愈合；第Ⅲ指的第Ⅰ指节是第Ⅱ指节的两倍长，它们形成一弓形结构。荐尾椎过渡点之后有20枚尾椎。胸骨侧突远端有一圆形孔。前后肢的比例约为1.2。

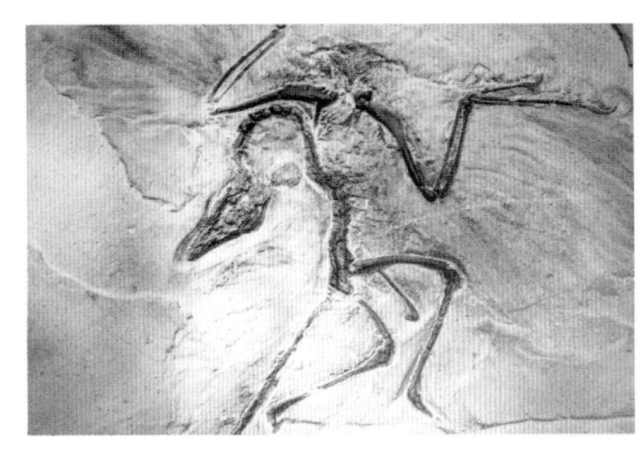

华夏鸟↑

分类地位：鸟纲
化石产地：辽宁、内蒙古
地质年代：早白垩世
生活环境：林地
典型大小：约10厘米

个体小，头部骨骼很少愈合，脑颅（lú）较大，吻较长而低，具牙齿。胸骨龙骨突低，但与乌喙骨关联的面宽阔，肱骨近端已有小的气窝。掌骨近端愈合，并有腕骨滑车，指爪仅有两个且不发育，趾爪也不太勾曲。

安氏鸵鸟↓

化石产地：内蒙古 赤峰
地质年代：更新世
沉积环境：黄土沉积
典型大小：长径18厘米、短径15厘米

鸵鸟蛋是鸵鸟的卵化石。以我国北方黄土和红色土中发现的安氏鸵鸟蛋较多。安氏鸵鸟蛋为椭圆形或卵圆形，外表呈浅灰黄色，局部遭受溶蚀，表面粗糙，部分光滑。壳表面气孔口长轴的排列平行于蛋的长径，在蛋壳的最大圆切面附近尤为明显。气孔口多密集于钝端。

» 哺乳纲

剑齿虎→

分类地位：食肉目、猫科
化石产地：甘肃 和政
地质年代：晚中新世
生活环境：生活环境多样，森林、灌木、草原
典型大小：身长 2.5 米

狭义科学上的剑齿虎是指剑齿虎亚科中的短剑剑齿虎，是大型猫科动物进化中的一个旁支。在凶猛的猫科动物中，剑齿虎是中型或大型的非常特化的类型。剑齿虎的大小与现代的狮子或豹子差不多，具有可收缩的锋利爪子，其牙齿数目减少，上下裂齿的刃叶长而且非常锋利。剑齿虎最大的特点是其长而侧扁弯曲的上犬齿，形同匕首一般，前后还具有锋利的刃嵴，这就是其名称“剑齿”的来源。相反，剑齿虎的下犬齿却退化缩小了。下颌骨的最大特点是具有非常明显的颏突，几乎成一个直角形。成年剑齿虎体重约 300 千克，以大型哺乳动物为食。

柯氏柄杯鹿↓

分类地位：偶蹄目、鹿科
化石产地：山东 山旺
地质年代：中新世
生活环境：亚热带混交中生林
典型大小：体长 1.2 米

柄杯鹿是已灭绝的鹿类。雄性有角，末端分叉，但这种角是不脱落的，而且可能是终生由皮肤覆盖的，雄性有大的上犬齿。雌性既无角，也无大的犬齿。雌雄前后肢都保留有较发育的侧趾，这些都表明这是一类构造原始的鹿类。

←猛犸象

分类地位：长鼻目、真象科
化石产地：黑龙江 哈尔滨
地质年代：晚更新世
生活环境：生活在高寒地带的草原和丘陵上
典型大小：体长 5 米

猛犸象俗称长毛象，学名真猛犸象。它身高体壮，有粗壮的腿，脚生四趾，头特别大，无下门齿，上门齿很长，向上、向外卷曲。它身上披着黑色的细密长毛，皮很厚，具有极厚的脂肪层，厚度可达 9 厘米，是一种适应于寒冷气候的动物，在更新世它广泛分布于包括中国东北部在内的北半球寒带地区。

轭齿象→

分类地位：长鼻目、短颌象科
化石产地：甘肃 和政
地质年代：中中新世
生活环境：生活在以森林植物为主，气候温和潮湿的环境
典型大小：臼齿长 5 厘米

轭齿象短喙，属大型的轭齿长鼻类。中间臼齿有 3 个横脊，第 3 臼齿有 4 个横脊和 1 个跟座。前臼齿不替换。

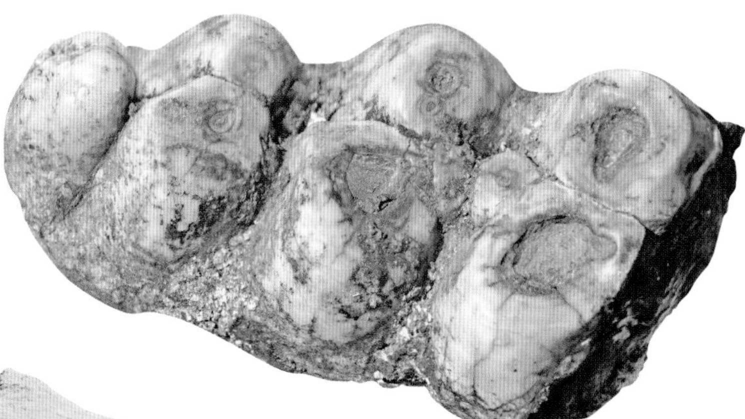

东北野牛↓

分类地位：偶蹄目、牛科
化石产地：黑龙江 哈尔滨
地质年代：晚更新世
生活环境：生活在寒温带的草原和森林
典型大小：体高 1.8 米

东北野牛个体大而健硕（shuò）。从头骨化石的形态来看，额骨宽，向上有不同程度的隆起，眼眶成管状向前突出，角基起于眼眶与枕骨间中线以后的额骨处，两角向头部两侧以适当角度向后向下伸出，向后与头骨纵轴成 70° 左右，然后又向上升起，至与额骨平行或高于额面。角心横切面基本趋于圆形，角心表面周围有不同程度的棱状突起和纵沟。

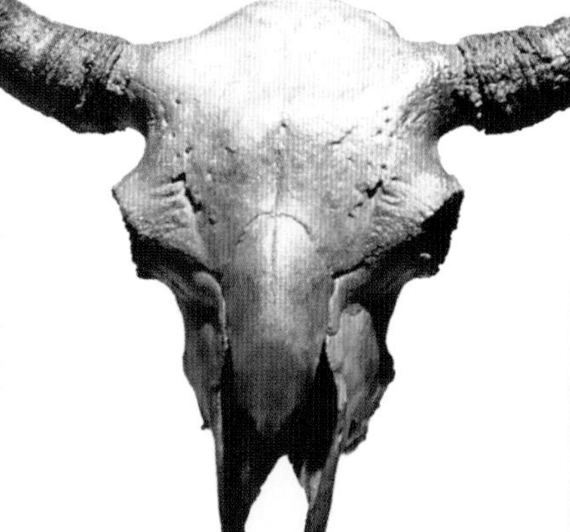

←东方剑齿象

分类地位：长鼻目、真象科
化石产地：四川 德阳
地质年代：更新世
生活环境：生活在热带及亚热带沼泽和河边的温暖地带
典型大小：身长 6 米

东方剑齿象是剑齿象亚科的一种。剑齿象的头骨比真象略长，腿也长，上门齿又长又直，只在末端略向上弯曲。下颌短，没有象牙。颊齿齿冠较低，断面呈屋脊形的齿脊数目逐渐增加。东方剑齿象臼齿很长、较窄，第 3 臼齿齿脊数 10，第 2 臼齿齿脊数 8，第 1 臼齿齿脊数 7。脊与脊间充填了白垩质。

植物化石

》蕨类植物

枝脉蕨↑

分类地位：真蕨类、枝脉蕨属
化石产地：辽宁 北票
地质年代：中侏罗世
生活环境：温暖湿润气候环境的河湖岸边
典型大小：小枝长10厘米

蕨叶2～4次羽状分裂。小羽片一般较大，或多或少呈镰刀形，全缘或具锯齿，以整个基部着生于羽轴，基部有时微微收缩或作耳状，顶端尖锐或圆凸。叶脉羽状，中脉明显，常延伸至小羽片顶端附近才分叉消散，侧脉常分叉。

楔羊齿↑

分类地位：真蕨类、楔羊齿属
化石产地：山西 阳泉
地质年代：晚二叠世
生活环境：温暖潮湿的热带、亚热带地区
典型大小：小枝长12厘米

蕨叶作2～3次羽状分裂。小羽片楔形或裂片状，基部收缩，仅中间的一部分或中脉部分直接着生于羽轴上。裂片最大的位于最下部，伸展，近于掌状。叶脉呈两次羽状，自基部伸出有时近于放射状。有时有一中脉，自中脉常以锐角分出侧脉。

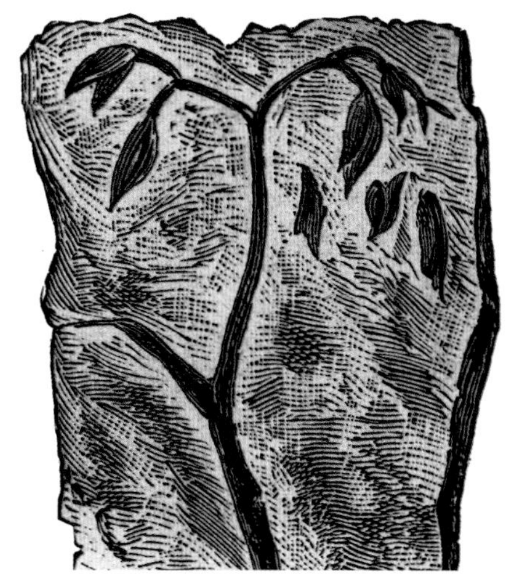

拟裸蕨↑

分类地位：三枝蕨类、拟裸蕨属
化石产地：湖南 长沙
地质年代：中泥盆世
生活环境：陆相辫状河沉积
典型大小：标本长3厘米

裸蕨类植物或其他非常类似裸蕨类植物。其轴面有不分叉的刺状附属物，而且其他特征不足以说明其可靠的地位者，可归于此形态属。

》藻类

叠层石↑

分类地位：蓝藻类
化石产地：中国各地都有分布
地质年代：前寒武纪
生活环境：生长于海滨地区
典型大小：标本高度1米

叠层石是前寒武纪未变质的碳酸盐沉积中最常见的一种“准化石”，是原核生物所建造的有机沉积结构。由于蓝藻等低等微生物生命活动所引起的周期性矿物沉淀、沉积物的捕获和胶结作用，从而形成了叠层状的生物沉积构造。因纵剖面呈向上凸起的弧形或锥形叠层状，如扣放的一叠碗，故名。叠层石的基本构造单位叫基本层，一般为弧形或锥形。基本层构成集合体，呈柱状、锥状、棒槌状等形态，有的呈墙状。

》裸子植物

异羽叶↑

分类地位：本内苏铁目、异羽叶属
化石产地：内蒙古 宁城
地质年代：中侏罗世
生活环境：喜热耐旱，生长于湖泊的岸边或高地
典型大小：叶长6厘米

叶羽状，分裂成不规则的短而宽的裂片，裂片以整个基部着生于羽轴的两侧，接近方形。基部微微扩大，顶端一般为钝圆或圆形，也有呈尖形的。叶脉简单或分叉，并和裂片的侧边平行。羽轴一般较细。

义马银杏↓

分类地位：银杏目、义马银杏科
化石产地：内蒙古 宁城
地质年代：中侏罗世
生活环境：生长于湖泊岸边的高地或坡地
典型大小：叶长7厘米

叶扇形至半圆形，其叶具长柄。叶片分裂方式不定，常深裂为4～8个倒卵形至披针形的宽裂片。裂片顶部钝圆，基部缓缓收缩。叶脉多在裂片基部分叉，每一裂片的中上部含平行的叶脉4～11条，并在顶部稍作聚交状。胚珠器官较现生种小，仅为1/3，但数目较多，有2～4个，且分别顶生在长的珠柄上。

羽状纵型枝↑

分类地位：松柏目、纵型枝属
化石产地：辽宁 北票
地质年代：早白垩世
生活环境：生长于淡水湖岸边附近的高地或坡地
典型大小：小枝长 5 厘米

在一个平面上呈羽状排列，羽状分枝间距 1 ～ 2 厘米。叶呈螺旋状着生，在主枝上的较大，呈线状披针形。分枝上的呈长三角形，叶顶端钝圆，微向外弯成镰刀形，厚革质状，背部微凸，每枚具中脉 1 条，不明显，叶螺旋状着生于枝轴上。雌、雄球果单生于枝顶，雄球果长卵形，雌球果卵圆形。

苏铁杉↑

分类地位：松柏目、苏铁杉属
化石产地：辽宁 北票
地质年代：早白垩世
生活环境：适应炎热干旱的气候，淡水湖岸附近
典型大小：叶片长 4 厘米

当前标本为单独保存的长披针（长椭圆）至宽线形的叶，叶形体小，长 2.3 ～ 4.3 厘米，宽 3 ～ 4 毫米。顶端钝尖，每枚叶片具细而近平行的脉 7 ～ 9 条，表皮构造未保存。

» 被子植物

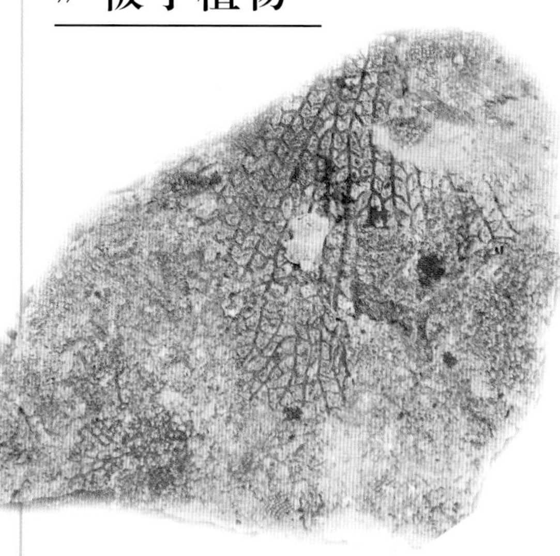

尾金鱼藻↑

分类地位：金鱼藻目、金鱼藻科
化石产地：山东 山旺
地质年代：中新世
生活环境：亚热带温暖湿润气候下的山旺湖
典型大小：茎长 20 厘米

为水生草本植物。茎细长，在化石中茎保存的长度能够达 40 厘米。叶在茎上轮生，1 ～ 2 回二歧分叉，裂片呈丝状，长 1 ～ 2 厘米不等。

偏心叶椴↑

分类地位：锦葵目、椴树科
化石产地：山东 山旺
地质年代：中新世
生活环境：亚热带常绿、落叶阔叶混交林
典型大小：叶长 8 厘米

叶卵形至阔卵形，顶端急渐尖，基部为不对称浅心形至深心形，叶缘具粗锯齿，齿尖刺芒状，叶柄粗大。掌状五出脉，中脉粗直，最外的侧主脉一侧不显，一侧短沿叶缘弯曲伸至叶缘，近轴的侧主脉一侧伸至 2/3 处，外侧具外脉 6 ～ 7 条，另一侧仅伸至 1/2 处，具外脉 4 ～ 5 条，从主脉生出的二级脉 5 ～ 6 对，夹角 40° ～ 50°，弧曲，近叶缘分支，达齿尖。三级脉连接于侧脉间，细脉网状。

» 分类不明植物

琥珀↑

化石产地：辽宁 抚顺
地质年代：早始新世
生活环境：煤系地层
典型大小：每块 3 ～ 5 厘米

琥珀是石化的天然树脂，为非晶质体，内部常含植物碎屑（xiè）、昆虫等包裹体及流线构造等。琥珀主要是由远古裸子植物（松杉柏类）的树脂形成，琥珀本身属于树脂化石，里面的包裹体如昆虫属于实体化石。我国的辽宁抚顺、河南西峡盛产琥珀。抚顺西露天煤矿是我国最大的琥珀产地，也是唯一的含虫琥珀产地。抚顺琥珀主要产于早始新世古城子组的煤系地层中，按照色彩、透明度和纹理不同可以分为：血珀、金珀、明珀、蜡珀、石珀、花珀和瑿珀。按内含物可以分为虫珀、植物珀，由于抚顺琥珀色彩缤纷，品种多样，很早就用作传统手工艺雕刻，现在更是用作宝石。

木化石↑

化石产地：全国各地
地质年代：二叠纪—现代
生活环境：生长于环境温暖湿润的大陆
典型大小：长 10 厘米～ 30 米

木化石通常不可能确定植物的归属，但大部分属于松柏类。木化石是石化了的植物次生木质部，原物质成分已被氧化硅、方解石、白云石、磷灰石或黄铁矿等交代。它保留了树木的木质结构和纹理。可分类为：玛瑙状木化石、石英木化石、玉髓木化石、蛋白石木化石等。颜色通常为土黄、淡黄、黄褐、红褐、灰白、灰黑等。抛光面可具玻璃光泽，不透明或微透明。

遗迹化石

节肢动物遗迹↑

化石产地：贵州凯里 云南昆明
地质年代：早、中寒武世
沉积环境：浅海软质基底低能环境
典型大小：长5厘米

在贵州凯里生物群和云南关山动物群的寒武纪地层中产丰富的遗迹化石，这些遗迹化石部分被认为是三叶虫（节肢动物）的行为方式：停息迹、爬行迹、觅食迹、行走迹、求偶迹、游泳迹以及不同行迹之间的连续变化所产生的行迹。这些遗迹形成于浪基面以下，海底面含氧量充分的正常开阔海环境。下面的标本是这些行为方式的一部分遗迹化石。

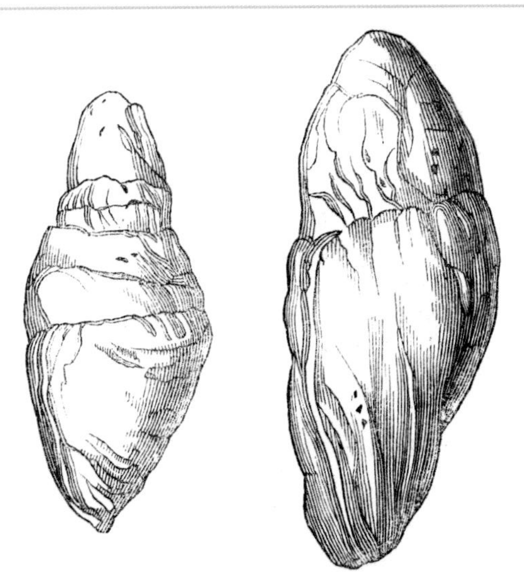

粪化石↑

粪化石也称粪石、粪团，是指石化了的动物的排泄物。常见的有鱼类、爬行类、哺乳类等粪的化石，其中含有作为食物而未消化的其他生物的遗骸，可以用来推测食性、环境有一定的指示意义。各类脊椎动物的食物及消化道特点不同，故其排泄物也常有一定的形状、特征。有些鱼粪化石为螺旋状，哺乳动物粪化石一般呈椭圆形至长条形，其中属于食肉类的常有骨骼碎渣，而食草类的则全由植物的纤维状构造物质组成。颜色通常为棕或黑色，大都由磷酸钙组成。只有极少数情况下能把排泄粪便的动物准确确定。

恐龙蛋↑

化石产地：河南西峡、广东南雄、江西赣州等地
地质年代：白垩纪
沉积环境：陆相沉积环境
典型大小：一般长径15厘米

我国是世界范围内出土恐龙蛋化石最多的国家，目前比较著名的产地有：河南西峡、广东南雄、广东河源、湖北郧县、江西赣州、浙江天台、内蒙古二连浩特、山东莱阳等地。恐龙蛋化石的形态有圆形、卵圆形、椭圆形、长椭圆形和橄榄形等。小的恐龙蛋长径不足10厘米，大的如西峡巨型蛋长径超过50厘米，一般蛋壳厚度为1.5～2毫米。蛋壳的外表面具点线饰纹结构。恐龙蛋化石可呈窝状产出，有些排列有序，有的无序排列。部分还带有胚胎化石。由于恐龙蛋保存的一般都是蛋的钙质外壳，所以很难判断蛋化石的主人是哪种恐龙。

羽毛↓

化石产地：山东 山旺
地质年代：中新世
沉积环境：湖相沉积
典型大小：长3厘米

在山旺化石群里完整地保存了鸟类化石，同时也保存了许多精美的羽毛化石。这些羽毛是鸟类表皮的角质化衍生物，主要由羽轴、羽干、羽枝和羽小枝组成。

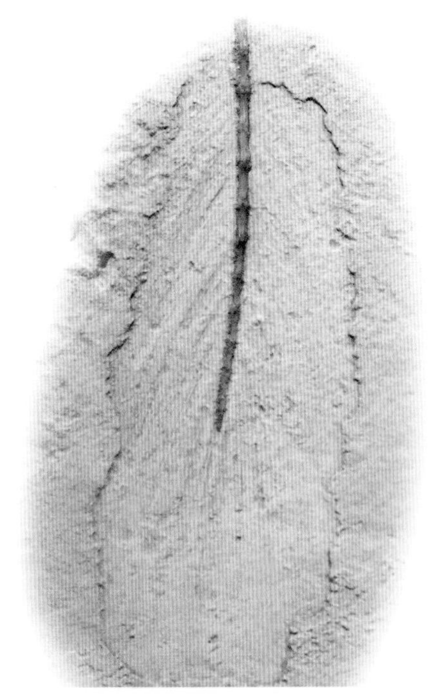

鸟类足迹↑

化石产地：广东 三水
地质年代：早始新世
沉积环境：河漫滩环境
典型大小：足迹长2厘米

鸟类足迹化石是鸟类在沉积物表面行走留下的化石记录。鸟类足迹在国内发现非常稀少。我国最早描述的鸟类足迹是1991年来自四川峨眉的中国水生鸟足迹，同年在安徽省古沛盆地命名了古沛水生鸟足迹。此外还有甘肃地区的水鸟类足迹、辽宁的似鸡鸟足迹、山东莒（jǔ）南的山东鸟足迹、内蒙古鄂托克旗的斯氏岸边鸟足迹等。识别古鸟类足迹最主要的5条标准是：（1）足迹较小；（2）趾纤细并有清晰的趾垫；（3）Ⅱ～Ⅳ趾间角较大（110°～120°）；（4）具有伸向后方的拇指（Ⅰ趾）印迹；（5）具有纤细的爪迹。

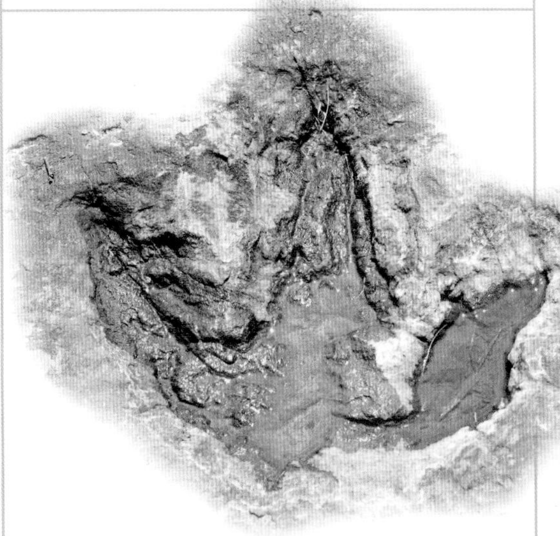

翼龙足迹↑

化石产地：山东 即墨
地质年代：早白垩世
沉积环境：河湖相沉积
典型大小：前足8厘米，后足7厘米

翼龙足迹是非常珍奇的遗迹学证据，中国的翼龙足迹非常罕见。其中，山东即墨翼龙足迹是中国第三例翼龙足迹证据。即墨的翼龙足迹保存了两对翼龙的前后肢足迹，此外还有一个不甚清楚的后足足迹，这5个足迹构成了一个完美的行迹。

即墨翼龙足迹具有典型的翼龙足迹特征，比如四足行走，前脚为极不对称的三趾型，趾行式，第Ⅱ趾最短，第Ⅳ趾最长；后脚为四趾型，跖行式；前后脚均外偏，行迹宽；等等。

岩石与矿物

» 硅酸盐矿物

黄水晶↑

黄水晶是一种石英，名字正是来自它的淡黄橘色，而颜色则来自结晶结构中的铁。身为宝石家族的一分子，黄水晶经常与黄玉混淆，不过黄玉较硬且重。

虎眼石↑

虎眼石也属于石英族群。当富含氧化硅的地下水慢慢渗入一种叫青石棉的矿物，并把它替换成硅后，就会生成虎眼石。虎眼石是棕色的，会反射光线，所以经常在切割并抛光后制成宝石。

紫水晶↑

紫水晶是一种紫色的石英，颜色来自矿物内少量的铁及镁，形成的晶体又短又尖，看起来像金字塔，通常出现在晶洞中，是价位最低的宝石之一，同时也是二月的诞生石。和虎眼石一样，很多人用紫水晶制作珠宝。

蔷薇石英↑

由于带着玫瑰粉红色，蔷薇石英是最多人喜爱的石英之一，也是常见的矿物，分布在世界各地，经过打磨及抛光，用作廉价的宝石。蔷薇石英的结晶雾蒙蒙的，所以不太透明，但是透光度（光线穿透的难易程度）还是比某些石英矿物好。

墨晶↑

墨晶有烟灰色、棕色、黑色等多种暗色调，颜色部分来自矿物中的铝元素。这种矿物在美国新罕布什尔州和科罗拉多州很常见。

玉髓↑

玉髓属于石英的一种，结晶体小到要用显微镜才看得见。玉髓在最纯粹的状态时是白色的，当掺（chān）杂少量的其他矿物，就会有许多不同的颜色；通常出现在其他岩石的裂缝或石洞中，由富含氧化硅的水沉积而成。

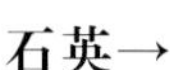

石英→

颜色：透明、白色、灰色、紫色、黄色、棕色、黑色、粉红色、绿色、红色

硬度：7

解理：无解理

断口：光滑且圆弧状，像扇贝壳

条痕：白色

光泽：玻璃光泽

其他：结晶多呈现六边棱柱，像玻璃般透明

石英是硬矿物，在多种火成岩、沉积岩及变质岩中形成，同时也是大陆岩石中最常见的矿物之一，有各种不同的形态。你应该在海滩上看过细小的石英矿物，不过它可不只能用来堆沙堡。美洲原住民使用燧（suì）石——石英的一种——当作切割工具和箭头；在 17、18 世纪，石英用来制造火器。今日则常用在工业产品中，如玻璃、陶瓷、水泥等。

» 硅酸盐矿物

碧玉↑

颜色：红色、黄色、棕色
硬度：6～7
解理：无解理
断口：圆弧状，像扇贝壳
条痕：白色
光泽：玻璃光泽

碧玉是一种纹理细致的石英，由富含硅及氧元素的水，涓滴渗透岩石遗留下来的沉积物所形成。碧玉里常常含有其他矿物，有的会使它呈现特殊的颜色。举例来说，赤铁矿会使碧玉呈现红色，而黏土矿物会使碧玉呈现淡黄色或灰色。

古埃及人有时使用碧玉为过世的人制作护身符，认为这类装饰品能够保护逝者在死的世界不受伤害。

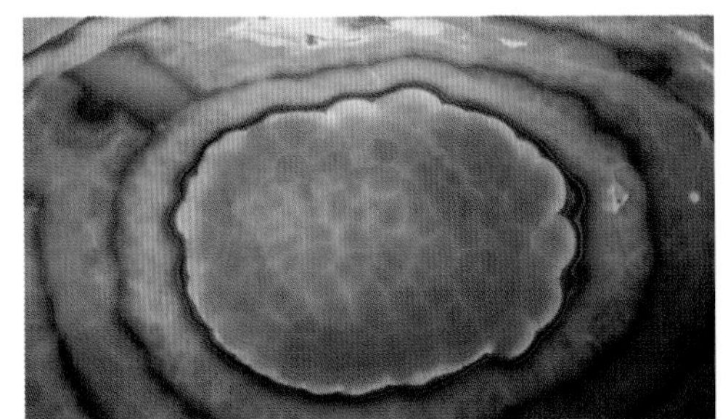

缟玛瑙↑

缟玛瑙是玉髓的一种，有时全黑，有时有两色相间、平行的直条带，通常是黑白相间，常用来制成珠宝或刻成浮雕（diāo）。

斜长石↑

颜色：白色、无色、灰色、绿色、淡蓝色、淡红色
硬度：6
解理：二优良解理面，呈直角相交
断口：参差状、易碎
条痕：白色
光泽：玻璃光泽，解理面呈珍珠光泽
其他：透明至半透明

斜长石家族是一个矿物群，常见于火成岩及变质岩中。所有斜长石都有着相同的基本化学式，不同的地方在于钠或钙的含量，不过因为组成成分相似，所以结构也相似。所有斜长石都有二优良解理面，并且呈直角相交，在破碎面上大多有着线纹或条纹，这正是因为它的晶体总是成对出现。

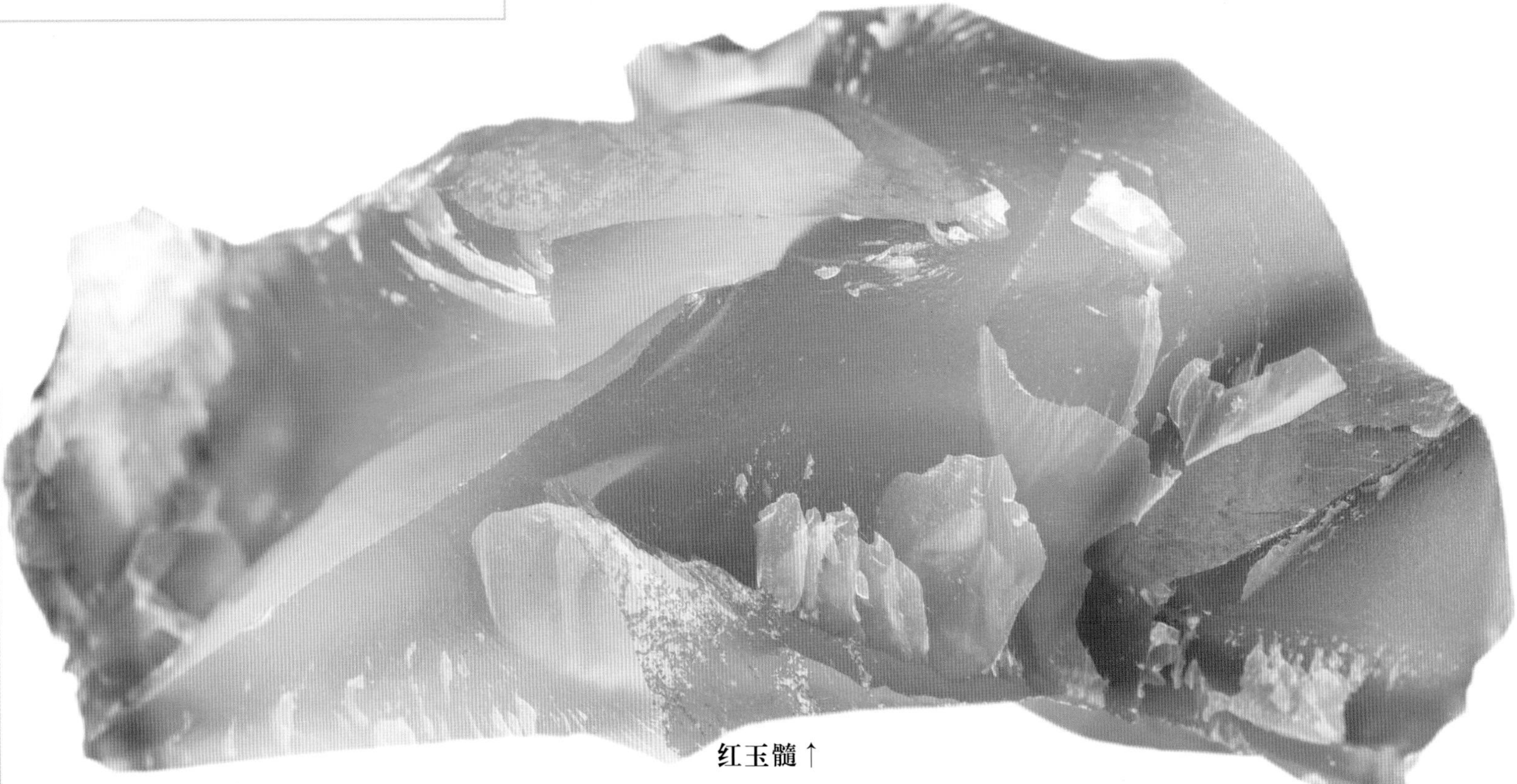

红玉髓↑

红玉髓是一种橘红色的玉髓，特殊的颜色是因为含有氧化铁。古希腊人及古罗马人会使用红玉髓制作戒指和图章。

玛瑙↓

颜色：带状白色、黄色、灰色、淡蓝色、棕色、粉红色、红色或黑色
硬度：7
解理：无解理
断口：圆弧状，像扇贝壳
条痕：白色
光泽：玻璃状至蜡状光泽

玛瑙是玉髓的一种，通常是由富含氧化硅的地下水，一层一层在火山岩的洞里沉积而成。因为是沿着洞壁沉积，所以大多是环状的，不过也有其他不同的形状。每一层的颜色都可能不同，如白色、棕色、黄色、淡蓝色、红色、粉红色、黑色等，因为地下水有不同的物质渗入，跟着沉积在石洞中，所以产生不同的颜色。

蛋白石↑

颜色：白色、绿色、黑色、棕色、黄色、灰色
硬度：5～6
解理：无解理
断口：参差状；易碎；或圆弧状，像扇贝壳
条痕：白色
光泽：玻璃光泽、珍珠光泽

蛋白石是石英的一种，含有少量水分，因为在结晶过程中把少量的水困住了。当氧化硅填满细小的洞，蛋白石就有机会形成，所以几乎在所有种类的岩石当中都找得到。没有杂质的蛋白石是无色的，不过最受喜爱的蛋白石种类，通常带有闪烁的颜色，并且会随着光线而改变。

绿玉髓→

绿玉髓是绿色的玉髓，颜色来自矿物里面的镍，经常用来制成吊坠及戒指。

钠长石↑

钠长石是斜长石家族中富含钠的成员，化学式是NaAISI308，有时会和钾长石家族中的微斜长石同时出现。钠长石时常生成板状双晶；大多呈现白色，碾碎后可用来制作陶土。钠长石的英文名称 albite 源自拉丁文 albus，意思就是“白色”。

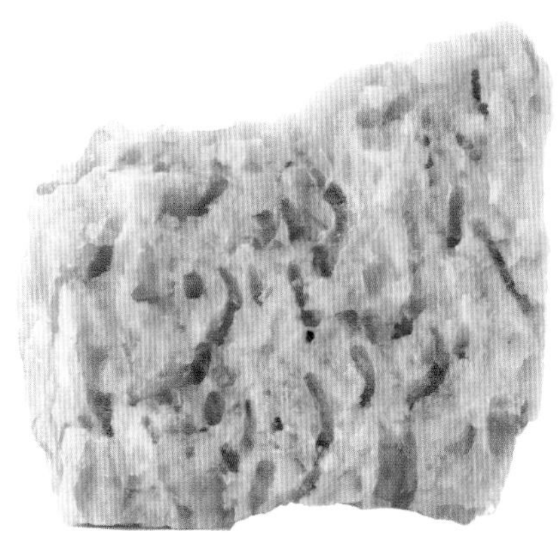

中钠长石↑

中钠长石是斜长石家族的成员，钠的含量丰富，英文名称 andesine 源自安第斯山脉的一种熔岩。它在火成岩中生成，如闪长岩和安山岩，同时也有可能出现在变质岩及沉积岩中。中钠长石的化学式是（Na，Ca）［AI（Si，AI）Si 20 8］，晶体通常小小的，经常形成双晶，也就是说晶体会连在一起生成。

正长石↑

颜色：无色、白色、乳白色、淡黄色、粉红色、红棕色
硬度：6～6.5
解理：二向完全解理
断口：参差状至圆弧状，像扇贝壳
条痕：白色
光泽：玻璃光泽

正长石和微斜长石一样含有钾，在变质岩中很常见，如片麻岩；也常见于富含硅以及钾的火成岩中，特别是花冈岩。生成的晶体通常是短的棱柱状，颜色有粉红、白、黄或者红。

钙长石↑

钙长石是斜长石家族的成员，含有丰富的钙，大多存在于富含镁及铁的火成岩中，也会出现在陨石中（落在地球上的彗星或小行星残骸）。化学式是CaAl 2Si 20 8。

微斜长石↑

颜色：无色、白色、乳黄到淡黄色、鲑粉红到鲑红色、亮绿到蓝绿色
硬度：6～6.5
解理：二向完全解理
断口：参差状至圆弧状，像扇贝壳
条痕：白色
光泽：玻璃光泽、暗淡光泽

微斜长石是一种富含钾的长石，常用来制作陶瓷，也是最常见的长石种类之一。常见于变质岩中，如片麻岩和片岩；也会出现在火成岩中，如凝固在地底的花冈岩和正长岩。微斜长石的晶体大多是棱柱状的，有时体积相当大。

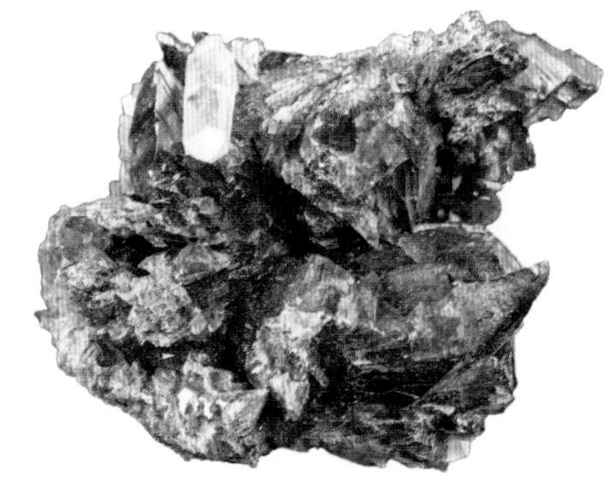

中钙长石↑

中钙长石是斜长石家族的成员，含有丰富的钙，由于颜色美丽，会随着不同的角度变化，所以容易辨认。这种颜色变化的效应叫作晕彩，由光线照进晶体结构的内层所造成。中钙长石的英文名称是 labradorite，源白加拿大纽芬兰拉布拉多（Labrador），化学式是（Ca，Na）［Al（AI，Si）Si 2 8］。

霞石↑

颜色：无色、白色、灰色、红色、烟雾色泽
硬度：5.5～6
解理：三向优良解理，与棱柱面平行
断口：圆弧断口，像扇贝壳；易碎
条痕：白色
光泽：油脂光泽、玻璃光泽
其他：透明至半透明

当岩浆或熔岩中的氧化硅不够，无法形成长石，就会生成“似长石”。似长石是和长石相似的矿物，只是因为氧化硅的含量比较少，所以组成的晶体结构有点不同。霞石就是其中一种最为常见的似长石，通常在富含镁及富含铁的火成岩中形成，也和长石矿物一样，可以用来制作陶土。

方钠石↑

颜色：蓝色、灰色、白色
硬度：5.5～6
解理：六向不完全解理
断口：参差状至圆弧状，像扇贝壳
条痕：白色
光泽：油脂光泽、玻璃光泽
其他：透明至半透明

方钠石的英文名称是 sodalite，因为含有丰富的钠（sodium），也是一种在火成岩中生成的似长石。由于深蓝的颜色而广为人知，不过也容易和同样是蓝色的青金石混淆。其实要分辨这两种矿物，只要观察一下它们的条痕：方钠石的条痕是白色的，而青金石的条痕则是蓝色的。

片沸石↑

颜色：白色、无色、灰色、红色、淡绿色
硬度：3.5～4
解理：一向完全解理
断口：参（cēn）差（cī）状、易碎
条痕：无色至白色
光泽：珍珠光泽、玻璃光泽
其他：晶体呈透明至半透明

片沸石是沸石家族的成员，常见于例如属于火成岩的玄武岩的孔洞中，通常是白色或无色。有的片沸石晶体中央又宽又长，看起来有点像棺材。

青金石↑

颜色：蓝色、紫罗兰色、蓝绿色
硬度：5～5.5
解理：六向不完全解理
断口：参差状、易碎
条痕：蓝色
光泽：暗淡光泽、油脂光泽

你可能听说过杂青金石（lapis laZuli），一种深蓝色的宝石，常用于珠宝制作，它的蓝色正是来自青金石（lazurite）。青金石通常由碳酸盐类岩石，如石灰岩，经历化学质变后形成。这种矿石还在20世纪90年代引起轰动，当时在阿富汗北部发现大量的青金石晶体。这种状况很罕见，因为青金石很少形成肉眼可见的晶体。

古埃及人会使用青金石的粉末来当作眼影。

白榴石↑

颜色：无色、白色、灰色
硬度：5.5～6
解理：无解理或不完全解理
断口：光滑且圆弧状，像扇贝壳
条痕：白色
光泽：玻璃光泽；年代较久远的样本，其光泽会变得暗淡

就像霞石及其他似长石，白榴石也是氧化硅不足才会产生的矿物，大多出现在细致的火成岩，如玄武岩中，不过也有可能在其他种类的火成岩中生成长达1英寸（约2.54厘米）的晶体。白榴石通常是白色的，不过也有的是灰色。

钠沸石↓

颜色：白色、无色、粉红色、红色、黄色、绿色、灰色
硬度：5～5.5
解理：一向完全解理
断口：参差状、易碎
条痕：无色至白色
光泽：玻璃光泽、丝绢光泽
其他：晶体呈透明或半透明

由于钠沸石有长针状晶体，有的甚至长达1米，所以是很容易辨认的。钠沸石大多在火成岩（如玄武岩）中的孔洞生成，但是也有可能在花岗岩或是变质岩（如片麻岩）中形成矿脉。

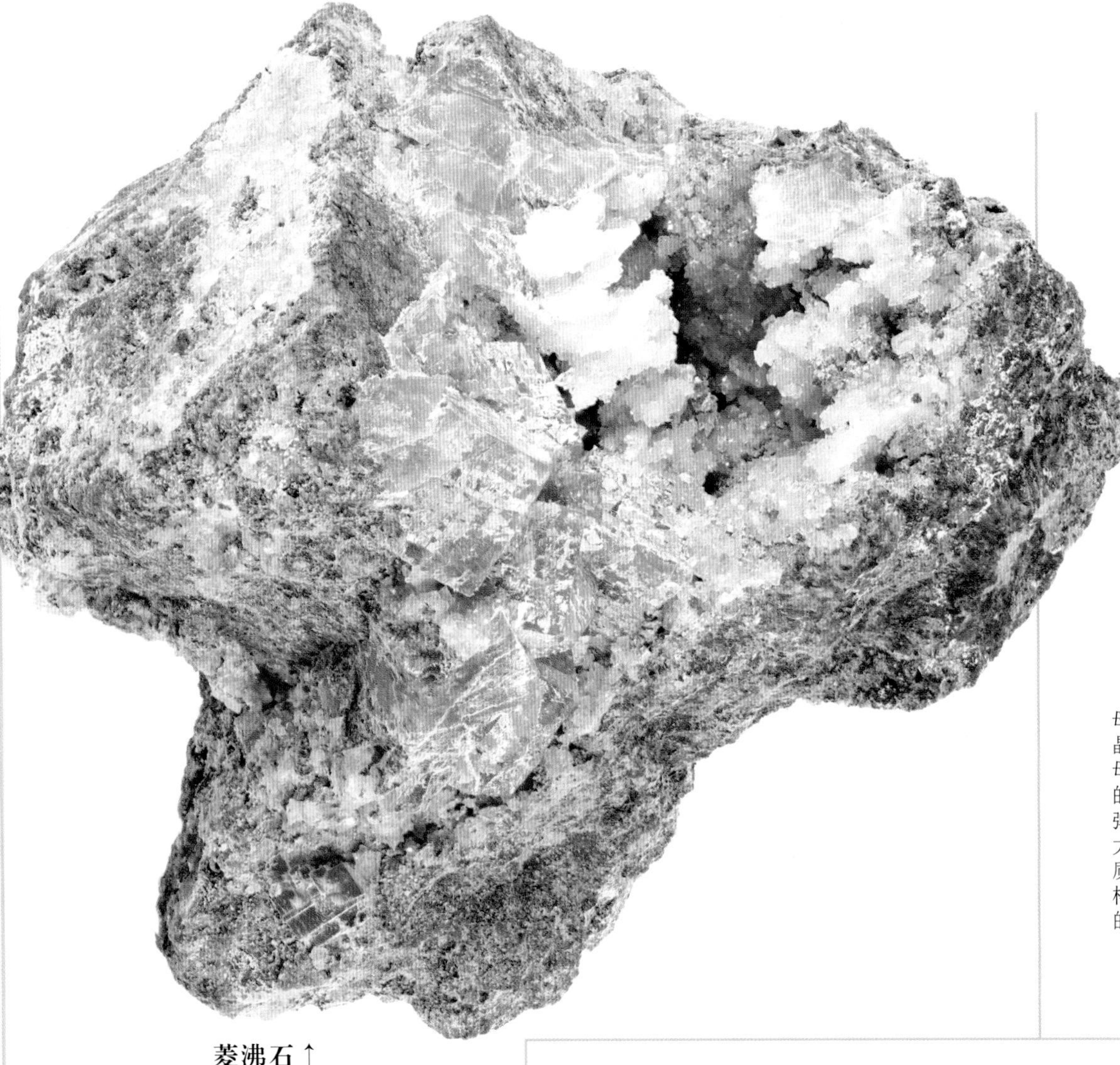

黑云母→

颜色：黑色、棕黑色、青黑色、深绿色
硬度：2.5 ～ 3
解理：一向完全解理
断口：参差状
条痕：无色
光泽：玻璃光泽、珍珠光泽

深棕色或黑色的云母族矿物，一般都叫黑云母，常见于火成岩和变质岩中，包括花岗岩、伟晶岩、片麻岩及片岩中都有黑云母的踪迹。黑云母的晶体通常是板状的，形状像一叠纸张。所有的黑云母矿物都有完全解理，同时可以分裂成有弹性的薄片，但是如果大力弯曲，还是会折断。大部分黑云母在岩石中都是细小的黑色颗粒。地质学家会通过观察黑云母，分析变质岩经历过怎样的温度变化，也可以通过它来判断火成岩大概的年龄。带黄色的黑云母看起来有点像黄铁矿。

菱沸石↑

颜色：白色、黄色、粉红色、红色
硬度：4 ～ 5
解理：三向不完全解理
断口：参差状、易碎
光泽：玻璃光泽
其他：晶体呈透明至半透明

菱沸石属于沸石家族，在火成岩，例如玄武岩的孔洞中生成，也会在花岗岩、伟晶岩和有些变质岩中形成矿脉，很多都有菱形晶体——形状像是歪斜的立方体。菱沸石的结晶结构让它成为自然的过滤器，能够移除气体中特定的化学物质。

鱼眼石→

颜色：无色、白色、粉红色、淡绿至鲜绿色
硬度：4.5 ～ 5
解理：一向完全解理
断口：参差状
条痕：白色
光泽：玻璃光泽、珍珠光泽
其他：透明至半透明

鱼眼石是硅酸盐类矿物的一种，常和沸石家族一起在玄武岩洞中生成，但也存在于变质岩中。最著名的特征是其晶体的直径可长达20厘米，不是立方形，就是金字塔形，并有多种不同的颜色。不过对收藏家来说，最有价值的是无色和绿色的。

←方沸石

颜色：白色、无色、灰绿色、黄色、红色
硬度：5 ～ 5.5
解理：无解理
断口：参差状至近圆弧状
条痕：无色
光泽：玻璃光泽、丝绢光泽
其他：晶体呈透明至半透明

方沸石是沸石的一种，在火成岩（如玄武岩和花岗岩）以及变质岩（如片麻岩）的孔洞中生成；在曾经有盐湖覆盖的地方也会生成沉积矿床。方沸石的英文名称 analcime 源自希腊文 analkimos，意思是“微弱”，描述了方沸石的一种特性——在受压或受摩擦时，会产生微弱的静电。

蛭石↑

颜色：无色、绿色、灰白色、黄棕色
硬度：1～2
解理：完全解理
断口：参差状
条痕：白色
光泽：脂肪光泽、土质光泽

蛭石也是云母族矿物的一种，1913 年在美国科罗拉多州发现了第一个主要的蛭石矿床。在一般土壤或火成岩中看到的蛭石大多是绿色、棕色或金黄色的颗粒。就像其他云母族矿物，蛭石的解理可分成有弹性的薄片。当加热超过 870 摄氏度，能够延展至原本厚度的 20 倍。

←滑石

颜色：白色、苹果绿色
硬度：1
解理：一向完全解理
断口：参差状
条痕：白色
光泽：油脂光泽
其他：半透明至不透明

滑石产于如片岩及大理岩的变质岩中，是种质地非常软的矿物，常用于塑料、颜料及陶土制作。不过最广为人知的应该是粉末状滑石：滑石粉。滑石粉能够吸收湿气和除臭，所以是爽身粉的主要原料。滑石也会用作干燥的润滑剂，使机械零件运转顺畅(chàng)。

白云母↑

颜色：无色、白色、黄色、绿色、粉红色、棕色、多彩
硬度：2～2.5
解理：一向完全解理
断口：参差状
条痕：无色
光泽：玻璃光泽、珍珠光泽
其他：透明至半透明

白云母属于硅酸盐类矿物中的云母矿物家族，能够分裂成有弹性的薄片，存在于各种环境中。不过白云母还是最常生成于属于变质岩的片岩中，以及属于火成岩的伟晶岩中。

硅孔雀石↑

颜色：蓝色、蓝绿色、绿色
硬度：2～4
解理：无解理
断口：参差状至圆弧状，像扇贝壳
条痕：淡蓝色、棕褐色、灰色
光泽：玻璃光泽、土质光泽

硅孔雀石通常和石英、玉髓及蛋白石一起在铜矿床中生成，大多是天蓝色的，所以容易和其他蓝色的矿物混淆，如绿松石。不过只要经过简单的硬度测试，就能知道硅孔雀石比其他矿物软很多。

罗马皇帝尼禄是马车竞赛队伍“绿队”的忠实支持者，每次大型比赛前，都会在竞技场的沙地撒上绿色的硅孔雀石粉末，以展现他的支持。

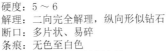

透闪石↑

颜色：无色、白色、灰绿色至墨绿色
硬度：5～6
解理：二向完全解理，纵向形似钻石
断口：多片状、易碎
条痕：无色至白色
光泽：玻璃光泽、丝绢光泽

透闪石属于闪石类矿物，是常见组成岩石的矿物，含有钙、镁和铁元素，多在由石灰杂岩和白云杂岩形成的变质岩中生成。有很多不同的质地：有的像羽毛一样轻软，有的则像皮革。

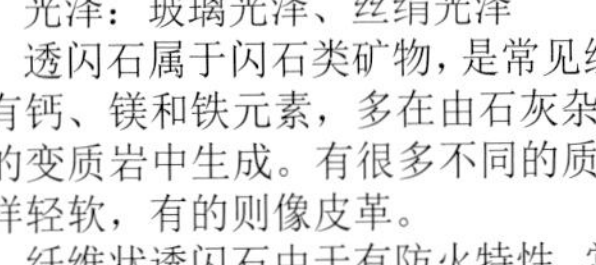

纤维状透闪石由于有防火特性，常用来制造石绵，过去常用作管线和建筑物周围的绝缘物质。但是吸入会导致肺癌，所以非常危险。如果你有纤维状透闪石的样本，不要撕开它的纤维，也不要拿近口鼻，并在接触后洗手。

海绿石→

颜色：蓝绿色、黄绿色、绿色
硬度：2
解理：完全解理
断口：参差状
条痕：绿色
光泽：暗淡光泽

海绿石是一种云母族矿物，英文名称 glauConite 源自希腊文 glaukos，意思是“蓝绿”，正是它的颜色。海绿石多在 30 至 1000 米深的浅海环境中形成，常见于一种叫作绿砂的海洋沉积物和海底泥沙中，通常由细小颗粒的球体组成，有的还含有贝壳碎片，甚至是化石。科学家发现，有的颗粒是动物制造的，包括动物的大便！

蓝闪石↑

颜色：蓝色、薰衣草蓝、蓝黑色
硬度：6
解理：二向完全解理，形似钻石
断口：参差状、多片状、圆弧状
条痕：灰蓝色
光泽：玻璃光泽、珍珠光泽
其他：边缘较薄处呈透明状

蓝闪石像角闪石一样有丰富的镁，在蓝片岩等变质岩中生成。正常状态下，蓝闪石会和其他矿物伴生，如硬柱石、钠长石、铁铝榴石等，这种伴生现象显示岩石中产生了低温高压的变质作用。蓝闪石的晶体大多是细长的棱柱状，但也可能是块状、纤维状和粒状。

←锂云母

颜色：紫色、淡黄色、灰白色
硬度：2.5～3
解理：完全解理
断口：参差状
条痕：无色
光泽：珍珠光泽

锂云母是一种含锂的云母矿物，而锂是制作玻璃及珐琅的元素。锂云母很少有完整的晶体，不过如果晶体发育完全，通常是六角柱体，长 2.5 至 5 厘米。锂云母一般是淡紫色的，并在花岗岩状的伟晶岩中生成，同时也会和其他矿物，如电气石和石英伴生。

高岭石→

颜色：白色、灰色、黄色
硬度：2 ～ 2.5
解理：一向完全解理
断口：无
条痕：白色
光泽：土质光泽

当二氧化碳、水、酸与特定的云母族矿物或长石矿物发生化学反应，就会生成高岭石。高岭石是种黏土矿物，也是相当重要的非金属元素，因为它有多种用途：制作颜料、砖头，甚至是巧克力填料。

直到 18 世纪早期，欧洲人还不清楚瓷器的组成。当时一位在中国的法国耶稣会传教士得知高岭石是其中最重要的成分，就把高岭石的样本寄回巴黎，作为参照物。

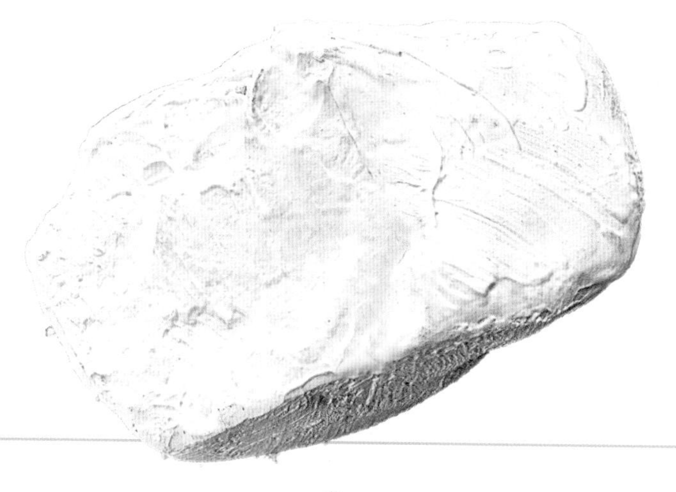

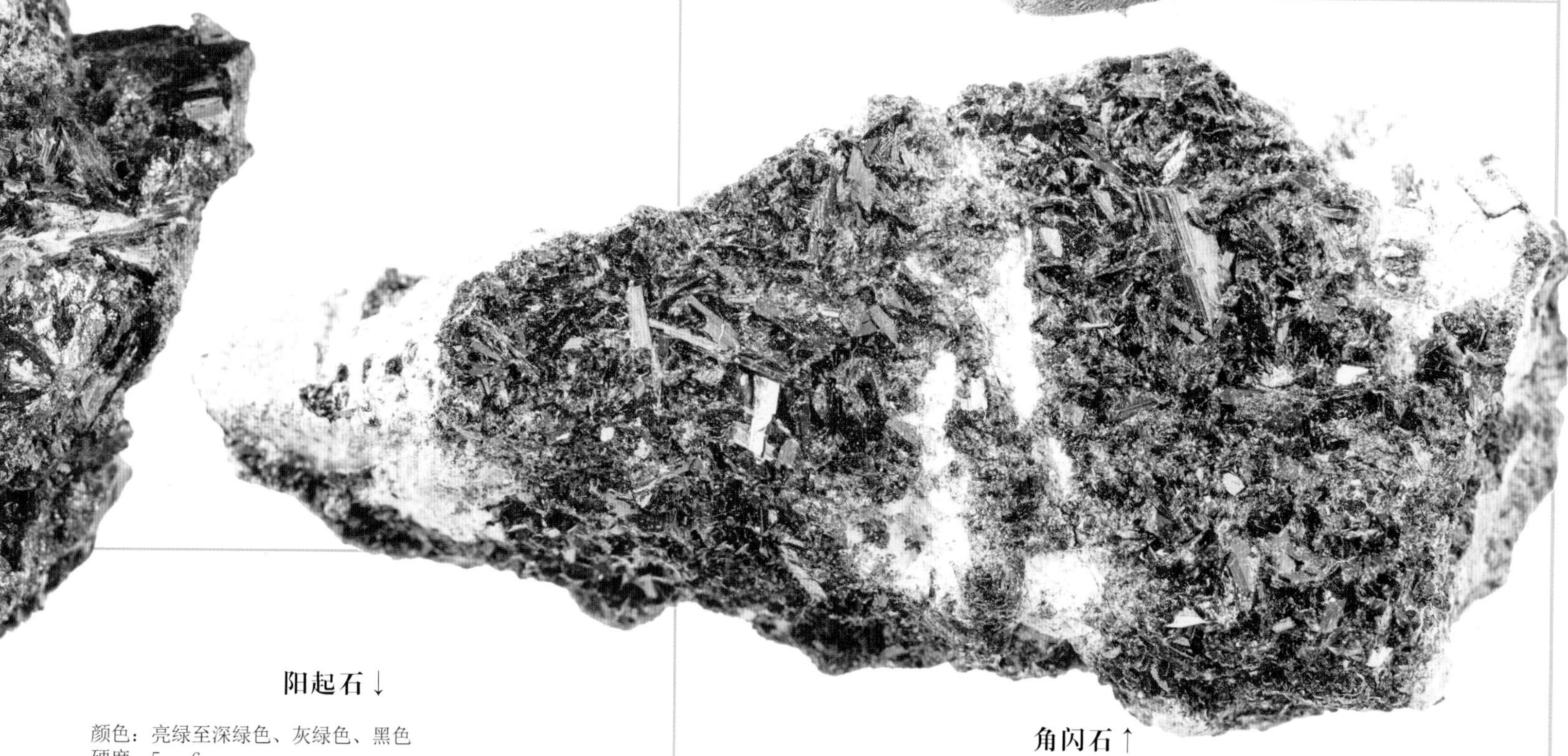

角闪石↑

颜色：黑色、深棕色、绿色
硬度：5 ～ 6
解理：二向完全解理，形似钻石
断口：参差状、多片状
条痕：无色
光泽：玻璃光泽、珍珠光泽、丝绢光泽

角闪石是一种组成岩石的常见矿物，并含有丰富的铁及镁，非常普遍，尤其是存于片麻岩、角闪岩等变质岩中，以及如花岗岩、闪长岩等火成岩中。有楔（xiē）状解理，所以很容易辨识，可以是黑色、深棕色、绿色，体积可能很大，或是会形成棱柱状的大晶体。

阳起石↓

颜色：亮绿至深绿色、灰绿色、黑色
硬度：5 ～ 6
解理：二向完全解理，纵向形似钻石
断口：多片状
条痕：无色
光泽：玻璃光泽、珍珠光泽、丝绢（juàn）光泽

阳起石也属于闪石类，是常见组成岩石的矿物，化学组成及长棱柱状的晶体结构都和透闪石相似。阳起石因为变质作用而形成，所以在许多不同种类的变质岩中都找得到；另外阳起石周围也常发现其他矿物，如绿泥石、钠长石、白云母和绿帘石。

》岩石巨星：诞生石

紫水晶↑

月份：二月
象征意义：诚挚

钻石↑

月份：四月
象征意义：永恒的爱

珍珠↑

月份：六月
象征意义：永恒的爱

红宝石↓

月份：七月
象征意义：满足

贵橄榄石↓

月份：八月
象征意义：快乐

石榴石↑

月份：一月
象征意义：忠诚
著名首饰：维多利亚时代著名的石榴石发夹，每颗石榴石都雕刻成玫瑰的形状。

←祖母绿

月份：五月
象征意义：纯洁的爱
著名首饰：传说胡克祖母绿曾经佩戴在一位苏丹的腰带上，现在则变成一枚胸针，周围还镶着 129 颗钻石。

蛋白石↓

月份：十月
象征意义：希望

黄玉→

月份：十一月
象征意义：忠诚

←海蓝宝石

月份：三月
象征意义：勇气

电气石↑

在英国维多利亚时期，每当有人过世，亲属常佩戴黑电气石，表示哀悼。

←绿松石

月份：十二月
象征意义：成功

←铁钠闪石

颜色：灰蓝色至深蓝色、黑色
硬度：5～6
解理：二向完全解理，形似钻石
断口：参差状、多片状
条痕：白色至蓝灰色
光泽：玻璃光泽、丝绢光泽
其他：半透明至不透明

铁钠闪石是一种含钠和铁的硅酸盐矿物，多在富含长石及石英类矿物的火成岩中生成，例如花岗岩和流纹岩。颜色从灰蓝到深蓝都有，可能会因为铁的含量愈多而愈深。铁钠闪石的英文名称Riebeckite是为了纪念19世纪德国著名的探险家及矿物学家埃米尔·里贝克（Emil Rjebeck）。

蓝宝石↑

月份：九月
象征意义：思路清晰
著名首饰：高登星光蓝宝石戒指上镶了一圈24颗梨形钻石。

顽火辉石↑

硬度：5～6
解理：二向直角完全至优良解理
断口：参差状
条痕：灰色至白色
光泽：玻璃光泽

顽火辉石属于辉石类矿物，拥有相同结构，多生成于富含镁及富含铁的火成岩中，在陨石中也可能发现它的踪迹。

普通辉石↑

颜色：亮绿至深绿色、灰绿色、棕色、黑色
硬度：5～6
解理：二向优良解理，纵向几近直角
断口：参差状、易碎
条痕：淡棕色至绿色
光泽：玻璃光泽、半金属光泽、暗淡光泽

普通辉石是辉石矿物家族中最常见的成员，特征是颜色深和晶体粗短，晶体直径可达1.25厘米。普通辉石在氧化硅含量较低的火成岩中生成，包含闪长岩、石英辉长岩、玄武岩和安山岩，另外高温生成的变质岩中也会有它的踪迹。

普通辉石的英文名称AUGITE源自希腊文augites，意思是“明亮”。你可能觉得这个名字有点奇怪，不过普通辉石虽然颜色都很暗沉，但有时也会有闪亮的外表。

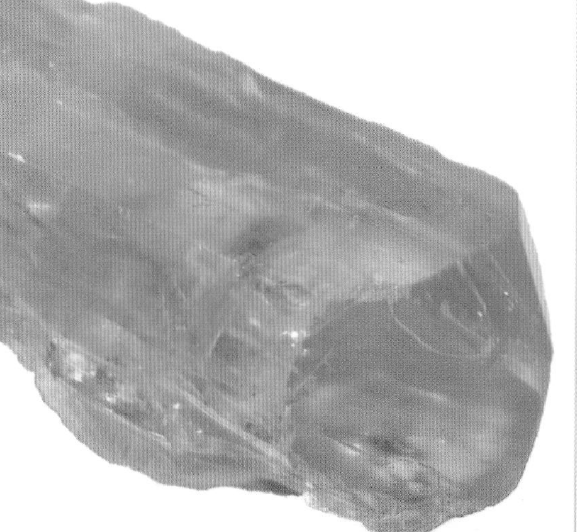

透辉石→

颜色：绿色、白色、无色
硬度：5～6
解理：二向优良解理，纵向几近直角
断口：参差状
条痕：白色至青白色
光泽：玻璃光泽、暗淡光泽
其他：透明至半透明

透辉石也是辉石类矿物，有棱（léng）柱状结晶，结晶面通常两个一对，且非常相似。这个晶体特性正好反映在透辉石的英文名称diopside上——它由意味着“成双”和“出现”的两个希腊文组成。透辉石常见于石灰岩和白云岩等变质岩中，以及橄榄岩和金伯利岩等火成岩中。

橄榄石↑

颜色：淡橄榄绿色至黄绿色、棕色
硬度：6.5～7
解理：二向不明显解理，呈直角相交
断口：参差状；圆弧状，像扇贝壳
条痕：无色至白色
光泽：玻璃光泽
其他：透明至半透明

橄榄石是一系列矿物的总称，特征是内含的镁和铁元素能互相置换，但不影响矿物的结构。在镁和铁含量丰富的火成岩中生成，包括玄武岩、辉长岩和橄榄岩，也存在于陨石中。

夏威夷帕帕科立海滩的沙粒中含有大量橄榄石，所以看起来是绿色的。

贵橄榄石↓

贵橄榄石是橄榄石矿物中的宝石成员，被开采历史已经超过 3500 年。在橄榄石的谱系中，贵橄榄石可以落在富含铁的一端，也可以属于富含镁的一端，颜色取决于含有哪种元素。举例来说，铁含量高的贵橄榄石是棕色的，镁含量丰富的贵橄榄石则是黄绿色的，也更受欢迎。

榍石↑

颜色：棕色、黑色、黄色、灰色、绿色
硬度：5～5.5
解理：二向明显解理，平行于棱柱面
断口：圆弧状，像扇贝壳
条痕：白色
光泽：玻璃光泽、松脂光泽，灿烂光泽
其他：透明至半透明

榍石是种含钙和钛的硅酸盐矿物，晶体多呈楔形。有时会出现双晶，意思是两个晶体从同一个底部向外生长，就像彼此的倒影或是双胞胎；榍石双晶的外形大多像泄气的足球。榍石通常在富含硅的火成岩中生成，例如花岗岩和伟晶岩，也会出现在某些变质岩中，包括片麻岩和片岩。

铁橄榄石↓

铁橄榄石是富含铁的橄榄石总称，化学式是 Fe_2SiO_4，英文名称 fayalite 来自葡萄牙西边的岛屿法亚尔岛（Faial）。就像其他橄榄石矿物，铁橄榄石多在火成岩中生成，在陨石中也有不同分量的铁橄榄石，从微量到占陨石体积的一半都有。

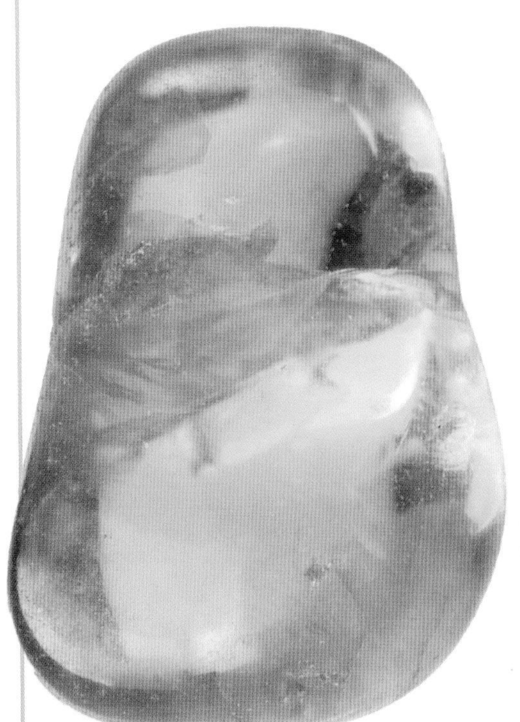

镁橄榄石↑

镁含量丰富的橄榄石都叫镁橄榄石，化学式是 Mg_2SiO_4，多在火成岩中生成，甚至连太空中也有。2006 年，美国太空总署探针采集的彗星样本中发现有微量的镁橄榄石。有些科学家相信，恒星形成时周围环绕的云状气体可能是粒状的镁橄榄石。

红柱石↓

颜色：白色、灰色、粉红色、红棕色、橄榄绿色
硬度：7.5
解理：二向优良解理，几乎呈直角
断口：圆弧状，像扇贝壳；参差状
条痕：无色
光泽：玻璃光泽、暗淡光泽
其他：透明至半透明

红柱石是含铝硅酸盐矿物的总称，晶体大多是方柱形的。其中一种叫作空晶石，表面有十字或棋盘状纹路。红柱石在低温变质岩中生成，如片麻岩或片岩；另外，虽然罕见，也会出现在一些火成岩中。

蓝晶石↑

颜色：蓝色、白色、无色、灰色、绿色、近黑色
硬度：晶体不同面有不同硬度：纵向 4 ～ 5、横向 6 ～ 7
解理：一向完全纵向解理，另一向优良解理
断口：多片状
条痕：无色
光泽：玻璃光泽
其他：透明至半透明

蓝晶石是种含铝的矿物，与红柱石和硅线石有相同的化学组成，不过晶体结构不同，很多蓝晶石都有长刃状或长板状的晶体。当黏土含量丰富的沉积物产生变化时形成蓝晶石，所以常出现在变质岩中，如片岩及片麻岩。

硅锌矿↓

颜色：黄色、绿色、红色、棕色、白色
硬度：5.5
解理：三向优良解理
断口：圆弧状，像扇贝壳；参差状
条痕：白色
光泽：玻璃光泽、松脂光泽
其他：透明至半透明

硅锌矿是种用来当作锌矿的硅酸盐矿物，多在热液矿床中与方解石和锌铁尖晶石伴生，有晶体、粒状或纤维状形态，晶体通常短小。硅锌矿最容易辨识的特征是有荧光，因此在短波紫外线下会发亮。

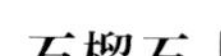

十字石↑

颜色：黄棕色、红黑色、棕黑色；风化后变灰色
硬度：7 ～ 7.5
解理：一向不完全纵向解理
断口：近圆弧（hú）状，像扇贝壳；参差状
条痕：白色
光泽：玻璃光泽、暗淡光泽
其他：透明至不透明

十字石是种中间色到深色系矿物，在中晶位变质岩，如片麻岩和片岩中生成，有生长良好的晶体面，并带有玻璃光泽。通常同时生成两个晶体，叫作双晶，且形成 60 度的夹角；而有的双晶则是直角相交，就像一个十字。

石榴石↓

颜色：橘色、黄色、红色、绿色、蓝色、紫色、粉红色、棕色、黑色
硬度：6.5 ～ 7.5
解理：无解理；有时呈六向明显解理
断口：参差状；圆弧状，像扇贝壳
条痕：白色至无色
光泽：玻璃光泽
其他：透明至不透明

石榴石是一组矿物的总称，普遍在变质岩中生成，少数也存在于侵入火成岩和某些沉积岩中。大部分人听到石榴石，都会联想到红色的宝石，不过事实上石榴石会因为不同的化学组成而呈现多种不同颜色。不同种类的石榴石在不同的温度及压力环境中形成，因此，地质学家会通过岩石中的石榴石了解岩石的历史。石榴石带有玻璃光泽，并且相当坚硬，晶体结构呈菱形十二面体，看起来就像一个足球。

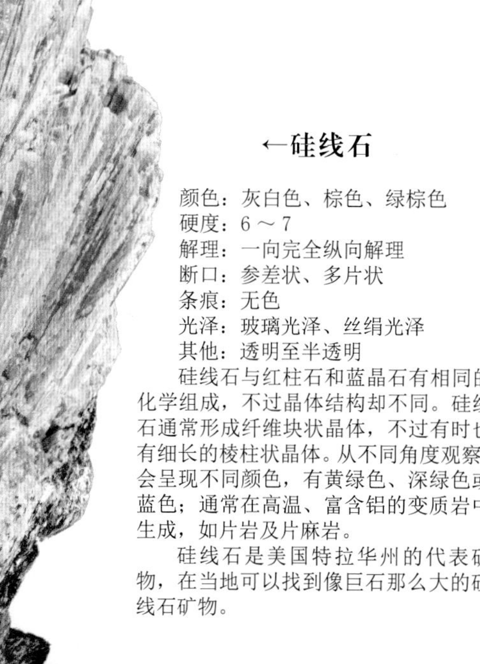

←硅线石

颜色：灰白色、棕色、绿棕色
硬度：6 ～ 7
解理：一向完全纵向解理
断口：参差状、多片状
条痕：无色
光泽：玻璃光泽、丝绢光泽
其他：透明至半透明

硅线石与红柱石和蓝晶石有相同的化学组成，不过晶体结构却不同。硅线石通常形成纤维块状晶体，不过有时也有细长的棱柱状晶体。从不同角度观察，会呈现不同颜色，有黄绿色、深绿色或蓝色；通常在高温、富含铝的变质岩中生成，如片岩及片麻岩。

硅线石是美国特拉华州的代表矿物，在当地可以找到像巨石那么大的硅线石矿物。

» 碳酸盐矿物

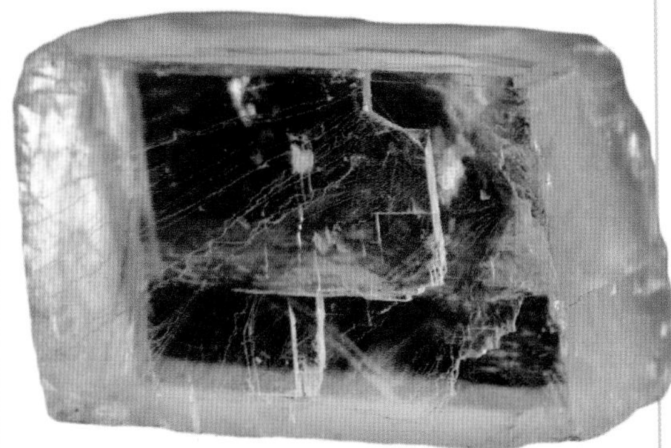

方解石↑

颜色：白色、无色、灰色、黄色、蓝色、棕色、黑色

硬度：3

解理：三向完全解理；方解石破碎成菱面体

断口：断口不常见，如果有断口，多是圆弧状，像扇贝壳；易碎

条痕：白色

光泽：玻璃光泽

其他：透明至半透明；紫外线下有荧光

方解石是常见矿物，由碳酸钙组成，化学组成和许多贝壳一样；在沉积岩、变质岩和火成岩中都有它的踪迹，是石灰岩和大理岩的主要组成矿物，建筑业将其作为建筑材料使用。方解石大多是清澈或白色的，不过也会因为含有不同的元素，而有其他颜色。

菱镁矿→

颜色：白色、淡黄色、淡灰色、棕色

硬度：3.5～4.5

解理：三向完全解理，呈菱面体

断口：近圆弧状，像扇贝壳；易碎

条痕：白色光泽、玻璃光泽、暗淡光泽

其他：透明至半透明

菱镁矿是种含镁的碳酸盐矿物，常和水镁石矿物在变质岩或地下温泉水的沉积物中伴生；也可能在镁含量高的火成岩或在盐类沉积物中形成。菱镁矿通常很大块，呈粒状或纤维状，很少形成晶体。

霰石↓

颜色：白色、灰色、无色、黄色、淡绿色、紫色、棕色

硬度：3.5～4

解理：一向优良解理；另两向不完全解理

条痕：白色

光泽：玻璃光泽、松脂光泽

其他：透明至半透明；带有荧光

霰石和方解石有相同的化学组成，但是晶体结构不同。霰石的晶体可能是板状、针状或棱柱状，两端的形状像金字塔。霰石在温暖的海水中沉淀，经年累月变成方解石。另外，霰石会在经历过高压的变质岩中形成。

白铅矿↓

颜色：白色、灰色、无色、黄色、棕色

硬度：3～3.5

解理：一向优良解理

断口：圆弧状，像扇贝壳；易碎

条痕：白色

光泽：灿烂光泽、油脂光泽、丝绢光泽

其他：透明至半透明；带有荧光

白铅矿是种软的矿物，产于铅矿的矿脉中，通常是在碳酸水和含有铅的矿物（如方铅矿）产生反应后形成。

白铅矿虽然光泽灿烂，却因为太软，无法用作宝石；最主要的功用是当作铅矿石，可以从里面提炼铅，再作其他用途。

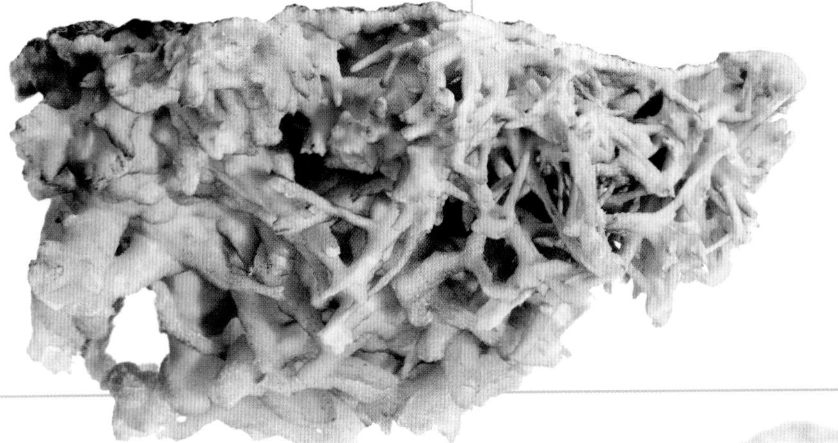

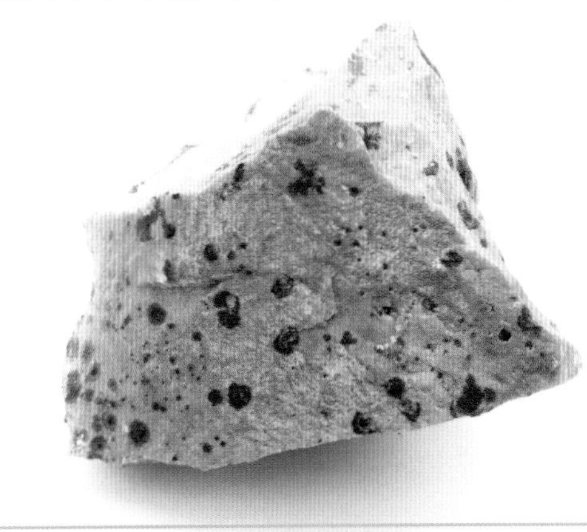

白云石→

颜色：白色、无色、粉红色、灰色、绿色、棕色、黑色

硬度：3.5～4

解理：三向完全解理

断口：圆弧状，像扇贝壳；易碎

条痕：白色

光泽：玻璃光泽、珍珠光泽

其他：透明至半透明

白云石是碳酸盐类矿物，和方解石相似，但结构中有镁。晶体大多是长板状，就像石板或碑，不过也有晶体面弯曲成马鞍形的簇状晶体。在沉积岩（如白云岩）以及变质岩（如大理岩）中，都可以找得到白云石。

有的生物中也存在白云石，例如大麦町犬（斑点狗）体内的肾结石中就有这种矿物！

孔雀石↑

颜色：无色、祖母绿色、草绿色、深绿色

硬度：3.5～4

解理：一向完全横向解理

断口：圆弧状，像扇贝壳；多片状

条痕：淡绿色

光泽：灿烂光泽、丝绢光泽、暗淡光泽

其他：半透明

孔雀石是种亮绿色的碳酸盐矿物，多和其他矿物如蓝铜矿和黄铜矿伴生，常见于铜矿石沉积物中，会形成皮壳状或垂冰柱状结构，叫作熔岩钟乳。约4000年前，孔雀石还是铜的主要来源，现今只是铜矿中的少数。

蓝铜矿↓

颜色：蓝色、深蓝色

硬度：3.5～4

解理：二向优良解理

断口：圆弧状，像扇贝壳

条痕：蓝色

光泽：玻璃光泽、暗淡光泽

其他：薄片形态是透明的

蓝铜矿是种深蓝的碳酸盐矿物，多在靠近地球表面的地方生成，也通常会见到与孔雀石伴生。和孔雀石一样，蓝铜矿也是铜矿石，意即从这两种矿物中能提炼出铜，进而投入多种用途。但和孔雀石不同，蓝铜矿普遍都有晶体，通常呈棱柱状、楔状或板状。

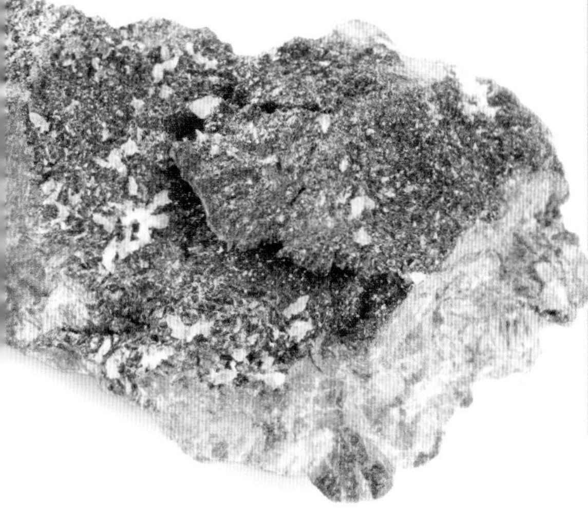

菱（líng）锰矿↑

颜色：粉红色、玫瑰红色、暗红色、棕色

硬度：3.5～4

解理：三向完全解理，呈菱面体

断口：参差状

条痕：白色

光泽：玻璃光泽、珍珠光泽

其他：近透明至半透明

菱锰矿属于碳酸盐类矿物，在某些变质岩及沉积岩的裂隙或孔洞中生成，其负有盛名的鲜粉红色来自矿物里面的锰。不过有时铁、镁或钙会取代锰，菱锰矿的颜色也因此会变成淡灰色、淡黄色或棕色。

菱锰矿的颜色让它成为珠宝业爱用的矿物，不过由于硬度较低，能制作的珠宝类型有限。例如，菱锰矿不适合制作戒指，因为戒指常承受磨损，相对来说，耳环及项链是个比较好的选择。

菱铁矿↑

颜色：淡棕至深棕色、红棕色、白色

硬度：3.5～4

解理：三向完全解理，呈菱面体

断口：参差状条痕：白色、淡黄色

光泽：玻璃光泽、珍珠光泽、暗淡光泽

其他：半透明

菱铁矿是一种铁矿，产于煤层或黏土沉积岩层，以及某些火成岩及变质岩层。晶体有很多不同的形状，不过最常见的是曲面菱面体（六角柱体），每一面都是菱形或四边形，而有些形状看起来像是泡泡或葡萄。

在美国肯塔基州煤矿场出土的菱铁矿结核或块状晶体里面，发现了有机物（如蕨类植物和倍足纲动物）的化石。

» 氧化物与氢氧化物矿物

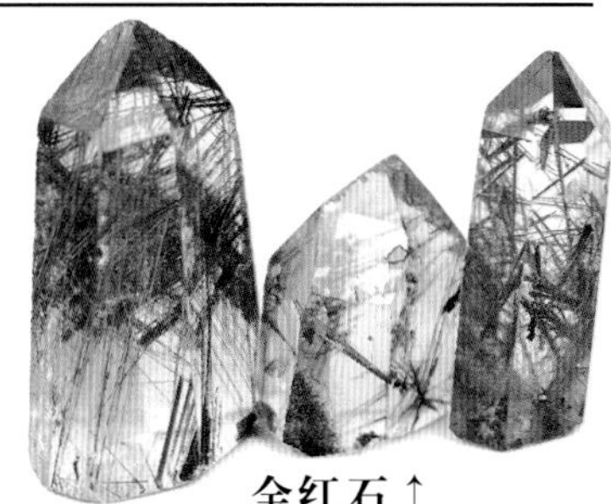

金红石↑

颜色：红色、红棕色、黑色

硬度：6～6.5

解理：二向明显解理，有时优良解理；另一向不完全解理

断口：参差状、易碎

条痕：白色、灰色、淡棕色

光泽：灿烂光泽、近金属光泽

其他：半透明至透明

金红石是一种氧化物矿物——氧气和金属结合而成的矿物。在金红石中，和氧结合的金属是钛。金红石通常呈红棕色，少量出现在属于火成岩的花岗岩中，以及属于变质岩的片麻岩和片岩中；另外，也以细小金色针状晶体形成于石英的颗粒中。

锡石↑

颜色：棕色、黑色，有时呈黄色或灰色
硬度：6～7
解理：明显解理
断口：参差状
条痕：白色、淡棕色
光泽：油脂光泽、灿烂光泽、暗淡光泽
其他：半透明至透明

锡石是一种含有锡的氧化物矿物，英文名称cassiterite源自希腊文kassiteros，意思就是“锡”。锡石在纯净的状态下是没有颜色的，不过通常都含有铁，所以大多呈棕色或黑色。锡石在地壳深处的热液矿脉中生成，跟电气石和辉钼矿等矿物伴生；另外，某些变质岩中也会发现锡石。

金绿宝石↓

颜色：黄绿色、深绿色、淡绿色、绿棕色、黄色
硬度：8.5
解理：一向优良解理；另两向不完全解理
断口：圆弧状，像扇贝壳；参差状
条痕：无色至白色
光泽：玻璃光泽

金绿宝石含有铍和铝，是种非常坚硬的矿物，只有金刚石和刚玉比它硬。有些在火成岩中生成，如花岗岩及伟晶岩，有些存在于数种变质岩中，并且常与海蓝宝石、祖母绿等矿物伴生。金绿宝石的晶体结构与绿柱石相当不同，所以两者不会混淆。

变色石是一种罕见的金绿宝石，在不同的光线下会有不同的颜色，白炽灯下看起来是樱桃红色的！

钛铁矿↑

颜色：黑色、棕黑色
硬度：5～6
解理：无解理
断口：圆弧状，像扇贝壳；易碎
条痕：铁黑色、棕黑色
光泽：金属光泽、近金属光泽
其他：有微弱的磁性

钛铁矿是一种含有钛及铁的氧化物矿物，也是钛及铁的主要来源，有的也会同时含有镁及锰。英文名称ilmenite，源自靠近俄罗斯米阿斯的伊尔门山区（Ilmen Mountains），也就是钛铁矿的发现地。钛铁矿的晶体大多呈厚的板状，有的则聚成大团块，也有的是粒状，散布在溪床中。多在火成岩中生成，如闪长岩及石英辉长岩。

软锰矿↑

颜色：黑色至铁灰色，有时蓝色
硬度：6～6.5
解理：一向完全解理
断口：多片状、参差状
条痕：黑色、蓝黑色
光泽：金属光泽、暗淡光泽

在地球深处，岩浆把含有丰富矿物质的地下水加热，经过很长时间之后，热水溶解了周围的岩石，变成溶液，最后留下不同的矿物沉积——软锰矿就是其中之一种。软锰矿也是地球上重要的锰矿石，通常聚集成巨大的块状，很少形成晶体。

软锰矿中提炼出的锰能做成一种特殊的青铜，不受盐水侵蚀，故广泛用于制造船只零件，包含螺旋桨。

烧绿石↓

颜色：橘色、棕色、黄棕色、黑色
硬度：5～5.5
解理：明显解理
断口：参差状
条痕：黄棕色
光泽：松脂光泽、油脂光泽

烧绿石是铌的主要来源，在伟晶岩和其他碳酸盐含量丰富、并有少量硅酸盐的火成岩中生成。铌最常用来把含有不锈钢的物质变得更坚固，以及加入到制造飞机引擎、火箭、钻油平台甚至宝石等的物料中。此外，烧绿石中的铌也用来制造核磁共振成像仪（MRI）——用磁场来显示人体内影像的仪器——中所需的超导磁铁。

赤铜矿↑

颜色：红宝石色、红黑色、绿色
硬度：3.5～4
解理：不完全解理
断口：参差状
条痕：红棕色
光泽：灿烂或暗淡光泽，或带金属光泽
其他：半透明

赤铜矿是一种红色的氧化铜，是重要的铜矿石，在硫酸铜矿物经过风化后形成，常常会出现在有自然铜、孔雀石和方解石的地方。赤铜矿通常形成八面的晶体，不过也有立方和十面晶体，或单颗粒和团块状。有一种赤铜矿，绰号叫毛赤铜矿，表面有浓密的纤维晶体，看起来好像天鹅绒一样。

赤铜矿刚刚碎裂时，通常是亮红色的，接触到氧气后会变成暗淡的金属灰色。

赤铁矿↓

颜色：铁灰色、红灰色、红色、棕黑色
硬度：5～6
解理：无解理
断口：参差状、多片状、易碎
条痕：红色至红棕色
光泽：金属光泽

赤铁矿是一种常见的氧化铁，主要在沉积岩中生成，不过也出现在变质岩及火成岩中。样本之间的差异非常大，有很多不同的颜色，从铁灰色到亮红色都有，但条痕只有红色或红棕色。有或粗或细的柱状晶体，也有形状像小玫瑰花的晶体，有时还会形成纹理细致的块状。赤铁矿其实有好几种用途，不过由于70%的成分是铁，所以最主要是被当作铁矿石用。

火星上曾发现灰色的赤铁矿。专家们相信火星上很久以前有温泉水，所以才会形成赤铁矿沉积。

刚玉↑

颜色：白色、灰色、棕色、深红色、蓝色、粉红色、黄色、绿色
硬度：9
解理：无解理；常有三向裂理
断口：参差状；圆弧状，像扇贝壳
条痕：无
光泽：玻璃光泽、灿烂光泽
其他：透明至半透明；带有荧光

刚玉是地球上最硬的矿物之一，只有金刚石比它更硬。刚玉之所以这么硬，是因为连接原子之间的化学键很强。它通常是白色、灰色或棕色的，不过宝石类的刚玉，包括红宝石和蓝宝石，颜色就比较鲜艳。刚玉生成于高品位的变质岩中，如片麻岩，以及被称为霞石正长伟晶岩的火成岩中。

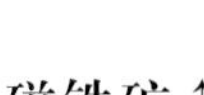

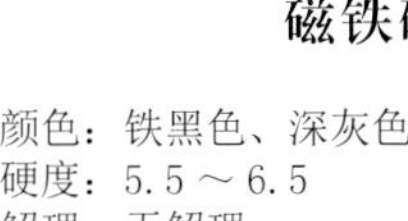

磁铁矿↑

颜色：铁黑色、深灰色
硬度：5.5～6.5
解理：无解理
断口：参差状；圆弧状，像扇贝壳
条痕：黑色
光泽：金属光泽
其他：有磁性

磁铁矿是一种氧化铁，可以在沉积岩、变质岩和火成岩中找得到，在闪长岩和辉长岩等火成岩中产量最多。磁铁矿是深黑色的，并有金属光泽，因此有人会误认成灰色的赤铁矿，不过磁铁矿具有磁力和黑色条痕。很多磁铁矿都有八面晶体，每一面都是三角形。

红锌矿↓

颜色：深红色、橘色、黄色、棕色
硬度：4
解理：一向完全解理
断口：圆弧状，像扇（shàn）贝壳
条痕：橘黄色
光泽：灿烂光泽、松脂光泽、暗淡金属光泽
其他：透明至半透明

红锌矿是罕见的红色矿物。地壳中的热液有丰富的矿物质，经年累月沉淀聚积，成为矿床，而红锌矿就在这样的沉积矿床中形成，并常和其他矿物，特别是锌铁尖晶石和方解石结成团块。很少形成晶体，有晶体的话通常是金字塔形的。北美洲只有少数区域出产红锌矿，其中一个是美国新泽西州的法兰克林锌矿场。

红锌矿是锌金属矿石，用在很多产业上。氧化锌是白色的，所以红锌矿的红色多半来自内含的锰。

蓝宝石↓

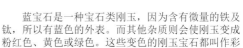

蓝宝石是一种宝石类刚玉，因为含有微量的铁及钛，所以有蓝色的外表。而其他杂质则会使刚玉变成粉红色、黄色或绿色。这些变色的刚玉宝石都叫作彩色蓝宝石，虽然名字听起来华丽，但价值还是比不上纯蓝宝石。

》岩石巨星：宝石

美国本土绿松石↑

许多美洲原住民重视绿松石，并当作宝石用在装饰品上。图中的纳瓦霍手镯就是用绿松石制成的。

尖晶石↑

颜色：红色、绿色、蓝色、棕色、黑色
硬度：7.5～8
解理：无解理
断口：参差状；圆弧状，像扇贝壳；易碎
条痕：白色
光泽：玻璃光泽、暗淡光泽
其他：透明至不透明；有时有荧光尖晶石是一种镁含量丰富的氧化铝宝石，在某些火成岩，如辉长岩，以及特定的变质岩中生成。有颗粒状，也有块状，但八面体晶体（有八个边的晶体）最常见。

因为尖晶石硬度高，以及带有亮蓝色或亮红色，有人会把它误认成蓝宝石或红宝石。

皇冠珠宝↓

捷克首都布拉格的布拉格古堡展示了镶有皇室珠宝的皇冠。

狗的头冠↓

2009年，有位泰国珠宝设计师制作了一顶镶（xiāng）有祖母绿及钻石的头冠给他的爱犬，价值高达420万美元。

时尚的武器↓

有的文化中会用宝石装饰武器。17世纪初期在印度制造的匕首，由黄金铸成，并用了红宝石和彩色玻璃做装饰。

铬铁矿↑

颜色：棕色、黑色
硬度：5.5
解理：无解理；四向不明显裂理
断口：参差状；圆弧状，像扇贝壳
条痕：深棕色
光泽：金属光泽、暗淡光泽
其他：可能有弱磁性

铬铁矿是种氧化物矿物，和尖晶石相似。它由铁、铬和氧组成，很少形成结晶。常在有大量镁和铁的侵入火成岩中生成，也会出现在这类火成岩的沉积物中。

针铁矿↓

颜色：黄棕色、深棕色、黑色
硬度：5～5.5
解理：一向完全纵向解理
断口：参差状、多片状
条痕：黄色、黄棕色
光泽：近金属光泽、灿烂光泽、暗淡光泽

针铁矿含有丰富的铁，通常因其他含铁丰富的矿物如黄铁矿与氧结合，并经过风化作用分解后形成。针铁矿常与方解石和石英等矿物伴生，共同在风化后的矿物上形成一层硬壳。

铝土矿↑

颜色：白色、灰色、黄色、红色、棕色
硬度：1～3
解理：无解理
断口：参差状
条痕：白色
光泽：暗淡光泽、土质光泽

铝土矿由铝含量丰富的矿物经过化学风化后形成，很多都含有三水铝石、软水铝石和一水硬铝石，是现在世界上主要的铝矿，所以是制造业珍贵的资源。常在土壤中形成结核（小的圆块状），具有豆粒状结构，表明铝土矿是由许多如豌豆大小的粒状物所组成。

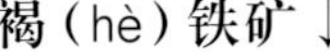

褐（hè）铁矿↓

颜色：黄色、棕色
硬度：4～5.5
解理：无解理
断口：圆弧状，像扇贝壳；参差状；多片状
条痕：黄棕色
光泽：玻璃光泽、丝绢光泽、暗淡光泽

褐铁矿是针铁矿的一种形态。这种铁矿会在经过风化的含铁矿物，如赤铁矿及黄铁矿表面形成一层硬壳，也存在于土壤中。褐铁矿很少形成晶体，可以用来制成颜料。

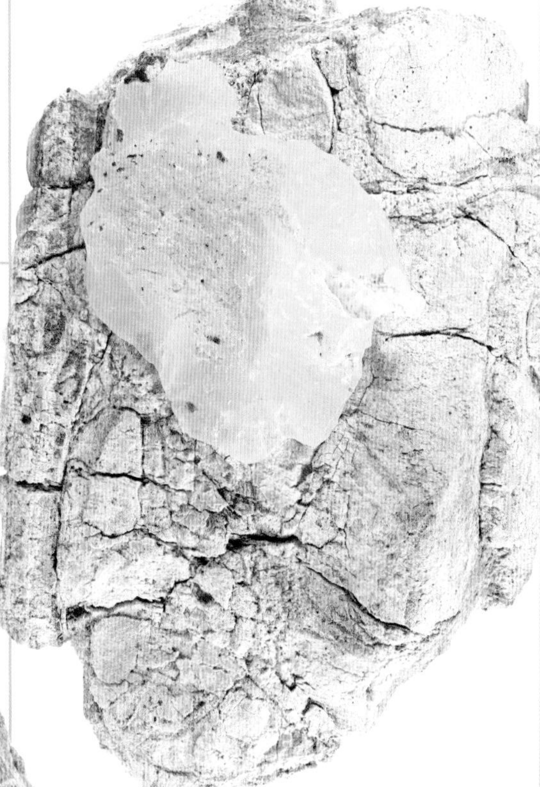

水镁石↑

颜色：白色、无色、淡灰色、淡蓝色、淡绿色
硬度：2～2.5
解理：一向完全解理
断口：参差状
条痕：白色
光泽：蜡状光泽、玻璃光泽、珍珠光泽

水镁石是氢氧化镁，与方解石和硅灰石矿物在某些火成岩中伴生，也会与菱镁矿、滑石和霰石矿物在某些变质岩中伴生，通常是白色的，但也有些是淡绿色、灰色或蓝色的。它的英文名称 brucite 是以美国矿物学家阿奇博·布鲁斯（Archibald Bruce）的名字命名的。

水镁石是氢氧化镁的来源。氢氧化镁是医疗制品的原料，例如泻药镁乳；由于熔点高，也会用来制成隔热材料，例如烧陶器的窑。

» 硫化物、硫酸盐与磺酸盐矿物

←辉铜矿

颜色：深铅灰色
硬度：2.5～3
解理：一向不完全解理
断口：圆弧状，像扇贝壳；易碎
条痕：深灰至黑色
光泽：金属光泽

辉铜矿是重要的铜矿，英文名称 chalcocite 源自希腊文 chalkos，意思正是铜。通常在低温热液矿脉或地壳的裂缝里，以及玄武岩（一种火成岩）中形成。斑铜矿经过物理变化时，也可能会产生辉铜矿。

辉铜矿有金属光泽，不过经过光线照射会慢慢变得暗淡。

←辰砂

颜色：亮红色、紫红色、棕红色
硬度：2～2.5
解理：三向完全解理
断口：近圆弧状，像扇贝壳；参差状
条痕：猩红色至棕红色
光泽：灿烂光泽至暗淡光泽

辰砂是种硫化汞矿物，亮红的颜色使它非常容易辨识，出现在温泉附近和近期曾有火山活动的周边地区，通常是大的或粒状的团块，晶体较不常见。

斑铜矿↑

颜色：铜红色至棕色，带深蓝色、紫色
硬度：3
解理：无解理
断口：参差状；圆弧状，像扇贝壳
条痕：灰黑色
光泽：金属光泽

斑铜矿是常见的铜铁矿物，除了本身的铜色，还混有彩虹般的紫色、蓝色和红色斑块，主要在变质岩和火成岩中生成，与含有黄铜矿、黄铁矿、白铁矿、石英等矿物的铜矿伴生。斑铜矿是一种硫化物——硫和金属或类金属结合形成的矿物，它是由硫和铜结合而成的。

斑铜矿因其外表多彩的锈色，而有“孔雀矿石”的美名。

铜蓝→

颜色：深蓝至靛青色，常带有黄色、红色或紫色
硬度：1.5～2
解理：一向完全解理
断口：参差状、易碎
条痕：铅灰色至黑色
光泽：近金属光泽

铜蓝是种硫化铜矿物，有独特的蓝色或靛青色，并有黄色、红色或紫色的光彩；通常聚集成团块状，很少有发育完整的晶体——如果有晶体，呈现薄板状的六边形。铜蓝和其他铜矿物伴生，在热液矿床和某些变质岩中生成。

←闪锌矿

颜色：无色、黄色、棕色、红色、绿色、黑色
硬度：3.5～4
解理：六向完全解理
断口：圆弧状，像扇贝壳；易碎
条痕：亮棕色
光泽：灿烂光泽、近金属光泽

闪锌矿是种常见的硫化锌，存在于沉积岩、变质岩及火成岩中。美国的新泽西州和密苏里州都出产闪锌矿，并常和方铅矿伴生。闪锌矿主要作为锌矿石开采，不过有时也用作宝石。纯闪锌矿是白色的，并且罕见，而常见的闪锌矿大多含有铁，所以呈棕色、绿色或红色。形成的晶体则是金字塔形或十二面体。

方铅矿↑

颜色：深铅灰色
硬度：2.5
解理：三向完全直角解理
断口：近圆弧状，像扇贝壳
条痕：深铅灰色
光泽：金属光泽，暴露在空气中会变成暗淡光泽

方铅矿是最常见的铅矿物，最常出现在含有铜矿和锌矿的热液交代矿床中，也会在某些变质岩如硅卡岩中生成，数千年来都是受欢迎的铅矿石。只要把方铅矿放在火中，就能提炼出铅。火会把方铅矿分解，留下铅在灰烬中。这个过程叫作“熔炼”。

方铅矿因其铅灰色和金属光泽，有时会被误认成另一种硫化物矿：辉锑矿。不过辉锑矿里没有铅，而是含有一种叫锑的元素，虽然看起来像方铅矿，不过晶体是长刃状的，和方铅矿多面的短晶体不同。另外，辉锑矿比方铅矿软，晶体甚至可以弯曲！方铅矿和辉锑矿还有一个最关键的差异是：方铅矿的密度非常高；在相同体积下，比辉锑矿重两倍。

黄铜矿↓

颜色：黄铜色、金黄色、深蓝色、紫色，锈蚀后呈黑色
硬度：3.5～4
解理：一向不完全解理
断口：参差状、易碎
条痕：墨绿色
光泽：金属光泽

黄铜矿是很常见的铜及铁硫化物矿物，在火成岩的热液中沉淀而成，和其他矿物伴生，包括黄铁矿、辉铜矿和黄金，也会出现在某些变质岩，如硅卡岩和片岩中。黄铜矿形成的结晶大多是金字塔形，每一边可长达10厘米。

黄铁矿是一种硫化铁，看起来很像黄铜矿。有时这两种矿物会一起伴生，造成混淆，不过黄铁矿比较硬，黄色也较淡。黄铜矿的晶面上带有不同方向的条纹，而黄铁矿则带平行条纹。刚开采出土的黄铜矿是黄铜色的，不过接触到空气后，就会开始失去光泽，变成蓝黑色。

雌黄↓

颜色：柠檬黄、橘色
硬度：1.5～2
解理：一向优良解理
断口：参差状，能切割成小块
条痕：柠檬黄、橘（jú）色
光泽：树脂光泽（光滑），解理面有珍珠光泽
其他：半透明到透明

雌黄是一种黄色的硫化砷矿物，常出现在温泉沉积物、地壳岩脉以及火山附近的裂口中，有时候会同时发现辉锑矿和雄黄。

辉锑矿↓

颜色：铅灰色至银灰色，有时带有黑色
硬度：2
解理：一向完全解理
断口：参差状；晶体可稍微弯曲，有时易碎
条痕：深灰色到黑色
光泽：金属光泽

辉锑矿是一种呈铅灰色到银灰色的含硫矿物，但是只要暴露在光下，就会慢慢变成没有光泽的黑色。常出现在温泉沉积物和地壳岩脉中，与方铅矿、辰砂、鸡冠石、雌黄、黄铁矿以及石英等矿物伴生。

辉锑矿是最重要的锑元素矿石。在古代的中东地区，雄黄会混入方铅矿以制作叫作化妆墨的粉末，主要用于眼线颜料。

←雄黄

颜色：深红色至橘色，接触到光后变黄色
硬度：1.5～2
解理：一向优良纵向解理
断口：圆弧状，像扇贝壳
条痕：橘黄色
光泽：灿烂光泽、暗淡光泽

雄黄是亮红色或橘色的矿物，在地球深处的热液矿脉中形成，与辰砂、辉锑矿和雌黄等矿物伴生，在火山口、温泉及间歇泉的周围地表也有它的踪迹。通常为粗粒或细粒的块状，晶体很少见——如果形成晶体的话，都是短的棱柱状，并有条纹。雄黄通常被用作砷元素矿石。

雄黄是一种砷矿，而砷元素有毒。所以如果雄黄破碎，绝对不能吸入雄黄粉尘，也不要把雄黄拿近口鼻，同时应于每次接触后洗手。

雄黄常与辰砂混淆，两种矿物的颜色都很像，而且经常一起出现。不过辰砂比较硬，拿起来感觉也比较重。

水绿矾↑

颜色：白色、无色、蓝色、黄绿色
硬度：2
解理：一向完全解理
断口：圆弧状，像扇贝壳
条痕：白色
光泽：玻璃光泽、暗淡光泽
其他：带淡甜味

水绿矾是一种含有铁和水的硫酸盐矿物。当硫化铁类矿物，如黄铁矿和白铁矿氧化或生锈后，就会形成水绿矾。水绿矾通常是白色或无色的，不过有的时候，例如在加入了铜的情况下，颜色会变成绿色甚至蓝色。水绿矾很少形成晶体，不过会聚集成块状，覆盖在其他矿物上；或是形成钟乳石，倒挂在容矿岩（host rock）的洞顶。

胆矾↓

颜色：深蓝色、天蓝色、绿蓝色
硬度：2.5
解理：明显解理
断口：圆弧状，像扇贝壳
条痕：无色至白色
光泽：玻璃光泽、暗淡光泽
其他：透明至半透明；有的有荧光

胆矾是一种含水分子的硫化铜矿物，有容易辨认的深蓝色外表——虽然有的样本带有绿色。胆矾很少形成晶体，但如果有晶体形成，通常是短的棱柱状。胆矾是种次生矿物，为其他含铜矿物蚀变后的产物，多生成于近地表、由化学溶解岩石所形成的热液交代矿床中，并常与霰石和方解石等矿物伴生。

天青石↓

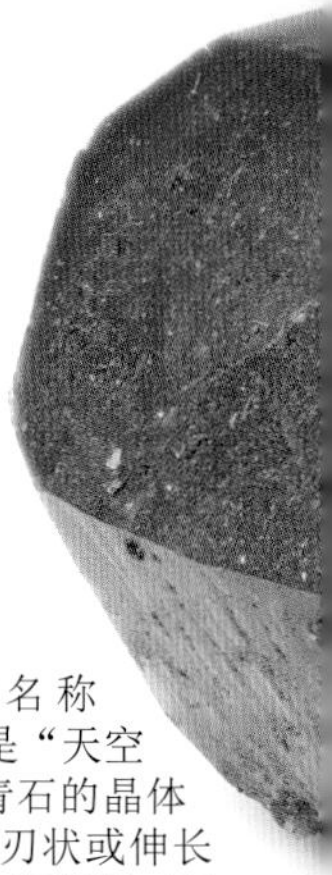

颜色：白色、无色、蓝色、红色
硬度：3～3.5
解理：三向解理：一向完全解理；一向优良解理；一向明显解理
断口：参差状、易碎
条痕：白色
光泽：玻璃光泽、珍珠光泽
其他：透明至半透明

天青石是种硫酸盐矿物，英文名称celestine源自拉丁文coelestis，意思是“天空的”，指的是天青石常见的浅蓝色。天青石的晶体通常是长板状，可长达75厘米，也有刀刃状或伸长的金字塔形。含有丰富矿物的水沉淀形成盐矿床，而天青石就是在盐矿床的沉积岩孔洞中生成。

天青石内含锶——一种银白色或黄色的元素，燃烧时会变红，能带给烟火亮红的颜色。

钙芒硝↓

颜色：白色、无色、黄色、淡灰色，接触空气后形成白色粉末状的外层
硬度：2.5～3
解理：一向完全解理
断口：圆弧状，像扇贝壳
条痕：白色
光泽：玻璃光泽、油脂光泽
其他：有淡淡的咸味

钙芒硝是一种含钙及钠的硫酸盐矿物，是芒硝（又叫格劳勃盐）的来源，而芒硝是用来制造纸张、洗衣液和玻璃的化学物。咸水湖蒸发后，沉积出盐层，钙芒硝常在这样的盐层中生成，与石盐和硬石膏等矿物伴生。有些情况下，钙芒硝会经历一个叫作“溶解作用”的过程：在溶解后重新形成另一种矿物，不过形状却和原本的钙芒硝一样。

重晶石↑

颜色：白色、灰色、无色，有时带有黄色、棕色、红色、蓝色

硬度：3～3.5

解理：三向解理：一向完全解理；一向优良解理；一向明显解理

断口：参差状

条痕：白色

光泽：玻璃光泽、珍珠光泽

重晶石很重，是一种高密度的矿物，属于硫酸盐矿物。硫酸盐矿物是硫和氧与其他元素结合产生。在重晶石中，硫和氧就结合了钡元素。重晶石是最常见的含钡矿物，生成的地方包括：铅矿和锌矿、沉积岩、黏土矿床、海洋沉积层，以及某些火成岩，特别是热液交代矿脉中。

泻利盐↑

颜色：白色、无色、灰色

硬度：2～2.5

解理：一向优良解理；另一向劣等解理

断口：圆弧状，像扇贝壳

条痕：白色

光泽：玻璃光泽、暗淡光泽

其他：带咸（xián）味或苦味

泻利盐是种硫酸镁矿物，内含水分子，遍布各个大陆，最初发现于英国埃普瑟姆的温泉附近。它通常是化学沉淀物，即由液态溶液留下或沉淀而成的物质，在矿壁上形成绒毛状或粉末状的外层。也会和煤一起出现在经过风化的富镁岩石中。

石膏↓

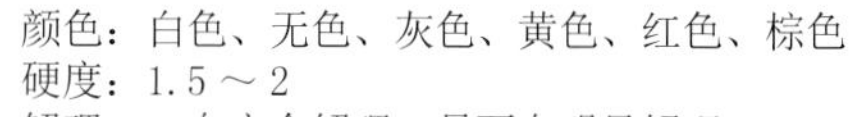

颜色：白色、无色、灰色、黄色、红色、棕色

硬度：1.5～2

解理：一向完全解理；另两向明显解理

断口：圆弧状，像扇贝壳；多片状

条痕：白色

光泽：玻璃光泽、解理面有珍珠光泽

其他：透明至半透明

石膏是种硫酸钙矿物，和泻利盐一样含有水分子，存在于湖水和海水干涸后留下的沉积物中，也存在于某些沉积岩中。石膏多呈白色或无色，不过如果含有其他杂质，则会呈现其他颜色。晶体形状十分多样，可能是细粒状、玫瑰花结形、角形或剑形。石膏用于制作建筑用灰泥及水泥产品。

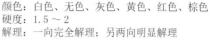

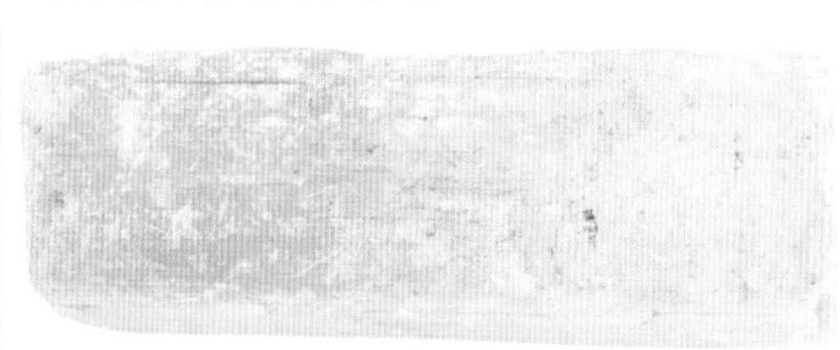

硫砷铜矿↓

颜色：灰黑色至铁黑色

硬度：3

解理：一向完全解理；另两向明显解理

断口：参差状、易碎

条痕：灰黑色

光泽：金属光泽；锈蚀后呈暗淡光泽

硫砷铜矿是一种磺酸盐——结构非常复杂的矿物群。硫砷铜矿是重要的铜矿石，会形成板状或棱柱状的晶体，有时本身也会聚集成块状或粒状的矿丛，常在热液矿脉中生成，与方铅矿、黄铁矿、黄铜矿等矿物伴生。

车轮矿↑

颜色：钢灰色至黑色

硬度：2.5～3

解理：一向优良解理；另两向清晰直角解理

断口：近圆弧状，像扇贝壳；参差状

条痕：灰色至黑色

光泽：金属光泽

车轮矿是种含铅、铜和锑的磺酸盐类矿物，颜色从钢灰色至黑色都有，常形成短棱柱状晶体，并有光滑的晶面；有时也会生成十字形、叫作“双晶”的成对晶体。车轮矿通常在热液矿脉中生成，并与方铅矿、黄铜矿、黄铁矿及石英等矿物伴生。

车轮矿常常形成十字形双晶，形状和很多机械里的齿轮很像，所以也有人叫它“齿轮矿”。

硬石膏↑

颜色：白色、淡灰色、淡蓝色、淡红色、淡薰衣草色

硬度：3～3.5

解理：三向优良直角解理

断口：参差状

条痕：白色至淡灰色

光泽：玻璃光泽、一向解理面呈珍珠光泽

其他：透明至半透明；有的有荧光

硬石膏由硫酸钙组成，是形成岩石的重要矿物。主要为沉积岩化学沉积物，与石盐和石膏矿物伴生，另外也生成于火山周围区域。它的英文名称anhydrite源自希腊文anhydrous，意思是“没有水”，强调硬石膏缺少水分子。硬石膏多呈纤维状集合体，很少形成晶体。

硬石膏有时会和石膏混淆，因为硬石膏和石膏常常伴生，而且看起来很像。不过石膏比较软，没有任何直角相交的解理面。

如果在硬石膏的化学结构中加入水分子，硬石膏就会变成石膏。

» 卤化物与硼酸盐矿物

萤石↑

颜色：紫色、蓝色、绿色、黄色、棕色、蓝黑色、粉红色、玫瑰红色、无色、白色
硬度：4
解理：四向完全解理
断口：参差状
条痕：白色
光泽：玻璃光泽

萤石是一种由钙和氟组成的矿物，属于卤化物矿物，这类矿物都含有下列某种元素：氟、氯、碘或溴。萤石通常形成立方体晶体或双晶，会在很多不同的环境中生成，包括地壳岩脉、某些变质岩，以及化学溶解岩石所形成的沉积。

萤石在紫外线照射下会呈蓝色。此特性称为荧光，成因是萤石可吸收紫外线并释放为不同颜色的可见光。许多矿物在紫外线照射下都会产生荧光，包含方解石、硅锌矿和锌铁尖晶石。

石盐↓

颜色：无色、白色、灰色、黄色、红色、蓝色
硬度：2～2.5
解理：三向完全直角解理
断口：圆弧状，像扇贝壳
条痕：白色
光泽：玻璃光泽

石盐最常见的名称叫作岩盐，是少数我们会食用的矿物之一。你洒在薯条上的盐，其实就是石盐的微小晶体，形状大多是立方体。但当晶体的边缘比中心生长得更快时，就会产生凹陷的漏斗状。石盐的英文名称halite源自希腊文hals，意思是“盐”，其最常见的生成方式是海水经蒸发后形成沉积。

钾盐↑

颜色：无色、白色、灰色、蓝色、粉红色
硬度：2.5
解理：三向完全解理
断口：圆弧状
条痕：白色
光泽：玻璃光泽
其他：透明、半透明

钾盐是一种由钾和氯组成的卤化物矿物，和石盐一样，形成的立方晶体常常相互嵌合，而且也是海水蒸发后沉积下来的矿物。钾盐是钾的主要来源，用来制造肥料，能在水中溶解。

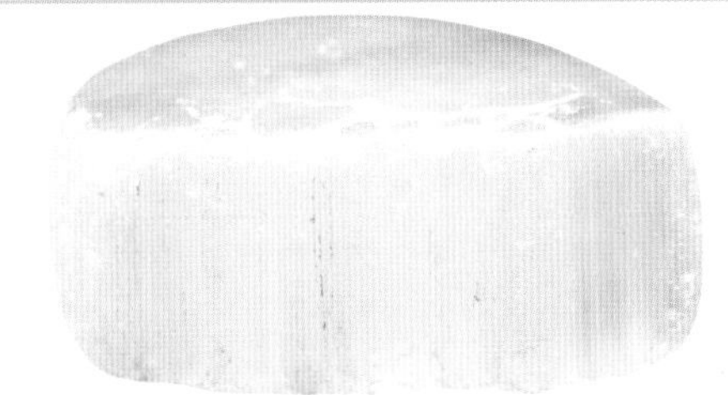

钠硼解石↑

颜色：白色
硬度：2.5
解理：一向完全解理；另一向优良解理
断口：参差状、多片状
条痕：白色
光泽：玻璃光泽、丝绢光泽
其他：透明至半透明

钠硼解石是硼的主要来源，通常在看起来像棉球的圆形多孔软岩中生成，也会出现在某些沉积岩层。

钠硼解石会产生平行、片状w的纤维，叫作电视石。这些纤维的作用就像光导纤维：出现在矿物的某个表面的影像，会被传输到相对的表面上。

》其他矿物

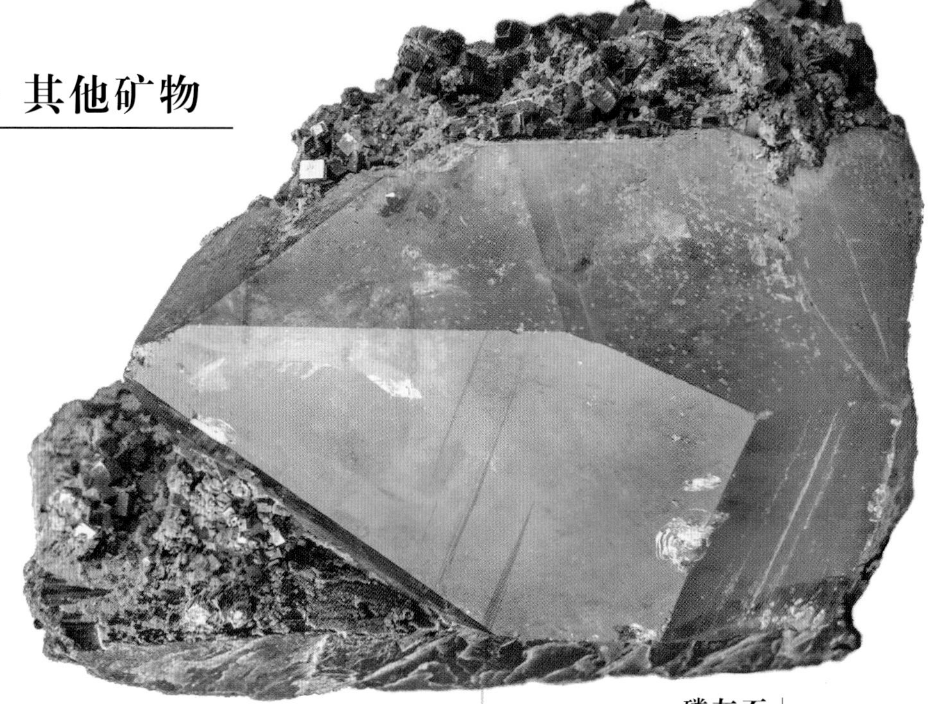

磷铈镧矿↑

颜色：黄色、黄棕色、红棕色
硬度：5～5.5
解理：明显解理，有时有一向裂理
断口：圆弧状，像扇贝壳；参差状
条痕：白色
光泽：玻璃光泽、松脂光泽（光滑）

磷铈镧矿属于磷酸盐矿物群，通常是细粒状的，出现在多种火成岩——特别是花岗岩和伟晶岩中，以及片麻岩类的变质岩中，是种能抵抗侵蚀的矿物，不容易受到风化，所以在海滩泥沙中常常可以看得到。

有些形态的磷铈镧矿含有叫铈的元素，常用来抛光玻璃、岩石和宝石。

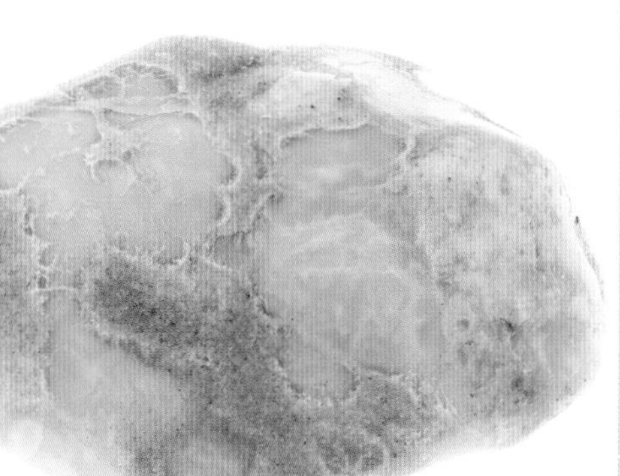

磷铝石↑

颜色：淡绿色至祖母绿色、蓝绿色、无色
硬度：4～4.5
解理：一向优良解理；另一向不完全解理
断口：参差状、多片状；圆弧状，像扇贝壳
条痕：白色
光泽：玻璃光泽、蜡状光泽

磷铝石是种绿色的磷酸盐矿物，常见的样子是细粒的块状或者细小的晶体；可当作宝石，并容易和绿松石混淆，不过颜色没有绿松石那么蓝。当含铝的岩石受到富含磷酸盐的水侵蚀后，形成孔洞，磷铝石就在这些孔洞中生成，并与磷灰石和褐铁矿伴生。

磷铝石有很多孔，布满小洞和空隙，液体及空气都可以通过。当它作为珠宝被佩戴在身上，会吸收身体的油脂，导致矿物褪色。

磷灰石↓

颜色：绿色、棕色、红色、黄色、紫（zǐ）罗兰色、粉红色、白色
硬度：5
解理：一向不完全横向解理
断口：参差状；圆弧状，像扇贝壳
条痕：白色
光泽：玻璃光泽、油脂光泽
其他：透明至半透明

磷灰石是一组磷酸盐矿物的总称。这些矿物的颜色不同，但是有相似的晶体结构，也是最常见的含磷矿物，多用于制作磷肥（一种肥料）。晶体是短或长的棱柱体，有六边形晶面，有的则呈板状（石板的形状）。有些磷灰石是大块状，也有些是不规则的小结核状，在很多侵入火成岩或部分变质岩中都存在。

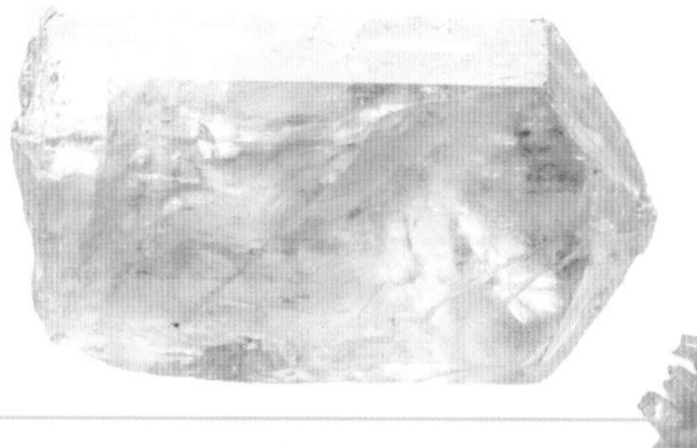

橄榄铜矿↓

颜色：橄榄绿色、绿棕色、棕色、淡黄色
硬度：3
解理：二向不完全解理
断口：圆弧状，像扇贝壳；或不规则
条痕：无色
光泽：近灿烂光泽、玻璃光泽

橄榄铜矿是种含铜及砷的绿色矿物，会形成不同形状的晶体，包括长或短的棱柱形、水珠状或有纤维结构的肾形；在发生化学变化的岩石中生成，并与孔雀石、蓝铜矿和褐铁矿等矿物伴生。

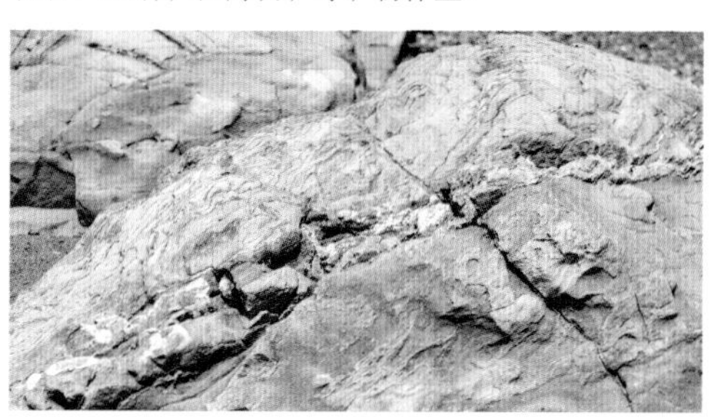

磷锂铝石↓

颜色：无色、白色、淡黄色、淡棕色、绿色、蓝色、灰色
硬度：5.5～6
解理：一向完全解理；另三向优良解理
断口：参差状；近圆弧状，像扇贝壳
条痕：白色
光泽：玻璃光泽、油脂光泽

磷锂铝石是种磷酸盐类矿物，经常出现在伟晶岩脉中，与锂云母、锂辉石和电气石等矿物伴生；有时也会在石英或长石中形成大型的块状。磷锂铝石晶体是短的棱柱状或板状，也有的是板条状，就像细长的木板。

氯磷铅矿↑

颜色：绿色、黄色、棕色、白色、灰色
硬度：3.5～4
解理：无解理
断口：近圆弧状，像扇贝壳；参差状
条痕：淡黄色、白色或黄绿色
光泽：松脂光泽、油脂光泽、灿烂光泽

氯磷铅矿属于磷酸盐类矿物，是一种比较次要的铅矿石，当含铅矿物经过化学变化时生成，所以是次生矿物。

绿松石↑

颜色：天蓝色、蓝绿色、苹果绿色
硬度：5～6
解理：无解理
断口：圆弧状，像扇贝壳
条痕：白色、浅绿色
光泽：蜡状光泽、暗淡光泽
其他：近半透明至不透明

绿松石是种蓝色磷酸盐类矿物，数千年来都是受欢迎的宝石。从古埃及到现今的纳瓦霍等许多文化中，都会用绿松石作为装饰。绿松石多生成于较干燥的区域。生成过程是：首先雨滴渗透进土壤、岩石，分解其中的铜元素；当雨水蒸发后，淀积的铜与其他两种元素磷和铝结合，就形成了少量的绿松石矿物。

钒铅矿↓

颜色：红色、橘色、棕色、黄色、多彩
硬度：3
解理：无解理
断口：圆弧状，像扇贝壳；参差状
条痕：白色、浅黄色
光泽：灿烂光泽、松脂光泽
其他：透明至半透明

钒铅矿是一种罕见的矿物，与砷铅矿及氯磷铅矿相似，都含有铅元素。由于铅是沉重的元素，所以钒铅矿也是沉重的矿物。钒铅矿成色多样，但是亮橘色和橘色最受收藏家喜爱。钒铅矿生成于铅矿层，与方铅矿、针铁矿、铅青铜合金及钼铅矿等矿物伴生。

钒铅矿多呈短晶体，不过在纳米比亚某个矿脉采集到晶体样本长度达 12 厘米。

砷铅矿↓

颜色：黄色、橘色、棕色、绿色
硬度：3.5～4
解理：不完全解理
断口：近圆弧状，像扇贝壳；参差状
条痕：近白色
光泽：松脂光泽

砷铅矿属于砷酸盐矿物群，和氯磷铅矿很像，只不过内含的元素不是磷，而是砷。砷铅矿也是次生矿物，由含铅矿物经过化学变化后生成，出现在铅矿层以及其他铅和砷共生的地区。晶体有球状和针状，有的则呈板状。

钙铀云母↑

颜色：柠檬黄色至柠檬绿色
硬度：2～2.5
解理：一向完全解理
断口：鳞（lín）片状
条痕：淡黄色
光泽：珍珠光泽、近灿烂光泽
其他：透明至半透明；有强荧光

钙铀云母是一种带有强荧光的磷酸盐类矿物，最主要是因为内部化学组成含有放射性铀元素，矿物在紫外线照射下会发出亮绿色荧光。钙铀云母是次生矿物，生成于花岗伟晶岩、矿脉及岩石裂缝中，是由其他富铀矿物蚀变而成。

由于钙铀云母具有放射性，处理时须非常谨慎小心。记得戴手套，切记千万不能尝，也要避免吸入破碎时产生的粉尘。

银星石↑

颜色：绿色、黄色、白色、灰色、棕色
硬度：3.5～4
解理：一向完全解理；二向优良解理
断口：圆弧状，像扇贝壳；参差状
条痕：白色
光泽：玻璃光泽、珍珠光泽
其他：透明至半透明

银星石是一种含铝磷酸盐类矿物，外观引人注目，呈细小的针状结晶集合体，从中心点辐射展开，形成类似花朵的晶体结构；颜色大多是绿色的，但有时因掺入杂质，成色会有不均匀的状况。银星石大多生成于某些变质岩中，以及靠近岩脉的火成岩中。

银星石发现于 1985 年，不过直到 30 年以后，一位名叫威廉·威斐尔的矿物学家才着手分析银星石的矿物特性。

钼铅矿↑

颜色：黄色、橘色、棕色、黄灰色、淡白色
硬度：3
解理：一向明显解理
断口：近圆弧状，像扇贝壳；参差状
条痕：白色
光泽：油脂光泽、松脂光泽
其他：透明至半透明

钼铅矿是一种含铅及钼元素的矿物，钼金属可用于强化钢铁的硬度。钼铅矿呈现多彩色泽，成色从黄色到棕色都有，晶体呈薄片状或方板状。钼铅矿属于次生矿物，生成于铅及钼矿层，并与辉钼矿、重晶石及方解石等矿物伴生。

白钨石↑

颜色：白色、无色、灰色、黄橘色、淡棕色、淡绿色
硬度：4.5～5
解理：一向明显解理；二向不完全解理
断口：圆弧状，像扇贝壳；参差状
条痕：白色至淡黄色
光泽：玻璃光泽、灿烂光泽
其他：透明至半透明；有强荧光

白钨石是一种富含钨元素的矿物，具有强荧光。虽说在自然光线下，白钨石是橘色至棕色的，不过在紫外线照射下，则显现亮蓝色的荧光。白钨石结晶通常呈八面体结构，多生成于变质岩中，但也可能在伟晶岩及某些矿脉中发现白钨石。

白钨石是钨金属的主要矿源，而钨金属常用于制作灯丝、电线、钨片及钨棒。

琥珀↑

颜色：金黄色至亮橘色
硬度：2～2.5
解理：无解理
断口：圆弧状，像扇贝壳
条痕：白色
光泽：松脂光泽
其他：透明至半透明

严格来说，琥珀并不是矿物，因为琥珀来自有机生命体。在最初，琥珀是一种黏稠物质，称为树脂，由结球果的植物树干渗出。随着时间逐渐硬化，变成我们现在熟知的琥珀。在美国加州、新泽西州及堪萨斯州，以及世界各地都能找到琥珀，不过最常见的区域是波罗的海沿岸。

有些古代的昆虫被困在树脂中，尸体就完整保存于硬化的琥珀中了。

» 火成火山岩类

流纹岩↑

颜色：浅灰至中灰色、浅粉红色
粒度：小于0.1毫米
主要矿物：石英、钾长石
次要矿物：黑云母、闪石群、斜长石、辉石
质地：具有条带，条带偶尔具有玻璃质地及孔洞

流纹岩是一种具有小晶体的浅色火成岩，由富含二氧化硅的岩浆经火山喷发形成。岩浆触及地表后呈熔岩状，迅速冷却并凝固成流纹岩，冷却过程极快，来不及形成结晶，因此晶体非常小，并且可能使岩石具有玻璃质外观。

流纹岩的岩浆黏性极强，流动非常缓慢。当黏稠岩浆里出现气体，气体无法逸出，就会导致宛如爆炸般的火山喷发。

玄武岩↓

颜色：深灰色至黑色
粒度：小于0.1毫米
主要矿物：钠质斜长石、辉石、橄榄石
次要矿物：白榴石、霞石、普通辉石
质地：布满诸多如气泡般的孔洞

玄武岩是地球表面最常见的岩石。大部分的海底由玄武岩构成。玄武岩也常见于许多陆块，特别是爱尔兰、冰岛、美国西部及夏威夷。玄武岩是一种暗色、细粒度的火成岩，由富含镁及铁的岩浆在火山喷发时生成。岩浆触及地表时被称为熔岩，迅速冷却硬化形成玄武岩。如果熔岩从海底火山喷发，则会形成枕头状。

有时玄武岩会被误认为另一种火成岩，也就是安山岩。这两种岩石的不同之处在于，玄武岩形成深度较浅，因此更快冷却，来不及形成大的晶体，造就了细密纹理。安山岩冷却速度较慢，可使一些较大晶体成形。因此，安山岩具有某些肉眼可见的晶体。

←粗面岩

颜色：灰白色、灰色、浅黄色、粉红色
粒度：小于0.1毫米
主要矿物：透长石、钙钠长石
次要矿物：似长石群、石英、角闪石、辉石、黑云母
质地：条状或带状

粗面岩是一种质地粗糙（cāo）、细粒度的火成火山岩，通常由一种被称为透长石的长石族矿物组成。透长石呈板状或片状晶体，平行地紧密堆积，这种排列方式是由流动的熔岩冷却所致，造就岩石的带状外观。在许多取样中，一种较暗、被称作斑晶的较大晶体也很常见。粗面岩的英文名称 trachyte 源自希腊文 trachos，意思是“粗糙”。

浮石→

颜色：黑色、白色、黄色、棕色
粒度：小于0.1毫米
主要矿物：玻璃
次要矿物：长石、普通辉石、角闪石、锆石
质地：有许多大小不一的孔洞

浮石是一种火成火山岩(igneous—volcanic rock)，由充满气体及水的岩浆所形成。火山喷发期间，产生泡沫熔岩，熔岩冷却凝固使气体困于其中，导致形成大小不一的气孔或孔洞，且重量较轻。浮石具有玻璃质，因岩浆快速冷却来不及结晶所致。

凝灰岩↑

颜色：浅棕至深棕色
粒度：0.1～2毫米
主要矿物：玻璃质碎屑
次要矿物：晶体碎屑
质地：具有层理，因火山碎屑落于地表并沉积成层状

凝灰岩是火山喷发产生的火成岩。火山喷发时，火山灰、岩石碎屑及岩浆被喷入空中，这些碎片落回地表，胶结形成岩石，称为凝灰岩。凝灰岩会出现在火山的排气孔（火山口）周围，越靠近火山口，就越厚越大。整体而言，凝灰岩质地软，且有层理，每一层代表着不同时期的火山喷发。

太平洋复活节岛上数百座神秘人形石雕，大部分由凝灰岩所制成，有的则由玄武岩、岩渣及粗面岩雕刻而成。

石英安山岩↓

颜色：灰色至粉红色
粒度：小于0.1毫米
主要矿物：石英、斜长石
次要矿物：白榴石、黑云母、角闪石、辉石
质地：细粒度岩体，带有一些较大的晶体

石英安山岩是一种火山岩，往往沿着大陆边缘出现，由富含二氧化硅的熔岩所组成。形成石英安山岩的熔岩通常具有黏性且浓稠，并沿着火山群边缘形成被称为穹丘的圆顶形状。从表面观察，石英安山岩具有流状结构。在许多样本中，也具有一种被称作斑晶的较大晶体，陷在熔岩的细粒岩中。

与流纹岩相似，形成石英安山岩的熔岩也具有黏性，且具有爆发性。20世纪80年代，石英安山岩火山穹丘可能导致了美国华盛顿州圣海伦火山的爆发。

» 侵入火成岩类

花岗岩↑

颜色：白色、浅灰色、粉红色、红色
粒度：2～5毫米
主要矿物：钾长石、斜长石、石英
次要矿物：白云母、黑云母、角闪石
质地：粗颗粒；有时出现大晶体

花岗岩是大陆地壳中最常见的浅色火成岩，具有大晶体，像其他侵入火成岩一样，由岩浆缓慢冷凝于地表下而形成。因冷却过程比地表上来得缓慢，岩石中的矿物能够形成比地表上更大的晶体。历经数百万年后，上方覆盖的物质消损，便暴露于地表。通常花岗岩出现于周围较软岩层皆已磨损的山区。

花岗岩制的厨房流理台和瓷砖很常见。花岗岩石雕则有美国南达科他州黑山地区的拉什莫尔山，也有简单的庭园装饰品。

岩渣↑

颜色：深棕色、红褐色或黑色
粒度：小于0.1毫米
主要矿物：长石、辉石
次要矿物：橄榄石、黑云母、角闪石、磁铁矿
质地：有充满晶体的孔洞（气也）

岩渣是一种类似于浮石的深色火成岩，但重量不如浮石轻。它由富含溶解气体的岩浆形成。当熔岩流出火山，这些溶解的气体以气泡的形式逸出，若熔岩凝固时来不及逸出，就会困于其中，导致岩石充满许多被称为气孔的圆形小洞。岩渣通常聚积在锥形火山口附近。

黑曜岩↓

颜色：黑色、红色、棕色
粒度：无
主要矿物：玻璃
次要矿物：赤铁矿、长石
质地：呈熔岩流动时产生的条带状构造；圆弧状，像扇贝壳

黑曜岩通常出现在火山附近，是一种玻璃质状的火成岩，呈黑色、深棕色或红色。其岩浆与形成流纹岩的岩浆类似，两者间的不同之处在于，流纹岩是一种结晶岩，黑曜岩则是火山玻璃——也就是说，它冷却得太快，无法形成晶体。敲破黑曜岩会产生锋利碎片，因此直至20世纪，黑曜岩都被当作刀具和长矛使用。目前在一些文化中，仍可见用于制作传统礼仪性武器。墨西哥地区的古代人会磨光黑曜岩作镜子用。

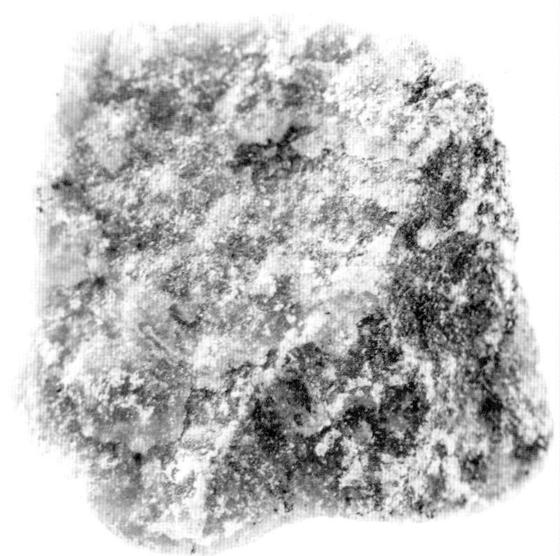

花岗伟晶岩↑

颜色：多样，取决于存在的矿物
粒度：至少1厘米
主要矿物：石英、长石、云母
次要矿物：磷灰石、锂云母、磷铈镧矿、黄玉、电气石（此处仅列举部分）
质地：非常大的晶体

花岗伟晶岩是一种侵入性火成岩，与花岗岩成分类似。两种岩石都含有石英、长石及云母，但花岗伟晶岩含较大晶体。这是由于花岗伟晶岩的岩浆中有大量水分，形成晶体的原子可快速移动并互相堆积。大片的花岗伟晶岩可呈板状、荚状或片状。

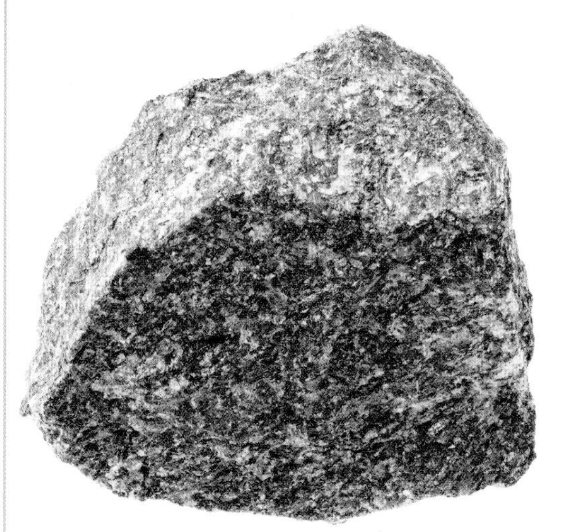

正长岩↑

颜色：灰色、粉红色、红色
粒度：2～5毫米
主要矿物：长石
次要矿物：斜长石、黑云母、闪石群、辉石、角闪石、似长石类如方纳石
质地：中等至粗粒度晶体

正长岩是一种类似花岗岩的侵入性火成岩，主要由长石组成，含少量石英或不含石英，也含其他矿物，包括黑云母或角闪石。正长岩通常由部分熔化的花岗岩岩浆所形成，并沿着大块花岗岩的边缘出现。正长岩也会在其他岩石的断面中形成长而薄的岩块。

有些品种的正长岩，因含有矿物方钠石而呈蓝色，所以有时被当作装饰用的宝石。

闪长岩↑

颜色：黑色或深绿色、混杂灰色或白色
粒度：2～5毫米
主要矿物：斜长石、角闪石
次要矿物：黑云母
质地：中等至粗粒度晶体

闪长岩是一种粗粒度、具有大颗晶体的侵入性火成岩，由岩浆于地表下冷却所形成。闪长岩岩浆可水平流入其他岩体的裂隙或空间，形成叫作岩床的平坦岩层，也会在其他岩石的断面中形成狭长细瘦的岩脉。又因为是由浅色矿物斜长石，及一些深色矿物如角闪石或黑云母所组成，闪长岩的外形有如盐巴或胡椒。

闪长岩具有装饰用途，可在一些博物馆的雕像中看到。

» 岩石巨星：化石

贝壳↓

许多贝壳化石并非生物死去时原本的外壳，而应该说是外壳被泥沙淹埋后所形成的复制品。生物遗体较软的部位迅速腐（fǔ）烂，坚硬的部分被保留下来，外壳被沉积物覆盖，而沉积物进而形成沉积岩。最后，岩石经风化消损后，贝壳化石便留了下来。

排遗（大便）↓

并非所有化石都是生物的骨骼遗骸。1998 年，一颗巨大的粪化石，或叫作石化的排遗，出现在加拿大萨斯喀彻温省的沉积岩中。这颗粪化石长 43 厘米、厚 15 厘米，科学家认为是由霸王龙排出的。

植物↑

在某些沉积岩的化石层中，叶子、蕨类、球果，甚至树皮的印痕，都可能被完整地保存下来，透过显微镜可见微小的细部构造。热度和压力会对植物产生影响，使其在沉积岩中留下清楚的碳化痕迹。

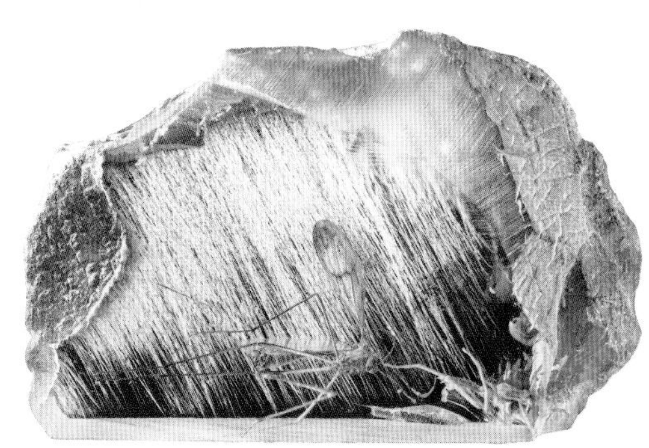

昆虫↑

这块石头中的昆虫在数百万年前被植物的树脂包覆，树脂硬化形成石头，被称作琥珀，完美地将生物保存其中。

辉长岩↓

颜色：深灰色至黑色
粒度：2～5毫米
主要矿物：钙斜长石、辉石、钛铁矿
次要矿物：橄榄石、磁铁矿
质地：中等至粗粒度晶体

辉长岩是一种中等至粗粒度的侵入性火成岩，与构成玄武岩的熔岩类似。但玄武岩是从火山喷出，在地面上迅速冷却；辉长岩则是在地球内部缓慢冷却，因此可使较大的晶体成形。

辉绿岩↓

颜色：深灰色至黑色
粒度：1～2毫米
主要矿物：斜长石
次要矿物：辉石、角闪石、橄榄石、磁铁矿
质地：晶体一般小于2毫米

辉绿岩又叫作粗粒玄武岩，是由形成辉长岩的岩浆所形成的一种侵入火成岩。不同的是，岩浆流向地表并更快冷却，因此辉绿岩的晶体比辉长岩的小。

橄榄岩↓

颜色：深绿色至黑色
粒度：2～5毫米
主要矿物：橄榄石、辉石、角闪石
次要矿物：铬铁矿、石榴石、磁铁矿、尖晶石
质地：中等至粗粒度晶体；有些因具有较大的石榴石晶体而呈点状外观

橄榄岩是一种深色粗粒度的侵入性火成岩，地球的大部分上部地函都由它组成。由于深埋地下，需经火山喷发或重大地质事件才能被带至地表。

纯橄榄岩↑

颜色：浅绿色至黄绿色
粒度：2～5毫米
主要矿物：橄榄石、辉石、角闪石
次要矿物：铬铁矿、黑云母、磁铁矿、尖晶石
质地：中等至粗粒度晶体，有些因具有较大的橄榄石晶体而呈点状外观

纯橄榄岩是橄榄岩的一种罕见类型，几乎完全由橄榄石矿物组成。纯橄榄岩通常会形成水平层状的火成岩脉。大部分纯橄榄岩皆于地壳内部上部地函中形成，当地球板块移动，或火山喷发喷出岩块，便有机会暴露于地表。初露出地表时呈绿色，随着时间风化逐渐变成棕色。

» 变质岩类

板岩↑

颜色：灰色或绿色
粒度：小于0.1毫米
主要矿物：云母、石英、长石
次要矿物：黄铁矿、石墨
质地：具层状外观，可分离成薄片或薄板

板岩是一种变质岩。当页岩和泥岩这两类沉积岩在地表下受到低热和压力，经过几百万年，这些岩石中的黏土矿物变成云母矿物，就形成了板岩。板岩具有分层外观，因施加于岩石上的热和压力所致。

千枚岩↑

颜色：深绿色或灰色
粒度：小于0.1毫米
主要矿物：石英、长石、绿泥石、白云母、石墨
次要矿物：电气石、红柱石、黑云母、十字石
质地：叶理状或层状

千枚岩是一种变质岩，因岩体具有云母晶体而呈闪亮外观，由被埋在地表下的细粒度沉积岩，如页岩及泥岩所形成。在地表下，这些岩石因压力及温度增加而产生变化，首先形成板岩，经过更长的时间形成了千枚岩。千枚岩类似板岩，但具有更光亮的光泽。

角页岩↑

颜色：深灰色、棕色、淡绿色、淡红色
粒度：小于0.1毫米
主要矿物：角闪石、斜长石、红柱石及其他矿物
次要矿物：磁铁矿、磷灰石、榍石
质地：晶体结构

角页岩是一种细粒度的变质岩，通常呈暗色，致密不易折断。角页岩是通过一种叫作接触变质的过程形成的，在这个过程中，来自岩浆池的高温及蒸汽加热周围的石头而形成角页岩。

片岩↑

颜色：灰色或绿色
粒度：小于0.1毫米
主要矿物：云母、石英、长石
次要矿物：黄铁矿、石墨
质地：外观呈层状，可分离成薄片或薄板

片岩是一种常见的变质岩，由细粒度沉积岩如页岩和泥岩所组成。这些岩石持续受到热和挤压，依次形成板岩、千枚岩，最终形成片岩。片岩因具有大颗粒云母晶体，呈片状外观。因晶体为板状且平行排列，使得片岩可分裂成薄层。

片岩中的矿物种类取决于岩体生成的环境，例如在极高的压力及温度下形成，就会产生石榴石，可由其深红色泽辨别出石榴石晶体。

←混成岩

颜色：带状的浅灰及深灰色、粉红色、白色
粒度：2～5毫米
主要矿物：石英、长石、云母
次要矿物：种类不一
质地：叶理状或层状，也呈带状

混成岩是一种变质岩，但火成岩类也含在其中，这是如何形成的呢？大多数的混成岩，是因变质岩如片麻岩在地壳中受到高热及压力作用所形成，因此部分岩体呈熔融状态。熔融部分最终冷却形成火成岩，并与未熔融变质的部分混和，形成了混成岩。

大理岩↑

颜色：白色、粉红色
粒度：最大可达 2 厘米
主要矿物：方解石
次要矿物：透辉石、透闪石、阳起石、白云石
质地：由晶体互相交错组成

大理岩是一种变质岩，通常以数百英尺厚的大型石块存在，由高温及高压下的石灰石或白云石变质而成。石灰石中的方解石受热会再次结晶，产生新的晶体结构。晶体生成时非常小，但随着时间会变大并相互交错，最终形成大理石。大理石通常出现在变质岩常见的地区。

塔卡霍（huò）是在美国纽约州及康涅狄格州部分地区发现的一种大理岩，依其内部存在的杂质，可呈不同颜色——从淡绿色、淡灰色到蓝白色及亮白色。在 19 世纪，许多建筑都使用塔卡霍大理岩建造。

片麻岩↑

颜色：灰色、粉红色、多彩
粒度：2 ～ 5 毫米
主要矿物：石英、长石
次要矿物：黑云母、角闪石、石榴石、十字石
质地：叶理状或带状，具有矿物结晶

片麻岩（英文发音同 nice）是一种变质岩，是构成许多山脉的核心结构，由富含石英及（或）长石的岩体在地壳深处经巨大压力及高温所形成。这些形成片麻岩的“母岩”，可能是火成岩或沉积岩。

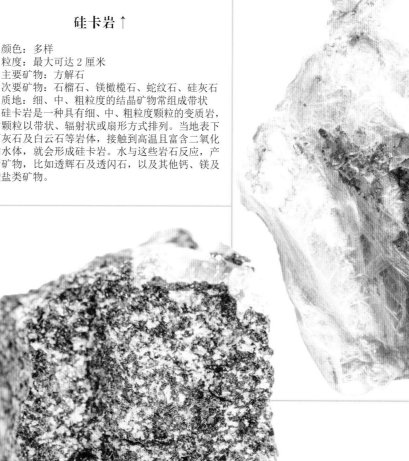

硅卡岩↑

颜色：多样
粒度：最大可达 2 厘米
主要矿物：方解石
次要矿物：石榴石、镁橄榄石、蛇纹石、硅灰石
质地：细、中、粗粒度的结晶矿物常组成带状

硅卡岩是一种具有细、中、粗粒度颗粒的变质岩，有时颗粒以带状、辐射状或扇形方式排列。当地表下的石灰石及白云石等岩体，接触到高温且富含二氧化硅的水体，就会形成硅卡岩。水与这些岩石反应，产生新矿物，比如透辉石及透闪石，以及其他钙、镁及碳酸盐类矿物。

滑石岩↓

颜色：白色、绿色、棕色、黑色
粒度：小于 0.1 毫米
主要矿物：滑石
次要矿物：绿泥石、菱镁矿
质地：通常呈非叶理状，或呈层状

滑石岩是由滑石矿物组成的一种细致纹理变质岩，质地柔软，易于雕刻。数千年来，人类用它制作过碗、矛头的铸模，以及艺术品。滑石岩通常由地表下的蛇纹岩经高温和压力变质形成。

巴西里约热内卢山顶伫立的救世基督像，部分由滑石岩制成。这座雕像被列为世界新七大奇迹之一。

←角闪岩

颜色：灰色、黑色、淡绿色
粒度：2 ～ 5 毫米
主要矿物：角闪石、透闪石、阳起石
次要矿物：长石、方解石、石榴石、辉石
质地：叶理状或层状；具有清晰的晶体结构

角闪岩是一种深色变质岩，具有大颗粒晶体及高密度闪石群，包括黑角闪石、透闪石及阳起石。大多数角闪岩是因深色火成岩，如玄武岩及辉长岩，历经高温及高压所形成。富含黏土的沉积岩也会形成角闪岩，例如泥灰岩和混浊砂岩就会。

角闪石经常被当作建筑石材使用，尤其是用作道路建筑工程中的骨材。但经过切割及抛光后，也可用于建筑外部。

石英岩↓

颜色：通常呈白色或灰色，但也可能呈多彩
粒度：2～5毫米
主要矿物：石英
次要矿物：云母、蓝晶石、硅线石
质地：由相互交错的晶体组成

石英岩是一种致密、硬质的变质岩，成分几乎是石英矿物，由富含石英矿物的砂岩或燧石所形成。在变质期间，岩石中的石英颗粒持续承受高温高压，直至新的交错晶体产生，形成石英岩。别把它误认为石英砂岩，石英砂岩是由石英团粒胶结形成的沉积岩。

碾碎的石英岩主要用于道路建设。

蛇纹岩↓

颜色：范围从黄绿色至黑色，但通常是绿色
粒度：小于0.1毫米
主要矿物：蛇纹石
次要矿物：铬铁矿、磁铁矿、滑石
质地：非叶理状，或呈层状

蛇纹岩是一种漂亮的变质岩，在变质作用下生成，分布非常广泛，通常具有从黄绿色至黑色的不规则条带。当水触及富含橄榄石的岩体，比如橄榄岩，就形成了蛇纹岩。

水流重复生成蛇纹岩的过程，就会形成蛇纹石。水流持续将富含橄榄岩的岩石变质成其他矿物，比如磁铁矿、水镁石及蛇纹石。蛇纹石呈绿色，有时当作玉出售。

榴辉岩↑

颜色：红绿相间
粒度：2～5毫米
主要矿物：辉石、石榴石
次要矿物：蓝晶石、石英、橄榄石、透辉石
质地：结晶矿物呈带状或均匀分布于岩石中

榴辉岩是一种醒目、红绿相间的变质岩，颜色来自内含的红色石榴石及绿辉石。榴辉岩是由地表深处的火成岩或变质岩，承受极端高压及高温所形成。火成岩的碎片或变质岩的大岩块里都有榴辉岩的踪迹，如存在于北美洲西部地区。

在罕见情况下，可在榴辉岩中找到钻石。当变质过程中含有碳时，就会发生这种情况。

糜棱岩↑

颜色：多样
粒度：小于2毫米
主要矿物：多样
次要矿物：多样
质地：具有条带状或棒状结构

糜棱岩是一种具有极细小颗粒的变质岩，由地壳断层岩块活动所形成。在某些情况下，这些岩块在活动时会断裂，其他时候则被延展及弯曲。当岩块被弯曲时，构成岩块的许多矿物被拉伸，就形成糜棱岩。

并非所有糜棱岩内的矿物都会被拉伸成小颗粒。像石英及长石等矿物能抵抗能力，因此在糜棱岩中颗粒较大。

» 碎屑状沉积岩类

砂岩↑

颜色：多呈淡棕色至红色
粒度：0.1～2毫米
主要矿物：石英为最常见矿物，不过也可能是其他矿物
次要矿物：胶结物，包括含氧化硅、碳酸钙及氧化铁
有机物质：变成化石的无脊椎动物、脊椎动物及植物
结构：常见沙粒大小颗粒；层状结构

砂岩是相当常见的沉积岩，由沙粒大小的颗粒通过自然胶结物结合而成。这些颗粒来源多样，如矿物、岩石碎屑及有机物质，经历风化作用而形成小颗粒状，接着通过风、水或冰等自然力搬运至地表盆地或其他地势较低处。随着时间流逝，聚积的沉积物逐渐压实并胶结形成岩石。美国华盛顿特区的白宫，也就是美国总统的家，就由弗吉尼亚矿区所产的砂岩刷上白漆建造而成。

长石砂岩↑

颜色：淡粉红色、淡灰色
粒度：0.1～2毫米
主要矿物：石英、长石
次要矿物：云母
有机物质：鲜少发现
结构：呈厚或薄层状

长石砂岩是一种通常与方解石胶结在一起的粗粒砂岩，含有超过25%的长石矿物，剩下的部分则是由石英、少量云母及岩石碎屑组成。由于长石不耐风化作用，所以大部分能找到的长石砂岩样本都较其他类岩石年轻。长石砂岩多出现于长石矿物流出的区域，包括上游山区、高丘陵地具有花岗岩的地方，为北美落基山脉特别常见的岩石。

澳大利亚乌卢鲁巨石，也叫做艾尔斯岩，坐落在澳大利亚干燥地区。正因为这种较为干燥的气候，长石的风化速度非常缓慢。

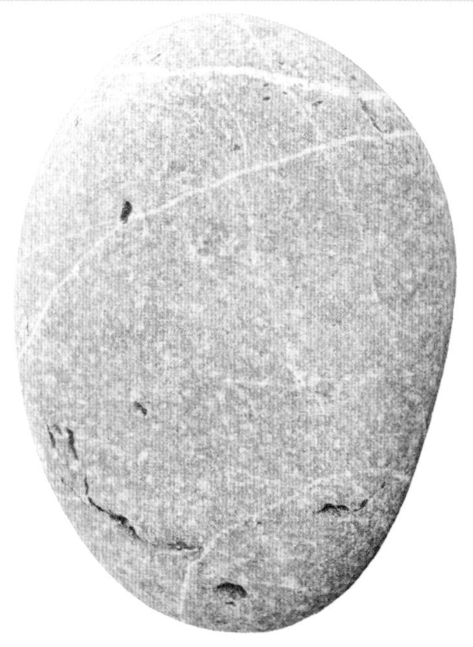

砾岩↑

颜色：多样
粒度：2 毫米至数厘米
主要矿物：任何坚硬矿物
次要矿物：任何矿物
有机物质：鲜少发现
结构：块状结构，或出现于厚岩层中

砾（lì）岩是一种由圆形颗粒胶结而成的砂岩。许多颗粒直径都超过 2 毫米。颗粒内容包罗万象，从河床小圆石到大型岩石碎屑都有，但是每块砾岩都具有特性。

杂砂岩↑

颜色：多样
粒度：小于 2 毫米
主要矿物：多样
次要矿物：多样
有机物质：鲜少发现
质地：具有条带状或棒状结构

杂砂岩是一种所含颗粒大小不一的砂岩，从细粒的黏土和泥土颗粒到大块的多棱角岩石碎屑都有。强劲水流携带着沉积物自高处倾泻，沉积于低洼处。之后随着时间流逝，颗粒大小不一的沉积物通过胶结压实而形成杂砂岩。

» 化学沉积岩类

燧石↑

颜色：白色、灰色、棕色、黄色、黑色
粒度：无颗粒
主要矿物：玉髓
次要矿物：无
有机物质：无脊椎动物、植物
结构：呈层状或结核状

燧石是一种坚硬的沉积岩，多呈层状或是圆形块状结核，生成于海洋环境中的氧化硅淀积层。氧化硅多来自沉积于海底的微小海洋有机生物骨骼遗骸，溶解后再结晶形成微细石英，仅在显微镜下可见，肉眼不可见，最后聚集形成燧石。

白云岩↓

颜色：灰色至黄灰色，风化后呈黄褐色或棕色
粒度：无颗粒
主要矿物：白云石
次要矿物：方解石
有机物质：无脊椎动物
结构：呈块层状，或者在石灰岩里呈薄层状

白云岩是一种沉积岩，由另一种沉积岩——石灰岩质变而成。当富含镁的水流进石灰岩中，石灰岩中的碳酸钙会被水中的白云石矿物取代，进而生成白云岩。白云岩虽然外观与石灰岩相似，但一受到风化作用，就呈现黄褐色或棕色。

白云岩富含镁元素，具有许多产业用途，如作为水泥及肥料中的成分。同时也是一种“溶剂”，易于溶解，可用于去除铁中的杂质。

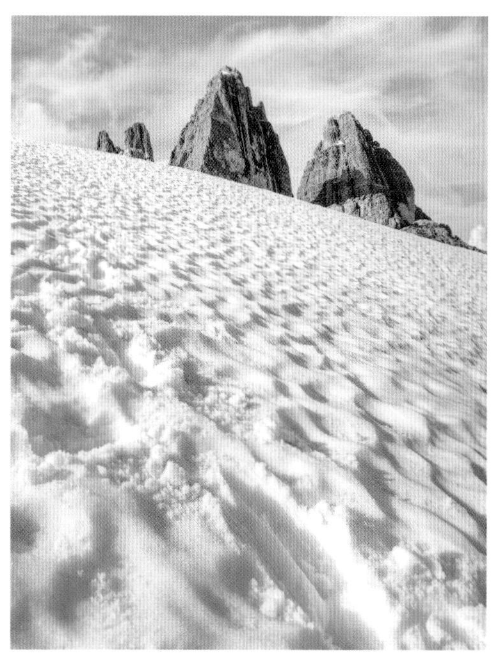

石膏岩↓

颜色：白色、灰色、粉红色
粒度：细粒度至中等粒度结晶
主要矿物：石膏
次要矿物：硬石膏
有机物质：无
结构：呈由薄到厚的层状

石膏岩是一种细粒度至中等粒度的沉积岩，多生成于海洋等咸水水体中。当咸水蒸发，石膏矿物的结晶就会淀积。再经年累月，这些石膏矿物淀积层会逐渐累积形成石膏岩。这类岩石多形成块状矿床，厚度从数厘米到数米都有。

在干燥地区，石膏抗侵蚀能力较强，岩石较不容易消损或移至别处。不过，在潮湿的环境中，石膏容易受侵蚀而消损。

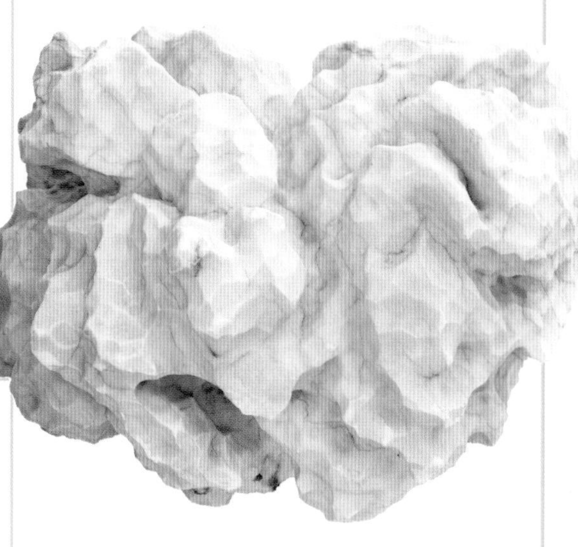

石灰岩↓

颜色：白色、灰色、粉红色
粒度：通常无颗粒
主要矿物：方解石
次要矿物：霰石、白云石、菱铁矿、石英
有机物质：海水及淡水无脊椎动物
结构：呈厚或薄的层状

石灰岩是一种浅色的沉积岩，多生成于温暖的浅海区域，大部分由碳酸钙构成。碳酸钙是一种化学化合物，在石灰岩中以方解石的形态呈现。海洋中的有机物经年累月于水中形成沉积层，或厚或薄，也可能覆盖面积很广。在一些较干燥区域，有些石灰岩层甚至可以形成峭壁。

珠穆朗玛峰山顶，世界最高处，就是由曾一度处于海洋环境中的石灰岩所构成。数百万年前，这些石灰岩曾经是海床的一部分。但在造山运动作用下，岩石受到推挤，抬升至高于海平面数千米。

菌类植物

从蘑菇到微小的霉（méi）菌，菌物曾经被归类为植物。如今，它们已被人们定义为独立的生物王国。菌物生长在它们的食物中，吸收有机物，直到开始繁殖的时候才能为人所见。菌物既是其他生物的朋友也是敌人：它们可推动物质循环，与其他生物互惠（huì）共生，是寄生者，但也是病原体。

子囊菌

子囊菌门是一类将孢子产生于子囊中的真菌。子囊位于真菌地面部分的子实体上。子囊菌门是最庞大的一类真菌，包含很多杯状和托盘状的菌类。

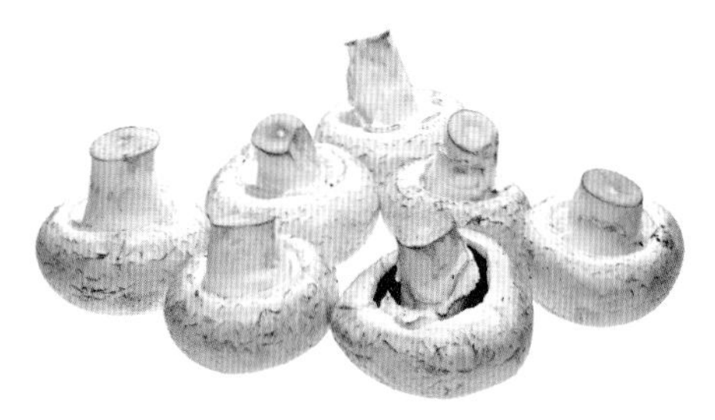

杯状真菌

杯状真菌的名字起源于子囊菌门的一种最特别的子实体外形。其开放的顶部，往往呈圆盘或托盘状，这一形状可以保证风和雨水都可以散播位于子实体内部的孢子。有些变种的子囊菌可以吸收水分，并且逐渐积累压力，喷射和释放孢子到距离子实体 30 厘米以外的地方。如果你仔细观察腐烂的树桩、落下的枝丫或者树叶，就会发现一个充满各种微小“杯子”的奇妙世界。如果不小心碰到一些大型的杯状真菌，会导致非常剧烈的孢子喷发。喷发时不但可以看到淡淡的孢子云，有时甚至还听得到孢子释放的声音。

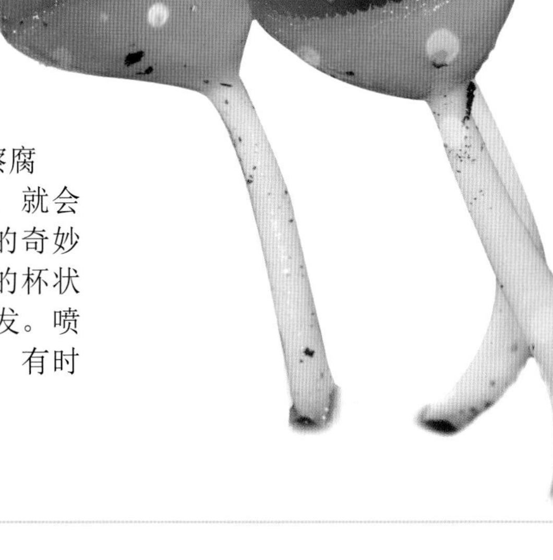

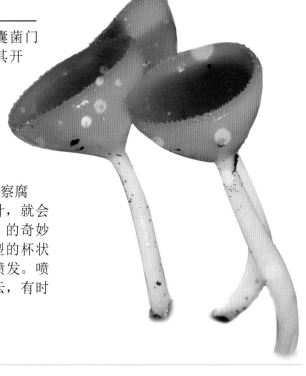

斑痣盘菌目

斑痣盘菌目常被称为黑痣病菌，这一目的菌菇感染植物，如树口十、树枝、树皮和雌性针叶树球果，甚至浆果。许多菌种侵袭针叶树的松针，致其脱落。枫树叶的黑痣病比较常见。

槭斑痣盘菌↑

槭斑痣盘菌大量地生长于枫树上。它们可导致树叶边缘出现不规则的浅黄色斑点，使得树叶变得丑陋。

地勺菌↓

这种常见的菌类生长在欧亚和北美大陆潮湿的针叶林。它们拥有扁平而富有弹性的顶端组织，颜色由苍白渐变到深黄。

外囊菌目

外囊菌目在外囊菌属中种类最多，包括许多植物寄生物。该目下所有的菌类有两种生长形态：在腐生态时，它们像酵母菌一样依靠芽殖繁殖；但在寄生态时，它们出现在植物组织中，导致树叶变形或擦伤。

畸形外囊菌↓

这种菌类感染欧亚和北美大陆大部分的桃树和油桃树。被感染的树叶会卷曲起皱，通常其颜色会变得紫红。

柔膜菌目

柔膜菌目真菌因它们独特的圆盘状或杯状的子实体很容易同其他杯状真菌区分。它们的囊状孢子台或子囊，不具有顶端的盖子。柔膜菌目的多数真菌生活在富含腐殖质的土壤、死木桩以及其他有机物质中。一些最具破坏性的植物寄生菌也属于这一目。

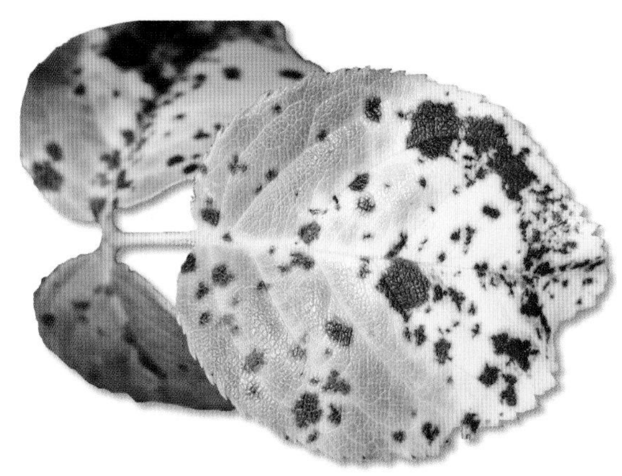

蔷薇双壳菌↑

这种真菌经常出现于欧亚大陆和北美洲的玫瑰叶子上，能导致黑点，随后聚合在一起形成大块的黑斑。

←棕色杯子菌

这种真菌由一个浅棕色的菌盖和一条窄茎组成，生长在掉落的树枝上，尤其是橡木中。它们常见于欧洲，可以使整块木头变黑。

紫色囊盘菌↑

这种真菌经常可以在欧亚大陆中落下的山毛榉原木上看到。该品种可以将自己的中心部位附着在木头上，并在性成熟时产生胶状的不规则圆盘。

桃褐腐病菌↑

这种真菌在欧亚大陆非常常见，主要出现在苹果和梨上，有时候也出现在蔷薇科植物上。它们会导致水果发霉，呈棕色。

煤炱(tái)目

煤炱目子囊菌通常被叫作黑霉，经常长在树叶上。它们靠昆虫分泌出来的蜜珠或者树叶分泌出来的汁液生存，有些可以致人患皮肤病。

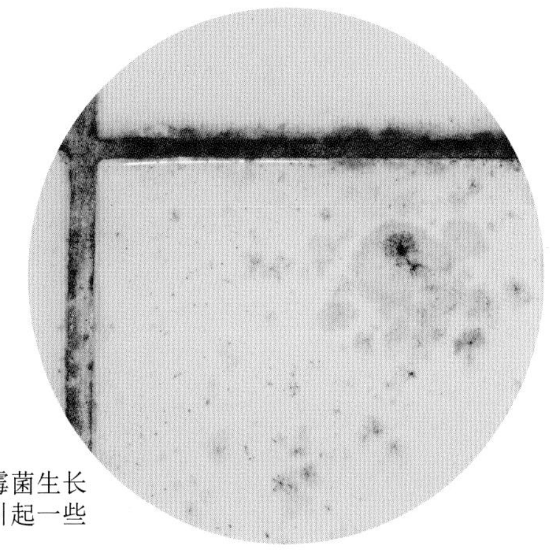

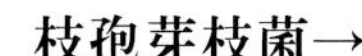

枝孢芽枝菌→

这种欧亚大陆和北美洲的霉菌生长在潮湿的浴室墙壁上，可能会引起一些人的过敏反应。

盘菌目

盘菌目菌菇在内部囊状结构或子囊中产出孢子，这些组织被撕裂后长成鳃盖状，将孢子喷出。这一目菌菇里包含了许多具有经济意义的菌菇，如笼葵、块菌和沙漠块菌。

羊肚菌↓

这种昂贵的菌种生长在春季北美和欧亚大陆石灰质林地中，有一个海绵状中空菌盖和一个中空菌柄。

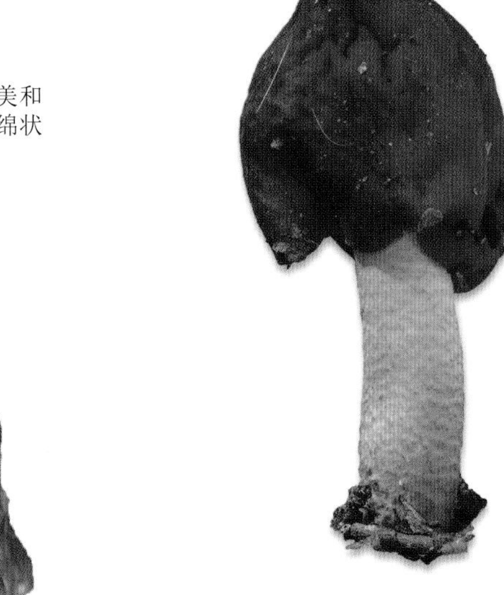

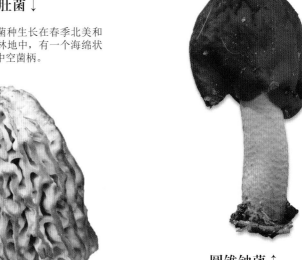

圆锥钟菌↑

这是一种不常见的菌菇，生长在欧亚和北美大陆白垩质土壤的树木和树篱上，光滑的套管状菌盖位于空心菌柄上。

松乳菇↑

这是多种相似菌菇中的一种，子实体是一个带黑菌丝的猩红色菌盖。这种菌菇常见于欧亚和北美大陆。

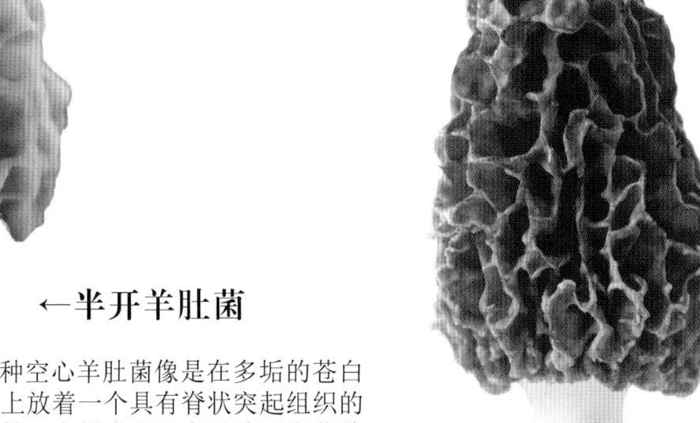

←半开羊肚菌

这种空心羊肚菌像是在多垢的苍白色菌柄上放着一个具有脊状突起组织的深色套管。它们多见于春天欧亚和北美大陆的混生林中。

兔耳菌↓

这种常见的菌菇以从簇状生长于欧亚和北美大陆的阔叶林中。其高大的菌盖劈裂开而垂落一侧。

高羊肚菌↑

这种菌菇在欧亚和北美大陆的春天比较常见，菌盖颜色由亮粉红色渐变到黑色，菌盖上有交错连接的黑色褶皱突起组织，菌柄中空。

鹿花菌→

这种毒菌出现在整个北美和欧亚大陆，通常生长于春天的针叶树下。表面光亮的灰菌盖形似满布皱纹的大脑。

←绯红肉杯菌

这种菌菇生长于欧亚和北美大陆冬季到早春的落枝上，有一个猩红的菌盖，与浅色外表形成鲜明对比。

白松露菌↑

白松露菌在意大利和法国被视为昂贵的块菌。这种在南欧碱性土壤上生长、价格不菲的块菌可以通过接种的方式培植在某些合适的寄主树上，如橡树和杨树。

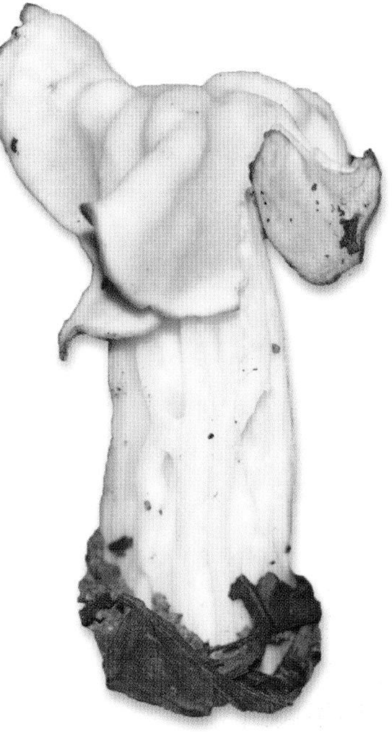

棱柄（bǐng）白马鞍菌↑

棱柄白马鞍菌可能有毒，常见于欧亚和北美大陆的混生林。易碎、有棱纹的菌柄上长着马鞍状的薄菌盖。

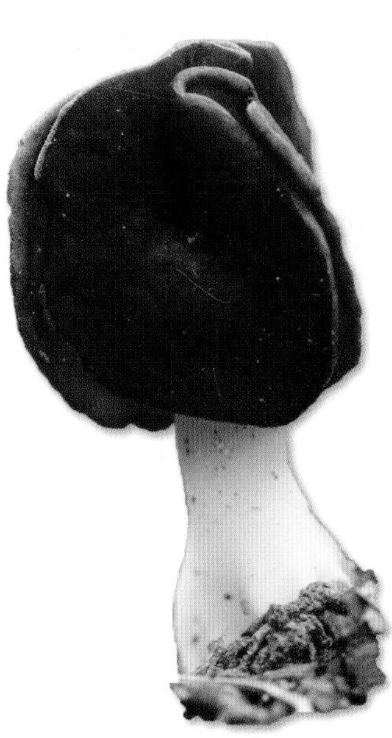

黑马鞍菌↑

这种常见的菌菇生长于欧亚和北美的混生林中，有一个叶状的深色菌盖，并有带凹槽的圆柱状灰色菌柄。

夏块菌↑

这种极为宝贵的块菌被发现于南欧和中欧地区，生长在周围有许多阔叶树的地下。

橙黄网孢盘菌↑

这种菌菇常见于欧亚和北美大陆布满尘土的碎石小路上，有着橘色薄菌盖，易于辨认。

蘑菇

担子菌门包括了我们通常所说的大多数蘑菇和毒菌。它们主要分布在温带林地，都可以产生、着生在外生的产孢结构——担子上。

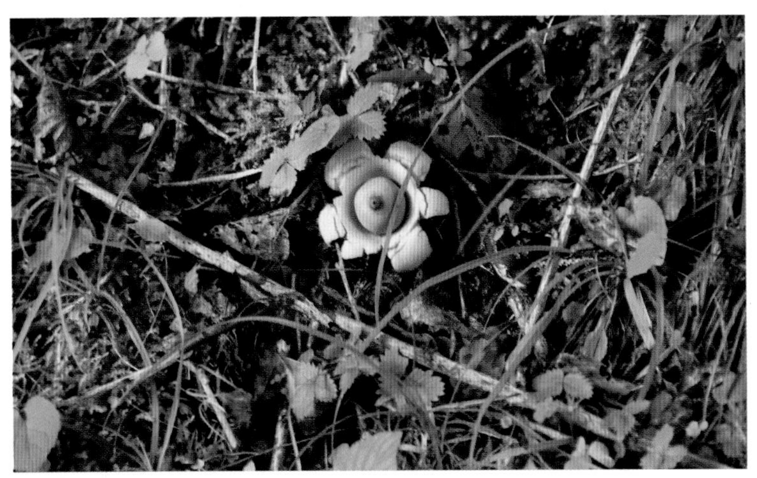

真菌的食物

真菌的主体通常在地下，由纤细的真菌丝状物即菌丝组成，这些菌丝组成了菌丝体（真菌体）。菌丝可穿透、固着在真菌赖以生存的物质上，比如土壤、腐烂的叶片、树干、植物活体组织抑或是腐烂的动物尸体。菌丝体发达，并且大多数与植物的根有共生关系。共生关系中，菌丝包围并穿透植物的根来获得碳水化合物，而植物则可以通过菌丝更好地吸收水分和矿物质。一些蘑菇可以降解有机物获取营养，还能改善土壤，从而改善其他生物的生存条件。

钉菇目

虽然钉菇目的部分菌种与鸡油菌归在一起，但钉菇目真菌的 DNA 分析显示，它们与鬼笔目下的臭角菌更为相似。它们通常形成大大的子实体，形状由简单的棒状棒瑚菌属到喇叭状，各不相同，或者形状类似于鸡油菌的结构，拥有一个复杂的、能产生孢子的表面。

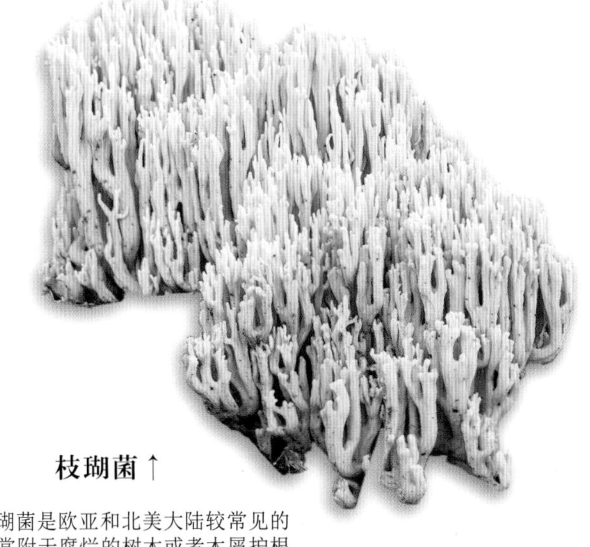

枝瑚菌↑

枝瑚菌是欧亚和北美大陆较常见的菌种，常附于腐烂的树木或者木屑护根上。分枝为浅褐色，带有红色擦痕。

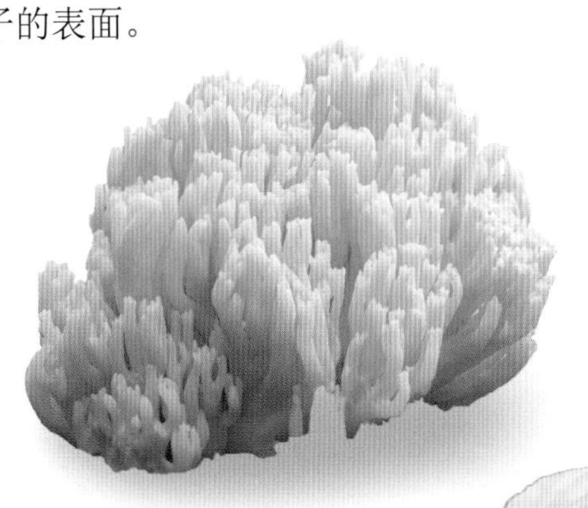

↑葡萄色顶枝珊瑚菌

这种不常见的珊瑚色菌菇生长在欧亚和北美大陆的山毛榉森林中，带有粉白色分枝，分枝顶端为深红色。

←棒瑚菌

这种菌菇是欧亚和北美大陆的稀有菌菇，形成一个膨胀得大大的棒状物，表面由光滑逐渐变得微皱。上面还带着紫褐色擦痕。

←喇叭钉菇

这种菌菇常见于北美，出落得有如一个硕大的喇叭状花瓶。花瓶顶部有鳞片，内壁上有带着皱纹的菌褶。

多孔菌目

多孔菌目有着数目繁多的各类真菌。这一目大部分为能致木材腐朽的多孔菌，它们的孢子生长于菌管中（类似于牛肝菌的菌管），有时也生长于棘状突起上。大部分生长在树上的多孔菌都有没有发育完全的菌柄，这类菌菇子实体为架子状、支架状或皮壳状。也有些生长在树底的多孔菌，菌褶有多有少，长有中央菌柄。其余极少的多孔菌生长在土壤中。

灵芝↑

这种深红到紫褐色檐状菌有着光亮的表面，可能还有长长的沿侧向生长的菌柄。它们生长于欧亚和北美大陆。

朱红密孔菌↓

这种稀有的菌菇生长于欧亚和北美大陆枯死的落叶树上，具有明亮、橘红色类皮革的一年生檐状组织。

↓宽鳞多孔菌

这种圆形或者扇形的檐状菌生长于初夏的欧亚大陆，下表面具有同心的鳞片和气孔。

松生拟（nǐ）层孔菌↑

这种蹄状、木质支架状菌生长于欧亚和北美大陆，常见于松树上，有时也见于桦树上。

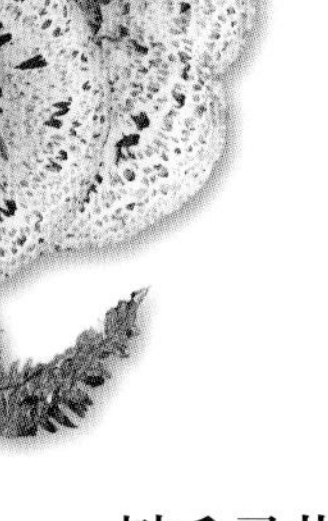

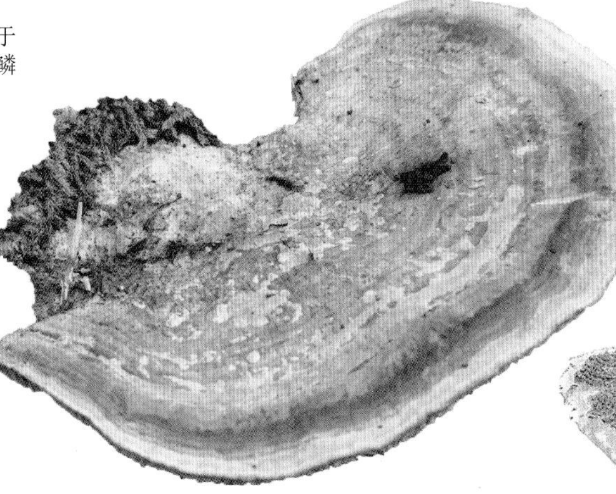

栎迷孔菌↑

这种多年生菌菇生长于欧亚和北美大陆倒卧在地上的橡树上，有着坚实的檐状组织，其下表面有着迷宫似的狭长气孔。

树舌灵芝↓

这种木质的多年生檐状菌常见于欧亚和北美大陆，能存活多年，且长得非常大。它们落下的孢子呈饱满的黄棕色。

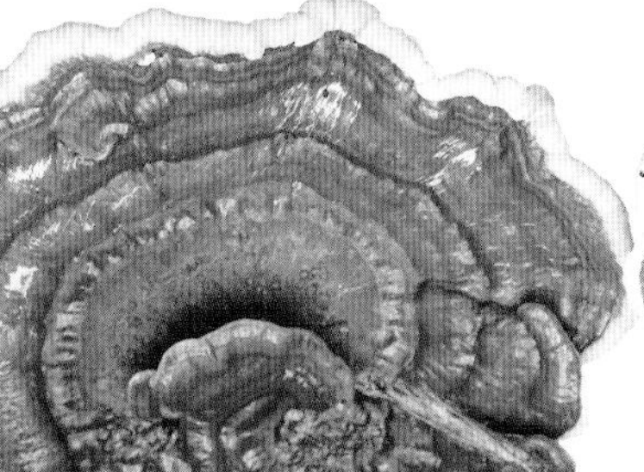

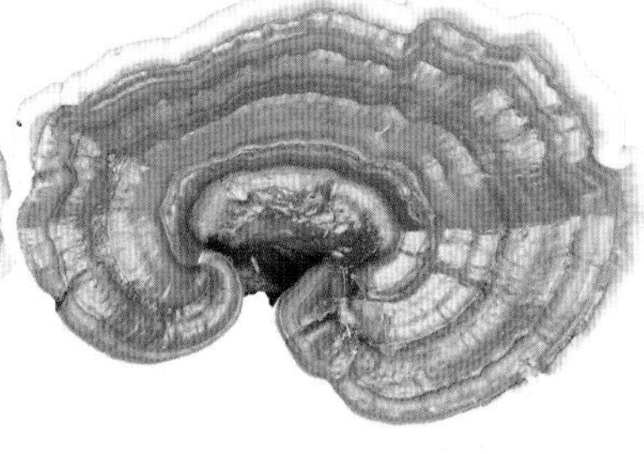

冬生多孔菌↑

这种小菌菇生长于欧亚和北美大陆掉落的树枝上。它们拥有比较大的下延气孔（一直到菌柄）。菌柄长在菌盖中心或者非中心。

红菇目

这一目最著名的属为红菇属和乳菇属。虽然它们长成了典型的蘑菇状，但绝不是真正的伞菌目。除了菌盖伞一菌柄茎模式，红菇目的子实体有着各类的形状。大部分的红菇目长有疣状的孢子，孢子在碘酒中呈现蓝黑色。切断时，乳菇属菌菇会流出乳液，乳液呈白色或者其他颜色。

杏鲍菇↓

这种独特的蘑菇生长于欧亚和北美大陆的松果之上，看起来像扭曲的勺子。这个勺子的柄从带毛的小菌盖上垂直吊下来。

←花盖菇

这种蘑菇生于欧亚和北美大陆的混生林中。菌盖从丁香紫色到各种绿色，各不相同。菌褶多分叉，有弹性，呈油腻状。

←黄孢红菇

这种菌菇生长于欧亚和北美大陆，与许多与其相关的菌类只能依赖于显微镜或者生长地进行区分。

辣红菇↑

这种菌类生于欧亚大陆，与松树共生，颜色从紫色到绿色或黄色，各不相同，有水果气味。

白乳菇↓

这种不常见的菌类来自欧亚和北美大陆的混生林。它们具有漏斗状的菌盖和非常充盈的窄菌褶，切断时会流出白色乳液。

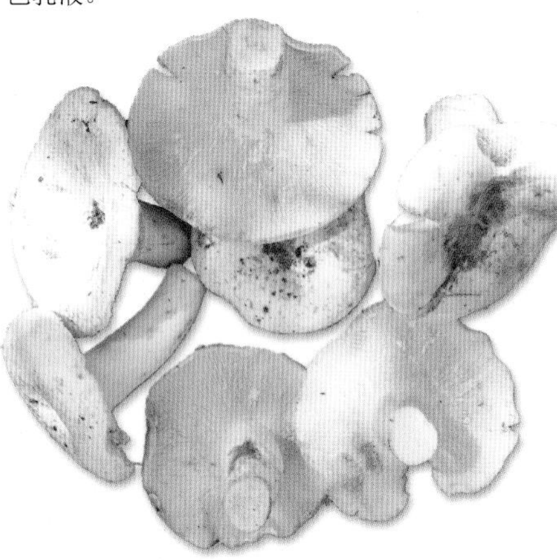

←毛头乳菇

这种蘑菇常见于桦树之下，生长于欧亚和北美大陆。菌盖呈深红色而多毛，上面有明显的条带状。

珊瑚状猴头菌↓

这种濒临灭绝的菌菇常见于欧亚和北美大陆的山毛榉树上，下表面有下垂的脊状白色子实体分枝。

多年异担子菌→

刺孢多孔菌科这种菌菇常寄生于欧亚和北美的针叶树林中，拥有浅色的壳状组织，颜色随着生长逐渐变深。

牛肝菌目

牛肝菌目包含一些肉质厚实的真菌，其中包括那些具有孔状的和腮状子实体的真菌。它们大部分具有菌盖和菌柄，也有些为皮壳状、马勃或块菌状。大多数与树木共生（根菌），但是有些是靠枯木的养分生长，其余的属于寄生类。牛肝菌目的孢子产生层即子囊层容易脱落。

美味牛肝菌↓

这种菌菇在世界各地均有生长。菌柄上具有漂亮的白色纹理，肉质部分始终为奶油色。气孔在生长过程中将由白色变成黄色。

美柄牛肝菌↑

这种菌菇生长于欧亚大陆和北美洲西部。菌盖颜色为白色至浅黄色，各不相同。气孔呈黄色，肉质部分呈奶油色，上有青色的瘀伤状痕迹。

褐绒（róng）盖牛肝菌↑

这是欧亚和北美大陆上的一种常见菌菇，生长于针叶树或者山毛榉中。它们的颜色多样，从橙褐色到枣红色，各不相同。

苦粉孢牛肝菌↑

这种菌菇被发现于欧亚和北美大陆。它们的特征为气孔会随着生长变为粉红色。菌柄表面呈明显的网状。

松塔牛肝菌↓

这种稀有的菌菇见于欧亚和北美大陆。可以通过菌盖和菌柄上黑色绒毛的鳞片和那些白色的管状物来辨认它们。

彩色豆马勃↓

这种菌类分布在世界各地的贫瘠沙质土壤中，与松树共生。内核包埋在黑色的胶状物中，内核中有鸡蛋状的孢子囊。

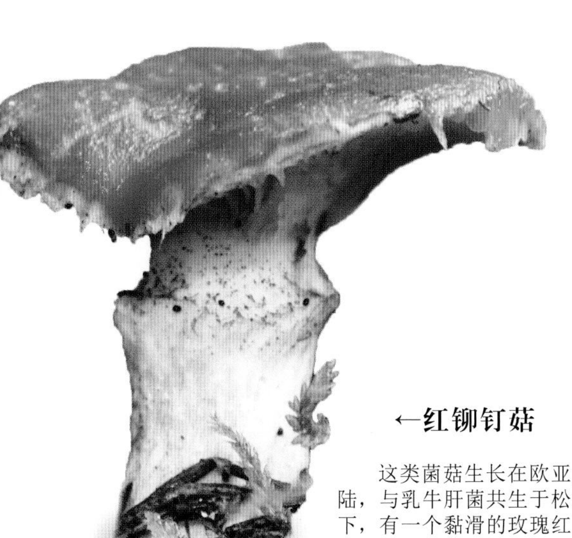

←红铆钉菇

这类菌菇生长在欧亚大陆，与乳牛肝菌共生于松树下，有一个黏滑的玫瑰红菌盖，菌褶略带灰色。

卷缘网褶菌↑

这种菌类常见于欧亚和北美大陆的混生林中，特征为菌盖边缘带绒毛并向内卷曲，柔软的黄色菌褶上沾染了棕色。

伞菌目

伞菌目包括了大多数常见的蘑菇和毒菌。这类真菌具有肉质且没有木质化的子实体（产生孢子细胞附着的结构）。伞菌目的很多菌有菌盖和菌柄，菌柄上有褶或者环，形状包括了鸟巢状、支架状、盖状、块状和球状。它们多数腐生于败叶、土壤和木头，有一些则寄生或者与植物的根共生。

锐（ruì）鳞环柄菇↓

生于欧亚大陆和北美的树林或庭院，并不常见，表面有直立或颗粒状的尖鳞片，后期易脱落。棕色菌柄有菌环。

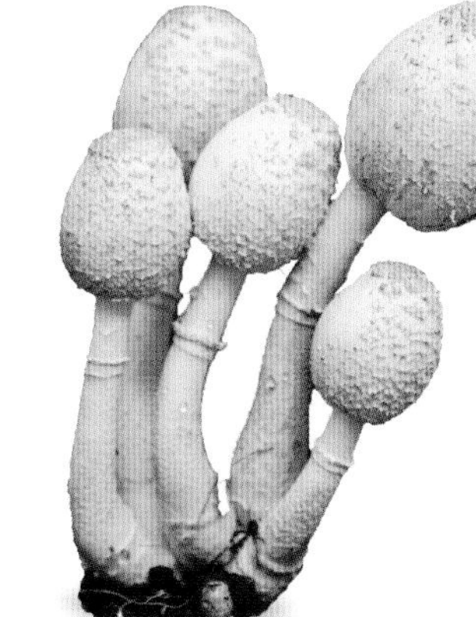

纯黄白鬼伞↑

纯黄白鬼伞在世界各地较常见，生长于腐烂植物的土壤里，特征是有金黄色菌盖和细长的菌柄，且有菌环。

毛头鬼伞↑

毛头鬼伞常见于欧亚大陆和北美的田野和道旁。它们高且毛茸茸的菌盖非常容易辨认，开伞后边缘菌褶溶化为墨汁色液体。

双孢蘑菇↑

双孢蘑菇是最常见的食用菌，菌盖颜色从白色到暗棕色不等。

高大环柄菇↓

这种高菌菇常见于欧亚大陆和北美的草地，有一个带有鳞片的菌盖和蛇皮状表面的菌柄，菌柄上有一个厚菌环。

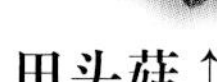

田头菇↑

田头菇常见于欧亚大陆和北美的春季。这种菌菇的菌盖边缘有残留的碎片状覆盖物，菌柄也可能有易碎的菌环。

斜盖菇↑

这种菌菇常见于欧亚和北美大陆的混生林中，菌盖的形状随着其生长而变化，开始时呈凸起状，随着生长开始下陷。

←梨形马勃

梨形马勃常见于欧亚大陆和北美，这种梨形物种生长在木头上。在它们的茎基上有突出的线条组织。这些线条在菌菇年幼时很牢固。

巨型马勃↑

巨型马勃常见于北美和欧亚大陆灌木篱墙，田野和庭院，具有大型光滑的子实体，内部呈白色或黄色，极易辨认。

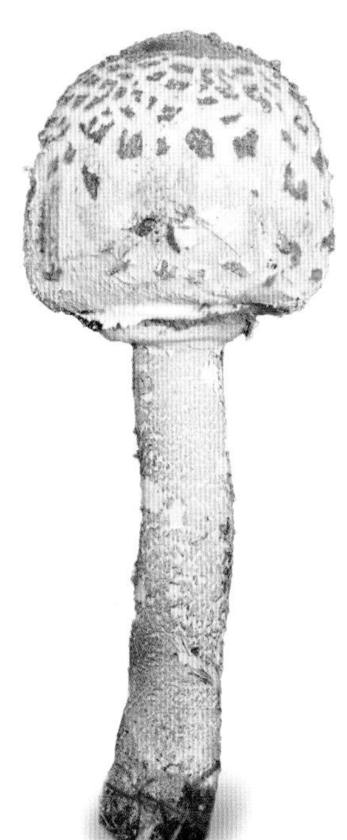

赤褐鹅膏菌↓

常见于欧亚和北美大陆的森林中，这种菌菇上附有覆盖物。菌柄上有一个白色菌托。

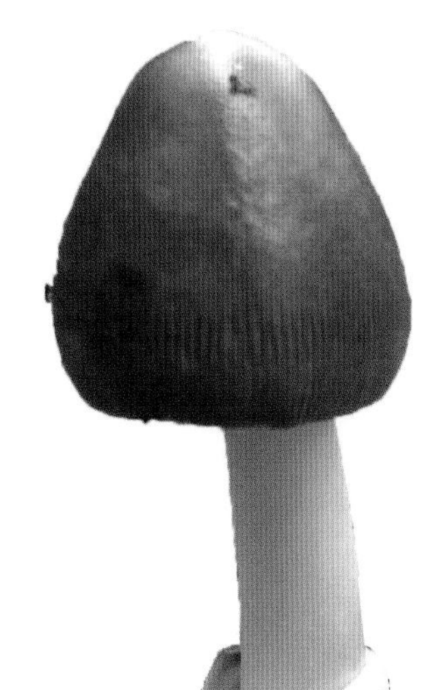

毒（dú）蝇伞→

毒蝇伞常见于欧亚和北美大陆。这种独特的蘑菇在桦树下非常常见，菌盖上白色疣状组织可被冲掉。

粗鳞大环柄菇↑

粗鳞大环柄菇常见于欧亚大陆和北美。这种蘑菇具有鳞片状棕色菌盖，菌环厚且为双层，肉质，菌柄基部膨大。

粪伞菌↑

粪伞菌常见于欧亚大陆和北美的草地。细小、黏滑的菌盖只能存活一天左右。

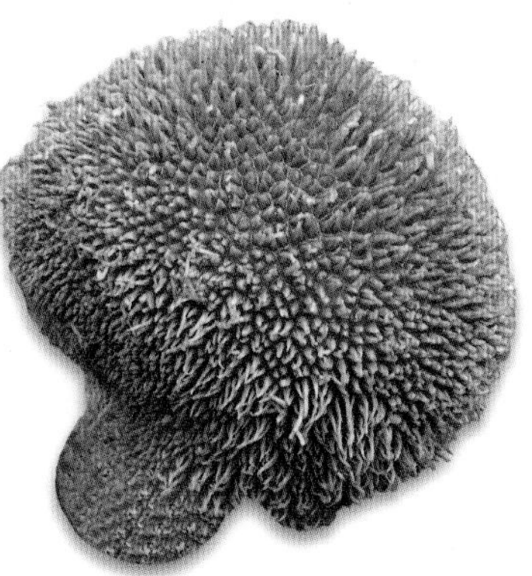

←豹斑毒鹅膏菌

这种菌菇有纯白色疣状组织。菌柄上有菌环和突起的球茎，常见于欧亚和北美大陆。

长刺马勃↑

这种菌菇生长在欧亚大陆和北美的山毛榉树上，顶部有大堆长刺，孢子为紫褐色。

杵型马勃↓

这是最高的马勃菌之一，在孢子释放以后整个菌菇只留下一个光秃秃的米黄色菌柄。它们生长于欧亚大陆。

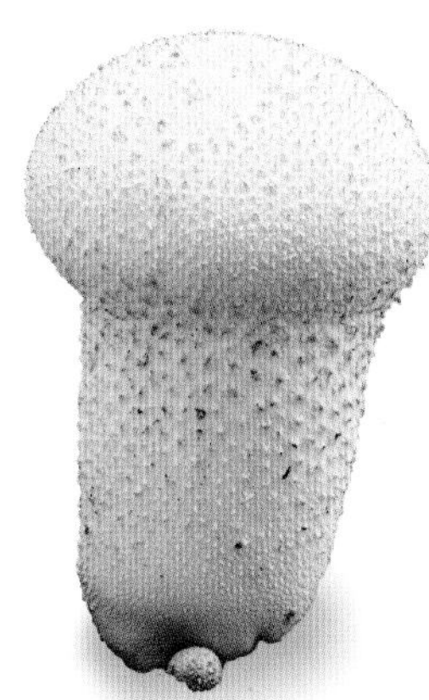

紫绒丝膜菌→

这种稀有的菌菇常见于欧亚和北美大陆的混生林中，具有独特的艳紫色的菌盖和球柄。

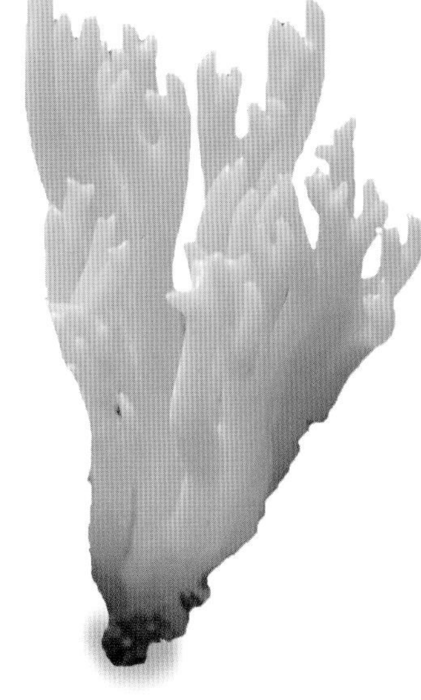

网纹马勃↑

这是最常见的白色马勃菌，生长在欧亚和北美大陆。它们的颗粒状脊柱凸起组织脱落后形成规则的圆形疤痕。

黄珊瑚菌↑

这种金黄的棒状菌有着类似鹿茸的分杈，在酸性未开垦的草地和多草的空旷森林中比较常见。

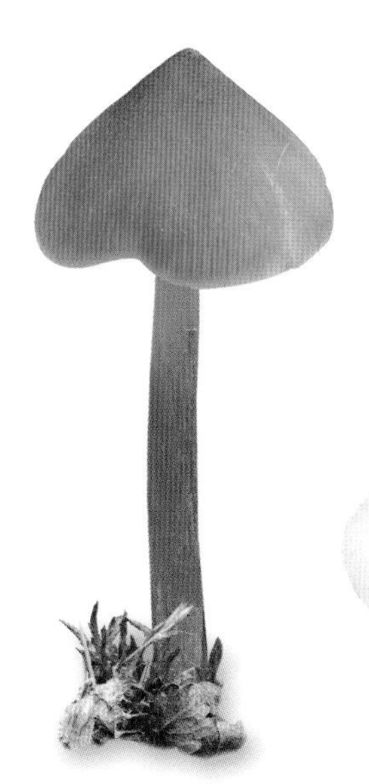

白霜杯伞↓

这种菌菇一丛丛地生长在欧亚和北美大陆的草坪上。它们的表面酷似霜冻状，菌褶稍有下延。

红蜡(là)蘑↑

这个物种在欧亚大陆和北美洲的热带林中广泛分布。它们的颜色多变，从砖红色至清新的粉红色。它们有干燥的菌盖和厚厚的菌褶。

星孢丝盖伞↑

这种菌菇的菌柄杆基部长有扁平的膨大部分，生于欧亚大陆，有辐射状的孢子。实体小巧，菌盖呈褐色纤维状。

变黑蜡伞↑

变黑蜡伞在欧亚大陆和北美洲的草原、林地中很常见。菌盖为圆锥形，呈红橙色。菌柄为纤维质，随着菌菇生长或受伤会慢慢变黑。

水粉杯伞↑

这种厚实的蘑菇有着满满的菌褶，菌褶常蔓延到菌柄上。它们常大片大片地生长于欧亚和北美大陆。

浅黄绿杯伞↑

这种菌菇常见于欧亚和北美大陆，因强烈的八角气味而不易与其他蘑菇混淆。它们在生长初期呈现海绿色。成熟后变为灰绿色。

大毒滑锈伞↑

大毒滑锈伞源于欧亚大陆和北美洲，闻起来有强烈的萝卜味。菌盖为象牙白色至淡黄色。当湿度高时，菌盖黏滑。在潮湿的天气，菌褶会排出液滴。

青黄蜡伞↑

这种真菌出现在霜冻以后的欧亚大陆和北美洲的松林中。这种菌菇黏滑，菌盖呈橄榄褐色，菌柄呈黄色。

←安络小皮伞

安络小皮伞生长于欧亚大陆，具有特别的菌柄，类似于黑发。菌盖辐射状，有凹槽，呈略带淡桃红的棕色。

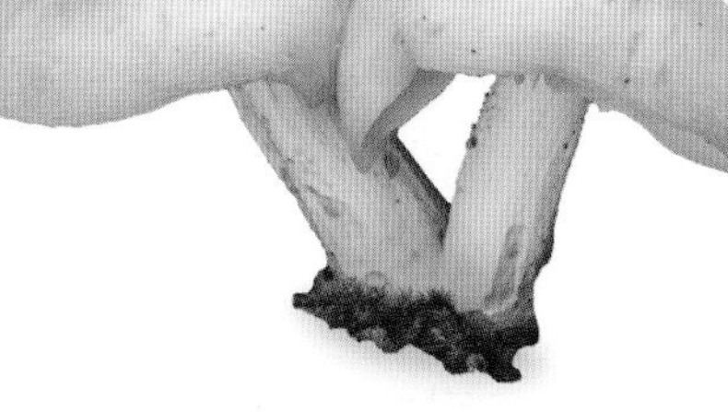

蒜叶小皮伞↑

这种菌菇生长在欧亚大陆山毛榉林中，菌柄很高，细长，呈黑色，有一股烂蒜头味。

网盖红褶伞↑

这种菌菇主要生长在倒在地上的榆树原木上，较为少见，主要分布在欧亚和北美大陆。它们有一种不寻常的桃粉色皱纹菌盖，带有水果气味。

梭（suō）柄金钱菌↑

这类菌种多生长于初夏后欧亚大陆的橡树林中，常在树根处形成大堆坚实的子实体。

←黄柄小菇

这种菌菇常见于欧亚和北美大陆，生长在森林与荒地的酸性土壤中。菌盖与菌柄均有黏性的、可剥性层状组织。

←蓝黑小菇

这种菌类常见于欧亚大陆，特点是有强烈的萝卜气味。它们具有略带淡紫的黑边菌褶和浅丁香紫色渐变到灰褐色的菌盖。

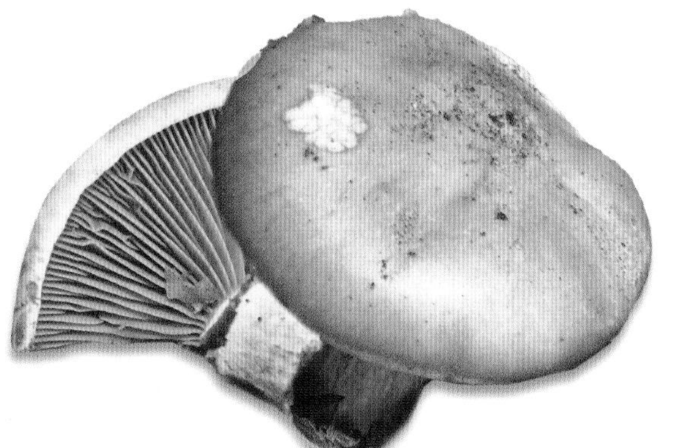

紫丁香蘑↑

紫丁香蘑常见于欧亚和北美大陆的混生林中。菌盖的颜色由紫色褪至褐色，菌柄和菌褶均为紫色。

法国蜜环菌↓

这种菌菇常见于欧亚大陆，通常生于土壤中，是它们周围树木的一种弱寄生物。

乳酪粉金钱菌↓

这类菌菇大量生长在欧亚和北美大陆的树林中。它们的菌盖触感油腻，菌盖颜色因由黑褐或红褐色变化到深赭色而各不相同。

白紫丝膜菌↑

这种菌菇常见于欧亚和北美大陆的混生林中。银白的子实体还带着点紫色。菌褶成熟后呈黄褐色。

盔盖小菇↓

这种菌菇在欧亚和北美大陆的温带森林中数量非常多，颜色各有不同。它们的菌褶为略带桃红的灰色，菌褶将纹理与纵横（héng）交错的脊状突起组织连在一起。

奥尔类脐菇↑

这种亮橘色的有毒菌菇常见于欧亚和北美大陆，因菌褶能生长在有怪异绿光的黑暗环境下而著名。

粉紫小菇↑

这种菌菇以密集的丛簇状生长于欧亚和北美大陆的树林中。拥有一个锯齿状边缘的菌盖和一股强烈的皂香味。

绒状火菇↓

这种菌菇于冬季生长在欧亚和北美大陆，具有黏性的菌盖和天鹅绒般柔软的菌柄。

橘黄裸伞↑

这种真菌出现在欧亚大陆，常以丛簇状生长在树的底部。它们有一个干燥的菌盖，菌盖里密集地长着浅黄色菌褶。

黑白铦囊蘑↑

这种菌菇常见于欧亚大陆的草地，具有灰褐色菌盖和白色菌褶，菌柄底部有黑色的肉质结构。

晶粒小鬼伞↑

这种菌菇常以丛簇状生长，菌盖为圆形，上有沟槽，菌盖上撒满了云母片般的覆盖物。它们常见于欧亚和北美大陆。

皂味口蘑↓

这种菌菇颜色多样，如灰褐色、绿色、灰粉色或杂色，有肥皂味，常见于欧亚和北美大陆的混生林中。

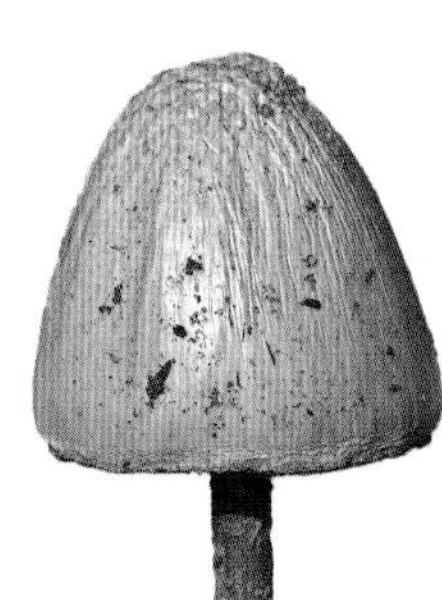

白色小鬼伞↑

白色小鬼伞常以丛簇状生长于欧亚大陆腐烂的树桩上。菌盖为伞状，上面有深深的沟槽。菌褶在成熟时带黑色。

簇生黄韧伞↑

簇生黄韧伞在欧亚大陆和北美洲的温带森林中广泛分布。菌褶为青黄色，成熟后变为暗紫色，在野外很容易辨认。

半卵形斑褶菇↑

这种菌菇被发现于欧亚和北美大陆，生长在动物的粪便中。它们以黏性的灰色菌盖和长菌柄上围绕的菌环为特征。

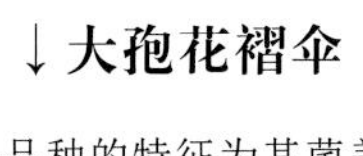

↓大孢花褶伞

这个品种的特征为其菌盖的边缘残留着的少许锯齿状菌幕，菌褶上带有斑驳的黑色。它们被发现于欧亚和北美大陆。

荷叶离褶伞↑

这种菌菇被发现于欧亚大陆和北美洲，通常生长在公路边、小道边和开垦过的土壤上。这种真菌丛生，菌盖坚硬，菌柄矮胖且强壮。

赭红拟口蘑↑

这种菌菇常见于松树桩，具有红紫色菌盖和菌柄，金黄色菌褶，生长在欧亚和北美大陆。

↓银丝草菇

银丝草菇生长在欧亚大陆和北美洲的落叶林中，是稀有品种。菌盖呈白色至浅柠檬黄色。菌柄为白色，菌柄基部被类似于袋状的稀薄菌幕包围。

牛舌菌↑

牛舌菌类似于一个肉质丰厚的牛排，上面沾有血红色的汁液。这个物种在欧亚大陆和北美洲比较温暖的地带尤其常见。

黏小奥德蘑↓

这种菌菇常见于欧亚大陆山毛榉原木上，具有灰白的菌盖。菌盖湿润时变得黏滑，坚硬的菌柄上有一个薄薄的菌环。

鸡油菌目

鸡油菌目的菌菇与伞菌目下的菌菇有相似的地方，但是也有许多重要的不同。它们同样拥有具有菌盖和菌柄的肉质子实体，但是它们没有真正的菌褶，反而在下侧长有光滑的、褶皱的或者折叠成鱼鳃状的、能产生孢子的表面。孢子光滑，通常为白色至奶油色。

喇叭菌↑

这种独特的菌菇遍及整个欧亚大陆，形似小喇叭，成群地生长于山毛榉残叶堆中。它们会产生一个白色的孢子沉积。

黄卷缘（yuán）齿菌↑

黄卷缘齿菌生长于欧亚和北美大陆，颜色呈暗橘色，形状不规则，菌盖下有小刺。

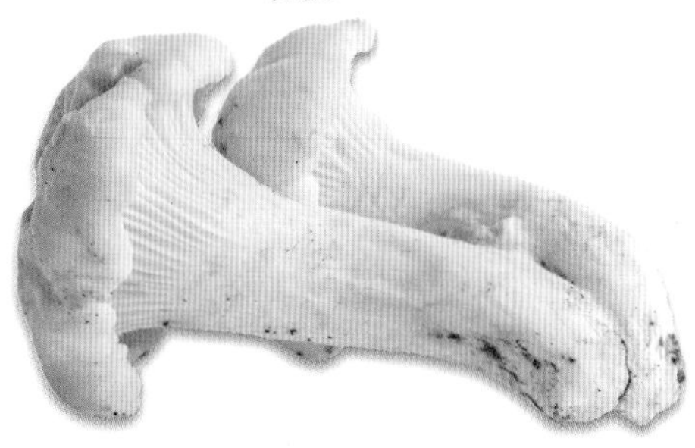

←鸡油菌

这种菌菇生长于欧亚和北美大陆，具有钝缘菌褶。菌褶上布满了大量的网格组织，具有一股杏子的气味。

木耳目

虽然常被与其他胶质菌菇归为一类，木耳目因其独特的孢子台而被单独列出。它们的形状各不相同，但是其膜状组织都被分成了四块，每一块都能产生孢子。

胶质刺银耳↓

这种菌类来自欧亚和北美大陆，颜色由透亮的浅灰色渐变至浅褐色。它们有时会出现在针叶树树桩上。

黑木耳↑

这种菌类常见于欧亚和北美大陆枯死的多年生树木上，有着薄薄的弹性耳状组织，外面柔软，内有皱纹。

鬼笔目

因这一目下许多菌菇的形状似生殖器而得名，如鬼笔菌。鬼笔目也包含一些伪块菌。鬼笔菌从一个类似鸡蛋的结构中“孵化”而出，这一个过程仅需要短短的几个小时。

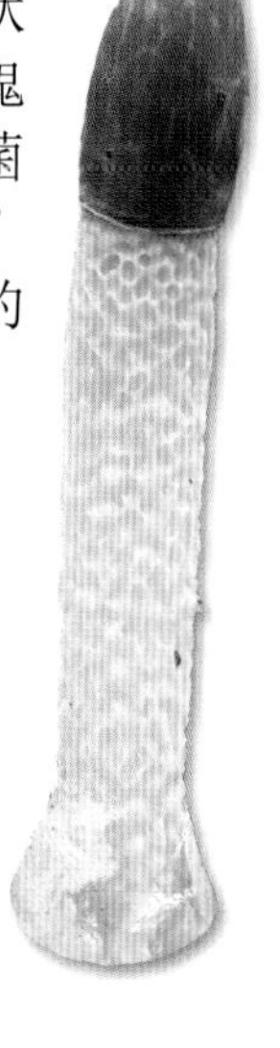

蛇头菌→

这种常见的鬼笔生长于欧亚和北美大陆的混生林中。尖端覆盖着绿黑色的孢子，连在海绵状菌柄上，菌柄由一个白色的“蛋”状组织生出。

动物世界

根据化石研究，所有的生物都起源于海洋，地球上最早的动物也是在海洋中孕（yùn）育而来的。目前已知的动物约有 150 万种，它们分布在地球上的各个地方。地球是一个大家园，因为有所有的动物，地球才不会失衡（héng）。

动物的世界

动物分类学家根据动物的各种特征（形态、细胞、遗传、生理、生态和地理分布等）进行分类，将动物依次分为 6 个主要等级，即门、纲、目、科、属、种。

蜥蜴→

大部分的种类为肉食性，以昆虫、蚯蚓、蜗牛，甚至老鼠等为食。

演化繁衍

早期的海洋动物经过漫长的地质时期，逐渐演化出各种分支，丰富了早期的地球生命形态。在人类出现以前，史前动物便已出现，并在各自的活动期得到繁荣发展。后来，它们在不断变换的生存环境下相继灭绝。但是，地球上的动物仍以从低等到高等、从简单到复杂的趋势不断进化并繁衍至今，并有了如今的多样性。

分类

科学家们把现存的人类已知的动物分为无脊椎动物和脊椎动物两大类。科学家已经鉴别出 46900 多种脊椎动物。包括鲤鱼、黄鱼等鱼类动物，蛇、蜥蜴等爬行类动物，青蛙、娃娃鱼等两栖类动物，鸟类以及红熊猫等哺乳类动物等。科学家们还发现了 130 多万种无脊椎动物。动物界所有成员的身体都是由细胞组成的异养有机体。

黄鱼↑

黄鱼主要以糠虾、毛虾以及小型鱼类为食物。

鲤鱼↑

鲤鱼是在亚洲原产的温带性淡水鱼。喜欢生活在平原上的暖和湖泊，或水流缓慢的河川里。

鸽子↑

一种善于飞行的鸟，小巧玲珑，品种很多，羽毛颜色多，主要以谷类为食。又叫鹁鸽。

基本特征

动物是多细胞真核生命体中的一大类群，但是不同于微生物。动物是不能将无机物合成有机物，只能以有机物为食物，并且会靠吃东西，由细胞构成，细胞有细胞核，没有细胞壁，会动，基质的一类生命体。因此动物具有与植物不同的形态结构和生理功能，以进行摄食、消化、吸收、呼吸、循环、排泄、感觉、运动和繁殖生命活动。动物学根据自然界动物的形态、身体内部构造、胚胎发育的特点、生理习性、生活的地理环境等特征，将特征相同或相似的动物归为同一类。

娃娃鱼↓

娃娃鱼是隐腮鲵科、大鲵属有尾两栖动物，体大而扁平。

白兔↑

白兔俗称兔子，是哺乳类兔形目、草食性脊椎动物。

狼↑

狼体型中等、匀称，四肢修长，趾行性，利于快速奔跑。头腭尖形，颜面部长，鼻端突出，耳尖且直立。

←虎

虎的体态雄伟强壮高大，毛色绮丽，从北而南呈黄色到红色渐变，有深色条纹。

燕子↑

雀形目燕科的 1 属。本属鸟类体小型，体长 130 ～ 180 毫米。身长，口小而尖，颌大，翅薄且尾有分叉翅尖长。

大雁↑

大雁是雁属鸟类的通称，共同特点是体型较大，喙的基部较高，长度和头部的长度几乎相等，上颌的边缘有强大的齿突，上颌硬角质鞘（qiào）强大，占了上颌的全部。

熊猫↑

熊猫具有不惧寒湿，从不冬眠的性格。体形似黑熊，头圆而大，尾极短。躯干和尾白色，两耳、眼及四肢全黑色。

蛇↑

蛇是脊索动物门、爬行纲下的一类动物。体细长，分为头、躯干和尾三部分。

生活习性

动物是多细胞真核生命体中的一大类群，称之为动物界。动物身体的基本形态会在它们发育时变得固定，通常是早在其胚胎发育时，但也有些会在其稍后的生命中有个变态的过程。大多数动物是能动的，它们能自发且独立地移动。绝大多数动物是消费者，它们依靠其他生命体（如植物）作为其食粮。但也有少部分动物属于清者——以已经死亡的生物体（有机质）作为食粮（例如蚯蚓）。动物有着各种行为，这些行为可以看作是动物对刺激的反应。行为学是研究动物行为的科学。比较有名的行为理论是康纳德•洛伦茨提出的本能理论。

无脊椎动物

无脊椎动物是背侧没有脊柱的动物，它们是动物的原始形式。其种类数占动物总种类数的95%。包括原生动物、棘皮动物、软体动物、扁形动物、环节动物、腔肠动物、节肢动物、线形动物等。

低等动物

无脊椎动物是指不具有脊椎骨的比较低等的动物类群。不论种类还是数量都非常庞大。从生活环境上看，海洋、江河、湖泊、池沼，以及陆地上都有它们的踪迹；从生活方式上看，有自由生活、寄生生活和共生生活的种类；从繁殖后代的方式上看，有的种类可进行无性繁殖，有的种类可进行有性繁殖，有的种类既可进行无性繁殖还可进行有性繁殖，个别种类还可以进行幼体生殖、孤雌生殖等。

原生动物

无脊椎动物是动物界中最原始的一类动物，它们大多是单细胞的有机体。从机能上看，原生动物的这个细胞又是一个完整的有机体，它能完成多细胞动物所具有的生命机能，例如营养、呼吸、排泄、生殖及对外界刺激产生反应。所以从细胞水平上说，构成原生动物的细胞是分化最复杂的细胞。

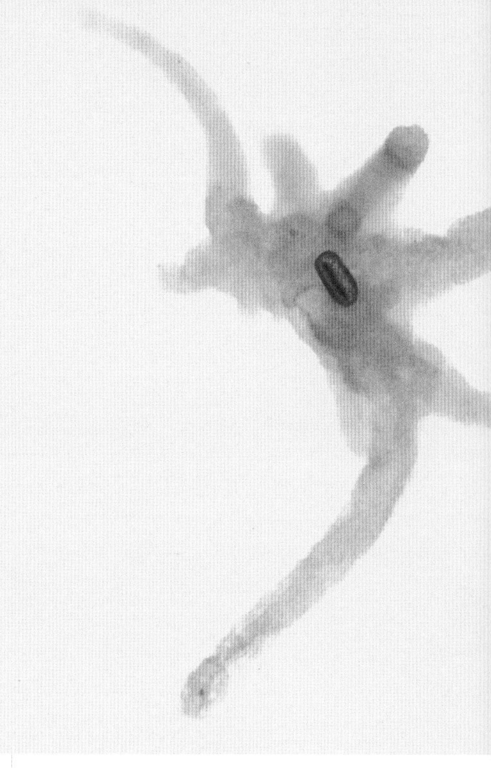

变形虫↑

变形虫属于原生动物，大变形虫是变形虫中最大的种，但直径也仅有大约 200 ～ 600 微米。它的分布很广，生活在清水池塘或在水流缓慢藻类较多的浅水中，通常在浸没于水中的植物上就可找到。

原生动物纲

鞭毛纲：代表动物：眼虫
肉足纲：代表动物：大变形虫
孢子纲：代表动物：间日原虫
纤毛纲：代表动物：大草履虫

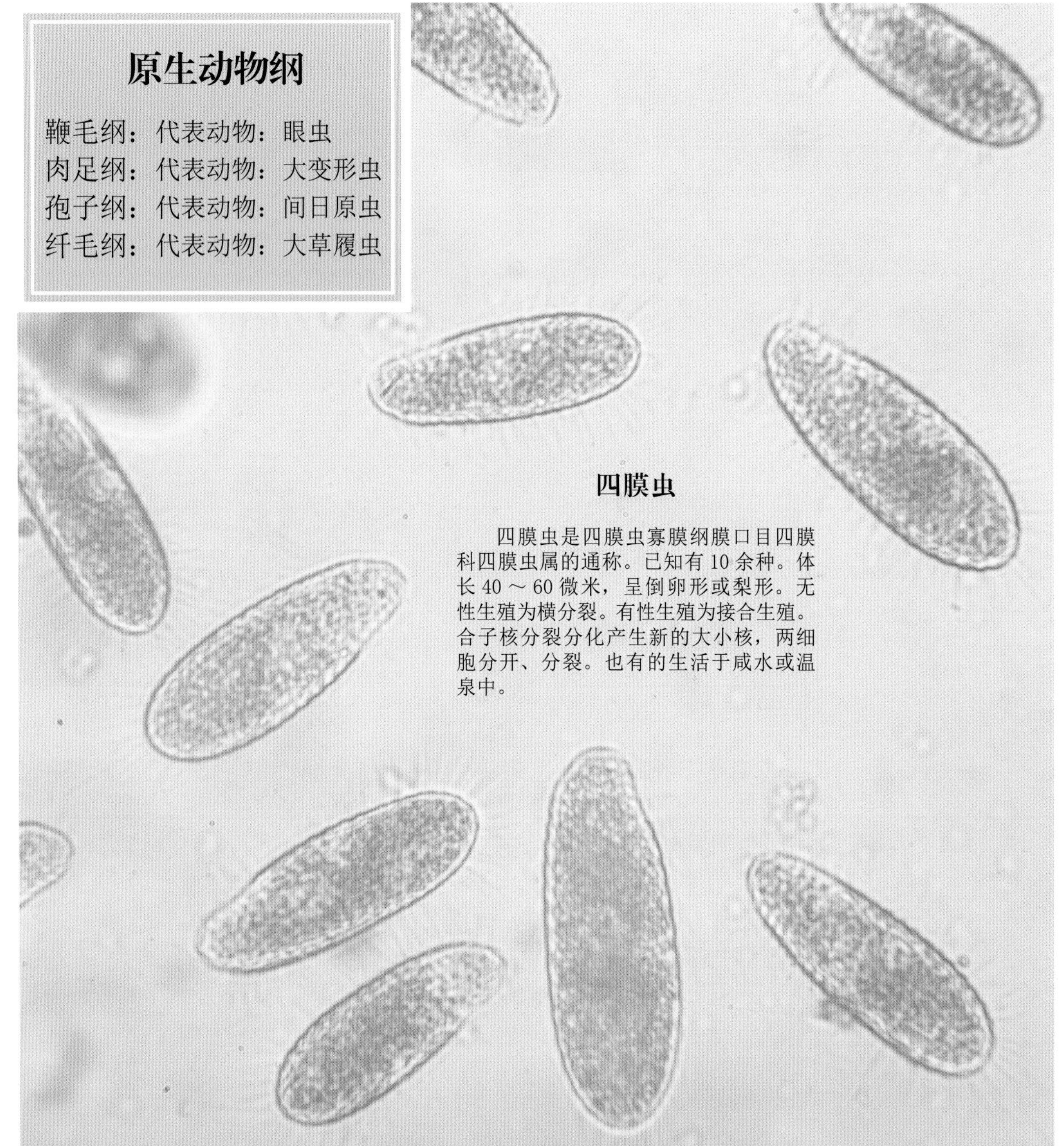

四膜虫

四膜虫是四膜虫寡膜纲膜口目四膜科四膜虫属的通称。已知有 10 余种。体长 40 ～ 60 微米，呈倒卵形或梨形。无性生殖为横分裂。有性生殖为接合生殖。合子核分裂分化产生新的大小核，两细胞分开、分裂。也有的生活于咸水或温泉中。

钩虫↑

钩虫是钩口科线虫的统称，发达的口囊是其形态学的特征。在寄生人体消化道的线虫中，钩虫的危害性最严重，由于钩虫的寄生，可使人体长期慢性失血，从而导致患者出现贫血及与贫血相关的症状。

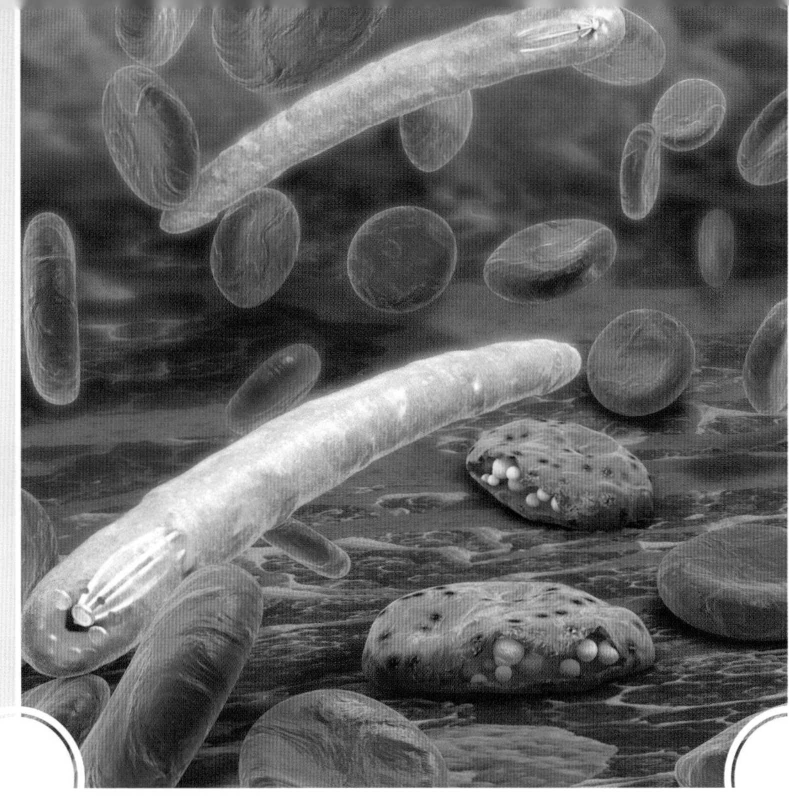

间日疟原虫↑

间日疟原虫有两个宿主，人和按蚊。通过终末宿主按蚊传播疾病，被感染的人患疟疾。其生活史分为三个时期；只有红细胞内期发生在红细胞内，其余两个发生在肝细胞中。

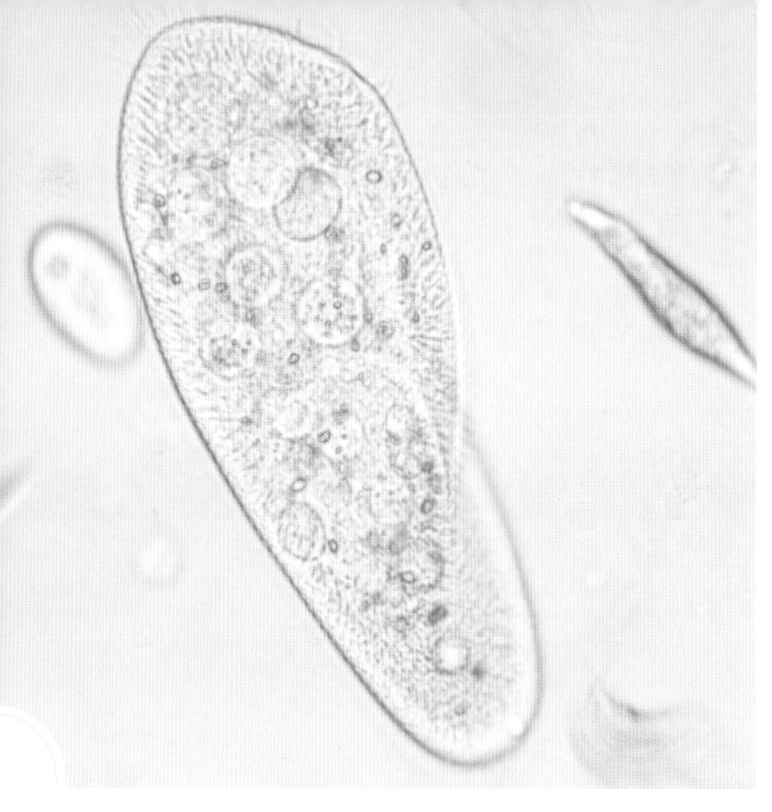

尾草履虫↑

尾草履虫，虫体长约 0.15 ～ 0.3 毫米，肉眼可见。一般用作江河鱼类饵料。大草履虫又叫尾草履虫，长 180 ～ 280 微米，后端圆锥形，锥顶角度约 45 至 60 度。

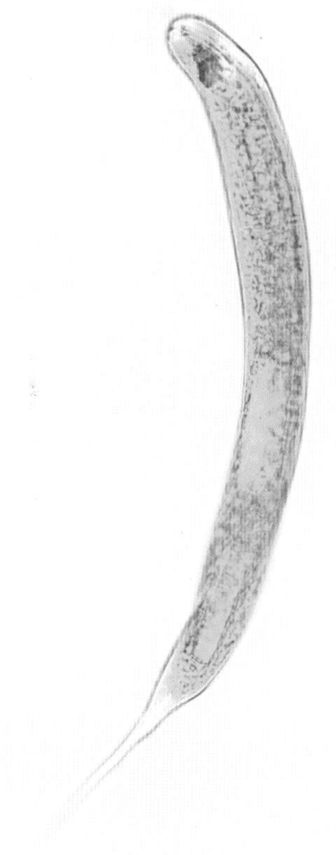

绿眼虫↑

绿眼虫是长梭形绿色的单细胞动物。它的前端略圆，后端尖削，体表被覆有弹性带斜纹的表膜。叶绿体的形状与是否存在副淀粉体都是鉴别种类的依据。

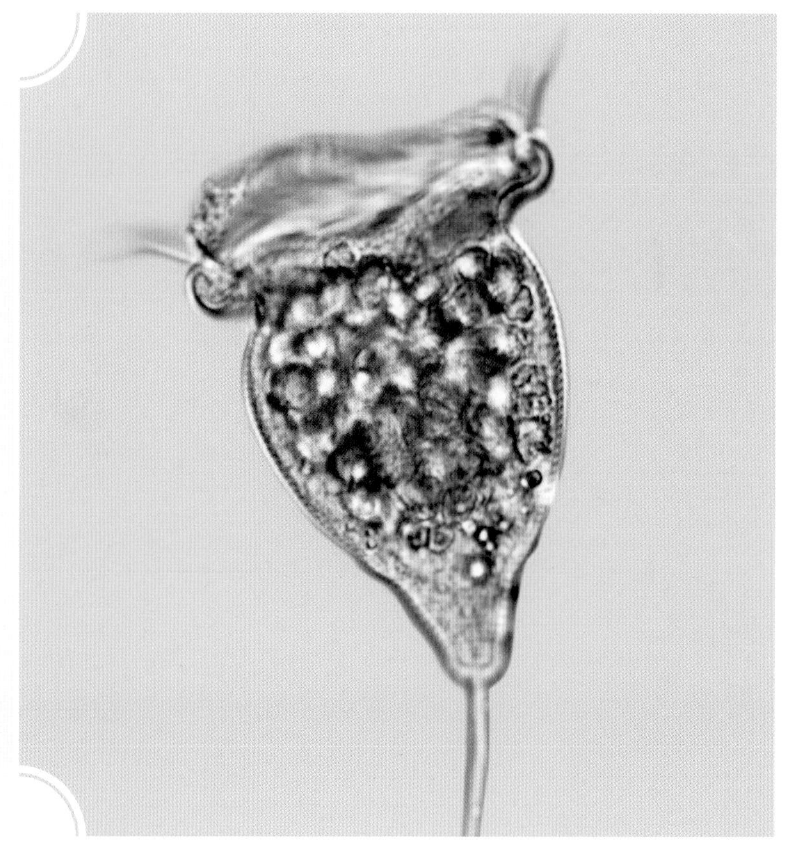

钟虫↑

钟虫是纤毛亚门寡（guǎ）膜纲缘毛目的 1 科，通称钟虫。因体形如倒置的钟而得名。中国已发现 111 种。钟状身体的底部收缩为帚胚，由此长出能伸缩的、内含肌丝的柄，以固着在各种基质（丝状藻类、水草、浮游动物、底栖动物、石、砂、泥等）上。

棘皮动物

成体呈辐射对称，具有内骨骼、体腔和特殊水管的海洋动物。世界海洋中现存的棘皮动物约有 5300 种，中国有 500 种左右。营海底固着生活或移动性生活。多分布在温带、亚热带和热带海洋中。本门常见的药用种类有海燕、海盘车、海胆、海参等。

四种类型

★海星型：体呈多角星形或五角星形，扁平，背面稍拱起，有棘、疣、颗粒状突起。如海星、阳遂足等。

★海胆型：体呈半球形、卵形或盘形，表面有由骨板愈合而成的“骨壳”，并具许多小孔和长短粗细不一的棘刺。如马粪海胆，紫海胆等。

★海参型：体呈长圆筒形，无腕无棘，体表有长短大小不等的疣足和肉刺，前端口周围有触手。如刺参、梅花刺等。

★海百合型：体呈树枝状，腕羽状分枝，形似植物，如海齿花、海洋齿等。

海参↑

海参是棘皮动物中经济价值最大的一纲，全世界约 900 多种，从浅海到 8000 多米的深海都有。中国海域约有 100 余种。海参为其典型代表，它身体柔软，状如蠕虫，前端为口，另一端为肛门，背面有几行不规则的小突起或刺。

海带↓

海带是一种在低温海水中生长的大型海生褐藻，是一种可食用海藻，孢子体大型，褐色，扁平带状，分叶片、柄部和固着器，固着器呈假根状。海带是一种营养价值很高的蔬菜，同时具有一定的药用价值。

←海百合

海百合是棘皮动物中最古老的类型。在古代，海百合的种类是很多的，有 5000 多种化石，所以在地质学上有重要意义。

海星→

海星身体呈星形，有五腕，能弯曲。海星底部中央有口，而肛门则在背部。海星的外形似五角星，人们还称其为“星鱼”，西方也称轮星鱼。

海燕↑

海燕是海星纲有棘目海燕科的统称。多生活于沿岸浅海或潮间带岩石海岸，常裸露(lù)，或隐藏在石下或石缝中。有少数种潜伏在沙滩表面。体色一般较鲜艳。

海胆↑

海胆像略扁（biǎn）的圆球浑身长刺，活像一个带刺的紫色仙人球，俗称海刺猬或刺锅子。紫海胆可供药用，冠海胆、环刺毒海胆有毒。

海羊齿→

海羊齿由于貌似羊齿植物得名，它有着柔软有力的腕臂，可以上下、左右自由摆动，依靠这股力量来游泳，它还会随着水流游动，遇到合适的地方，就轻舒蔓枝攀住岩石或海藻，暂时居住下来。

阳燧足→

阳燧足又叫“海蛇尾”，是棘皮动物的一种。它们生活于海底，以死亡的动物为食，形似海星，但中央盘较小，腕细长，分界明显。长腕海蛇尾虽在外形上与海星相似，但运动本领比海星更强。

蛇尾↓

蛇尾与海星相像，但腕较长，星状不明显。蛇尾肌肉发达，比海星更能活动自如，甚至可以利用腕游泳及做翻身运动。

海盘车→

海盘车别名海星、五角星、星鱼。直径可达80厘米，是最大的海星。喜吃贝类，对贝类养殖业有害。体色鲜艳，背面为鲜紫蓝色，腕边缘、棘和突起为浅黄色，口面浅黄色带褐色。栖息于潮间带至水深40米的泥沙底及岩石间。

软体动物

软体动物的种类和数量都非常多,已经发现的大约12万种,是动物界中仅次于节肢动物的第二大门类。各类软体动物虽然形态各异、习性有别,但是基本特征相似,一般都分为头、足、内脏团和外套膜几个部分,身体柔软而且大多数都不分节。大多数软体动物具有贝壳,故软体动物常常也称为贝类。

海兔子↓

海兔子也叫海蛞蝓,是一种海洋软体动物。是螺类的一种,它是甲壳类软体动物家族中的一个特殊的成员。海蛞蝓属浅海生活的贝类,但它们的贝壳已经退化为内壳。

鱿鱼→

鱿鱼是太平洋最为常见的食用头足纲软体动物,它的典型特征是尾部的鳍呈三角形,鳍的长度不足胴长的1/2,有两条长长的触手,一般成年鱿鱼个头为两个手掌的长度。

←墨鱼

墨鱼也称乌贼鱼、墨斗鱼、目鱼等。属软体动物中的头足类。墨鱼的体内有一个大型的石灰质内壳,墨鱼的身体则较为扁平、十分宽大。

特有的结构

外套膜和贝壳是软体动物特有的结构。外套膜是内脏团背侧的外层褶襞向下延伸形成。外套膜向体外分泌石灰质等物质,形成坚硬的贝壳用于保护自己柔软的身体,少数种类贝壳退化成内壳或无壳。由于外套膜形状因种类而异,不同种类的软体动物的硬壳外形也就各种各样。除了大多数成年期的腹足动物之外,软体动物的壳体都是两侧对称。软体动物无真正的内骨骼。

分类

科学家根据软体动物的贝壳(包括退化而成的内壳)和软体结构的差异,将软体动物分成了10个纲,分别是:无板纲、单板纲、多板纲、腹足纲、双壳纲、掘足纲、头足纲等类别。

分布

主要为水生,海水、淡水都有。少数种类为陆生,尤其是湿地、林地、农田等湿度较大的地区分布较多。最大的软体动物大王乌贼体型非常巨大,而最小的螺类则要用放大镜甚至显微镜进行观察。

呼吸器官

软体动物的水生种类用鳃呼吸,陆生种类用外套膜。

与人类的关系

软体动物与人类的关系密切。许多水生种类都可供食用,可进行捕捞或养殖。许多贝壳或珍珠可用作装饰品,一些软体动物可以入药。

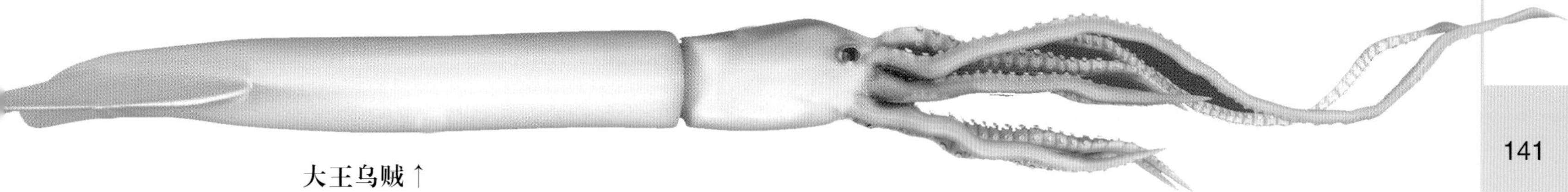

大王乌贼↑

大王乌贼通常栖息在深海地区，是世界上已知体型最大的水生软体动物。一般幼年的大王乌贼体长8～10米，成年的大王乌贼可长达20米。它们的眼睛大得惊人，直径达35厘米左右；吸盘的直径也在8厘米以上。

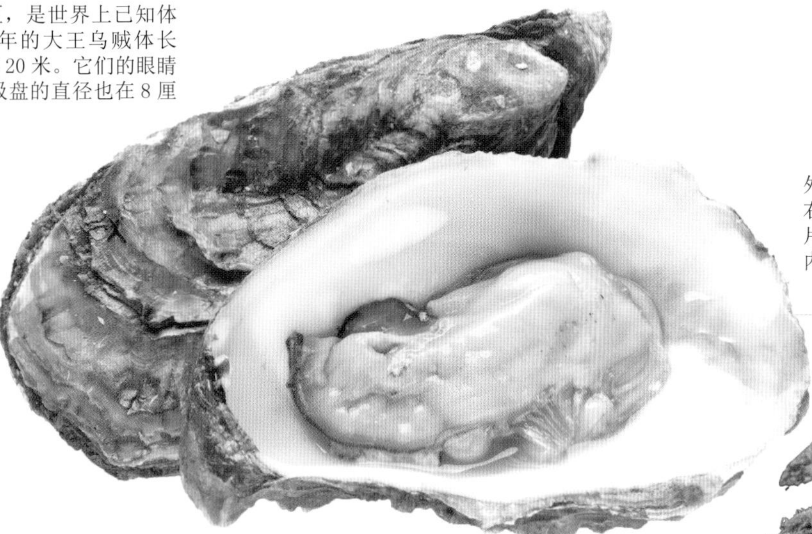

←牡蛎

牡蛎俗称海蛎子，有两个贝壳，外壳呈类三角形，背腹缘呈八字形，右壳外面淡黄色，具疏松的同心鳞片，鳞片有微小的波浪形的起伏，内面是白色的。

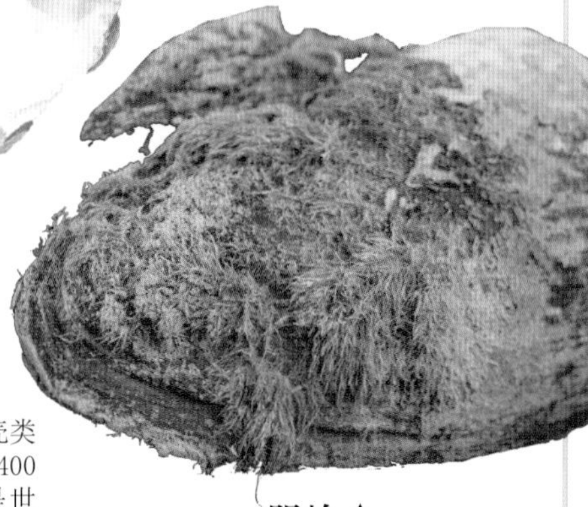

←鹦鹉螺

鹦鹉螺是世界上最古老的软体动物，已经在地球上经历了数亿年的演变，但外形、习性等变化很小，被称作海洋中的“活化石”，在研究生物进化和古生物学等方面有很高的价值。

←扇贝

扇贝是扇贝属的双壳类软体动物的代称，约有400余种。该科的60余种是世界各地重要的海洋渔业资源之一，壳、肉、珍珠层具有极高的利用价值。扇贝常见于沙中或清净海水细砂砾中。取食微小生物。

明蛤↑

明蛤是一种圆蛤类软体动物，是世界最长寿的软体动物。因为它们生存的时间正好处于中国的明朝，所以被叫做明蛤。明蛤生长在冰岛海底，其贝壳上的纹理显示，它现在的年龄已达到507岁。

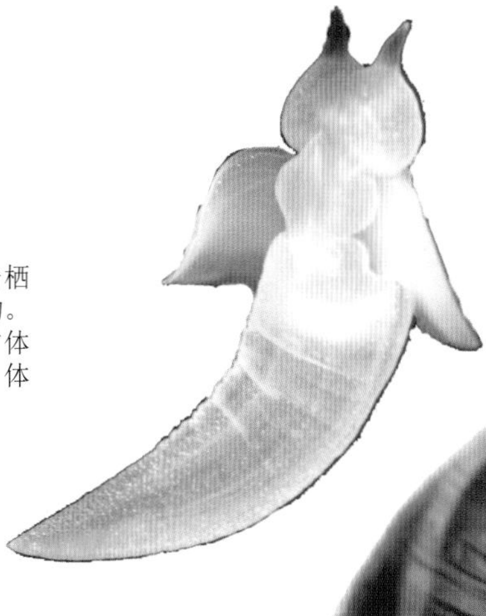

←裸海蝶

裸海蝶是海若螺科一种生活在北冰洋及南冰洋水深达350米的海天使，也是世界上最美丽的软体动物。整体身长约二公分到三公分，为浮游软体动物。雌雄同体，生活在北极、南极等寒冷海域的冰层之下。

↑非洲大蜗（wō）牛

非洲大蜗牛是中大型的陆栖蜗牛，也是最大的陆生软体动物。非洲大蜗牛贝壳大型抄，通常体长7～8厘米，最大20厘米，体重可达32克。

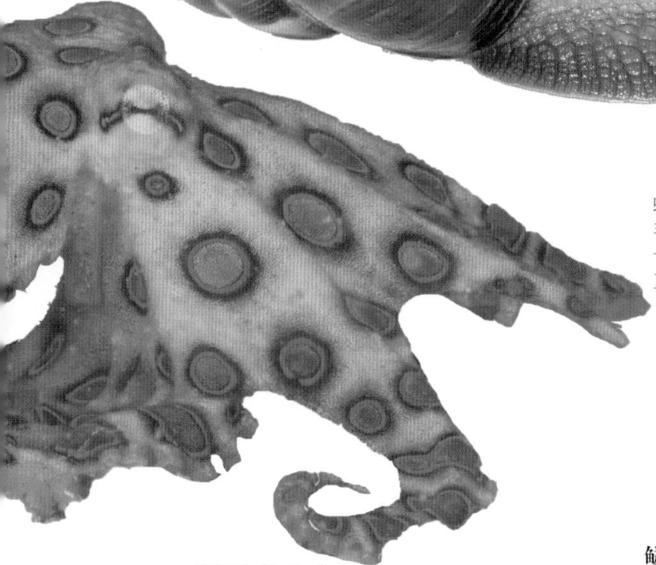

蓝圈章鱼↑

蓝圈章鱼是世界上毒性最强的软体动物，体内的毒素足以让26个成年人在半小时内全部死亡。大小如网球，腕足展开也只不过200毫米。和大部分的章鱼一样，蓝圈章鱼猎捕小型虾蟹和小型鱼类为生。分布于澳大利亚、新几内亚、印度尼西亚及菲律宾海域。

鳞角腹足蜗牛→

鳞角腹足蜗牛是世界上最硬的软体动物。是一种生活在印度洋深海海底热液喷口附近的软体动物，外壳上覆盖的主要是二硫化铁和有磁性的硫复铁矿。

扁形动物

扁形动物是一类身体扁平，最简单和最原始的三胚层动物。属无脊椎动物，没有循环系统和呼吸系统。生活于淡水、海洋等潮湿处，体前端有两个可感光的色素点（眼点）。体表部分或全部分布有纤毛。

主要特征

身体背腹扁平、左右对称、体壁具有三胚层、有梯状神经系统（在前端有发达的脑，自脑向后并有若干纵行的神经索，各神经索之间尚有横神经相联，形成了梯状结构）、无体腔，有口无肛门。由于扁形动物出现了中胚层，中胚层可以分化形成肌肉层。

生活方式

扁形动物中一类是自由生活的，如涡虫纲中的某些动物，在水中或潮湿的陆地上爬行或游泳，以捕捉小动物及摄取有机物为食。另一类是寄生生活的，如吸虫、绦虫，从被寄生的动物体获得营养。

分类

分为涡虫纲、吸虫纲、涤虫纲。

进化跨越

扁形动物身体扁平，这在动物进化中是一个很大的进步和跨越。通过身体的中线，可以把动物分为左右对称的两个部分，这种对称叫两侧对称。两侧对称的体型给动物适应外界环境带来极大的好处。

笄蛭涡虫↓

笄蛭涡虫俗称天蛇、土蛊。多栖息于阴暗潮湿的泥土中或石块下。笄蛭涡虫为肉食性动物，主要以蚯蚓和蛞蝓（俗称鼻涕虫）为食。笄蛭涡虫头部为扇形状，体色为棕黄色或橘黄色，并对称分布着五条黑色纵纹。笄蛭涡虫一般体长为 20 ～ 30 厘米，体积较大者体长可达 60 厘米以上。

真涡虫↓

真涡虫是涡虫纲三肠目涡虫科的 1 种，生活于淡水，在水温高的夏季进行无性生殖，在咽的前方或后方行横分裂。是一种黄色的小蠕虫，这种看似毫不起眼的生物，却拥有着令人震惊的大脑再生能力。

华支睾吸虫↑

华支睾吸虫又称肝吸虫。成虫寄生于人体或哺乳动物的肝胆管内，会随胆汁进入消化道，粪便内排出。1874 年首次在加尔各答一华侨的胆管内发现，1908 年才在中国证实该病存在。纹沼螺、赤豆螺、长角涵螺，这些螺均是华支睾吸虫第一中间宿主。

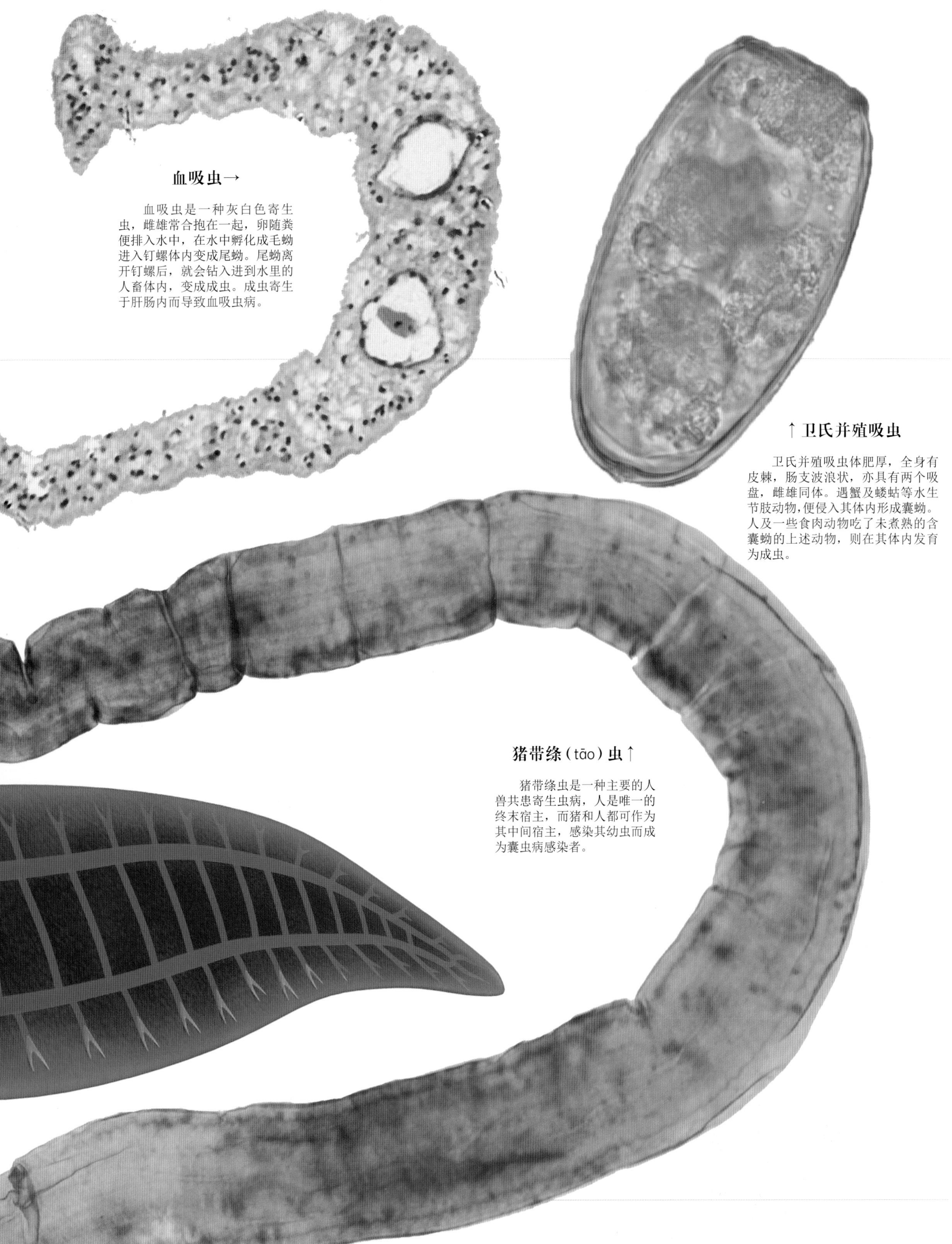

血吸虫→

血吸虫是一种灰白色寄生虫，雌雄常合抱在一起，卵随粪便排入水中，在水中孵化成毛蚴进入钉螺体内变成尾蚴。尾蚴离开钉螺后，就会钻入进到水里的人畜体内，变成成虫。成虫寄生于肝肠内而导致血吸虫病。

↑卫氏并殖吸虫

卫氏并殖吸虫体肥厚，全身有皮棘，肠支波浪状，亦具有两个吸盘，雌雄同体。遇蟹及蝼蛄等水生节肢动物，便侵入其体内形成囊蚴。人及一些食肉动物吃了未煮熟的含囊蚴的上述动物，则在其体内发育为成虫。

猪带绦（tāo）虫↑

猪带绦虫是一种主要的人兽共患寄生虫病，人是唯一的终末宿主，而猪和人都可作为其中间宿主，感染其幼虫而成为囊虫病感染者。

环节动物

身体由许多体节构成，并且分部，体表有外骨骼，足和触角也分节，环节动物的特征为身体由许多彼此相似的环状体节构成。在动物进化上发展到一个较高的阶段，是高等无脊椎动物的开始。分布世界各地，见于各类生态环境，尤其在海洋、淡水或湿土中。

分类

★多毛纲：原始类群，适应底栖，有疣足帮助移动，有大颚帮助捕食。

★寡毛纲：为了适应土壤中的拥挤空间，疣足退化，身体能分泌黏液并成圆柱形，为了适应以腐殖质为食，大颚退化。

★蛭纲：为了适应吸血，进化出吸盘，身体成扁形以方便储血，少数发展出捕食能力而又进化出大颚。

主要特征

靠体壁呼吸，身体体节蠕动、变温，由许多彼此相似的环节构成。

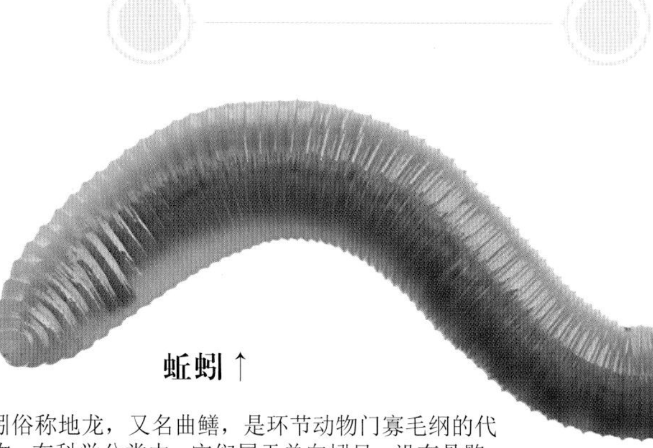

蚯蚓↑

蚯蚓俗称地龙，又名曲鳝，是环节动物门寡毛纲的代表性动物。在科学分类中，它们属于单向蚓目。没有骨骼，体表裸露，无角质层。生活环境：蚯蚓是营腐生生活动物，生活在潮湿的环境中，以腐败的有机物为食。

↓水丝蚓

水丝蚓属于颤蚓科。体细长，长5～6厘米。红褐色，后端黄绿色，末端每侧有血管四条，形成血管网，营呼吸作用。通常每节有刚毛四束。

生活环境：栖息沟渠等浅水处，前端埋没污泥中，尾部在水中摇曳。分布于我国各地。可作鱼类的食饵。在水田中可危害秧苗。

沙蚕↓

沙蚕在潮间带极为习见，亦见于深海，在岩岸石块下、石缝中、海藻丛间，以及珊瑚礁或软底质中均为占优势的无脊椎动物。主要食其他蠕虫及海产小动物。

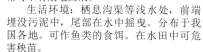

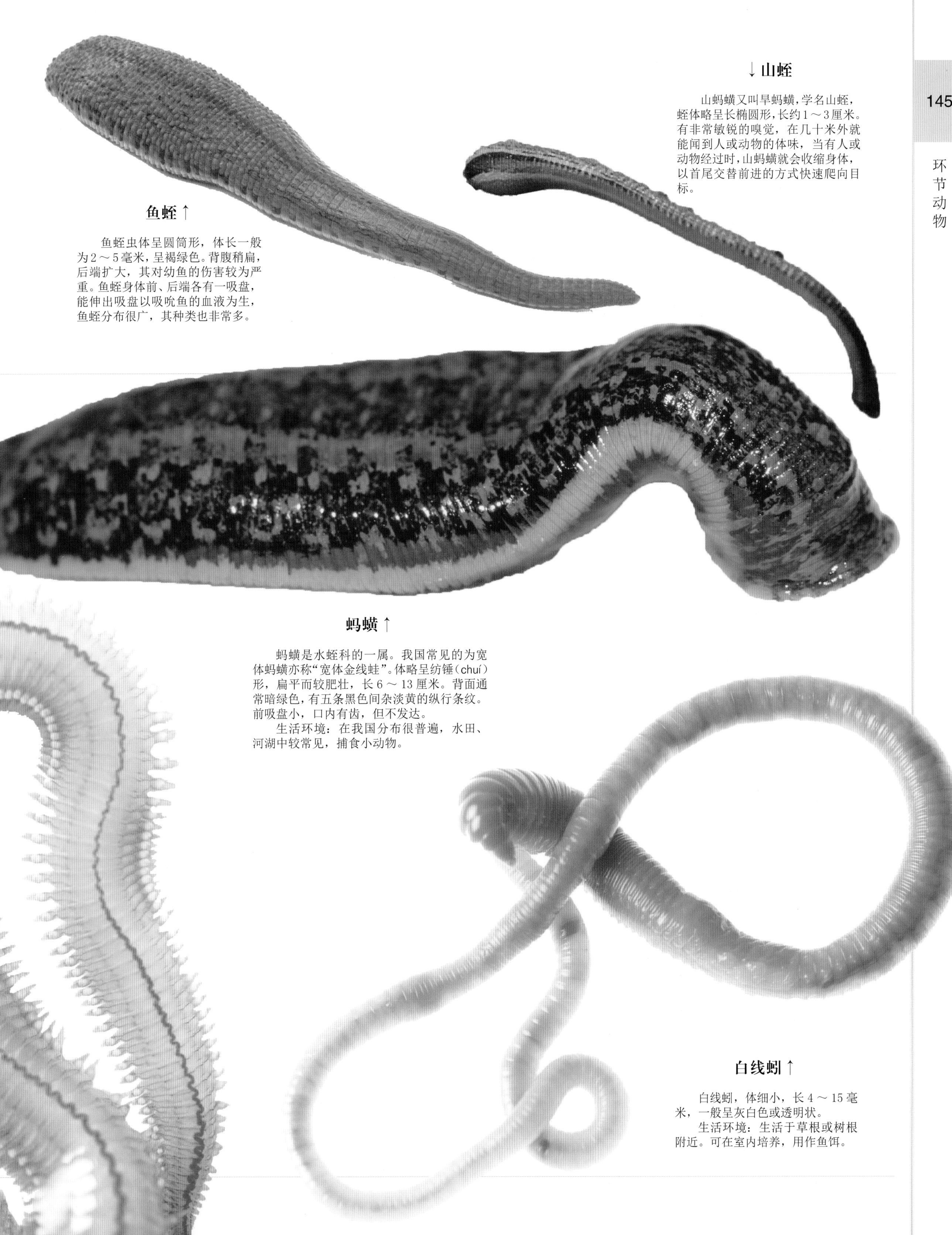

↓山蛭

山蚂蟥又叫旱蚂蟥，学名山蛭，蛭体略呈长椭圆形，长约1～3厘米。有非常敏锐的嗅觉，在几十米外就能闻到人或动物的体味，当有人或动物经过时，山蚂蟥就会收缩身体，以首尾交替前进的方式快速爬向目标。

鱼蛭↑

鱼蛭虫体呈圆筒形，体长一般为2～5毫米，呈褐绿色。背腹稍扁，后端扩大，其对幼鱼的伤害较为严重。鱼蛭身体前、后端各有一吸盘，能伸出吸盘以吸吮鱼的血液为生，鱼蛭分布很广，其种类也非常多。

蚂蟥↑

蚂蟥是水蛭科的一属。我国常见的为宽体蚂蟥亦称“宽体金线蛙”。体略呈纺锤(chuí)形，扁平而较肥壮，长6～13厘米。背面通常暗绿色，有五条黑色间杂淡黄的纵行条纹。前吸盘小，口内有齿，但不发达。

生活环境：在我国分布很普遍，水田、河湖中较常见，捕食小动物。

白线蚓↑

白线蚓，体细小，长4～15毫米，一般呈灰白色或透明状。

生活环境：生活于草根或树根附近。可在室内培养，用作鱼饵。

腔肠动物

海月水母→

每年的四五月至七八月成群出现在我国北方近海海面及沿岸地带。体呈扁圆的伞状，4条口腕在水中飘荡，酷似旗帜，因此又称旗口水母；同时，由于体白色半透明而呈盘状，恰似水中之月，故有海月水母之名。

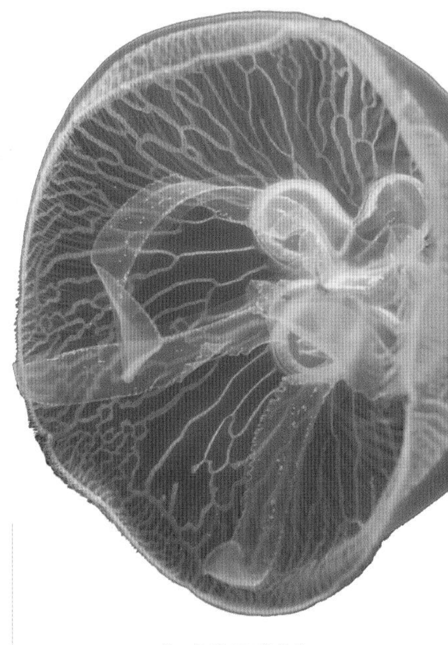

腔肠动物，是所有腔肠动物类群组成的一门。分为有刺胞类（水螅纲、钵水母纲、珊瑚纲）和无刺胞类（栉板类或栉水母类）。腔肠动物大约有1万种，有些生活在淡水中，但多数生活在海水中。

主要特征

生活在水中，体壁由内胚层、外胚层和中胶层构成，体内有消化腔，有口无肛门，食物从口进入消化腔，消化后的食物残渣仍由口排出体外，因此它们仍然是低等的动物。

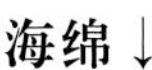

分类

★水螅纲：一般是小型的水螅型或水母型动物，水螅型只有简单的消化腔，水母型有缘膜，生活史中大部分有水螅型和水母型，即有世代交替。

★钵（bō）水母纲：一般是大型水母型动物，水螅型为小型，水螅型常以幼体出现，水母型无缘膜，其消化腔内有胃丝。

★珊瑚纲：只有水螅型，而无水母型，水螅型结构复杂，有口道、口道沟、隔膜和隔膜丝；多数有外骨骼。

生活习性

这类水生动物身体中央生有空囊，因此整个动物有的呈钟形，有的呈伞形。腔肠动物的触手十分敏感，上面生有成组的被称为刺丝囊的刺细胞，如果触手碰到可以吃的东西，末端带毒的细线就会从刺丝囊中伸出，刺入猎物体内。

海绵↓

组成海绵多孔动物门的低级有机海生动物（如马海绵属和海绵属的成员），海洋中的众多的海绵每日把水吸进去然后吐出来，以此来提取食物，海绵其实只是一个空壳。

桃花水母→

桃花水母生殖腺呈红色，常发生在桃花盛开的季节，水母在水中漂游，白水夹红色，酷似桃花，故称桃花水母。产于我国四川嘉陵江及长江沿岸各湖泊中，因桃花水母的盛发期正值长江天然鱼类产卵期，对鱼苗危害性很大。

海蛰↑

海蜇属于腔肠动物门钵水母纲。它是一种大型食用水母。海蜇靠吸口吸食海水中的藻类、原生动物、小型甲壳类等微小生物。伞体高而厚，呈淡蓝色的半球形，中胶层很厚，游泳能力很强。

柳珊瑚→

柳珊瑚用它们的触须扑食，细小的触须顺着海水的流动的方向滋生，海水流动时的小植物和小生物提供养分使它们生长。

红珊瑚→

珊瑚可分为浅海珊瑚和深海珊瑚，红珊瑚属于深海珊瑚，它们生活在大洋深处，300 年才长 1 千克，极其珍贵。

石珊瑚↑

石珊瑚是一种海生多细胞的无脊椎动物，是构成珊瑚礁体的最主要部分，故又称造礁珊瑚。世界上著名的大堡（bǎo）礁、南太平洋珊瑚海的形成主要原因就是石珊瑚的存在。

海葵→

海葵固着在湖间带的岩石上，或穴居在沙石中。体呈长筒形，无骨骼，肌肉发达，有很多隔膜和触指，总数为 6 的倍数，触指充分伸展时，呈菊花状。海葵肉食性，贪食。有些种类与其他动物或单细胞藻类共生，为沿海常见动物。

节肢动物

节肢动物门是动物界最大的一门，身体由许多环节构成，一般分头、胸、腹三部分，表面有壳质的外骨骼保护内部器官，有成对而分节的腿。现生种类已知有 100 多万种。

分类

★蛛形纲：虫体分头胸和腹两部或头胸腹愈合成躯体，有足 4 对，无触角。

★昆虫纲：虫体分头、胸、腹 3 部。头部有触角 1 对，胸部有足 3 对。

★甲壳纲：虫体分头胸部和腹部，有触角 2 对，步足 5 对，大多数种类水生。

★唇足纲：虫体窄长，腹背扁，多节，由头及若干形状相似的体节组成。

★倍足纲：体呈长管形，多节，由头及若干形状相似的体节组成。

演化进程

节肢动物门是动物界最大的一门，全世界约有 120 万现存种，占整个现生物种数的 80%。节肢动物出现年代久，进化时间长。节肢动物在距今约 8 亿～ 10 亿年前就已经出现，时至今日，8 亿年的时间，足够它们进化出许多种类了。

主要特征

身体有许多体节构成的，使动物的运动更灵活，并且分部，体表有外骨骼，具有保护和支撑作用，还能减少体内水分的蒸发，足和触角也分节。常见的节肢动物有蝗虫、蜈蚣、虾、蜘蛛和蟹等。

生存环境

适应环境广泛，无论是海水、淡水、土壤、空中都有它们的踪迹，能适应从寒冷到炎热、从沙漠到雨林、从水下到天空多种环境。有些种类还寄生在其他动物的体内或体外。

虾

身上有壳，属节肢动物甲壳类，腹部有很多环节。生活在水里，种类很多。包括南极红虾、青虾、河虾、草虾、对虾、明虾、龙虾等。

挪威海螯虾↑

身形幼细，双钳修长，身体多为粉红色或橙色。体长平均 24 公分。这类虾个体小，生活在比较深的海底。它们主要活跃在东大西洋海域、挪威海海域。

罗氏虾→

罗氏虾个头比较大，最明显的特征是虾头胸甲内充满了生殖腺，看起来有点像蟹黄，钳子多是蓝色的。罗氏虾是一种淡水虾，但它的虾苗必须要在半咸水区成长。

美国红龙→

主要产地：美国西海岸（美国海域是世界上少数最清洁的海域之一）。

锦绣龙虾→

俗称花龙，是龙虾属中体型最大者，最大体长可达 60 厘米，通常为 20 ～ 35 厘米。

皮皮虾→

皮皮虾学名虾蛄，是一种海虾，中国沿海均有。每年的春季是其产卵的季节。

基围虾（沙虾）↓

基围虾又叫刀额新对虾，身上有特殊的花纹，脚的末端还有些黄色的点，样子很特别，基围虾的额角比较平直，一般只有上缘具有7到9个锯齿，这与一般的虾都是不同的。

墨西哥红龙→

墨西哥红龙主要产地：北美洲墨西哥。是龙虾属中体型较大者，与美国龙虾相似，身体呈粉红色或红色，是名贵的水产品。

成功登陆

绝大多数种类陆栖（qī）；全身包被坚实的外骨骼，可防止体内水分的大量蒸发。有灵活的附肢、伸屈自如的体节以及发达的肌肉，借以增强运动。还具备气管等空气呼吸器，能高效地进行呼吸；完全适应于陆上生活。在无脊椎动物中，登陆取得巨大成功的一门动物，其绝大多数种类演化成为真正的陆栖动物，占据了陆上所有生境。

对虾↓

对虾分多个品种，常见4种对虾：中国对虾（明虾）、南美白对虾、日本对虾（斑节虾）、斑节对虾（草虾）。

新西兰深海螯虾↑

新西兰深海螯虾学名叫南极深海螯虾，俗称新西兰小龙虾。虾体比较小，但颜色鲜艳新鲜。

黑白纹龙虾（杉龙）→

黑白纹龙虾全身深绿，间以黑白间纹，又称杉龙。

波纹龙虾→

俗称青龙，青壳仔，沙龙。全身呈青绿色，很易分辨。

蟹

水陆两栖。全身有甲壳，足有五对，前双足成钳状，称“螯”，横着爬。腹部分节，俗称“脐”，雄性脐呈长尖形，雌性脐呈椭圆形。简称“蟹”，其分布见于所有海洋、河流及陆地。

石蟹→

学名：日本蟳等
俗称：石甲红，石钳爬，花盖蟹。

大闸蟹↑

学名：中华绒螯蟹
俗称：大闸蟹、毛蟹、河蟹。

←椰子蟹

俗称：八卦蟹、强盗蟹。

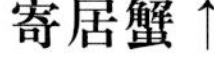

寄居蟹↑

学名：寄居蟹总科

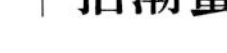

↑招潮蟹

俗称：提琴手蟹、杨过蟹。

珍宝蟹↑

学名：首长黄道蟹
俗称：珍宝蟹、黄金蟹、温哥华蟹。

↓松叶蟹

学名：北太平洋雪蟹
俗称：板蟹、松叶蟹、雪蟹、楚。

↓黎明蟹

学名：红线黎明蟹

青蟹↑

学名：锯缘青蟹，拟穴青蟹等
俗称：蟳、黄甲蟹、蝤蛑、膏蟹、红蟳、红膏母蟹、和乐蟹、正蟳。

帝王蟹↑

帝王蟹又名石蟹或岩蟹、阿拉斯加帝王蟹、越前蟹、鳕场蟹、堪察加拟石蟹。即石蟹科的甲壳类，不是真正的螃蟹，它们主要分布在寒冷的海域。因其体型巨大而得名，素有“蟹中之王”的美誉。

线形动物

又称圆形动物，身体的形状像线或圆筒，两端略尖，不分环节，表面有皮，体内有消化管，大多数雌雄异体。自由生活或寄生；前者如醋（cù）线虫，后者如钩虫、蛔虫等。线形动物仅有一纲线虫纲。

主要特征

身体细长如线，横切面呈圆形；假体腔，有完全的消化道，即有前肠、中肠、后肠，有肛门；只有纵肌，无横肌、环肌，只能作蛇形运动；雌雄异体且异形，雄性有交接刺，有的还有交合伞；发育无变态，直接发育；排泄系统是由一、二细胞构成的原肾管。

←豆蟹

学名：中华豆蟹
俗称：玲珑豆蟹、近缘豆蟹等。

马蹄蟹↑

学名：鲎
俗称：马蹄蟹、兜蟹、海怪、夫妻鱼。

↑圣诞岛红蟹

俗称：红蟹

←蛔虫

蛔虫的学名是似蚓蛔线虫，蛔虫是人体内最常见的寄生虫之一。一般来说，蛔虫的成虫多寄生在小肠。

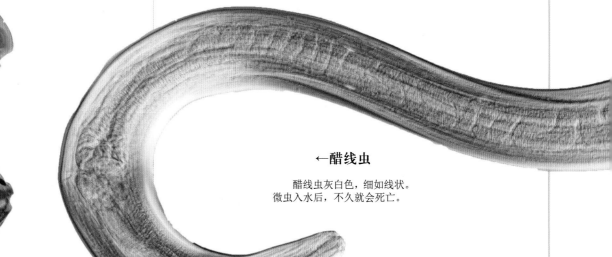

←醋线虫

醋线虫灰白色，细如线状。微虫入水后，不久就会死亡。

脊椎动物

脊椎动物指的是有脊椎骨的动物，脊椎动物是由软体动物进化而来，但同时也是数量最多、结构最复杂、进化地位最高的动物。

种类

★包括鱼类、两栖动物、爬行动物、鸟类和哺乳动物等五大类。

进化历程

脊椎动物的进化是一个漫长的过程。从最早的甲胄鱼逐渐进化到两栖类，从此生物开始由水生向陆生进化；从两栖类进化发展到爬行类，又从爬行类中分化出鸟类和哺乳类，最后直到人类从哺乳类中演化出来。显然正是这样一个由简单到复杂、从低级到高级进化过程造就了动物界中最高等生物群体。

生长特性

在脊椎动物成长时，骨架支持体型。因此脊椎动物可以比无脊动物长得大，而且平均体量也比较大。大多数的脊柱动物的骨架包括头骨、脊梁骨和两对躯肢。有些比较先进的脊椎动物没有两对手脚，如鲸和蛇。所以，没有手和脚的动物也有可能是进化过的脊椎动物。

脊椎动物伊始

最早的脊椎动物属于无颌纲，统称为甲胄鱼类。甲胄鱼类到泥盆纪时发展成为适应于各种生态环境和具有各种生活习性的一大类群，取得了暂时的成功。然而随着有颌脊椎动物的逐渐兴起，甲胄鱼类最终在竞争中失败，退出历史舞台。

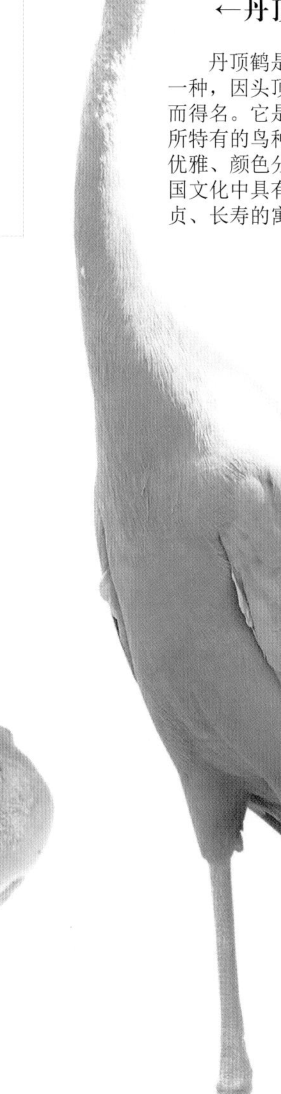

←丹顶鹤

丹顶鹤是鹤类中的一种，因头顶有红肉冠而得名。它是东亚地区所特有的鸟种，因体态优雅、颜色分明，在中国文化中具有吉祥、忠贞、长寿的寓意。

青蛙↓

青蛙别称蛙、蛤蟆（ma）等，属于脊索动物门两栖纲无尾目蛙科的两栖类动物，全球有6000多种，以昆虫和其他无脊椎动物为主食，必须栖息于水边，中国的有130种左右，几乎都是消灭森林和农田害虫的能手。

水獭（tǎ）→

水獭作为鼬科大家族的一员，水獭具有 32 颗锋利的牙齿和可以咬碎骨头的下颚，而且在被激怒时表现出极强攻击性。水獭都是食肉动物，生活在河里的水獭主要以鱼为食。

水生向陆生的过渡

纪末期，硬骨鱼类中的肉鳍（qí）亚纲中某些鱼类爬上了陆地，成为最早的两栖动物。呼吸问题是早期的两栖类必须克服的重大问题。大多数有肺的鱼类，用腮呼吸是主要的呼吸方式。而最早的两栖类用肺呼吸或皮肤呼吸，只在青年或幼体阶段用腮呼吸。在繁殖方面，它们从来没有解决离开水体去繁殖后代的问题。为了适应陆地生活就必须解决这些问题从而进化出更高等的类型。

主要特征

脊椎动物一般体形左右对称，全身分为头、躯干、尾三个部分，有比较完善的感觉器官、运动器官和高度分化的神经系统。脊椎动物中鱼类用腮呼吸（包括两栖类幼体），四足类用肺呼吸。除最原始的类型（圆口纲）外，脊椎动物都有上下颌。感觉器官包括眼、鼻、耳。因大多数都具有代替脊索、由脊椎链接组成的脊柱而得名。并以此区别于无脊椎动物。

神仙鱼→

神仙鱼又名燕鱼、天使鱼、小神仙鱼、小鳍帆鱼等，丽鱼科，天使鱼属，原产南美洲的圭亚那、巴西。被誉为“热带鱼皇后”，适宜水温 26℃～ 32℃。

←北极熊

北极熊被全世界公认是北极地区最具代表性的动物。在所生存的空间里，位于食物链的最顶层。健康的北极熊拥有极厚的脂肪及毛发，以在北极这种极端严寒的气候中生存。

鱼类

鱼类是适应水栖生活的低级有颌类脊椎动物。今天生存在地球上的鱼类，几乎栖居于地球上所有的水生环境里，从淡水的河流湖泊、清澈的山泉、冰冷的极地海洋，一直到热带珊瑚礁和漆黑的深海，都是它们的乐园。世界上已知的鱼类约有 26000 多种，约占所有脊椎动物种类的一半。

分类

★软骨鱼纲
代表动物：白班星鲨（常说的鲨鱼）
★硬骨鱼纲
代表动物：鲤鱼

什么叫硬骨鱼

在泥盆纪中后期，一些更加发展的硬骨鱼类出现了。它们骨骼中的一部分或是所有骨化成硬骨质增生。颅骨的表层由总数许多的骨片对接拼出一套繁杂的图示，遮盖着头的顶端和侧边，并向后遮盖在鳃上。鳃弓由一系列以骨节相接的骨链构成；全部鳃部又被一整块的骨片——鳃盖骨所遮盖。

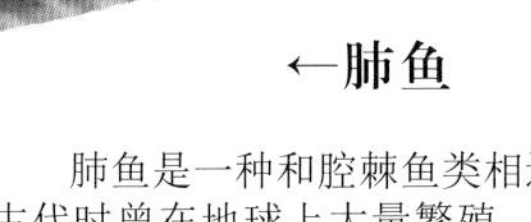

←肺鱼

肺鱼是一种和腔棘鱼类相近的淡水鱼。古代时曾在地球上大量繁殖，现在仍有少数保存着其种族而遗留下来，可以说是一种“活化石”。肺鱼有很发达的肺部，部分种类即使没有水也能呼吸空气而生存。

鲤鱼↑

鲤鱼属于硬骨鱼类。俗称鲤拐子、毛子等，隶属于鲤科。鳞大，上腭两侧各有二须，单独或成小群地生活于平静且水草丛生的泥底的池塘、湖泊、河流中。在水域不大的地方有洄游的习性。

↓刺河鲍

刺河鲍之所以得到这样的名称，全是因为它身上披满了尖锐的硬刺。这些硬刺是由鳞片演变成的。

↑小丑鱼

小丑鱼也称海葵鱼，它们因为依附海葵生活而得名。海葵鱼的体色很美，它们常在海葵聚集的地方游弋，毫不在意地在那些有毒的触手中间穿行。

水域征服者

硬骨鱼是地球上所有生活在水里的动物中进化最成功的一类，包括辐鳍鱼和肉鳍鱼两大类。硬骨鱼类已经占据了地球上所有水域中的各种生态位，从小的溪流到大的河流，从大陆深处的小小池塘到各类湖泊，从浅浅的海湾到浩瀚大洋中各种深度的水域，到处都有硬骨鱼类在漫游。硬骨鱼类无论是物种数量还是个体数量都远远超过许多其他脊椎动物的总和。因此，硬骨鱼类才是地球上真正的水域征服者。

←蝴蝶鱼

若要在珊瑚礁鱼类中选美的话，那么最富绮丽色彩和引人遐思的鱼当属蝴蝶鱼。蝴蝶鱼得此美名，是因为它的外形和蝴蝶相似，有着五彩缤纷的图案。

什么叫软骨鱼

软骨鱼的框架由软骨构成，尽管脊柱有一部分骨化，可是欠缺真实的骨骼。它们在深海中是较为高的小动物，最开始出现在泥盆纪，一直平稳发展趋势来到当代。我们在海洋馆中能够看到的大白鲨、鳐鱼、魟鱼和银鲛，都归属于软骨鱼。软骨鱼也没有鱼鳔，只有借助不断地摆动维持身体浮起来，确保从 CO_2 丰富多彩的海面中摄入 CO_2，假如终止摆动，它便会沉入海底，深海的海面含氧量低，无法保持存活。

↓腔棘鱼

腔棘鱼又称空棘鱼，由于脊柱中空而得名。它被认为是水生动物和陆生脊椎动物之间一个重要的进化环节。腔棘鱼大约 4 亿年前在地球上出现，曾与恐龙生活在同一时代。

鳐鱼→

中文名：劳子鱼胆、老板鱼胆、燕子花鱼、黑虎、双头花鱼。鳐鱼和魟鱼非常相像，因为它们都有扁平的身体。幼年的鳐鱼以生活在海底的动物如蟹和龙虾为食。当它们长大以后，主要猎捕乌贼等软体动物。

↑大白鲨

白鲨也叫噬人鲨，是大型的食肉鱼类，分布于各热带、亚热带和温带海区，在澳洲海域常见，成年大白鲨平均长度为 5 米，平均重量为 2600 千克。

区别

一般软骨鱼遍布在低纬的深海中。软骨鱼出现的时间较早，我们所了解的大白鲨就归属于软骨鱼。硬骨鱼出现的时间比软骨鱼晚一些，它主要是生长发育在淡水中或海水中，在一些洞窟或海底中也会出现硬骨鱼。软骨鱼与硬骨鱼在许多层面是不一样的，主要表现是骨骼不一样、特点不一样、归类不一样。

←蓑（suō）鲉（yóu）

蓑鲉又叫狮子鱼、龙鱼，多产于温带靠海岸的岩礁或珊瑚礁内。它们体色鲜艳，体长可达 20 ～ 30 厘米，并且有着不同的花纹，是一种美丽的观赏鱼。

淡水鱼类

广义地说，能生活在盐度为千分之三的淡水中的鱼类就可称为淡水鱼。狭义地说，系指在其生活史中部分阶段如只有“幼鱼期”或“成鱼期”，或是终其一生都必须在淡水域中度过的鱼类。

青鱼↑

青鱼是一种颜色青的鱼，主要分布于我国长江以南的平原地区。

黑鱼↑

黑鱼生性凶猛，繁殖力强，胃口奇大，可以离水生活3天之久。

鳙鱼↑

鳙鱼头部大而宽，头长约为体长的1/3。口亦宽大，稍上翘。眼位低。鳙鱼多分布在水的中上层。有“水中清道夫”的雅称。

↑鳊鱼

鳊鱼适于静水性生活，生长迅速、适应能力强、食性广。

↑餐鲦鱼

餐鲦鱼又名白条。侧扁，背部几成直线，腹部略凸。喜群集于沿岸水面游泳，行动迅速。多食藻类、高等植物碎屑、甲壳及昆虫等。

←刀鱼

刀鱼又称刀鲚、毛鲚、苦初鱼、凤尾鱼、毛鱼，是一种洄游鱼类。由于过度捕捞，种群资源面临枯竭，价格极为昂贵。

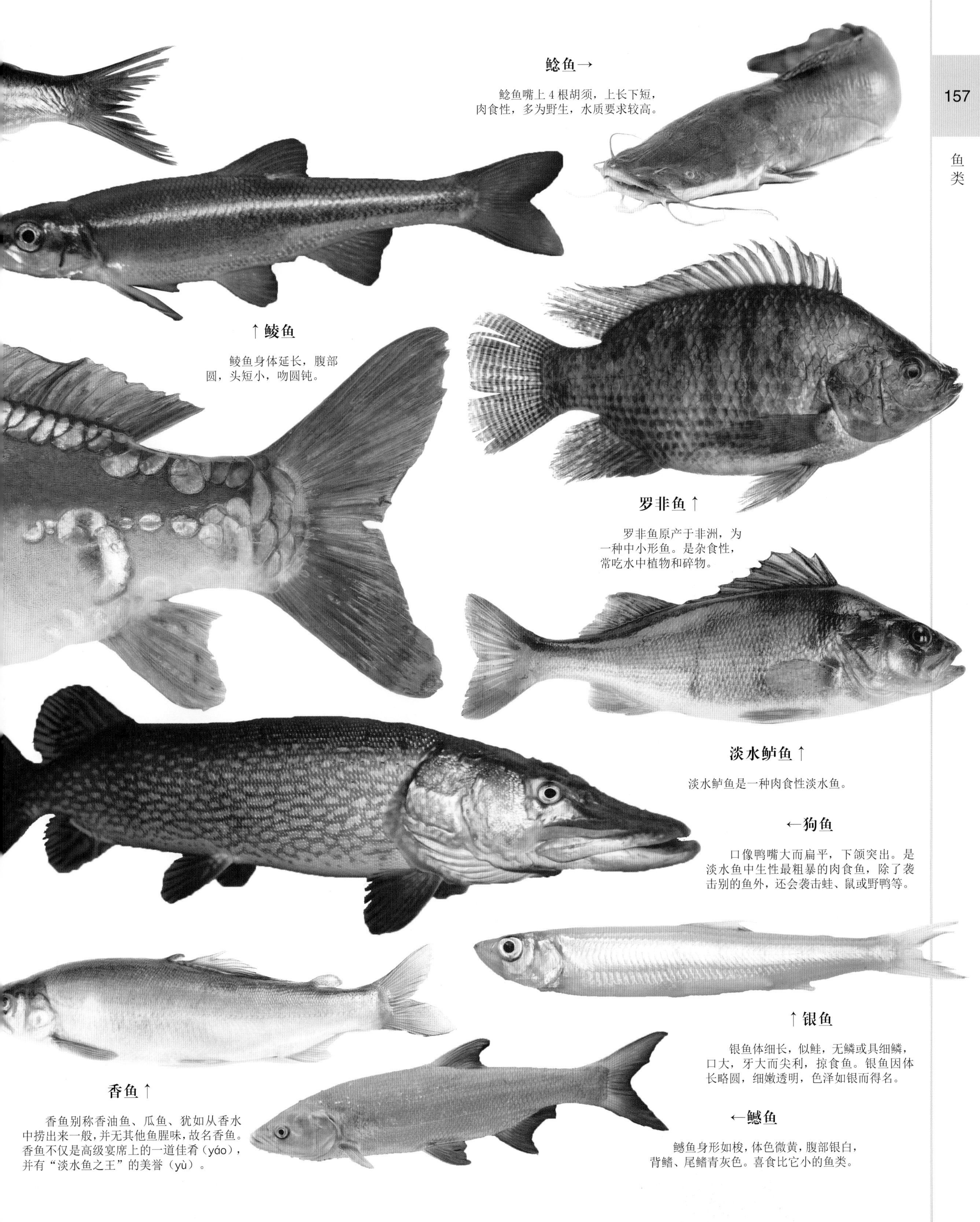

鲶鱼→

鲶鱼嘴上4根胡须，上长下短，肉食性，多为野生，水质要求较高。

↑鲮鱼

鲮鱼身体延长，腹部圆，头短小，吻圆钝。

罗非鱼↑

罗非鱼原产于非洲，为一种中小形鱼。是杂食性，常吃水中植物和碎物。

淡水鲈鱼↑

淡水鲈鱼是一种肉食性淡水鱼。

←狗鱼

口像鸭嘴大而扁平，下颌突出。是淡水鱼中生性最粗暴的肉食鱼，除了袭击别的鱼外，还会袭击蛙、鼠或野鸭等。

↑银鱼

银鱼体细长，似鲑，无鳞或具细鳞，口大，牙大而尖利，掠食鱼。银鱼因体长略圆，细嫩透明，色泽如银而得名。

←鳡鱼

鳡鱼身形如梭，体色微黄，腹部银白，背鳍、尾鳍青灰色。喜食比它小的鱼类。

香鱼↑

香鱼别称香油鱼、瓜鱼、犹如从香水中捞出来一般，并无其他鱼腥味，故名香鱼。香鱼不仅是高级宴席上的一道佳肴（yáo），并有“淡水鱼之王”的美誉（yù）。

白鲟→

白鲟栖息于江河中下层，有时进入大型湖泊。健游，性凶猛，主食鱼类，也食虾、蟹等。春季在长江上游产卵。是著名的珍稀鱼类，为我国所独有，在学术上具有重要意义。

沙塘鳢↑

沙塘鳢喜生活于河沟及湖泊近岸多水草、瓦砾、石隙、泥沙的底层，游泳力弱，俗称：肉趴锥、呆鱼，体粗壮，头大而阔，稍扁平，腹部浑圆，后部侧扁。历来被归在高档水产品行列。

↑六须鲇

六须鲇在我国主要分布于黑龙江水系黑河市以下到抚远县江段，松花江、嫩江及乌苏里江等，世界上最长的淡水鱼无疑是白鲟，但紧随其后，并且更加神秘的便是六须鲇。

↑短颌鲚

短颌鲚为纯淡水生活的种类，栖息于江河中下游和湖泊中，食水生无脊椎动物。生殖季节在5月中旬到6月中旬。分布于长江中下游及其附属水体。

↑鳗鲡

鳗鲡是降河性洄（huí）游鱼类，海中产卵。以食蟹、虾和水生昆虫为主。一般夜间活动。生长迅速，分布于西太平洋沿岸各河流。

←花斑副沙鳅

花斑副沙鳅栖息于砂石底质的江河底层。食水生昆虫和藻类。个体小。广布于北起黑龙江南至珠江的各江河。

↓鲥鱼

鲥鱼产卵后亲鱼即降河归海，幼鱼进入支流或湖泊中肥育，以浮游生物为食。9～10月入海。为鱼中上品，久享盛名。产于长江以南各个河流。

←华鳈

华鳈为江河、湖泊中常见的小型鱼类，最大体长不到200毫米。多栖息于水体中下层。食底栖无脊椎动物、着生藻类及植物碎屑。

中华鲟→

中华鲟为洄游性鱼类，栖息于大江河及近海底层。有“长江鱼王”之称。

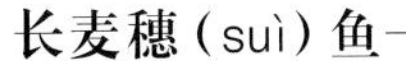

长麦穗（suì）鱼→

长麦穗鱼头部细长，头高几与头宽相等。吻端尖细，平扁。口上位，无须。背鳍无硬刺。体侧具有1条较宽的黑色纵纹。为一种稀有的小型鱼类。分布于漓江、富春江等水系。

中华沙鳅↑

中华沙鳅尾柄较低，小型鱼类。栖居于砂石底河段的缓水区常在底层活动。分布于长江中上游。

黄颡鱼↑

黄颡鱼多栖息于缓流多水草的湖周浅水区和入湖河流处，营底栖生活，尤其喜欢生活在静水或缓流的浅滩处，且腐殖质多和淤泥多的地方，在我国南北方都有分布，属小型淡水名特优水产养殖品种。

哲罗鲑↑

哲罗鲑多分布于我国境内的黑龙江、图们江、额尔齐斯河、喀纳斯湖等水系，是一种冷水性的淡水食肉鱼。

胭脂鱼↑

胭脂鱼体形随生长而变化，主要食底栖无脊椎动物和有机碎屑。个体大，生长较快，是大型经济鱼类。也是胭脂鱼科分布在亚洲大陆的唯一的种，具重要的学术价值，分布于长江及闽江水系。

←高白鲑

高白鲑为鲑科、白鲑属的一种鲑鱼，是一种高耗氧冷水性鱼类，高白鲑在中国主产于新疆赛里木湖，当地牧民称之为“一网香”。

华子鱼→

华子鱼学名瓦氏雅罗鱼，又称滑子鱼、滑鱼、白鱼。耐寒耐盐碱，是中国半咸水水域中的主要经济鱼类，广泛分布于欧洲、西伯利亚、高加索、黑龙江流域的清冷水域，以内蒙古自治区达里湖的产量最为丰富。

王鲑↑

王鲑的凶猛程度是很可怕的，据称想要钓这种鱼，一定要做好和它“打仗”的心理准备。

大头鱼↑

大头鱼是目前世界上最难钓的淡水鱼，因为它的生存环境大多都是在激流中。

虹鳟鱼↑

虹鳟鱼为世界名贵鱼类之一，原产于美国，后传入朝鲜，1959 年周恩来同志访问朝鲜，金日成同志曾赠虹鳟鱼，由此进入中国，为鱼中珍品。

白斑狗鱼↑

白斑狗鱼又称苏联火箭，新疆人称之为“乔尔泰”，分布于北美洲及欧亚大陆北方的冷水淡水流域，在中国主要分布在新疆阿勒泰地区额尔齐斯河流域，是世界性著名的游钓鱼类。

↓鳄雀鳝

鳄雀鳝为大型凶猛鱼类，主要生活于纯淡水，偶入咸淡水。鳄雀鳝具有极强的破坏性，如若放到天然水域，会对当地的水体生态系统带来灭顶之灾。

巨骨舌鱼↑

巨骨舌鱼生存于亚马逊河流域，它们有着锋利而坚固的牙齿，成鱼体长可达2～6米，重可达100千克，体形巨大。栖息在天然的潟湖和亚马逊河流水流缓慢的河段里，是南美大陆最大的淡水鱼。

↓长吻鮠

长吻鮠又名鮰鱼，上海称“鮰老鼠”，分布于中国东部的辽河、淮河、长江、闽江至珠江等水系及朝鲜西部，以长江水系为主。曾经为朝廷贡品。

食人鲳（chāng）→

食人鲳也称食人鱼，是分布于南美洲亚马逊河中的一种鱼。因长有锋利的牙齿和成群攻击大型动物，水虎鱼成为最臭名昭著的动物之一。

松江鲈鱼↑

松江鲈鱼又名四鳃鲈鱼、淞江鲈、花花娘子、花鼓鱼、老婆鱼、媳妇鱼等，是野生鱼类中最鲜美的一种，被乾隆御赐为“江南第一名菜”。

↓斑鳠

斑鳠也叫做鮰鱼、芝麻鮰、白须鮰。分布于中国钱塘江、九龙江、韩江、珠江、元江等水系。是性情较为温和的大型肉食性经济鱼类，被誉为珠江“四大名鱼”之一。

笋壳鱼↑

笋壳鱼学名叫云斑尖塘鳢，原产于东南亚，因形似笋壳，故而得名。

海洋鱼类

海鱼指生活在海里的鱼，如带鱼、黄鱼等，通常海鱼到了淡水中会死去，原因是海水密度高、压强大，而海鱼的血压适应了海水压强，入淡水后淡水压强小，鱼的血压超过水压导致血管爆裂死亡。

鲳鱼↑

鲳鱼是热带和亚热带的食用和观赏兼备的大型鱼类，别称镜鱼、鲵鱼、平鱼、昌侯鱼、昌鼠等，主要分布于中国沿海、日本中部、朝鲜和印度东部。

多宝鱼→

多宝鱼和大菱鲆是同种鱼类，在自然海域成鱼最大可长达75厘米，广泛分布于暖热海域中，主要以底栖无脊椎动物和鱼类为食，栖息在浅海的沙质海底。

金枪鱼↓

金枪鱼也称吞拿鱼，分布在印度洋、太平洋中部与大西洋中部，属于热带－亚热带大洋性鱼，游程很远，过去曾经在日本近海发现过从美国加州游过去的金枪鱼。

海鳗↑

海鳗为凶猛肉食性经济鱼类，通常栖息于水深50～80米泥沙底海域。有季节洄游习性。广泛分布于非洲东部、印度洋及西北太平洋，我国沿海均产。

凤鲚↑

凤鲚别称凤尾鱼、子鲚、烤籽鱼等，属于河口性洄游鱼类，平时栖息于浅海，每年春季大量鱼类从海中洄游至河口半咸淡水区域产卵，但决不深入纯淡水区域。

赤魟↓

赤魟别称鯆鱼、草帽鱼、蒲扇鱼、黄貂鱼等。分布在西太平洋区，包括中国、中国台湾、日本南部和朝鲜半岛西南部。

↓黑鲷

黑鲷别称黑棘鲷、乌格、黑格、厚唇等，喜在岩礁和沙泥底质的清水环境中生活，分布于北太平洋西部，我国沿海均产之。

白姑鱼↑

白姑鱼为石首鱼科白姑鱼属的鱼类，别称白米鱼、鳂仔鱼、白梅、白姑子、沙卫口等，主要分布于热带、亚热带、暖温带的西北太平洋区。

↓大米鱼

大米鱼别称鳘鱼、敏子、敏鱼、鮸鱼、毛常鱼等，形似鲈鱼，性凶猛，白天下沉，夜间上浮。

乌鲳↑

乌鲳为乌鲳科乌鲳属的鱼类，别称黑鲳、铁板鲳、乌鳞鲳等，分布于印度洋北部沿岸至朝鲜、日本以及中国沿海等，属于热带及亚热带中上层鱼类。

黄姑鱼→

黄姑鱼别称黄姑子、黄铜鱼、罗鱼、铜罗鱼、花蜮鱼等，为石首鱼科黄姑鱼属暖温性近海中下层鱼类。

鳓（lè）鱼↓

鳓鱼别称火鳓鱼、鲙鱼、白鳞鱼、白力鱼、曹白鱼、春鱼、黄鲫鱼等，为暖水性近海中上层洄游的重要经济鱼类，喜栖息于沿岸及沿岸水与外海水交汇处水域。

鲆鱼↑

鲆鱼是比目鱼一类鲆科动物的统称，主要分布于热带及温带海域，我国沿海均产，如牙鲆、花鲆、斑鲆等。牙鲆、大菱鲆属名贵海产品。

↑秋刀鱼

秋刀鱼是颌针鱼目竹刀鱼科秋刀鱼属的唯一一种，也是重要的食用鱼类之一，分布于北太平洋区，包括日本海、阿拉斯加、白令海、加利福尼亚州、墨西哥等海域。

石斑鱼↑

石斑鱼别称石斑、鲙鱼等，素有“海鸡肉”之称，是上等食用鱼，被中国港澳地区推为中国四大名鱼之一。多栖息于热带及温带海洋，喜栖息在沿岸岛屿附近的岩礁、砂砾、珊瑚礁底质的海区。

三文鱼↑

三文鱼别称北鳟鱼、大马哈鱼、罗锅鱼、马哈鱼、麻糕鱼等，一般指鲑形目鲑科太平洋鲑属的鱼类，有很多种，如我国东北产大马哈鱼和驼背大马哈鱼等。

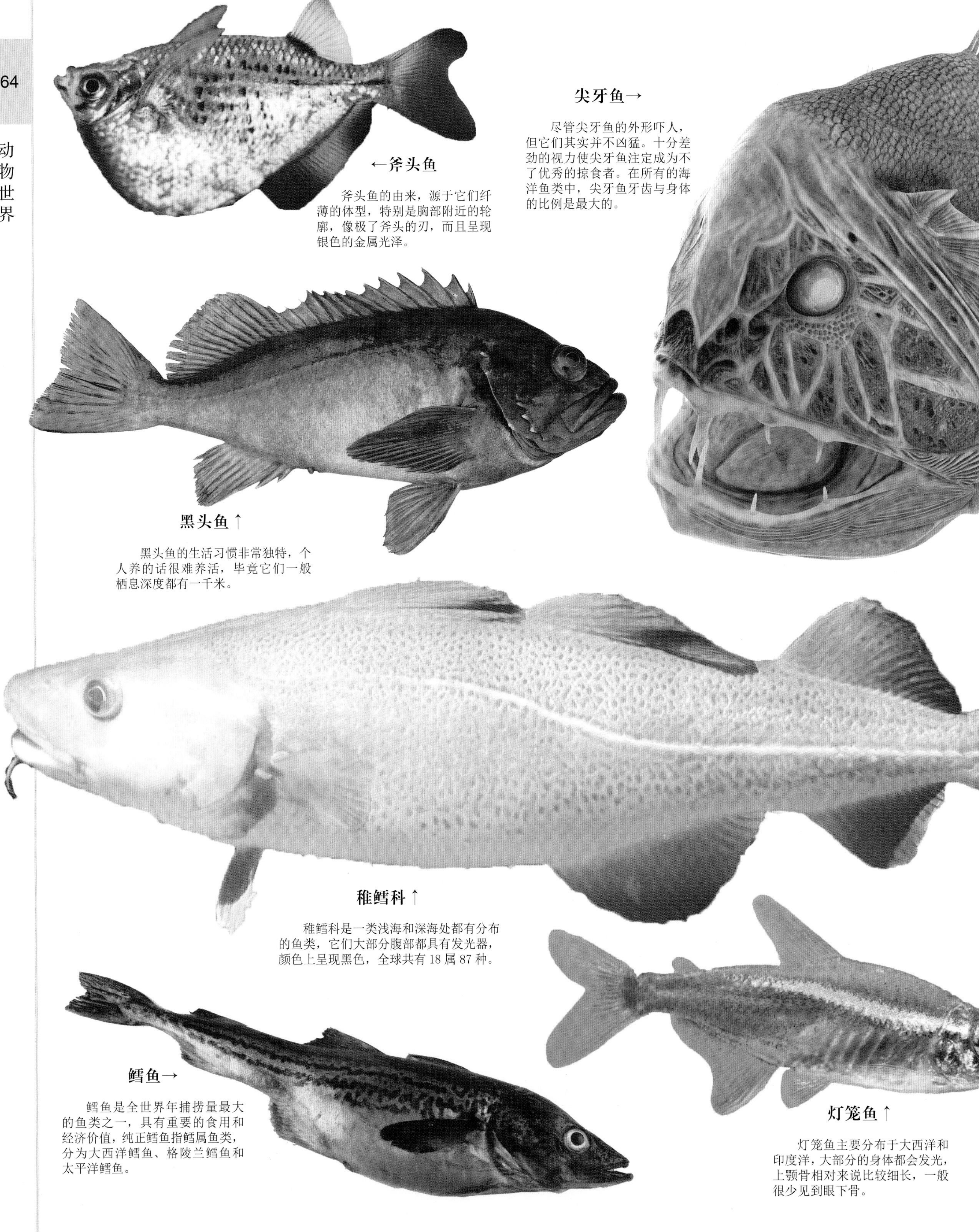

←斧头鱼

斧头鱼的由来，源于它们纤薄的体型，特别是胸部附近的轮廓，像极了斧头的刃，而且呈现银色的金属光泽。

尖牙鱼→

尽管尖牙鱼的外形吓人，但它们其实并不凶猛。十分差劲的视力使尖牙鱼注定成为不了优秀的掠食者。在所有的海洋鱼类中，尖牙鱼牙齿与身体的比例是最大的。

黑头鱼↑

黑头鱼的生活习惯非常独特，个人养的话很难养活，毕竟它们一般栖息深度都有一千米。

稚鳕科↑

稚鳕科是一类浅海和深海处都有分布的鱼类，它们大部分腹部都具有发光器，颜色上呈现黑色，全球共有 18 属 87 种。

鳕鱼→

鳕鱼是全世界年捕捞量最大的鱼类之一，具有重要的食用和经济价值，纯正鳕鱼指鳕属鱼类，分为大西洋鳕鱼、格陵兰鳕鱼和太平洋鳕鱼。

灯笼鱼↑

灯笼鱼主要分布于大西洋和印度洋，大部分的身体都会发光，上颚骨相对来说比较细长，一般很少见到眼下骨。

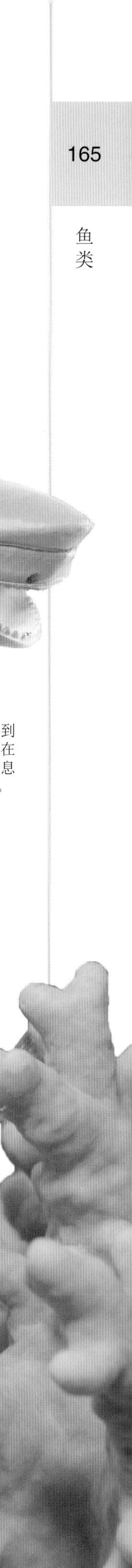

↓皇带鱼

皇带鱼俗名龙宫使者、龙王鱼、地震鱼，广布于热带深海。它是海洋中最长的硬骨鱼，体亮银色；腹鳍红色，桨状，故英文原意为“桨鱼”。

燧鲷（diāo）科↑

燧鲷科鱼类的外形属侧扁形，且鱼体侧面略呈椭圆状，头部比较大，约占身体的三分之一，具大型之黏液腔。燧鲷科主要分布于深海中型底层。

↓鮟鱇鱼

鮟鱇鱼或许是世界上最奇特也最迷人的海洋生物之一。它们的捕猎技巧十分狡猾：用前背鳍演化而成的钓竿模拟猎物并发出亮光，以此吸引其他小动物前来，被鮟鱇鱼的大嘴吞食。

巨口鲨↑

目前全世界发现的巨口鲨数量不到50只，相当罕见。第一只巨口鲨是在1976年于夏威夷外海发现的，主要栖息在1000米左右的深海，故很少被捕获。

等足虫→

生活在海底的等足虫令人毛骨悚然，它们是生活在海洋环境的木虱，体长可达到76厘米，体重达到1.8千克。

炉眼鱼→

作为深海底栖的鱼类目前全球一共有6属29种，它们大部分的眼睛比较小，还分为臀鳍软条、胸鳍软条等类别。

海猪↑

潜水员经常看到海猪在海底行走，它长着胖乎乎的身体，因此被称为“海猪”。

观赏鱼

观赏鱼是指具有观赏价值的有鲜艳色彩或奇特形状的鱼类。它们分布在世界各地，品种不下数千种。有的生活在淡水中，有的生活在海水中，有的来自温带地区，有的来自热带地区。有的以色彩绚丽而著称，有的以形状怪异而称奇，有的以稀少名贵而闻名。无论哪种，它们都有一个共同的特征——惊艳的外表有如水中的精灵。

红鼻鱼↑

红鼻鱼是一种小型观赏鱼，体长50～60毫米。头部红色，吻部鲜红色，故又称红鼻鱼。

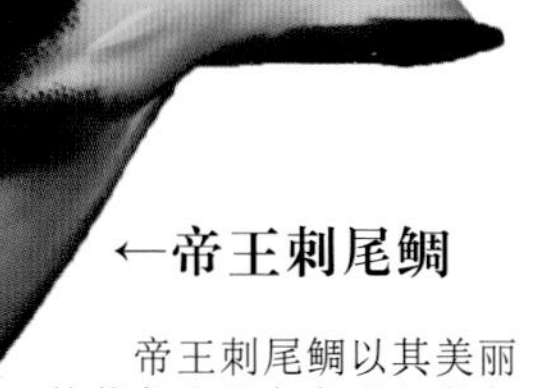

←帝王刺尾鲷

帝王刺尾鲷以其美丽的蓝色和黑色色彩与黄色尾巴补充而闻名。幼小的蓝唐王鱼主要食浮游生物，而更大的是杂食性的，所以它们有时在藻类上啃。

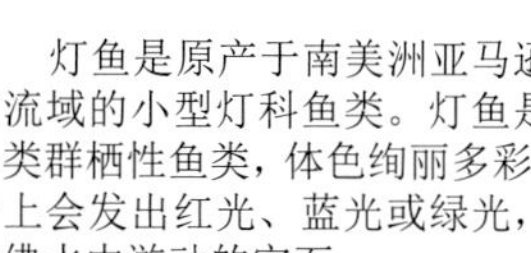

←灯鱼

灯鱼是原产于南美洲亚马逊河流域的小型灯科鱼类。灯鱼是一类群栖性鱼类，体色绚丽多彩，身上会发出红光、蓝光或绿光，仿佛水中游动的宝石。

断线脂鲤↑

断线脂鲤又名刚果扯旗鱼，原产于非洲刚果河水系。体色基调青色中混合金黄色，大大的鳞片具金属光泽，在光线的映照下，绚丽多彩。

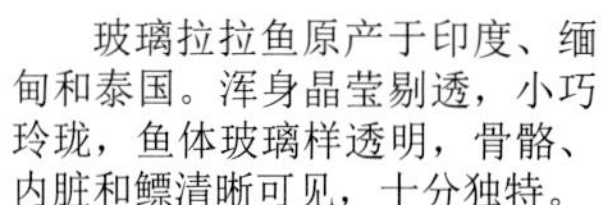

玻璃拉拉鱼↑

玻璃拉拉鱼原产于印度、缅甸和泰国。浑身晶莹剔透，小巧玲珑，鱼体玻璃样透明，骨骼、内脏和鳔清晰可见，十分独特。

金丝鱼↑

金丝鱼又名唐鱼，是我国特有的品种，属国家二级重点保护野生动物。但是由于分布较少，种群数量稀少，目前野生已经接近绝灭。

龙鱼↑

龙鱼又叫做古舌鱼科，这种鱼类在东南亚地区可是非常受欢迎的。龙鱼性格凶猛，以小鱼、青蛙、昆虫为食，生活水温要高，因为其体形长，有须，类似龙，所以在华人中是非常受欢迎的一种观赏鱼。

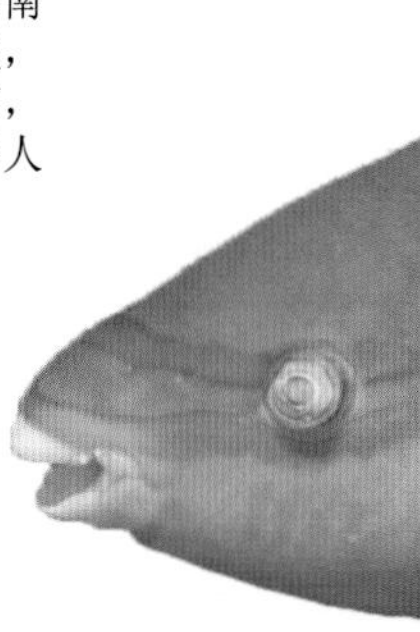

←花斑剑尾鱼

剑尾鱼产于墨西哥、危地马拉等地的江河流域。剑尾鱼原为绿色，体侧各具一红色条纹，但已培育出许多花色品种。

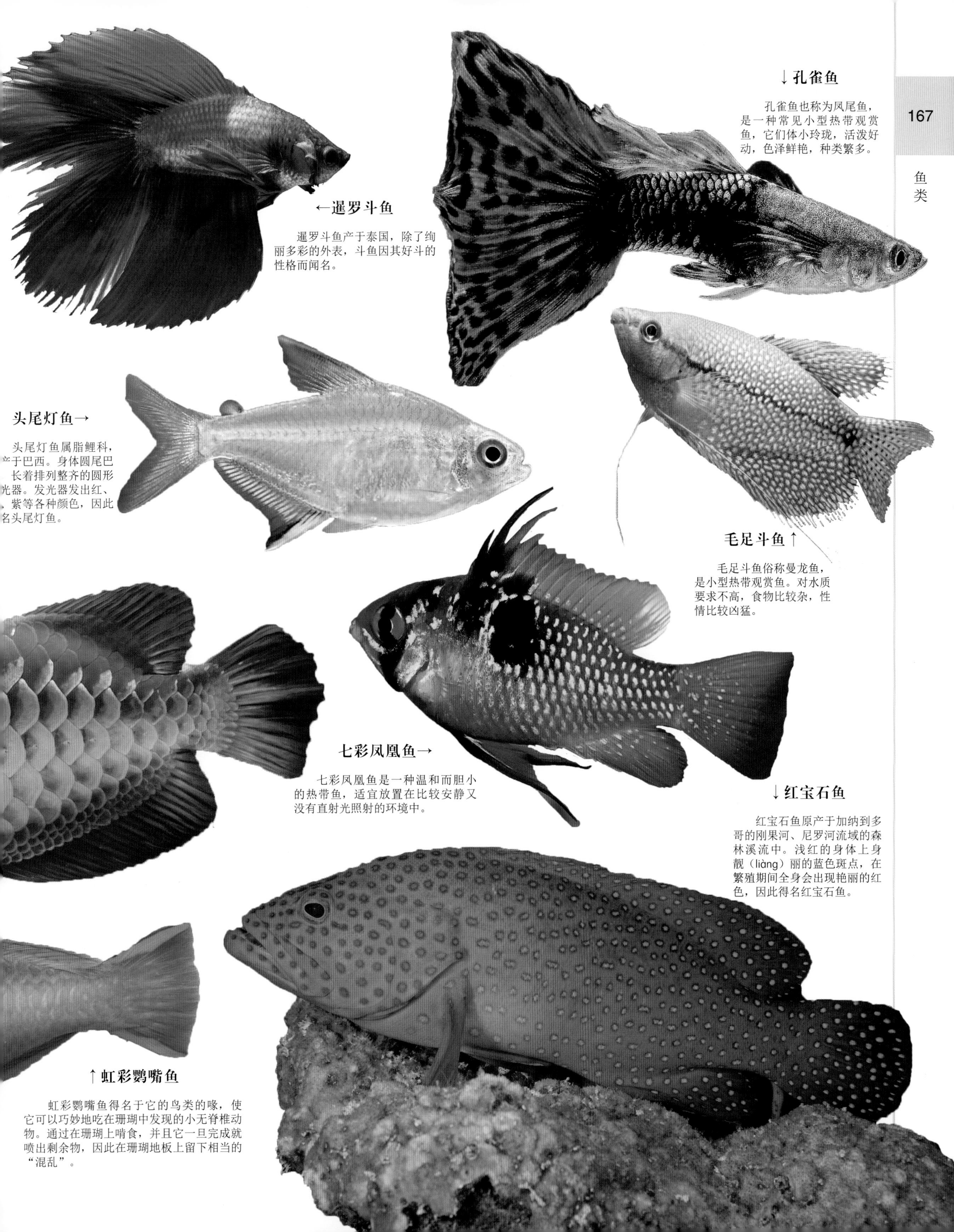

←暹罗斗鱼

暹罗斗鱼产于泰国，除了绚丽多彩的外表，斗鱼因其好斗的性格而闻名。

↓孔雀鱼

孔雀鱼也称为凤尾鱼，是一种常见小型热带观赏鱼，它们体小玲珑，活泼好动，色泽鲜艳，种类繁多。

头尾灯鱼→

头尾灯鱼属脂鲤科，产于巴西。身体圆尾巴长着排列整齐的圆形光器。发光器发出红、、紫等各种颜色，因此名头尾灯鱼。

毛足斗鱼↑

毛足斗鱼俗称曼龙鱼，是小型热带观赏鱼。对水质要求不高，食物比较杂，性情比较凶猛。

七彩凤凰鱼→

七彩凤凰鱼是一种温和而胆小的热带鱼，适宜放置在比较安静又没有直射光照射的环境中。

↓红宝石鱼

红宝石鱼原产于加纳到多哥的刚果河、尼罗河流域的森林溪流中。浅红的身体上身靓（liàng）丽的蓝色斑点，在繁殖期间全身会出现艳丽的红色，因此得名红宝石鱼。

↑虹彩鹦嘴鱼

虹彩鹦嘴鱼得名于它的鸟类的喙，使它可以巧妙地吃在珊瑚中发现的小无脊椎动物。通过在珊瑚上啃食，并且它一旦完成就喷出剩余物，因此在珊瑚地板上留下相当的“混乱”。

扳机鱼↑

扳机鱼在印度洋太平洋地区发现，特别是在沿海地区或珊瑚礁。这华丽的鱼有一个椭圆形的身体和一个大头，包括一个小但非常坚硬的用来粉碎贝壳的嘴。

↑蓝星鱼

蓝星鱼产于中国云南，老挝、泰国、柬埔寨和越南的湄公河流域。

菠萝鱼→

菠萝鱼原产于圭亚那、巴西、委内瑞拉。属大型热带鱼种，体形大，体长可达20厘米。鱼鳞与菠萝纹相似，因此得名菠萝鱼。

珍珠鱼↑

珍珠鱼原产于泰国、马来西亚和印尼的苏门答腊和加里曼丹。缓缓游动时全身闪烁着五光十色的珠光宝气，显得格外雍容华贵、柔和迷人，因而被赞为珍珠鱼。

新月鱼↑

新月鱼是一种受欢迎的热带观赏鱼，体小巧，体色极其繁多。体长可达6厘米，适应性和繁殖能力都很强。

金鼓鱼→

金鼓鱼又称金钱鱼，原产于印度尼西亚、菲律宾、泰国等地的江河入海口的咸淡水交融水域。

闪电斑马鱼↑

闪电斑马鱼又叫虹光鱼，原产于马来西亚、泰国、缅(miǎn)甸(diàn)等地。体长6厘米，色彩丰富、艳丽。

美西钝口螈↑

美西钝口螈俗称“六角龙鱼”，是水栖型的两栖类，是墨西哥的一个特有品种。美西钝口螈有着奇特的外表，长着似角的外鳃，有四肢能在水中爬行，像极了传说中的西方龙，因此在欧美国家被广泛当宠物来养殖。

↑黑裙鱼

黑裙鱼原产于南美洲亚马逊河流域，自然界中长约 6 ～ 8 厘米，黑裙鱼最大特点是从背鳍起到尾部后缘，包括背鳍、臀鳍、脂鳍，后半身均为黑色，而前半身均为银白色，像个贵妇。

神仙鱼→

神仙鱼又名天使鱼，原产南美洲的圭亚那、巴西。性格文静、泳姿潇洒、宜混养，被誉为“热带鱼皇后”。

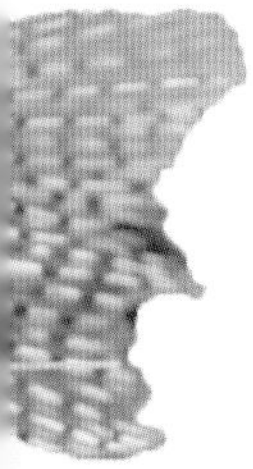

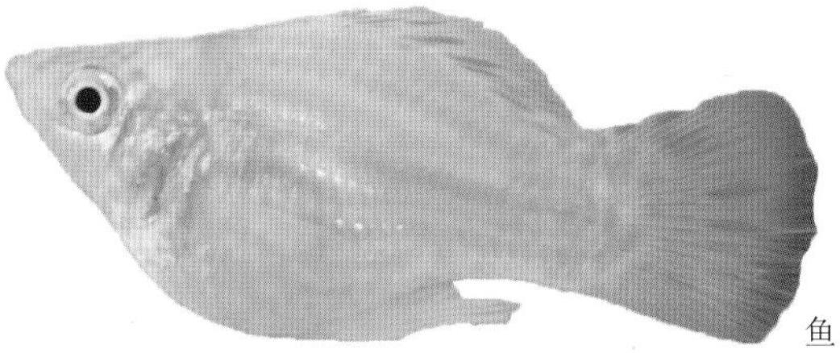

←金马莉鱼

金马莉鱼又称大扯旗摩利鱼，原产于墨西哥、美国。

红龙鱼↑

红龙鱼是原产于印度尼西亚加里曼丹，属骨舌鱼科硬骨舌鱼属。红龙鱼被视为保留了许多硬骨鱼类原始特征的物种，在古生物演化上有研究价值，可称是活化石。

←七彩神仙鱼

七彩神仙鱼虽然被叫做“神仙鱼”，但其与神仙鱼的亲缘关系相距甚远。原产于南美洲亚马逊河流域的水域内。彩虹般的红蓝条纹呈扭曲状遍布全身，像一块巨大的玛瑙。

太阳鱼↑

太阳鱼原产于美国南部及墨西哥北部的淡水水域中，属温水性小体型鱼类。

青蛙鱼→

青蛙鱼可能是地球上最美丽的鱼，这个令人惊叹的小生物生活在太平洋，特别是在珊瑚礁，而且它相当小（2.6 英寸），不容易在野外发现。

←白尾吊

白尾吊生活在中太平洋东部和西部的较浅的珊瑚礁水域中。它们喜欢吃丝藻。

紫吊↑

紫吊整体上是蓝紫色的，紫吊基本上是生活在珊瑚丛生的礁区或岩质的水底，它们一般都是成群生活，平时主要是吃丝藻和无脊椎动物。

成吉思汗鱼↑

成吉思汗鱼别称长丝巨鲇。它们的背鳍特别长，是成吉思汗鱼最显著的特征之一，它们的嘴巴比较大，体型比较强悍而且游速非常快。

←彩虹鲨

彩虹鲨整个鱼体是呈长梭形，它们的尾鳍像叉状，鱼体是浅褐色的，各个鳍都是橘红色，在灯光下非常的漂亮。

↓涟纹吊

涟纹吊生活在气候带热带中的印度洋、太平洋的珊瑚礁海域。涟纹吊是有毒的鱼种，是不能食用的。

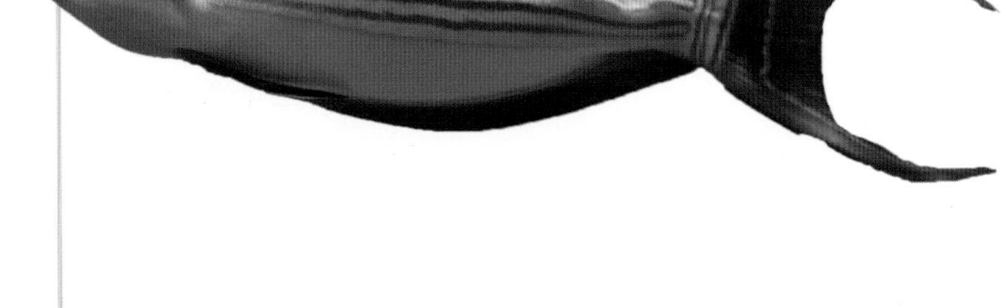

↑夏威夷吊

夏威夷吊生活在气候带热带的太平洋的珊瑚礁海域，它们是一种对同类有攻击性的粗皮鲷科。

←薰衣草吊

薰衣草吊外形偏向于椭圆形，它是一种有毒性的，它们一般生活在热带，北纬 30 度和南纬 30 度之间的泻湖和面海珊瑚礁区水深 10 ～ 25 米的水域。

↑印度金圈吊

印度金圈吊的眼圈是金黄色的。生活在气候带热带的印度洋的珊瑚礁海域中。印度金圈吊以丝藻为食，也会经常捕抓无脊椎动物。

↑财神鱼

财神鱼作为观赏鱼的一种，无疑是非常漂亮的，它又称作血鹦鹉。胖胖的身材让它更加的可爱，红彤（tóng）彤的颜色更是喜庆迷人，在饲养方面财神鱼还是比较容易的。

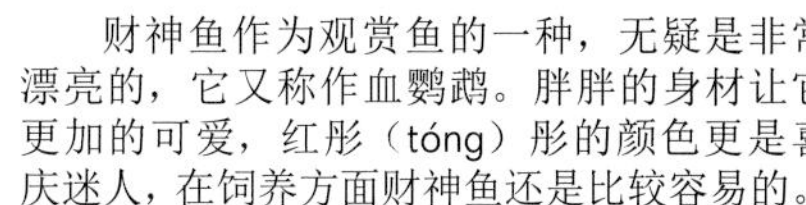

↑地图鱼

地图鱼的身体上有不规则的色彩斑纹，犹如一幅地图一般，所以称为地图鱼。它同样也被人称作图丽鱼、猪仔鱼等。在热带鱼中，地图鱼属于体形较大的一种鱼。

↑印度洋天狗吊

印度洋天狗吊生活在面海珊瑚礁区的水域中，它们一般是成群生活的，它们主要是吃叶状褐藻为生。

红海骑士↓

红海骑士的上部分是蓝灰色，下部分是乳白色，尾棘是橙红色。红海骑士一般生活在气候带热带的西印度洋的珊瑚礁海域中，它们喜欢吃海藻。

潜水艇鱼→

从名字上可以看出，潜水艇鱼长得神似一艘潜水艇。这种热带的淡水鱼，有着独特的外观，你可以一眼就认出它。

两栖动物

两栖动物是拥有四肢的脊椎动物，由鱼类进化而来。长期的物种进化使两栖动物既能活跃在陆地上，又能游动于水中。

分类

★分为无足目、无尾目和有尾目。与动物界中其他种类相比，地球上现存的两栖动物的物种较少，目前正式被确认的种类约有 4350 种。

主要特征

两栖动物的皮肤裸露，表面没有鳞片、毛发等覆盖，但是可以分泌黏液以保持身体的湿润；其幼体在水中生活，用鳃进行呼吸，长大后用肺兼皮肤呼吸。两栖动物可以爬上陆地，但是一生不能离水，可以在两处生存。一般来说，两栖类动物都是卵生。

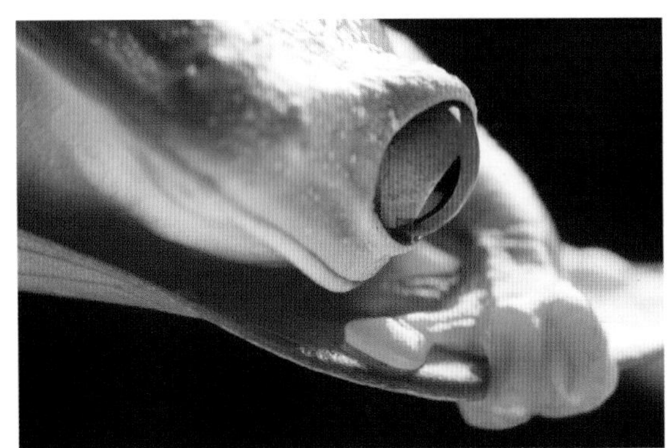

生活习性

两栖动物三目的体形各异，它们的防御、扩散、迁移的能力弱，对环境的依赖性大，虽然有各种生态保护适应，但比其他纲的脊椎动物种类仍然较少，其分布除海洋和大沙漠外，平原、丘陵、高山和高原等各种生境中都有它们的踪迹，最高分布海拔可达 5000 米左右。它们大多昼伏夜出，白天多隐蔽，黄昏至黎明时活动频繁，酷热或严寒时以夏蛰或冬眠方式度过。以动物性食物为主，没有防御敌害的能力，鱼、蛇、鸟、兽都是它们的天敌。

进化历程

两栖动物的出现是它们祖先和环境相互作用的结果。有推测认为，泥盆纪晚期的某些肉鳍鱼类很可能因干旱的威胁，不得不先爬上干旱的陆地寻找新的水源，大多数探险者很可能悲惨地死去，少数肉鳍鱼类找到了新的水源，因此得以继续过它们的鱼类生活。经过数百万年的演化，古老的肉鳍鱼后代就进化成了原始的两栖动物。两栖动物的出现是脊椎动物演化史上的重大事件，它们成为了第一批登陆的脊椎动物，但它们仍然不能完全摆脱对水环境的依赖，它们必须要面对水环境和陆地环境的差异。

地球健康指示器

两栖动物的生存状态是衡量全球生态系统环境优劣的标尺之一，是一种天然的地球健康指示器。这些敏感又脆弱的动物需要我们大家共同保护。

←中国“娃娃鱼”

“娃娃鱼”学名大鲵，因“唔哇、唔哇”的叫声酷似婴儿啼哭而得名，是目前世界上最大的两栖动物，最大体长能达到1.8米。“娃娃鱼”也是中国独有的珍稀两栖有尾动物，其历史可以追溯到3.5亿年前，有“活化石”之称。它是从水生到陆生过渡的典型两栖动物，在生物进化史上有着划时代的意义，具有极高的研究价值。

博提克产婆蟾↑

博提克产婆蟾因善于保护自己的卵而著称，它会将自己产下的卵包裹在后腿之中。这个物种有1.5亿年的进化史。

南非幽灵蛙↑

南非幽（yōu）灵蛙仅生活在南非地区的墓地，它长着较大的趾垫，利于在岩石之中攀爬。出没在坟场内，因在南非骷髅峡谷坟场被发现得名。

蝾螈↑

蝾螈没有眼睛，皮肤是透明的，终生栖息在地下水形成的暗洞内，时常将鼻孔伸出水面呼吸空气。在光照下肤色可变成黑色，回暗洞后肤色又恢复原状。

智利达尔文蛙↑

智利达尔文蛙主要栖息地位于智利和阿根廷，它的身体呈现鲜艳的绿色，很容易与绿色树叶混淆，直到1980年该物种才被记录为新物种。

爬行动物

爬行动物是真正的陆生脊椎动物，在陆地繁殖的变温羊膜动物。约 5700 种，我国约有 315 种。分属于喙头目、龟鳖目、鳄目和有鳞目。

主要特征

表面有鳞片，需要使用肺部呼吸，在陆地上产卵，体温不固定且四肢短小，并且有脊椎。

变温脊椎动物

爬行类由石炭纪末期的古代两栖类进化而来，它们的祖先是恐龙（恐龙在地球上漫游了 1.5 亿年，在 6500 万年前突然灭绝了）。现有 6500 种以上不同的爬行动物。是真正适应陆栖生活的变温脊椎动物，并由此产生出恒温的鸟类和哺乳类。

陆地繁殖

爬行动物是在陆地繁殖的动物，需要吸收太阳的热量作为运动时所需的能量。有些生活在水里，有些生活在陆地上。大多数生活在比较暖和的地区。嗅觉较为发达，具有探知化学气味的感觉功能。除具视觉、听觉外，还具有红外线感受器，能对环境温度微小变化发生反应。

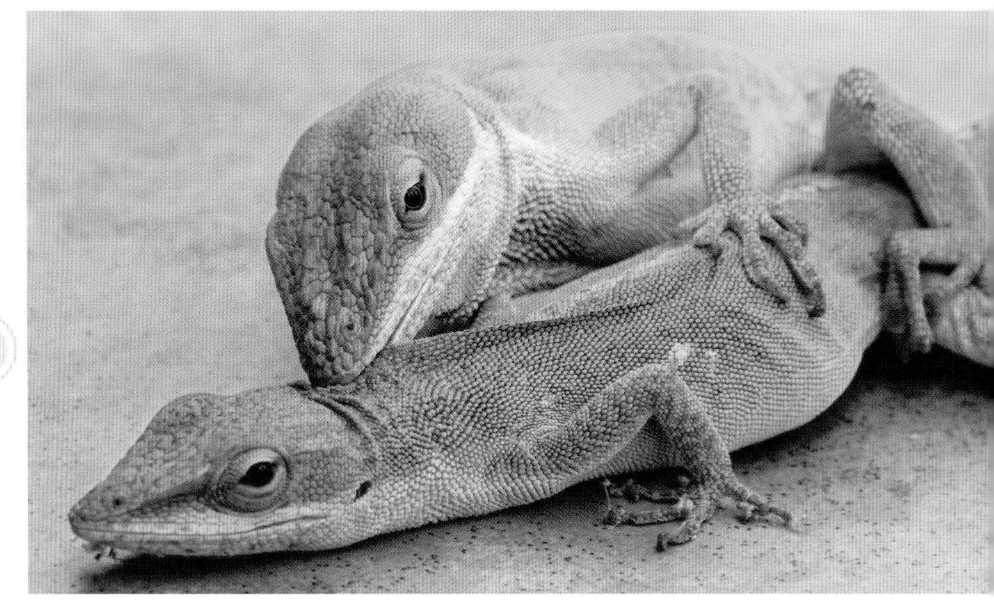

龟鳖类 >>

分为龟科、棱皮龟科、海龟科、鳖科。陆栖。水栖或生活在海洋中，体背和腹面具有坚固的甲板，外面是角质鳞板或厚皮。大多数分布于热带、温带，约有 250 种。

←乌龟

乌龟是龟科、拟水龟属爬行动物。头小，不及背甲宽的 1/4，头顶前部平滑，后部皮肤具细粒状鳞。属半水半栖、半陆性爬行动物。

喙头目 >>

这是一种原始的陆栖种类，只有一种动物——楔齿蜥。分布在新西兰的部分小岛上，数量不足1000只，其类似于古代爬行类动物的结构特征，具有极高的科学研究价值，有“活化石”之称。

楔齿蜥↓

楔齿蜥是三叠纪初期出现的喙头类残留下来的唯一代表，人称“活化石”。是喙头目唯一现存的爬虫类动物。仅见于新西兰的某些小岛。

有鳞目 >>

分为蜥蜴亚目和蛇亚目。多数为陆栖、水栖、穴居、树栖动物，体表覆满角质化鳞片，几乎全球都有分布。壁虎就是有鳞目、蜥蜴亚目、壁虎科动物。

←壁虎

壁虎是蜥蜴的一种，又称“守宫”。西南地区称“四脚蛇”“巴壁虎”“巴壁蜥”等。体背腹扁平，身上排列着粒鳞或杂有疣（yóu）鳞。

鳄目 >>

鳄目是水栖动物，身体表面被覆大型坚甲，能在水中捕食和呼吸。一共22种动物，代表动物有扬子鳄，是我国的国家一级保护动物。

←甲鱼

甲鱼是鳖的俗称，也叫团鱼、水鱼，是卵生两栖爬行动物，是龟鳖目鳖科软壳水生龟的统称。共有20多种。

扬子鳄↑

扬子鳄是短吻鳄科短吻鳄属的一种鳄鱼。是中国特有的一种鳄鱼，是世界上最小的鳄鱼品种之一。它既是古老的，又是现存数量非常稀少、世界上濒临灭绝的爬行动物。

蛇

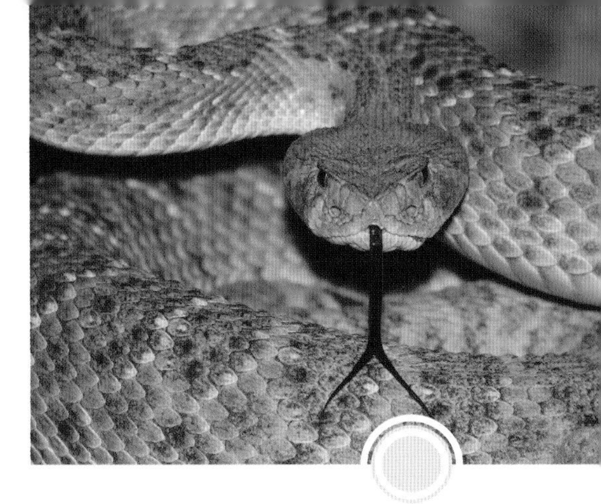

蛇是四肢退化的爬行动物的总称，属于爬行纲有鳞目蛇亚目，所有蛇类都是肉食性动物，部分有毒的。蛇大多数无毒，是真正的陆生脊椎动物，根据种类不同，食性也不同。

特殊的运动方式

一是蜿蜒运动，由地面的反作用力推动蛇体前进；二是履带式运动，蛇身直线向前爬行，就像坦克一样；三是伸缩运动，在受到惊吓时，蛇身会连续地伸缩，加快爬行的速度，给人以跳跃的感觉。

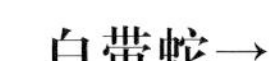

白带蛇→

白带蛇也就是我国剧毒的毒蛇银环蛇，是中国最毒的毒蛇，白带蛇全长 1000 ～ 1800 毫米，具前沟牙的毒蛇。银环蛇为著名食用蛇之一，蛇体浸酒或干制、蛇胆均可入药。

↑澳洲铜头蛇

澳洲铜头蛇是剧毒的大型蛇类，有美国的也有澳洲的，澳洲铜头蛇是生活在海拔最高的、气候最冷的眼镜蛇属的一种毒蛇，在澳大利亚有三种铜头蛇。

↑金刚王眼镜蛇

金刚王眼镜蛇是眼镜王蛇的泰国亚种，为大型蛇类，此物种并不是眼镜蛇属的一员，而是属于独立的眼镜王蛇属。主要食物就是与之相近的同类——其他蛇类，所以在眼镜王蛇的领地，很难见到其他种类的蛇。

←草原响尾蛇

草原响尾蛇是一个响尾蛇大的品种，一共有 9 个亚种，各种颜色都有差异，体长一米左右，分布很广，主要分布在美洲东部和加拿大南部等地区。

←大鳞竹叶青蛇

大鳞竹叶青蛇是竹叶青蛇的一个品种，身上的鳞片较大，粗糙，特点是眼睛多数是黄色，瞳孔垂直呈一条线，分布在印度、东南亚和中国等地区。是一种血循毒毒蛇。

大陆虎蛇↑

大陆虎蛇是澳洲虎蛇的一种，中文名称虎蛇，别称大陆虎蛇，也叫东部虎蛇。是眼镜蛇科的一种剧毒的毒蛇，是一种混合型毒素的毒蛇。致死率极高。分布区域澳大利亚东南部和西南部。

↓东部拟眼镜蛇

东部拟眼镜蛇是澳洲的一种剧毒毒蛇，也是世界上前十的毒蛇。分布在澳大利亚以及新几内亚地区；栖居在干燥的森林、林地、稀树大草原及干燥的灌丛林。

乌梢蛇↓

乌梢蛇别名乌蛇、青蛇，中国台湾地区也叫过山刀，乌梢蛇对场地湿度及其环境的变化比其他蛇类更敏感。乌梢蛇是典型的食、药两用蛇类。

←台湾丽纹蛇

带纹赤蛇也就是中国台湾丽纹蛇，属于眼镜蛇科的毒蛇。分布在台湾各地，是一种小型的蛇类。生活于低海拔山区的森林里、草丛中，喜于雨后夜间出来活动。

蜘蛛尾毒蛇→

蜘蛛尾毒蛇因其尾巴像蜘蛛而得名，原产于伊朗西部的沙漠，是在2006年才被宣布发现的一个新物种，它的厉害之处在于，它能完全模仿出蜘蛛的动作。

龟头海蛇→

龟头海蛇为眼镜蛇科龟头海蛇属的爬行动物。分布于日本以及中国的台湾沿海等地，多生活于海水中。该物种的主要产地在日本琉球海。

树蝰蛇↑

树蝰（kuí）蛇分布于除南非以外的撒哈拉以南非洲热带气候地域一种剧毒的毒蛇。与亚洲及南美洲一带的树栖性蝮蛇相类似，奇妙地反映了部分物种聚焦性进化的现象。

巴尔干纹蛇→

巴尔干纹蛇，以蜥蜴为食，亦会捕食大蝗虫、小型哺乳动物或幼鸟，分布于亚得里亚海东岸至希腊。栖息于灌木林、葡萄园或林地，地栖型。

↓翠青蛇

翠青蛇是一种脾气非常温顺的无毒蛇，经常在荫蔽潮湿的环境中活动，一般不会攻击人类，主要以蚯蚓和蛙为食。

↓白腹游蛇

白腹游蛇是中型无毒蛇，分布在东南亚和东亚，栖居在中、低海拔山区的溪流和湖泊，偏爱干净的水域。

↑加州王蛇

加州王蛇是一种主要分布在美国加州地区的一种无毒蛇王蛇品种，它们大多数身体环纹颜色黑白相间，和银环蛇很像，所以也叫黑白王蛇。加州王蛇是目前世界上流行饲养最多的宠物蛇品种之一。

←糙鳞绿树蛇

糙鳞绿树蛇属于绿树蛇的亚种，是一种无毒蛇，分布在墨西哥东北部一代，糙鳞绿树蛇也是卵生繁育，生活在草原和丘陵的灌木丛中。

非洲石蟒↑

非洲石蟒分布于非洲大陆，喜好栖息于水边，尤其当干季来临时常会潜于水中只露出鼻孔于水面。全长约 3 ～ 4 米，最长可达 9 米。为非洲最大的蛇类。

←澳洲迷彩蟒

澳洲迷彩蟒是很多蛇友喜欢饲养的宠物蟒蛇，小型的蟒蛇，成年体长只有 90 厘米，栖息于干燥的岩石区，以蛙类、蜥蜴、咀类、蝙蝠或鸟类为食。卵生。

←食草蛇

食草蛇又名白圈蛇，生活在印度尼西亚的伦贝岛上，专好食草，当地农民将它捉入杂草较多的农田中，不出数日，蛇就能将田中的杂草吃得精光，而决不侵害农作物。

东方锦蛇→

东方锦蛇是大型无毒蛇，全长可达2000毫米左右，头体背黄绿或棕灰色，体型大，行动迅速，善攀爬，好盘踞于老式房屋的屋檐，故有“家蛇”之称。是制备蛇酒和五蛇胆原料之一。

←翡（fěi）翠树蟒

翡翠树蟒学名翡翠树蚺，分布在南美洲热带雨林。完全夜间活动及树栖，主食细小的哺乳动物，也会吃较为细小的鸟类、蜥蜴及青蛙。

非洲食蛋蛇↑

非洲食蛋蛇是一种进食方式相当特殊的蛇类，它们喜欢鸟蛋，也是我国蛇友喜欢的宠物蛇品种，拥有一般蛇类没有的“钉状齿”和“嵴椎齿”。分布在非洲撒哈拉沙漠。

山王蛇↓

山王蛇的身体主要以红色为主，一般栖息山地针叶林或灌木丛地带，以小型哺乳动物为食。分布在美国和墨西哥。

↑南峰锦蛇

南峰锦蛇是一种分布在南亚地区的锦蛇属的蛇类，生活于热带、亚热带海拔2100米的山区。性较凶猛，食鼠类。

↓茶斑蛇

茶斑蛇也就是俗称的紫沙蛇，栖息于中低海拔的山区、丘陵与平地，主要分布在中国台湾和中国西南地区。

←闪鳞蛇

闪鳞蛇也叫日光蛇或珠光地蛇，因当其沿地面蠕动时，鳞片上闪闪地发出钢青、鲜绿、血红、紫铜等艳丽的珍珠样反光，故叫闪鳞蛇。闪鳞蛇是一种比较原始而又种属都很单一的蛇类，数量稀少，为罕见的珍稀动物。

壁虎

壁虎是蜥蜴的一种，又称守宫。也称四脚蛇、巴壁虎、巴壁蜥、钱龙。它的脚趾有较强的吸附力，能在墙屋之间飞檐走壁。在温暖的地区、丛林、沙漠都有分布。

守宫

古时人们常见壁虎在宫墙上活动，故称其为“守宫”。李时珍说守宫“善捕蝎蝇，故得虎名”。“处处人家墙壁有之，状如蛇医而灰黑色，扁首长颈，细鳞四足，长者六七寸，亦不闻噬人。”

传统中药材“蛤蚧”

黑疣大壁虎、大壁虎的干制品也是我国传统中药材，称为“蛤蚧”。这个名称来源于大壁虎的叫声，大壁虎能靠舌同口腔底部的接触发出低沉的声音，从“咯、咯、咯”的单音节到如同“蛤蚧——蛤蚧——”的双音节，由高转低，由快变慢，最终声嘶力竭而只能发出“蛤”而难以听到“蚧”了。

神奇的尾巴

壁虎的尾巴有什么作用，主要有三种不同的作用：掌握平衡、储（chǔ）存能量、逃避敌害。

1. 掌握平衡

掌握平衡在垂直攀登和滑行中，壁虎可以依靠尾巴防止跌落，即使跌落，也可依靠尾巴掌握平衡。

2. 逃避敌害

壁虎遇到敌害时，会弄断自己的尾巴，尾巴里有很多神经，离开身体后，神经作用并不马上消失，尾巴仍能扭动，可以吸引敌人注意，壁虎却乘机溜走了。

3. 储存能量

壁虎的尾巴是以糖原的形式而不是单纯以脂肪的形式贮存能量，尾巴上储存的脂肪的作用，可以补充自身能量。

↓豹纹壁虎

豹纹壁虎属于夜行性的壁虎，生存于干旱灌木丛，因其鲜艳的外表，加上温顺的性格，饲养简单，成为世界上最受欢迎的壁虎宠物之一。

多疣壁虎↓

多疣壁虎别称四脚蛇，身体背腹扁平，长达 10 ～ 12 厘米，背面暗灰色，有黑色带状斑纹，常栖息于树林、沙漠、草原及住宅区等，是昼伏夜出的动物。

蹼趾壁虎↓

蹼趾壁虎别称守宫、天龙等，味咸，性寒，无毒，具有驱风镇惊、解毒散结的功效，主治中风偏瘫、历节风痛、风痰惊痫、瘰疫恶疮等症，民间常用本品治疗食道癌、胃癌、子宫肿瘤等。

非洲胖尾壁虎→

非洲胖尾壁虎原产于非洲西部略带有湿气的森林和荒漠中，因尾部肥大而得名，又因尾大到仿佛有两个头而有“双头守宫”的别名。

无蹼壁虎↓

无蹼壁虎为壁虎科壁虎属的爬行动物，是中国的特有物种，不但是农林害虫的捕食者，而且是一种中药材，具有补肺益肾、消咳等功效。常见于暖温带以及栖息在建筑物的缝隙、岩缝、石下及树上。

←大壁虎

大壁虎别称蛤蚧、仙蟾、多格、哈蟹、蛤蚧蛇等，是一类体型中小型的蜥蜴，全长 300 毫米，尾长与头体长相等或略长，是最大的一种壁虎，多栖息在悬岩峭壁的洞缝，个别也居住在树洞里。

←侏儒壁虎

侏儒壁虎为壁虎科壁虎属动物，于 2006 年在圭亚那中部地区被发现，因身材矮小、反应迟钝而得名，多生活在茂密的热带雨林地区，身长只有 1.5 厘米，而且还是把尾巴算在内的情况下，是世界上最小的动物之一。

蜥蜴

蜥蜴属于冷血爬虫类，和它出现在三叠纪时期的早期爬虫类祖先很相似。大部分是靠产卵繁衍，但有些种类已进化成可直接生出幼小的蜥蜴。蜥蜴俗称“四足蛇”，有人叫它“蛇舅母”，是一种常见的爬行动物。

分布

其种类繁多，在世界各地均有分布，在地球上分布大约有 3000 种左右，我国已知的有 150 余种。大多分布在热带和亚热带，其生活环境多样，主要是陆栖，也有树栖、半水栖和土中穴居。

自截再生

许多蜥蜴在遭遇敌害或受到严重干扰时，常常把尾巴断掉，断尾不停跳动吸引敌害的注意，它自己却逃之夭夭。这种现象叫做自截，可认为是一种逃避敌害的保护性适应。自截可在尾巴的任何部位发生。

变色发声

蜥蜴的变色能力很强，特别是避役类以其善于变色获得“变色龙”的美名。蜥蜴的变色是一种非随意的生理行为变化。大多数蜥蜴是不会发声的。壁虎类是一个例外，不少种类都可以发出宏亮的声音。蛤蚧鸣声数米之外可闻。壁虎的叫声并不是寻偶的表示，可能是一种警戒或占有领域的信号。

肉食性为主

大部分的种类为肉食性，以昆虫、蚯蚓、蜗牛，甚至老鼠等为食。但也有以仙人掌或海藻为主食，或是杂食性的。多数蜥蜴以昆虫及部分啮齿类为食，偶食家禽，其牙尖锐，具 3 个牙尖。蜥蜴生境各异，生活于地下、地表或高大的植被中，沙漠及海岛中均可见。仅存的海生种为加拉帕戈斯群岛的海鬣蜥，食海藻。有几种蜥蜴部分水栖，食淡水生物。

海鬣蜥↓

海鬣蜥是世界上唯一能适应海洋生活的鬣蜥。分布在科隆群岛的各个岛屿上。主要栖息在岩石海边，但也会出没在沼泽及红树林。它们和鱼类一样，能在海里自由自在地游弋。

↓红色萨尔瓦多蜥

红色萨尔瓦多蜥又称红色双领蜥，分布于南美洲的阿根廷、玻利维亚和巴拉圭的雨林中。食谱广泛，包括水果、蔬菜、昆虫、鸟类、啮齿动物和鱼类等。

环颈蜥→

环颈蜥奔跑速度快，可达 26 千米 / 小时。主要生活在墨西哥和美国中南部的荒漠中。主食昆虫，偶尔进食植物。

↓海帆蜥

海帆蜥头部有形状奇特的“帆”。分布于墨西哥至南美洲，喜潮湿温暖气候，栖息于热带雨林，树栖性。主要以昆虫、蜘蛛和其他蜥蜴为食。

↑荒漠蜥

荒漠蜥在繁殖季节，雄性背部、头部呈鲜艳的颜色。主要分布于印度南部的山地中。以昆虫为主食。

↓菲律宾斑帆（fān）蜥

菲律宾斑帆蜥在世界自然保护联盟濒危物种危急清单中属于“易危物种”。这种半水生爬行动物生活在菲律宾，一般将其巢穴安置在水中或者树上。这种大型生物的体长可超过 1 米。

↑吉拉毒蜥

吉拉毒蜥身体由细小及不重叠的鳞片覆盖，底部有皮内成骨。体色斑斓呈深色，有黄色、粉红色、浅红或黑色的斑纹，在野外常爬到树上捕食幼鸟或鸟蛋。

←白唇树蜥

白唇树蜥生活在柬埔寨、中国（云南）、印度、老挝、缅甸、泰国、和越南的森林中，也会出现在市郊公园或种植园中。以昆虫为主食。

阿氏安乐蜥↓

阿氏安乐蜥长度 14 ～ 20 厘米，雌雄都可以在短时间内变色。现主要分布于古巴、洪都拉斯、伯利兹，在墨西哥的苏梅尔岛也有疑似发现记录。

角蜥↑

角蜥看上去性情比较温顺，成为当地人喜爱的一种宠物。角蜥还因为拥有三件防御敌害的法宝，所以能够在沙漠地区自如地生活。

美洲蜥蜴↓

美洲蜥蜴主要分布于巴西、阿根廷，栖息于开阔草原，擅长挖掘地道隐蔽自己，以昆虫和蜘蛛为食。

蓝舌柔蜥→

蓝舌柔蜥俗称东部蓝舌石龙子或北部蓝舌石龙子。最显著的特点是钴蓝色的舌头，寿命可达 30 岁。分布于澳大利亚东南部和北部，以及印度尼西亚的塔宁巴尔和巴巴尔岛。

沙漠蜥蜴→

看起来小小的沙漠蜥蜴常常表现出一些奇怪的行为。它们彼此通过卷曲的尾巴沟通，震动沙子吓跑其他一些动物。它的嘴呈鲜艳的红色，它是一种食肉动物。

点尾蜥↑

点尾蜥整体呈绿色，有黑色斑点和条带，刺状的尾巴较短。栖息于南美洲哥伦比亚、圭亚那、苏里南、法国圭亚那、秘鲁、委内瑞拉和巴西的热带雨林中。主要以蚂蚁为食。

条纹鞭尾蜥↑

条纹鞭尾蜥分布于中、南美洲，加勒比地区的林地、草地及海岸沙滩。新的研究发现条纹鞭尾蜥可以孤雌生殖。

魔蜥↑

魔蜥是一种澳洲特有的沙漠蜥蜴类，分布于澳大利亚的中部和南部。它可根据环境背景的变化呈现出红色、黄色和棕色，在沙漠严苛的自然环境中，澳洲棘蜥以一种非常特殊的方式来获取水资源。

↑科莫多巨蜥

科莫多巨蜥是已知现今存在种类中最大的蜥蜴。科莫多巨蜥已濒(bīn)临灭绝，成年的科莫多巨蜥主要生活在热带草原森林。它们更喜欢开放的、有野草和灌木低洼地区。

←美洲绿鬣蜥

美洲绿鬣蜥为卵生，繁殖期为 5 ～ 7 月，每年可产两次，分布于墨西哥到南美洲，世界上广为人知的蜥蜴。

龟类

龟是以甲壳（ké）为中心演化而来的爬行动物。腹背都有硬甲，头尾和脚能缩入甲中，耐饥渴，寿命很长。

种类

★龟是古老而特殊的爬行动物，包括水栖龟类、半水栖龟类、陆栖龟类和海栖龟类。世界上现存龟类动物约 200 余种，按颈部伸缩方向分为曲颈龟类和侧颈龟类。分类学上分别属于龟鳖目下的侧颈龟亚和曲颈龟亚目。中国龟类 35 种左右，均为曲颈龟类。

分布

世界龟类动物分布于除极地以外的区域，亚洲龟类分布的种类最多；中国龟类动物以南方及东南沿海地区分布的种类居多。

水龟

除了陆龟和海龟以外，其余的龟鳖类动物基本都生活在淡水中。有些种类终生生活在水中，除了产卵以外从不上岸。也有些种类大部分时间都生活在水中，偶尔爬到水面的漂浮物或岸边的陆地上活动，这些种类也就是我们常说的水龟。还有些种类多半时间生活在陆地上或完全生活在较潮湿的陆地上，这些种类被称为半水龟。

水龟，最熟悉的要数巴西龟了，也叫做红耳龟。其适应能力非常强。

古老的爬行动物

龟是一类非常古老的爬行动物，早在 2.2 亿年前龟类的祖先就出现在了地球上。它们目睹过恐龙的盛世与衰亡、鸟类的进化与繁荣、哺乳动物的起源与兴旺以及人类文明的发展与辉煌，见证过一切世间的沧桑巨变，一直低调地生存至今。

曲颈龟类与侧颈龟类识别

顾名思义，侧颈龟的脖子只能侧向两边而隐藏在壳下，头不能缩入壳内，属于较原始的龟类；而曲颈龟的脖子能自由伸缩，头部可以缩入壳内，较侧颈龟类更为进步。侧颈龟类现存种类较少，目前仅分布于南半球，而曲颈龟类是现存龟鳖类动物中的主要成员，陆龟类、大部分淡水龟类、海龟类和鳖类都属于曲颈龟类。

侧颈龟类↑

曲颈龟类↑

↓德州地图龟

德州地图龟分布于得克萨斯州的科罗拉多河。是最小的一种地图龟。背甲橄榄色，带有黄色线条构成的网状图案；盾片突起；脊棱上有低钝的刺突，刺突尖头常呈黑色。

←鳄龟

鳄龟是现存最古老的爬行动物，最大的淡水物种之一、有淡水动物王者之称，鳄龟长相酷似鳄鱼，集龟和鳄鱼于一体，故称鳄龟。原产于美洲的大型掠食类水龟，是龟类最凶猛的一种。

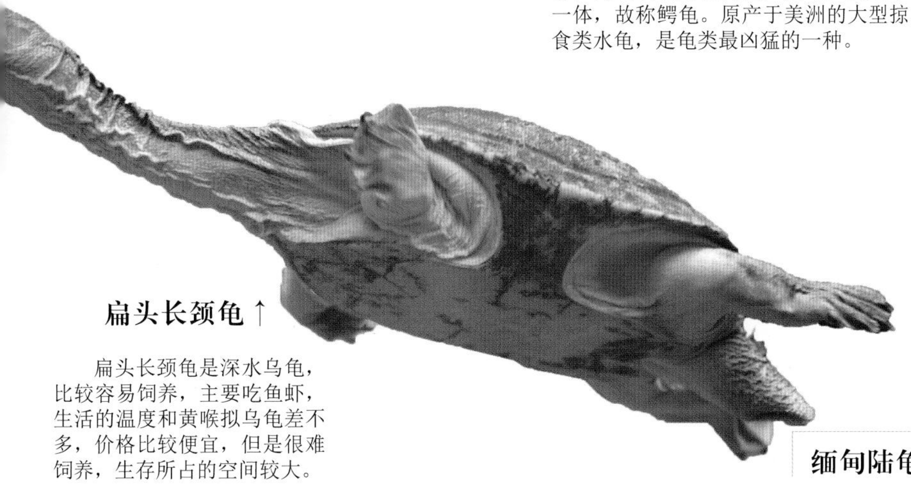

扁头长颈龟↑

扁头长颈龟是深水乌龟，比较容易饲养，主要吃鱼虾，生活的温度和黄喉拟乌龟差不多，价格比较便宜，但是很难饲养，生存所占的空间较大。

陆龟和海龟的区别

陆龟的背甲隆起很高，海龟的背甲很扁平，通常情况是这样的。但也有例外，比如非洲的饼干龟，也叫扁陆龟，身体上下扁平犹如一块饼干，所以得名。饼干龟通常生活在岩石区域，遇敌害侵袭时，可以呼气使身体变得更扁，然后窜入窄小的石缝中躲避敌害，是陆龟中很特别的一种。

饼干龟↑

绿海龟↑

缅甸陆龟→

南部锦龟↑

南部锦龟别名红纹锦龟、赤脊锦龟，原产于北美洲，成年背甲长度 20 厘米左右。

安南龟↑

安南龟别名越南龟、草龟、安南叶龟，分布于越南中部，头顶呈深橄榄色，前部边缘有淡色条纹。

地图龟↑

地图龟因为背甲上的花纹犹如地图上的线条而得名。背甲线条的颜色通常为黄色或淡橘红色；地图龟的头、颈和四肢也带有淡黄色或橘红色的细条纹。

七彩龟↑

七彩龟也叫巴西彩龟，原产国是美洲，这种乌龟的繁殖速度非常的快，而且长得也比普通的乌龟快许多，我们从正面看的时候，这种乌龟的壳上面会呈现许多种颜色，非常漂亮，具有一定的观赏价值。

中华花龟↑

中华花龟是淡水龟类中体型较大的一种。因其头部、颈、四肢均布满绿色条纹，故称“花龟”。背甲呈栗色且略拱，后缘不呈锯齿状。腹甲棕黄色，每一盾片具有一块大墨渍状斑块，腹甲后缘缺刻。

黄喉拟水龟↑

黄喉拟水龟的喉部为黄色，中间有一道棱，腹部是黄色的，有许多黑色斑点，主要吃鱼虾，这种乌龟的抗病能力非常的强，而且长得也比较好看，主要生活在 25 度的水中。

←安布闭壳龟

安布闭壳龟又名马来闭壳龟，这个品种广泛分布于东南亚热带地区，是婆罗洲所有龟类中唯一一种有进化完全的腹甲铰链结构，在头部和四肢收缩后，它可使甲壳完全闭合，这种龟不可能和其他品种混淆。

地龟↑

地龟又名枫叶龟、黑胸叶龟、长尾山龟、泥龟、十二棱龟，地龟生活于山区丛林、小溪及山涧小河边。它是半水栖龟，不能进入深水区域，否则将有溺水的可能。

东部网目鸡龟↑

东部网目鸡龟背甲上长有狭窄的微呈绿色或棕色的网状线条，并有狭窄的黄色边缘，分布于从维吉尼亚州东南部到密西西比河之间的沿海平原上。

哥地图龟↑

哥地图龟又被称作“青地图龟”，其背甲呈青色，每块盾片都带有环状的花纹；背甲的边缘呈现出锯齿；脊棱高出；栖息地是美国的圣安东尼和圣马可斯流域。

哥斯达黎加木纹龟↑

哥斯达黎加木纹龟原产于中美洲的墨西哥、哥斯达黎加、洪都拉斯与危地马拉等地。形体较大，最大甲长可达26厘米。

哈米顿氏龟↑

哈米顿氏龟别名斑点池龟，分布于巴基斯坦、印度、孟加拉、尼泊尔。背甲长30～36厘米。

冠背龟↑

冠背龟别名花冠龟，分布于巴基斯坦、孟加拉、印度、尼泊尔，生活于沼泽、池塘、湖、河中，食物为杂食性。

西部锦龟↓

西部锦龟分布于美国的田纳西、亚拉巴马，加拿大思塔利奥、魁（kuí）北克。成年背甲长15～25厘米，是体型最大的亚种。由暗淡斑纹构成的网状图案是其背甲上的特色。腹甲黄色或略带红色，其上有沿着盾甲接缝的深色图案，看来错综复杂。

菲氏花龟↑

菲氏花龟为我国特有种。目前仅知分布于模式标本产地海南省东方市所辖干城附近，确切产地不详。

亚洲巨龟↑

亚洲巨龟分布于缅甸、泰国、柬埔寨、越南南部和马来西亚，生活于河流、溪涧、沼泽、湖泊及湿地中，是硬壳、半水栖性的亚洲水龟中体型最大的一种。此品种常放生于曼谷寺庙内。

环纹地图龟↑

环纹地图龟分布于密西西比州和路易斯安那州的珍珠河水系。多栖息在河道狭窄、流速较快，底部铺着沙子和泥土、并且有大量树丛和圆木拥堵的河流。

巨蛇颈龟↓

巨蛇颈龟分布在澳洲东南部分，栖息在淡水湖泊和沼泽之中，其背甲呈淡绿色或棕色，腹甲呈米色。是澳洲最大的蛇颈龟品种。

↑黄斑地图龟

黄斑地图龟分布于密西西比州的帕斯卡古拉河水系。栖息于底部铺有沙子和石块、流速缓慢的河流，尤其喜欢河道内堆满枝叶残骸和树木盘根错节的河段。本种为帕斯卡古拉河中占有优势的龟种。

棱背泥龟↑

棱背泥龟别名剃刀龟、屋顶龟，原产于美国南部各州，普遍存在于加拿大东南部，美国东部及中南美洲各国，直到哥伦比亚。栖息在河流或沼泽区。

钻纹龟→

钻纹龟分布于美国东岸，栖息于近海及河海交界处的沼地。背甲低，椎盾和肋盾上均有同心圆年轮及沟痕。头部呈淡色，具有暗色斑点。

欧洲泽龟↑

欧洲泽龟是典型的中小型水栖龟类，分布在非常广大的范围，涵盖了西欧、南欧、西亚、北非等地中海周边区域。在欧洲大部分池塘中都可以看到欧洲泽龟的踪影，是十分普遍却又是少数原产欧洲的水龟。

枯叶龟↑

枯叶龟生活在南美洲北部，包括奥里诺科河和亚马逊河流域。枯叶龟是高度水栖的龟类，且很少离开水，没有观察到有晒太阳和陆地活动的现象。

锦木纹龟↑

锦木纹龟分布于哥斯达黎加、尼加拉瓜，栖息于沼泽和潮湿雨林。在众多木纹龟品种中，它是拥有最鲜艳颜色的。

↑猪鼻龟

猪鼻龟别名飞河龟，其分布局限于澳大利亚北部，伊里安查亚南部和新几内亚南部。

↑牟氏水龟

牟氏水龟分布于美国东北部各州，栖息于日光充足的草场、泉眼、潮湿的牧场和沼泽，尤喜狭窄而浅、流速缓慢的小溪。

←三线闭壳龟

三线闭壳龟别名金钱龟、红边龟、金头龟、红肚龟，分布范围十分狭窄，主要分布在越南北部和中国南部的省份和海南岛。

咸水泥彩龟→

咸（xián）水泥彩龟别名彩龟、泥龟、三线龟、西瓜龟，分布于马来西亚、印度尼西亚。体型较大，背甲最长可达 76 厘米。

拟鳄龟→

拟鳄龟别名小鳄龟、平背鳄龟，原产于北美洲东部与中部，中美洲，南美洲西北部。背甲就像半球形的屋顶。

鳄鱼

鳄鱼，别称为鳄，脊椎类爬行动物，是迄今发现活着的最早和最原始的爬行动物之一。鳄鱼出现于三叠纪至白垩纪的中生代，它和恐龙是同时代的动物，属肉食性动物。鳄类分布在世界各地，共有三科 8 属 23 种。

淡水霸主

曾经统治地球 2.3 亿年之久的爬行动物，在它们最为鼎盛的侏罗纪和白垩纪，恐龙主宰大地，鳄鱼盘踞河湖。白垩纪末期，一颗巨大的陨星撞击地球，宣告了爬行动物时代的终结。恐龙在灭顶之灾中消亡了，成为地质年代遥远的记忆。哺乳动物迅速崛起为新一代霸主。然而，鳄鱼没有随着一起灭绝，它们活了下来，并继续坚守淡水，淡水也成为爬行动物最后一块“保留地”。

恐龙灭绝以后，哺乳动物用了 2000 万年的时间打败了试图复兴的爬行动物和同样在抢生态位的鸟类，成为大地的唯一主宰，然而鳄鱼却守住了淡水长达 6600 万年。

冷血杀手

鳄鱼主要以鱼类、水禽、野兔、鹿、蛙等为食，属肉食性动物。一般认为鳄鱼是一种水生动物，最新研究发现，攀爬是鳄目动物的普遍行为。它们通过攀爬获得更好的捕猎位置，或获取尽可能大的接触阳光的区域。

鳄鱼主要栖息在淡水中，鳄鱼除少数生活在温带地区外，大多生活在热带、亚热带地区的河流、湖泊和多水的沼泽，也有的生活在靠近海岸的浅滩中。

↓河口鳄

别称咸水鳄、湾鳄等，为地球上已知最大的爬行动物，成年河口鳄体长可达 6 米，体重超过 1 吨。其分布范围甚广，主要分布在东南亚、南亚、菲律宾、巴布亚新几内亚、马来群岛，在澳洲北部最为集中。

非凡的耐受力

鳄鱼既能跨越陆地，又能在海里长途跋涉，迁徙能力比任何一种水栖哺乳动物都强。如果到处都找不到水源，它们还会在河底的淤泥里挖洞，在洞里等待雨水的降临。作为变温的爬行动物，鳄鱼代谢率很低，只需要少量食物就可以生存很久，成年鳄鱼可以不吃不喝，躲在淤泥下几个月不会饿死。这种非比寻常的生理耐受力，就是鳄鱼征服淡水的关键。

鳄鱼的眼泪

长期以来人们认为鳄鱼是用眼泪排泄体内多余的盐分，事实上鳄鱼是通过舌上分泌（mì）液而不是眼泪来排泄盐分的，那么鳄鱼的眼泪起什么作用呢？鳄鱼通常是在陆地上待了较长时间后才开始分泌眼泪，从瞬膜后面分泌出来，瞬膜是一层透明的眼睑，鳄鱼潜入水中的时候，闭上瞬膜，既可以看清水下的情况，又可以保护眼睛。瞬膜的另一个作用是滋润眼睛，这就需要用到眼泪来润滑。其实不只是流泪，有时候鳄鱼的眼睛还会冒泡沫。通俗点讲就是我们吃了辣的东西流眼泪一样。

←食鱼鳄

食鱼鳄别称长吻鳄、恒河鳄等，属恒河鳄科唯一一种，身体修长，体色为橄榄绿，吻极长。食鱼鳄是世界上体型最长的鳄鱼之一，1908 年更曾捕获到过一条超过 9 公尺长的个体。栖居在如恒河等大河流中，很少离开水，以鱼为食，但偶尔也会猎食哺乳动物。

扬子鳄↓

扬子鳄是中国特有的一种鳄鱼，别称中华鼍、中华鳄、土龙、猪婆龙等，为世界上最小的鳄鱼品种之一。既是古老的，又是现存数量非常稀少、世界上濒临灭绝的爬行动物，在扬子鳄身上至今还可以找到早先恐龙类爬行动物的许多特征，所以人们称扬子鳄为“活化石”。

尼罗鳄↓

尼罗鳄别称非洲鳄，它们也是体型第二大的鳄类，体长可达 6 米、重 1 吨，仅次于湾鳄。是所有鳄鱼种类中被人类研究最多的一种鳄鱼，主要分布于非洲尼罗河流域及东南部地区，另外在马达加斯加岛也有分布。

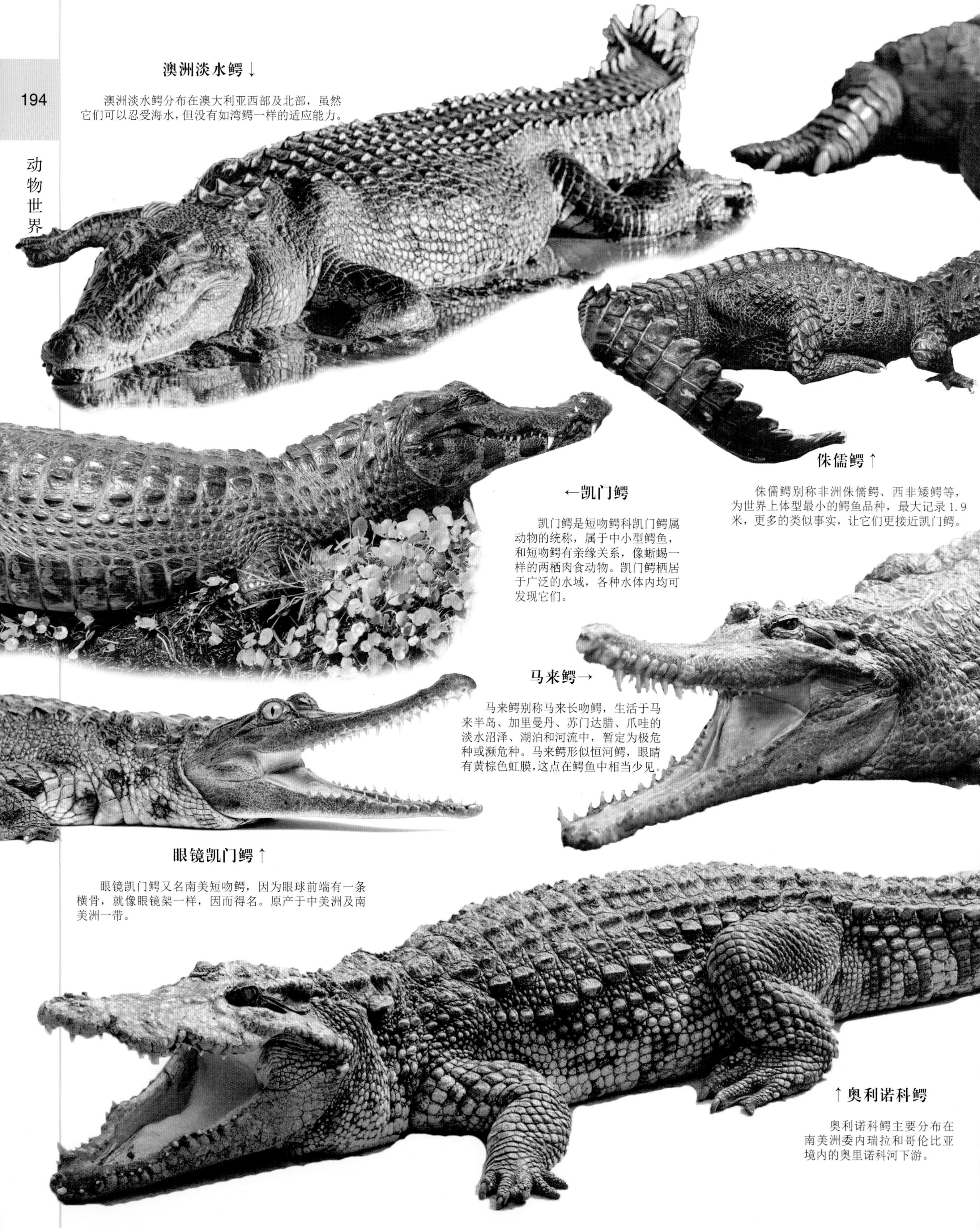

澳洲淡水鳄↓

澳洲淡水鳄分布在澳大利亚西部及北部，虽然它们可以忍受海水，但没有如湾鳄一样的适应能力。

侏儒鳄↑

侏儒鳄别称非洲侏儒鳄、西非矮鳄等，为世界上体型最小的鳄鱼品种，最大记录1.9米，更多的类似事实，让它们更接近凯门鳄。

←凯门鳄

凯门鳄是短吻鳄科凯门鳄属动物的统称，属于中小型鳄鱼，和短吻鳄有亲缘关系，像蜥蜴一样的两栖肉食动物。凯门鳄栖居于广泛的水域，各种水体内均可发现它们。

马来鳄→

马来鳄别称马来长吻鳄，生活于马来半岛、加里曼丹、苏门达腊、爪哇的淡水沼泽、湖泊和河流中，暂定为极危种或濒危种。马来鳄形似恒河鳄，眼睛有黄棕色虹膜，这点在鳄鱼中相当少见。

眼镜凯门鳄↑

眼镜凯门鳄又名南美短吻鳄，因为眼球前端有一条横骨，就像眼镜架一样，因而得名。原产于中美洲及南美洲一带。

↑奥利诺科鳄

奥利诺科鳄主要分布在南美洲委内瑞拉和哥伦比亚境内的奥里诺科河下游。

↑菲律宾鳄

菲律宾鳄又名缅多罗鳄鱼、菲律宾淡水鳄，身型细小，通常不超过 3 米，是一种仅分布于菲律宾的鳄。

巴拉圭凯门鳄↑

巴拉圭凯门鳄主要分布在南美洲，在阿根廷、玻利维亚、巴西和巴拉圭都有发现。身长 2～3 米，以进食鱼类为主。

↑古巴鳄

古巴鳄主要分布于南美洲古巴的萨帕塔沼泽和青年岛。

危地马拉鳄↓

危地马拉鳄又名墨西哥鳄，分布在中北美洲的墨西哥、伯利兹和危地马拉。

美洲鳄↑

美洲鳄为新热带界（涵盖整个南美大陆、墨西哥低地及中美洲）的一种大型鳄鱼，现存的四种美洲鳄鱼中分布最广泛的一种，栖息于咸淡水交界的红树林、沼泽等的湿地。

↓钝（dùn）吻古鳄

钝吻古鳄又称居氏侏儒鳄，主要分布于南美洲北部。

←黑凯门鳄

黑凯门鳄又名黑鳄，分布于南美洲北部，栖居在湿地、河流、湖泊、沼泽及泛滥平原。

鸟类

脊椎动物的一纲，温血卵生，全身有羽毛，后肢能行走，前肢变为翅，一般能飞、有坚硬的啄。是自然界分布最广、最富生机的动物类群之一。

分类

★鸟类分类系统由大而小有界、门、纲、目、科、属、种等几个重要的分类阶元（分类等级），任何一种鸟类均可无例外地归属于这几个阶元之中。如今世界鸟类中现存鸟类种类仍在不断增加，目前已经突破1万大关。而我国鸟类种类已经达到了1445种，其中包含26目109科497属2344种及亚种。为简化鸟类分类系统，根据鸟类的行为习性将鸟类分为6大生态类群，分别是陆禽、游禽、涉禽、攀禽、猛禽和鸣禽。

朱雀→

是鸟纲、雀科的小型鸟类，体长13～16厘米。雄鸟头顶、腰、喉、胸红色或洋红色，背、肩褐色或橄榄褐色，两翅和尾黑褐色，羽缘沾红色。

始祖鸟化石

1861年在德国巴伐利亚地区板石采石场的石灰岩中发现第一具有羽毛古鸟化石骨架，它的上下颌有牙齿；头骨如同蜥蜴，有1条由20多节尾椎骨组成的长尾巴；前肢有3只细长的指骨等。这些都说明它与爬行类极为相似。然而，它已具有羽毛，爬行类是没有羽毛的，只有鸟类才有羽毛。显然这具化石骨架已不是爬行动物而是鸟类了。这具带羽毛的骨架化石被英国自然博物馆收购。后来命名始祖鸟。

鸟的起源

科学研究表明，鸟类起源于距今1.5亿年前的原始爬行类动物——始祖鸟。始祖鸟出现在1.4亿年前的中生代晚侏罗纪，是目前发现最早的鸟类。始祖鸟飞行能力很差，可能主要是滑翔。

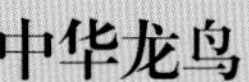

中华龙鸟

年代：侏罗纪晚期到白垩纪早期
地点：中国
大小：长1.2米
食性：肉食

鸟为什么能飞翔

为适应飞行，鸟的胸骨向外凸起形成龙骨，强大的肌肉群附着在上面，给扇翅提供动力，鸟类的腿骨臂骨等的内部是空的，呈格子状支架，重量轻且坚固。

为了适应飞行，鸟的很多生理功能发生了适应性的改变。鸟类飞行是高强度运动，要消耗大量的氧气，仅靠肺呼吸是不够的，鸟类的呼吸系统，进化出六个与肺相连的气囊辅助呼吸（双重吸氧），另外气囊还有减轻体重、夏季帮助散热、冬季有预热空气功能。为了适应飞行，鸟类的大肠变得很短，及时排便减轻体重。肾脏功能强大，使静脉血液快速净化。鸟类的血液的血红蛋白携氧能力超过哺乳动物。经过漫长演化，才有今天善于飞行的鸟类。

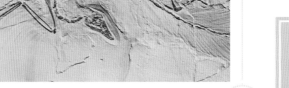

中华龙鸟生存于距今1.4亿年前的早白垩世。1996年在中国辽西热河生物群中发现它的化石。开始以为是一种原始鸟类，定名为“中华龙鸟”，后经科学家证实为一种小型食肉恐龙。中华龙鸟化石的发现是近100多年来恐龙化石研究史上最重要的发现之一，对研究恐龙的生理、生态和演化都有不可估量的重要意义。

←白鸽

白鸽是“一夫一妻”制的鸟类。鸽子性成熟后，对配偶具有选择性，一旦配对就感情专一，形影不离。是和平的象征，和平的化身。

←大雁

大雁又称野鹅，天鹅类，大型候鸟，属国家二级保护动物。大雁热情十足，能给同伴鼓舞，用叫声鼓励飞行的同伴。

冠鸭→

冠鸭是大型鸭科动物，体长 52 ～ 63 厘米，体重 0.6 ～ 1.7 千克，体形比赤麻鸭略小。

猫头鹰→

猫头鹰眼周的羽毛呈辐射状，细羽的排列形成脸盘，面形似猫，因此得名为猫头鹰。

黑水鸡↑

黑水鸡是鹤形目、秧鸡科的鸟类，共有 12 个亚种。中型涉（shè）禽，体长 24 ～ 35 厘米。嘴长度适中，鼻孔狭长；头具额甲，后缘圆钝；嘴和额甲色彩鲜艳。

←麻雀

麻雀是文鸟科麻雀属27种小型鸟类的统称。它们的大小、体色甚相近。一般上体呈棕、黑色的斑杂状，因而俗称麻雀。

←啄木鸟

啄木鸟是著名的森林鸟，除消灭树皮下的害虫，其凿木的痕迹可作为森林卫生采伐的指示剂。它们觅食天牛、吉丁虫、透翅蛾、蝽虫等有害虫，每天能吃掉 1500 条左右。

雉鸡↑

雉鸡是鸟纲雉科的一种走禽，共有 30 个亚种。体型较家鸡略小，但尾巴却长得多。

鹦鹉→

鹦鹉是众多羽毛艳丽、爱叫的鸟，典型的攀禽。

白鹭（lù）↑

白鹭的羽毛价值高，羽衣多为白色，繁殖季节有颀长的装饰性婚羽。习性与其他鹭类大致相似，但有些种类有求偶表演，包括炫示其羽毛。

老鹰→

老鹰是一种肉食性的类群，通常在峡谷内觅食。老鹰和一般鸟类的不同点在于，老鹰属于猛禽类。

陆禽

陆禽指鸡形目和鸽形目的所有种类。后肢强壮适于地面行走，翅短圆退化，喙强壮且多为弓型，适于啄食。代表种类有雉鸡、鹌鹑等。斑鸠和鸽虽然善飞翔，但取食主要在地面，因此也被归于陆禽。

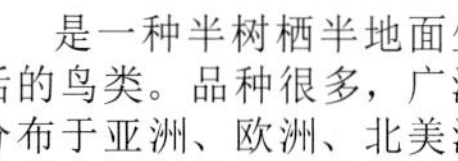

松鸡→

是一种半树栖半地面生活的鸟类。品种很多，广泛分布于亚洲、欧洲、北美洲等地。著名的有细嘴松鸡，也叫林鸡。

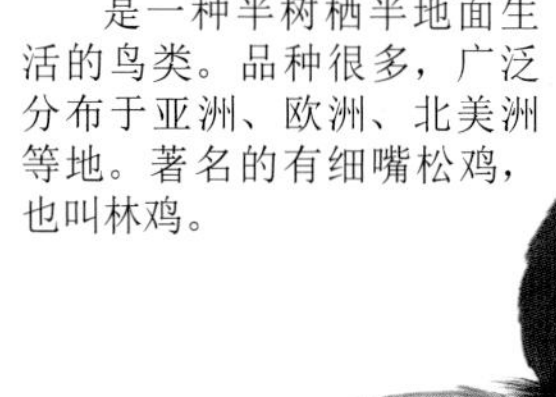

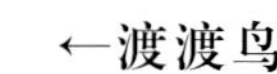

←渡渡鸟

毛里求斯国鸟，仅产于毛里求斯岛上一种不会飞的鸟。在被人类发现仅200年的时间里，生态被破坏或被捕杀，于1681年彻底绝灭，是除恐龙之外，最著名的已灭绝动物之一。也是唯一灭绝的国鸟。2016年8月，世界保存最完整渡渡鸟骨拍卖50万英镑。

分类

★鸡形目、鸽形目、鸵鸟目。

濒（bīn）危雉类

由于陆禽中多种鸟类的经济价值和观赏价值，这些鸟类一直是人们捕捉的重点对象之一，从而使它们的生存受到严重的威胁。目前列入《世界濒危动物红皮书》中的受威胁及濒危雉类已有18种，其中就有11种在我国分布。

红腹锦鸡 >>

生活在我国中南部地区，包括甘肃、秦岭、四川、云贵一带。陕西和甘肃有许多民间传说都认为红腹锦鸡是凤凰的原型，也管红腹锦鸡叫做“金鸡”，管白腹锦鸡叫做“银鸡”。

生活栖息

陆禽主要生活在草原、森林、山地、冻原等生境中，也见于耕地、灌丛、居民区周围。大多数种类结群生活。陆禽主要以植物的叶子、果实及种子等为食，大多数用一些草、树叶、羽毛、石块等材料在地面筑巢，巢比较简单。

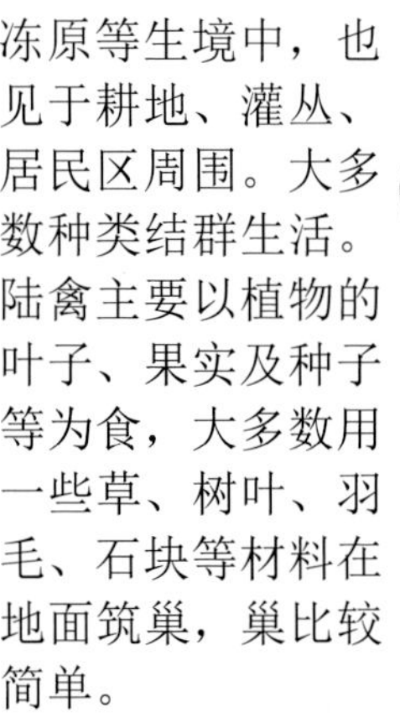

红腹锦鸡↓

红腹锦鸡的野生产地在我国中南部地区，是我国各地文人墨客和达官贵人们相当喜欢的观赏鸟类。

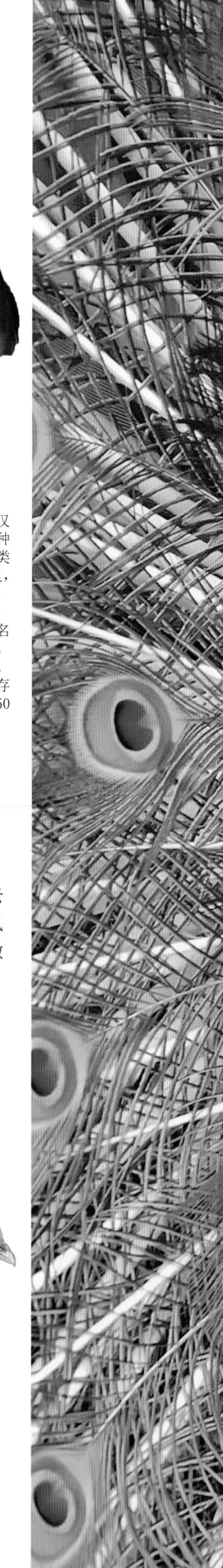

绿孔雀

绿孔雀是雉类陆禽代表，具有强健的喙和双足适应陆地刨食和行走，而翅膀较短而圆，一般不做长距离飞行。

←欧鸽

欧鸽原产于欧亚大陆、非洲北部。栖息于山地森林，尤其喜欢有大树的落叶阔叶林和混交林。

红腹角雉→

红腹角雉体型与家鸡相仿，喉部生有图案奇特的肉裙，色彩绚丽而富于变化。上面的斑点很像草书的寿字，所以又称它为“寿鸡”，视为长寿和好运的象征。

←红翅凤头鹃

红翅凤头鹃头顶有长的黑色羽冠，嘴侧扁，嘴峰弯度较大。头顶、头侧及枕部为黑色而具蓝色光泽。两翅栗色，飞羽尖端苍绿色。

↓黑尾原鸡

黑尾原鸡是斯里兰卡国鸟，雄鸟体型较大，中央两枚尾羽延长，下垂如镰刀状。外观与灰原鸡及原鸡相似。

←褐几维鸟

褐几维鸟是新西兰国鸟，作为国徽、硬币的标志。褐几维鸟的生存历史已有上千万年，是最原始的鸟类之一，且数量极少，非常珍贵。

←褐马鸡

褐马鸡是中国特产珍稀鸟类，翅短，不善飞行，只能从山上向下滑翔式地飞行。两腿粗壮，善于奔跑。

蛇鹫→

蛇鹫是一种大型猛禽，它们是鹰形目下蛇鹫科的唯一物种，蛇鹫科内只有一属一种。广泛分布在整个撒哈拉以南的非洲大部分地区。

非洲鸵鸟↑

非洲鸵鸟是世界上最大的鸟，陆地奔跑速度、耐力最强的鸟，唯一的二趾鸟。拥有陆地生物中最大的眼睛，每一颗眼球都重达60克，比它们的大脑还重。它的蛋也是世界上现存生物最大的。

↓灰孔雀雉

灰孔雀雉是缅甸国鸟，上背、翅膀和尾羽端部具紫色或翠绿色金属光泽的绚丽的眼状斑，极为醒目，与孔雀尾羽的形状、功能非常相似。

↓白腹锦鸡

白腹锦鸡同红腹锦鸡一样，它也是世界上最漂亮的观赏雉，在各地动物园和野生动物养殖场均有饲养。

白鹇↓

白鹇是国家二级保护动物，是我国传统名贵的观赏鸟，也被称为“哑瑞”。颇有仙鸟的气质，清朝更把白鹇作为五品官服的图案。

灰胸竹鸡→

灰胸竹鸡羽色亮丽，能发出特殊叫声。由于野外竹鸡多成群活动，很容易捕猎，所以也成为了中国特有的一种猎用禽。

黑颈长尾雉→

黑颈长尾雉分布在中国西南的云南、广西等省，以及印度、缅甸和泰国，栖息于海拔 1000 ～ 3000 米的开阔（kuò）林区。目前的数量十分稀少，是中国国家一级保护动物。

粉鸽↓

粉鸽是毛里求斯特有的一种鸽子，现在已经十分罕（hǎn）见。濒危种类。

←褐翅鸦鹃

褐翅鸦鹃的鸣声连续不断，从单调低沉到响亮，似远处的狗吠声，数里之外都能听见，尤以早晨和傍晚鸣叫最为频繁。

斑鸽↑

斑鸽是非洲特有的鸟类，特点十分鲜明，体型在同属中较大，很容易与其他品种区分开来。

白头鸽↑

白头鸽是大洋洲独有的野生鸽属品种，喙粉红，眼部有一圈粉红色裸皮，头部至腹部为白色，翅膀及背部为灰色。是色彩非常协调，体型很优美的野生鸽品种。

蓝孔雀↑

蓝孔雀，又名印度孔雀，分布于印度、巴基斯坦和斯里兰卡，主要生活在丘陵的森林中，尤其在水域附近，清晨和傍晚它们随其群到田地里觅食。

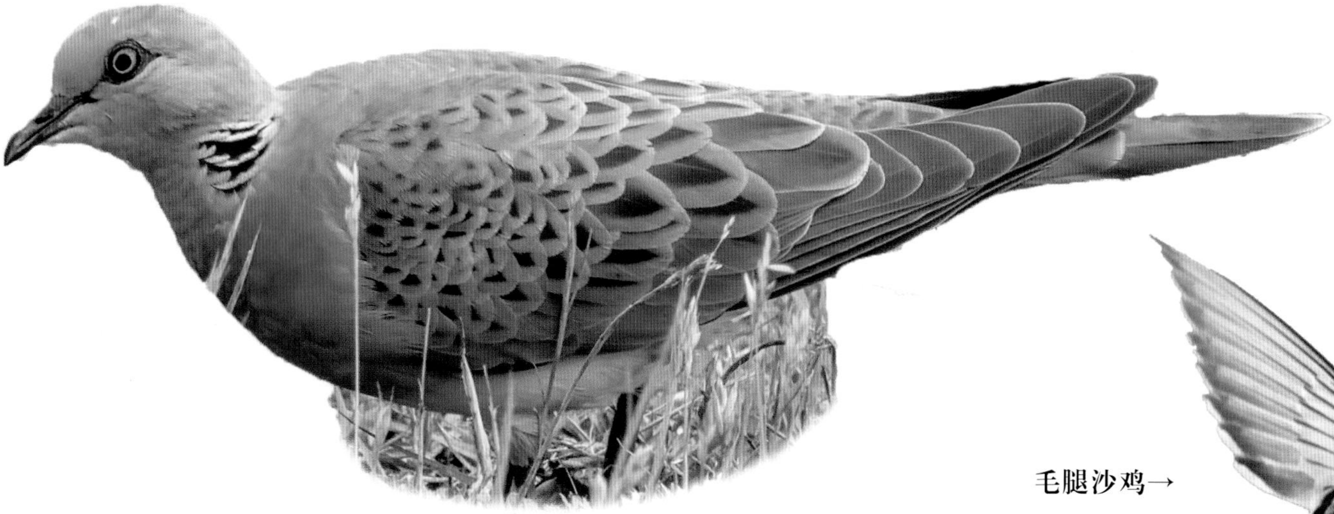

黄眼鸽↑

黄眼鸽是一种体型很大的森林里的鸽子，最突出的特点就是眼部黄色的裸皮，十分耀眼。背部和翅膀为栗色，翅膀肩部有白斑。

毛腿沙鸡→

毛腿沙鸡是沙鸡类陆禽代表，适应于开阔的荒漠原野的地面生活，通常取食地面植物种子和嫩（nèn）芽。

雪鸽↑

雪鸽原产于亚洲喜马拉雅山脉周边区域，栖息于高海拔 2000 ～ 4000 米的岩地、河谷及岩坡间。头部颜色明显较深，像戴了一个头盔一般。

←黑林鸽

黑林鸽体型较大，羽色近石板黑至炭灰色，为林鸽系列品种。翅上覆羽和下体余部光泽较弱，随光线的不同或呈绿色或呈紫色。

←斑尾林鸽

斑尾林鸽原产于亚洲，分布于欧洲，属留鸟，栖息于山地阔叶林、混交林和针叶林中，偶尔也出现于森林平原地带。

哀鸽→

哀鸽是安圭拉国鸟，哀鸽的鸣叫声很出名，发出"咕-呜-咕-呜"的叫声，常给人有悲哀的感觉，它也由此而得名。

游禽

游禽是鸟类六大生态类群之一，涵盖了鸟类传统分类系统中雁形目、潜鸟目、鸊鷉目、鹱形目、鹈形目、鸥形目、企鹅目七项目中的所有种。游禽适合在水中取食。

←绿头鸭

绿头鸭是雁鸭类游禽代表，双爪具蹼，擅长游泳。主要栖息于水生植物丰富的湖泊、河流、池塘、沼泽等水域中；主要以野生植物的叶、芽、茎、水藻和种子等植物性食物为食。

主要特征

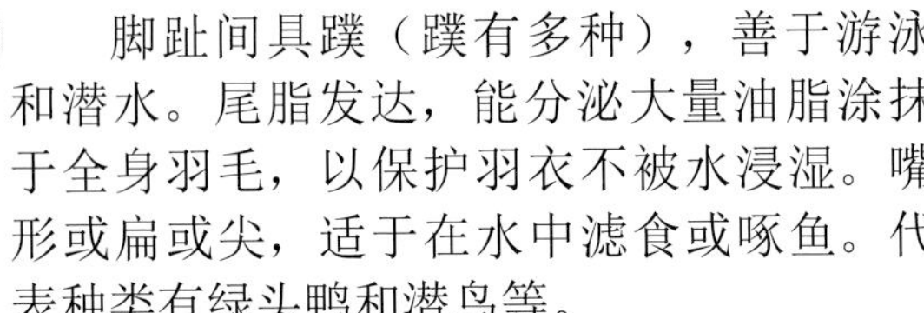

脚趾间具蹼（蹼有多种），善于游泳和潜水。尾脂发达，能分泌大量油脂涂抹于全身羽毛，以保护羽衣不被水浸湿。嘴形或扁或尖，适于在水中滤食或啄鱼。代表种类有绿头鸭和潜鸟等。

鸿雁↓

鸿雁羽毛紫褐色，腹部白色，嘴扁平，腿短，趾间有蹼。群居在水边，飞时一般排列成行，是一种冬候鸟。也叫大雁。

←凤头鸊鷉

凤头鸊鷉别名浪花儿、浪里，也是体型最大的一种鸊鷉，雄鸟和雌鸟比较相似，有鸭子一样大小，体长为50厘米以上，体重为0.5～1千克。

←中华秋沙鸭

中华秋沙鸭是第三纪冰川期后残存下来的物种，距今已有1000多万年，是我国特产稀有鸟类，属国家一级重点保护鸟类。目前仅存不足1000只。由于以天然树洞为巢，有人将它称作“会上树的鸭子”。

↓棕头鸥

棕头鸥是中型水鸟，体长41～46厘米。主要在布哈河周边集群营巢。

斑头雁↓

斑头雁体羽银灰色，头和颈白色，头部居两道宽阔的黑斑，故名“班头雁”。青海湖四大夏候鸟之一，每年3月下旬从南方迁来青海湖繁殖，主要在蛋岛、三块石集群繁殖。以水草等植物为食。

←花脸鸭

花脸鸭属小型鸭类，个体较绿翅鸭稍大，而较针尾鸭稍小。体长37～44厘米，体重0.5千克左右。

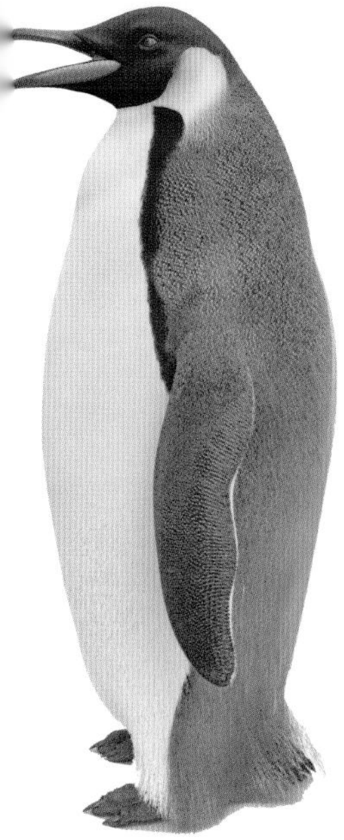

小蓝企鹅↑

小蓝企鹅也称蓝企鹅，是企鹅家族中体型最小的物种，普遍身高43厘米，体重约为1千克。

←灰雁

灰雁体大而肥胖。嘴、脚肉色，上体灰褐色，下体污白色，飞行时双翼拍打用力，振翅频率高。脖子较长。

皇帝企鹅↑

皇帝企鹅是唯一一种在南极洲的冬季进行繁殖的企鹅。皇帝企鹅是企鹅家族中个体最大的物种。世界上潜水最深的鸟类。

黄眼企鹅↑

黄眼企鹅是原住新西兰的企鹅，仅分布在新西兰南岛、斯图尔特岛、奥克兰群岛及坎贝尔岛，是濒危物种，估计只有约4000只。

←绿翅鸭

绿翅鸭是小型鸭类，体长37厘米，体重约0.5千克。

黑天鹅↑

黑天鹅原产于澳洲，是天鹅家族中的重要一员，为世界著名观赏珍禽。具白色翼尖和红色的嘴。

←疣鼻天鹅

疣鼻天鹅是国家二级保护动物。是大型游禽，体羽洁白，脖（bó）颈细长，并且嘴部有明显的突起，因此得名，在水中游泳时颈部弯曲略似“S”形。

↑火烈鸟

火烈鸟光泽闪亮，从远处看像一团熊熊燃烧的烈火，主要分布在热带和亚热带地区。属世界濒危物种。

针尾鸭↑

针尾鸭是中型游禽，属水鸭类。体长43～72厘米，体重0.5～1千克。

←海鸬鹚

海鸬鹚是大型水鸟。俗名乌鸦。典型的海上鸬鹚。体长约70厘米，体羽黑色具光泽。

黑颈鸬鹚↑

黑颈鸬鹚是一种中型鸬鹚，个体较一般鸬鹚小得多。身体细长，嘴短粗，头较圆，颈较短，圆尾较长。

小斑鸬鹚→

小斑鸬鹚是澳洲的3种黑白相间的鸬鹚之中体型最小的，在城市水域中最常见的一种。身长：58～64厘米；翼展：84～92厘米。

鸬鹚 >>

鸬鹚，又称为水老鸦、鱼鹰等，是一种分布十分广泛的鸬鹚科海鸟。十分擅长潜水捕鱼，在中国南方多饲养来帮助捕鱼。特征为足部4趾相连全蹼足，是鸟类中所仅见。在世界有39种，分布十分广泛。中国有10种，大都为候鸟或旅鸟。

印度鸬鹚→

印度鸬鹚是一种中型海鸟，身长63厘米。全身棕褐色，翼和覆羽有银色的光泽；黑色的脖子上有白色羽毛。它有一个长尾巴；瘦长的喙。

↑黑喉鸬鹚

黑喉鸬鹚是一种全身几乎长满黑色羽毛的鸬鹚。

↓斑头鸬鹚

斑头鸬鹚是大型水鸟。体羽黑绿色，有蓝绿色金属反光。嘴基部内侧黄色，裸出皮肤白色，颊后方及后头有白色羽毛。

←小黑鸬鹚

小黑鸬鹚属鸟纲、鹈形目、鸬鹚科、鸬鹚属动物，是澳洲的两种黑色的鸬鹚中体型较小的一种，主要分布于澳大利亚和新西兰及太平洋海域诸岛屿。

鸳鸯 >>

鸳指雄鸟，鸯指雌鸟，故鸳鸯属合成词。属雁形目的中型鸭类，大小介于绿头鸭和绿翅鸭之间，体长38～45厘米，体重0.5千克左右。雌雄异色，雄鸟嘴红色，脚橙黄色，羽色鲜艳而华丽，头具艳丽的冠羽，眼后有宽阔的白色眉纹，翅上有一对栗（lì）黄色扇状直立羽，像帆一样立于后背，非常奇特和醒目，野外极易辨认。雌鸟嘴黑色，脚橙黄色，头和整个上体灰褐色，眼周白色，其后连一细的白色眉纹，亦极为醒目和独特。

鸳鸯

鸳鸯羽色绚丽，为中国著名的观赏鸟类，之所以被看成爱情的象征，因为人们见到的鸳鸯都是出双入对的。是经常出现在中国古代文学作品和神话传说中的鸟类。人们常用鸳鸯来比喻男女之间的爱情，在中国的传统装饰中常作为夫妻恩爱、永不分离的美好象征。

涉禽

涉禽是指那些适应在沼泽和水边生活的鸟类，为湿地水鸟，休息时常一只脚站立，大部分是从水底、污泥中或地面获得食物。鹭和鹳是常见的种类。

黑鹳↑

黑鹳为大型涉禽，全长约100厘米。1986年，上海动物园和齐齐哈尔龙沙公园人工孵化黑鹳和育雏成功，目前估计总数为20～30只。

“三长”特征

即喙（嘴）长、颈长、后肢（腿和脚）长，适于涉水生活，因为腿长可以在较深水处捕食和活动。它们趾间的蹼膜往往退化，因此不会游水。典型的代表种类是丹顶鹤、大白鹭。

池鹭↑

池鹭别名红毛鹭、中国池鹭、红头鹭鸶、沼鹭。是典型涉禽类，体长约47厘米，翼白色、身体具褐色纵纹的鹭。分布于孟加拉国至中国及东南亚。越冬至马来半岛、印度支那及大巽他群岛。

黑颈鹤

黑颈鹤，国际易危物种，国家一级保护动物，我国特有种，青海省省鸟，唯一生活、繁殖在高原的鹤类，也是世界15种鹤中被最晚记录到的一种鹤，是俄国探险家普热尔瓦尔斯基于1876年在中国青海湖发现的。黑颈鹤夏季在西藏繁殖，冬季迁至云贵过冬。

↓黑翅长脚鹬

长脚鹬属。既是青海湖的繁殖水鸟，也是青海湖的迁徙水鸟，在青海湖周边的浅水湿地繁殖。

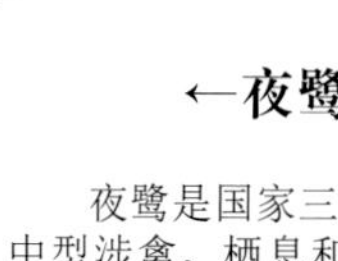

←夜鹭

夜鹭是国家三级保护动物，中型涉禽。栖息和活动于平原和低山丘陵地区的溪流、水塘、江河、沼泽和水田地上。分布于欧洲、亚洲、非洲。

大白鹭↑

大白鹭是鹭类涉禽代表，身材修长，常在浅水地带捕鱼、虾蟹、蛙类等水生生物，长长的喙能够直接刺穿鱼类。

←大蓝鹭

大蓝鹭是鹳形目鹭科的鸟类。共有5个亚种，体长137厘米。全身大部分羽毛呈灰蓝色羽毛，胸口和背部有丝状羽饰。枕部有两枚黑色长形羽毛形成的冠羽，悬垂于头后，状如辫子。

←黑冕鹤

黑冕鹤是一种没有迁徙行为的留鸟。体长105厘米，翼展180～200厘米，体重3000～4000克。

丹顶鹤 >>

丹顶鹤又称仙鹤，是世界珍贵鸟类，如今，丹顶鹤已经成为国家一级保护动物。

鹤是我国著名的珍禽，属于涉禽类，鹤形目，鹤科。全世界共有15种鹤。我国共有9种，占一半以上。诸鹤之中，以体型秀丽、鸣声嘹亮、舞步轻盈、白羽黑翎、赤顶鲜艳的丹顶鹤最为名贵。丹顶鹤体长在1.2米以上，全身几乎都是纯白色，只是头顶裸出部分鲜红色及喉、颊和颈部是暗褐色，嘴呈灰绿色，脚呈灰黑色。

丹顶鹤主要产于我国的黑龙江省，西伯利亚东部、朝鲜北部以及日本也有分布。丹顶鹤在我国有两个故乡。每年10月下旬从我国东北成群飞往长江下游一带越冬，第二年3月下旬又集群飞回故乡去繁殖后代。丹顶鹤栖息于芦苇及其他荒草的沼泽地带，食水生植物的嫩芽、种子、水生昆虫、软体动物和鱼类等。

丹顶鹤数量稀少，全世界大概有1200只，我国有670多只，为了保护丹顶鹤，目前，在黑龙江扎龙、吉林向海和江苏盐城建立了保护区。丹顶鹤具有较高的学术价值和观赏价值，浙江自然博物馆动物陈列厅和标本库房均有陈列和收藏。亭亭玉立的丹顶鹤还作为2003年浙江自然博物馆学生参观年卡的图案，显得高雅别致，一双圆豆般的眼睛，炯炯有神，引人注目。

成语“鹤立鸡群”就表示它们另有一种与众不同的美，鹤在中国文化中占有重要的地位，早在《诗经·鹤鸣》中就有“鹤鸣于九皋（gāo），声闻于野”的精彩描述。由于丹顶鹤的寿命可达50～60年，所以自古以来人们把它同松树绘在一起叫做《松鹤图》作为长寿的象征。传说中的仙鹤就是丹顶鹤，它是生活在沼泽或浅水地带的一种大型涉禽，常被人冠以“湿地之神”的美称。丹顶鹤主要分布在东北扎龙自然保护区，迁徙至江苏盐城以及江西鄱阳湖过冬。

丹顶鹤

攀禽·猛禽·鸣禽

攀禽 >>

攀禽最明显的特征是它们的脚趾两个向前，两个向后，有利于攀缘树木。代表物种大斑啄木鸟、普通翠鸟、楼燕等。

大斑啄木鸟→

大斑啄木鸟是啄木鸟攀禽代表，脚趾短而有力，特化为特殊的对趾足，适应在树干上攀爬，同时尾羽羽轴坚硬，可以作为第三支撑点支撑身体。

楼燕↑

楼燕是雨燕类攀禽代表，4个脚趾均向前特化为特殊的前趾型，只能停栖或抓持在岩崖间。翅膀尖而长，适应快速飞行生活。

↑普通翠鸟

翠鸟类攀禽代表，脚趾第三地上趾大部分并联，与第二趾仅基部并连，特化为独特的并趾足，适应于树枝停歇。

猛禽 >>

猛禽是鸟类六大生态类群之一，猛禽包括鹰、雕、鸢、隼等次级生态类群，均为掠食性鸟类。在生态系统中，猛禽个体数量较其他类群少，但是却处于食物链的顶层，扮演了十分重要的角色。代表物种为金雕、红隼、红角鸮。

金雕→

金雕是鹰类猛禽代表，一种性情凶猛的顶级捕食者，嘴爪均极其强健锋利，不仅捕食斑头雁、蓑羽鹤等大中型鸟类，还捕食岩羊、藏原羚等食草动物，甚至还会捕食赤狐、狼、豺等食肉动物。

鸣禽 >>

鸣禽为雀形目鸟类，种类繁多，鸣禽善于鸣叫，由鸣管控制发音。鸣管结构复杂而发达，大多数种类具有复杂的鸣肌附于鸣管的两侧。鸣禽大多数属小型鸟类。在花鸟鱼虫市场是最常见的，那些活泼的小鸟，叫声悦耳，羽毛光鲜，深受人们的喜爱。代表物种乌鸫、黄腰柳莺等。

黄腰柳莺→

黄腰柳莺体长仅 10 厘米，小小的身体内蕴含极为复杂的鸣管系统，鸣声洪亮有力、婉转动听，是中国最小的鸣禽之一。

乌鸫→

乌鸫是鸟类歌唱大师，具有发达的鸣管系统，鸣声婉转多变，曲目众多，被称为“百舌鸟”。

←红角鸮

红角鸮是猫头鹰类猛禽代表，红角鸮是一种夜行性猛禽，具有发达的视觉和听觉，同时出色的拟态可以让其与停歇的树干融为一体，适应夜间偷袭式捕食。

红隼↑

红隼是隼类猛禽代表，红隼翅膀尖而狭长，飞行迅捷，适应空中捕食，主要捕食对象为昆虫、小型鸟类、小型鼠类等。

哺乳动物

哺乳动物是一种恒温、脊椎动物，是动物发展史上最高级的阶段，几乎占据每个陆生生境，也是与人类关系最密切的一个类群。

主要特征

哺乳动物拥有高度发达的神经系统和感官，能协调复杂的机能活动和适应多变的环境条件；出现了口腔咀嚼和消化，大大提高了对能量的摄取；高而恒定的体温，帮助它们减少了对环境的依赖性。它们还具有在陆地上快速运动的能力；且哺乳动物是胎生，具有乳腺，可对幼仔哺乳，从而保证了后代有较高的成活率。

多样性

哺乳动物是动物界里多样化程度最高的一类。它们的身体结构和外形应生存环境的需求而高度特化，比如有长脖子的长颈鹿和长鼻子的大象等。哺乳动物还是动物界物种中分布最为广泛的一类。作为一类恒温动物，它们能在较寒冷的环境里保持活动能力，而汗腺等器官可以帮助它们在炎热的环境里控制体温，故能适应各种不同温度和地形的生存环境。从热带草原上的羚羊到极地的北极熊再到高山上的鼠兔和沙漠中的骆驼，到处可以见到它们的身影。

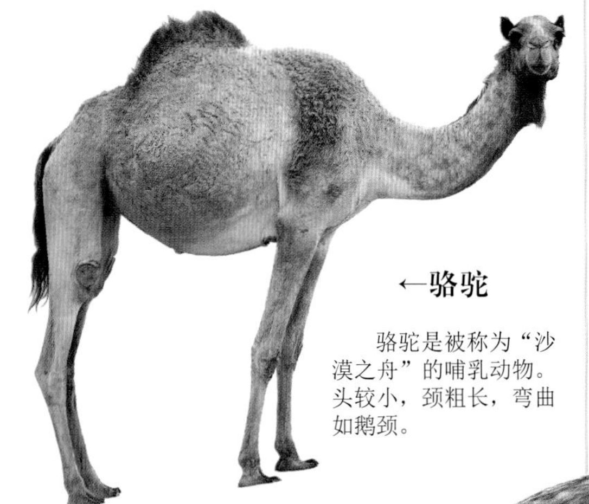

←骆驼

骆驼是被称为“沙漠之舟”的哺乳动物。头较小，颈粗长，弯曲如鹅颈。

陆生环境的统治者

哺乳动物的分类有很多，根据营养方式分的话可以分为草食、肉食和杂食。按照生活方式分类的话，可以分为陆地、水栖、空中和地下等方式。如果是按照婴儿在母胎里的形式的话，可以分为单孔类、有袋类和有胎盘类。我们人类和大部分的哺乳动物都属于有胎盘类。

根据生物学家的考证，地球上单孔类哺乳动物只生活在大洋洲地区，其中主要分布在澳大利亚地区。然而单孔类哺乳动物也只是在历史上存在而已，现在都已经灭绝了。现在世界上还存在着有袋类哺乳动物和有胎盘类哺乳动物。现存的有袋类哺乳动物主要也是分布在大洋洲的澳大利亚，其中以袋鼠和考拉为代表。因为有袋类动物并没有真正的胎盘，因此胎儿一般都会早产待在母亲的育儿袋里。育儿袋就是它们成长的摇篮，在里面它们可以充分吸收营养，躲避外面世界的危险。除了袋鼠和考拉之外，有袋类哺乳动物中还有负鼠、代貂等十几个科。

←负鼠

负鼠是一种比较原始的有袋类动物，主要产自拉丁美洲，只有一种（北美负鼠）分布在美国和加拿大。负鼠是一种原始、低等的哺乳动物。

←树袋熊

树袋熊大部分的时间都是在树上度过的，几乎终生都在桉树上度过。其白天的许多时间都用来睡觉，只有不到10%的时间用来觅食，而其他的时间主要花在静坐上。

袋鼠→

袋鼠是一种属于袋鼠目的有袋动物，主要分布于澳大利亚大陆和巴布亚新几内亚的部分地区。其中，有些种类为澳大利亚独有。不同种类的袋鼠在澳大利亚各种不同的自然环境中生活，从凉性气候的雨林和沙漠平原到热带地区。袋鼠是跳得最高最远的哺乳动物。

漫长的进化历程

据科学家研究，最早的哺乳动物出现在2.25亿年前的三叠纪晚期。但实际上，哺乳动物的故事开端比这还要早许多。

哺乳动物的进化是一个极其漫长的故事，我们也许不知道这个故事会在哪里结束，但我们却可以凭借着化石和各种资料穿越回过去，去看看最早的哺乳动物和它们的祖先。

二齿兽

在二叠纪晚期，被称为二齿兽的兽孔动物成为陆地上的主要动物。

二齿兽类动物的名字意味着长着两颗长牙，它们是一个极其多样化的动物群体。

水龙兽↑

水龙兽，已绝灭的类哺乳爬行动物。头大、颈短、体桶状。体型有点类似今日的河马。

蛇颈龙↑

鱼龙↑

祖先

哺乳动物的祖先始于史前的湖泊和河流，那时两栖动物首次踏上陆地。哺乳动物和爬行动物的早期祖先都被称为羊膜动物。这些爬行动物是由两栖动物进化而来的。

与两栖动物不同，羊膜动物可以在远离水的地方受精和产卵。早期的羊膜动物很小，形似蜥蜴。摆脱了必须回到水里繁殖的限制，它们可以栖息在各种各样的栖息地。

羊膜动物分成两个主要分支：合弓动物和蜥形动物。

合弓动物是所有哺乳动物的祖先。然而，真正的哺乳动物要出现还需要很长时间。

布拉塞龙↑

布拉塞龙是一种生长在三叠纪晚期的大型四肢草食性二齿兽类动物。布拉塞龙聚集成很大的族群，居住在旷野中，嚼（jiáo）食矮小的蕨类植物。

异齿龙（盘龙类动物）

在二叠纪早期，被称为盘龙类的早期合弓动物成为占统治地位的大型陆地动物。盘龙类动物的一个例子是异齿龙，一种长达4米多的顶端捕食者。尽管异齿龙看起来仍然非常像爬行动物，但它与哺乳动物的关系更密切。

异齿龙↑

杯鼻龙→

杯鼻龙，是一种大型合弓纲动物，属于盘龙目，卡色龙亚目，约2亿6500万年前诞生。存在于二叠纪早期到中期的北美洲南部。杯鼻龙是目前已知最大的卡色龙类与盘龙目动物，是那个时代最大的四足动物。

袋鼬

包含大部分肉食性有袋类哺乳动物，包括 3 科：袋狼科、袋食蚁兽科和袋鼬科。

分布及特性

分布于澳大利亚和新几内亚。多门齿。其中袋狼是世界上最大的食肉有袋类，曾广布于澳大利亚、新几内亚和塔斯马尼亚，于 1933 年灭绝。由于肉食动物的相似性，该目动物与其他肉类动物在外观上存在类似的地方。在欧洲早期殖民者的称呼中可以反映出来，如袋狼被称为塔斯马尼亚虎，袋鼬被称为土猫。

袋狼↑

袋狼曾广布于澳大利亚、新几内亚和塔斯马尼亚。欧洲移民登陆后，视其为食羊害兽而大肆捕杀，加之随人类入侵的野犬竞争和栖息地破坏，仅塔斯马尼亚残存部分种群，但最后一只袋狼仍于 1933 年在澳大利亚赫芭特动物园死去。

袋食蚁兽→

别名斑纹食蚁兽，为有袋目袋食蚁兽科袋食蚁兽属的单一物种。也是有袋目唯一一种主要以白蚁为食的动物。牙齿多达 52 枚，超过任何陆生哺乳动物的齿数，齿细，排成长列。能上树，可在树枝间攀爬。分布于澳大利亚西南部，为濒危物种。

袋貂

袋貂（diāo）是有袋目动物。分布于澳大利亚、北美和南美等地沙漠到森林。分为硕袋鼠科，袋貂科，泊托袋鼠科，袋熊科。

多数为植食性

袋貂多数为植食性，一些小型的袋貂为食虫性或者杂食性，也有些食蜜或者植物的汁液。现代的有袋类中只有袋貂总科拥有较大型的有袋类，在袋狼灭绝之后，现存所有体重超过 10 千克的有袋类均属此类，也只有袋貂总科拥有真正植食性成员。史前的大型植食性动物中体型最大的是双门齿兽，双门齿兽和袋熊关系较密切，体型大如河马，是地球上生存过的最大型的有袋类。

森林中的小猛兽

貂居于森林山地，营半树栖生活。昼夜均能活动觅食，早晨和黄昏活动最为频繁。多独居，视觉和听觉都很敏锐，行动迅捷，善于攀缘。

石貂→

石貂分布于欧亚大陆以及中国。喉胸部具一鲜明的白色或黄色块斑。

日本貂↑

日本貂又称对马貂，生活在日本的高山森林中，主要分布在阔叶林，也生活在针叶林种植园和开放的田野。

袋獾↑

袋獾隶属于袋鼬目袋鼬科的一个特殊成员，仅产于塔斯马尼亚岛上。是现存最大的有袋类食肉动物。与有胎盘类的獾类相似。

渔貂↑

渔貂分布于加拿大和美国，栖息于温带的针叶林和混合落叶林。

帚尾袋貂↑

帚尾袋貂分布于澳大利亚和塔斯马尼亚岛等地。尾长而卷，尾后半部具扫帚状的毛，因此得名。是澳大利亚最普通的有袋动物。

黄喉貂↑

黄喉貂主要分布于东亚和东南亚及俄罗斯外东北地区。喉胸部毛色鲜黄，包括腰部呈黄褐色。

蜜袋貂↑

蜜袋貂是体型最小的袋貂，蜜袋貂吻部极长，又称长吻袋貂，仅分布于澳大利亚西南部地区，其生存地区需要有多种植物使其整年均有花蜜可食用。

紫貂↑

紫貂分布于亚洲北部的西伯利亚、蒙古、中国以及日本等地。生活于海拔 800 ～ 1600 米的气候寒冷的针叶阔叶混交林和亚寒带针叶林。

赤大袋鼠

又名红大袋鼠，是体型最大的袋鼠，平均身高约 1.5 米，也是澳洲最大的哺乳动物及现存最大的有袋类。它们广泛分布在澳洲大陆，栖息在澳洲中部的干旱内陆，以及树木稀少的辽阔平原。经常在夜间或暮（mù）晨活动，红大袋鼠喜欢吃草及其他植被。红袋鼠是单独或以小群生活的，但若食物不足时，它们会聚集为大群。

种族歧视

袋鼠家族中“种族歧视”十分严重，它们对外族成员进入家族不能容忍，甚至本家族成员在长期外出后再回来也是不受欢迎的。家族即使接受新成员，也要教训一番，直到新成员学会许多“规矩”后，才能和家族融为一体。

赤大袋鼠

赤大袋鼠是袋鼠科、大袋鼠属动物。红袋鼠是世界上最大的有袋类动物。红袋鼠体长 100 ～ 160 厘米，尾长 75 ～ 120 厘米，体重 23 ～ 70 千克。

长长的腿

用于跳跃和释放能量。

长长的尾巴

尾长 75 ～ 120 厘米。

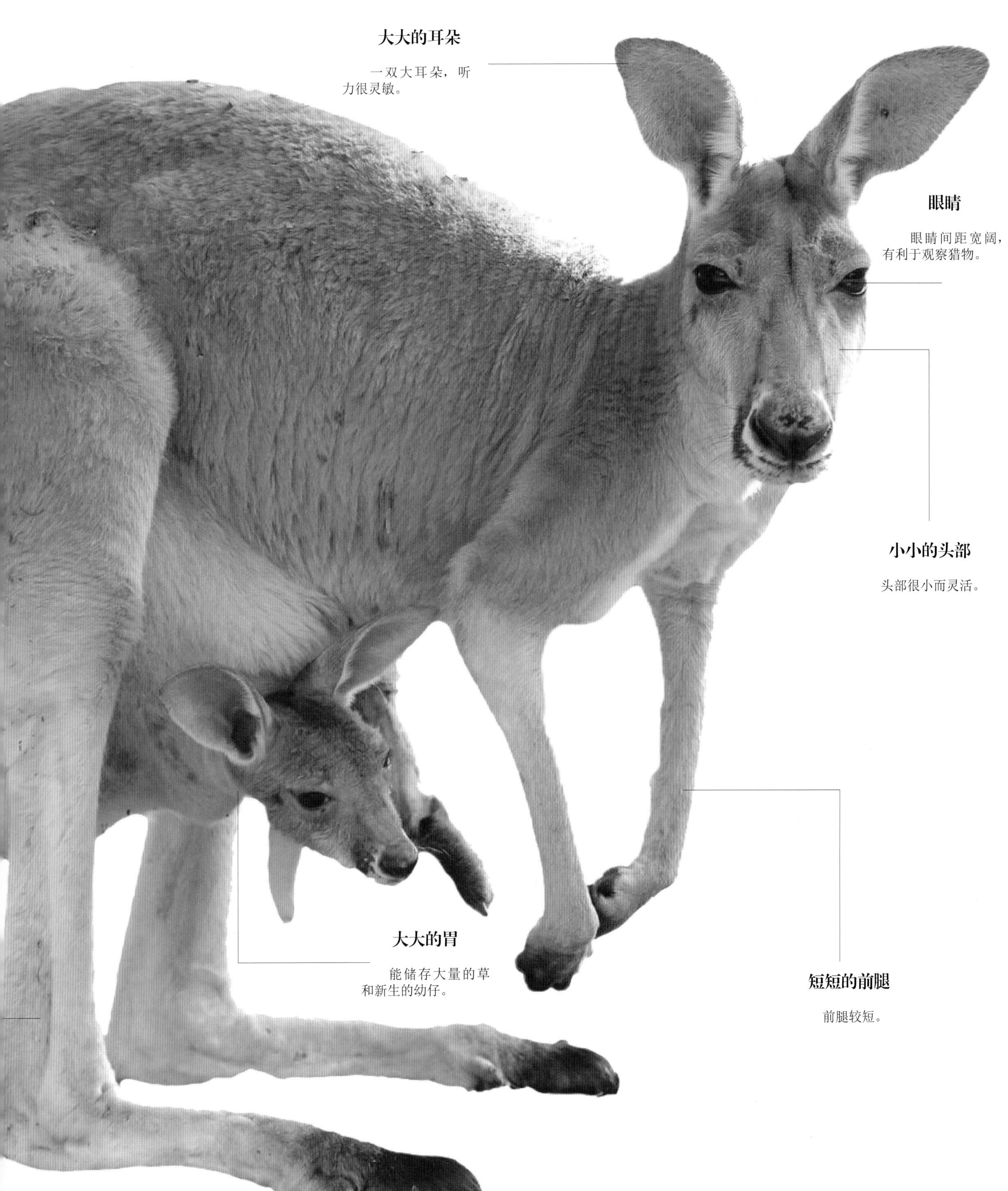
大大的耳朵
一双大耳朵，听力很灵敏。
眼睛
眼睛间距宽阔，有利于观察猎物。
小小的头部
头部很小而灵活。
大大的胃
能储存大量的草和新生的幼仔。
短短的前腿
前腿较短。

象鼩（qú）

门	脊索动物门
纲	哺乳纲
目	象鼩目
科	1
种	15

象鼩类动物的统称。象鼩长着一个又长又灵活的嘴（或称吻）。由于所有的象鼩都因有较长的似大象的鼻子而得名，鼻子的触觉和嗅觉极为灵敏，听觉和视觉也不错。象鼩仅生活在非洲大陆，2020 年 8 月，时隔 52 年后神秘象鼩重现非洲。

"活化石物种"

象鼩是地球上 15 种"活化石物种"之一，它至少在 0.23 亿年的进化历程中体型未发生变化。并非高度群居的动物，很多都是一对生活的，共同保护领土。它们会用臭腺来划分自己的领地。东非象鼩会在泥土挖像袋狸款式的细小圆锥穴，但其他的则会利用天然裂缝或以树叶筑巢。象鼩占据各种栖息地，从岩质的小山到草地、森林下的地面等的高纬度的森林地带。2006 年，一支探险队前往非洲进行考察，并成功地捕获 5 只巨型象鼩，不幸的是其中的一只已经被鸟吃掉一半了。

讨论：自成一目

象鼩的划分有很多争议。以前，它们被认为与鼩鼱和刺猬有关联，或者被认为属于刺猬——包括旷兔和穴兔，或者被认为与有蹄类动物亲缘关系很远。现在，它们自成一目：象鼩目。

活跃的幼崽

因种类而异，象鼩双亲可能会花费一年的大部分时间养育幼崽。幼崽很小，通常每窝 1 ～ 3 只，由于它们在出生时就发育得很好了，所以很快就能变得非常活跃。

↑ 黑红象鼩

黑红象鼩是生活在非洲的动物。体型虽然较小，但都是大象的近亲。

象鼩

象鼩长着一个又长又灵活的嘴（或称吻）。体型娇小，同时又要不停活动，它们以捕食昆虫为生，属于象鼩目、象鼩科。

金鼹和马岛猬

门	脊索动物门
纲	哺乳纲
目	非洲鼩目
科	2
种	约 57

金鼹分布于喀麦隆至坦尚尼亚以南一带，南非常见的小型种是金毛鼹，巨森林金鼹为大型种类。马岛猬是一种分布在马达加斯加岛以及附近岛屿上的哺乳动物。

生活与栖息

金鼹和马岛猬一般生活在非洲东海岸附近的几个岛屿上。大多数的马岛猬生活在马达加斯加岛，它们在此岛上的生存历史已达几百万年之久。虽然马岛猬生活的地区很小，但它们已经适应了多种环境。有的马岛猬生活在树上，有的生活在水里，还有的像鼹鼠一样生活在地下。不同的马岛猬有不同的特点。大一点的马岛猬身上有刺，尾巴很短；而鼬猬尾巴比较长，长着柔软的皮毛。马岛猬和金鼹有许多特征曾被认为很原始，但最近认识到它们是对恶劣环境的一种适应。这种特征包括低代谢率和低体温。这些哺乳动物也能进入到一种蛰伏状态长达3天，以在寒冷的环境中节省能量，而且它们还有高效的肾脏，这减少了对饮水的需要。

金鼹↑

金鼹像真正的鼹科动物，为无视觉、体型短粗、几乎无尾的穴居动物。

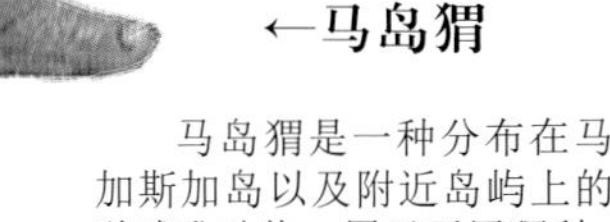

←马岛猬

马岛猬是一种分布在马达加斯加岛以及附近岛屿上的一种哺乳动物，属于无尾猬科。

南非金鼹↑

南非金鼹像真正的鼹科动物，为无视觉、体型短粗、几乎无尾的穴居动物。

←低地斑纹马岛猬

低地斑纹马岛猬有着长长的吻部和长满刺的身体以及几乎退化的尾巴，毛色以黑色为主，布有黄色纵行条纹，腹部则是栗色的软毛。

树鼩

门	脊索动物门
纲	哺乳纲
目	树鼩目
科	2
种	20

树鼩是树鼩科树鼩属动物。善攀登、跳跃，行动敏捷（jié），胆小易惊，有较强的领地意识。主要分布在克拉地峡以北的东南亚地区。

食性与栖息

树鼩是杂食性动物，常以昆虫、小鸟、五谷野果为食，更喜甜食如蜂蜜。能发出8种不同的声音用于警报、注意、接触和防御（yù）。野生树鼩多在丘陵、平原近农舍旁的灌木丘林里活动，有时出入于农舍园宅，行动灵活，在土堆挖洞作穴，亦有在树上筑巢。常见单个出没于丛林或村道、园内。雌性成对生活，不群居。雄者性凶暴，两雄相处常互相咬斗，因此不易将两只雄性同笼饲养。

树鼩

树鼩体长26～41厘米，体重50～270克，头部到身体的长度为12～21厘米，尾长约14～20厘米，通常接近其身体长度。

土豚

门	脊索动物门
纲	哺乳纲
目	管齿目
科	1
种	1

土豚又叫非洲食蚁兽，是一种身强力壮的动物。“土豚”在非洲语中意思是“土猪”。土豚是食虫动物，靠吃蚂蚁和白蚁为生。

“挖地虎”

土豚主要栖息在丘陵和半草原地区。独自生活在较深的洞穴中。极善于挖土，掘进速度快，几分钟内就能遁入土中。夜间活动，以利爪抓破蚁丘，用长舌粘白蚁充食。性懦弱胆小，缺乏自卫能力，全靠灵敏的听觉察知外部敌情，尽早地隐匿或逃入洞内。5～6月产仔，每胎1仔。幼土豚裸而闭眼，待半年后始出洞。土豚环境适应能力很强；单独生活，领地意识弱；夜行性，白天躲在洞穴中休息，黄昏至清晨时分觅食活动。

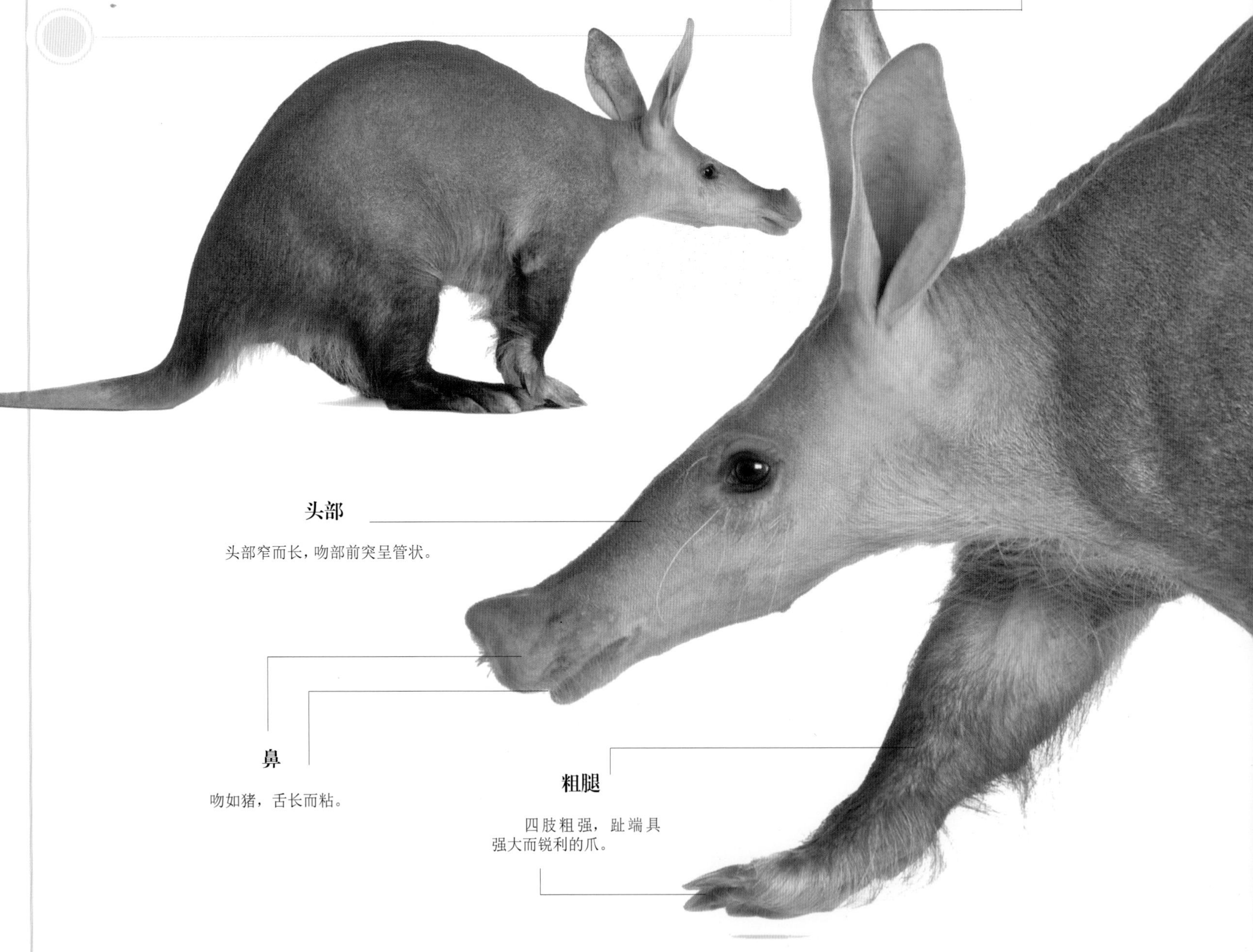

耳朵

耳长大而薄，类似驴耳。

头部

头部窄而长，吻部前突呈管状。

鼻

吻如猪，舌长而粘。

粗腿

四肢粗强，趾端具强大而锐利的爪。

体型

体型类似大袋鼠，但颇肥壮，体长 90 ～ 140 厘米，体重 50 ～ 60 千克；皮厚，红褐色或白色，被有稀疏刚毛。

尾

尾呈圆柱形，尾肌很发达，基部粗，末端变细，长约 48 ～ 60 厘米。

儒艮和海牛

儒艮（gěn）与海牛同属于海牛目，儒艮与海牛在外观上很相近，它们之间的不同点在于尾部的形状：海牛的尾部扁平略呈圆形，外观类似大型单片的船桨；而儒艮的尾部则是中央分叉的，和鲸相类似。

门	脊索动物门
纲	哺乳纲
目	海牛目
科	2
种	4

原是陆地“居民”

海牛被认为于6000万年前由陆地上的哺乳四足动物进化而来，与其亲缘关系比较近的有长鼻目的大象以及蹄兔目的蹄兔。据考证，海牛原是陆地上的“居民”，是大象的远亲。近亿年前，由于大自然的变迁或缺乏御敌能力而被迫下海谋生。进入海洋后，依旧保持食草的习性，已有2500万年的海洋生存史，是珍稀海洋哺乳动物。其庞大的身躯和厚厚的皮肤（3～4厘米）色泽酷似大象。

儒艮

儒艮是一种海洋草食性哺乳动物。身体呈纺锤形，长约3米，体重300～500千克。主要生活在热带浅海中，以二药藻、喜盐草等水生植物为主食。

海牛

海牛是海洋哺乳动物，外形呈纺锤形，颇似小鲸，但有短颈，与鲸不同。以海藻或其他水生食物为食。

蹄兔

门	脊索动物门
纲	哺乳纲
目	蹄兔目
科	1
种	4

蹄兔是蹄兔属下唯一的一个种。分布于北非、撒哈拉以南的非洲地区、中东和阿拉伯半岛等地。蹄兔群居，喜爱鸣叫，属植食性动物，但是它们偶尔会吃昆虫。

大群生活

蹄兔喜欢群居生活，因为他们需要共同对付天敌和大自然的威胁。蹄兔属的单型种蹄兔分布于非洲大部等地区，为了适应那里的生存环境，一般一个种群有 6 ～ 50 只个体，群居于岩石堆和灌丛间。它们以草、嫩叶和树皮为食，白天或温暖的月夜常在陡峭的光滑岩石上奔跑，动作十分敏捷。岩蹄兔属下分 6 种分布于沙漠地带和非洲等地的山岩地带，为了适应沙漠和山岩的恶劣环境，岩蹄兔经常结成数百只大群生活，它们白天活动，常在岩石间追逐，发出刺耳的尖叫。树蹄兔属与前两属有所区别，生活场所是在树洞里或者在簇叶中，经常群体在树干上跑上跑下，或在树枝间跳跃。

象

门	脊索动物门
纲	哺乳纲
目	长鼻目
科	1
种	3

象是陆地上最大的哺乳动物，巨大的身体、灵活的长鼻子、大大的耳朵，以及弯曲的乳白色獠牙是它们的主要特征。

雌象首领

大象是群居性动物，以家族为单位，由雌象做首领，每天活动的时间、行动路线、觅食地点、栖息场所等均听雌象指挥。而成年雄象只承担保卫家庭安全的责任。有时几个象群聚集起来，结成上百只大群。在哺乳动物中，第二长寿的动物是大象(鲸最长)，据说它能活六十到七十岁。

长鼻子和大耳朵

大象的长鼻子完全是为了适应自然环境和自身生存的需要，它可以用鼻子把食物卷进嘴里，可以用鼻子帮大象喝水；天气炎热时，还可以不断地用鼻子吸水喷在身上，使身体凉快一点儿。还有就是，大象不擅长水里活动，如果它们要过河时，就把长鼻子高高地伸出水面，就像一根“通气管”，这样就不会呛到水了。大象的大耳朵可以帮助散发热量，保持身体凉爽，对非洲大象来说，非洲大陆的温度实在太高了。

讨论：两种还是一种

大多数动物学家认为有两种非洲象，即非洲草原象和小一些的非洲森林象。这两个种类之间身体上的不同反映在它们的DNA中，但即使如此，两者还是可以在分布重叠区内进行繁殖。因此，许多保护机构仍然把所有的非洲象当成一个物种。

←非洲草原象

非洲草原象是非洲象属的一个种，是最常见的非洲象品种，是世界上现存最大的陆地动物，喜欢群居。

亚洲象↑

亚洲象是亚洲现存的最大陆生动物，长达1米多的象牙，是雄象上颌突出口外的门齿，也是强有力的防卫武器。

非洲森林象

非洲森林象又称非洲毛象，与非洲草原象之间的特征有不少差异。以树叶、果实和树皮为食，偶尔会舔矿物盐。

犰（qiú）狳（yú）

门	脊索动物门
纲	哺乳纲
目	带甲目
科	1
种	21

犰狳生有铠甲般的外壳，这使它们明显区别于其他的动物。它们有着各种各样的形状、大小和颜色。原始种类都广泛分布于美洲。

“一逃、二堵、三伪装”

所谓“逃”，即逃跑的速度相当惊人，当它感到处境危险时，能以极快的速度把自己的身体隐藏到沙土里。虽然它的腿短，但掘土挖洞的本领却很强，打洞速度非常快。

所谓“堵”，就是它逃入土洞以后，用犰狳的尾部盾甲紧紧堵住洞口，好似“挡箭牌”一样，使敌害无法伤害它。

所谓的“伪装”，就是前述的蜷曲法，全身蜷缩成球形，身体被四面八方的“铁甲”所包围，让敌害想咬它也无从下口。

习性

大多数犰狳都是夜行性动物，但它们偶（ǒu）尔也会出现在白天。这些动物多为独居生活，仅在繁殖季节才与其他个体有所往来。雄性有时会对竞争者发起进攻。

←大毛犰狳

红毛犰狳→

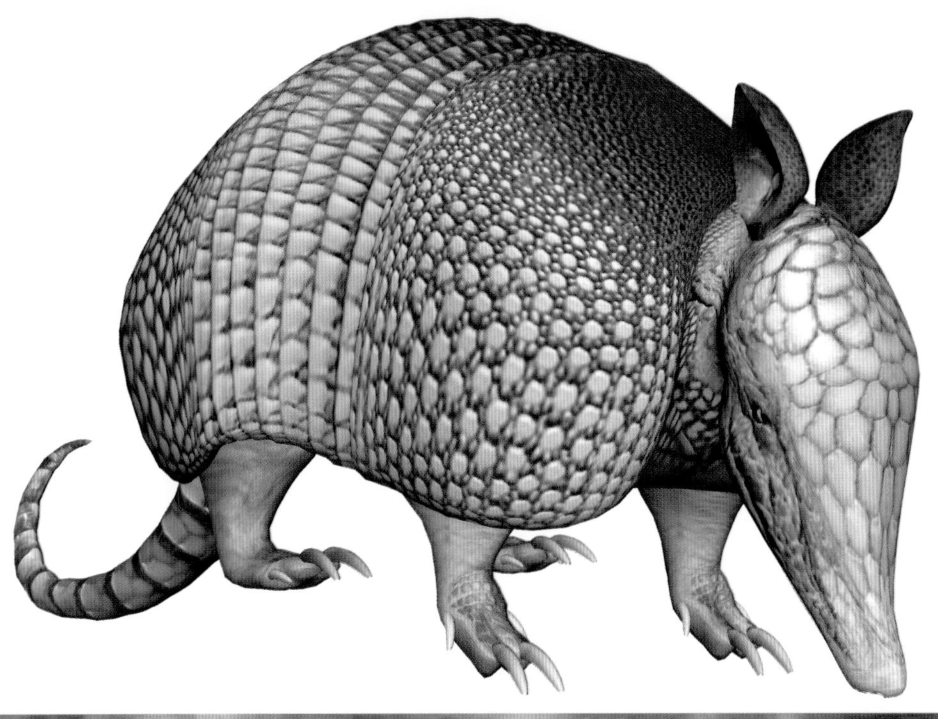

←安第斯犰狳

长吻犰狳

长吻犰狳有着稀疏微黄的皮毛，主要长在腹部之上。

树懒（lǎn）和食蚁兽

门	脊索动物门
纲	哺乳纲
目	披毛目
科	4
种	10

尽管树懒和食蚁兽在外形和习性上非常不同，但它们都有一个共同的特点：它们都没有其他哺乳动物的那种齿式。

“武器”

小食蚁兽完全树栖，并在高树觅食；环颈食蚁兽，以树栖为主，也常在地面活动，它们都是夜行性动物。而大食蚁兽则完全是地栖者，且主要为昼行性动物，当遇到危险时，以后肢站立，用尾或背作为支柱，形成稳定的三脚架姿态，用掌爪与对手厮打。虽然头部毫无防御装备，但强有力的前肢和非常锐利的巨爪是富有威力的“武器”。

树栖生活

树懒已高度特化成树栖生活，而丧失了地面活动的能力。平时倒挂在树枝上，毛发蓬松而逆向生长，毛上附有藻类而呈绿色，在森林中难以发现。树懒虽然有脚但是却不能走路，靠的是前肢拖动身体前行，所以它要移动 2 千米的距离，需要用时 1 个月。树懒生活在南美洲茂密的热带森林中，一生不见阳光，从不下树，以树叶、嫩芽和果实为食，吃饱了就倒吊在树枝上睡懒觉，可以说是以树为家。

食蚁兽↓

食蚁兽是哺乳纲、贫齿目、蠕舌亚目下的 2 科 3 属 4 种食虫哺乳动物的通称。身体结构上的特征，是与其捕食昆虫的一系列活动相联系的。

三趾（zhǐ）树懒

三趾树懒是树懒科、树懒属的哺乳动物。三趾树懒头小而圆，体长 50 ～ 60 厘米，身上针毛长而粗糙。身上被毛原是灰棕色，后显绿色。

穴兔、旷兔和鼠兔

门	脊索动物门
纲	哺乳纲
目	兔形目
科	2
种	92

兔形目由两类食草动物组成。由于都适应相同的生活方式，所以它们的外表与啮齿类动物很像。

食性与栖息

穴兔是家兔的祖先。是一种群居的动物，大部分时间在黎明活动，草是它们主要的食粮。是摩纳哥的国兽。从字面上讲，旷兔是生活在旷野中不打洞，而穴兔则是穴居的。鼠兔的外形酷似兔子，身材和神态又很像鼠类。鼠兔栖息于各种草原、山地林缘和裸崖。一般挖洞或利用天然石隙群栖。白天活动，常发出尖叫声，以短距离跳跃的方式跑动。

躲避与储粮

鼠兔胆小，尤其怕惊扰，是典型的植食性动物。冬季来临前，会将大量晒干的植物存储于岩下或其他安全地点作为冬粮。鼠兔是典型的啮齿动物的种类，它们会用叫声发出警报，然后藏在洞穴和缝隙中躲避捕食者。与此相比，穴兔和旷兔用长长的耳朵察觉危险，并用强有力的四肢对抗捕食者。这些动物头部两侧都长着大大的眼睛，能给它们 360 度的视角。当发现捕食者时，旷兔会用后腿敲打地面以示警告。

雪兔→

雪兔是寒带、亚寒带代表动物之一，是一类个体较大的野兔，体长一般在 510 毫米左右。

垂耳兔→

垂耳兔的胆子很小，突然听到声响，就出现“惊场”现象，食欲会减退。

北美鼠兔→

北美鼠兔是哺乳纲、鼠兔科的动物。外形略似鼠类，耳短而圆，尾仅留残迹，隐于毛被内。栖息于各种草原、山地林缘和裸崖。

安哥拉兔→

安哥拉兔是世界著名的毛用型兔品种，长毛兔的一种。其毛发浓密细长，网络又称草泥兔。

←白尾兔

白尾兔是兔科、兔属的哺乳动物。主要以草本植物等为食。体长 57 ～ 62 厘米，体型纤瘦，体重 2.5 ～ 4.3 千克。

欧洲穴兔→

欧洲穴兔是一种群居的动物，是高度适应性物种，生活于稀树草原或森林草原。是家兔的祖先。

←北极兔

北极兔是兔科、兔属的哺乳动物。北极兔体型巨大，头比一般的兔子大且长，耳朵较小，腿长，四肢非常有力灵活，夏季身体背面浅灰色，冬季身体背面白色。

啮齿动物

门	脊索动物门
纲	哺乳纲
目	啮齿目
科	33
种	2277

啮齿动物的体型可以像老鼠一样小，或像猪一样大。它们几乎生活在每一种生境中，差不多占所有哺乳动物数量的一半。

最成功的进化

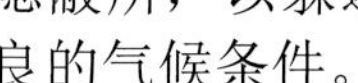

最古老的啮齿类化石发现于北美的古新世地层中。经过漫长的进化过程，特别是第三纪和第四纪早期的两次大分化，啮齿目动物在形态上已极为多样化。啮齿类动物是哺乳动物中种类最多的一个类群，也是分布范围最广的哺乳动物，全世界大约有 2000 多种，个体数目远远超过其他全部类群数目的总和。除了少数种类外，一般体型均较小，数量多，繁殖快，适应力强，能生活在多种多样生境中，其中大多数种类为穴居性，从进化角度来讲，它们是现存哺乳类中最为成功的类群。啮齿类动物善于利用洞穴作它们的隐蔽所，以躲避天敌，保护幼仔，贮存食料，适应不良的气候条件。

讨论：啮齿动物分类

强大的繁殖力，意味着其具有广阔的生活区域和对各种不同生态环境的适应。啮齿动物不但在陆上生活，空中、水中也有他们的成员。空中有滑翔的鼯鼠，水中有水鼠平。此外还有荒漠中的跳鼠，森林中的睡鼠，洞穴中的鼢鼠，以及扰乱人类几万年的小家鼠。从赤道到极地，甚至高山、海岛上，到处都有他们的踪迹。

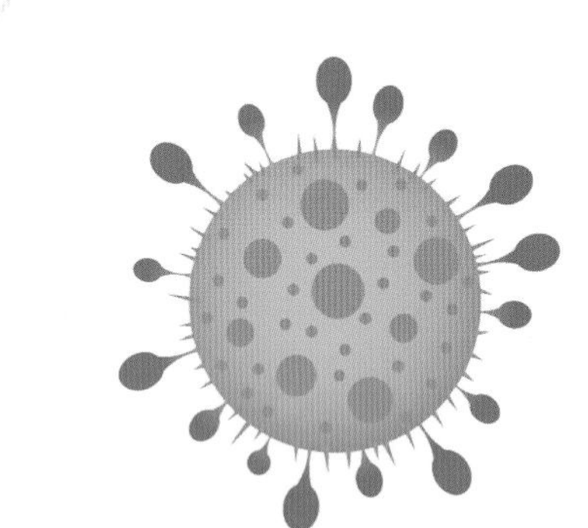

食物链的重要环节

喵齿类中有的种类还能传染多种疾病，危害人类生命健康。但也有不少种类具有经济价值，不仅可供肉、毛皮和科学实验用，而且对于人类的生产建设、卫生防疫、资源利用、环境保护和科学研究等方面也具有重要的实际和理论意义。更为重要的是，在自然界中啮齿类动物是许多食肉动物的主要食物来源，是陆地上的许多类型的生态系统中的食物链的重要环节，对于维持生态平衡起到了不可替代的作用。

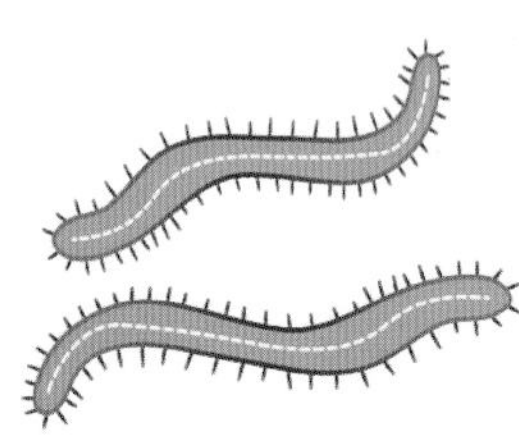

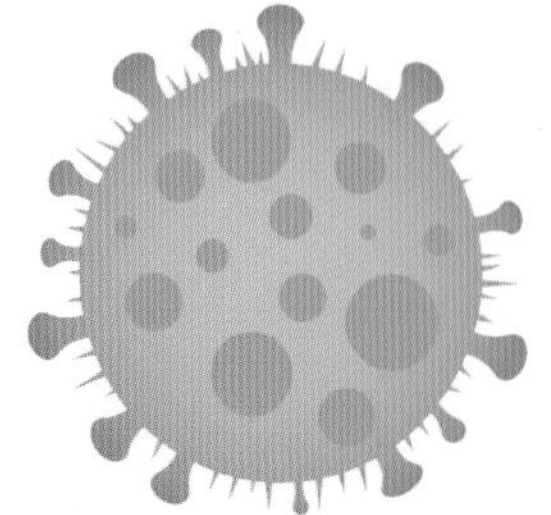

非洲冕豪猪

受到威胁时，非洲冕豪猪会立起长长的、有刺的刚毛，显示出恐吓状态。由于捕食者有非常丰富的被刺经验，所以它们不太可能尝试继续攻击。狮子、鬣狗，甚至人类都有被刚毛刺伤、感染、死亡的记录。虽然这种防御方式给人印象很深，但豪猪却是一种温顺胆小的动物，很容易受到惊吓，经常受惊逃走。豪猪独居或以家庭群居，共同分享洞穴系统。非洲冕豪猪生活在非洲北部的许多地方。这种动物也曾遍及欧洲南部——意大利发现的种群可能是古代遗留的，或者可能是被近代罗马人引入的结果。

←山河狸

山河狸是山河狸科下的一种。有贮存食物的习性，喜吃多汁的水生植物。分布于加拿大与美国的西部海岸的湿润针叶林中。

榛睡鼠→

榛睡鼠属于啮齿目，睡鼠科，榛睡鼠属，分布在欧洲、地中海、远东。是英国重点保护的濒危动物。

河狸↑

河狸是河狸科、河狸属的动物。河狸躯体肥大，雌、雄无明显差异，头短钝，眼小，颈短。四肢短宽，具 5 趾。

北美赤松鼠↑

北美赤松鼠属于啮齿目，松鼠科。广泛分布于北美洲在寒温带针叶林中，偶尔也出现在混合或落叶森林中。

睡鼠→

睡鼠属啮齿目，睡鼠科。因有冬眠习性而得名。体型皆小，外形颇似鼠科动物，而多数种类的尾却很像松鼠科的林栖种类。

非洲地松鼠↑

非洲地松鼠通常生活在非洲干旱地带，它们是群居动物。不善于攀爬，而喜欢生活在地洞里，有时候它们还和猫鼬住在一起。

←美洲飞鼠

美洲飞鼠又名鼯（wú）鼠、小飞鼠，分布于东南亚、北美和欧亚大陆，其身体小、头短圆、眼大、耳短，肘部至膝盖间具皮膜，四肢张开时皮膜绷紧，借此跃起滑翔。

欧亚红松鼠→

欧亚红松鼠头体长 20 ～ 22 厘米，尾长 18 厘米，体重为 280 ～ 350 克，雄性与雌性体重大致相同。

灰白松鼠→

灰白松鼠是一种原生于美国东部及中西部的松鼠族，后来美国西部也有其踪影。也成为了英国的入侵物种，对当地原生的欧亚红松鼠构成极大威胁。

草原兔尾鼠↓

草原兔尾鼠为仓鼠科、兔尾鼠属的动物。不冬眠，昼夜活动，群居，以禾本科、豆科及菊科植物为食。

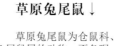

长爪沙鼠↑

长爪沙鼠是一种小型草原动物，大小介于大白鼠和小白鼠之间，中小型鼠类，外形与子午沙鼠很相似。

小毛足鼠↑

小毛足鼠是仓鼠亚科毛足鼠属下的一种。体型较小的种类，体型小。四肢短。主要栖息在荒漠、半沙漠及干草原植被稀疏的沙丘，或沙丘间的灌丛。

←田鼠

田鼠是仓鼠科的一类，包括五属，与其他老鼠比较，田鼠体型较结实，尾巴较短，眼睛和耳较其他鼠科小。栖息环境很广，从寒冷的冻土带直至亚热带。

↑非洲冕豪猪

非洲冕豪猪体长 60 ～ 90 厘米，尾长 8 ～ 17 厘米，体重 10 ～ 30 千克。栖息于干燥的沙漠地区。

小白鼠→

小白鼠是野生鼷鼠的变种，鼠种。在受到比较强烈光照和噪声的刺激下，哺乳母鼠易发生神经紊乱，可能发生吃仔鼠的现象。

←非洲跳鼠

非洲跳鼠又称埃及小跳鼠，头尾长 25 ～ 31 厘米。分布在北非和阿拉伯半岛。栖息在沙漠地区的沙地或岩石环境，独自生活，夜间物种，嗅觉敏锐，以草、种子、昆虫为食。

↑黑线仓鼠

黑线仓鼠体型小，外表肥壮，粗短，头较圆，吻短钝，耳短圆，具白色毛边。

褐家鼠→

褐家鼠也称为褐鼠、大家鼠、白尾吊、粪鼠、沟鼠，为一种中小型啮齿动物。

←毛丝鼠

毛丝鼠是啮齿目、毛丝鼠科、毛丝鼠属动物的统称。该物种群居、性情温顺、昼伏夜出，是原产于南美洲安第斯山脉地区的兔子大小的花栗鼠类动物，以皮毛柔软漂亮而闻名于世，由于受到人类的大肆捕杀而濒临灭绝。

岩鼠↓

岩鼠是啮齿目岩鼠科下唯一物种。是小型动物，体型类似地松鼠，体长范围 27 ～ 38 厘米。

荷兰猪→

荷兰猪又名天竺鼠。是无尾啮齿动物，身体紧凑，短粗，头大颈短，它们具有小的花瓣状耳朵，位于头顶的两侧，具有小三角形嘴。

←旱獭

旱獭体型粗壮，体长为 500 毫米，体重 4 ～ 5 千克。尾短为 110 毫米。栖息于草原、低山丘陵区。以牧草嫩芽、根为食。秋季啃食茎、叶。

←北美豪猪

北美豪猪是美洲豪猪科下的一种豪猪。北美豪猪是属于豚鼠小目，一般都是深褐色或黑色，带有白色的光泽。

灵长类

门	脊索动物门
纲	哺乳纲
目	灵长目
科	13
种	约 460

人类属于灵长目动物。和身体大小相比，灵长目动物的大脑相对较大，朝前的眼睛能给它们三维的视角。

起源与进化

在灵长目中最早出现的是一些发现于欧洲和北美的近猴类化石。多发现于古新世地层。自始新世开始狐猴类出现，早期的都归入已绝灭的兔猴科，它们的分布范围广，亚洲、北美、欧洲均曾发现，但是在非洲没有发现化石证据。到渐新世，已经出现了猿和猴，并且朝不同的方向进化。现生的灵长类从低等到高等排列有树猴、狐猴和眼镜猴、猴、猿和包括我们人类在内。人是从猿发展分化来的。因此，人在动物界的位置也属于灵长类。

杂食性

大多为杂食性，选择食物和取食方法各异。每年繁殖 1 ～ 2 次，每胎 1 仔，少数可多到 3 仔。幼体生长较慢。高等种类性成熟的雌性有月经，雄性能在任何时间交配。主要分布于亚洲、非洲和美洲温暖地带。是动物界最高等的类群。早期灵长类在进化的过程中的食料可能已由食“虫”逐渐改变食“果实”到食多种多样的“杂食”。食性的改变在灵长类的进化历程中是很重要的一步。

讨论：人和猿

现生的猿类有分布于非洲的黑猩猩和大猩猩和分布于亚洲东南部的猩猩和长臂猿。这些猿类在外貌和面部表情上，在身体内部的结构上都与人相似。这说明人和猿有共同的祖先。最原始的猿类出现于三千多万年前的渐新世时期。到了一、二千万年前中新世时出现许多活跃的古猿。古猿中的一支后来下地向人的方向发展而成为人类。已知和人类关系最近的古猿有在巴基斯坦和印度发现的腊玛古猿。

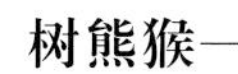

黑掌蛛猴↓

黑掌蛛猴是蜘蛛猴科蜘蛛猴属的一种，属于新世界猴，产自中美洲的热带雨林地区。

树熊猴→

树熊猴是哺乳纲、灵长目、懒猴科的一属动物。栖息于热带非洲的雨林中，是夜行动物。体长 30 ～ 40 厘米，尾长 3 ～ 10 厘米，体重在 600 ～ 1600 克之间。

←灰绒毛猴

灰绒毛猴栖息在亚马逊盆地森林，由于生境遭破坏，数量愈来愈少。

←红领美狐猴

红领美狐猴是中等规模的狐猴。体长 39 ～ 40 厘米，体重 2.25 ～ 2.5 千克；尾长 50 ～ 55 厘米，超过体长，尾毛密而长，多呈扫帚状。

←白头美狐猴

白头美狐猴是一种中等体型的狐猴。头体长 39 ～ 42 厘米，尾长 50 ～ 54 厘米，体重 2 ～ 2.6 千克，尾巴比身体长，尾毛密，呈扫帚状。

尔氏长尾猴→

尔氏长尾猴分布于刚果民主共和国、卢旺达、乌干达。

↑菲律宾眼镜猴

菲律宾眼镜猴又叫跗猴。是世界上最小的灵长类动物之一，生活在婆罗洲、苏门答腊以及菲律宾等亚洲热带森林中。

黑美狐猴→

黑美狐猴总长 90 ～ 110 厘米，头体长 39 ～ 45 厘米，尾长 51 ～ 65 厘米；体重 2 ～ 2.5 千克。主要栖息在马达加斯加潮湿的热带雨林中。

小金熊猴↑

小金熊猴是一种懒猴科，金熊猴属动物，毛发为黄褐或金色，分布于安哥拉。体长 22 ～ 30 厘米，体重不到 500 克。

维氏冕狐猴→

维氏冕狐猴为冕狐猴属的一种，主要分布于马达加斯加雨林、西部干燥落叶林和干燥针叶林中。体毛较厚而柔软，通常为白色，头顶、四肢和身体两侧则为褐色。

↑环尾狐猴

环尾狐猴是灵长目、狐猴科、狐猴属的一种动物。头体长约为30～45厘米，尾长为40～50厘米，体重约2千克左右。

长鼻猴↑

长鼻猴体重7～22千克，体长60～70厘米。它们的鼻子大得出奇，其中雄性猴子随着年龄的增长鼻子越来越大，最后形成像茄子一样的红色大鼻子，激动的时候，大鼻子就会向上挺立或上下摇晃，而雌性的鼻子却比较正常。

←斯里兰卡猴

斯里兰卡猴是一种敦实的猕猴，头顶部中央的头发酷似王冠，毛发逆长，生长方式具有最不寻常的螺旋特点。

黑带卷尾猴↓

黑带卷尾猴是哺乳纲、灵长目、卷尾猴科、卷尾猴属动物，分布于巴西（马拉尼昂州，帕拉州）。

←红腹美狐猴

红腹美狐猴是美狐猴属最稀有的品种之一。总长78～99厘米，头体长35～40厘米，尾长43～51厘米，体重1.6～2.4千克。

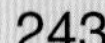

狮尾狒狒↑

狮尾狒狒是一种大型猴子，体长50～74厘米，体重13～21千克。因尾端有一撮毛簇，酷似狮尾而得名。

猕猴↑

猕猴主要特征是尾短，具颊囊。躯体粗壮，平均体长约50厘米，有些种尾比躯体略长，有些则无尾。

红面猴↑

红面猴也称短尾猴。是体型较大的一种猕（mí）猴，体重5千克，体长50～56厘米。

玻利维亚松鼠猴→

玻利维亚松鼠猴是一种脊索动物门、哺乳纲、灵长目、卷尾猴科、松鼠猴属类生物，分布于玻利维亚、巴西（阿克里、亚马逊）、秘鲁。

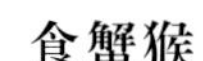

食蟹猴↑

食蟹猴也称长尾猕猴。成年体长约为40～47厘米，尾长为50～60厘米。

←日本猴

日本猴是一种中型矮壮的猴子，共有两个亚种。体长47～60厘米；尾长7～12厘米；重量8～11千克。

山魈（xiāo）

山魈是所有猴子中体型最大的种类，雄性尤其壮硕。山魈一般选择群体生活，这个群体由一个雄性首领统治者，包括部分雌性、幼崽和不繁殖、地位低的雄性山魈组成。

蓝脸之迷

蓝色在鸟类中很常见，因为鸟类可以靠蓝色色素呈现蓝色，如蓝色孔雀、蓝色鹦鹉。而哺乳动物缺乏这种类似的蓝色素，哺乳动物几乎没有蓝色的，那么山魈这种哺乳动物如何呈现蓝色的外表呢？雄性山魈是赤道非洲雨林中的特有物种，其面孔是亮红色和蓝色的，与其后腿及臀部引人注意的颜色完美匹配。

东部大猩猩→

东部大猩猩属于脊索动物门、哺乳纲、灵长目、人科、大猩猩属，体型较大，雄性身高可达 1.7 米、雌性身高 1.5 米，雄性体重 160 千克、雌性体重 90 千克。不具臀胼胝，前肢长可过膝，而于脸部少毛。

黑猩猩↑

黑猩猩在形态上与大猩猩很相似，由于体毛较为粗短，体型也显得瘦小，面部以黑色居多，也有白色、肉色和灰褐色的。

↓西部大猩猩

西部大猩猩可以灵活地攀树，且较东部大猩猩多生活在树上。它喜欢吃生果，差不多 100 种不同树木的果实它都会吃。

山魈→

山魈是世界上最大的猴科灵长类动物。山魈为群居动物，小群落生活，嬉戏于丛林及岩石间，主要天敌是花豹，但花豹一般只猎捕雌性山魈和未成年山魈。

苏门答腊猩猩↑

苏门答腊猩猩是苏门答腊岛最大的猩猩，在灵长类动物中，体型仅次于大猩猩，面颊宽大，身材魁梧，雄性可重达 100 千克。

白掌长臂猿→

白掌长臂猿是灵长目长臂猿科动物。体长为 50 ～ 76 厘米，体重 4.2 ～ 6.8 千克。手、足白色或淡白色，故称白掌长臂猿。主要栖于南亚热带季风常绿阔叶林。

←银白长臂猿

银白长臂猿体重平均 8 千克，头体长 45 ～ 64 厘米。体毛浓密，银灰色。腿短，手掌比脚掌长，栖于南亚和东南亚的热带雨林中。

↑倭（wō）黑猩猩

倭黑猩猩是黑猩猩属的两种动物之一，体长 70 ～ 83 厘米，体重 30 ～ 45 千克。和黑猩猩外表相似，它的身形较为修长苗条，头略小。产于非洲刚果河以南，是一种濒临灭绝的动物。

戴帽长臂猿→

戴帽长臂猿体重 4 ～ 8 千克，体长 450 ～ 640 毫米。雌性平均为 5.4 千克，雄性 5.5 千克。有修长的躯干，身体纤细，胳膊长，腿短，肩宽而臀部窄；头顶具一簇黑色的貌似顶冠的毛发。

蝙蝠

蝙蝠主要夜间活动，是唯一一类具有动力飞行的哺乳动物。一些种类会使用回声定位导航和寻找食物。

门	脊索动物门
纲	哺乳纲
目	翼手目
科	18
种	约 1200

毒王

越来越多的证据表明，蝙蝠是多种病毒的天然宿主，天然宿主指的是病毒能够长时间存在于该生物身上，既不会被宿主消灭，也不会杀死宿主。所以在自然条件下，一只蝙蝠会携带多种病毒而不发病。据科学家统计，在 300 多只蝙蝠体内，科学家一共发现了 4100 多种病毒，大多数病毒是不会感染人类，然而也有一小部分病毒突破了动物与人的界限，造成人类感染该病毒，比如：埃博拉，然而这种病毒，并不会导致蝙蝠生病。

讨论：为什么保护蝙蝠？

在纪录片《病毒为何致命》中，科学家会抓捕一些蝙蝠进行实验，但每次实验结束后，它们都会将蝙蝠释放到自然界中，在纪录片中，他们说：病毒与蝙蝠共生已经存在了几十万年，这是自然规律，虽然蝙蝠身上的病毒会导致人类感染，但这并不是蝙蝠的错。

我们知道，蝙蝠在自然生态中，具有非常重要的位置，它能够捕杀各种昆虫，还会帮助花朵授粉，有些植物的果实，必须经过蝙蝠的消化道才可以萌发，一旦人类大规模消灭蝙蝠，将会导致当地生态系统失衡。

唯一会飞的哺乳动物

我们知道，蝙蝠是唯一会飞的哺乳动物，它们的身体表面覆盖着一层皮膜，当它们飞行时，可以通过扇动自己的皮膜实现飞翔。然而，即使人类制造出和蝙蝠一模一样的皮膜，人类却不能通过皮膜进行飞翔，这是因为飞行所消耗的能量是陆地行走的 3 ～ 15 倍。

带毒而不生病

蝙蝠为了飞行，单位时间内需要消耗的能量更多，新陈代谢速度也越快，而新陈代谢越快，将会导致生物体温变高。但是蝙蝠又很幸运，它们的细胞能够更有效地进行自我修复，而且，它们的免疫系统识别出病毒后，并不会与病毒激烈地战斗，而是较为缓慢地对抗病毒。再加上病毒在高温环境中，虽然能够存活，但却不能繁衍，所以蝙蝠能够携带病毒，但却不会发病。

三色盘翼蝠

三色盘翼蝠能够通过利用叶子的独特形状来提高传入和传出的声音——爬在卷曲的叶子里面发声来放大自身发出的声音。

印度狐蝠→

印度狐蝠长为 20 ～ 25 厘米，没有其他蝙蝠所具有的尾巴，体重约为 300 ～ 400 克。栖息于果实丰富的森林地带，属于夜行性动物。

黄毛果蝠→

黄毛果蝠是哺乳纲、翼手目、狐蝠科的一属，而与黄毛果蝠属（黄毛果蝠）同科的动物尚有颈囊果蝠属（大颈囊果蝠）、饰肩果蝠属（加纳饰肩果蝠）、棕榈果蝠属（棕榈果蝠）、裸背果蝠属（大裸背果蝠）等之数种哺乳动物。

泰国狐蝠

泰国狐蝠，也叫莱丽狐蝠、莱氏狐蝠，是盘古大陆狐蝠科狐蝠属里体型中等的典型。狐蝠是群居动物，它们经常数百只集体栖息在树上，白天休息、黄昏时飞散，觅食植物成熟的果实。虽然这样会对树木造成些许伤害，但许多果蝠都是辛勤的授粉者和种子传播者。许多热带植物、经济植物都会受益。泰国狐蝠仅分布在柬埔寨、泰国和越南。它们栖息在森林中，包括红树林和水果园。

广泛的食性

蝙蝠类的所有种类都是杂食性的，它们也会食用植物的果实和一部分真菌，而且它们的食物中还包含一小部分刺猬特别喜欢的腐肉和鸟蛋。但是需要强调的是，它们的食物大部分由活的动物组成，从蚯蚓、软体动物和其他陆生的无脊椎动物到小型的爬行动物、两栖动物和哺乳动物。它们通过视觉和非常敏锐的嗅觉寻找食物；许多锋利的尖牙极其适合这样一种广泛的食性。

泰国狐蝠→

泰国狐蝠为狐蝠科狐蝠属的动物，分布于柬埔寨、泰国、越南和中国大陆云南（昆明）等地。

刺猬和毛猬

门	脊索动物门
纲	哺乳纲
目	猬形目
科	1
种	24

刺猬是欧洲大陆最为人所熟悉的野生动物之一，同时也是在野外被研究最仔细的动物之一。之所以如此熟悉，其中一个原因就是刺猬遇到掠食者时常常采取有趣的策略，它身上的刺减少了寻找庇（bì）护所的奔波，这也意味着在花园——它们的主要栖息地，我们能相对容易地见到它们。它们在草坪上“漫步”，寻找可口的甲虫、蠕虫和其他无脊椎动物。刺猬主要在夜间活动。它们的眼睛能够很好地区分物体，但是可能只有单色视觉。像其他夜行动物一样，它们主要依赖嗅觉和听觉与外部世界沟通，它们大脑的嗅叶相应比较发达，而且被软腭（è）里的一个亚可布森器官即犁鼻器放大，这个器官也能起到嗅叶的作用。

南非刺猬↑

南非刺猬体型较小，脸部到腹部的毛色纯白，与背部的棕色截然不同，很容易与欧洲刺猬区别。

北非刺猬↑

北非刺猬具尖锐齿尖，适于食虫。分布于亚洲、欧洲、非洲的森林、草原和荒漠地带。

大耳刺猬↑

大耳刺猬昼伏夜出、胆小怕光、多疑孤僻，冬眠，以家族群落为单位栖息和繁殖，杂食性，主要以昆虫为主，年产1胎，每胎3～6仔，常栖息于农田、庄园、乱石荒漠等处，分布于亚洲、非洲等地。

←欧洲刺猬

欧洲刺猬是一种体长不过25厘米的小型哺乳动物，成年刺猬体重可达2.5千克。体背和体侧满布棘刺，头、尾和腹面被毛。

鼹鼠及其近亲

门	脊索动物门
纲	哺乳纲
目	鼩形目
科	3
种	428

鼹鼠的拉丁文学名就是“掘土”的意思，这种动物适于地下掘土生活。它的身体完全适应地下的生活方式，前脚大而向外翻，并配备有力的爪子，像两只铲子；身体矮胖，外形像鼠，耳小或完全退化，他的头紧接肩膀，看起来像没有脖子，整个骨架矮而扁，跟掘土机很相似。鼹鼠多栖于海拔 1500 米以下的山间盆地、河谷地、丘陵缓坡的常绿阔叶林、稀疏灌丛林、农耕地和菜园地附近。

地下“餐厅”

鼹鼠主要在地下洞穴生活，主要以地下昆虫及其幼虫为食。鼹鼠是哺乳类动物，毛黑褐色，嘴尖，眼小，前肢发达，脚掌向外翻，有利爪，适于掘土，后肢细小。白天住在土里，夜晚出来捕食昆虫，也吃农作物的根。它的尾小而有力，耳朵没有外廓，身上生有密短柔滑的黑褐色绒毛，毛尖不固定朝某个方向。这些特点都非常适合它在狭长的隧道自由地奔来奔去。隧道四通八达，里面潮湿，很容易孳生蚯蚓、蜗牛等虫类，便于它经常在地下“餐厅”进餐。

美洲鼹↓

美洲鼹是哺乳纲、食虫目、鼹科的一属，而与美洲鼹属（美洲鼹）同科的动物尚有甘肃鼹属（甘肃鼹）、西鼹属（海岸鼹）、白尾鼹属（白尾鼹）、毛尾鼹属（毛尾鼹）等之数种哺乳动物。

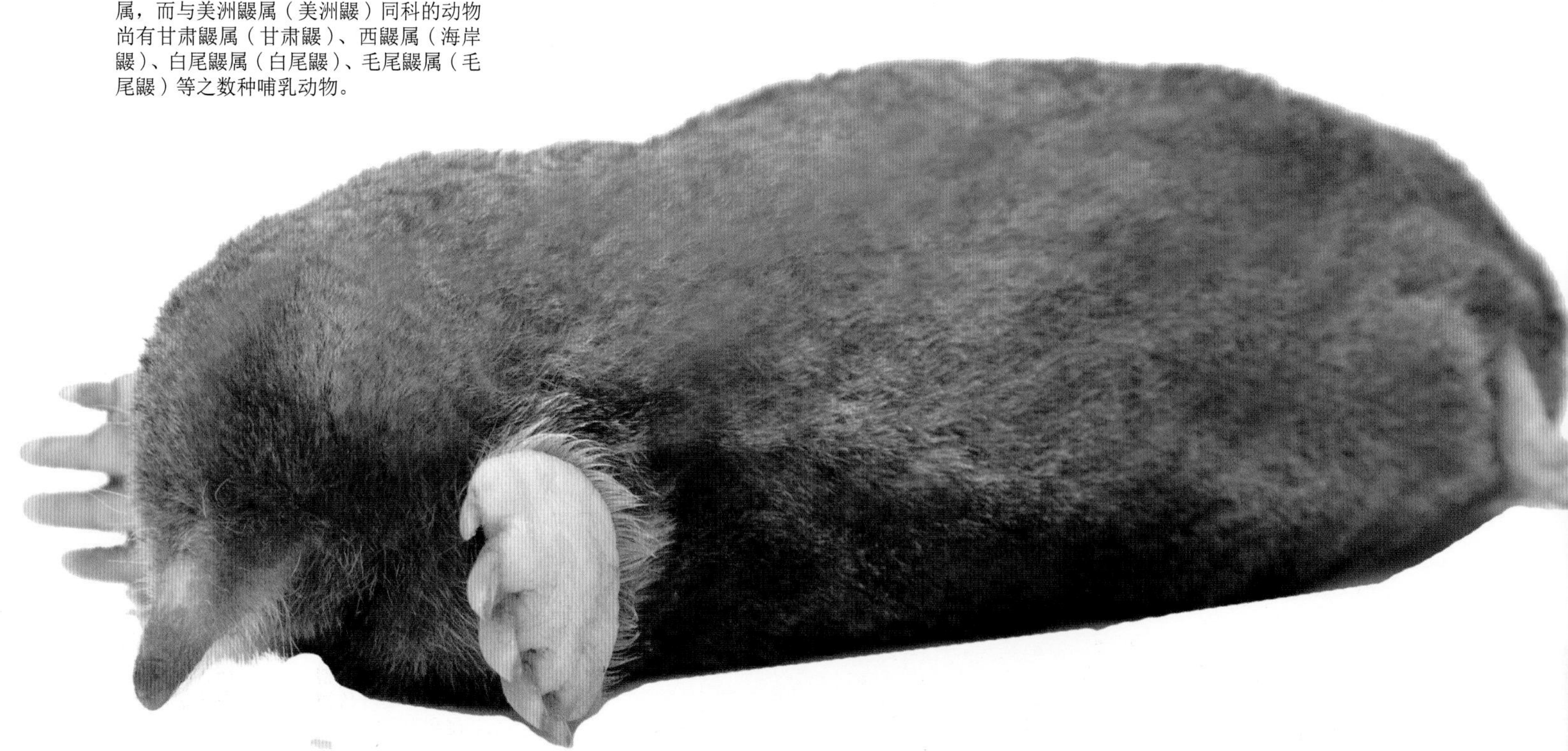

门	脊索动物门
纲	哺乳纲
目	鳞甲目
科	8
种	8

穿山甲

穿山甲的身体覆盖着大型的角质鳞片，又被称为鲮鲤、“有鳞食蚁兽”，这反映了它们的外表和食物。

重点保护

穿山甲在亚洲被广泛猎杀，以作为食物及传统药物使用。该物种在其原生栖地均大幅减少。而买卖穿山甲的洲际间交易已经渗（shèn）透到非洲大陆。根据《世界自然保护联盟濒危物种红色名录》2018年1月评估：亚洲的4个物种已处于濒危和极危状态，而非洲的4个物种均处于易危。穿山甲的保护工作刻不容缓。

树栖和地栖

穿山甲可分为树栖和地栖两个类型，但地栖者也可爬树。栖息于亚热带和热带稀树草原和开阔的林地。独居，昼伏夜出。以蚂蚁和白蚁为食。它们依靠灵敏的嗅觉搜寻食物，一旦发现白蚁巢穴就用黏糊糊的舌头伸入洞中捕食白蚁，穿山甲的舌头极限长度高达50厘米。行走缓慢，会游泳，嗅觉灵敏，在受到威胁时会蜷缩成一个球，偶尔也会用粗壮的尾巴打击猎食者。分布于亚洲和非洲。

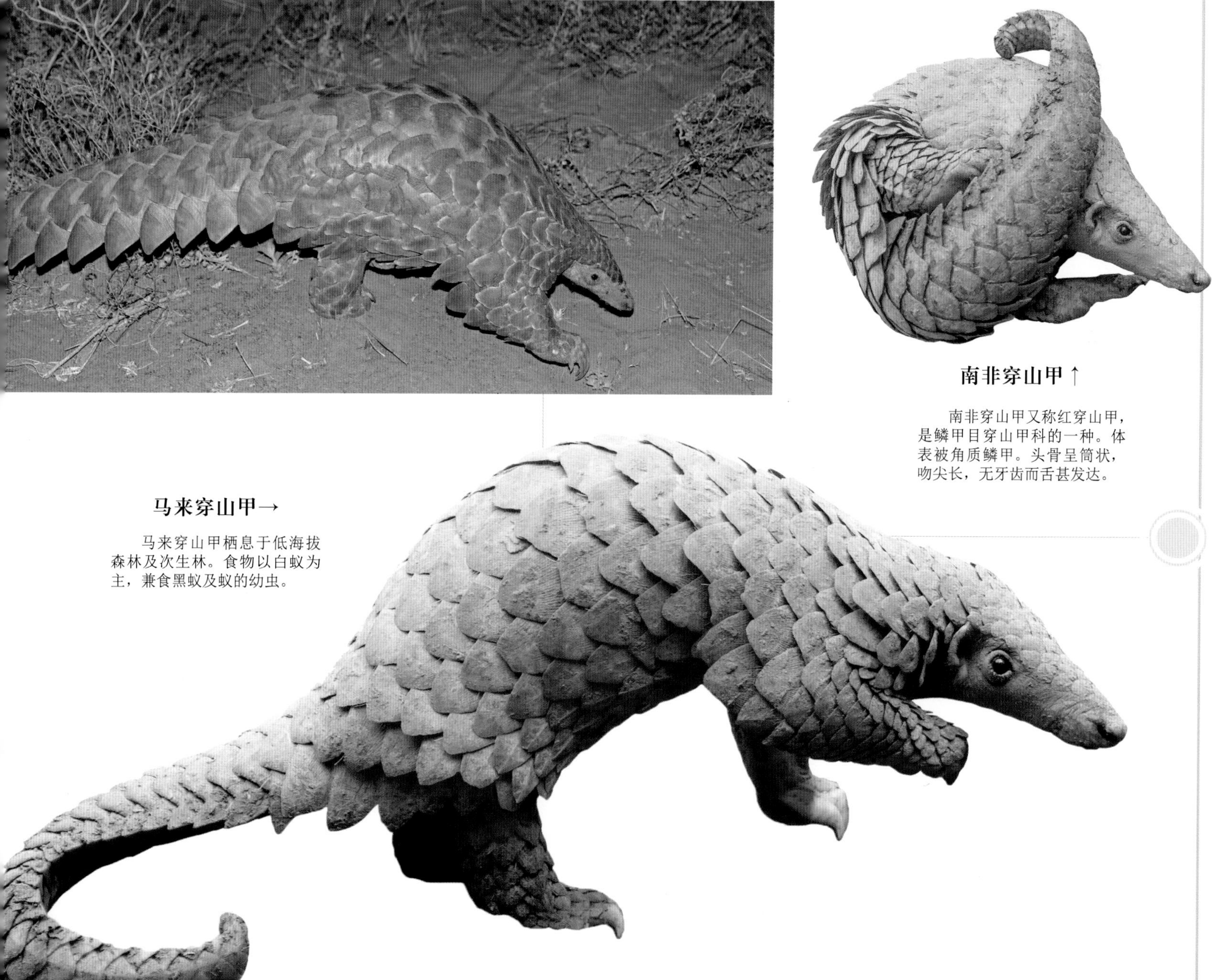

南非穿山甲↑

南非穿山甲又称红穿山甲，是鳞甲目穿山甲科的一种。体表被角质鳞甲。头骨呈筒状，吻尖长，无牙齿而舌甚发达。

马来穿山甲→

马来穿山甲栖息于低海拔森林及次生林。食物以白蚁为主，兼食黑蚁及蚁的幼虫。

食肉类

门	脊索动物门
纲	哺乳纲
目	食肉目
科	15
种	286

食肉目动物主要以肉类为食。它们的身体适合捕猎，牙齿专门用于撕咬和杀死猎物。

特征

食肉动物俗称猛兽或食肉兽。牙齿尖锐而有力，具食肉齿（裂齿），即上颌最后1枚前臼齿和下颌最前1枚臼齿。上裂齿两个大齿尖和下裂齿外侧的2大齿尖在咬合时好似铡刀，可将韧带、软骨切断。大齿异常粗大，长而尖，颇锋利，起穿刺作用。

讨论：并非都吃肉

食肉动物，指那些以动物的肉为食物的动物或植物。大多数、但非全部的食肉动物都属于肉食目，但是，并非所有的肉食目的动物都是食肉动物。食肉动物就是指吃肉的物种，从吃肉的植物和昆虫，到当我们听到“食肉动物”这个词时所能想到的那些，比如老虎或者狼。一些食肉动物只吃肉，其他的还会偶尔以蔬菜为补充，比如大部分熊都是杂食动物，除了吃肉也会吃些植物。

食物链

食肉动物与杂食动物同处于食物链的第三层，食肉动物的猎物除了食草动物和杂食动物外，也包括其他食肉动物。处于食物链顶层的食肉动物控制着其他物种的数量。如果食肉动物种群因疾病、自然灾害、人类干预或其他因素而有所减少，这个地区的其他物种就会过剩。有时食肉动物会被引入到某一区域来帮助限制数量过剩的食草动物。

北极狐↑

北极狐分布于北极地区，活动于整个北极范围，食物主要为旅鼠，也吃鱼、鸟、鸟蛋、贝类、北极兔和浆果等。

阿富汗狐↑

阿富汗狐是一种生活在亚洲西部的狐狸，栖息在半干旱地区、干草原及山区。杂食性的，比较喜欢吃果实，如葡萄、甜瓜及虾夷葱。

沙狐→

沙狐体长 50 ～ 60 厘米，尾长 25 ～ 35 厘米，体重约 2 ～ 3 千克。体型比赤狐略小，和一只中等大小的狗一样高。

赤狐→

赤狐是体型最大、最常见的狐狸。赤狐听觉、嗅觉发达，性狡猾，行动敏捷。喜欢单独活动。

草原狐↑

草原狐是一种小型狐狸。耳朵大而尖。毛色淡灰，体侧和腿部呈橘黄色，咽喉部、胸部，两耳下侧及内侧呈乳白色。

孟加拉狐↑

孟加拉狐又名印度狐，是印度次大陆特有的一种狐狸，头尾长 70 ～ 100 厘米。生活于灌木丛及极端干旱区，杂食性，主要吃啮齿目、蜥蜴、蟹、白蚁、昆虫、小型的鸟类及果实。

北极熊↑

北极熊是熊科熊属的一种动物，是世界上最大的陆地食肉动物，又名白熊。皮肤为黑色，由于毛发透明故外观上通常为白色，也有黄色等颜色，体型巨大，凶猛。

亚洲黑熊↑

亚洲黑熊的嗅觉和听觉很灵敏，顺风可闻到半千米以外的气味，能听到 300 步以外的脚步声。

丛林狼↑

丛林狼是犬科犬属的一种，与灰狼是近亲。一般单独猎食，偶尔也会组成小型的群体。

亚洲胡狼↑

亚洲胡狼是金豺的指名亚种，体型中等、匀称，四肢修长，趾行性，利于快速奔跑。

爱斯基摩犬↑

爱斯基摩犬是严寒地带既积极又勤奋的工作犬，非常友好，属于“朋友狗”，而不是“孤僻狗”。它是忠诚、深情的伙伴，但一般给人的印象是高贵、成熟。

粗毛牧羊犬↑

粗毛牧羊犬华丽蓬松的毛皮，使其成为全世界最富魅力的品种之一。它形象美丽且非常聪明。继承了苏格兰牧羊犬的血统，优雅，有贵族气质。

澳洲野犬↑

澳洲野犬是哺乳纲、犬科的物种，在生物学分类属于灰狼的一个亚种。具有优雅的长脚，动作非常敏捷，其运动、速度和耐力都极优秀。

海象↑

海象是海象科海象属的一种动物。即海中的大象，它身体庞大，皮厚而多皱，有稀疏的刚毛，眼小，视力欠佳。长着两枚长长的牙。

新西兰海狮↑

新西兰海狮体前1/4处甚粗壮。雄性头骨长346毫米，颞乳突间宽181毫米，雌性头骨长126毫米。喜群居，分布于新西兰亚南极群岛上。

斑点狗↑

斑点狗原产地南斯拉夫。平静而警惕、轮廓匀称。感觉敏锐，警戒心强，具有极大的耐力，而且奔跑速度相当快。

灰海豹↑

灰海豹是海豹科中的一个主要物种，主要分布于北大西洋一带的海岸。

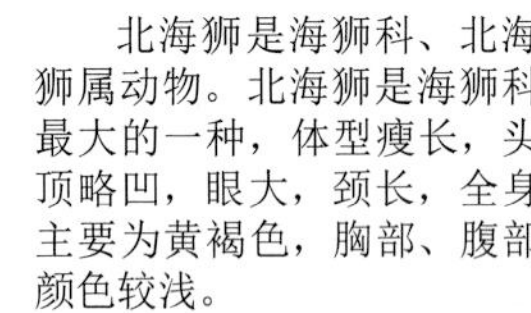

北海狮↑

北海狮是海狮科、北海狮属动物。北海狮是海狮科最大的一种，体型瘦长，头顶略凹，眼大，颈长，全身主要为黄褐色，胸部、腹部颜色较浅。

←美洲黑熊

美洲黑熊属大型熊类，体型硕大，四肢粗短。主要栖息在针叶林和落叶阔叶林和林地，但其适应性很强。

←北极狼

北极狼又称白狼，是犬科犬属下的灰狼亚种，分布于欧亚大陆北部、加拿大北部和格陵兰北部。是灰狼亚种中体型中等的狼。狼具有很好的耐力，适合长途迁移。

棕熊↑

棕熊是哺乳纲、熊科的动物。亦称灰熊。是陆地上食肉目体型最大的哺乳动物之一。

红狼→

红狼是一种生存在北美洲的犬科动物，毛皮粗短，上体的颜色主要是肉桂红色和黄褐色，灰色或黑色组成的混合色彩，背部则是黑色，吻和四肢黄褐色，尾巴尖黑色，眼睛很亮。

大熊猫↑

大熊猫属于食肉目、熊科、大熊猫亚科和大熊猫属唯一的哺乳动物。仅有两个亚种。雄性个体稍大于雌性。

加州海狮→

加州海狮又名加利福尼亚海狮。外观差异很大，雄性比雌性大得多。其嗅觉、听觉特别好。

↓南海狮

南海狮口短而钝，宽而高，且向上翘。下颌高而宽。颈宽。鬃毛直立，长而细，分布于头的前部、眼、下颌、颈背到前胸。

灰狼↑

灰狼是哺乳纲食肉目犬科犬属下的一种动物。大约 41 种犬科动物中体型最大的野生物种，雄狼从鼻尖到尾巴的总体长为 1000 ～ 1300 毫米。

↓南美海狮

南美海狮主要分布于智利、秘鲁、乌拉圭和阿根廷沿岸，是南海狮属唯一的种类。口短而钝，宽而高，且向上翘（qiào）。下颌高而宽。

豹→

豹是哺乳纲、猫科、豹属的大型肉食性动物，体长 100 ～ 150 厘米，体重 50 ～ 100 千克。体型似虎，但明显较小；躯体均匀，四肢中长，趾行性。视、听、嗅觉均很发达。

↓斑海豹

斑海豹也叫大齿斑海豹、大齿海豹，是在温带、寒温带的沿海和海岸生活的海洋性哺乳类动物。

←北美獭

北美獭属食肉目鼬科水獭亚科的一属。美洲獭属是产于美洲大陆的水獭，过去曾与水獭属并为一属。

←臭鼬

臭鼬体型粗壮，中等大小，雄性大于雌性，体长 610 ～ 680 毫米，尾长 225 ～ 250 毫米，后足 65 ～ 90 毫米。

欧洲獾↑

欧洲獾是荷兰最大的陆地食肉动物，与獭、黄鼠狼、鼬、臭鼬、貂皮、松树貂、山毛榉貂同属鼬科动物。獾头颅宽而大，身体结实而壮健。

猪獾→

猪獾别称沙獾、山獾，是鼬科、猪獾属的哺乳动物。体型粗壮，四肢粗短。

←獾子

獾子也叫狗獾、欧亚獾，是分布欧洲和亚洲大部分地区的一种哺乳动物，属于食肉目鼬科。

港海豹↑

港海豹是海豹科海豹属的一种海豹。是分布在北半球温带及极地海域的海豹。

←普通浣熊

普通浣熊是浣熊科、浣熊属动物。为中等体型食肉目动物，成年体长 40 ～ 65 厘米，尾长 20 ～ 40 厘米，体重 4 ～ 10 千克，雄性稍大于雌性。

↑美洲獾

美洲獾主要以啮齿动物和其他小型哺乳动物为食，也吃鸟类、蛇类和昆虫，善于挖洞。

←北美水貂

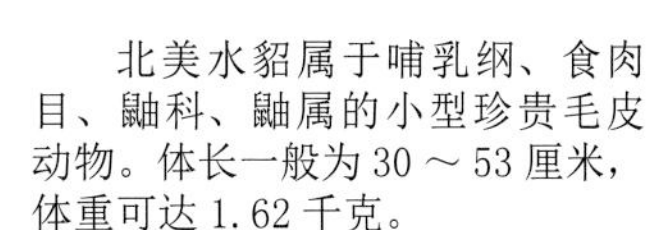

北美水貂属于哺乳纲、食肉目、鼬科、鼬属的小型珍贵毛皮动物。体长一般为 30 ～ 53 厘米，体重可达 1.62 千克。

欧洲水貂↑

欧洲水貂在世界自然保护联盟濒临灭绝物种危急清单中被列为“濒危”物种。

白鼬↑

白鼬体型似黄鼬，身体细长，四肢短小，毛色随季节不同，头骨颅型较短宽，栖息于山地森林等地带。

大水獭→

大水獭是鼬科巨獭属的一种动物。为 13 种水獭中体型最大的种类。是水陆“两栖动物”，它的大小同哈巴狗差不多。

加拿大臭鼬↑

加拿大臭鼬是条纹臭鼬的指名亚种，中小型兽类，体长 61 ～ 68 厘米，尾长 22.5 ～ 25 厘米，后腿长 65 ～ 90 厘米；体重 1.4 ～ 6.6 千克，雄性略大于雌性。

←紫貂

紫貂是一种特产于亚洲北部的貂属动物，在白天活动和猎食。通过嗅觉和听觉猎取小型猎物，包括鼠类、小鸟和鱼类属中小型兽类。

蜜熊↑

蜜熊体型较小，体长 82 ～ 133 厘米，体重 2 ～ 4.6 千克。是生活在雨林中的一种浣熊科，蜜熊属下的唯一种。

↑南浣(huàn)熊

南浣熊喜树上攀爬并以尾巴保持平衡，在地面时尾常竖立，尾端弯曲。多数个体在白天出没，少数成年雄性夜间活动。杂食性，在林中觅食野果和无脊椎动物，成年雄性还捕捉鼠类。

虎

虎，是现存哺乳纲豹属的四种大型猫科动物中体型最大的一种，有“百兽之王”之称。毛色浅黄或棕黄色，满身黑色横纹；头圆、耳短，耳背面黑色，中央有一白斑甚显著；四肢健壮有力；尾粗长，具黑色环纹，尾端黑色。老虎是典型的山地林栖动物，由南方的热带雨林、常绿阔叶林，以至北方的落叶阔叶林和针阔叶混交林，都能很好地生活。在中国东北地区，也常出没于山脊、矮林灌丛和岩石较多或砾石塘等山地，以利于捕食。

头部→

头部显得头大而圆，头骨无疑是巨大、强壮的。在颅骨的长度上，它要比狮子来的短。

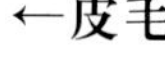

←皮毛

老虎的皮毛是所有豹亚科动物中最厚的，不仅美丽，而且有防御功能，有深色条纹。

虎爪→

虎的形状是扇形，四肢强健，犬齿和爪极为锋利，用于捕杀猎物等活动。

虎

虎是一种猫科动物，被称为兽中之王，有“丛林之王”的身份。体型庞大，是亚洲陆地上最强的食肉动物。

獴

獴（Herpestes；mongooses），獴科动物的通称，是一些长身、长尾而四肢短的动物，它们以吃蛇为主，也猎食蛙、鱼、鸟、鼠、蟹、蜥蜴、昆虫及其他小哺乳动物。獴是蛇的天敌，它们不仅有与蛇搏斗的本领，而且自身也具有对毒液的抵抗力。

条纹獴↑

条纹獴成群地生活在撒哈拉以南地区的林地中，经常会挖掘白蚁丘。群体中的成员被年龄较大的雌性领导，而不是统治。

白尾獴↓

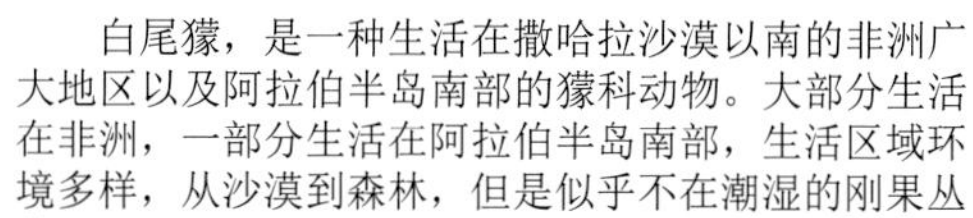

白尾獴，是一种生活在撒哈拉沙漠以南的非洲广大地区以及阿拉伯半岛南部的獴科动物。大部分生活在非洲，一部分生活在阿拉伯半岛南部，生活区域环境多样，从沙漠到森林，但是似乎不在潮湿的刚果丛林出没，生活区域离水源不远。

埃及獴↓

埃及獴不只分布在埃及，也分布在从西班牙到南非的开阔草原中。

灰獴↑

灰獴主要生活在印度半岛，包括印度、巴基斯坦、尼泊尔和岛国斯里兰卡。为了控制毒蛇和老鼠的数量，它们还被引进到了西印度群岛和夏威夷群岛。生活环境多样，从耕地到热带丛林都可以看见它们的身影。灰獴一般长约60厘米，小规模群居生活，有杀死毒蛇的本领。

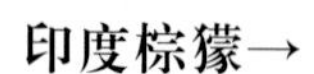

印度棕獴→

印度棕獴生活在印度南部和斯里兰卡的丛林中。像其他獴一样，它们也能杀死蛇，但更喜欢容易捕捉的猎物。

狸

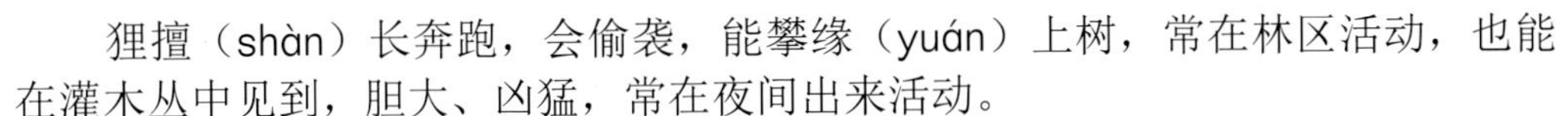

狸擅（shàn）长奔跑，会偷袭，能攀缘（yuán）上树，常在林区活动，也能在灌木丛中见到，胆大、凶猛，常在夜间出来活动。

花面狸↓

花面狸（学名：Paguma larvata）是灵猫科、花面狸属食肉动物，俗称果子狸。花面狸可见于多种森林栖息地，从原始常绿林到落叶次生林，它们还经常光顾农业区。它们主要吃果实，也吃鸟类、啮齿类、昆虫和植物根。

白面狸↑

白面狸又称玉面狸，也称牛尾狸、果子狸。面白色，尾似牛，喜吃果实，捕鼠胜于猫。

熊狸↓

熊狸（学名：Arctictis binturong），别名熊灵猫，为灵猫科下的第二大物种。貌似小黑熊，长着一条与身长差不多长（70～80厘米）的粗壮尾巴。其体毛黑色蓬松，杂有浅棕黄色。

椰子狸↓

椰子狸，属于灵猫科、椰子狸属，体型略似小灵猫，但较细长，体重一般约为2～3千克。它的吻较短，尾较长，约等于或大于体长。

奇蹄类

在史前时代，出现了多种多样的哺乳类，这个时期出现的代表性的植食性哺乳动物就是奇蹄类和偶蹄类。奇蹄类正如其名称那样通常情况下趾的数量为奇数，在最初从 5 根趾逐渐减少的过程中，原始的同类也有保留 4 根趾的种类（貘类）。但是重要的不是趾的数量，而是支持体重的中心轴是在第三趾（中指）上。

奇蹄动物一般都隐居在热带森林中，它们是草食动物，体型和猪差不多，矮胖但呈流线型的身体，适合穿过茂密的矮树丛，敏锐善抓握的长鼻可用来获取食物，或以气味侦查危险，并可当呼吸管道。在现代，奇蹄动物大多数已经灭绝了。

门	脊索动物门
纲	哺乳纲
目	奇蹄目
科	3
种	17

马的进化

已知最古老的奇蹄类动物是发现于北美和欧洲的大约 5500 万年前的始马，又被译名为始祖马。北美是马科进化发展的中心，早第三纪期间，由始马迅速地衍生出山马、后马、中马、细马。其他大陆这时虽也曾有马类的发展，如中国的黔马，但不是进化的主力。新第三纪期间，马类多次由北美迁往其他大陆，中国中新世的安琪马是由北美迁入的，现代的马也源于北美。

负重的脚趾

奇蹄目动物主要将体重放在每只脚的第三个脚趾上。马已经失去了其余的脚趾，仅剩下的一个脚趾被发达的角质蹄保护着。其他两个科仍保留着更多的脚趾——犀牛的 4 只脚上各有 3 个脚趾，貘的后腿各有 3 个脚趾，前腿各有 4 个脚趾。

犀牛

犀牛（学名：Dicerorhinus）：是哺乳纲、犀科的总称，有 4 属 5 种。是世界上最大的奇蹄目动物，犀类动物腿短、体肥笨拙，栖息于低地或海拔 2000 多米的高地。夜间活动，独居或结成小群。生活区域从不脱离水源。食性因种类而异，以草类为主，或以树叶、嫩枝、野果、地衣等为食物。

印度犀↑

印度犀体长 2.1 ～ 4.2 米，尾长 60 ～ 75 厘米，肩高 1.1 ～ 2 米，体重 2 ～ 4 吨。是世界上体型最大的单角犀牛。鼻子上只有一只长约 60 厘米的犀牛角。

↓爪哇犀

爪哇犀是犀科、独角犀属犀牛。爪哇犀比印度犀牛小：通体长 2.5 ～ 3.5 米，肩高 1.6 米，平均体重 1500 千克，最大个体可达 2300 千克。有一支角，角长少于 20 厘米，皮肤为灰色。

苏门答腊犀↑

苏门答腊犀是哺乳纲、犀科、双角犀属的唯一物种，是五种犀牛中体型最小的犀牛。

貘

貘（学名：Tapiridae、Tapirus）：貘科仅 1 属 5 种。分布于东南亚（1 种）和南美洲（4 种）。现存最原始的奇蹄类，保持前肢 4 趾后肢 3 趾等原始特征。体型似猪，有可以伸缩的短鼻，善于游泳和潜水，植食性。

低地貘→

低地貘栖息在南美洲亚马逊雨林及亚马逊盆地近水的地方。能游善跑，在崎岖的山地也能奔走自如。它们的天敌主要是鳄鱼及大型的猫科动物，如美洲豹、美洲狮。

马莱貘↓

马莱貘主要分布于东南亚中南半岛南部，马莱群岛以及苏门答腊岛南部的热带雨林。其肤色身体的前半部分与后腿呈黑色，身体的其余部分则显灰白色。其与上唇相连的长长的鼻子，向下耷拉，有些像小象的鼻子。

←山貘

山貘栖息在海拔 2000 ～ 3800 米的亚热带密林中，昼伏夜出。主要以灌木、蕨类、多汁植物茎、叶和瓜果等植物为食。貘多半是独居或成对生活，不喜群居。

南白犀↓

南白犀生活在非洲的热带稀树草原，也是最重的犀牛。“白色”(white) 是对“宽阔”(wide) 的谬误——因为这种动物宽大的嘴很适合于吃草。

黑犀牛↑

栖息在丛林地带，以树叶为食。是分布最广、数量第二多的一种犀牛，分布在非洲东部和中部、南部的小范围地区，北至苏丹东北部，西至尼日利亚东北部。是非洲国家莱索托的国兽。

马及其近亲

尽管化石记录中的马科 (Equidae) 是一个大的科，但现在只有马、驴和斑马等 7 种动物。它们以群体生活，栖息在开阔的草原和沙漠。它们拥有全方位的视角，灵活、敏感的耳朵让它们对捕食者很警觉。这些敏捷的动物长着细长的腿，腿上长着一个有蹄的脚趾。除了鬃毛和尾巴上的毛长些之外，它们的皮毛都很短。

蒙古野驴↑

蒙古野驴是典型荒漠动物，多栖息于海拔 3000 ～ 5000 米的高原亚寒带。营游荡生活，耐干渴，冬季主要吃积雪解渴。叫声像家驴，但短促而嘶哑。由于“好奇心”所致，常常追随猎人，前后张望，大胆者会跑到帐篷附近窥探，给偷猎者可乘之机，遭到大量捕杀。

阿拉伯马↑

阿拉伯马是世界上古老名贵的马种。考古学发现它们源于 4500 年前，原产于阿拉伯半岛。在干旱少雨、食物匮乏的条件下，经长期精心选育而成。该马对世界上许多优良马种的形成起过重要作用。英纯血马、奥尔罗夫马、莫尔根马等，都含有阿拉伯马的血液。

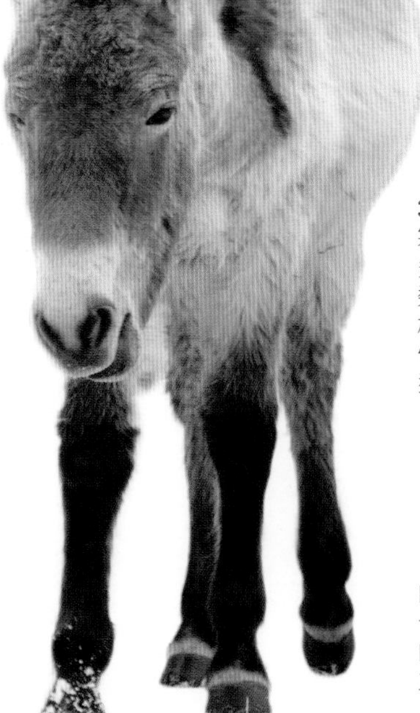

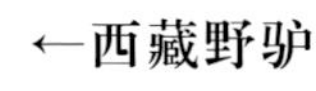

←西藏野驴

西藏野驴为高原型动物，栖居于海拔 3600 ～ 5400 米的地带、营群居生活，对寒冷、日晒和风雪均具有极强的耐受力，多半由 5、6 头组成小群，大的群体在 10 数头，最大群体可达上百头，小群由一头雄驴率领，营游移生活。擅长奔跑，警惕性高。喜欢吃茅草、苔草和蒿类的一种大型草食动物。

夏尔马→

夏尔马（Shire horse）是世界上知名的挽用马，也是世界上体型最大的马种之一。是英国早期农业、工业、交通、运输的重要工具，这种马极限可以拉动 5 吨的重物。

←印度野驴

印度野驴与非洲野驴有些分别。它们的毛多呈沙色，也有赤灰色至淡栗色。它们背及颈上的鬃（zōng）毛正立及深色，其后至尾巴有一道深褐色的斑纹。印度野驴在日出及黄昏期间觅食。它们主要吃草、叶子、果实、农作物、牧豆树荚及其他植物。它们是印度跑得最快的动物之一，最高每小时可达 70 ～ 80 千米。

格氏斑马→

格氏斑马分布于非洲东北部的索马里、埃塞俄比亚南部和肯尼亚北部，喜欢栖居在干燥、开阔、灌丛较多的草原上和沙漠地带，较少转移到其他地方。虽然长相不凡，但它的叫声却很难听，就像“叫驴”嘶鸣一般。

美国花马→

多色的被毛成为美国花马的主要特征。每一匹花马为白色与其他毛色相混合的毛色，图案、形状与大小任意组合，因此每匹花马都具有独特的毛色，这也是花马有趣的遗传与迷人的魅（mèi）力所在。

偶蹄类

中新世的时候全球气候变干燥少雨，大量雨林枯亡，草原开始发育，并向全球蔓延开来。草本身是一种非常难以消化的食物，而唯有拥有复杂消化系统的偶蹄动物能有效地利用这种粗糙、低营养的食物。很快偶蹄动物就取代了奇蹄动物的生态位，成为了食草动物的主导。外形上，早期的偶蹄动物类似今天的鼷鹿：小巧，短腿，以叶子为食。

门	脊索动物门
纲	哺乳纲
目	偶蹄目（传统）
科	10
种	240

讨论：一种还是六种

分类学家是划分生物的科学家，他们常被描述成“主分派”或者“主合派”。在非洲动物学探索的全盛时期，有一种倾向是把分类群分成许多种类，可能之后又被合并到一起。长颈鹿就是一个很好的例子，许多人将“种”结束在单一名称Girafa camelopardalis之下。长颈鹿的6个亚种可以通过它们不同的毛皮形态加以辨别。然而，最近基因证据已经开始支持长颈鹿的6个亚种可能是不同的种，其中一些已经相当濒危。

蛋白质来源

偶蹄目动物对人类很重要。从史前开始偶蹄目动物就是人类的主要蛋白质来源，是古人类的重要的狩猎对象。几乎所有的人类文明里都有偶蹄目的存在（比如旧大陆诸文明里的牛、羊、骆驼，南美印第安人文明里的骆马、羊驼等）。人类最早驯化的家畜里就有偶蹄目。偶蹄目是构成了人类畜牧业和农业的重要成分，是人类最主要的肉、乳制品来源动物，也是皮革业的重要来源动物。

驯化

现代人们饲养的大家畜中，有许多种类是从偶蹄目动物驯化而来，包括猪、双峰驼、单峰驼、羊驼、黄牛、水牛、牦牛、山羊、绵羊以及梅花鹿、马鹿、驯鹿和麋鹿等。麝香和鹿茸为名贵中药材，中国古代早已开始饲养梅花鹿取茸入药。1950 年开始饲养麝，发展人工取香。

猪

旧大陆的猪科（Suidae）动物在本目中很独特。它们有 4 个脚趾，但只用中间的两个脚趾走路。与具有许多腔室胃的大多数近亲不同，它们只有一个简单的胃。它们主要为杂食性，会用鼻子和獠牙挖掘食物。它们的皮毛很硬，短小的尾巴末端具有流苏状的尾尖毛。

←大林猪

栖息于海拔低于 3750 米的山地森林。群居，每群约 20 头，以一头成年雄性为首领和保卫者。群体间具有领地性，在领地中央的固定地点排便，粪堆达 1 米以上。晨昏活动。以植物及腐烂的鱼、肉为食。喜泥浴。雨季前繁殖，母猪分娩时有群体筑窝行为，分娩后一周回到群体。寿命约 12 年。分布于中非。

红河猪→

很少远离雨林，并且通常喜欢靠近河流或沼泽地区。栖息于雨林、潮湿草原、河谷、湖畔和沼泽。群居，在高草和苇丛中掘洞为巢，昼伏夜出，性情凶猛，善于游泳。

野猪↑

野猪（学名：Sus scrofa）：是哺乳纲偶蹄目猪科猪属下的动物，是一种中型哺乳动物。环境适应性极强。栖息环境跨越温带与热带，从半干旱气候至热带雨林、温带林地、半沙漠和草原都有分布。但它们倾向于喜欢落叶阔叶林，其中植被非常密集。是杂食性的，只要能吃的东西都吃。

疣猪↑

疣猪独居或成群穴居，善于挖洞。以青草、苔草及块茎植物等为食，偶食腐肉。喜泥浴。生存能力很强，非常适应高温和干旱环境，可连续数月不饮水。繁殖力很强，但幼崽死亡率很高。天敌如狮、豹、土狼等。好斗。非洲疣猪遍布非洲大陆，除了热带雨林和北非沙漠以外；而荒漠疣猪则分布在埃塞俄比亚和索马里的荒漠地区。

中白猪↓

中白猪在英格兰培育，用于提供猪肉，是一种无颜色的驯化品种。圆圆的体型和短短的朝天鼻是它们的特征。

卷毛野猪↑

卷毛野猪栖息地包括原始森林及次生林，从沿海平地至海拔1600米的高地苔藓林均是其原生栖息地，但由于平地大都被人类开发，现有的种群大多只能在海拔800米以上的地区找到。一些已退化的次生草地也有其踪迹。

鹿

鹿科（Cervidae）是哺乳纲偶蹄目的一科动物。体型大小不等，为有角的反刍类，分布于欧亚大陆、日本、菲律宾、印度尼西亚、北美洲、南美洲的南纬40度以北地区及西南非洲，全世界约有34种，共16属约52种。

←黑尾鹿

黑尾鹿逐水草而居，喜欢在靠近水源与食物的地方休憩。夏天，常在3000米高山草原中见其踪影，食草类。最活跃的时候是晨昏之际，晌午则躲在隐蔽之处休息。

狍↑

狍属哺乳纲偶蹄目鹿科空齿鹿亚科的一个属。反刍草食珍贵动物。有两个种，分别是东方狍（狍子、矮鹿）、西方狍。狍身草黄色，尾根下有白毛。雄狍有角，雌无角。狍体长达1米多，尾很短。雄的有角，角小分三叉。冬毛长棕褐色，夏毛短栗红色。

麋鹿→

麋鹿是一种大型食草动物，颈和背比较粗壮，四肢粗大，是鹿类动物中较温顺的一种。

赤鹿↑

赤鹿生活于高山森林或草原地区。喜欢群居。夏季多在夜间和清晨活动，冬季多在白天活动。善于奔跑和游泳。以各种草、树叶、嫩枝、树皮和果实等为食，喜欢舔食盐碱。

梅花鹿↓

梅花鹿群居性不强，雄鹿往往是独自生活，活动时间集中在早晨和黄昏，生活区域随着季节的变化而改变，春季多在半阴坡，夏秋季迁到阴坡的林缘地带，冬季则喜欢在温暖的阳坡，主要以草、水果、草本植物、树芽、树、农作物为食。

水鹿↑

水鹿栖息于阔叶林、混交林、稀树的草场和高草地带，清晨、黄昏觅食。雨后特别活跃。平时单独活动，有一定的行动路线。分布于中国、斯里兰卡、印度、尼泊尔、中南半岛以及东南亚等地区。

叉角羚

叉角羚科是偶蹄目的一科。是北美洲特有的有蹄类，其起源介于牛科和鹿科之间，角也介于二者之间，似牛角分为骨心和角鞘，雌雄均有角，角不脱落，但是角却像鹿角那样分叉，角鞘则每年脱落。

叉角羚↑

叉角羚奔跑速度快，最高时速达 80 千米。一次跳跃可达 3.5～6 米。善游泳。夏季组成小群活动，冬季则集结成上百只的大群。

海福特牛↑

海福特牛产于英国英格兰南部的赫里福德郡(jùn)，是世界上最古老的早熟中小型肉牛品种。我国 1913 年曾有引入，1965 年后又陆续从英国引进。海福特牛性情温驯，合群性强，繁殖力高。

牛科动物

牛科又叫洞角科，该科动物的角中空，不分叉，固定不脱落；为放牧或吃嫩叶的动物，常见于东、西半球的草原、灌丛地或沙漠地区；多数品种成大群生活；肩高差别很大，从 25 厘米高的羚类到 2 米高的美洲野牛，约有 138 种（包括家牛、绵羊、山羊），其中有些种类对人类有很大的经济价值。其他的如大角羊和有些羚羊则为狩猎对象，以获取其肉、角或皮。

←牦牛

牦牛能适应高寒气候，是世界上生活在海拔最高处的（除人类外）哺乳动物，分布于中国青藏高原海拔 3000 米以上地区。牦牛叫声像猪鸣，所以又称猪声牛。西方国家因其主产于中国青藏高原藏族地区，也称西藏牛。牦牛尾如马尾，所以又名马尾牛。

德洲长角牛→

德洲长角牛有一系列的体色，还长有让人印象深刻的延伸的角。它们的身体强健，能很好地适应广阔的牧场系统。

美洲野牛↑

美洲野牛尽管体型庞大，仍可维持每小时 60 千米的奔跑速度。

欧洲野牛↑

欧洲野牛是欧洲最大的原生食草动物，拥有非常庞大的体型。以食草为主，也吃嫩芽和树叶，一头成年雄性野牛一天可以消耗 32 千克的食物。栖息在落叶阔叶林，灌木丛的开阔空间。

麝牛↑

麝牛栖息于气候严寒的多岩荒芜地带，群居性，主要吃草和灌木的枝条，冬季亦挖雪取食苔藓类。天性勇敢，在任何情况下都不退却逃跑；当狼和熊等敌害出现时，群体立即形成防御阵形，成年雄性站在最前沿，把幼牛围在中间。成活率很低。因毛皮极好，曾被大量猎杀，几乎灭绝；经保护，种群数量已有所恢复。分布于北美洲北部、格陵兰等北极地区，为分布最北的有蹄类动物。

貂羚→

貂羚是一种类似马的羚羊，产于非洲撒哈拉以南。该动物的羚角属于稀世珍品，导致大量的偷猎活动。已被列入国际濒危物种。

小林羚→

小林羚体型较粗壮，头体长 1.1～1.75 米，身高 0.9～1.05 米。尾长 0.26～0.3 米。雄性有 4.8～9.1 厘米长的角，角上有两条纵向龙骨，扭转 2.5 倍。不善于奔跑。雌雄都有角，颈、肩或背部常具有由脊椎的背棘支持并有发达的肌肉而形成的隆起。雄羚毛皮灰色，雌羚红棕色。由于它们的皮毛具有伪装色，小林羚很难在干燥的丛林中观察到，并且由于其大耳朵有助于发育良好的听觉，从而警告它们周围有潜在的掠食者。

←加拿大盘羊

加拿大盘羊喜欢生活在自然形成的多岩干燥的山区。栖息于各种开阔、干燥的沙漠和大草原及岩石山区。是群聚动物。行动敏捷，视力敏锐，善于攀爬陡峭的山岩，以草和灌木为食。

←岩羊

岩羊体型中等，形态介于野山羊与野绵羊之间。两性具角，雄羊角粗大似牛角，但仅微向下后上方弯曲。以青草和各种灌丛枝叶为食。冬季啃食枯草。它们还常到固定的地点饮水，但到寒冷季节也可舔食冰雪。无固定兽径和栖息场所。它们在悬崖峭壁只要有一脚之棱，便能攀登上去。一跳可达 2、3 米，若从高处向下更能纵身一跃 10 多米而不致摔伤。冬季发情交配，次年 6、7 月产仔，每年通常只产 1 仔。主要天敌是雪豹、豺、狼，以及秃鹫和金雕等大型猛禽。中国国家二级重点保护野生动物。

←岩羚

岩羚属于偶蹄目牛科，主要原居地在欧洲的阿尔卑斯山脉以及比利牛斯山脉，发现范围东至土耳其，西至法国西班牙交界处，它们善于攀登山地，而且机警敏捷，人们很难接近它们。岩羚羊成小群活动，成熟的雄性只在交配季节才加入到群体中，雄性之间会为争夺配偶发生凶猛的争斗。因为极富狩猎娱乐性，曾被大量猎杀，近年经过欧洲各国的狩猎规范化管理，种群大量恢复。并被引入新西兰南岛作为主要狩猎对象之一。

←蛮羊

蛮羊是非洲仅有的一种野羊。分布在北非摩洛哥至埃及、大西洋海岸到红海。蛮羊栖息在荒凉的岩石和沙土地带。它们一般结戚家族生活在一起，其中一雄羊统领整个家族，其他成员为雌性和未成年幼仔。由于生存环境干旱，因此蛮羊非常耐渴，可以长时间不饮水，身体所需水分多来自吃的各种植物。因生活区域内少有高大植物可以藏身，它们养成了一种非常特殊的习性，就是在有敌害发现它们时，它们会一动不动呆若木鸡，借此来骗对方以为是其他物体。

雪羊↑

雪羊在清晨和傍晚时最为活跃，有时持续整个晚上都在放牧。饮食包括草、莎草、蕨类、苔藓、地衣、树枝和树叶，从低增长的灌木和高海拔栖息地的针叶树。善于在悬崖峭壁间攀爬、跳跃，只要有可踏之处，不论如何陡峭的悬崖都可以轻易地上下。主要天敌是美洲狮、狼和棕熊。在冬季，通常聚结以形成较大的畜群。

←摩弗伦羊

摩弗伦羊又叫欧洲盘羊，是唯一生活在欧洲的绵羊类，也是欧洲绵羊的野生祖先，原产在地中海的撒丁岛和科西嘉岛，后已被广泛引到欧洲大陆。不过在欧洲各地均发现过它的化石，证明它过去也曾在欧洲广泛分布。

阿尔泰盘羊→

阿尔泰盘羊的腿比较长，身材比较瘦，与其他野绵羊相比其爬山技巧比较差，因此在逃跑时一般避免逃向太陡峭的山坡。是群聚动物，其习性与其他野生绵羊一样。

长颈鹿

长颈鹿生活于非洲稀树草原地带，是草食动物，以树叶及小树枝为主食。在野外长颈鹿的寿命为27年左右，动物园里的能活超过29年。主要分布在非洲的南非、埃塞俄比亚、苏丹、肯尼亚、坦桑尼亚和赞比亚等国。是南非的国兽。

←赞比亚长颈鹿

长颈鹿赞比亚亚种是长颈鹿的亚种之一。

罗氏长颈鹿→

罗氏长颈鹿是长颈鹿的亚种之一。站立时由头至脚可达6～8米，体重约700千克，刚出生的幼仔就有1.5米高；皮毛颜色花纹网纹模糊、有斑点。头的额部宽，吻部较尖，耳大竖立，头顶有1对骨质短角，角外包覆皮肤和茸毛；颈特别长（约2米），颈背有1行鬃毛；体较短；四肢高而强健，前肢略长于后肢，蹄阔大；尾短小，尾端为黑色簇毛。牙齿为原始的低冠齿，不能以草为主食，只能以树叶为主食；舌较长，可以用于取食；具短角，角上被有毛的皮肤覆盖。生活于非洲稀树草原地带，是草食动物，以树叶及小树枝为主食。

马赛长颈鹿→

长颈鹿马赛亚种是长颈鹿的亚种之一。一般站立时由头至脚可达5.2米，体重约1100千克，刚出生的幼仔就有1.6米左右高；皮毛斑点似葡萄叶，边缘呈锯齿状。头的额部宽，吻部较尖，耳大竖立，头顶有1对骨质短角，角外包覆皮肤和茸毛；颈特别长（约2米），颈背有1行鬃毛；体较短；四肢高而强健，前肢略长于后肢，蹄阔大；尾短小，尾端为黑色簇毛。牙齿为原始的低冠齿，不能以草为主食，只能以树叶为主食；舌较长，可以用于取食；具短角，角上被有毛的皮肤覆盖。生活于非洲稀树草原地带，是草食动物，以树叶及小树枝为主食。

←网纹长颈鹿

网纹长颈鹿又称为索马里长颈鹿，体长6～9米左右，体重650千克左右，大而呈多边形的褐色斑点，衬有明亮的白色网纹。斑点有时呈深红色，并能扩散到脚部。主要分布于肯尼亚东北、埃塞俄比亚、索马里。喜欢栖息于热带稀树草原、林地和季节性洪泛区。网纹长颈鹿是九种长颈鹿亚种之中最有名的一种，同时，它和罗氏长颈鹿同为动物园内最常见的长颈鹿。

骆驼及其近亲

早在4500万年前，只有兔子大小的骆驼的祖先就在今天北美大陆上漫步了。在随后的岁月里，它们越来越高大，腿越来越长。高开叉大长腿是骆驼与其他有蹄动物很大的一个不同，所有骆驼科动物的后腿都在髋（kuān）关节那里与躯干连接，而牛、马，在膝盖那里就与屁股融为一体了。

←单峰驼

单峰驼原产在北非和亚洲西部及南部，有证据表明在公元前1800年单峰驼就已在阿拉伯被人驯养了。虽然野生的早已灭绝，但是有些再次被野化，如引入澳大利亚的单峰驼，在澳洲沙漠中形成了一定规模的野生种群。是埃及的国兽。

羊驼→

羊驼性情温驯，伶俐而通人性，除野生种外，还有相当数量的驯良种，被印第安人广泛地用作驮役工具，适于圈养，是南美洲重要的畜类之一。

←双峰驼

双峰驼常栖息在草原、荒漠、戈壁地带，随季节变化而有迁移。主食灌丛和半灌丛的盐碱植物，昼夜游动，午间休息。主要分布在亚洲及周边较为凉爽的地区。

河马

河马是淡水物种中的最大型杂食性哺乳类动物，是陆地上仅次于象的第二大哺乳动物，体躯庞大而拙（zhuō）笨。河马生活于非洲热带水草丰盛地区，常由10余只组成群体，有时也能结成上百只的大群，单独的河马多是由群中被逐出的成年雄河马。它们白天几乎全在水中，食水草，日食量100千克以上，水草缺少时，便在夜间上岸觅食植物或农作物；性温顺，惧冷喜暖，善游泳。

河马→

河马的体型虽大却可轻巧地浮在水中，还能在水中待超过5分钟。即使是陆地上第六大的动物，其短距离奔跑速度却能达到时速40千米。长时间暴晒于太阳下后，其皮肤会分泌粉红色的油脂，功能为防止过多的紫外线照射。

鲸类

鲸类的祖先，极可能是产于北美、欧洲与亚洲的陆栖有蹄类动物——中爪兽科。中爪兽的成员有的娇小如家犬，也有的高大如熊，但是许多动物的演化过程都是由小而大，因而鲸类有可能是由小型的中爪兽演化而来。根据推测，这些齿数不多，在浅水区捕鱼的中爪兽，经由逐渐转变为水陆两栖的生活形式后，再于漫长的演化过程中变成今天的各种鲸与海豚。

门	脊索动物门
纲	哺乳纲
目	鲸目（传统）
科	12
种	约 90

讨论：陆生的祖先

鲸鱼、海豚和鼠海豚等鲸类动物都属于哺乳动物。鲸类动物的祖先曾经生活在陆地，后来又返回到海洋。现在有证据显示，鲸类动物与河马是近亲关系，与反刍动物如牛和鹿也有亲缘关系。鲸类动物是陆地哺乳动物的后裔，这可以从鲸类动物的一些生理特征上看出。鲸类动物与其他哺乳动物的联系还可以通过基因证据加以证实。鲸类动物是陆地哺乳动物的后代，这已是毋庸置疑的了，但问题是，它们是何时从陆地进入水中的呢？

呼吸

虽然鲸生活在海洋中，靠鳍游泳，但它不像鱼那样用鳃呼吸，而是和其他哺乳动物一样用肺呼吸。鲸在潜水前并不是先吸气，而是要先呼出肺内的气体。有些人认为鲸很大，所以它的肺也会很大，这样鲸就可以依靠自己庞大的肺贮藏氧气用来在水下呼吸。但事实上，鲸呼吸并不靠肺贮藏空气，并且在肺内很少甚至不进行气体交换。

鲸在深潜时肺会受到很大的压力，肺泡会被压缩，把余气压入大的气管，当肺泡的交换面被完全压缩时，鲸的肺部很少或不进行气体交换。若鲸在潜水时从肺内得不到氧，不仅可以降低氮扩散入血液的风险，在上升时也会降低血液中小气泡形成的危险，所以鲸潜水时肺很少或不进行气体交换。

灰鲸

灰鲸科只有一种动物，现在仅分布在北太平洋，在大西洋海域内已灭绝。它们每年都要进行大规模的迁徙——是所有哺乳动物中迁徙路途最长的——从白令海到亚热带海域，尤其是在墨西哥的下加利福尼亚地区繁殖。

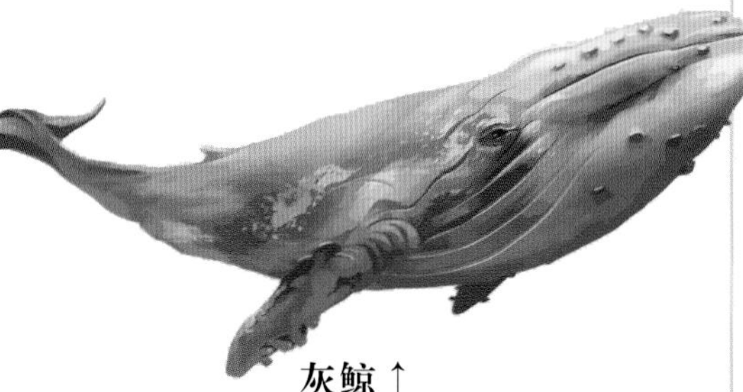

灰鲸↑

灰鲸，隶属于鲸目须鲸亚目灰鲸科，体围比须鲸科的种类大，但比露脊鲸小；它的成体长 10 ～ 15 米（雌鲸略大于雄鲸），最大体重超过 35 吨。体型呈纺锤状，躯干粗胖，在鳍肢附近最粗，向尾部逐渐变细。

捕食

鲸目是完全水栖的哺乳动物，有的主要靠回声定位寻食避敌。一般以软体动物、鱼类和蜉游动物为食，有的种类也能捕食海豹、海狗等。每隔一段时间，必须换气。一般冬季从高纬度冷水区游向低纬度热水区产仔，夏季又由低纬度游回高纬度冷水区捕食。鲸目的所有种类中除几种生活在淡水外，其他均栖息于海洋。

鳁鲸

鳁鲸科是须鲸中最大的一科，以挪威语“有深沟的鲸”命名。喉部的沟纹使得它们可以在滤食时张大嘴巴。大多数鳁鲸科动物在温带水域繁殖，夏季时会迁徙到极地的聚食场。它们的身体细长呈流线型，长长的鳍状肢和一个背鳍位于身体后方。

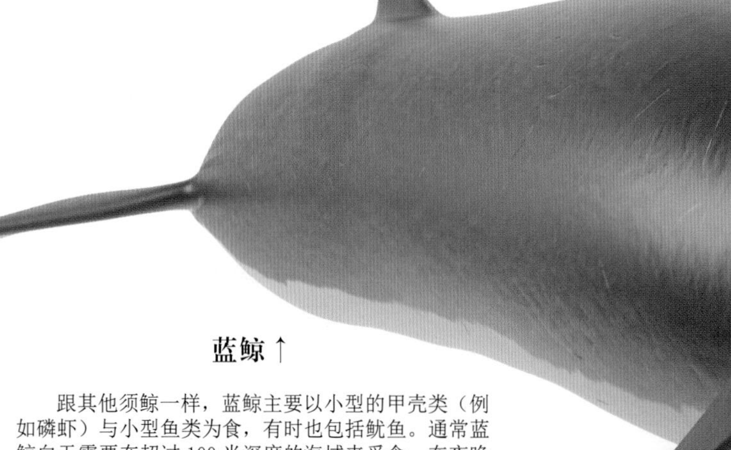

蓝鲸↑

跟其他须鲸一样，蓝鲸主要以小型的甲壳类（例如磷虾）与小型鱼类为食，有时也包括鱿鱼。通常蓝鲸白天需要在超过 100 米深度的海域来觅食，在夜晚才能到水面觅食。

抹香鲸

抹香鲸科鲸类属于鲸目齿鲸亚目，是齿鲸亚目中体型最大的一种仅 2 属 3 种，是国家二级保护动物。分布于北冰洋以外的各大海域。头部巨大，下颌较小，仅下颌有牙齿。主要食乌贼。抹香鲸（Physeter catodon）体长可达 18 米，体重超过 50 吨，是体型最大的齿鲸，头部可占身体的 1/3，由于其头部特别巨大，故又有“巨头鲸”之称。无背鳍；潜水能力极强，是潜水最深、潜水时间最长的哺乳动物。小抹香鲸（Kogia breviceps）和倭抹香鲸（拟小抹香鲸）（Kogia simus）体型小，前者体长 3.4 米，后者仅 2.7 米，头部比例较抹香鲸小，吻部较尖，两腮处有沟，有背鳍。

抹香鲸↑

抹香鲸肠内分泌物的干燥品称“龙涎香”，龙涎香不只是名贵的香料，也是名贵的中药，用于治疗咳喘气逆、心腹疼痛等症。抹香鲸广泛分布于全世界不结冰的海域，由赤道一直到两极的不结冰的海域都可发现它们的踪迹。

独角鲸

独角鲸科为一个小科，由两种中等体型的、生活在北极地区的鲸组成，在外表上相当不同。它们是高度群居的动物，在港湾、河口、峡湾以及浮冰的边缘都可以见到它们，有时会形成数百只的群体。这两种都没有真正的背鳍，都有一个肿大的圆形前额，发声时可以改变形状，声音的范围很宽。

独角鲸↓

独角鲸主要分布在大西洋和北冰洋海域，大多数集中在加拿大北部和格陵兰岛西部的海湾和水湾。

白鲸→

白鲸游动时通常比较缓慢，在海浪和浮冰中难以辨识。白鲸喜欢生活在海面或贴近海面的地方；潜水能力相当强，对于北极的浮冰环境有很好的适应力。

座头鲸↑

座头鲸“座头”之名源于日文“座头”，意为“琵琶”，指鲸背部的形状。为热带暖海性鲸类。身体较短而宽，一般长达 13 ～ 15 米。座头鲸以其跃出水面姿势、超长的前翅与复杂的叫声而闻名。活动时多一双一对活动，性情温顺，有洄游习性，唯游泳速度较慢。主食为小甲壳类和群游性小型鱼类。

植物世界

植物环境是人类产生的摇篮，也是人类赖（lài）以生存的基础。地球上的植物种类繁多，它们的体形大小、形态结构、寿命长短、生长方式和生长场所各不相同，共同组成了形形色色的植物界。它们维持着我们生存的条件，装点着我们的家。

苔藓类

苔藓是一种生命力顽强的有机体，树皮、岩石或墙壁是它们最常见生长的地方，苔藓植物的适应能力很强，在森林、沙漠和冻土平原上也能发现它们的身影，足迹遍布每一块大陆。

为什么苔藓植物都长得矮小

由于苔藓结构简单，仅包含茎和叶两部分，有时只有扁平的叶状体，根也只是假根，像海藻那样只起固定作用，身体里没有运送水分和养料的管道，只能依靠含有叶绿素的小叶片来直接吸收水分和营养，再进行光合作用，所以它们都长得很矮小，最高也就10厘米左右。

什么是苔藓植物

苔藓植物，是非维管植物中的有胚植物，它们有组织器官以及封闭的生殖系统，但缺少运输水分的维管束。它们没有花朵也不制造种子，而是经由孢子来繁殖。

地球的“外衣”

苔藓是一种很顽(wán)强的植物，绿绿地装饰着地表。苔藓植物作为生态系统的“指示灯”，虽然身形娇小，人们不太在意，但有时候真的很美，特别是下过雨，遍地丛生的时候。每次看到一片绿油油的苔藓，人的内心就安静下来了。特别是在园林景观设置中，苔藓充分发挥其群体效果，结合山水、树木、花草等要素，将整个园林景观的色彩美展示得淋漓尽致。

其他藓类在地表上的生态表现。

大灰藓↑

植物体形大，黄绿色或绿色，有时带褐色。茎匍匐，长达 10 厘米。生于阔叶林、针阔混交林、箭竹林、杜鹃林等腐木、树干、树基、岩面薄土、土壤、草地、砂土及黏土上。

地钱→

地钱属苔纲孢子植物，植物体呈叶状，扁平，匍匐生长，背面绿色，在苔藓界，是分布最为广泛的物种之一。

泥炭藓↑

柔软，疏松丛生，灰白带黄绿色，略呈淡红色。在山地湿润地区或沼泽中生长较多，植株死层形成之泥炭可作肥料及燃料。

墙藓↑

墙藓苔藓植物具有柔软矮小的茎和叶，不开花，没有种子。从极地到热带均可见，在潮湿的环境中最为繁茂，对于长期干燥和冰冻的条件均极能耐受。可改善土壤质地，适用于园林绿化和屋顶绿化。

←角苔

叶状，柔软，淡绿色或绿色，叉形分瓣呈不规则圆形，背面平滑，是天然的绿色地毯。

万年藓↑

植株体型较大，为树状，茎叶为阔心脏形，枝叶则呈现卵状的披针形，基部比较宽阔，为耳状。颜色为青绿色或黄绿色，具有一定的光泽，一般散生成片。生于潮湿的针阔林下或沼泽地附近。

大金发藓→

草本丛生植物，雌雄异株。高度大约在 10 ～ 30 厘米。叶片呈披针形。颜色为深绿色，老时呈棕红色或黑棕色。常分布于山野阴湿山坡。

葫芦藓↓

植物体矮小，淡绿色，叶又小又薄，无叶脉，呈卵形或舌形。在泥地、树下、树干分布较多。

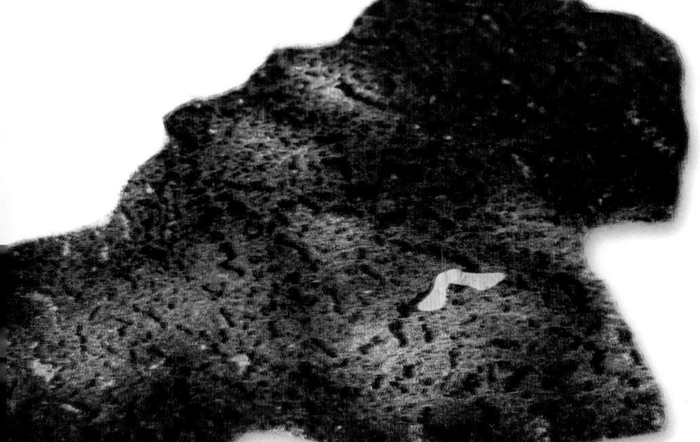

←黑藓

黑藓科，丛生。多呈紫黑色、灰黑色。叶细胞多有粗疣，蒴有假蒴柄，成熟后常纵长四裂。常见于高山或寒地裸露的花岗岩石上。

蕨类

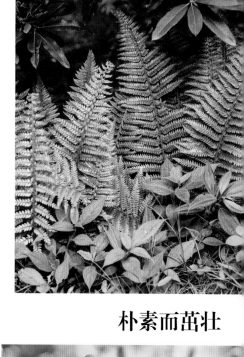

在生命的进化和发展史上，蕨类植物是一个奇迹。蕨类植物是最早登上陆地的植物类群，迄今为止已有3亿多年的生存历史。蕨类植物是恐龙的主要食物来源，如今恐龙灭绝了，蕨类仍旧生机勃勃；蕨类植物是裸子植物的祖先，是有花植物的始祖，在花满原野的今天，蕨类依然欣欣向荣。

起源与分类

蕨类植物也叫羊齿植物。在古生代，蕨类植物中的鳞木、芦木都很高大，是煤形成的重要原材料。现代生存的蕨类植物，除了世界上唯一幸存的桫椤是木本外，其他都是草本。蕨类植物没有花，也没有果实和种子，是以孢子来繁殖的。它大致可以分为松叶蕨、石松、木贼（以上为拟蕨类）和真蕨（真蕨类）4个纲。

石松
真蕨

木贼　松叶蕨

无花之美

作为观赏植物，蕨类植物在西方素有“无花之美”的称誉。尤其是在日本、欧美，更被视为高贵素雅的象征，代表着当今世界观赏植物的一大潮流。

朴素而茁壮

蕨类植物地下茎年年能随处长出叶子来，嫩叶上部卷曲着，外面被有白色的茸毛，古时叫它为“拳菜”或“蕨拳”。主要依靠它那叶子背面的褐色或黄色的孢子散落在潮湿的地方，经过繁杂的过程，发育成为新的蕨。

文化符号

在中国历史上很早就有蕨类植物的记载。《诗经》中所述“陟彼南山，言采其蕨”，记载了商代末年伯夷叔齐采蕨首阳山的传说，共同铸就了蕨类植物作为中国传统文化中一个特异的文化符号——对美好田园生活的向往。

著名植物园的蕨类植物

狼尾蕨↑

中文学名：狼尾蕨
别称：龙爪蕨
科属：骨碎补科阴石蕨属
非常流行的室内观赏蕨类，也可以作为景观植物配植于假山岩石边。

圆盖阴石蕨→

中文学名：圆盖阴石蕨
别称：毛石蚕、岩蚕、白毛岩蚕
其长长的根状茎上密被绒状披针形的灰色鳞片，常自然弯曲，如狼尾，因而又称狼尾山草。

钮扣蕨↑

中生或旱生中小形植物，主要分布于世界亚热带，株高较矮，簇生型，叶片光滑、富光泽，形状与大小如成排的纽扣，非常具有观赏价值。

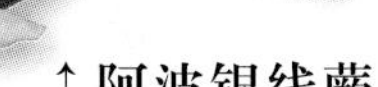

↑阿波银线蕨

阿波银线蕨，凤尾蕨科凤尾蕨属，这种原始而古老的植物，曾是地球上最早的生命。

蜈蚣凤尾蕨↑

又名：蜈蚣草、蜈蚣蕨，科属：凤尾蕨科凤尾蕨属，多年生草本；生于石灰岩山地或墙缝间。

←鸟巢蕨

鸟巢蕨又名山苏花，为铁角蕨科巢蕨属下的一个种，属多年生阴生草本观叶植物。常附生于雨林或季雨林内树干上或林下岩石上。

肾蕨↑

肾蕨科肾蕨属，别名：蜈蚣草，多年生草本。原产热带和亚热带地区，常地生和附生于溪边林下的石缝中和树干上。

银脉凤尾蕨↓

银脉凤尾蕨，又名白羽凤尾蕨、白斑凤尾蕨。是凤尾蕨属、凤尾蕨组剑叶凤尾蕨的一个变种。

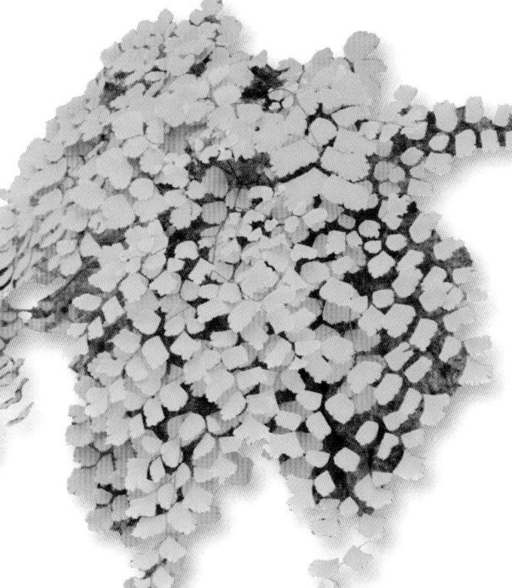

←铁线蕨

别名：铁线草、铁丝草、石中珠 ，科属：铁线蕨科铁线蕨。

井栏凤尾蕨→

井栏凤尾蕨生长于墙壁、井边及石灰岩缝隙或灌丛下。

槲蕨↑

科属：槲蕨科槲蕨属，通常附生岩石上，匍匐生长，或附生树干上，螺旋状攀援。

全缘贯众↑

科属：鳞毛蕨科贯众属，生于海边岩石缝。

贯众↓

别名：贯节、黑狗脊，科属：鳞毛蕨科贯（guàn）众属，多年生草本蕨类植物，生于林荫下、石灰岩缝、路边、阴湿墙缝。

倒挂铁角蕨↑

科属：铁角蕨科铁角蕨属，生密林下或溪旁石上。

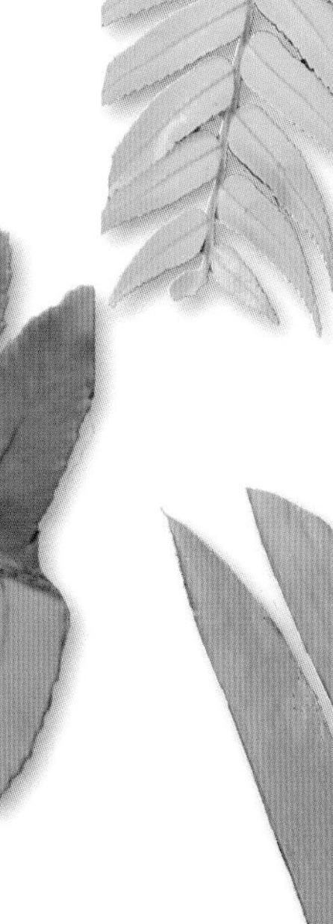

福建莲座蕨↑

别名：福建观音座莲，科属：观音座莲科观音座莲属，常野生于林下溪边或沟谷。

↑凤丫蕨

科属：裸子蕨科凤丫蕨属，湿润林下和山谷阴湿处。

鹿角蕨↑

又名蝙蝠蕨、鹿角山草，科属：水龙骨科鹿角蕨属，叶状体有两部分：一部分是营养叶，另一部分是孢子叶，附生于树干分杈处或树皮开裂处。

江南星蕨↑

又名：大叶骨牌草，科属：水龙骨科星蕨属，野外多生于林下和山沟旁的岩石上。

↑盾蕨

科属：水龙骨科盾蕨属，株高20～40厘米，喜温暖湿润及半荫的环境。

海金沙→

别名：铁线藤、虾蟆藤、龙须草，科属：海金沙科海金沙属，多年生蕨类植物，植株攀援，多见于山区路边、溪沟边或山坡疏林灌丛。

槐叶萍↑

多年生根退化型的浮水性蕨类植物，喜温暖、光照充足的环境。

芒萁↑

科属：里白科，芒萁属，别名：小里白、芒萁骨。

金鸡脚→

别名：鹅掌金星草、三角风、鸭脚草，科属：水龙骨科假瘤蕨属，生于山坡林下湿地、溪边、岩石上。

金毛狗→

别名：黄毛狗、猴毛头，科属：蚌壳蕨科。金毛狗属国家二级保护蕨类，大型树状陆生蕨类。

↓异羽复叶耳蕨

科属：鳞毛蕨科复叶耳蕨属。

↑北京铁角蕨

形体近于华中铁角蕨，叶片较狭 / 披针形 / 坚草质。

乌毛蕨↑

科属：乌毛蕨科 / 乌毛蕨属，我国热带和亚热带的酸性土指示植物。

↑团叶鳞始蕨

科属：鳞始蕨科 / 鳞始蕨属

野雉尾↑

别名：野雉尾金粉蕨 / 日本金粉蕨，科属：中国蕨科、金粉蕨属，多年生草本。生于沟边或灌丛阴处。

桫椤↑

科属：桫椤科桫椤属，别名：刺桫椤，生于山地溪旁或疏林中，这种植物是恐龙时代留存至今的植物活化石了。

苏铁纲、银杏纲和买麻藤纲类

苏铁纲、银杏纲和买麻藤纲分布在地球上的温暖地区，它们是不开花的植物，是植物界三个古老的类群。这三类植物的形态分化很大，有攀援藤木、乔木，也有经常被误认为棕榈的长寿灌木。

银杏纲↑

买麻藤纲↑

苏铁纲↑

什么是裸子植物

生物分类一般把苏铁、银杏和买麻藤纲以及松柏纲分在一起，称之为裸子植物，即种子裸露的意思。裸子植物是最原始的种子植物，发展历史悠久，是地球上最早进行有性繁殖的植物。

裸子植物时代

最原始的裸子植物是由裸蕨类植物演化而来的。裸子植物的起源要追溯到4亿年前的上泥盆纪时期，在石炭纪有相当的发展，最繁盛的是在中生代的三叠纪和侏罗纪，多数为高大乔木，形成大面积森林。在1亿年前，由被子植物所代替。

苏铁纲分别在热带和亚热带，银杏纲现存的一个物种在中国的浙江天目山。买麻藤纲的形态和生存环境高度分化，包括热带地区的乔木和藤木、干旱地区的多分枝灌木，以及仅见于非洲的百岁兰。

有性繁殖

现代生存的裸子植物有不少种类出现于第三纪，后又经过冰川时期而保留下来，并繁衍至今。裸子植物是地球上最早用种子进行有性繁殖的，之前出现的藻类和蕨类则都是以孢子进行有性生殖的。裸子植物的优越性主要表现在用种子繁殖上。

演化进程

苏铁纲的演化进程很漫长，出现时间可以追溯到三亿年前，虽然它们曾经是地球上植被的重要成分，但最终还是在和开花植物的竞争中落败。今天，四分之一的苏铁纲物种都处于濒（bīn）危状态。

多舛的命运

在这各个方面的演化方向上，买麻藤是最进化的类群。银杏的演化则经历了戏剧性的改善。银杏在18世纪传入欧洲，现在全世界的公园和街道都有种植。

苏铁纲植物

双子铁↑

分布在墨西哥东海岸的双子铁被分成了许多种群，每一种群都表现出不同的特征。

苏铁↑

苏铁又称铁树，株形优美，针叶坚硬，具有很强的观赏价值。常被人们栽植在庭院或门前观赏。

↑泽米铁

泽米铁常年青翠，株形秀丽，叶形奇特，是著名的观叶植物，能给人一种异国风光的感觉。

东非苏铁↑

生长于坦桑尼亚的山脉，相对于大多数南非苏铁更加耐寒，它的栖息地更接近赤道，同时生长在高海拔地区，更是赋予了它显著的耐寒特性。

蓝非洲铁↑

原产于非洲的最原始的裸子植物之一，目前处于濒危状态。

买麻藤纲植物

←草麻黄

麻黄科草本状灌木植物，为重要的药用植物，生物碱含量丰富，为中国提制麻黄碱的主要植物。

↑长叶麻黄

别名：墨西哥茶。原产于亚洲和欧洲，果食用，枝泡茶，枝茎药用。

>>银杏

银杏→

银杏树又被称为白果树，在北半球广泛分布。银杏树从种植到结果要经历20多年，所以有“公种而孙得食”的说法，也被称为公孙树，白果可食用。

松柏纲类

松柏纲植物是现代裸子植物中种类最多分布最广的类群，也叫针叶树，是地球上最古老的树种之一，常组成大面积森林，是优良的用材和园林树种。凭借坚硬的针叶，在严寒的环境下也能生长，覆盖在寒冷的山地和极北地区的森林。

松柏是不是开花植物

松柏是裸子植物，按照生物学角度来讲，裸子植物开的并不是“花”，而属于孢子叶球。它们的胚珠外面没有子房壁包被，不形成果皮，种子是裸露的，故称裸子植物。因此并不能称它为真正的“开花”植物。

特征

大多数松柏纲植物都是常绿的，因为针叶富含树脂，在凛冽的寒风和强烈的阳光下也能茁壮生长。松柏的茎多分枝，常有长短枝之分。叶子是细长的针形、鳞状、条形，刺状或披针形，单生或成束，螺旋状着生或交互对生。孢子叶球单性（通常称雌球花和雄球花），常呈球果状，雌雄同株或异株。

分布

松柏纲植物是现代裸子植物中种类最多、分布最广的类群。

现代松柏纲植物约有 58 属，560 多种，隶属于 7 科。是松柏纲植物的起源地，也是资源最丰富的国家，富有特有属种和第三纪孑（jié）遗植物，产 6 科，31 属，约 180 种，几乎分布全国。

松树的品种

金松↑

原产于日本，生长较慢，这种很像针叶树的松树是野生树种，有纤细的树叶，排列在一起犹如雨伞的辐条。

↑油松

油松又名短叶松、黑松，这是适应性最佳的一种松种，它不仅耐寒，而且抗旱能力强；油松还能防风固沙。

↑华山松

华山松又名为白松、五须松。华山松比较能耐寒，在低温下都能正常生长，对土壤适应性很强。树形高大、针叶苍翠、球果累累。

←雪松

雪松又名喜马拉雅松，挺拔高大、雄伟壮丽，是十分珍贵的松树树种，而且也是名贵的使用材树和世界著名的观赏树种。

←马尾松

马尾松是亚热带植物，在我国巴山以及秦岭南部都有种植。对生长环境温度要求严格，气温太低会导致树叶枯萎。

←樟子松

樟子松耐寒，可以在零下 40 多度的严寒天气下存活，在俄罗斯广泛种植。

黎巴嫩雪松↑

黎巴嫩雪松生长在 1500 米以上海拔、凉爽多雾的山区，是人类历史上有史料记载的最古老树木之一。早在 4500 多年前，埃及和其他地中海文明都曾使用雪松建造宫殿、庙宇和船只。

↑高山松

高山松生长条件较为苛刻，目前是我国特有的松树品种，繁殖在西部高原上，对环境适应力强。

←扭叶松

是美国黄石国家公园及其周围森林中的主要树种。生长于北美海岸和沙丘，扭叶松生长得十分紧密，就像甘蔗林一样，松果被烧焦后才释放出种子。

欧洲黑松↑

欧洲黑松，原产于欧洲，外形瘦高，有展开形树冠和长长的成排列的树叶。遍布于整个欧洲，特别喜欢生长在石灰石里。

红松↑

红松，常绿乔木，树高可达30米。我国东北新“三宝”之首。主要生长在中国、俄罗斯、朝鲜和日本。

意大利松↓

又名石松，意大利伞松。原产地欧洲南部，主要是伊比利亚半岛。已被广泛栽培了至少有6000多年。可食用的种子具有很高的价值。

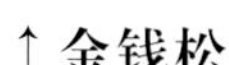

↑金钱松

金钱松，松科金钱松属，别称金松、水树、叶片条。金钱松为古老的残遗植物，原产于我国东部，为珍贵的观赏树木之一。

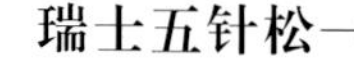

瑞士五针松→

主要分布于西伯利亚和欧洲的阿尔卑斯山。结出的小松果像其他松树的果实一样完整，种子通过鸟类传播。

大西洋雪松↑

树冠尖塔形，大枝平展，小枝略下垂。原产非洲，材质优良。松果成熟后缓慢裂开，释放种子。

日本落叶松→

落叶乔木，高可达30米，胸径1米，1年生长枝淡黄或淡红褐色，有白粉。树冠整齐呈圆锥形，叶轻柔而潇洒，可形成美丽的景区。

↑欧洲赤松

北欧唯一的原生松树，单独成林，或与欧洲云杉、欧洲白桦、花楸、欧洲山杨与其他硬木混合生长。是世界上分布最广泛的针叶树。

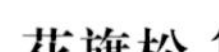

花旗松↑

乔木，原产地高达100米，胸径达12米；原产美国太平洋沿岸。树苗通常被用作圣诞树，树形壮丽而优美，是优良的风景、观赏树种。

海岸松↑

分布在地中海沿岸等地，海岸松是喜光树种，要求温暖湿润的气候条件，但是可忍耐夏季干燥条件，能在贫瘠的沙地里快速生长。

←辐射松

又名新西兰松，原产于美国加州的一些海岛上。19世纪进入新西兰，得益于该岛国独特的气候条件，现在被广泛用于木材，特别是在南半球。

柏树的品种

北美乔柏↑

原产于北美西部，其叶色亮绿，姿态优美，是北美洲著名的针叶绿化树种。有150年的人工栽培历史。

←美国扁柏

美国扁柏鳞叶形小，排列紧密，松果小。木材纹理细密，强度中等，经久耐用。是珍贵的用材树种，被大量人工栽培。

↓圆柏

原产于中国东北南部及华北等地，广泛分布于东亚温带地区。树叶未成熟时多刺，成熟后呈鳞片样。在庭园中用途极广。

←大果柏木

原产美国加州，虽然被广泛栽培种植，但野生的大果柏木仅生长在加利福尼亚海岸，成熟的树木有不规则的伸展。

↑西美圆柏

生长在美国西部的岩石山坡上，十分长寿的树种，种子生长在浆果样的松果里。

杉树的品种

↓智利南洋杉

原产于智利的山区，成熟的树木在树冠处拥有高而挺直的树干和一束分枝，常长出伞状的花冠。

↓东北红豆杉

又名紫杉，为红豆杉科乔木植物，是第三纪孑遗的珍贵树种。分布于中国吉林老爷岭、张广才岭及长白山区，日本、朝鲜、俄罗斯也有分布。

↑欧洲云杉

该树种广泛分布于整个欧洲大陆，是最为重要的经济用材树种。欧洲中部和东部的云杉具有优越的共振性能，可用于加工钢琴音板、小提琴和吉他共鸣箱等音乐器材。

日本柳杉↑

是日本的特有种。日本柳杉在日本及中国是一种广泛应用的植林树种，有纤细的树叶和圆形的小松果。因其永远保持矮小的灌木状而备受欢迎。

←大冷杉

原产于北美洲西部，是一种生长迅速的高大树种，种子可释放一种橘子味道。

秃杉↓

秃杉是世界稀有的珍贵树种，生长在缅甸以及我国台湾、湖北、贵州和云南，为我国的一类保护植物。

←红冷杉

是一种非常耐旱的杉树，常生长于干燥的山坡，叶子向上弯曲，笔直的松球有20厘米长。

←三尖杉

三尖杉生长在我国中部和东部，常自然散生于山涧潮湿地带，属于古老孑遗植物。果实肉质，成熟时变成紫褐色。

台湾杉↑

又称台湾爷、亚杉等，是一种大型的杉科台湾杉属植物，为台湾特有种，主要分布于台湾中部高山区，已经濒临绝种。

美国红杉↑

是红杉的一种，又叫做加利福尼亚红杉、海岸红杉，是世界上最高大的树种。成熟的树木有高耸的树干，能够生长千年以上。

←高加索冷杉

是欧洲最高的针叶树，因其特殊香味，加上美观的外型，是深受欧洲人欢迎的圣诞树种。

欧洲冷杉→

原产欧洲中南部；久经栽培，并有许多栽培变种。有笔直的树脂松果，可以裂开释放种子。

←落羽杉

生长在美国东南部的沼泽地带，是落叶大乔木，也是著名的秃柏。树干带有板状基根。

异叶铁杉→

是铁杉中最高大的成员，原产于北美洲西部，生长于凉爽、潮湿的环境，生长速度快，观赏性强，可生长千年以上。

←巨云杉

原产于北美洲西部的海岸，生长于寒冷潮湿的环境，经常用于林业树种。

↓欧洲红豆杉

原产于欧洲及北非西部，种子坚果形状，生长在肉质的假种皮中，野生的欧洲红豆杉，分布于欧洲和亚洲西南部，常被人工种植。

水杉↑

被称为植物“活化石”，原产于我国中部，在野外极其罕见，大约在一亿年前的白垩纪时，曾广泛分布于北半球。1940年发现野生种。

←蓝粉云杉

原产于美国，生长快、耐寒性强，在北美当地成为主要造林树种之一。树形高大、树姿优美，在城市绿化中具有较高的观赏价值。

被子类

被子植物也叫有花植物，是世界上最大、多样性最高的植物类群。现知被子植物共 1 万多属，占植物界的一半，人类的大部分食物和营养来源于被子植物，在人类陆地生态系统中占据着至关重要的角色。

主要特征

种子有果皮包被，这是被子植物的命名来由，同时也是它的最主要特征。被子植物具有根、茎、叶、花、果实和种子六种器官，并且种子不裸露，外面有果皮包被着。

风媒

风信子是多年草本球根类的植物，鳞茎卵形，有膜质外皮，皮膜颜色与花色成正相关，未开花时形如大蒜，原产于地中海沿岸及小亚细亚一带，是研究发现的会开花的植物中最香的一个品种。

具有真正的花

典型的被子植物的花由花萼（è）、花冠、雄蕊群、雌蕊群 4 部分组成，各个部分称为花部。被子植物花的各部在数量上、形态上有极其多样的变化，这些变化是在进化过程中，适应于虫媒、风媒、鸟媒、或水媒传粉的条件，被自然界选择，得到保留，并不断加强造成的。被子植物同时具有雌蕊、双受精现象、孢子体高度发达、配子体进一步退化。

虫媒

水仙花别称：凌波仙子、金盏银台、落神香妃、玉玲珑、金银台、雪中花、天蒜等。水仙性喜温暖、湿润、排水良好。是中国十大名花之一。

不断产生新的变异和物种

被子植物的种类众多，适应性广泛，这是和它的结构复杂、完善分不开的，特别是繁殖器官的结构和生殖过程的特点，给予了它适应、抵御各种不良环境的内在条件，使它在生存竞争、自然选择的矛盾斗争过程中不断产生新的变异，产生新的物种，从而在地球上占绝对优势。

水媒

莲花就是这种通过依水传播种子的植物，它的果实也就是莲蓬形状为倒圆锥形，其种子体积小，重量轻，通常就是通过借助水力传播来繁衍生息的。

鸟媒

樱桃原产于我国中部，为温带、亚热带树种，落叶小乔木，喜光，耐寒，耐旱。对土壤要求不严，生长迅速。

樱桃花如云霞，果若珊瑚，“红了樱桃，绿了芭蕉”，极具诗情画意。

基部被子植物

基部被子植物是原始被子植物的第一个开花植物的分支。在被子植物的50多个目里，有五个是最早演化出来的，并且至今仍然存在。由于从原始被子植物中分支较早，它们保留有一些原始的特征。

起源之谜

被子植物时代也被誉为生物进化的新纪元。被子植物只分两个纲：双子叶植物纲和单子叶植物纲。一些科学家认为被子植物起源于裸子植物苏铁纲的本内苏铁，因为准葛铁属也具有两性花；也有人认为被子植物起源于裸子植物中的种子蕨，因为种子蕨也有胚珠。在过去，大多数人认为被子植物应起源于热带地区。近年在我国发现的辽宁古果是目前最古老的被子植物，距今1.4亿年，这一重大发现表明，被子植物可能是起源于东亚，起源于种子蕨。

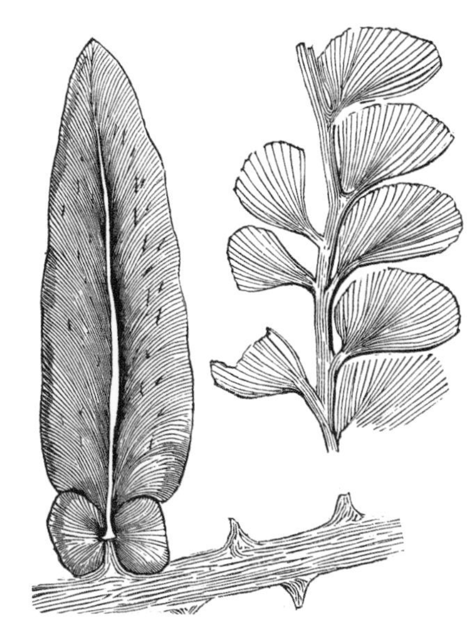

演化进程

随着辽宁古果和中华古果等早期被子植物被发现，相信困扰当年达尔文的“讨厌之谜”终被破解。化石和遗传信息的证据表明，基部被子植物各目的分化时间不同，最早的被子植物大约出现在1.4亿年前，很有可能是无油樟目。随后，睡莲目出现了，这个目遍布全世界，都是具有艳丽花朵的水生植物。另外两个目分别是：木兰藤目和金栗兰目。

金粟兰目

金粟兰目是被子植物的一个目，仅含金粟兰科一个科，包含4个属。该科植物多为芳香乔木和灌木，叶对生，有锯齿，花不明显，无花瓣。

草珊瑚↑

为金粟兰科多年生常绿亚灌木，俗称满山香、观音茶、九节花、接骨木等。其形态秀丽、四季馨香，具有极高的药用、食用及观赏价值。东南亚、中国和日本有分布。

无油樟目

无油樟目仅有1个物种，那就是无油樟，也叫互叶梅。是原始的常绿灌木。雌雄异株，花很小，单性，花被片5到8枚。

无油樟→

这种灌木或者小乔木生长在太平洋新喀里多尼亚，位于南太平洋南回归线附近。

木兰藤目

木兰藤目是被子植物门的一个目，属于原始被子植物类。木兰藤目植物多数种类的花单性，花瓣很多。最著名的就是八角茴香。

八角↓

八角属的一种植物。株高10～15米。树皮灰色至红褐色；枝密集，成水平伸展；主要生长于阴湿、土壤疏松的山地。

木兰藤→

首次发现在澳大利亚昆士兰的雨林里，是最原始的攀缘植物。花带有腐烂的鱼腥味，吸引飞蝇来授粉。

睡莲目类

睡莲目，睡莲科，睡莲亚科，睡莲属的多年生水生草本；生于池沼、湖泊（pō）等静水水体中。许多公园水体栽培作为观赏植物，根状茎食用或酿酒。

←白睡莲

原产于埃及尼罗河，花径 20 ～ 25 厘米，大花型，挺水开放。花色白，花瓣 20 ～ 25 枚，长卵形，端部圆钝。萼片绿色，脉纹明显。花梗、叶梗绿色有柔毛。

↓黄睡莲

原产于北美洲南部墨西哥、美国佛罗里达州。花径 10 ～ 14 厘米，中花型，花开浮水或稍出水面。花色鲜黄，花瓣 24 ～ 30 枚，卵状椭圆形。

蓝睡莲↑

原产于北非、埃及、墨西哥。花径 15 ～ 20 厘米，大花型，挺水开放。花瓣 16 ～ 20 枚，花开呈星状。花梗、叶梗淡红棕色。

亚马逊王莲↑

多年生或一年生大型浮叶草本。根状茎直立，具发达的不定根，白色。初生叶呈针状，2 ～ 3 片。

红睡莲→

原产印度、孟加拉一带，花径 20 厘米左右，大花型，挺水开放。花色桃红，花瓣 20 ～ 25 枚，长卵形，萼片紫红色，脉纹明显。

↑埃及白睡莲

热带睡莲品种，种植较为广泛。花白色至淡雪青色，花径 15 ～ 25 厘米，外瓣平展，内瓣直立。

科罗拉多↑

叶圆形，正面绿色，背面边缘稍带红晕，叶径 20 厘米，叶裂较小。叶柄上有少量白色茸毛。花在低温时开放呈橙黄色，高温时开放呈橙红色。

印度蓝睡莲→

又称星形睡莲或延药睡莲，原产于印度及东南亚，国内分布于云南南部、海南岛。花径 15 ～ 18 厘米，大花型，挺水开放，花开呈星状，有香气。花瓣 15 ～ 18 枚，顶端尖锐，深蓝色。

埃及蓝睡莲↓

是多年水生草本植物；根状茎短粗。叶纸质，叶近圆形或椭圆形，叶片深裂至叶柄。

↑柔毛齿叶睡莲

热带睡莲。花浮于水面，白色或粉红色，先端圆钝，花萼绿色，矩圆形，先端钝，具纵条纹。

芡（qiàn）实↓

一年生大型浮水草本。萼片 4 枚，宿存，生在花托边缘，披针形，内面紫色；花瓣矩圆披针形。

←富贵莲

根状茎横生，肥厚，节间膨大，内有多数纵行通气孔道，节部缢缩，上生黑色鳞叶。

荷花↑

为宿根挺水型水生花卉。具横走肥大地下茎（藕），藕与叶柄、花梗均具许多大小不一的孔道。

↑墨西哥黄睡莲

原产于北美洲南部墨西哥、美国佛罗里达州。花开浮水或稍出水面。花色鲜黄，幼叶叶面密集紫斑，成叶绿色，叶背密集深紫色斑点。

←印度红睡莲

原产于印度、孟加拉一带，大花型，挺水开放。花色桃红，萼片紫红色，脉纹明显。花梗、叶梗暗紫色。幼叶叶面紫红，成叶绿色，叶背有柔毛，叶缘波状。

←水盾草

水盾草的繁殖能力十分惊人，在美国、澳大利亚等地，它的侵扰会引起水库和池塘水平面的上升导致渗漏的增加和渠道堵塞。

浮于水面的莲花

睡莲，睡莲科睡莲属多年生浮叶型水生草本植物。自古睡莲同莲花一样被视为圣洁、美丽的化身，常被用作供奉女神的祭品。睡莲花期6～8月，果期8～10月，昼开夜合。全世界睡莲属植物有40～50种，中国有5种。

木兰类

木兰类植物较早以前被分到木兰亚纲中，是具有原始花器官的一大类植物，在分类系统中介于基部被子植物和单叶子植物之间。

演化进程

木兰类是被子植物演化史中出现较早的一个主要的分支，是被子植物的核心分支之一，生长在热带和温带地区。在单子叶植物和真双子叶植物分开演化之前，木兰类与金粟兰目就已经和它们分道扬镳。其下的成员包括：白樟目、木兰目、胡椒目。

白樟目

白樟目是被子植物的一个目，包括两个科，即白樟科和林仙科。属于中生被子植物基部的分支木兰类。均为芳香乔木或灌木，叶全绿、革质。多数种类具有两性花，果实为浆果。

林仙→

林仙原产自智利和阿根廷的海岸雨林，有芳香的树皮、叶和花。

胡椒目

有草本、灌木或攀缘藤本，稀为乔木；维管束有时散生而与单子叶植物类似。果实主要为浆果、核果，不开裂或顶端开裂。广泛分布于热带地区。叶子有油细胞，常有辛辣味，其中胡椒是主要的调味品。

欧细辛↑

生长在欧洲，绿叶光滑。

←胡椒

这种香辛料原产于东南亚，经丝绸之路到达西域，再过河西走廊出现在中原。从事贩卖的商人多为胡人，古人因此把这种香辛料称为“胡椒”。

←欧洲马兜铃

有毒的多年生植物，有药用价值，原产于欧洲地区，生长在潮湿的地方。

木兰目

木兰目有6科，是一个古老的目，主要分布于亚洲东南部、南部，北部较少；北美东南部、中美、南美北部及中部较少。植物几乎都是乔木或者灌木。其中木兰科的花极具观赏性而被广泛种植。

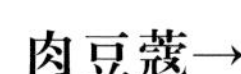

肉豆蔻→

原产于印度尼西亚的岛屿，可用作香料。

←巴婆果

生长在美国东部的潮湿林地，单生的花可以结出能食用的果实。

←依兰

番荔枝族依兰属常绿大乔木植物，花有浓郁的香气，可提制高级香精油。生长在亚洲和澳大利亚。

北美鹅掌楸↑

又名美国黄杨。树叶在秋天落叶之前变黄。

滇藏木兰→

生长在中国、印度和尼泊尔，落叶植物，花朵在早春先于叶发芽开放。

←番荔枝

原产于加勒比海地区，别名南美番荔枝。果实可食用。

樟目类

樟目有7个科，有乔木、灌木、木质攀缘植物。大部分生长在热带和亚热带地区，许多樟目植物有芳香味，可用作香料、佐料和调味品。

黄樟↓

别称南安、香湖、香喉等，树皮暗灰褐色，枝条粗壮，圆柱形，叶互生。枝叶可提供樟脑和樟油。

尾叶樟↓

尾叶樟小乔木，木材可制樟木箱及建筑用材，其根材尤为美丽，供作美术品。

沉水樟↑

为樟科常绿乔木，别称大叶樟、萝卜樟等。沉水樟叶所含的樟脑油比重大于水，故而得名。

云南樟→

属深根性长寿树种，喜温暖、湿润气候。产于云南中部至北部，印度、尼泊尔、缅甸至马来西亚也有。

←长柄樟

为樟科樟属乔木，高达35米，果期5～10月，生于山坡阳处，海拔750～2100米。

坚叶樟↑

樟科樟属植物，叶互生，叶形多变，宽卵圆形、卵状长圆形至长圆形或披针形。

←月桂

生长在环地中海的林地，可用作调味品。

缅甸黄金樟↑

从生长到成材最少50年，生长期缓慢，硬度较高，它还含有极重的油质和铁质，这种油质和铁质使之保持不变形。它是缅甸三大国宝（玉石、黄金樟、柚木）之一。

鳄梨↑

又称牛油果，属樟科、鳄梨属常绿乔木，也是木本油料树种之一。原产于墨西哥。

油樟↑

是樟科樟属珍贵树种，中国除台湾省外，独有分布于宜宾，亦称"宜宾油樟"。寿命长达千年。

↑细毛樟

为中国的特有植物，分布于我国云南等地，常生于谷地的灌丛中、山谷、疏林中以及密林中。

岩樟→

别称米槁、米瓜等，成株可高达15米，产于云南东南部及广西，生于石灰岩山上的灌丛中、林下或水边，海拔600～1500米。

美国蜡梅↑

是蜡梅科夏蜡梅属植物，木材有香气。花红褐色，花期5～7月。原产于美国东南部林地。

←毛叶樟

是樟科樟属植物，为中国的特有植物。常生长于海拔1100～1300米的疏林或樟茶混生林中。

单子叶类

单子叶植物是由古代的双子叶植物演化而来，是双子叶植物其中的一个特化分支。单子叶植物可以通过独特的内部解剖结构分辨。

主要特征

单子叶植物的特点是它们地下茎为根状茎、球茎、块根或鳞茎，叶子为单叶，互生、对生或者轮生。

比双子叶植物高级

单子叶植物比双子叶植物高级，主要表现在它的有机物合成上。单子叶植叶的维管束里和叶表面都有叶绿体，而双子叶植物只有叶表有。双子叶植物是由叶表的大叶绿体吸收二氧化碳，并合成有机物。而单子叶植物叶表的叶绿体能产生一种四碳化合物，与非常低浓度的 CO_2 结合，从而吸收 CO_2，再运送到维管束中的叶绿体中合成有机物。

生存策略

由于单子叶植物与 CO_2 的结合能力超强，它可以利用自身呼吸作用产生的存于叶细胞间的低浓度 CO_2 再合成有机物。这样在很炎热的时候，为了保持住水分，植物的叶孔要关闭，这样就不能从外面空气中吸收 CO_2 用于光合作用。这样若是双子叶植物根本不能生存，而单子叶植物却能自给自足，至少可以保持消耗不大于合成。

单子叶植物是水生起源的吗？

玉米和黄花菜有很多共同之处，高大的棕榈（lǘ）树和矮小的拖鞋兰也是如此。由于 1.37 亿年前的一个共同祖先，这些被称为单子叶植物的开花植物的根、种子，甚至是叶子都看起来很像。如今，一项最新的遗传学研究揭示了原因：尽管所有这些植物如今都是“旱鸭子”，但它们的祖先曾生活在水中。不仅是种子，单子叶植物的叶子和根也同其他开花植物不同，而水生起源或许能解释原因所在。

菖蒲目

菖蒲目植物仅由一个属和两个种组成。原产于中国和日本，北温带均有分布。生于沼泽地、溪流或水田边。植物学家现在认为它们代表了单子叶植物最早的一个分支。

菖蒲↓

分布在北半球，水边生长的植物。

泽泻目

本目包括天南星科、泽泻科、水鳖科、眼子菜科等13科，大多为水生或沼生植物。该目被认为是单子叶植物中一个原始的类型，是单子叶植物系统树基部的一个旁支。许多种类为妨碍灌溉及航运的水生杂草，而另一些则为鱼类提供重要的生存环境，并有助于稳定岸线。

←长喙毛茛泽泻

喜水湿，常生于池沼中。产于我国南部。越南、马来西亚也有。

←花皇冠

叶大，卵状披针形，主脉二侧各具3条叶脉，叶基近圆形。

海芋↑

天南星科海芋属多年生草本植物，起源不明，生长在中国及中国台湾和太平洋的热带地区。现在已经被作为观赏植物广泛种植。

↑浮叶慈姑

性喜温湿的气候，对水体环境适应性较强。常可在野外池塘和沟渠中找到。我国以及蒙古、俄罗斯等国家均有分布。根状茎匍匐。

龟背竹↑

常绿藤本植物，原产于墨西哥的热带雨林中。幼叶呈心形，植株在生长过程中的新发叶片逐渐会有不规则的羽状裂口，其因像龟背而得名。被作为观赏性植物广泛种植。

龙木芋→

原产于地中海东部，有暗红色的花苞，会产生类似腐肉的气味，以吸引苍蝇传粉。

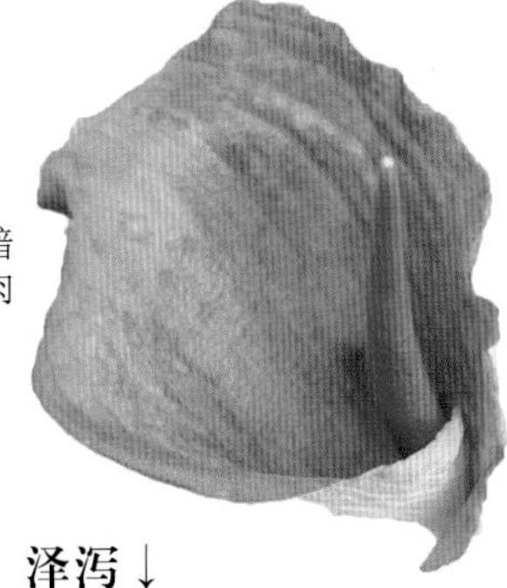

↑黄花马蹄莲

这种艳丽的天南星科植物开黄色的花，原产于非洲南非，现各国引种栽培，主要用于观赏。

巨魔芋→

巨魔芋又称泰坦魔芋，尸花。天南星科多年生草本植物，开花时会散发出烂鱼般的恶臭，故被称作“世界上最臭的花”。该品种野生种群在原产地受到严重胁迫，濒临灭绝。

泽泻↓

生于湖泊、河湾、溪流、水塘的浅水带，沼泽、沟渠及低洼湿地也有生长，常见于北半球。开白色、粉色的花，花期仅一天。

←斑点疆南星

多年生草本，原产于欧洲南部、北非，春季开花可以发出热量，吸引昆虫授粉，红色浆果有毒。

草本类

草本植物体形一般都很矮小，寿命较短，茎干软弱，多数在生长季节终了时地上部分或整株植物体死亡。茎内的木质部不发达，含木质化细胞少，支持力弱的植物。根据完成整个生活史的年限长短，分为一年生、二年生和多年生草本植物。

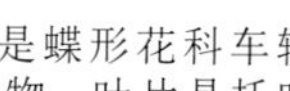

←白车轴草

是蝶形花科车轴草属植物，叶片是托叶呈卵状披针形，小叶是倒卵形，每年在 5 ～ 10 月时开出披针形白色的花朵，在亚热带地区分布比较广泛。

梅花草↑

梅花草实际为虎耳草科多年生草本植物，与梅花并不是近亲关系，之所以叫梅花草，纯粹是因为这种植物开的花和梅花非常相似而已。适宜生长在山坡、林边、山沟、湿润草地。

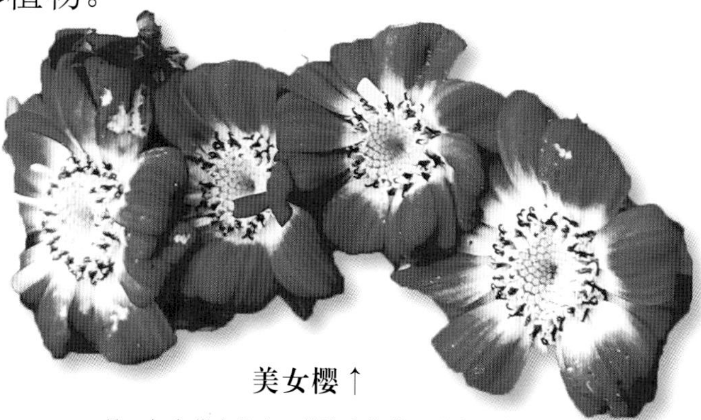

美女樱↑

是一年生草本花卉，其姿态优美，花色丰富，色彩艳丽，盛开时如花海一样。美女樱株丛矮密，花繁色艳，开花部分呈伞房状，花色有白、红、蓝、雪青、粉红等。

蛇莓↑

又被称为蛇泡草、龙吐珠，属于蔷薇科多年生草本植物，它的茎为匍匐茎，它的叶子呈倒卵形或菱状长圆形，最长能长到 5 厘米。

山荷叶↑

山荷叶又叫做金魁莲、旱八角，常见于阴湿的阔叶林间，是民间常用的中草药之一，现已被列为国家保护植物。山荷叶的花朵是透明状，所以也被人们称为骨架花、水晶花。

←蟾蜍草

学名荔枝草，也经常被人叫做雪见草、猪肝草或癞子草。常生于山坡、田埂、荒地、路边等处。

毛地黄↑

是一种很独特的鲜花，它的花朵和大多数鲜花是不一样的，花朵呈簇拥状条形生长，非常具有艺术气息。

羊须草→

生于海拔 800 ～ 1000 米的红松林下。喜温暖、湿润环境；不耐干旱，也怕涝。

黑心金光菊↑

又被称为黑心菊，原产于北美，属于菊科一年生或二年生草本植物，它会在每年 5 ～ 9 月开花，它的花朵为鲜黄色，具有较高的观赏价值。

←甘草

别名：国老、甜草、乌拉尔甘草、甜根子。在亚洲、欧洲、澳洲、美洲等地都有分布。

当归↑

其根可入药，是常用中药之一。多年生草本。茎直立，带紫色，有明显的纵直槽纹，无毛。

龙胆草↑

原名：龙胆；别名：胆草、草龙胆、山龙胆，龙胆科龙胆属多年生草本。常见中药，入药部位为干燥根及根茎。

樱花草→

别名报春花、年景花。为报春花科报春花属多年生草本花卉叶全部基生，形成莲座状叶丛。花有红、黄、橙、蓝、紫、白等色。

跳舞草↓

是豆科舞草属多年生灌木植物，也被称为钟萼豆。跳舞草是灌木植物，茎干直立，高度在 1.5 米左右。跳舞草的叶柄较短，叶片多为长椭圆形或宽披针形，颜色为青绿色。

螺旋草↑

天门冬科，哨兵花属的多年生鳞茎类多肉植物，植株具圆形或不规则形鳞茎形似弹簧，因此也被称为弹簧草。主要分布于非洲南部的开普省东部、西部和南部及纳米比亚。

风滚草↑

在中国被称为猪毛菜，或是俄罗斯刺沙蓬等。风滚草之所以被称为“风滚草”是因为它具备随风滚动的特点。

←玛格丽特

属于菊科植物，花朵大多呈白、粉、黄三种颜色。玛格丽特的花期很长，会在每年的 2～10 月开花，常被作为观赏性盆栽种植在公园和植物园。

←洋桔梗

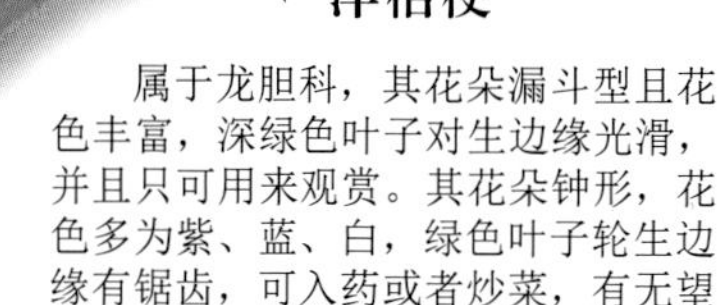

属于龙胆科，其花朵漏斗型且花色丰富，深绿色叶子对生边缘光滑，并且只可用来观赏。其花朵钟形，花色多为紫、蓝、白，绿色叶子轮生边缘有锯齿，可入药或者炒菜，有无望的不变的爱的花语。

←水草

是一种水生草本植物，多生长在湖泊以及河流之中，茎叶优美多姿在水中摇曳，具有很高的观赏能力，所以经常被用来装饰水族箱，另外水草能为水生生物提供氧气，维持生态平衡，也能抑制藻类的生长。

土瓶草↑

又称澳大利亚瓶子草，原产于澳大利亚西南部。多年生草本，有短的木质地下茎。花淡黄色，其下位叶瓶状，用以捕捉昆虫。土瓶草已经被世界各地作为栽培观赏植物引种。

←空气凤梨

凤梨科家族中最多样的一群，是一种附生的属。这是地球上唯一完全生于空气中的植物，不用泥土，也不必种植在水中，是一种只要喷水就可以生长茂盛，并能绽放出鲜艳的花朵的特殊植物。原产于中、南美洲的热带或亚热带地区。

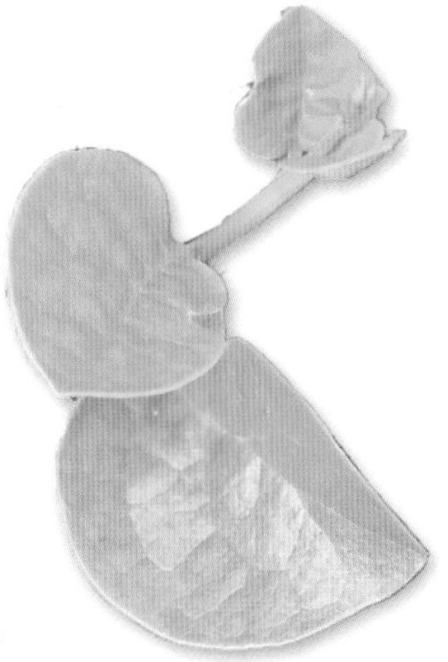

潺菜↑

又叫大叶木耳菜、越南菠菜，因太多黏液，滑潺潺，才被通称为潺菜。

蜈蚣草→

常见的蜈蚣草有两种，一种属于凤尾蕨科植物，这种蜈蚣草对土壤的要求较严，多生长在钙质土壤和石灰岩上。另一种蜈蚣草又被称为细叶蜈蚣草，属于多年生湿地沉水草本植物，常被作为背景草种植在水族馆中，对水质的要求不严。

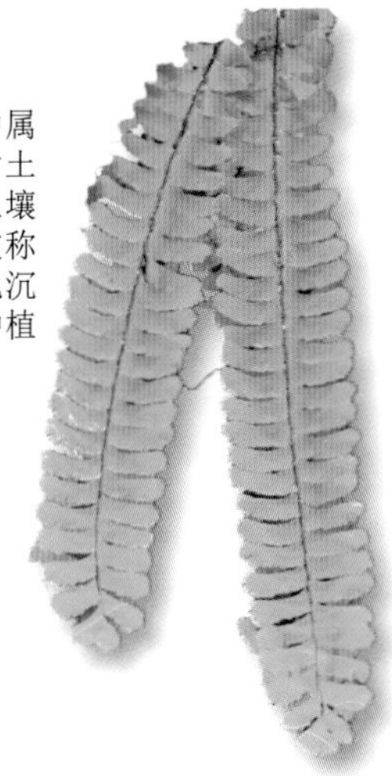

↑溪黄草

是多年生草本，高 60 ～ 80 厘米。溪黄草是历代名医预防和治疗肝病时的首选药物，又名熊胆草、血风草、溪沟草、山羊面、台湾延胡索等，是唇形科植物线纹香茶草的全草。

↑染发草

落叶乔木，高 5 ～ 10 米，树皮灰褐色：小枝无毛。《本草纲目拾遗》中有记载：染发草又名五倍子，有染色、解毒、消炎、抗菌之功能。

←樱草花

是报春花科报春花属多年生草本，是中国的传统花卉。它株丛雅致，花色艳丽。暖温带植物，生长于潮湿旷地、沟边和林缘。

莳萝↑

这是非常古老的香草，这种伞形科莳萝属的植物最早出现在印度，古时候沿着地中海沿岸传到了欧洲各国。在古罗马，人们把它当作幸运的象征，在欧洲和中东的烹饪中常见。

积雪草→

多年生草本，茎匍匐，细长，节上生根。喜生于阴湿的草地或水沟边；海拔 200 ～ 1900 米。遍布世界各地。

幸运草↑

又被大家称为四叶草，幸运草名字由来也跟“四叶”有关系。幸运草一般是指四叶的苜蓿草，而苜蓿草一般只有三片叶子，在十万株苜蓿草中，你可能才会发现一株是幸运草。所以这个幸运草也是国际公认的幸运象征。

←垂盆草

是长在石头缝里的植物，垂盆草又被称为狗牙瓣、打不死，属于景天科多肉植物。为多年生草本植物。

彩虹竹芋↑

彩虹竹芋又被称为红玫瑰竹芋、红背竹芋，属于多年生常绿观叶植物，常被作为家庭盆栽种植，有美化环境的功效。彩虹竹芋的寓意是诱惑，它的叶子呈椭圆形或卵圆形，它的叶片很光滑且富有光泽感，具有一定的观赏价值。

←还亮草

别称还魂草，是毛茛科，翠雀属多年生草本植物。生海拔 200 ～ 1200 米间丘陵或低山的山坡草丛或溪边草地。还亮草多为野生。

←葱莲

又被叫葱兰，葱莲的叶子像葱，葱一样的清秀碧绿，葱一样的亭亭玉立。葱莲是一种很常见的植物，校园里的花坛、公园里的绿化带都能看到它的身影。

↑金娃娃萱草

是近年从萱草多倍体杂种中选出的矮型优良品种，是一种较常见的园艺植物品种。其耐热又抗寒，适应性强，栽培管理简单，适宜在城市公园、广场等绿地丛植点缀。

←百香果

百香果的果实很常见，而它并不是树木，它是西番莲科草质藤本植物。

夕雾→

又名喉管花、疗喉草，原产于地中海地区，是桔梗科钟草属的多年生草本植物。春至初夏开花，化顶生，筒状花多数，伞形花序，花色有紫色、白色等。

←紫背竹芋

紫背竹芋的叶片颜色独特，具有着极高的观赏价值。紫背竹芋植株十分喜欢湿润的环境，只有充足的水分才会让植株生长得旺盛。

柠檬草↑

也叫柠檬香茅，是热带的芳香草。之所以被人称为柠檬草是因为其天然含有柠檬的香气，属于多年生的草本植物。

眼镜蛇瓶子草↑

是瓶子草科的其中一个属，为一种食虫植物，主要分布在美国加利福尼亚州北部与奥勒冈州。形像眼镜蛇，在国外，眼镜蛇瓶子草是非常知名的食虫植物品种，是许多玩家收藏的目标。

莏草↑

即唇形科薄荷属植物留兰香。有地方叫麝香菜，又称石香菜（十香菜）。石香菜，是一种个性十足的稀有蔬菜，其香味浓醇、青绿耐瞻。

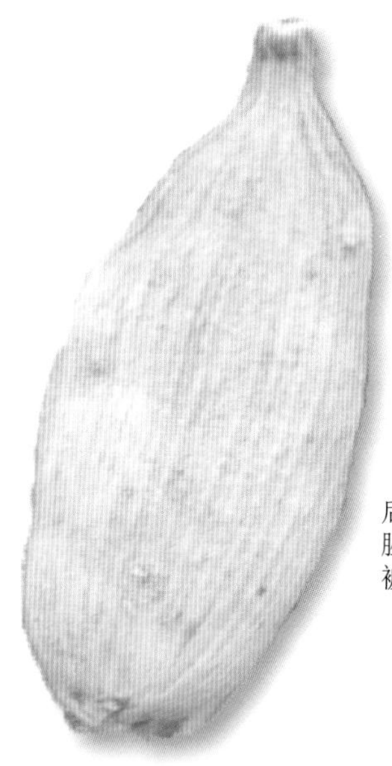

←草果

是姜科豆蔻属植物草果的果实，晒干后的草果具有特殊浓郁的辛辣香味，能除腥气，增进食欲，是烹调佐料中的佳品，被人们誉为食品调味中的“五香之一”。

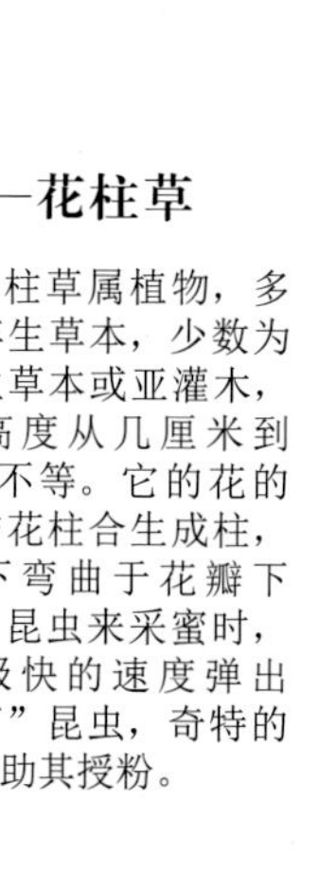

幸福草↑

是桔梗目菊科一枝黄花属多年生草本植物，适应能力较强，不挑土壤。

芨芨草↑

禾本科，芨芨草属多年生草本植物。喜生于地下水埋深1.5米左右的盐碱滩沙质土壤上。芨芨草为高大多年生密丛禾草，茎直立，坚硬，须根粗壮。分布于亚洲中部和北部。

←花柱草

花柱草属植物，多为多年生草本，少数为一年生草本或亚灌木，植株高度从几厘米到1.8米不等。它的花的雄蕊与花柱合生成柱，并向下弯曲于花瓣下方，当昆虫来采蜜时，会以极快的速度弹出“暴打”昆虫，奇特的方式帮助其授粉。

←蓝花鼠尾草

具有着很高的观赏价值，鼠尾草有着很多不同的品种，而每个品种的形态、特征都不一样，花期也有着一定的差别。

金钱草→

金钱草属报春花科，是多年生小草本和合瓣花亚纲。金钱树是家庭中常见的盆栽植物，它是可以开花的，只不过开花的现象比较少见。

香草↑

世界上的香草种类大约有 3000 多种，常见的有薄荷、百里香、香菜、水仙、迷迭香、薰衣草、兰花、柠檬和茉莉 9 种。

镜面草↑

属于既可观叶又可观花的植物，它的花朵又被分为雄花和雌花，它的叶子是肉质的，具有较高的观赏价值。

↑紫露草

紫露草是鸭跖草科小植物，株形奇特秀美，具有十足的野味。树丛下片植，与鸢尾花长叶配植，情趣无限。紫露花就像是它的名字一样，一般只是在清晨中伴随着露水开放，等到露水干透以后，其花朵也就会开始凋（diāo）谢。

海角樱草→

又名大旋果花，它是小型盆栽植物。

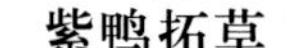

紫鸭拓草↑

鸭拓草植株呈现深紫颜色，仿佛是含有毒素一般，让人不敢接近。

红花酢浆草↑

是酢浆草科酢浆草属多年生草本植物，又被称为大酸味草、南天七和大叶酢浆草。红花酢浆草株型秀美，直立生长，外形较为矮小。

朱迪思瓶子草↑

是一种杂交的食虫植物品种，原产于美国。朱迪思瓶子草叶子呈瓶状直立或侧卧，大多颜色鲜艳有绚丽的斑点或网纹，形态和猪笼草的笼子相似。

紫芳草↑

别名德国紫罗兰、波斯紫罗兰、紫星花等，龙胆科的一年生草本植物。是一种小巧又可爱的小花，清新幽雅，给人以舒适感，很适合盆栽养殖。

驱蚊草↑

品种多样，一般是开花的，作为一种草本植物，生长高度在1米左右。会开出白紫色的花，花瓣细小，花色鲜艳漂亮，散发出淡淡的花香，具有很好的观赏价值。

虫草花↑

又被称为蛹虫草、北虫草，是冬虫夏草的简称，是一种极为珍稀的野生中药材。

矾根↑

又称珊瑚玲，是多年生草本植物，每年4～10月开花，属于观叶性花卉。养植得当时观赏价值很高。

←火鹤

火鹤是趋光的植物，所以要把它放在能被太阳晒到的地方，夏季的时候需要把火鹤放在散光处；火鹤最喜欢在17～25摄氏度的气温中生长，夏季的温度不要超过30摄氏度，不然火鹤就会枯萎死亡，火鹤在冬季的温度不要低于8摄氏度。

野生透骨草→

属于透骨草科多年生草本植物，它的植株大多为直立生长，最高可长到100厘米。透骨草大多没有分枝，它的枝条为绿色或淡绿色，上面长有很多细小的短绒毛，有的植株上无毛。

秋葵↑

是锦葵科一年生草本植物，花朵一般在5～9月之间开放。秋葵在开花期间，需要进行授粉后才能够结果，若是在开花期间不授粉，秋葵后期不会结出果实。

翻白草↑

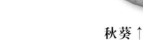

别名鸡脚爪、千锤打、天青地白，江苏也叫鸡腿苗，白鸡腿等，属蔷薇科。各地均产，生熟均可食用，还可供药用，所以深受人们的喜欢。

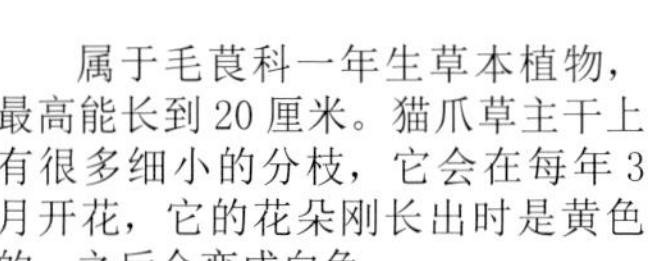

↑猫爪草

属于毛茛科一年生草本植物，最高能长到20厘米。猫爪草主干上有很多细小的分枝，它会在每年3月开花，它的花朵刚长出时是黄色的，之后会变成白色。

三叶鬼针草↑

三叶鬼针草和鬼针草一样的，又叫盲肠草。三叶鬼针草的根茎直立生长，生长高度在30～100厘米左右。作为一种一年生草本植物，会开出白色的小花。三叶鬼针草的叶片比较小，开花后，叶片就会掉落。

牛牛草→

属于烟管头草的一种多年生草本植物，它的茎干部分都是主要以直立生长，植株看起来比较挺拔。药用价值很高的中草药。

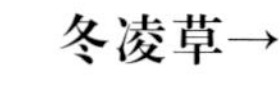

冬凌草→

又名冰凌草，为唇形科香茶属多年生草本或亚灌木，小灌木，系唇形科香茶菜属植物碎米桠变种，因其植株凝结薄如蝉翼、形态各异的蝶状冰凌片而得名。

←情人草

具有着很高的观赏价值，而且它还会散发出独特的芳香，平时可以将情人草用绳子将其捆绑，然后将情人草挂在空中，放在阴凉通风的环境下，等待其自然风干就可以了，这样可保证情人草不容易变形。

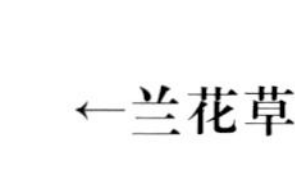

←兰花草

兰草，是我国传统的名花之一，品种丰富，花色肃静淡雅，它幽香清远，一枝在室，满屋飘香，特别适合室内养殖。

长春花↑

别名：日日春、日日新、日春花、雁来红、天天开，长春花的嫩枝顶端，每长出一叶片，叶腋间即冒出两朵花，因此它的花朵特多，花期特长，花势繁茂，生机勃勃。

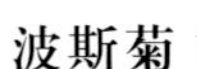

波斯菊↑

别名：大波斯菊、秋英，是一年生或多年生草本，舌状花紫红色、粉红色或白色，花期6～8月。

三色堇↓

别名：蝴蝶花，它是冰岛、波兰的国花。特点：是欧洲常见的野花物种，花朵通常每花有紫、白、黄三色，故名三色堇。

红花满天星↑

实际上它的正式名叫细叶萼距花，长得低矮，生长速度快，分枝力特强，株型矮壮紧凑，枝条叶片小，分枝多，开花密，犹如孔雀开屏一样。

↑瓜叶菊

喜欢冷寒的环境，不耐高温和霜冻。它喜欢疏松、排水良好的土壤。花色丰富，除黄色以外其他颜色均有，还有红白相间的复色，花期1～4月。

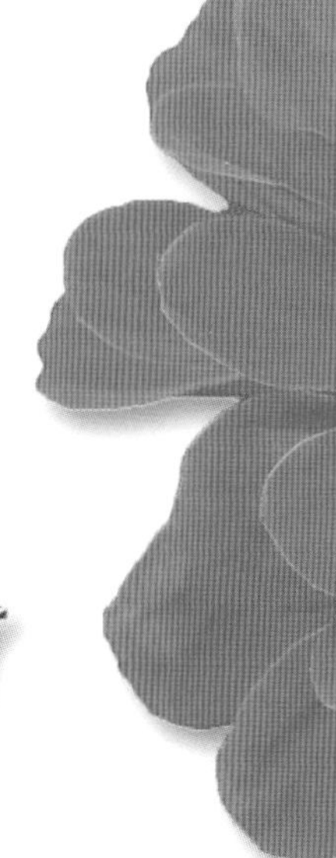

←彩叶草

是多年生草本或亚灌木，别名锦紫苏，非常容易养护，喜欢微润温暖的环境，彩叶草五颜六色，斑纹绚烂。

↑百日菊

别名百日草、步步高、火球花、五色梅、对叶菊、秋罗、步登高，它是一年生草本花卉，花期6～9月。

打碗花↑

又名打碗碗花、小旋花、狗儿蔓、喇叭花等，它是旋花科的常见植物，也是多年生草本植物。

黄金菊↑

是多年生草本花卉，叶子是很多分枝的翠绿色，花黄色，花心黄色，夏季开花。

←石竹

又称为洛阳花、石菊、绣竹、常夏等，它是石竹科石竹属的多年生草本植物，它的根茎有很多小节，长大了就膨大似竹，所以才叫石竹。

↑醉蝶花

生于海拔 800 ～ 1000 米的红松林下。喜温醉蝶最奇特的就是醉蝶随着开放时间的延续，花色也会随之改变，刚开花的时候花色粉白，次转粉红，后变紫红，一花多色。暖、湿润环境；不耐干旱、也怕涝。

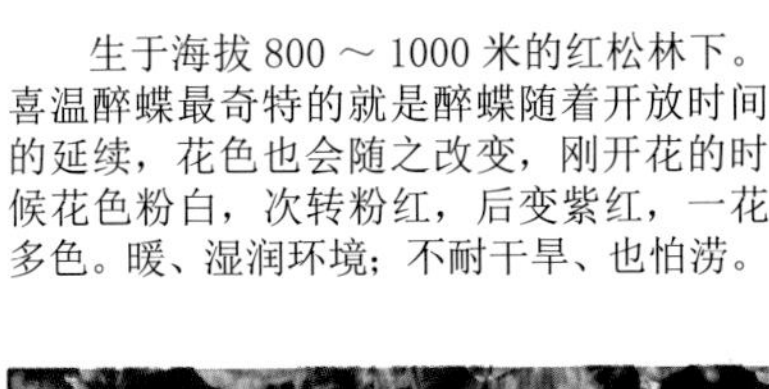

大花马齿苋→

也叫太阳花、松叶牡丹、金丝杜鹃等，它一般都是匍匐地面生长，分枝多，稍带紫色或绿色，光滑。

紫花地丁→

紫花地丁别名野堇菜、光瓣堇菜等。在很多小路边可以看到，一般高 4 ～ 14 厘米，花果期 4 ～ 9 月。

←紫花苜（mù）蓿（xu）

也叫紫苜蓿、苜蓿，是一种常见的多年生草本植物，它的根系非常粗壮，深入扎入土层，根茎发达，花朵小巧，在农业上运用较多。

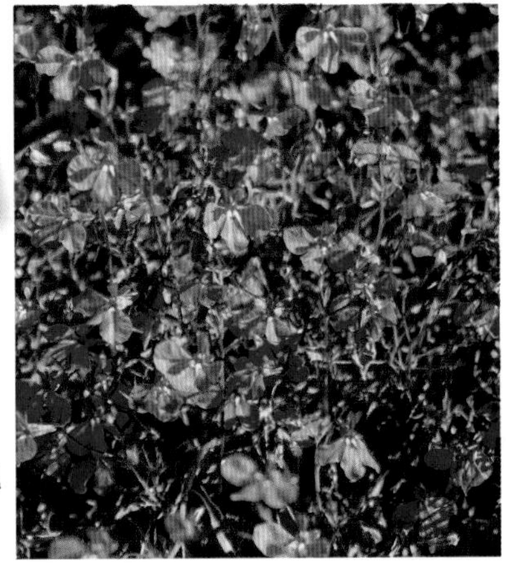

六倍利→

六倍利开花时整个植株呈现一个圆形，植株几乎被花朵占满，清新秀雅，惹人喜爱。

木本类

木本植物是木材的来源，均为多年生植物。另外除买麻藤纲外所有裸子植物均属于木本植物。根和茎因增粗生长形成大量的木质部，而细胞壁也多数木质化的坚固的植物。植物体木质部发达，茎坚硬，多年生。与草本植物相对，人们常将前者称为树，后者称为草。

螺纹铁↓

属于龙血树属常绿灌木。这种花原产于热带地区，比较喜欢高温环境，最适合它生长的温度在 20 ～ 30 摄氏度左右，像玉米叶子。

姑娘果↑

姑娘果也叫酸浆，为茄科酸浆属多年生宿根草本植物，常作一年生栽培。酸浆生命力旺盛，繁殖速度快，开花时花朵秀美，果子成熟时挂满枝头，如同一串串灯笼，别具特色，具有良好的赏用价值。

↑赤楠

又被称为山乌珠、鱼鳞木，它的叶可以观赏，根可以作为药材入药，利用价值很高。赤楠分为野生和人工栽培两种，其中最贵的野生赤楠是小叶赤楠，也被称为小号犁头树，它的花朵、果实也具有极高的观赏价值。

锦屏藤↑

作为一种攀爬植物，枝叶繁密，锦屏藤的叶片细长，养护在阳台，枝叶细长垂直掉落，就像瀑布一样，具有很好的观赏性。

↑合欢树

合欢树的花瓣形状是一个球体，花瓣美丽动人，花散发出阵阵清香。榕花树又名绒花树，而合欢树的别称叫绒花树，所以它们两个是同一种树，合欢树属于落叶乔木，通常可以长到 10 米左右。

↑楸树

属于紫葳科小乔木，常被作为园林树种植。楸树原产于我国，早在冰川世纪就有种植，楸树最高能长到12米，它的叶子大多呈三角状卵形或卵状长圆形。

欧月↑

是藤本月季植物，欧月比普通月季的优势就在于它花期持久、花朵繁大、色彩丰富以及品种多，所以欧月是一种观赏作用极强的花卉植物。

辣（là）木→

又称鼓槌树，是多年生热带落叶乔木，原产于印度北部，全世界约有14个品种，目前我国也有大量种植。辣木在热带和亚热带地区栽种作为观赏树，也具有一定的经济价值。

芙蓉树↑

是豆科、合欢属植物，别称绒花树、马缨花等，也可以叫做鬼树。

↑七叶树

又被称为梭椤树、猴板栗，属于落叶乔木，最高可以长到25米。它的树干很笔直，根系很发达，常被作为园林树种植，有一定的观赏价值。

金丝楠→

又被称为桢楠，是我国特有的珍贵木材，多生长在四川、云南、贵州及长江以南等地区。金丝楠木为大乔木，最高能长到30多米，它的木材纹理很丰富，结构不粗很细腻，具有耐腐、防虫、不易变形等多个特点。

金钱木↑

是马齿苋科马齿苋属多年生常绿草本植物，也叫作圆贝马齿苋。金钱木株型美观大气，叶片宽圆，质感厚实，就像铜钱一样。金钱木的花期在夏季以后，花朵娇艳，颜色金黄，每朵花只开放一天。

曼陀罗花↑

又称洋金花，是一种一年生草本植物，在全球都有广泛分布，花期在 6 ～ 8 月，开出的花朵艳丽而硕大，异常美丽，带有独特香味。

人参榕↑

是桑科常绿乔木植物，又被称为河豚树。

←复椰子

世界上最大的植物种子是复椰子，复椰子亦称海椰子、海底椰。是塞舌尔共和国普拉兰岛及库瑞岛的一种特有棕榈。塞舌尔人将复椰子誉为“爱情之果”，认为它是伊甸园的神秘植物。

梧桐树↑

又被称为中国梧桐，属于落叶大乔木，最高能长到 15 米，它的树干很挺直，树皮呈绿色，摸起来很平滑。梧桐树叶在春夏季为绿色，到了秋季会变成黄色，具有一定的观赏价值。

鸭脚木→

又被称为鹅掌柴、鸭母树，属于常绿灌木，大多数品种多分布在云南、浙江等地区，少数品种生长在印度、越南等地区，每年 9 ～ 12 月开花。

↑ 幸福树

作为一种落叶乔木，生长高大，一般 10 米左右。幸福树的枝叶繁密，树叶翠绿，在每年春秋季叶片茁壮生长，到了秋冬季叶片就会逐渐发黄掉落。

菩提→

作为一种大乔木植物，枝叶翠绿茂密，植株生长高大，可达 10 ～ 15 米。菩提叶片呈革质，摸起来很光滑，叶片呈现三角形。

鸡血藤↑

为豆科密花豆属植物。别名：九层风、三叶鸡血藤、血风藤。这是一种植株较矮的灌木，主要分布在我国的两广以及南方地区。

朱缨花↑

朱缨花是豆科朱缨花属落叶灌木或乔木植物，也被称为红合欢或红绒球。朱缨花的高度在 1 ～ 3 米之间，枝条为褐色，触感粗糙，叶片为披针形，颜色青绿。

紫荆→

紫荆是豆科羊蹄甲属落叶乔木植物，植株又被称为紫荆花、洋紫荆、羊蹄甲和红紫荆。紫荆花是灌木植物，植株的高度在 2 ～ 4 米之间，分枝较多，枝干丛生，外形较为美观。

←原始剑斯诺娃

晒出状态的原始剑斯诺娃叶片簇拥，有点像绽放的玫瑰，边是黑色的，越黑越值钱。

←霓虹灯玉露

霓虹灯玉露看起来晶莹剔透，小巧玲珑，越是透明的玉露价值越高。霓虹灯玉露繁殖不易，养护较难，且生长极慢，从幼株到成株需要8～9年时间，使得成株价格极其高昂。

↑惠比须笑

惠比须笑形状奇特，叶片翠绿，花朵颜色鲜艳，美丽醒目。

多肉类

多肉植物的根、茎、叶三种营养器官中至少有一种是肥厚多汁并且具备储藏大量水分功能的植物。具有一种肉质组织，它能储藏可利用的水，在土壤含水状况恶化、植物根系不能再从土壤中吸收和提供必要的水分时，它能使植物暂时脱离外界水分供应而独立生存。

玉扇↑

玉扇植株花纹大多为白色，绿色的花纹十分珍贵。玉扇株形似扇，叶片肥厚，顶端透明如窗，花纹多变，精巧雅致。

银冠玉→

银冠玉长大后就是一个大圆球，形状像眼纹型和鱼鳞状，花色为淡粉、黄粉或粉白色。银冠玉生长非常缓慢，像图片这般大小的至少已经三四十年。

↑万象锦

万象叶片排列成松散的莲座状，由于成长周期长，万象价格普遍比较贵。最贵的科罗拉多之星，幼苗都要四五万。

↑螺旋芦荟

又称芦荟女王，是百合科芦荟属植物。多叶芦荟以其完美的几何图形，让人感叹自然界的神奇。

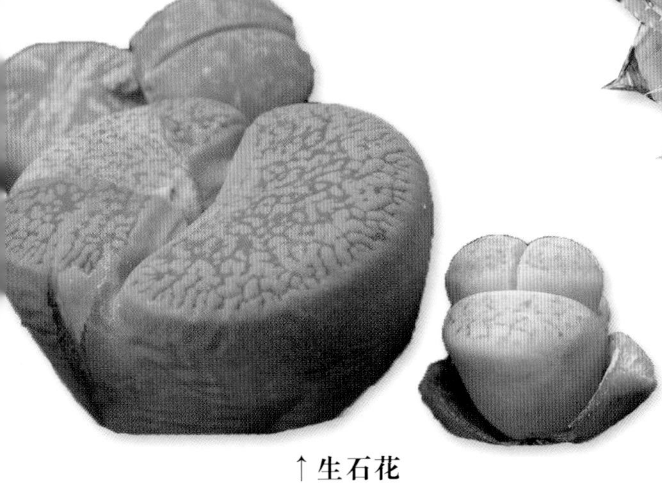

↑生石花

形如彩石，色彩丰富，娇小玲珑，享有“有命的石头”的美称。

名花类

在花团锦绣的植物界，分布于世界各地的珍贵名花，以其震撼人心的美，让人流连忘返，目不暇接。它们有的已经濒临灭绝，在世界上仅存极少的数量，更加价值连城。

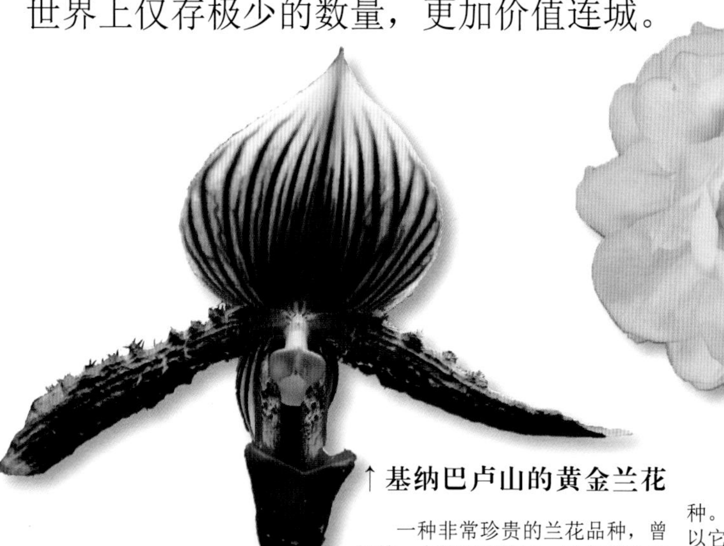

藏红花↑

有着“植物黄金”和“香料之后”美称的藏红花，也叫西红花、番红花，原产于希腊、西班牙、伊朗等地区。明朝时，西红花由波斯经西藏传入我国，因此我们常称之为“藏红花”。

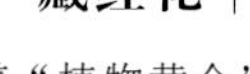

虎头茉莉↑

是茉莉花中一种基因变种的品种。而因为它的基因并不稳定，所以它非常容易进一步的变异。并且它的养护难度也特别高，而且它的枝条出现损伤就极易死亡。

↑基纳巴卢山的黄金兰花

一种非常珍贵的兰花品种，曾经差一点就要灭绝了，后来经过10年的精心培育，终于又重新被大家看到。

←鬼兰

此花风中摇摆的姿态就像一个幽灵一样而得名“鬼兰”，并且十分稀有，人工培植非常困难，被誉为世界上最贵的兰花。

←皇后杓兰

是一种罕见的温带兰花，原产于北美。它们通常无性繁殖。由于栖息地越来越小，它成了一种稀有植物。

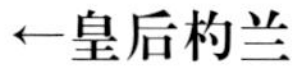

←莲瓣兰

大理荡山洲兰园的镇园之宝“素冠荷鼎”的莲瓣兰，连续五年获得兰博会特等金奖，成为中国史上最贵的一盆天价兰花。

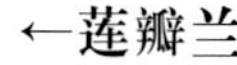

斯里兰卡仙人掌花→

斯里兰卡仙人掌花极为迷人，只在夜间开一两个小时，开花日期毫无规律可言，因此极其罕见。

绣球花→

花型丰满，大而美丽，是常见的盆栽观赏花木。中国栽培绣球的时间较早，在明、清时代建造的江南园林中都栽有绣球。

←黑蜀葵

是蜀葵花的一种，颜色呈黑紫色，又名端午锦。全株可入药，各个国家都有栽培，观赏效果极佳。

老虎须↓

是植物界中罕见的黑色花朵。老虎须的花朵形状很奇异，花蕊很长，老虎的胡子因此得名，它的外形因为酷似蝙蝠因此又叫“黑蝙蝠花”。

朱丽叶玫瑰↑

朱丽叶玫瑰是世界上最贵的玫瑰花，其特性是一年四季开花，花朵没有较浓的花香，反而是淡淡的水果香味，淡雅高贵。

黑色郁金香→

是新加坡理工学院的学生在 2005 年培育出来的，后被称为“夜皇后”。因为是人工培育出来的品种，所以非常罕见，大部分生长在地中海气候，有很高的经济价值。

紫藤花↑

大株型的紫藤花期开花非常漂亮，梦幻紫色的花海，让人流连忘返。小株型的紫藤花可做成盆栽，开花时也是如梦似幻，让人不胜喜爱。

←白皮月界

一种产自非洲的珍贵花卉，它看起来非常的迷人，就好像是暗夜里的精灵一般。

寄生花↓

没有叶片、茎或真正的根。这种植物唯一可见的部分是由主藤支撑的五瓣花。它像真菌一样，常寄生于其他树木的根部，就像野蘑菇一样。

←黑色鸢(yuān)尾花

神秘、高贵、典雅、冷艳的黑色鸢尾花，是约旦的国花，它的生长环境非常严格，仅现于约旦的林地或山区。

↑卡罗来纳向日葵

这种看起来像菊花的向日葵是最为罕见的花卉之一，它每年只开三周，在热带草原很常见。

国花之美

国花是一个国家用来作为自己国家象征的花，多为当地特别著名的花卉，通常蕴含了这个国家的文化底蕴及历史，象征民族团结精神，能增强民族凝聚力，陶冶国民人格。

墨西哥·仙人掌↓

↓智利·百合花

英国·玫瑰↓

俄罗斯·向日葵↓

韩国·木槿(jǐn)花↓

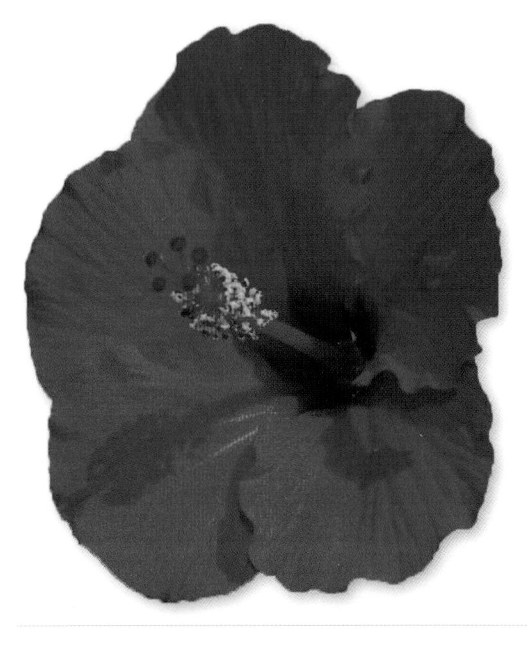

中国·牡丹→

巴西·毛蟹爪莲↓

↓意大利·雏菊

埃及－柬埔寨－泰国·睡莲→

阿联酋·孔雀草↓

↓德国·矢车菊

古巴·姜花↓

加蓬·火焰树（苞萼木）↓

↓马来西亚·扶桑

↓比利时·虞美人

南非·匍匐卜若地↓

阿拉伯酋长国·百日草↓

阿扎尼亚·卜若地↓

奥地利·火绒草↓

津巴布韦·嘉兰↓

波兰·三色堇↓

新加坡·万代兰→

埃塞俄比亚·马蹄莲↓

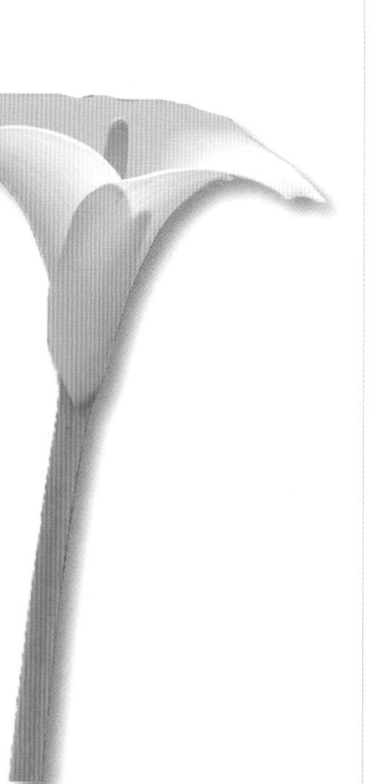

老挝·鸡蛋花↓

巴基斯坦突尼斯·素馨→

坦桑尼亚·丁香花↓

缅甸·龙船花↓

巴基斯坦·茉莉↓

洪都拉斯－摩洛哥·香石竹→

西班牙·石榴↓

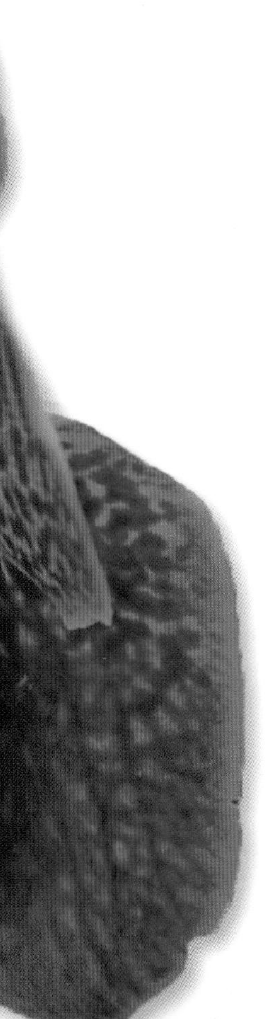

↓希腊·橄榄花

澳大利亚·金合欢↓

植物景观之美

分布在世界各国园林景观，汇聚了世界各地的珍稀植物和名贵花卉，经过园林设计者的艺术处理，以其美轮美奂的视觉效果，带给人美的享受。

巴黎植物园

巴黎植物园位于法国巴黎市区的塞纳河左岸，紧邻法国国家自然博物馆。不仅是一座举世闻名的植物园，而且其附设的动物园在世界动物园发展史上也是具有里程碑意义的。

墨尔本植物园

墨尔本植物园是澳大利亚、也是世界上最好的植物园之一。它位于墨尔本市中心以南 5 千米处，占地 38 公顷，始建于 1846 年。园内植有大量世界上罕见的植物和澳洲本土植物，佳木葱茏，芳草如茵，曲径通幽。

维多利亚植物园

维多利亚植物园又被称为塞舌尔佛庐山植物园，是市内主要的游览区，园内种植有塞舌尔群岛上的各种珍奇植物，包括 80 余种世界上独一无二的植物，有高大的阔叶硬木、白色的凤尾状兰花、奇特的瓶子草、极为稀罕的海蜇草以及塞舌尔国宝海椰子树等。

上海豫园

豫园位于上海市老城厢的东北部，北靠福佑路，东临安仁街，西南与上海老城隍庙毗邻，是江南古典园林。

园内有江南三大名石之称的玉玲珑、小刀会起义的指挥所点春堂，园侧有城隍庙等景点。

中国园林

中国是世界园林艺术起源最早的国家之一，在世界园林史上占有极重要的位置，并具有极其高超的艺术水平和独特的民族风格。园林是人们为了游览娱乐的方便，用自己的双手创造风景的一种艺术。

昆虫世界

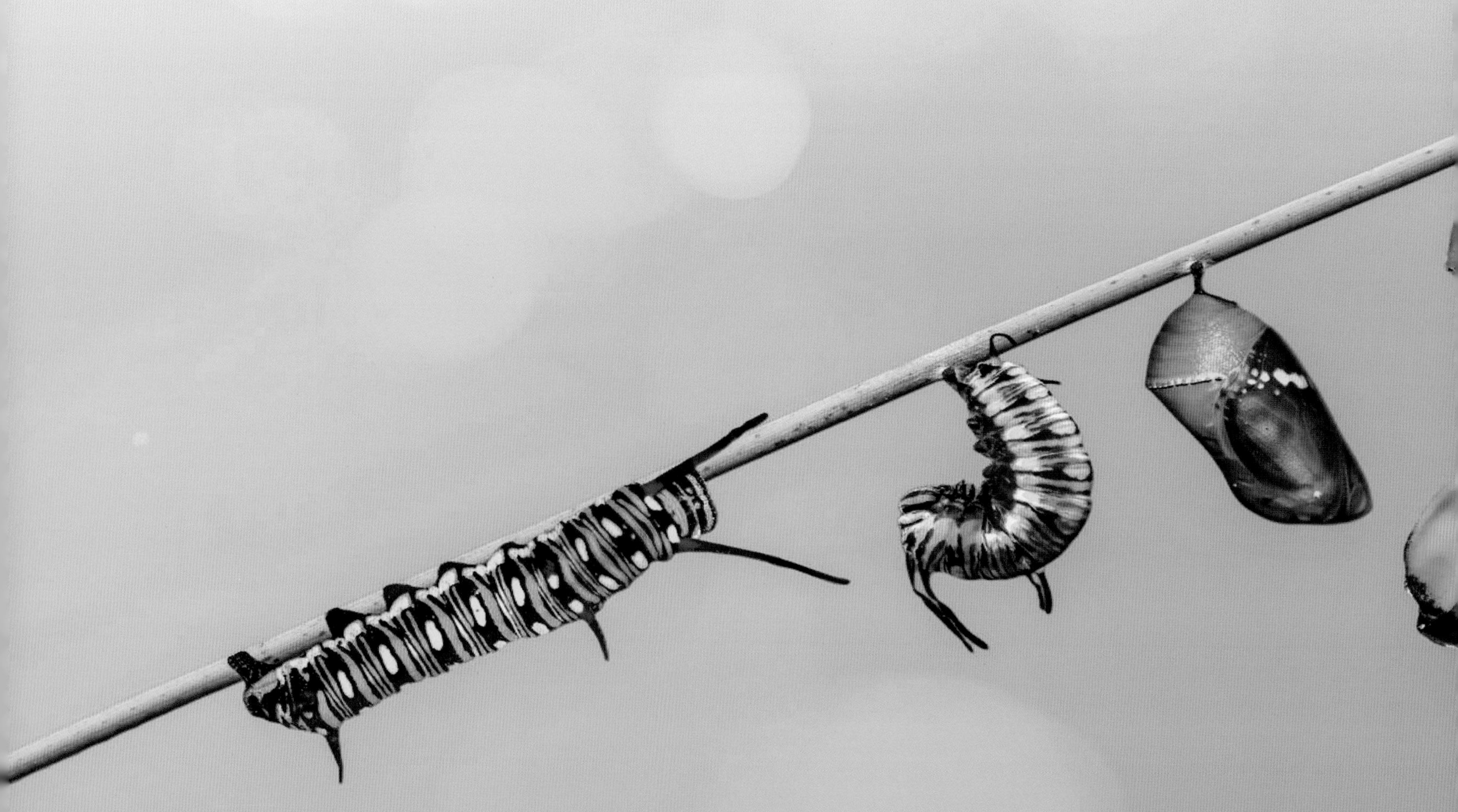

昆虫是动物界中分布最为广泛、历史最长久的一类物种，它们生活栖息在田野里、河流边、树丛中，与人类的生活联系紧密。昆虫世界缤纷多彩，生机盎（àng）然，它们的生活习性各异，对人类的影响也各有不同，让我们走进昆虫世界，探索其间的奥秘。

昆虫的世界

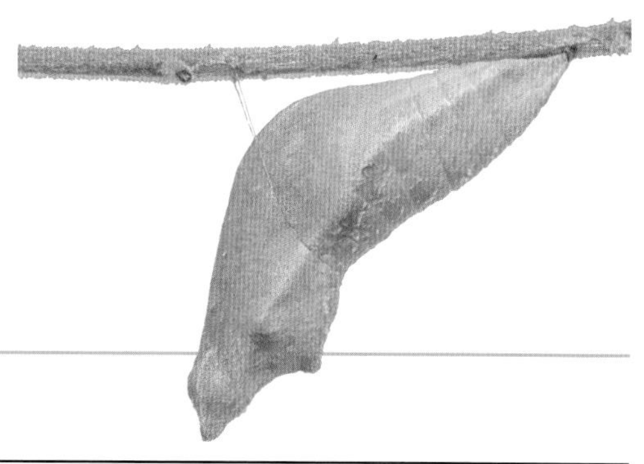

昆虫是世界上最繁盛的动物，已发现超过100万种，在所有生物种类中占了超过50%。昆虫不但种类多，而且同种的个体数量也十分惊人。昆虫的分布面之广，没有其他纲的动物可以与之相比，几乎遍及整个地球。

演化进程

人们找到的最古老的昆虫化石，发现于中泥盆纪的岩石内。从昆虫繁衍看，早在3.5亿年以前，在地球上已有昆虫的踪迹。在漫长的进化历史长河中，经受了无数次地壳运动和变迁，遭受地表冷热聚变、风风雨雨的折磨，昆虫以其高度的适应性存活下来。恶劣的环境造就了对各种环境高度适应的各类昆虫，并且形成物种极其繁多的昆虫世界。

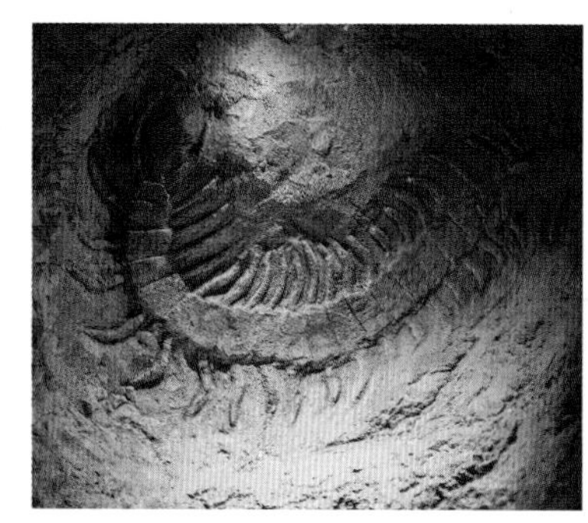

昆虫与人类

自从地球上有了人，由于人要从自然中获得生活资料，要改造自然，必然会出现同昆虫争夺资源的问题；但另外，昆虫也为人类提供了资源。因而人也就同昆虫发生了密切的关系。昆虫同人类的关系是十分复杂的，构成复杂关系的主要因素之一是昆虫食性的异常广泛。昆虫与环境的适应关系是亿万年来长期进化的结果，同时多数“害虫”却有很强的适应能力，人类的不适当的活动只能增加人类的悲剧。

构造

昆虫的构造有异于脊椎动物，它们的身体并没有内骨骼的支持，外裹一层由几丁质构成的壳。这层壳会分节以利于运动，犹如骑士的甲胄。昆虫的身体会分为头、胸、腹三节，有六只腿，复眼及一对触角。昆虫有脂肪体，成分类似脊椎动物的脂肪组织，但作用不同，主要为代谢功能，类似脊椎动物的肝。

生长和发育

坚硬的外壳使昆虫的生长受到限制。昆虫要突破这个生长限制，只能通过蜕皮这一方式。这一过程其实就是昆虫将旧的外壳蜕去，取而代之的是新的更大的外壳。昆虫的一生大概要蜕皮5到15次，其次数因昆虫而异。蜕皮后，旧外壳被蜕去。但有许多昆虫，如蝗虫，会吃掉这一层旧外壳。

生命周期

昆虫的幼虫阶段，其实就是不断进食的阶段，而成虫的任务通常只有一个，就是生育繁殖，很多时候甚至不再进食。因此幼虫期通常会长于成虫期。最好的例子是蜉蝣，它们的幼虫期长达几年，而成虫期只有一天。金龟子的幼虫期为三年，成虫活不到几天。

常见的昆虫

蜜蜂↑

蝴蝶↑

蜻蜓↑

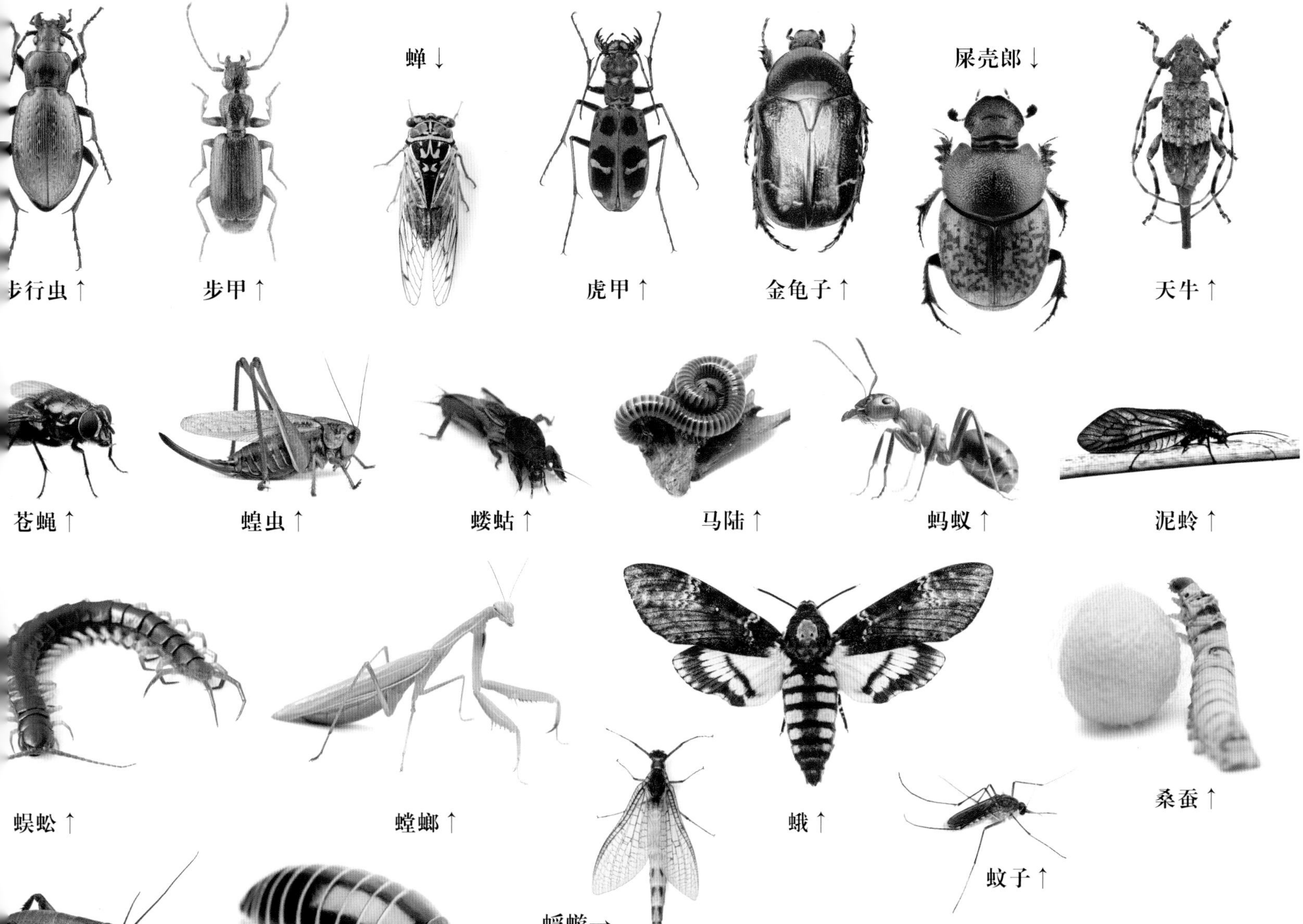

蝉 ↓　屎壳郎 ↓

步行虫 ↑　步甲 ↑　虎甲 ↑　金龟子 ↑　天牛 ↑

苍蝇 ↑　蝗虫 ↑　蝼蛄 ↑　马陆 ↑　蚂蚁 ↑　泥蛉 ↑

蜈蚣 ↑　螳螂 ↑　蛾 ↑　桑蚕 ↑

蚊子 ↑

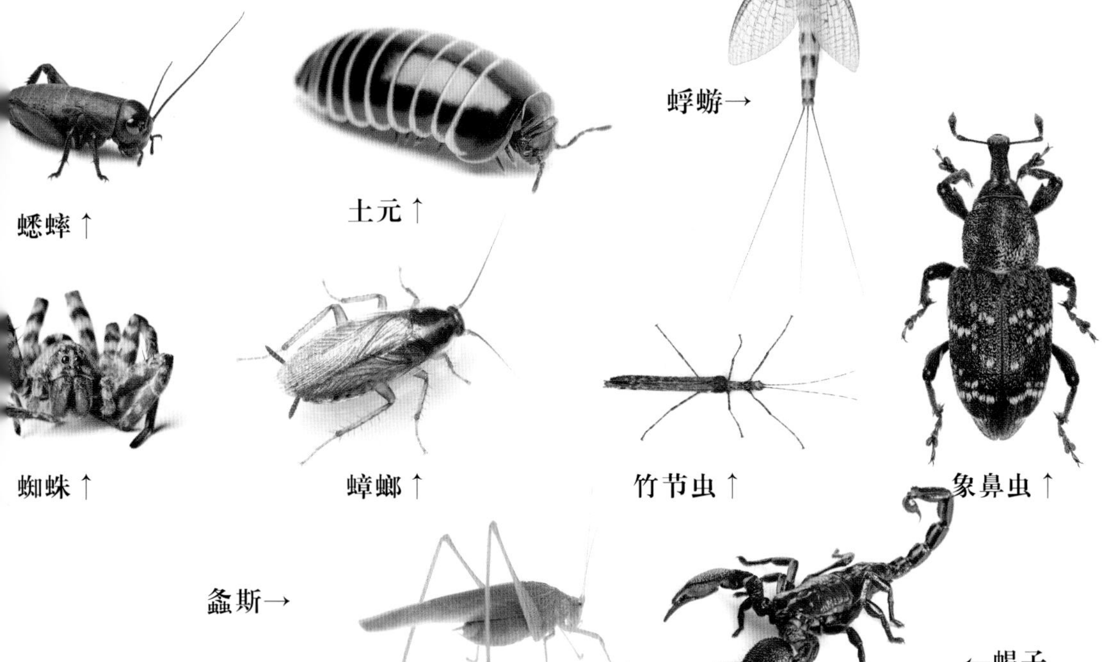

蜉蝣→

蟋蟀 ↑　土元 ↑

蜘蛛 ↑　蟑螂 ↑　竹节虫 ↑　象鼻虫 ↑

螽斯→　←蝎子

重要特征

昆虫是无脊椎动物，身体分为头、胸、腹三个部分，其中大部分种类的胸部长着三对足和两对翅并且可以飞翔，正可谓：六足四翼，翱翔天地。

同一个季节出现

许多昆虫的生命周期少于一年，但它们拥有一套内在调节机制，使其成虫在每年的同一个季节出现。这对它们来说非常重要，因为有些昆虫的幼虫需要依赖某种特定植物，通过这种调节机制使它们可以在每年同一时候找到合适自己生长的地方。例如某种蜂，它们需要专一收集某种花的花粉和花蜜，以提供其后代幼虫发育所需的营养。因此对于它们来说，采蜜期与花期同步就显得十分必要了。

蝴蝶类

蝴蝶是属于完全变态类的昆虫，它的一生具有四个明显不同的发育阶段：卵期，幼虫期，蛹期，成虫期。后三个发育阶段合称为胚后期发育。这四个发育阶段所表现的体态，从形态学上来看，毫无共同之处。

大自然的艺术品

毫无疑问，除了学术上的价值，蝴蝶便是大自然的艺术品，就应追求完美。所以，当你欣赏一只蝴蝶时，首先感受到的是它的外形和色泽带给你心理上的愉悦，让你觉得美，觉得造物主的神秘和伟大。

斑蝶类

鳞翅目斑蝶科，多产于热带，但温带也有一些重要种类，是一类色彩艳丽的大型蝴蝶，春末至初秋最为活跃（yuè），很喜欢访花。

绢斑蝶↑

异形紫斑蝶↑

黑绢斑蝶↓

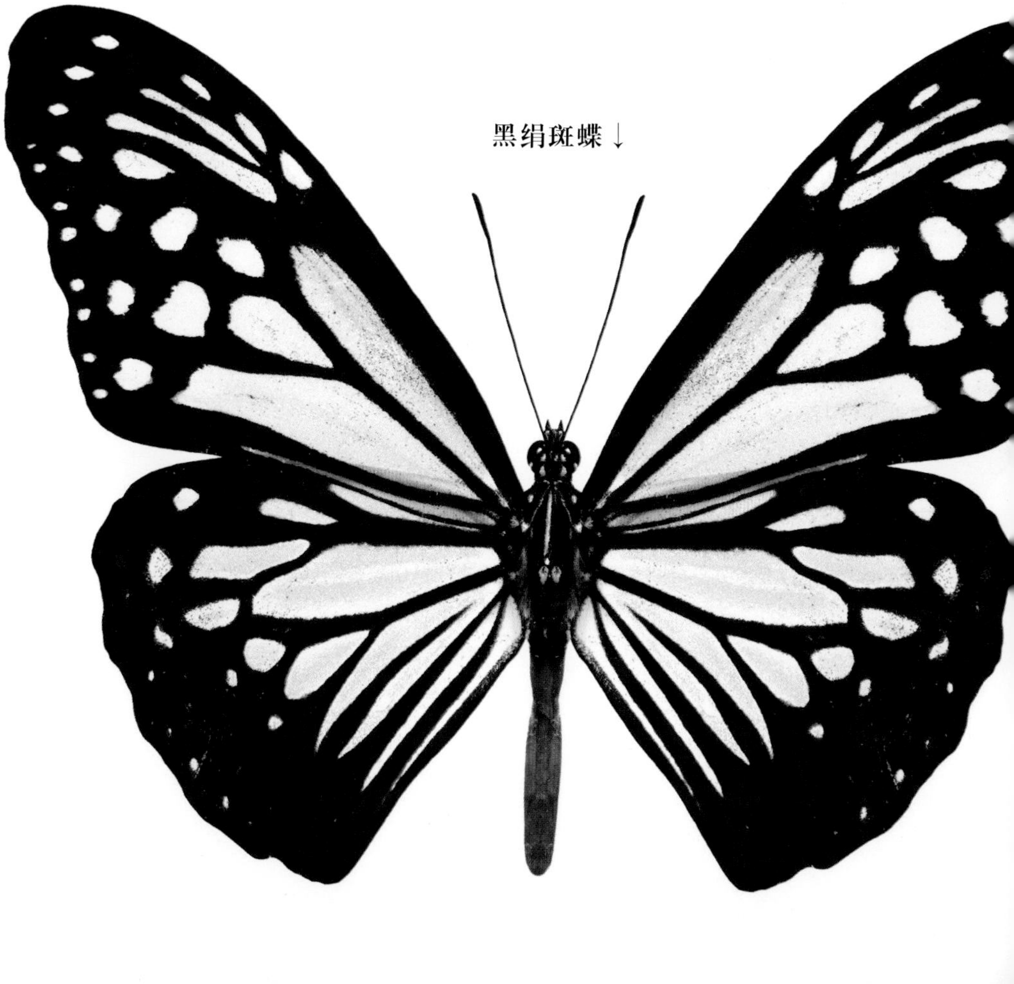

拟旋斑蝶↓

青斑蝶↑

虎斑蝶↑

蓝点紫斑蝶↓

啬青斑蝶↑

粉蝶

粉蝶科是蝴蝶中的大家族，有近 1300 种，广泛分布于世界各地，我国有上百种。它们是一群“小家碧玉”一样的小仙子，性格或活泼或文静，颜色较素淡，一般为白、黄、橙色，并常有黑色或红色斑纹，体型通常为中型或小型，最大的种类翅展达 90 毫米。

优越斑粉蝶↑

鹤顶粉蝶↑

↓灵奇尖翅粉蝶

飞龙粉蝶↑

锯粉蝶↑

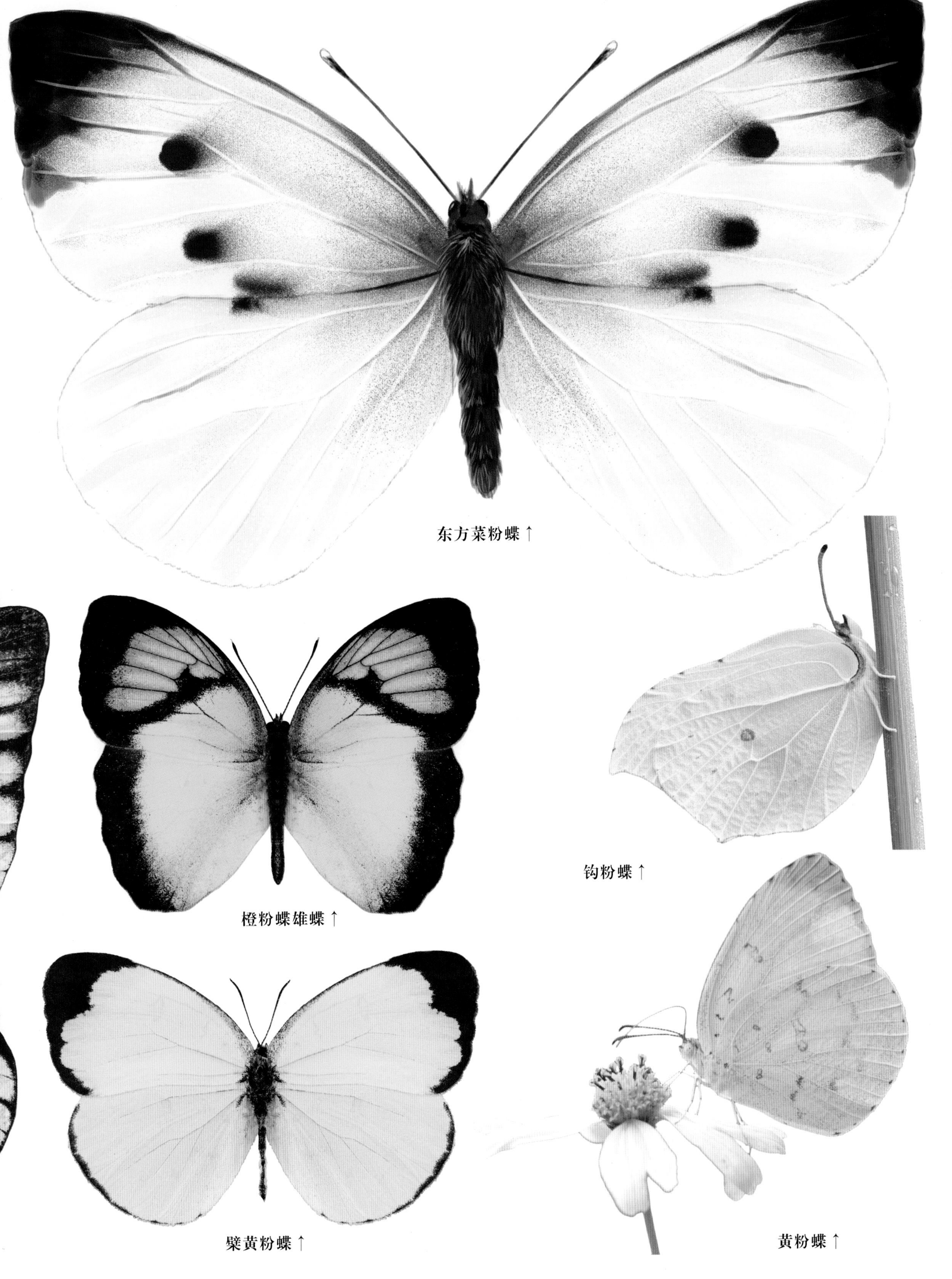

东方菜粉蝶↑

橙粉蝶雄蝶↑

钩粉蝶↑

檗黄粉蝶↑

黄粉蝶↑

凤蝶

凤蝶是鳞翅目凤蝶科的蝶类，因后翅有尾状突而得名，不过有的种类其实并没有这种飘逸修长的“凤尾”，但整体而言，凤蝶属于蝴蝶中颜值最高的类群之一了。凤蝶一般为大型蝴蝶，少数中型，形态优美，翅膀色彩十分明艳，多以黑、黄、白色为基调，饰有红、蓝、绿、黄等色彩的斑纹，有的更是有类似闪蝶的蓝、绿、黄等色的金属光泽，十分耀（yào）眼美丽。

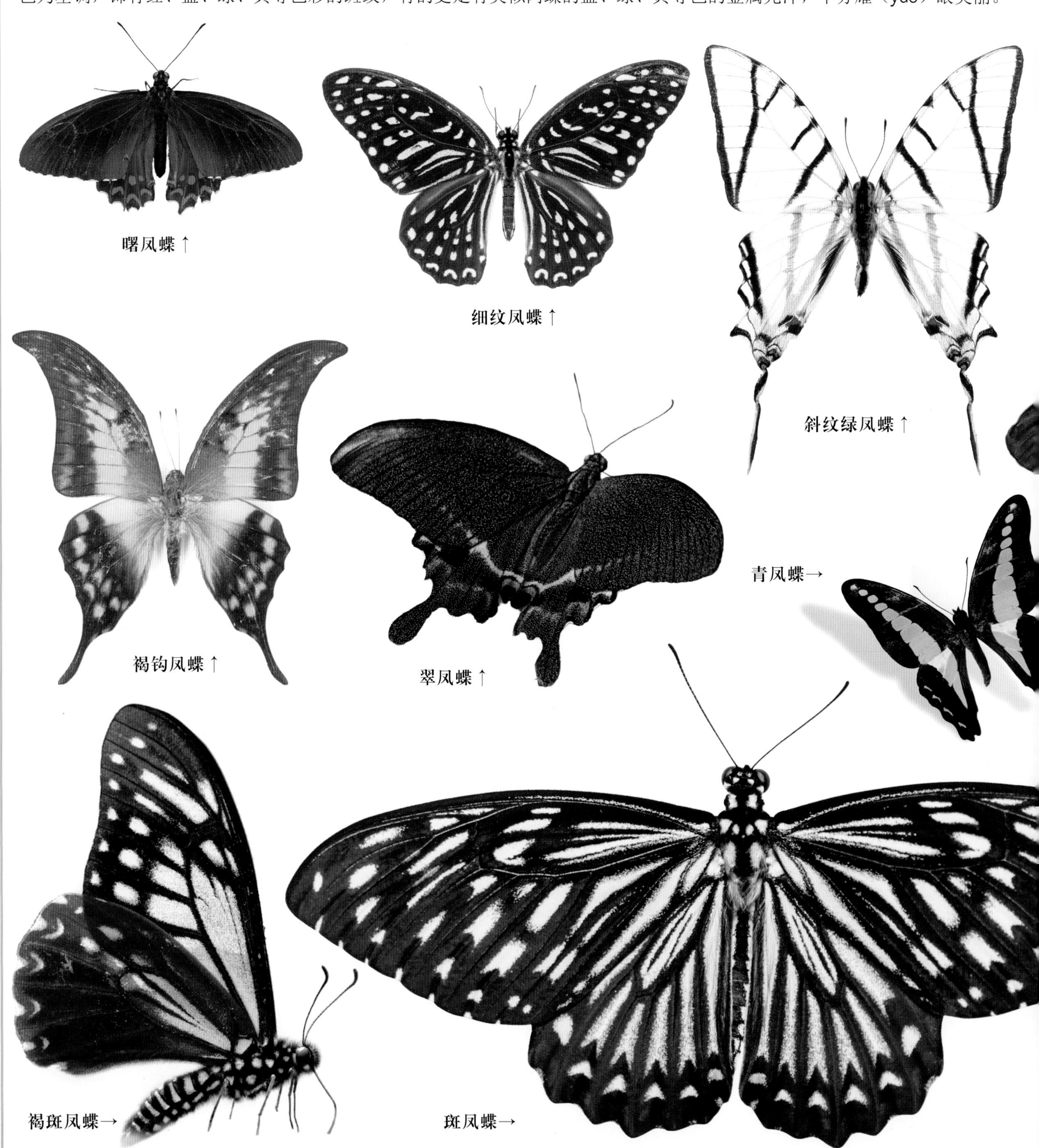

曙凤蝶↑

细纹凤蝶↑

斜纹绿凤蝶↑

褐钩凤蝶↑

翠凤蝶↑

青凤蝶→

褐斑凤蝶→

斑凤蝶→

玉带凤蝶↑

绿凤蝶↑

木兰青凤蝶↑

红珠凤蝶↑

美凤蝶↑

蓝凤蝶↑

金凤蝶↓

统帅青凤蝶↑

环蝶

环蝶科属中至大型蝴蝶，它们的得名是因为翅面常有圆形斑纹，但是色彩也多不太瞩目，多为黄褐色或灰褐色，饰有黑、白色彩的斑纹，不过有的有蓝色斑纹，还是挺漂亮的，而且它们身体娇小，翅膀因而看起来超大，显得很是优雅。它们喜欢早晨或黄昏的时候出现，多生活密林、草丛、阴湿的环境中。

↑串珠环蝶

凤眼方环蝶↑

←箭环蝶

弄蝶

弄蝶科是一个庞大的家族，有 3000 多种，分布在全球，然而，多数人想起蝴蝶的时候，并想不起它们——因为它们的外表不太出众，而且个头也比较小，属于小型蝶。弄蝶可是蝶类中形态及生活习性最特殊的种类，它们有独特的棍棒状触角，外表长得还很像蛾子，有人认为它们介于蝶与蛾之间，而且弄蝶飞得特别快。

玉带弄蝶↑

白弄蝶↓

←绿弄蝶

素弄蝶↑

蜜蜂类

蜜蜂是对人类有益的昆虫类群之一，它和农作物的关系密切，主要工作任务是采集花蜜，然后再把这些采集回来的蜂蜜，贡献给人类食用。一群蜜蜂通常由一只蜂王、大批的工蜂和少量的雄蜂组成。它们的形态和职能各不相同，它们分工合作，互相依存，正像人类社会中的一个大家庭一样。

蜜蜂大家族

蜜蜂是一个大家族，它主要是由蜂王、雄蜂、工蜂组成，其中蜂王和工蜂是由受精卵发育而来的，雄蜂是由未受精的卵细胞发育而来的。蜂王的主要任务是产卵，一次交配后可以终身产卵。处女蜂王交尾后除了分蜂以外，一般不再出巢。雄蜂的职责是和蜂后繁殖后代。雄蜂不参加酿造和采集生产，通常寿命不长。工蜂的任务主要是采集食物、哺育幼虫、泌蜡造脾、泌浆清巢、建造蜂巢、保巢攻敌等，蜂巢内的各种工作基本上是工蜂们干的。

完全以花为食

蜜蜂是完全以花（包括花粉和花蜜）为食的昆虫，食性可分为多食性；即在不同科的植物上或从一定颜色的花上采食花粉和花蜜，如意蜂和中蜂；寡食性，即自近缘科、属的植物花上采食，如苜蓿准蜂；单食性，即仅自某一种植物或近缘种上采食，如矢车菊花地蜂。

母系氏族生活

在蜜蜂社会里，它们仍然过着一种母系氏族生活。在它们这个群体大家族的成员中，有一个蜂王（蜂后），它是具有生殖能力的雌蜂，负责产卵繁殖后代，同时“统治”这个大家族。

蜜蜂只能蜇（zhē）一次人

蜜蜂因尾部有毒针而被人们所畏惧，实际上蜜蜂一生中只能蛰一次人，原因是蜜蜂毒针的末端有倒钩，蛰人后这些倒钩会钩住皮肤，当蜜蜂蛰人后飞离时毒针会将部分内脏也拉出来，失去部分内脏的蜜蜂很快便会死亡，因此蜜蜂不到万不得已一般不蛰人，但若蜂巢受到威胁时蜂群也会群起而攻之。

蜜蜂的繁殖

蜜蜂是社会性昆虫，常常成千上万地聚集在一个蜂巢里面。蜜蜂属膜翅目，蜜蜂科体长 8 ～ 20 毫米，黄褐色或黑褐色，生有密毛。头与胸几乎一样宽。触角膝状，复眼椭圆形，有毛，口器嚼吸式，下唇舌很长，后足为花粉足。两对膜质翅，前翅大，后翅小。腹部近椭圆形，体毛较胸部为少，腹末有螫针。

蜜蜂的种类

蜜蜂是蜜蜂科多种昆虫的统称，世界上公认的共有 9 种（我国有 6 种），最为人们熟知的是意大利蜜蜂和中华蜜蜂，其中意大利蜜蜂是西方蜜蜂的一个亚种，而中华蜜蜂是东方蜜蜂的一个亚种。

东方蜜蜂↑

东方蜜蜂是体型中等的一种蜜蜂，主要分布于南亚及东亚等地，我国大部分地区普遍均有分布，同时在各地已形成不同的亚种且各亚种在体型与体色上有差异，其中最为人们所熟知是中华蜜蜂，另外还有印度蜜蜂、日本蜜蜂、阿坝蜜蜂及海南蜜蜂等。

大蜜蜂↑

大蜜蜂是体型较大的一种蜜蜂，在我国云南南部、广西南部和海南等地均有分布，因单脾成排而常被称为排蜂，又因筑巢于悬崖峭壁上而常被称为岩蜂，性较凶猛且有群居习性，同一岩壁或大树上有数群甚至上百群蜂，每群蜂一年可产蜂蜜 50 ～ 80 斤。

黑小蜜蜂↑

黑小蜜蜂是体型较小的一种蜜蜂，在我国云南省南部的西双版纳州及临沧地区有分布，因多于小乔木上营单一巢脾而常被称之为小排蜂，体小灵活并为热带经济作物的重要传粉昆虫，每群每次可获取蜂蜜 1 斤左右，每年视蜜源情况可采收蜂蜜 2 ～ 3 次。

西方蜜蜂↑

西方蜜蜂是体型中等的一种蜜蜂，起源于欧洲、非洲和中东并逐渐引入到世界各地，同时在各地已形成不同的亚种且各亚种在形态和习性上变异很大，其中最为人们所熟知的是意大利蜜蜂，另外还有卡尼鄂拉蜂、高加索蜜蜂、欧洲黑蜂及东非蜜蜂等。

小蜜蜂↑

小蜜蜂是体型较小的一种蜜蜂，在我国云南省南部及广西南部的龙州、上思等地有分布，常在草丛或灌木丛中隐蔽处营造单一巢脾，故常被俗称为小挂蜂、小草蜂、小蓠蜂等，蜂巢上部形成近球状巢顶为贮蜜区，中下部为育虫区且 3 型巢房分化明显。

黑大蜜蜂↑

黑大蜜蜂是体型最大的一种蜜蜂，主要分布于喜马拉雅山脉周围的雪山下，因此又被人们称之为喜马拉雅排蜂，最典型的特征是喜群居，常数群或十数群蜂聚居于同一悬岩陡壁上，性格凶暴且有主动攻击的能力，每群黑大蜜蜂一年可产蜂蜜 40 ～ 80 斤。

苏拉威西蜂→

苏拉威西蜂是体型中等的一种蜜蜂，主要分布于印度尼西亚的苏拉威西群岛和菲律宾，工蜂体型比当地的东方蜜蜂稍大，体色也较东方蜜蜂稍浅，多在树洞中营造复脾蜂巢，但雄蜂房封盖内没有像东方蜜蜂的茧，房盖上也没有像东方蜜蜂一样有小孔。

沙巴蜂↓

沙巴蜂是体型中等的一种蜜蜂，到目前为止仅发现于亚洲的加里曼丹岛，形态和生活习性与东方蜜蜂颇为相似，习惯在洞穴内筑巢并造复脾，工蜂体色为红铜色，腹部第 1 ～ 6 节背板基部各具一条宽而鲜明的银白色绒毛带，在吸蜜腹部膨胀时明显可见。

绿努蜂↑

绿努蜂是体型中等的一种蜜蜂，因工蜂体色多为暗黑色而又称为黑色蜜蜂，发现于马来西亚的沙巴州绿努山区，在我国广东省某些地区也有发现，多在树洞中营造复脾蜂巢，遇到胡蜂接近巢口时守卫蜂腹部上举露出臭腺抵抗胡蜂，可驯养为饲养蜂种。

蜻蜓类

蜻蜓是古老的昆虫

早在恐龙统领地球之前，在距今约 3 亿年前的石炭纪时期，蜻蜓就已经大量出现，它们在空中飞来飞去，占领了地球的表面。这些巨蜻蜓被称为（汉语大意为“巨大的鹰样怪飞虫”），它们就是现代蜻蜓的祖先。远古时的巨蜻蜓长度可达近 76.2 厘米。与今天在地球上看到的蜻蜓情况相近。因此，人们普遍认为，蜻蜓是一类古老的昆虫。

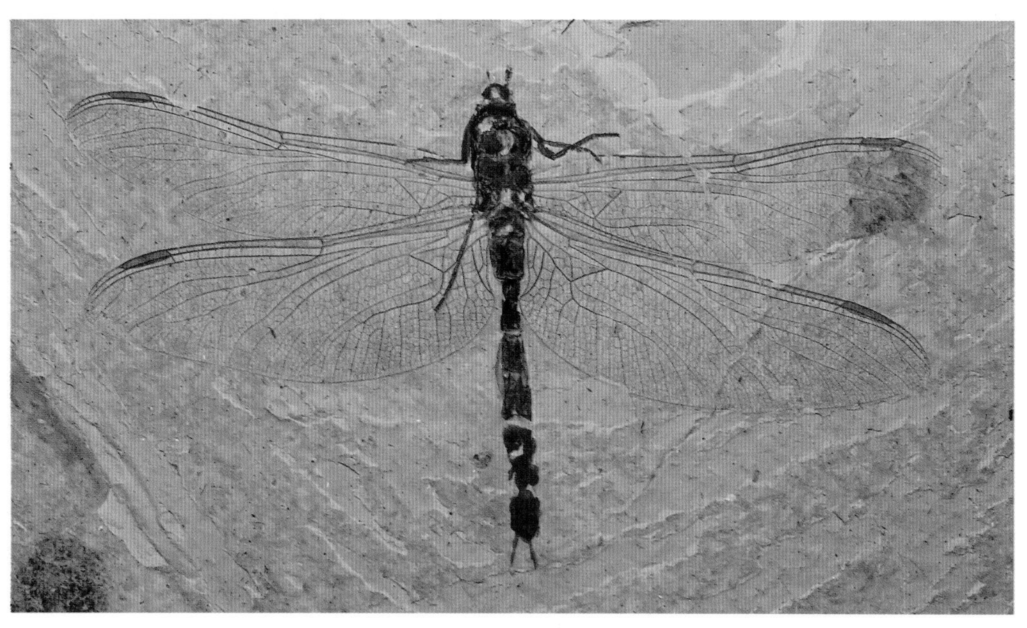

蜻蜓的复眼

与其他昆虫相比，蜻蜓具有异常敏锐的视觉，这可以帮助它们探测其他飞行物的运动，一是可以避免与飞行物在空中发生碰撞，二是可以准确捕获快速飞行的猎物。由于蜻蜓长有两个巨大的半球形复眼，它们可看到近 360° 的空间范围内的东西，蜻蜓的色视有着比人类更宽的颜色光谱。蜻蜓的每只复眼由多达 3 万个小眼构成，可以侦测到十分微小的飞行着的猎物。

蜻蜓的若虫生活在水中

因为蜻蜓是不完全变态的昆虫，所以它们的幼虫又叫若虫；蜻蜓的水生的若虫也叫稚虫。雌蜻蜓把卵直接产在水面上，或者用产卵器在水生植物表面划开个口子，把卵塞入植物组织中。孵化的若虫要花很长时间在水中生活，它们以捕猎其他水生无脊椎动物为生。大型种的蜻蜓若虫偶尔也能捕食小鱼或蝌蚪。

古诗描绘蜻蜓

梅子金黄杏子肥，麦花雪白菜花稀。
日长篱落无人过，惟有蜻蜓蛱蝶飞。
——宋・范成大《四时田园杂兴》

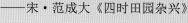

飞行大师

蜻蜓能够独立地转动四只翅膀中的每一只翅膀。它们的每只翅膀都可以上下扇拍，也可沿一中心轴前后旋转扭动。蜻蜓可以直接垂直地上下飞行，水平地前后飞行，在空中暂停和盘旋。它们在空中的飞行灵活自如，可前速前进，也可缓慢翻转。

远距离迁飞

现在人们已发现有许多种蜻蜓能够单独或群集迁飞。与其他种类的迁飞性昆虫一样，蜻蜓也会通过远距离迁飞以跟踪或寻找它们所需要的资源，迁飞或许也是对环境变化（如即将来临的寒冷天气）作出的适应反应。有生物学家记录了一种蜻蜓从印度到非洲的迁飞例子，迁飞距离可达1.7万千米，这可是世界上远距离迁飞的新纪录。

“益虫”

一种俗称为“愣头青”的绿色大蜻蜓，一天能轻松地吃掉两千只左右的蚜虫等这类小飞虫。它吃蚊子、苍蝇之类当然不在话下，此外，凡是会飞会爬的小飞蛾、小昆虫，它都喜欢。这样大量地为人类消灭害虫，叫它“益虫”是当之无愧的。

蜻蜓的种类

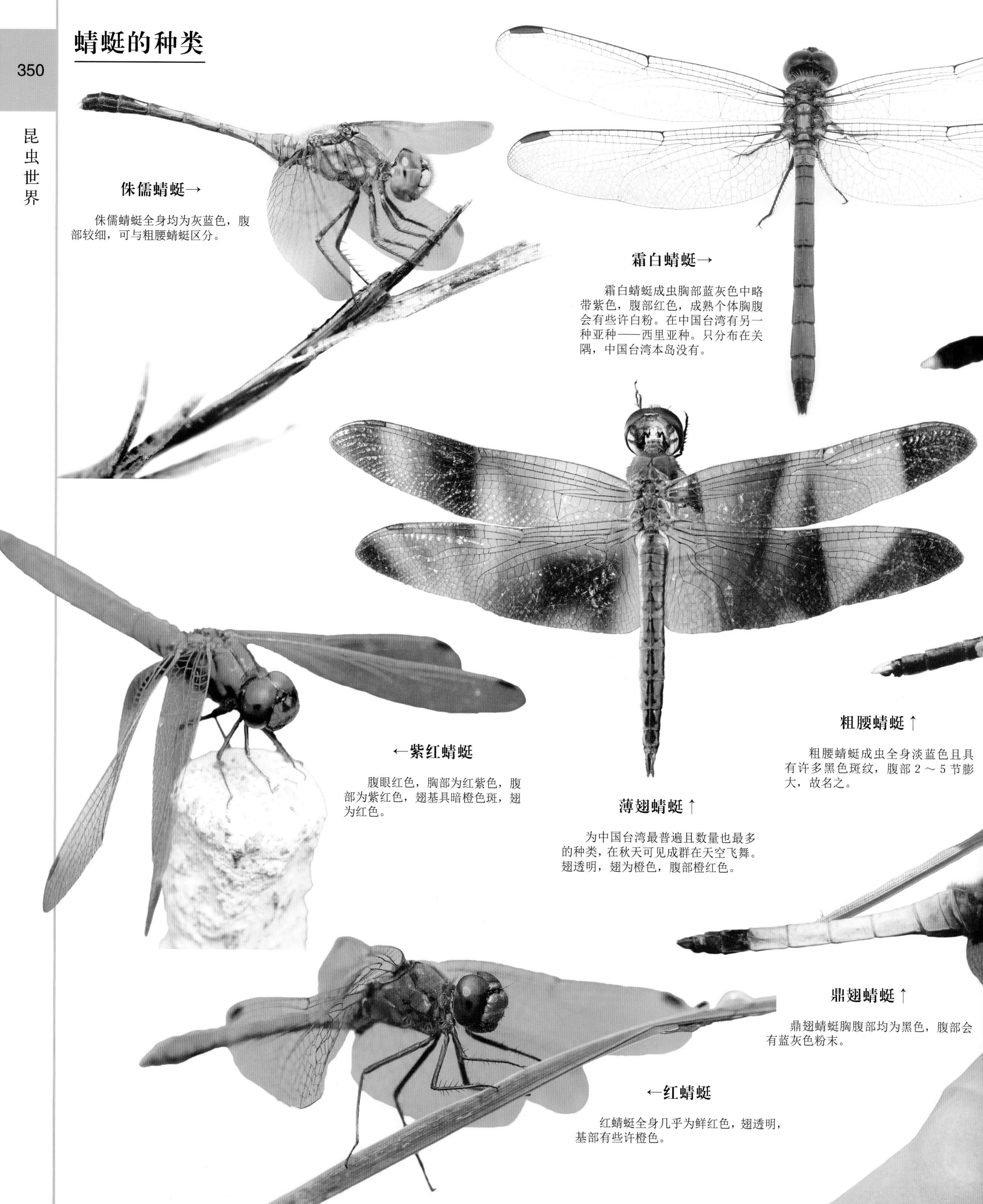

侏儒蜻蜓→

侏儒蜻蜓全身均为灰蓝色，腹部较细，可与粗腰蜻蜓区分。

霜白蜻蜓→

霜白蜻蜓成虫胸部蓝灰色中略带紫色，腹部红色，成熟个体胸腹会有些许白粉。在中国台湾有另一种亚种——西里亚种。只分布在关隅，中国台湾本岛没有。

←紫红蜻蜓

腹眼红色，胸部为红紫色，腹部为紫红色，翅基具暗橙色斑，翅为红色。

薄翅蜻蜓↑

为中国台湾最普遍且数量也最多的种类，在秋天可见成群在天空飞舞。翅透明，翅为橙色，腹部橙红色。

粗腰蜻蜓↑

粗腰蜻蜓成虫全身淡蓝色且具有许多黑色斑纹，腹部 2 ～ 5 节膨大，故名之。

鼎翅蜻蜓↑

鼎翅蜻蜓胸腹部均为黑色，腹部会有蓝灰色粉末。

←红蜻蜓

红蜻蜓全身几乎为鲜红色，翅透明，基部有些许橙色。

杜松蜻蜓↓

复眼为墨绿色，翅透明，翅膀为黄褐色。腹部 1 ～ 3 节膨大如球状，第 4 节以后突然变细，只有 7 ～ 10 节才再稍微膨大，肛附器白色。

褐斑蜻蜓→

胸部褐色，翅为透明的黄橙色，翅膀为橙红色。

←乐仙蜻蜓

复眼黑色，胸部深蓝色，腹部黑色，翅透明，后翅有褐斑，翅为黑褐色。

善变蜻蜓→

胸部红褐色，腹部红色，翅的 3/4 面积为暗红色，绒质，翅膀为红色。

蟋蟀类

蟋蟀，无脊椎动物，昆虫纲，直翅目，蟋蟀科。全世界已知约 2500 种，中国已知约 150 种。也叫中华斗蟋，民间有蛐蛐儿、促织、秋蛩（qióng）、吟蛩、趋织等俗称。

田间歌手

雄性蟋蟀的前翅是左右不对称结构的，在其上有称为“音锉”的齿状结构，是由翅表面褶皱和微毛构成的，两片翅相互摩擦而发出声音，蟋蟀可以控制翅膀抬起的角度，从而改变控制摩擦的频率，这样就产生了不同的鸣叫声。蟋蟀只有雄性可以鸣叫，所有雌性都是“哑巴”。

好斗将军

蟋蟀不但善鸣，而且更喜斗，故有雄鸡斗蟋蟀的故事流传至今。蟋蟀又名蛐蛐、中华斗蟋，古人称促织或秋蛩，它是秋天鸣虫中较有代表性的一种。此昆虫的雄虫善于打斗，自古以来，我国人民都以观其打斗来获取乐趣，因而又被称其为“斗蟋”和“将军”。它不仅好斗，也善于跳跃，而且善于鸣叫，故而成为历代盛行的玩赏昆虫。

高超的建筑师

至今为止，除人类外，我们还未发现哪种动物的建筑技术高于并超过蟋蟀。它们很注重对排水条件的选择，并且有充足而温暖的阳光照射的地方。凡是这样的地方，都被视为佳地。在一些有阳光的草坡上，隐居者蟋蟀就是这里的所有者。

独特的产卵方式

蟋蟀产卵的方式很特别，它只把卵产在深约四分三寸的土里，并且把它们排列成群，总数大约有五百到六百个。这卵真是一种惊人的机器。孵化以后，它看起来很像一只灰白色的长瓶子，瓶顶上有一个整齐的孔。孔边上有一顶像盖子一样的小帽子。去掉盖子的原因，并不是蟋蟀在里面不停地冲撞，把盖子弄破了，而是因为有一种环绕着的线，这条线的抵抗力很弱，它自己会自动裂开。

蟋蟀的种类

大蟋蟀→

又名巨蟋、蟋蟀之王、花生大蟋，属直翅目蟋蟀科。因其体型较大，居于众多品种的蟋蟀之首而得此名；又因其危害花生等农作物而又被称为“花生大蟋”。

斑蛉↑

又名花蛉、小针蟋、黑斑针蟋、斑腿针蟋、斑针蟋，属直翅目蟋蟀科，因其后肢上有黄色和黑色的斑点而得名。此鸣虫体型较小，仅5～7毫米，体宽3毫米左右，但触须特长，可达15～18毫米，通体黑褐色，其前肢、后肢上皆有明显的黑白花纹，故又称为“花蛉”。

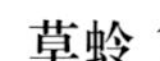

草蛉↑

又名长翅蟋、草黄蛉，属直翅目蟋蟀科的小针蟋蟀，其外观很像缩小了的金蛉子。因它生长在草丛之中，故得名草蛉；又因其体色黄褐，因而又被称作草黄蛉。

双斑蟋蟀↑

又称乌龙仔、赤龙仔、画镜、花镜、黄头颈，它是典型的蟋蟀科昆虫。由于其雄虫前翅基部各具一块圆形黄斑，因而获得“双斑蟋蟀”的名称。

金钟儿↑

又名马蛉、金琵琶、蛉虫。此虫通体黑色，头小，身体扁阔，腹部略长，前翅宽扁呈椭圆形，体长16～19毫米，总体形状很像一颗饱满的阔西瓜子。

油葫芦→

又名结缕黄，由于其全身油光锃亮，就像刚从油瓶中捞出似的，又因其鸣声好像油从葫芦里倾注出来的声音，还因为它的成虫爱吃各种油脂植物，如花生、大豆、芝麻等，所以得“油葫芦”之名。

←磬蛉

又名松蛉、铁弹子、铁蟋、刻点铁蟋，属直翅目蟋蟀科。此鸣虫因全身乌黑发亮，头似圆珠，如弹子，因而名“铁弹子”。

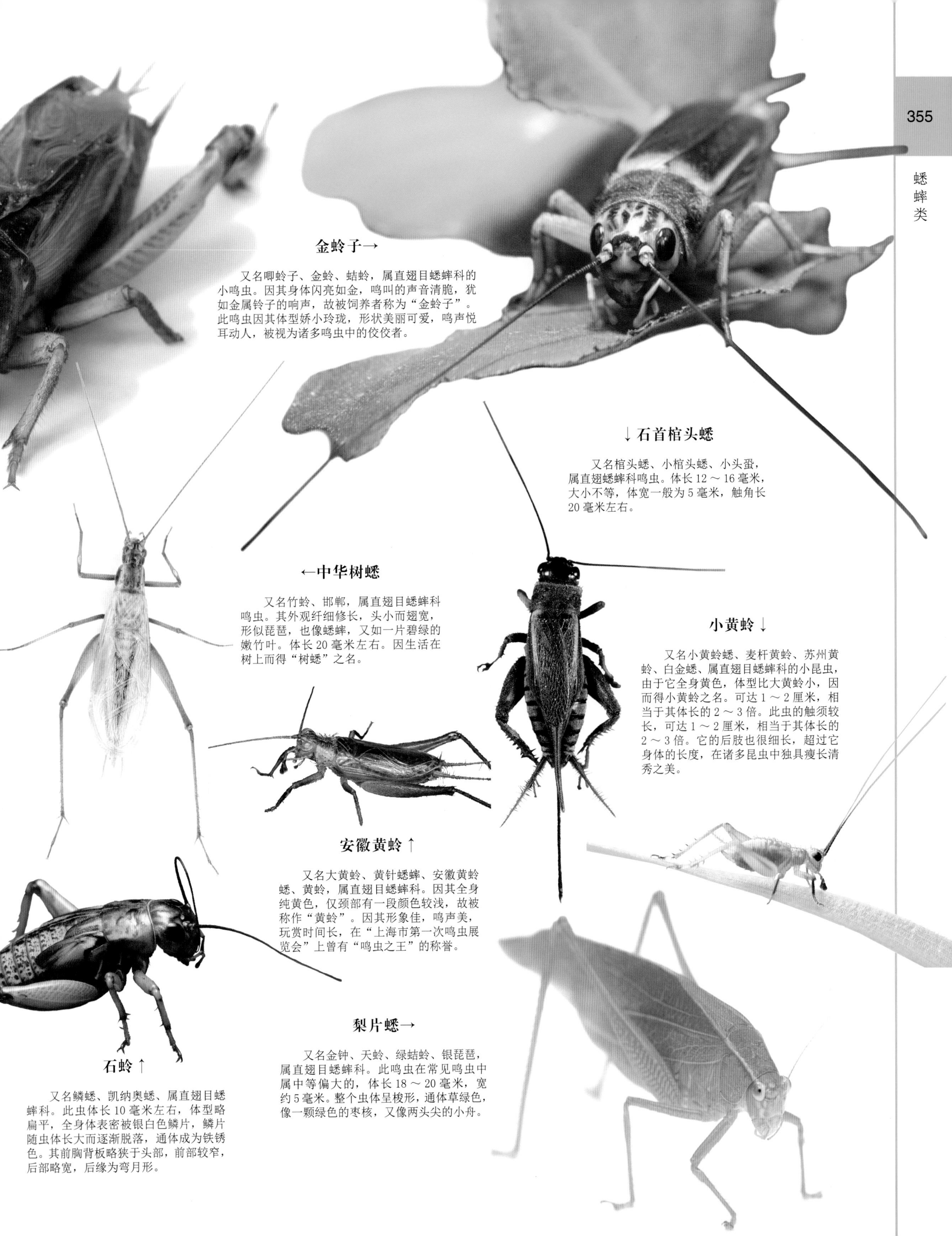

金蛉子→

又名唧蛉子、金蛉、蛣蛉，属直翅目蟋蟀科的小鸣虫。因其身体闪亮如金，鸣叫的声音清脆，犹如金属铃子的响声，故被饲养者称为“金蛉子”。此鸣虫因其体型娇小玲珑，形状美丽可爱，鸣声悦耳动人，被视为诸多鸣虫中的佼佼者。

↓石首棺头蟋

又名棺头蟋、小棺头蟋、小头蛩，属直翅蟋蟀科鸣虫。体长 12 ～ 16 毫米，大小不等，体宽一般为 5 毫米，触角长 20 毫米左右。

←中华树蟋

又名竹蛉、邯郸，属直翅目蟋蟀科鸣虫。其外观纤细修长，头小而翅宽，形似琵琶，也像蟋蟀，又如一片碧绿的嫩竹叶。体长 20 毫米左右。因生活在树上而得“树蟋”之名。

小黄蛉↓

又名小黄蛉蟋、麦杆黄蛉、苏州黄蛉、白金蟋、属直翅目蟋蟀科的小昆虫，由于它全身黄色，体型比大黄蛉小，因而得小黄蛉之名。可达 1 ～ 2 厘米，相当于其体长的 2 ～ 3 倍。此虫的触须较长，可达 1 ～ 2 厘米，相当于其体长的 2 ～ 3 倍。它的后肢也很细长，超过它身体的长度，在诸多昆虫中独具瘦长清秀之美。

安徽黄蛉↑

又名大黄蛉、黄针蟋蟀、安徽黄蛉蟋、黄蛉，属直翅目蟋蟀科。因其全身纯黄色，仅颈部有一段颜色较浅，故被称作“黄蛉”。因其形象佳，鸣声美，玩赏时间长，在“上海市第一次鸣虫展览会”上曾有“鸣虫之王”的称誉。

梨片蟋→

又名金钟、天蛉、绿蛣蛉、银琵琶，属直翅目蟋蟀科。此鸣虫在常见鸣虫中属中等偏大的，体长 18 ～ 20 毫米，宽约 5 毫米。整个虫体呈梭形，通体草绿色，像一颗绿色的枣核，又像两头尖的小舟。

石蛉↑

又名鳞蟋、凯纳奥蟋、属直翅目蟋蟀科。此虫体长 10 毫米左右，体型略扁平，全身体表密被银白色鳞片，鳞片随虫体长大而逐渐脱落，通体成为铁锈色。其前胸背板略狭于头部，前部较窄，后部略宽，后缘为弯月形。

蝉类

蝉总科中的所有昆虫都通称为“蝉”，蝉是一种半翅目昆虫，其种类较多，我国就有120种。雄蝉的腹部有一个发声器，能连续不断地发出响亮的声音；雌蝉虽然在腹部也有发声器，但不能发出声音。

演化进程

最早的化石蝉出现在上二叠纪，距今约2.5亿年。现存的蝉广泛分布于全世界，多集中分在在温带和热带地区。它们喜欢晒居在林中树间，吸食植物木质部中的汁液，常产卵于树皮下或树缝中。在十七年蝉的生命周期中，单若虫就要在地下土壤中度过13～17个年头。虽然一年蝉每年都要羽化，但在其生命周期中，若虫也要在土中生活1～9年或更长时间。

蝉的一生

蝉的一生要经过卵、幼虫和成虫三个不同的时期。卵产在树上，幼虫生活在地下，成虫又重新回到树上。蝉在交配之后，雄蝉就完成了自己的使命，很快便死去。雌蝉则开始进行产卵的任务，它用尖尖的产卵器，在树枝上刺出小孔，刺一次产四到八粒，一个枝条上，往往要刺出几十个孔，然后雌蝉不吃不喝，也很快便死去了。卵在树枝里越冬，到第二年夏天，借助阳光的温度，才孵化出幼虫来。

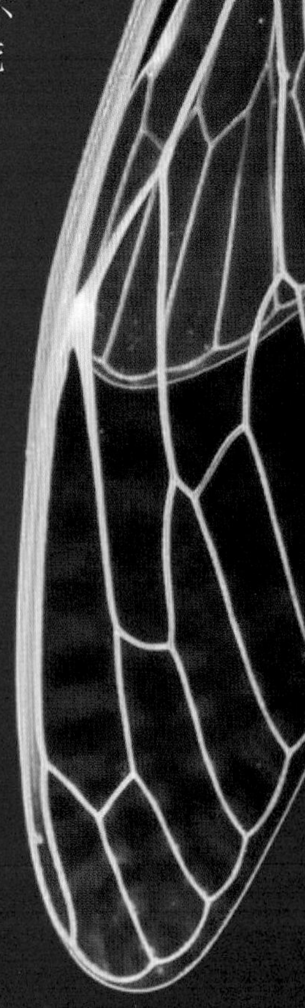

小小知了

大多数蝉的体型通常不大，成虫体长多在2至5厘米，少数种类，例如世界最大的帝王蝉翼展就达20厘米，体长约7厘米；同样栖息于南亚地区的一种大型蝉（有“青襟油蝉”或“婆罗洲巨蝉”等名称）翼展也有18厘米，其体长则约4至5厘米。蝉的外骨骼很坚硬，双翅相当发达，多为透明或半透明（双翅完全不透明的种类通常翅面颜色较为鲜明，且多分布于靠近热带的地区），上面有明显的翅脉。

高蛋白食物源

如同其他很多食用昆虫一样，蝉是一类富含营养成分的高蛋白食物源。吃蝉之后可以有效的吸收蝉其中的能量，促进新陈代谢，并且可以为人体提供丰富的营养成分。在世界各地，很多人群或部族均会食用蝉的若虫或成虫。

蝉蜕

蝉蜕：中药名，蝉衣，蝉退，蝉壳，蚱蟟皮。功效：疏散风热，透疹，利音开音，息风止痉，明目。主治：用于风热感冒，温病初起，麻疹不透，风疹瘙痒，急慢凉风，咽痛咽痒，小儿夜啼不安，破伤风症等。

会鸣的蝉是雄蝉

会鸣的蝉是雄蝉，它的发音器在腹基部，像蒙上了一层鼓膜的大鼓，鼓膜受到振动而发出声音，由于鸣肌每秒能伸缩约1万次，盖板和鼓膜之间是空的，能起共鸣的作用，所以其鸣声特别响，并且能轮流利用各种不同的声调激昂高歌。因为雌蝉的乐器构造不完全，不能发声，所以它是“哑巴蝉”。

蝉的种类

黑翅蝉↑

生活在低海拔树林灌丛。

薄翅蝉↑

薄翅蝉体长 20 ～ 23 毫米，头部的宽长于胸长宽，头部略呈三角形状，两眼间有三颗红色宝石般的单眼，头部前缘有一条明显的黑色边线，成虫出现于 5 至 9 月，生活在低海拔树林旁草丛或灌丛间，夜间具有趋光性，在郊区山路路灯下很容易发现趋光的个体。

山西姬蝉↑

山西姬蝉属半翅目蝉总科姬蝉属昆虫，体小型，复眼暗红色，鸣叫为高低相间且短促的"嗞嗞"声，常在低矮灌木、乔木、草叶甚至地面上鸣叫，要分布于陕西、山西、河北、北京等地。

红眼蝉→

红眼蝉体长 2 至 5 厘米不等，雄蝉腹部有一对能发音的鼓室，对自然界没多大害处，但是益处却不少，主要分布在美国的衣阿华州、威斯康星州、密歇根州和印第安纳州等"未经大规模翻动的土地上"。

←十七年蝉

北美洲一种穴居十七年才能化羽而出的蝉。

沫蝉↑

沫蝉别称吹沫虫、鹃唾虫等，种类很多，常见的沫蝉有红纹沫蝉和小红斑沫蝉，生活在植物叶片上，保护色良好所以不容易发现，常分泌一种泡沫状物，用来保护自己不至于干燥及免受天敌侵害。

斑衣蜡蝉↑

斑衣蜡蝉是同翅目蜡蝉科的昆虫，民间俗称“花姑娘”“椿蹦”“花蹦蹦”“灰花蛾”等。属于不完全变态。斑衣蜡蝉是多种果树及经济林树木上的重要害虫之一，同时也是一种药用昆虫，虫体晒干后可入药，称为“樗鸡”。

高砂熊蝉↓

高砂熊蝉体色黑色，刚羽化的个体身体满布金黄色细毛，上翅透明，前半部翅脉为绿色，成虫出现于5至9月，生活在平地、低海拔地区乔木上，鸣声响亮。

蚱蝉↑

别称鸣蜩、马蜩、鸣蝉、秋蝉、蜘蟟、蚱蟟等，雄虫体长而宽大，长4.4～4.8厘米，翅展12.5厘米，雌虫稍短，黑色，有光泽，头部横宽，中央向下凹陷，颜面顶端及侧缘淡黄褐色，复眼1对，大而横宽，呈淡黄褐色，单眼3个，位于复眼中央，排列呈三角形，触角短小，位于复眼前方。

蟪蛄↓

是一种比较小型的蝉，体长约2.5厘米，有黑纹，后翅除边缘为黑色，分布广泛，5～6月鸣，从早到晚，鸣声作“哧—哧”，叫声不如黑蚱蝉般等大型蝉的大声，比较脆弱。

台湾骚蝉↑

台湾骚蝉雄虫体长42～50毫米，雌虫34～38毫米，体色黑褐色，雄虫腹部长，成虫出现于6至10月，生活在低至中海拔树林中，鸣声响亮，且常有相互呼应的习惯，是各地郊山森林中最聒噪的蝉种。

竹节虫类

竹节虫，身型细长如竹节。属昆虫纲，竹节虫目，是昆虫中身体最为修长的种类，成虫体长一般为10厘米，最长可达64厘米是大中型昆虫。因为它们常常俯身于竹枝上，其身体颜色和形态与竹枝难以分辨，拟态本领十分高超，几乎可以乱真，所以名为竹节虫。但其实只有少数为绿色或暗绿色，多数竹节虫的体色呈深褐色。

身体颜色和形态与竹枝难以分辨

仔细看一看，你能发现我吗？

隐身高手

竹节虫是最善于伪装具有高超隐身术的昆虫，当爬在植物上时能以自身的体型与植物形状相吻合，装扮成被模仿的植物，或枝或叶，惟妙惟肖，如不仔细端详很难发现它的存在。同时，还能根据光线、湿度、温度的差异改变体色，让自身完全融入到周围的环境中，使鸟类、蜥蜴、蜘蛛等天敌难以发现它的存在。

拟态生涯

竹节虫作为卵生动物，当它还是个卵的时候，它就开启了拟态生涯。它的卵拥有多样的外形，椭圆形、梭形、桶形以及不规则的形状等。卵有坚硬的卵壳，表面呈棕色或暗黄的颜色，并且竹节虫产卵方式较为多样，有的卵黏在枝叶上，有的产在植物体内，有的散落林间地表，有的混杂在落叶草丛中，它们的卵像极了植物的种子，因而避过天敌取食。

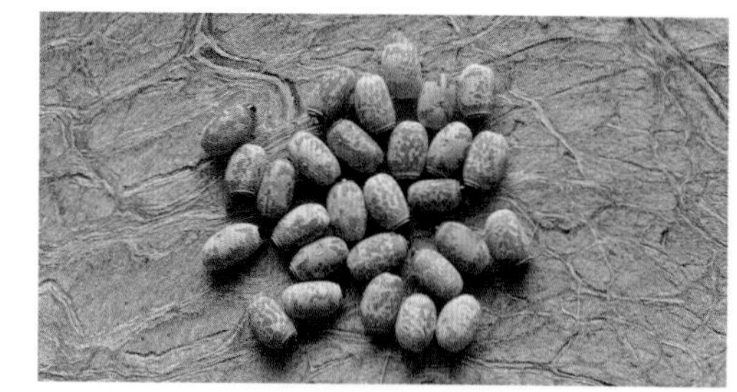

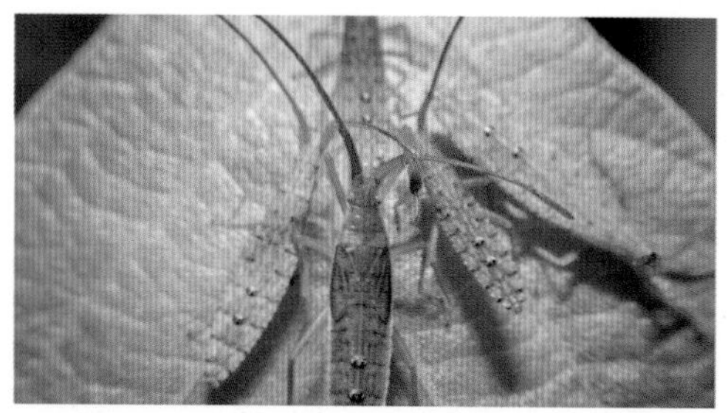

竹节虫真能孤雌生殖吗？

竹节虫是不完全变态的昆虫，刚孵出的若虫和成虫很相似，常在夜间爬到树上，经过几次蜕皮后，逐渐长大为成虫。成虫的寿命很短，大约只有3～6个月。同时，竹节虫的生殖也很特别，一般交配后将卵单粒产在树枝上，要经过一两年幼虫才能孵化。然而，有些雌虫不经交配也能产卵，生下无父的后代，这种生殖方式叫孤雌生殖。

左右不停地摆动身体，就像风中摇曳的枝条或树叶

因地制宜

竹节虫的成虫拟态是最厉害的存在，它已经可以达到因地制宜的存在。在枯树中拟态枯枝甚至让我们都难以分辨，有一些竹节虫衍生出能拟态地表的变种，拟态叶子的科目。除了形象上与大自然形成完美的隐身效果，竹节虫的行为也是成就它隐身高手的一部分。风吹树叶树枝飘动，竹节虫竟然掌握了随风而动的特殊技巧，它左右不停地摆动身体，就像风中摇曳（yè）的枝条或树叶，天敌就算有火眼睛睛恐怕也很难发现这是一只虫子吧。

竹节虫是害虫还是益虫？

竹节虫是害虫。竹节虫生活在森林或竹林中，植食性，可以危害植物，取食时间白天和黑夜均可见，但多数在傍晚取食并活动。尤其在大洋洲有几种竹节虫往往大批发生，食害尤加利树叶。我国亦有为害栎类树木，致成灾害的报道。

竹节虫的种类

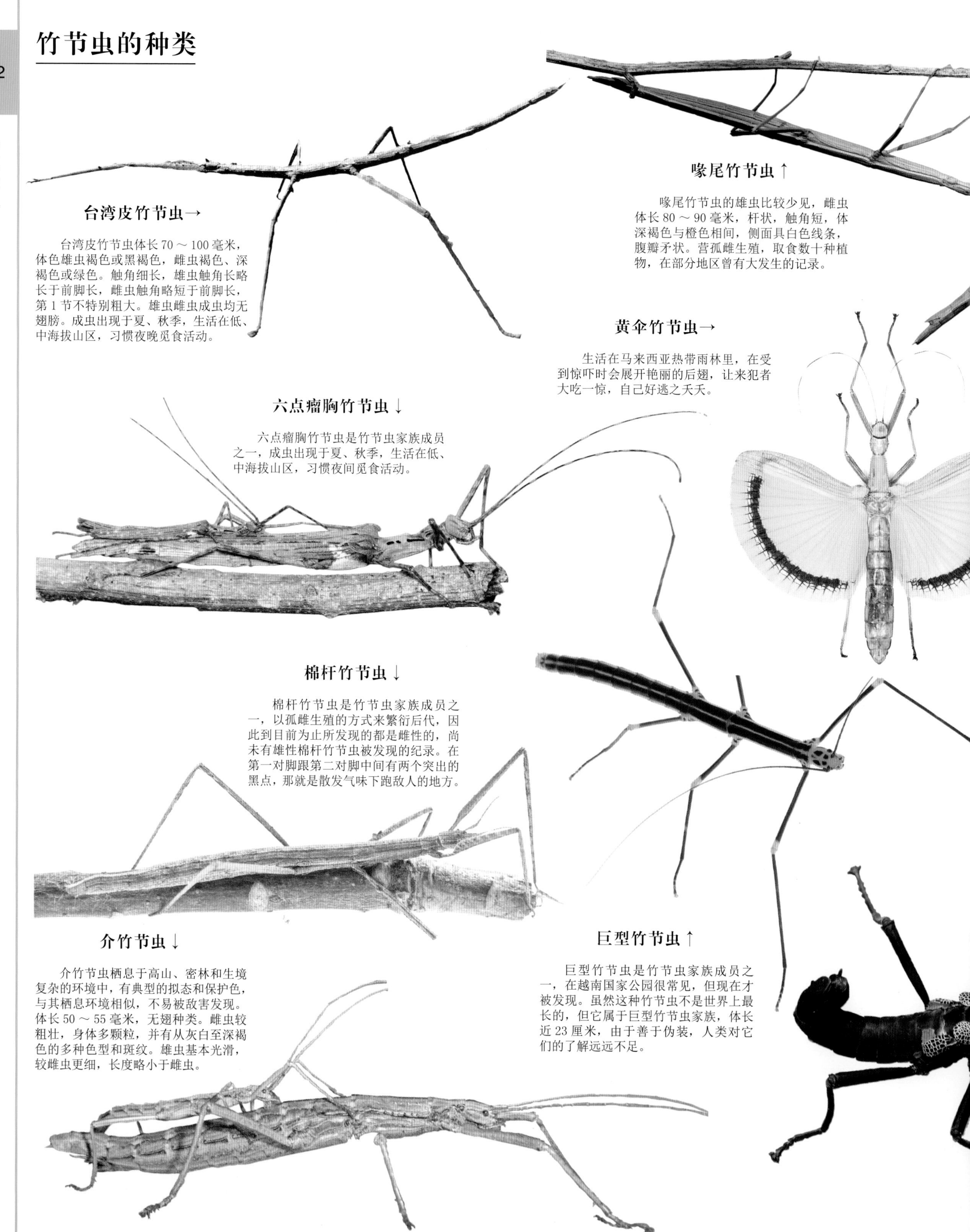

台湾皮竹节虫→

台湾皮竹节虫体长 70 ～ 100 毫米，体色雄虫褐色或黑褐色，雌虫褐色、深褐色或绿色。触角细长，雄虫触角长略长于前脚长，雌虫触角略短于前脚长，第 1 节不特别粗大。雄虫雌虫成虫均无翅膀。成虫出现于夏、秋季，生活在低、中海拔山区，习惯夜晚觅食活动。

喙尾竹节虫↑

喙尾竹节虫的雄虫比较少见，雌虫体长 80 ～ 90 毫米，杆状，触角短，体深褐色与橙色相间，侧面具白色线条，腹瓣矛状。营孤雌生殖，取食数十种植物，在部分地区曾有大发生的记录。

黄伞竹节虫→

生活在马来西亚热带雨林里，在受到惊吓时会展开艳丽的后翅，让来犯者大吃一惊，自己好逃之夭夭。

六点瘤胸竹节虫↓

六点瘤胸竹节虫是竹节虫家族成员之一，成虫出现于夏、秋季，生活在低、中海拔山区，习惯夜间觅食活动。

棉杆竹节虫↓

棉杆竹节虫是竹节虫家族成员之一，以孤雌生殖的方式来繁衍后代，因此到目前为止所发现的都是雌性的，尚未有雄性棉杆竹节虫被发现的纪录。在第一对脚跟第二对脚中间有两个突出的黑点，那就是散发气味下跑敌人的地方。

介竹节虫↓

介竹节虫栖息于高山、密林和生境复杂的环境中，有典型的拟态和保护色，与其栖息环境相似，不易被敌害发现。体长 50 ～ 55 毫米，无翅种类。雌虫较粗壮，身体多颗粒，并有从灰白至深褐色的多种色型和斑纹。雄虫基本光滑，较雌虫更细，长度略小于雌虫。

巨型竹节虫↑

巨型竹节虫是竹节虫家族成员之一，在越南国家公园很常见，但现在才被发现。虽然这种竹节虫不是世界上最长的，但它属于巨型竹节虫家族，体长近 23 厘米，由于善于伪装，人类对它们的了解远远不足。

莫氏瘤竹节虫→

莫氏瘤竹节虫体长雄虫约40毫米，雌虫约50毫米，体色淡褐色至深褐色，身体外形较其他常见竹节虫粗短。雌虫特别粗胖，腹部背侧中央呈瘤突状隆起。雄虫雌虫成虫均无翅膀。成虫出现于夏、秋季，主要生活在低海拔山区，习惯夜间觅食活动。

幽灵竹节虫↑

原产自澳大利亚，属于中大型竹节虫。幽灵竹节虫大概是竹节虫家族里“最丑”的，其外形像枯枝，浑身长满尖刺。最为奇特的是它的头部，看起来极像恐怖片里的外星生物，又像植物大战僵尸里的僵尸头。

曲腹华笛竹节虫↑

较小的竹节虫，身体细杆状，复眼半球形，突出，触角丝状，发现于灌木丛中，取食青冈树叶。

陈氏竹节虫→

陈氏竹节虫是一种生活在婆罗洲的世界上最长的昆虫，以其发现者命名。发现的最大个体长度为0.5米（腿伸展开之后），保存在英国伦敦的自然历史博物馆。雄性陈氏竹节虫呈棕色，而雌性具有绿色斑点，二者都是纤细单薄，在热带雨林里可以完美地隐藏起来。

←扁竹节虫

是昆虫界的怪胎；出现的概率只有不到十万分之一。褐色的一半是雄性的特征，绿色的一半确是雌性。它是卵形成时染色体分裂过程中发生性别染色体意外丢失的产物无法繁殖产生后代。

短肛竹节虫↓

短肛竹节虫为中型竹节虫，雌性体长约130毫米左右，雄性为雌性的2/3。雌雄异型，身体均为绿色，雄性颜色较深，并夹杂深褐色。多发现于路边的青冈树上，较为常见。

←黑魔鬼竹节虫

眼睛与其他种类不同，看上去还有类似脊椎动物的瞳孔，它展开的后翅露出艳丽的红色。

桑蚕类

桑蚕，即“家蚕”，是一种以桑叶为主食的鳞翅目泌丝昆虫，属无脊椎动物，节肢动物门蚕蛾科蚕蛾属桑蚕种。其蚕茧和体肤一样的洁白，犹如润玉，一般产自我国江苏、浙江一带，为南方特有，也是制作丝绸制品的高级原料。

桑蚕的种类

樗蚕↑

又名椿蚕、小乌桕蚕，主食樗树叶（臭椿），兼食乌桕、蓖麻、冬青、含笑、泡桐、梧桐、樟树叶等的吐丝结茧的经济昆虫，属鳞翅目大蚕蛾科昆虫，分布于中国、日本、印度等国。

柞蚕↑

也称春蚕、槲蚕、山蚕等，鳞翅目大蚕蛾科柞蚕属昆虫，一种吐丝昆虫，因喜食柞树叶得名。

乌桕蚕↓

乌桕蚕又名大山蚕、大乌桕蚕，为鳞翅目大蚕蛾科吐丝结茧的经济昆虫，食乌桕叶，吐丝结茧。分布于中国、印度、日本、缅甸、越南、新加坡和印度尼西亚等国。

栗蚕↑

俗称灯笼蚕，以核桃叶、板栗叶为主食料的吐丝结茧的经济昆虫，广泛分布于日本、我国“三北”和中南等地区，栗蚕丝是价格昂贵的天然纤维。

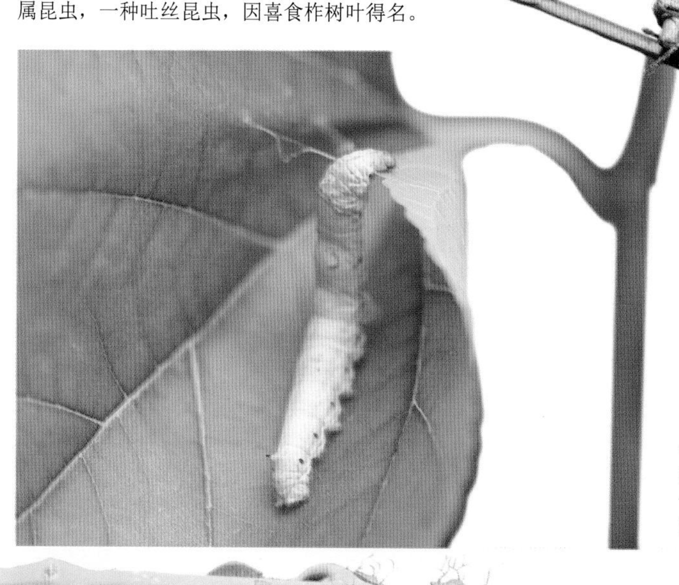

←桑蚕

桑蚕属寡食性昆虫，除喜食桑叶外，也能吃柘叶、楮叶、榆叶、鸭葱、蒲公英和莴苣叶等，桑叶是蚕最适合的天然食料。是一种具有很高经济价值的吐丝昆虫。

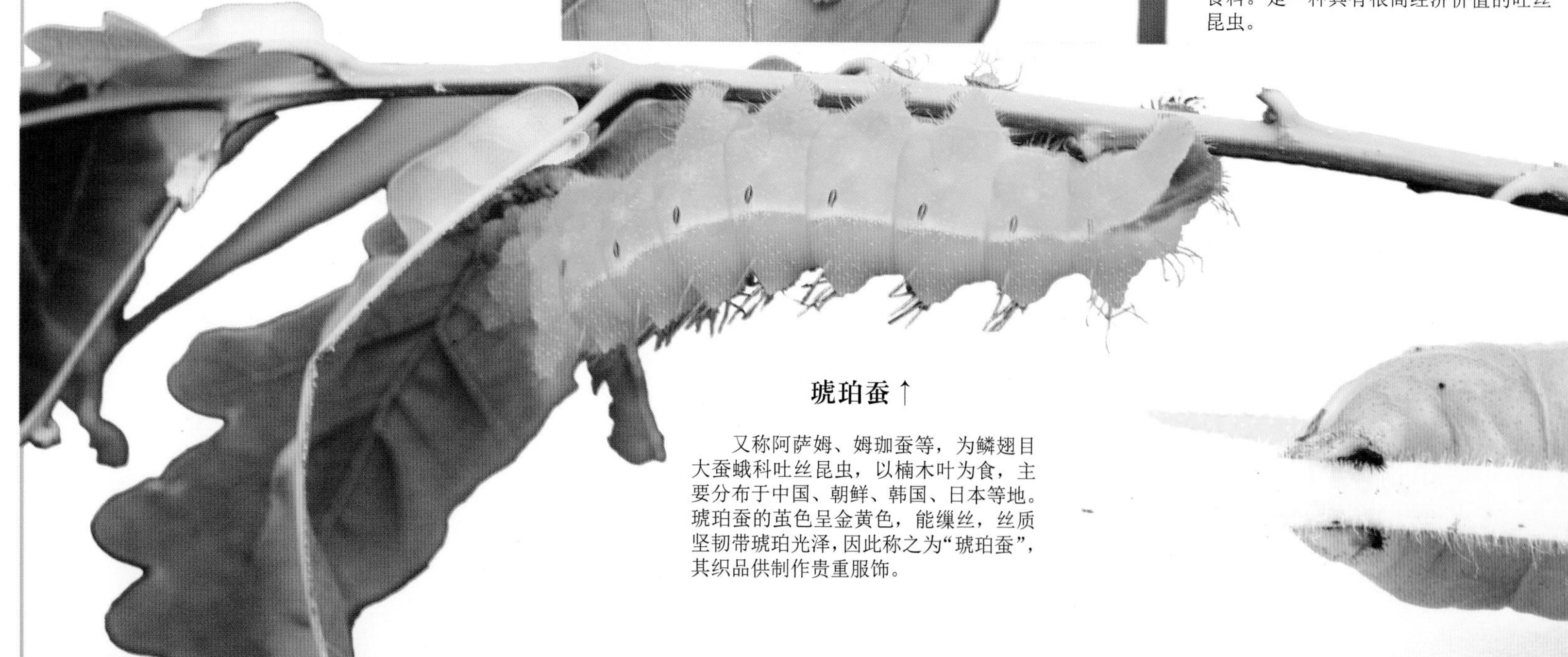

琥珀蚕↑

又称阿萨姆、姆珈蚕等，为鳞翅目大蚕蛾科吐丝昆虫，以楠木叶为食，主要分布于中国、朝鲜、韩国、日本等地。琥珀蚕的茧色呈金黄色，能缫丝，丝质坚韧带琥珀光泽，因此称之为“琥珀蚕”，其织品供制作贵重服饰。

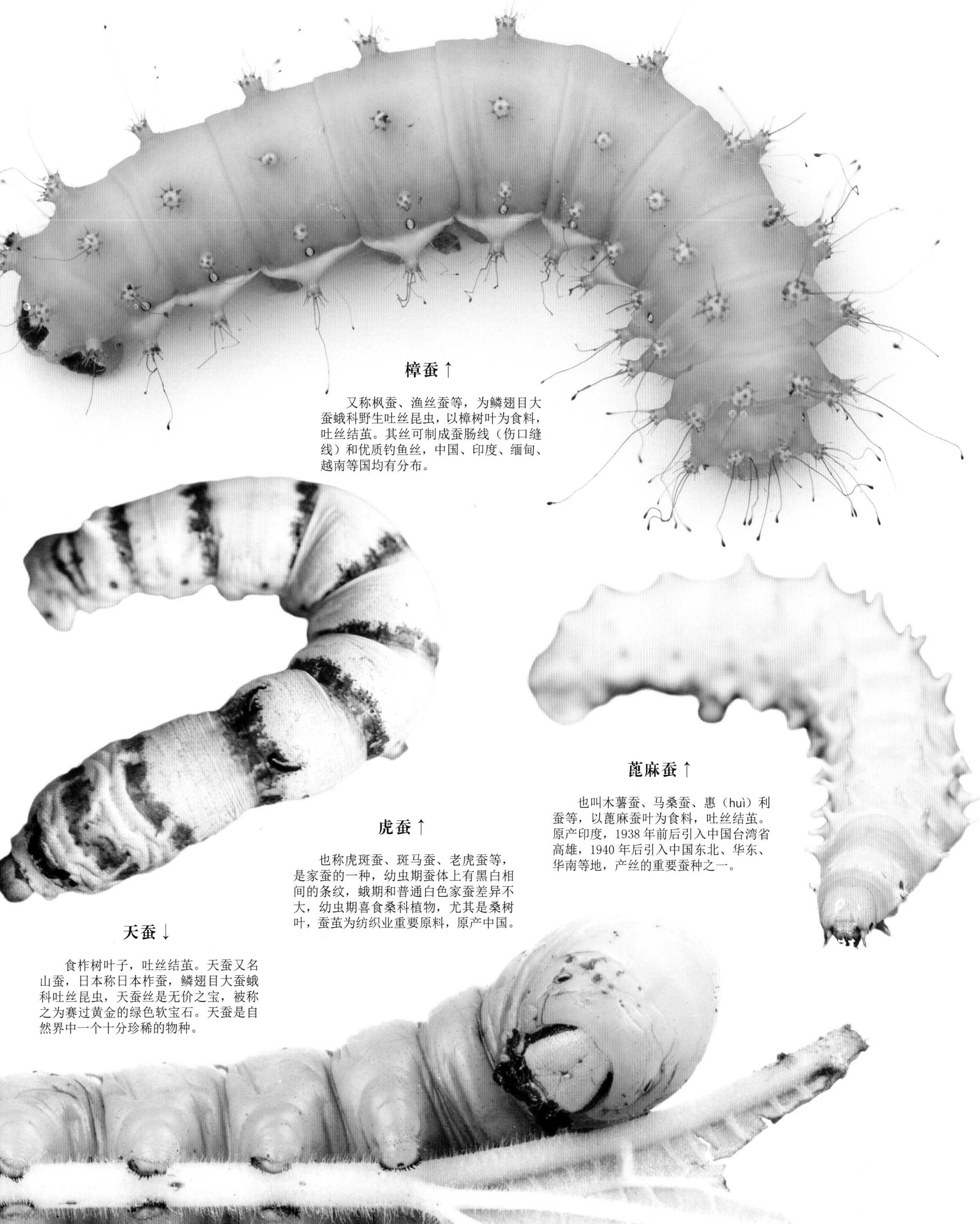

樟蚕↑

又称枫蚕、渔丝蚕等，为鳞翅目大蚕蛾科野生吐丝昆虫，以樟树叶为食料，吐丝结茧。其丝可制成蚕肠线（伤口缝线）和优质钓鱼丝，中国、印度、缅甸、越南等国均有分布。

蓖麻蚕↑

也叫木薯蚕、马桑蚕、惠（huì）利蚕等，以蓖麻蚕叶为食料，吐丝结茧。原产印度，1938 年前后引入中国台湾省高雄，1940 年后引入中国东北、华东、华南等地，产丝的重要蚕种之一。

虎蚕↑

也称虎斑蚕、斑马蚕、老虎蚕等，是家蚕的一种，幼虫期蚕体上有黑白相间的条纹，蛾期和普通白色家蚕差异不大，幼虫期喜食桑科植物，尤其是桑树叶，蚕茧为纺织业重要原料，原产中国。

天蚕↓

食柞树叶子，吐丝结茧。天蚕又名山蚕，日本称日本柞蚕，鳞翅目大蚕蛾科吐丝昆虫，天蚕丝是无价之宝，被称之为赛过黄金的绿色软宝石。天蚕是自然界中一个十分珍稀的物种。

螳螂类

学名螳螂，亦称刀螂，无脊椎动物，属肉食性昆虫。在古希腊，人们将螳螂视为先知，因螳螂前臂举起的样子像祈祷的少女，所以又称祷告虫。广布世界各地，尤以热带地区种类最为丰富。世界已知2000多种左右。

←魔花螳螂

被人们称为“螳螂之王”，它是世界上最稀有螳螂之一。魔花螳螂外表美丽、体型独特、数量稀少，是所有模拟花朵的螳螂种群中体型最大的一种。身上有红色、白色、蓝色、紫色、绿色，黑色保护色来威吓敌人，保护自身。

金牌益虫

螳螂是肉食性昆虫，对于蔬菜一点兴趣都没有，但是蝗虫、红铃虫、玉米螟等60多种害虫都列于螳螂的食物菜单中，螳螂可是农田中的金牌益虫。从体型上看，大部分品种的母螳螂都比公螳螂大，为了繁衍后代以及保护种群，母螳螂进食量会比公螳螂大很多。

螳螂的种类

椎头螳螂→

椎头螳螂体长55～60毫米，头部具长椎头突起，中、后足腿节近端部具板状突，椎头螳螂的外形较为荒诞，尽管椎头螳螂在外形上与螳螂十分相似，但是它们温和、善良的本性却与螳螂完全相反，普通螳螂喜好斗殴。

兰花螳螂↑

产于东南亚的马来西亚的热带雨林区。初生幼体呈红黑二色，在第一次蜕皮之后转变为白色和粉红色相间的兰花体色，到成虫之后，粉红色会消失而出现棕色的色斑，体色也会由乳白色转变为浅黄色，能够随着花色的深浅调整自己身体的颜色。

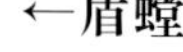

←盾螳

又名马来西亚巨人盾螳螂，有着巨大的利爪和脑袋，看起来就像牛头犬。受危胁时，马来西亚巨人盾螳螂会将自己变成一个“舞者”。在呈现出著名的祈祷姿势时，螳螂并不是想向一个更高级的权威献上礼物，而是准备向猎物发起攻击。鲜艳明亮的颜色犹如七彩的火焰在燃烧，令人震撼。

小提琴螳螂→

分布于印度南部和斯里兰卡的小提琴螳螂，由于整体型态犹如小提琴弹奏家而得名。小提琴螳螂喜爱捕食那些飞行的昆虫，如各种蝇类，蛾子，还有蝴蝶，而对地面上活动的蟋蟀、蝗虫和幼虫都不太感兴趣。

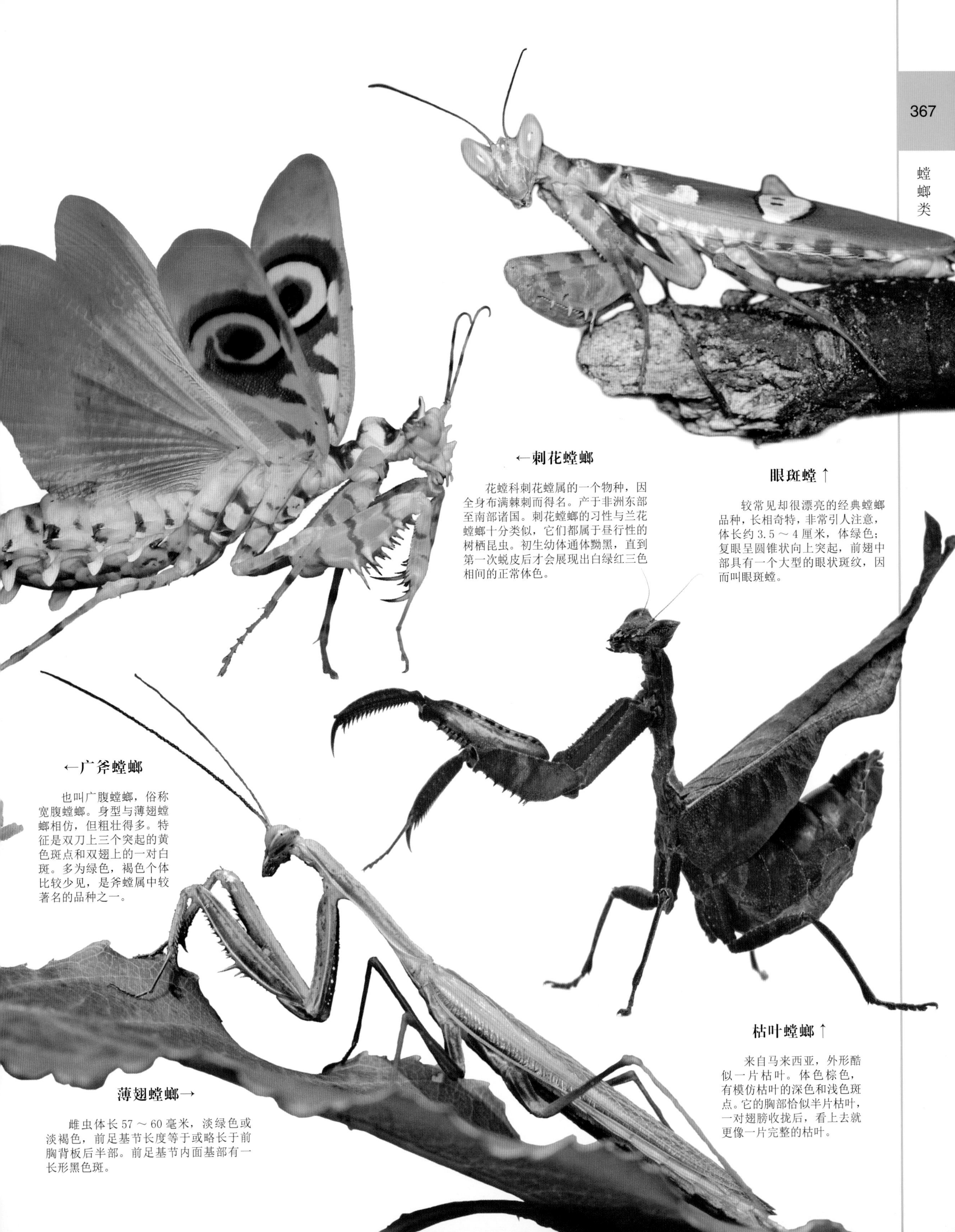

←刺花螳螂

花螳科刺花螳属的一个物种，因全身布满棘刺而得名。产于非洲东部至南部诸国。刺花螳螂的习性与兰花螳螂十分类似，它们都属于昼行性的树栖昆虫。初生幼体通体黝黑，直到第一次蜕皮后才会展现出白绿红三色相间的正常体色。

眼斑螳↑

较常见却很漂亮的经典螳螂品种，长相奇特，非常引人注意，体长约 3.5 ～ 4 厘米，体绿色；复眼呈圆锥状向上突起，前翅中部具有一个大型的眼状斑纹，因而叫眼斑螳。

←广斧螳螂

也叫广腹螳螂，俗称宽腹螳螂。身型与薄翅螳螂相仿，但粗壮得多。特征是双刀上三个突起的黄色斑点和双翅上的一对白斑。多为绿色，褐色个体比较少见，是斧螳属中较著名的品种之一。

枯叶螳螂↑

来自马来西亚，外形酷似一片枯叶。体色棕色，有模仿枯叶的深色和浅色斑点。它的胸部恰似半片枯叶，一对翅膀收拢后，看上去就更像一片完整的枯叶。

薄翅螳螂→

雌虫体长 57 ～ 60 毫米，淡绿色或淡褐色，前足基节长度等于或略长于前胸背板后半部。前足基节内面基部有一长形黑色斑。

蜈蚣类

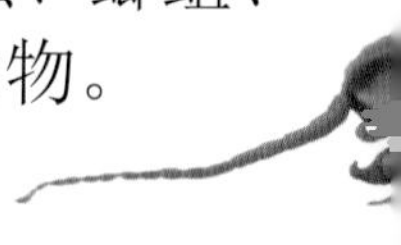

为陆生节肢动物，身体由许多体节组成，每一节上均长有步足，故为多足生物。又作吴公，又称百足虫、百脚虫、蝍蛆、天龙，是一种有毒腺（xiàn）的、掠食性的陆生节肢动物。

五毒却是治病良药

蜈蚣又名百足虫、千足虫，其体内含有毒液。蜈蚣性辛、温，味咸，有毒，归肝、脾、肺经，具有息风定惊、攻毒散结、抗肿瘤之功效。中国古籍药典中就有记载蜈蚣能够克制蛇类，可以入药用于治疗蛇伤、中风、惊风、痉挛等疾病，算得上是以毒攻毒了。

蜈蚣的种类

秘鲁巨人蜈蚣↓

最大的个头长达 35 厘米，是除了加拉帕格斯巨人蜈蚣外，世界最大的蜈蚣，主要分布地加勒比海中的特利尼达岛、巴西等亚马逊河流域国家及地区。

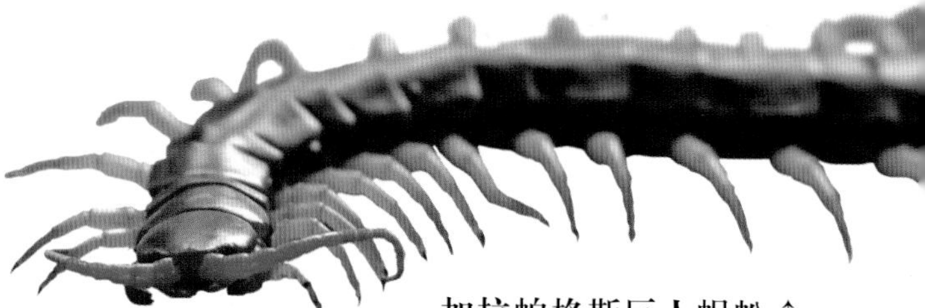

加拉帕格斯巨人蜈蚣↑

加拉帕格斯巨人蜈蚣很长，它平均身长 30 ～ 40 厘米，最大可达 44 ～ 46 厘米，是已知蜈蚣中体长最长的。

亚马逊巨人蜈蚣↓

身长可达 25 ～ 30 厘米，体色一般为红色，主要分布在巴西、厄瓜多尔、秘鲁等亚马逊河流域国家及地区。

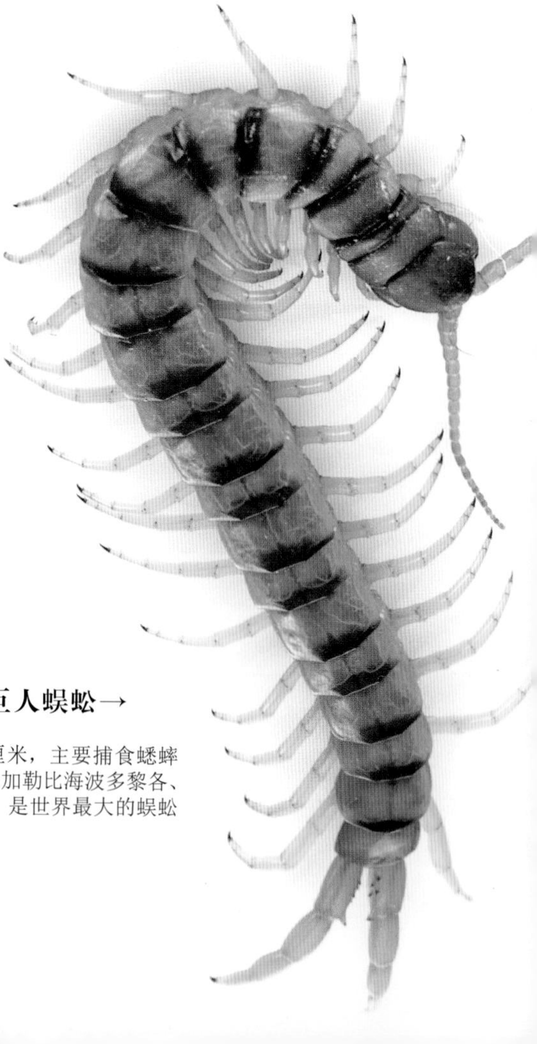

波多黎各巨人蜈蚣→

身长 20 ～ 25 厘米，主要捕食蟋蟀等昆虫，主要分布在加勒比海波多黎各、海地等国家及地区，是世界最大的蜈蚣品种之一。

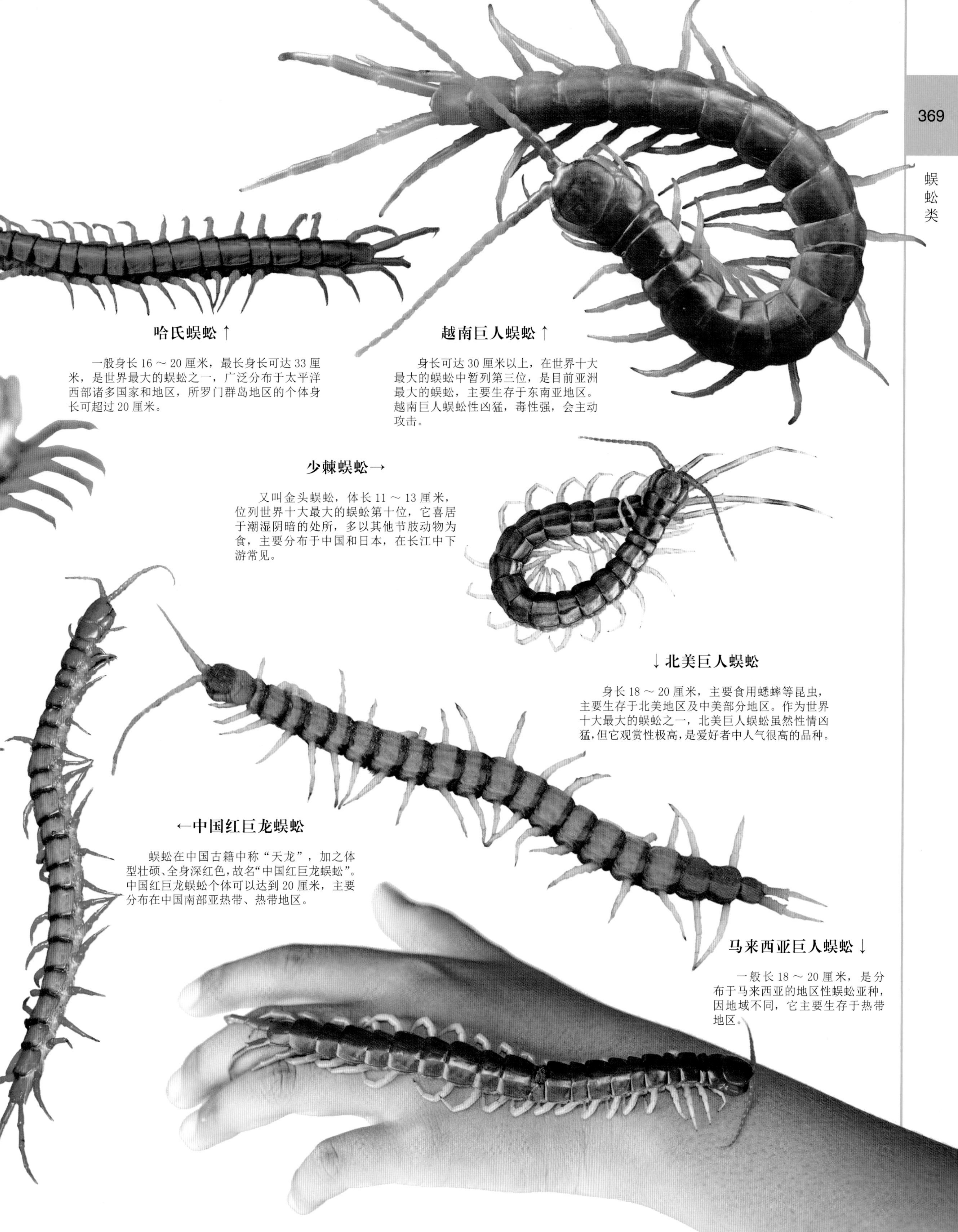

哈氏蜈蚣↑

一般身长 16 ～ 20 厘米，最长身长可达 33 厘米，是世界最大的蜈蚣之一，广泛分布于太平洋西部诸多国家和地区，所罗门群岛地区的个体身长可超过 20 厘米。

越南巨人蜈蚣↑

身长可达 30 厘米以上，在世界十大最大的蜈蚣中暂列第三位，是目前亚洲最大的蜈蚣，主要生存于东南亚地区。越南巨人蜈蚣性凶猛，毒性强，会主动攻击。

少棘蜈蚣→

又叫金头蜈蚣，体长 11 ～ 13 厘米，位列世界十大最大的蜈蚣第十位，它喜居于潮湿阴暗的处所，多以其他节肢动物为食，主要分布于中国和日本，在长江中下游常见。

↓北美巨人蜈蚣

身长 18 ～ 20 厘米，主要食用蟋蟀等昆虫，主要生存于北美地区及中美部分地区。作为世界十大最大的蜈蚣之一，北美巨人蜈蚣虽然性情凶猛，但它观赏性极高，是爱好者中人气很高的品种。

←中国红巨龙蜈蚣

蜈蚣在中国古籍中称“天龙”，加之体型壮硕、全身深红色，故名“中国红巨龙蜈蚣”。中国红巨龙蜈蚣个体可以达到 20 厘米，主要分布在中国南部亚热带、热带地区。

马来西亚巨人蜈蚣↓

一般长 18 ～ 20 厘米，是分布于马来西亚的地区性蜈蚣亚种，因地域不同，它主要生存于热带地区。

蜘蛛类

蜘蛛，节肢动物，蛛形纲，蜘蛛目动物的统称。有3.5万多种，遍布于全世界，中国已发现的有2000多种。外形特征是8只脚，身体呈圆形或长圆形，分为头胸部和腹部，中间有细的腹柄相连。蜘蛛长有触须，雄蜘蛛的触须长有一精囊。

一流的纺织家

蜘蛛称得上是第一流的纺织家，一个蛛网织成，就是数学家也难以挑出什么毛病。蜘蛛靠它的网而立世。蛛网的黏滞性相当强，小昆虫一旦触及，有翅也难逃。

蜘蛛的种类

捕鸟蛛↑

是主要分布于我国体型较大的一种蜘蛛，人们对这种蜘蛛的研究中发现，捕鸟蛛有很强的侵略性，身体内即便是只释放一点点的毒液都足以毒死好多小型的哺乳动物。

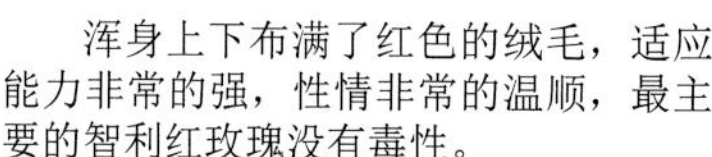

智利红玫瑰↑

浑身上下布满了红色的绒毛，适应能力非常的强，性情非常的温顺，最主要的智利红玫瑰没有毒性。

海南捕鸟蛛↑

海南捕鸟蛛分布于我国的海南、广西等地，亚洲产的捕鸟蛛种类里较大的种类，成体大的可以超过20厘米足展。

花边鸟蛛↑

花边鸟蛛主要生活在热带地区，它们长有非常的毒牙齿，虽然体型上不算是很大的，但只要是被它们咬伤一口，那种剧烈的疼痛感是能让人昏迷的。

中国鸟蛛↑

中国鸟蛛是一种大型鸟蛛，足展达20厘米。这种蜘蛛是一种具有攻击性的动物，它们只需要很少剂量的毒液即可杀死一只小型哺乳动物。

鼠蛛↑

分布于澳大利亚，头部呈现出红色，其余部分为黑色，具有一定的攻击性，但大部分情况下鼠蛛都不会释放毒液，所以不算是很恶毒的那种蜘蛛。

赤背蜘蛛↑

赤背蜘蛛与黑寡妇蜘蛛属于同一家族，都是毒性极强的蜘蛛。它们的背部有明显的红色条纹，在其腹部则有标志性的漏斗形图案。

黑寡妇蜘蛛↑

这类众所周知的蜘蛛真的是很毒，如果被黑寡妇蜘蛛轻轻咬上了一口，最严重的状况会出现肌肉痉挛的状况，然后大脑还有种被麻痹了的感觉。

漏斗网蜘蛛↑

漏斗网蜘蛛是一种遇见了要么就跑，要么就别惹的蜘蛛种类，该蜘蛛长有极其可怕的毒牙，而且还会选择连续快速的攻击，中毒者不及时治疗会致命。

横纹金蛛↑

被称为“会写英文的蜘蛛”，它是织网能手，织出的圆形网有时半径可达1.5米。吐出的蛛丝酷似英文字母，目的是为了增强反射，吸引猎物扑上网后便于捕捉。

红螯蛛↑

产于上海、南京、北京、东北地区，有剧毒。它的体长6.80毫米左右，头胸部红棕色。前眼睑微后曲，后眼睑微前曲，各眼约等大，中眼域宽大于长，后边长于前边，螯肢窄长，前齿堤3齿。

穴居狼蛛↑

分布于新疆、陕北、河北、长春等地，人被咬后伤口处可看到两个小红点，剧烈疼痛，个别病人大汗淋漓，甚至把所穿的棉衣浸湿。

金属蓝蜘蛛↑

主要分布于泰国和缅甸等热带雨林地区，外观呈现出的蓝色很是能吸引到人的眼球，要是将它们放在眼前细看，它们的身体还会闪闪发亮。

六眼沙蛛↑

六眼沙蛛是一种毒性很强的蜘蛛，主要分布于人迹罕至的地方，而且一般情况下不会主动攻击，就是一旦攻击会直接造成肌肉局部坏死。

隐居褐蛛↑

蜘蛛中隐居褐蛛从外形长相上来看着实是有点吓人，分布于全球各地，不同地方的毒性有所区别，如果被隐居褐蛛给咬伤了最严重的会导致全身性的感染。

自然奇观

地球是一块古老而充满生机的土地。从地球诞生之日起，大自然就以它伟大的创造力，魔幻般地将亿万年前的汪洋大海变成了峻峭挺拔（bá）的绝壁，将一望无际的平原雕刻为深不见底的峡谷。因此，亿万年后的我们，便有幸看到那匪夷所思的自然奇观，绝美幽深的奇境险域和那动人心魄（pò）的壮美山川。

维多利亚瀑布

维多利亚瀑布位于南部非洲赞比亚和津巴布韦接壤的区域，在赞比西河上游和中游交界处，是非洲最大的瀑布，也是世界上最大和最壮观的瀑布之一。赞比西河接近瀑布时，河水在巴托卡峡谷突然折转向南，瀑布从108米的高度垂直跌落，与地面碰撞后水雾升腾，形成一条长长的白练，20千米以外可见。

瀑布群

维多利亚大瀑布其实是由一个个瀑布群组成的，主要有5个，从西往东分别为“魔鬼瀑布”“主瀑布”“彩虹瀑布”“马蹄瀑布”和“东瀑布”。

主瀑布

主瀑布：维多利亚大瀑布中流量最大的一条，宽达 1800 米。站在主瀑布前，巨大的水雾遮天蔽日而来，让你的眼前只有一片白雾蒙蒙，啥也看不清楚。在这里，你会深切的感受到，大自然的力量究竟有多庞大。

魔鬼瀑布

魔鬼瀑布的水流最为湍急，气势最为磅礴，水流在跌落悬崖后还要飞出很远，形如张牙舞爪的魔鬼，因而得名“魔鬼瀑布”。

彩虹瀑布

因常年能看到彩虹而出名。这里最神奇的景象是“月虹”，这是在月圆如镜的那几天，月光在水雾的反射下形成的。

位于国界分界线上

维多利亚大瀑布位于非洲第四大河——赞比西河的中游，是赞比亚与津巴布韦两国的分界线。

空中俯瞰

维多利亚瀑布太大了，大到无论在哪个位置，都无法看清它的全貌，除非上天。坐上直升机，飞到几百米的高空中，你才能看到，气势磅礴的赞比西河，在一头跌入悬崖变为维多利亚大瀑布时的悲壮。

东非大裂谷

东非大裂谷，位于埃塞俄比亚，是世界上最大的断层陷落带，被称为“地球脸上最大的伤疤”。从红海一路延伸至马拉维湖，总长度达6000千米。在裂谷的一些地方，两侧的陡峭断崖顶部与谷底的高差可达1600米。

东非大裂谷与人类的进化

东非大裂谷除了对非洲东部的地表形态产生影响之外，还对非洲东部的生态系统，包括人类的进化产生了很重要影响。目前普遍认为人类起源于非洲东部地区，有学者认为促使人类往直立行走进化的原因有两个，一个是由于东非高原的隆起，形成热带草原气候，自然带从森林转变为草原，在人类祖先生活的区域，森林变得越来越少，而草原变得原来越多，人类祖先只能从树上下来。当然，迫使人类祖先从树上下来的原因还有第二个，那就是由于东非大裂谷的存在，使得人类祖先不能够向西横跨东非大裂谷前往刚果盆地的森林中，所以他们被追困在东非高原的草原中，由于草原茂密，人类祖先不得不通过直立的方式来观察周围环境，进行围猎生存。也就是说，如果没有东非大裂谷，可能至今我们人类还生活在树上呢。

裂谷是如何形成的

由于地球陆地板块之间的相对运动，塑造了地球表面那些巨大的褶皱山脉、高原、裂谷、岛屿、海沟、海岭等地理事物。一般来说板块的生长边界多位于大洋的洋底，在陆地上很难看到大规模的板块张裂现象，六大板块之间的生长边界几乎没有在陆地穿过，不过由于六大板块本身也不是铁板一块，而是可以分割成许多更小的板块，所以在六大板块的内部也会出现小板块之间的碰撞和张裂，从而形成裂谷。

地球脸上最大的伤疤（bā）

关于板块内部的张裂现象，最为著名的就是非洲板块内部的张裂，形成了世界陆地上最大的断裂带，断裂带两侧的陆地彼此分离，在地表形态上称为裂谷，这条裂谷位于非洲东部，北端与红海相连接，最北可达死海，往南纵贯埃塞俄比亚高原和东非高原，一直延伸到非洲南部的赞比西河河口附近，全长约5800千米，其长度大约是地球周长的七分之一，从卫星照片上看犹如一道巨大的伤疤。

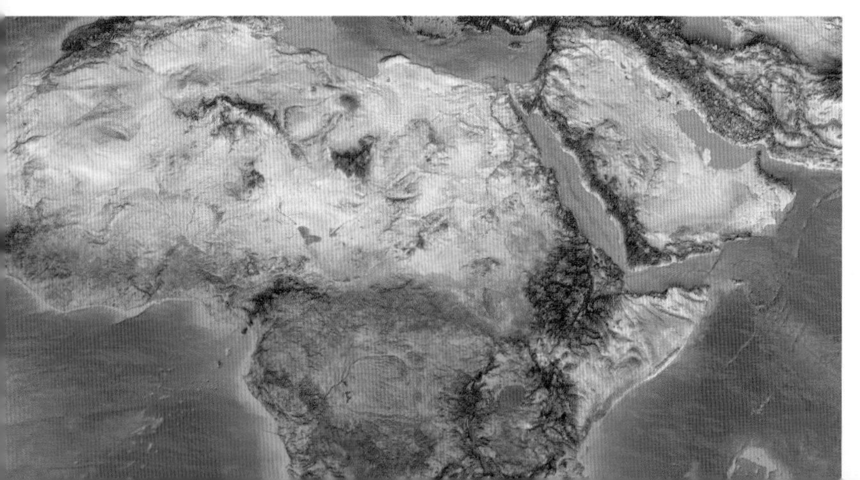

查莫湖——著名的鳄鱼湖

非洲大部分湖泊都集中在这里，大大小小约有30来个，例如阿贝湖、沙拉湖、图尔卡纳湖、马加迪湖、马拉维湖、坦噶尼喀湖等。查莫湖是东非大裂谷上著名的鳄鱼湖，生活着上千条野生鳄鱼，鳄鱼体型彪悍，充满着野性的力量。

恩戈罗恩戈罗火山口

恩戈罗恩戈罗火山口位于坦桑尼亚北部，是世界上最大的完整火山的火山口，610 米深，20 千米宽，底部面积 310 平方千米，世界第二大火山口，世界第八大奇迹。呈一个标准的碗口形，集中了草原、森林、丘陵、湖泊、沼泽等各种生态地貌。种类繁多的野生动物在这里生存，被誉为“非洲伊甸园”，是非洲最重要的野生动物保护区之一。

这里有许多泉水和一个蓝色的大咸水湖。它们即使在最炎热的时候也不会完全干涸。

草原上的“大洞”

在地质学上，由火山爆发或塌陷而成的火山口，称为破火山口。恩戈罗恩戈罗火山口是边缘保持完整的众多破火山口中最大的一个，非洲人将其称为“恩戈罗恩戈罗”，即“大洞”之义。

野生动物的天堂

如果说生活在非洲草原上的动物们充满了杀戮和强者生存，那么在恩戈罗恩戈罗的动物们则充满了和谐。因为这儿的火山口的边缘海拔达到了 2300 米左右，火山口外的动物大多难以迁徙入内，从而使得栖息在自然保护区内的各种野生动物在此安居乐业。大部分生活在恩戈罗恩戈罗的动物也不需要每年为寻找水源和新鲜的草场而往外迁徙，据说有超过两万只的野生哺乳动物栖息在这里，500 多种鸟类，濒临灭绝的黑犀牛，狮子、猎豹和鬣狗等捕食者，它们存在于食物链的各个层级，相互依赖相互支撑。

最完整的火山口

或许是这个世界上的缺憾太多，也或许是世人真的很清闲，即使是火山口，也依然可以让人们去品评。恩戈罗恩戈罗火山口被认为是世界上最完整的火山口，沿火山口外缘为环形，有 6 座海拔 3000 米以上的山峰拔地而起，高耸入云。即使整日热气腾腾，烟雾缭绕，也难以掩映其雄伟的身姿。这个世界终归是对立统一的，印象中烈焰与熔岩奔流的火山，如今安静的恩戈罗恩戈罗火山口却与风光绮丽紧密相连。

浅水碱（jiǎn）湖——马加迪湖

大部分恩戈罗恩戈罗的动物都长年定居在火山口内。在干旱季节，火山口内水源依然不缺，有两道泉水和两条河流——蒙盖及隆约克河向许多沼泽供水，并有一个浅水碱湖——马加迪湖，因而生活在这里的动物有着长年不竭的生命之水。

马加迪湖没有出口，经长期蒸发，水中含盐量甚高，在光线的照耀下，会呈现出深蓝色的光芒。这里，只有藻类和虾类甲壳动物才可以在水中生存。恩戈罗恩戈罗火山口与外界隔绝的地理特征，也吸引了许多动物学家和其他科学家来到这里研究野生动物及其独有的生态系统。

基拉韦厄(è)火山

基拉韦厄火山位于美国夏威夷，是世界上活力旺盛的活火山，经常喷发。海拔 1247 米，从 1983 年 1 月 3 日以来一直在持续喷发，火山口深 130 余米，里面又包含有许多小火山口，形状上，整个火山口仿佛一口大锅，大锅中又套着许多小锅，在火山口的西南角还有一个火山口，直径约 1 千米，深约 400 米，当地土著人称他为“哈里摩摩”，意为永恒火焰之家。

“全世界唯一可开车进入的火山”

基拉韦厄又被称作“全世界唯一可以开车进入的火山，这座多产的火山现在每天产生 19.11 万立方米到 49.70 万立方米的火山灰，足够每天铺一条长达 32.19 千米的双车道路面，从 1994 年 1 月开始，夏威夷大岛上已然形成了 2 平方千米的新土地，科学家不确定目前的火山喷发还要持续多久，也许还要喷发 100 年，也许明天就停止了。

世界生物圈保护区

1980 年基拉韦厄火山被联合国教科文组织命名为世界生物圈保护区，并在 1987 年被列入《世界自然遗产名录》，该公园非凡的自然多样性得到了认可。基拉韦厄火山公园建立于 1916 年，占地面积 930 平方千米。基拉韦厄火山的脾气相比世界上其他火山来说比较温和，它的喷发没有大的破坏性喷发，对它来说乃是家常便饭，人们也早已习以为常。

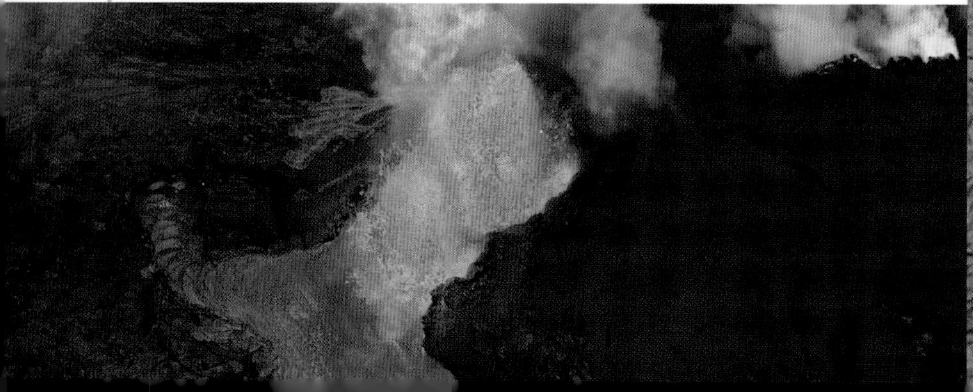

“火龙卷”奇观

从 2018 年 5 月初开始，基拉韦厄火山进入一个新的阶段，火山出现大量喷发，火山东部打开系列的裂缝，火山熔岩从裂缝中涌出，并且这些裂缝持续活动了两个月，将夏威夷大岛上的许多景观化为了黑色的岩石。火山喷发期间，在基拉韦厄火山上，一股“龙卷风”出现在正在剧烈活动的熔岩流上空，虽然“龙卷风”出现时已是黑夜，但在剧烈活动的熔岩流上，迸发起来的熔岩火花被“龙卷风”卷起，场面十分惊人。这奇特的“龙卷风”被在现场的科学家拍摄了下来。如此壮观景象较为少见，尤其是发生在火山上空形成“火龙卷”奇观。不过，从气象学上来说，它应该叫做尘卷风。

壮美之下的险境

从地质学的角度看基拉韦厄火山喷发是平稳地喷出高度流动性的玄武熔岩，而不是爆炸式的火山发作，在最近的 150 年里只有一人不幸死于基拉韦厄火山爆发。基拉韦厄火山，2018 年 5 月起开始喷发，8 月底逐渐减弱。喷发期间，仍有游客乘船前往熔岩入海口观看“熔岩雾霭”，甚至突破安全警戒线近距离观看。据报道，一艘观光船 7 月 16 日早间搭载游客观看火山熔岩流入大海的景象时，飞溅（jiàn）的熔岩击中观光船，击穿船顶并造成至少 23 人受伤，其中一人腿部骨折。

科罗拉多大峡谷

世界闻名的美国科罗拉多大峡谷被誉为“活的地质史教科书”，它是地球上唯一能够从太空中用肉眼观察到的自然景观。站在它巨大而肃穆的鸿沟面前，人显得是那样的渺小，任何语言都无以形容它的苍劲壮丽。有一位地质学家说：科罗拉多大峡谷是一种无与伦比的奇景。面前层层叠叠的山岩十分壮观，那是“天斧”之作，将地壳的横断面削砍得如此神奇。

桌状高地

科罗拉多大峡谷总面积接近3000平方千米。大峡谷全长446千米，平均宽度16千米，最深处2133米，平均深度超过1500米，总面积2724平方千米。在大多数人印象中，峡谷的地貌是嶙峋崎岖，谷地纵横的，而科罗拉多大峡谷却有着“桌状高地”之称，即顶部平坦侧面陡峭的山。

地质教科书

科罗拉多大峡谷有着“活的地质史教科书”之称。地层分布广泛，时间跨度大，从寒武纪到新生代各个时期的岩层均有分布，层次清晰，色调各异，并且含有各个地质年代的代表性生物化石，不失为一个良好的天然“大剖面”，为人们认识地质变化提供了充分的依据。

红色大峡谷

大峡谷山石多为红色，色彩通红如火，每一处岩石都好像是一幅精美的画；而其土壤虽然大都是褐色，但当它沐浴在阳光中时，依太阳光线的强弱，岩石的色彩则时而是深蓝色、时而是棕色、时而又是赤色，变幻无穷，彰显出大自然的斑斓(lán)诡秘。

地质成因

说起科罗拉多大峡谷地质成因，大家的第一反应自然是地壳抬升加上流水的下切作用而形成了如此壮丽景象。其实，详细说来，大峡谷在亿万年前曾是海洋，由于造山运动使其抬升。另外，科罗拉多高原在前寒武纪结晶岩的基底上覆盖了厚厚的各地质时期的沉积盖层，其水平层次清晰，岩层色调各异，并含有各地质时期代表性的生物化石。

科罗拉多河的杰作

从地质角度上来看，科罗拉多大峡谷非常有价值，因为裸露在峡谷石壁上的从远古保留下来的巨大石块，因其坚硬和粗犷而美丽。这些石层无声地记载了北美大陆早期地质形成发展的过程那荒野而神秘的景色，让人着迷；那险峻而富于特色的峭壁，让人惊叹。这个可以容纳 250 个曼哈顿的科罗拉多大峡谷，是科罗拉多河的杰作。几千万年甚至几万万年中，科罗拉多河的激流一息不停地冲击着它。在一片高原上雕刻出一道巨大的鸿沟，并赋予它光怪陆离的形态。

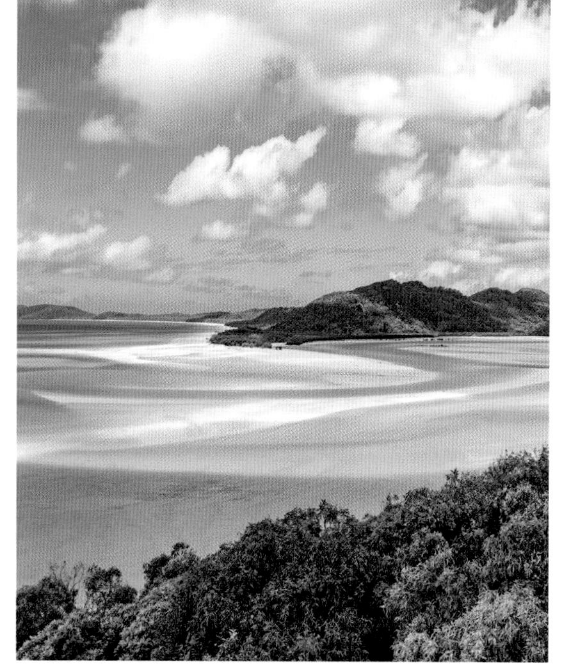

澳大利亚大堡礁

大堡礁作为世界最大的珊瑚礁区，位于澳大利亚的昆士兰州以东，巴布亚湾与南回归线之间的热带海域，太平洋珊瑚海西部，绵延于澳大利亚东北海岸外的大陆架上，北面从托雷斯海峡起，向南直到弗雷泽岛附近。

世界珊瑚礁之最

在这片世界上珊瑚礁最为集中的区域内，拥有成百上千座岛屿，生长着 400 余种珊瑚，超过 1500 多种鱼类和软体动物，3000 个不同阶段的珊瑚礁、珊瑚岛、沙洲和泻湖构成了这个有着“世界珊瑚礁之最”之称的珊瑚礁区。这里的珊瑚礁群总面积达到 20.7 万平方千米，北部宽 16 ～ 20 千米，呈链状排列；南部具有 240 千米宽的散布面积。长达 2000 余千米的大堡礁自北部的托雷海峡起，一直绵延至南部的弗雷泽岛附近。

珊瑚虫的“家园”

以群体生活为生活方式，以浮游生物作为食物的珊瑚虫有着玲珑的体态和美丽的颜色，还能分泌出石灰质骨骼。它们长期在这片水域中生存，新老珊瑚虫经历着死亡、发育、繁殖这样循环往复的过程，如同树木抽枝发芽一般，在那些死亡的珊瑚虫的遗骸上向上或向两旁发展，慢慢形成了现在看到的那些漂亮的珊瑚礁体。珊瑚闻名的大堡礁，共有 350 多种形状、大小、颜色都有着巨大区别的珊瑚，这些珊瑚形态各异，呈现出扇形、半球形、鹿角形、鞭形、树木和花朵状等，它们有的非常微小，有的又可以达到 2 米多宽。

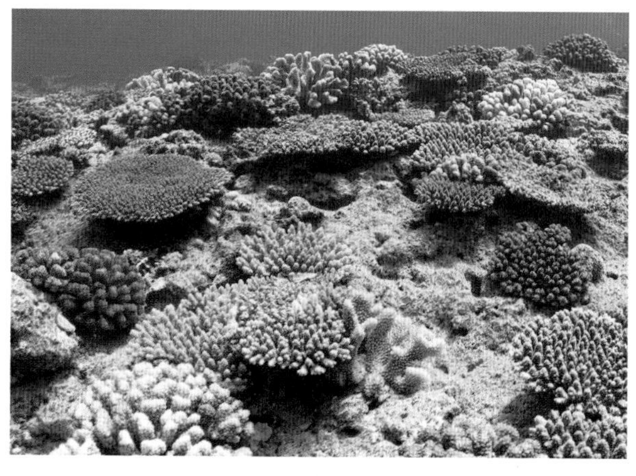

大堡礁的“建筑师”

珊瑚礁的形成凝结着无数珊瑚虫的生命。珊瑚虫的钙质硬壳与碎片堆积，在珊瑚藻和鸥群虫等生物遗体的作用下胶结在一起，经过数百万年的积淀，形成了如今色彩斑斓的珊瑚礁。没有人能不为这种庞大和秀美的工程感叹，但是更让人感叹的则是建筑这个庞大工程的“建筑师”——那些直径只有几毫米的腔肠动物——珊瑚虫，珊瑚虫对水质要求很高，只有在洁净、透明度很高的水域它们才可以生存，并且要求生存的水域全年的水温都要保持在 22℃～ 28℃。而大堡礁当地的水域正好具备这些条件，这就给珊瑚虫的繁衍生殖提供了更大的方便。

珊瑚白化

自 2016 年以来，大堡礁便开始面临着史无前例的珊瑚白化危机。2017 年，大堡礁连续第二年发生大规模白化灾害，这也是继 1998 年、2002 年和 2016 年后的第 4 次大规模白化。相关报道显示，大堡礁已有约 93% 的珊瑚遭到影响破坏。

什么是珊瑚白化

珊瑚白化是珊瑚颜色变白的现象。珊瑚其实是动物，珊瑚虫的本身是灰白色的。其缤纷多彩来自于体内的共生海藻，1 亿 6 千多年前，珊瑚虫找到了它的共生伙伴——共生海藻，这两种生物给了彼（bǐ）此生命。珊瑚虫依赖体内的共生海藻生存，海藻通过光合作用向珊瑚提供能量。由于全球变暖引发的海水温度上升，导致珊瑚体内的共生海藻死亡，仅剩下透明的珊瑚虫和白色骨骼，这就是目前大堡礁所发生的珊瑚白化现象。

南非好望角

翻开世界地图，我们不难发现，非洲大陆就像一个大楔子，深深地嵌入大西洋和印度洋之间。这个“楔子”的最尖端，就是曾经令无数航海家望而生畏的“好望角”。它由葡萄牙航海探险家迪亚士于1488年发现。

香料之旅

16世纪，东西方交通被阿拉伯人阻断。为了获取东方的香料、丝绸和瓷器等奢侈品，欧洲各国纷纷派出船队寻找新航线。绕过非洲南端的航线无疑是其中最重要的一条，直到苏伊士运河开通之前，都是欧洲通往亚洲的海上必经之路，为各国带来滚滚财源。好望角因此在航海史和贸易史上都具有特殊的意义。即使现在，无法通过苏伊士运河的巨型货轮仍然走这条航线。

风暴角

好望角周围的海域是大西洋和印度洋交汇的地带，海流相撞引起的滔天巨浪终年不息。这里除风暴为害外，还常常有“杀人浪”出现。这种海浪前部犹如悬崖峭壁，后部则像缓缓的山坡，波高一般有15～20米，在冬季频繁出现，还不时加上极地风引起的旋转浪，当这两种海浪叠加在一起时，海况就更加恶劣，而且这里还有一很强的沿岸流，当浪与流相遇时，整个海面如同开锅似的翻滚，航行到这里的船舶往往遭难，因此，好望角成为世界上最危险的航海地段。因此第一个来到这里的葡萄牙人迪亚士称这里为“风暴角”。

探索发现

公元一千年，欧洲开始巨变，葡萄牙人是最早行动的。1400 年的时候，他们就想控制跟东方的香料贸易。欧洲商人想越过威尼斯和阿拉伯的中间商，直接跟东方做生意。如果他们能直接经海路前往亚洲购买这些商品，就能大大增加盈利。葡萄牙的探险努力是国王约翰一世的儿子亨利王子发起的。他酷（kù）爱航海和探险，人称航海家亨利。亨利王子在世界各地网罗专家，进行科学研究。他还专门修建了一个天文台，观测星象。葡萄牙的探险家们到过非洲西海岸，希望找到一条通往印度和东亚的路线。他们最后抵达了非洲大陆的最南端——好望角。

"好望角之父"

1500 年，"好望角之父"迪亚士再航好望角，此回却遇巨浪而葬身于此。如今好望角海域少有大浪，但时有大雾，甚至遮蔽灯塔射光。开普敦当局修建了一座更近于海岸且更大体积的新灯塔，上面标注了此地与世界各著名城市之间的距离。

土耳其棉花堡

享有世界七大奇观之誉的棉花堡，1988年入选世界文化和自然双重遗产，位于土耳其登尼资里市的北部。土耳其棉花堡是一个很奇特的自然景色，超过30度的热水从地底冒出来，再沿着山边流下，在逾100公尺的山坡上形成无数大小水池，由于池内含有大量石灰质的矿物，经过长年累月的沉淀因而又形成一层层奶白色梯田，类似中国四川黄龙的钙化池。

“棉花堡”的传说

“棉花堡”源自这样一个浪漫的传说：曾经，牧羊人安迪密恩为了和希腊月神瑟莉妮幽会，竟然忘记了挤羊奶，致使羊奶恣意横流，盖住了整座丘陵，这便是土耳其民间有关棉花堡的美丽来由。

“钙华”

按科学的解释，这些白色阶梯其实是以碳酸钙为主要成分的“钙华”。当地的雨水渗入地下，经过漫长的循环又以温泉形式涌出，在此过程中溶解了大量岩石中的石灰质和其他矿物质。

当温泉顺山坡流淌时，石灰质沿途沉积，久而久之便形成一片片阶梯状的钙化堤。

古法浴（yù）场

棉花堡上的温泉是古罗马的温泉疗养胜地，也是世代相传的古法浴场。对于古代人而言，如此美丽的景色一定是神所生活的地方。因此，修建于天然温泉附近的重要城市希拉波利斯，一直吸引着来自各地的朝拜者。

美国黄石国家公园

在北美落基山脉的熔岩高原上，坐落着一个标志性的野性之地——美国黄石国家公园。对于这个名字，大多数人都不陌生，作为世界上第一个国家公园，它常被誉为“世界瑰宝”“地球上最美丽的表面”，美国人则自豪地称之为“地球上最独一无二的神奇乐园”。1978年，它被联合园教科文组织列入《世界遗产名录》。

地球之眼

大棱镜泉是黄石里最上镜的温泉，也是美国境内最大的温泉，被称作“地球之眼”，71℃左右的地下水每分钟就会涌出大约2000公升。令人惊赞的是那色彩迷幻且会随季节变色的泉面，泉水从里向外呈现出蓝、绿、黄、橙、棕等不同颜色，夏天橙红色会变多，而冬天青绿色会增加。

最密集的地热区

黄石不同于大多数只因岁月变迁与风水侵蚀而形成的自然景观，它是由两百万年前的火山爆发和从未间断的灾难性的自然力量塑造而成。

北美最大且仍处于活跃状态的超级火山造就了这里独特的地质，全世界一半的地热地形和三分之二的间歇性喷泉都集中在这里，使这里成了地球上最密集的地热区。

荒野之地

1872年黄石之所以被正式成立为美国国家公园，主要目的就是保护自然资源和野生动物。黄石不光有地热景象，其实还是一个实实在在的荒野之地，占地近9000公顷的公园有99%的面积都尚未开发，这也使得大量动植物得以自由繁衍。黄石拥有5000头美洲野牛、700头棕熊、十几个狼群等多种类型的哺乳动物，还有320种鸟类，占了全球鸟类的70%。

“忠实”的压力

老忠实间歇泉是黄石里最有名的间歇泉，它的名字就源于它每隔约 93 分钟就会喷发一次的“忠实”。别看名字忠厚，但这却是巨大能量的排泄口。冰冷的地上泉水在流入温度远超过沸点的地底深处被加热沸腾后化为蒸汽，巨大的蒸汽压力在地下无处释放，当积攒到一定程度后终将挟泉水爆发而出，便形成了瞬间喷涌到 40 米高的水柱加烟雾。每当喷发时，都会伴着巨大声响，好像“老忠实”在宣泄着内心的那口“恶气”，直到压力全部释放，一切归零，再继续酝酿着下一次的爆发，周而复始。

色彩奇幻的温泉池

包括 3000 多个沸泉、泥泉和 300 多个定时喷发的间歇泉等上万个地热地形，让来自地壳深处的火山热量以各种形式喷发到地表，然而神奇的是，严酷的地质环境没有使这里变得死气沉沉，反而与活力盎然的生命交织相伴在了一起。高温却富含矿物质的热泉中，大量嗜热水藻和菌落繁衍生长，经过物理、化学和生物的相互作用，焕发出了一个个色彩奇幻的温泉池。

冰岛瓦特纳冰川

位于冰岛东南部的瓦特纳冰川国家公园被列入《世界遗产名录》。该公园占地 1.4 万余平方千米，占冰岛国土面积逾 13%，是欧洲第二大国家公园，成为继辛格维利尔国家公园、叙尔特塞岛之后，第三处被列入《世界遗产名录》的冰岛自然景观。至此，冰岛超过 14% 的国土面积都进入《世界遗产名录》。

欧洲最大的冰川

瓦特纳冰川国家公园包括瓦特纳冰川和广袤的周边地区。瓦特纳冰川冰层厚度达 400 ～ 600 米，面积达到 8000 多平方千米，是欧洲最大的冰川，在世界范围内面积仅次于南极冰川和格陵兰冰川。

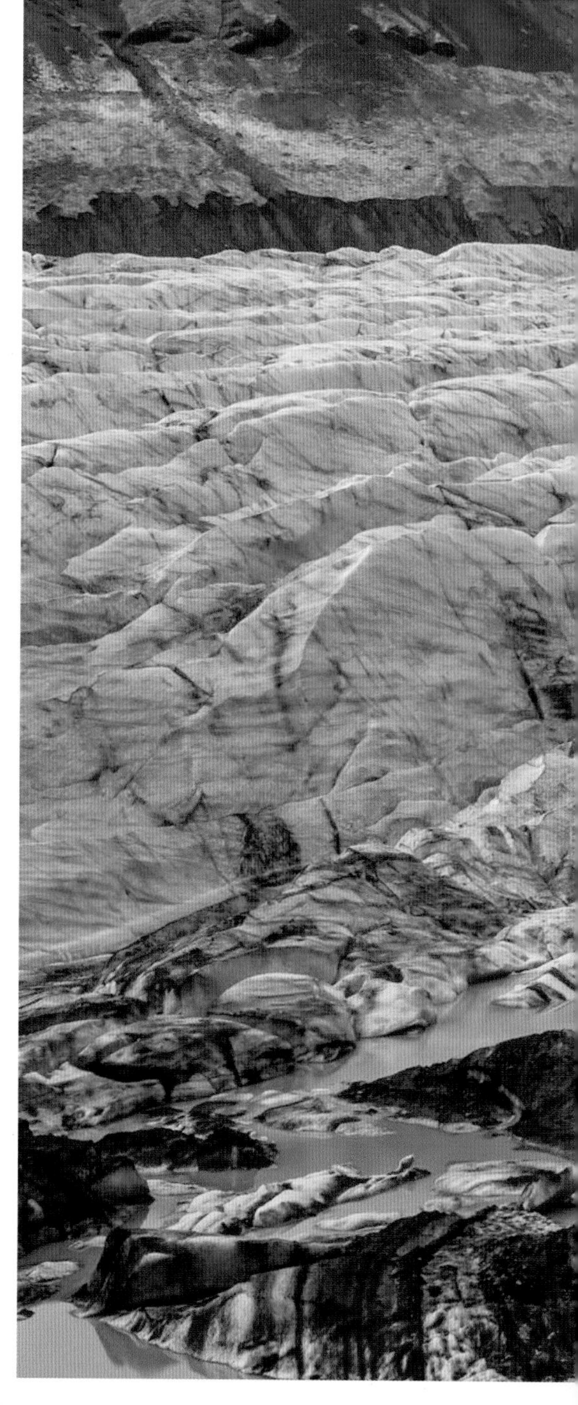

杰古沙龙冰河湖

杰古沙龙冰河湖是瓦特纳冰原东南部边缘入海口处形成的天然泻湖，杰古沙龙冰河湖无疑是冰川公园里最璀璨的宝石，它对面的黑沙滩上搁浅着一颗颗闪烁着钻石般光芒的冰石。

它是冰岛第二大深湖，最深能有 200 米。不远处就是入海口，冰河湖和大海是相通的，这在一定程度上加速了从冰川上剥离下的冰块的融化速度，冰山一直处于移动漂流中，慢慢汇入大西洋的海浪。

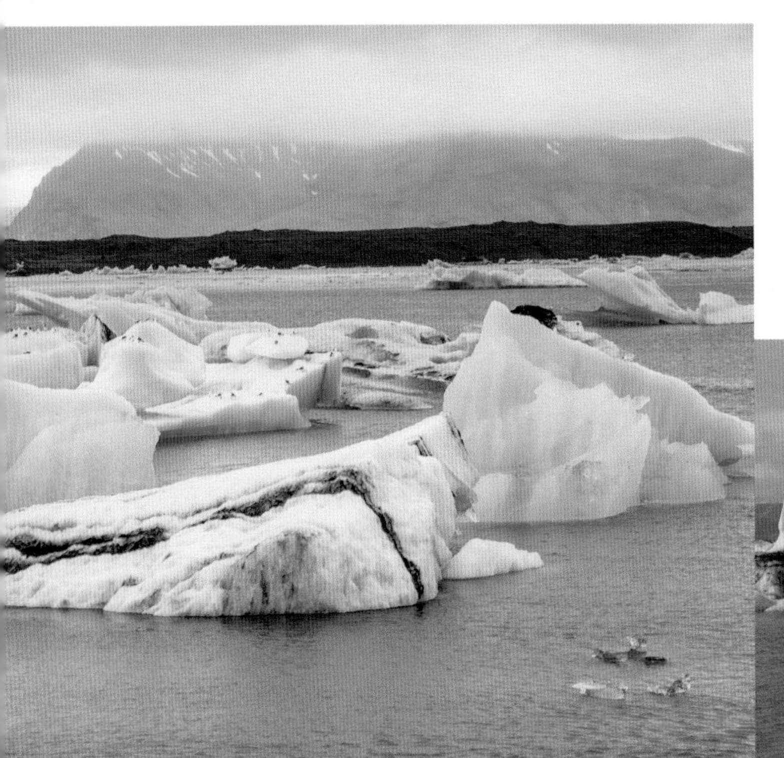

冰与火的奇观

瓦特纳冰川国家公园包括 10 座火山，其中 8 座位于冰川之下。冰岛被人们称为“冰与火之地”。在这里，人们可以看到火山熔岩和瀑布冰川“比邻而居”的壮美景观。冰与火的共存，成为瓦特纳公园的最大特色，也成为冰岛的标志性景观之一。瓦特纳冰川国家公园的火山地区至今仍生存着冰河时代幸存下来的地下水域野生动物群。

美国羚羊峡谷

羚羊峡谷位于美国亚利桑那州的最北部，是北美印地安人最大部落纳瓦霍人的属地，属于纳瓦荷族保护区。这里过去是野羚羊的栖息处，因峡谷里常有野羚羊出没而得名。羚羊峡谷如同其他狭缝型峡谷般，是柔软的砂岩经过百万年的各种侵蚀力所形成，是世界上著名的狭缝型峡谷之一。羚羊峡谷在地形上分为两个独立的部分，称为上羚羊峡谷与下羚羊峡谷。

形成原因

羚羊峡谷如同其他狭缝型峡谷般，是柔软的砂岩经过百万年的各种侵蚀力所形成。主要是暴洪的侵蚀，其次则是风蚀。该地在季风季节里常出现暴洪流入峡谷中，由于突然暴增的雨量，造成暴洪的流速相当快，加上狭窄通道将河道缩小，因此垂直侵蚀力也相对变大，形成了羚羊峡谷底部的走廊，以及谷壁上坚硬光滑、如同流水般的边缘。

岁月打磨出的幽谷

谷底流淌的科罗拉多河，它日复一日地用几百万年的时间开凿出如此壮观的大峡谷，人们惊奇一年仅仅出现几次且一晃而过的季节性洪水，是怎样打磨出羚羊谷那千奇百怪的幽谷来的。科罗拉多河在日夜流淌，继续塑造着大峡谷。科罗拉多高原上数不清的季节性河流也无定时地冲过羚羊谷之类的狭缝谷，把它们不断地加深加宽。地质学家告诉我们，再过几百万年，科罗拉多大峡谷将变得宽得望不到对岸，深得与海平面平齐。那么到那时，如今的缝隙般的羚羊谷会不会被溪水开凿成新的大峡谷呢？

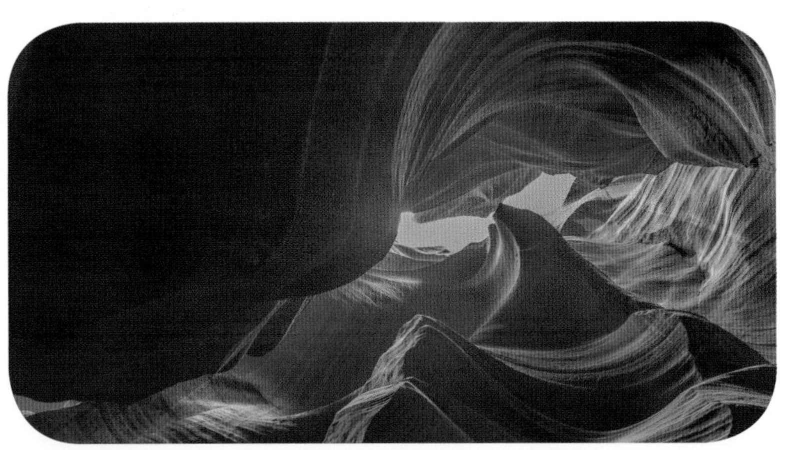

静思与大灵沟通的栖息地

究竟是谁第一次发现羚羊峡谷的记录已不可考。据纳瓦荷族的历史传述，该地过去是叉角羚羊栖息处，峡谷里也常有羚羊漫步，这也是此峡谷名为羚羊峡谷的由来。老一辈的纳瓦荷族曾将此地视为静思与大地沟通的栖息地。

被上帝抚摸过的地方

羚羊峡谷尽管属于狭缝谷，但当人深入谷底会发现它如同一个美妙的艺术宫殿，谷壁看似轻柔，实则非常坚硬，岩石表面像被精心打磨，纹层顺着岩壁流淌，如同一万年前的波浪被定格在这峡谷中。阳光从峡谷顶部进入，幻化出奇幻的色彩。所以也有人说，羚羊峡谷是“被上帝抚摸过的地方”。羚羊谷的上、下峡谷分别代表了科罗拉多狭缝谷的经典地貌。下峡谷以地缝的形式出现，而上峡谷完全是地面上的砂岩岗被河水切割出来的一道裂（liè）缝。

艾尔斯巨岩

艾尔斯岩石又称艾尔斯巨石，当地人叫乌鲁鲁巨石，位于澳大利亚中部地区，经纬度的具体位置大约为东经131度、南纬25.3度，属于澳大利亚北领地。艾尔斯岩是一块气势磅礴的巨大岩石，艾尔斯岩高348米，其长度约为3000米，底部周长约9.4千米，东高宽而西低狭，是世界最大的整体岩石。

五彩独石山

艾尔斯巨石又被称为“五彩独石山”，因为巨石会有规律的变色，一般黎明前，为黑色；待到太阳出来时，穿上了浅红色的外衣裳；到了太阳高照的正午，则为橙色；到傍晚时，又成了深红或酱紫色；在夜幕降临前，成了黄褐色。据研究，巨石主要是由砾石组成，含铁量高，岩石表层的氧化物就像一面镜子，能够反射太阳光线，由于其独处荒漠，周围没有物体可以挡住阳光，天空又终日无云，太阳光可以照到巨石上，随着光照角度的不同而变换颜色。

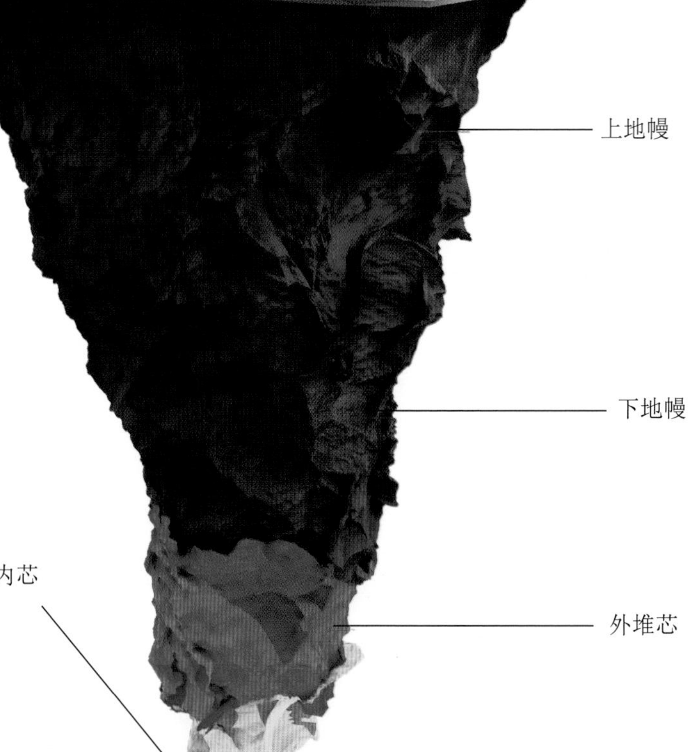

岩石

岩石是自然界很普通的组成，我们地球表面就是由岩石来组成的，我们把地球软流层以上的覆盖地球表面的部分称为岩石圈，其厚度大约为100千米左右。

根据岩石的不同形成原因，我们可以把岩石分为由岩浆冷却凝结而形成的岩浆岩；由风化、侵蚀、搬运、沉积和固结成岩等外力作用而形成的沉积岩；由各类岩石经过高温高压等变质作用而形成的变质岩三大类。其中岩浆岩根据岩浆的冷却位置不同，又可以分为侵入岩和喷出岩。

陨（yǔn）石形成说

陨石形成说，有科学家认为，大约在几亿年以前，有一颗体积巨大的小行星偏离了自己的轨道，从而被地球引力俘获，进入地球大气层燃烧，最终没有燃烧完全，陨落在当地，岩石的三分之二进入地下，三分之一露出地面，后来经过外力风化侵蚀从而形成艾尔斯岩石。

地球地质运动说

关于艾尔斯岩石的形成原因目前有两种说法，地球地质运动说，大约在 4 亿 5000 万年以前，由于地壳运动，艾尔斯岩石所在的阿玛迪斯盆地向上垂直隆起，形成大片的岩石。大约在 3 亿年以前，又一次神奇的地壳运动，把这片巨大的岩层整体向上抬升，露出了海面，接下来在年复一年的外力风化侵蚀作用下，巨岩周围的砂岩都被风化破坏了，只有这块巨岩由于硬度超强，从而保留了下来。

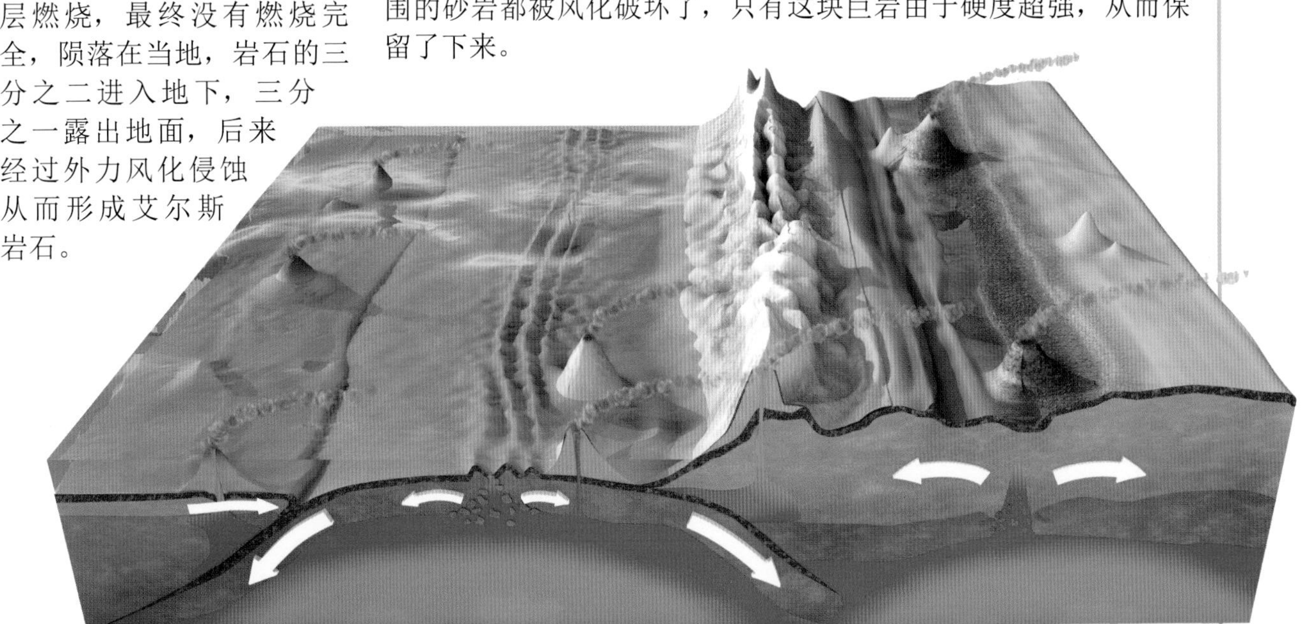

撒哈拉沙漠

在非洲北部，西起大西洋东岸，东至红海之滨，横亘着一片浩瀚的沙漠，这就是世界上最大的沙漠——撒哈拉沙漠。它是世界第一沙漠，三面是大海，覆盖 1/3 个非洲。

流动的风景

撒哈拉几乎就是沙漠的代名词。撒哈拉的中文是音译词，它本来的意思就是“大沙漠”。撒哈拉沙漠总面积超过 940 万平方千米。这是个什么样的数字呢？基本相当于美国陆地面积，整个非洲大陆面积的近 1/3！撒哈拉是巨无霸，它覆盖了 11 个国家的国土，包括阿尔及利亚、乍得、埃及、利比亚、马里、毛里塔尼亚、摩洛哥、尼日尔、西撒哈拉、苏丹、突尼斯的大部分地区。

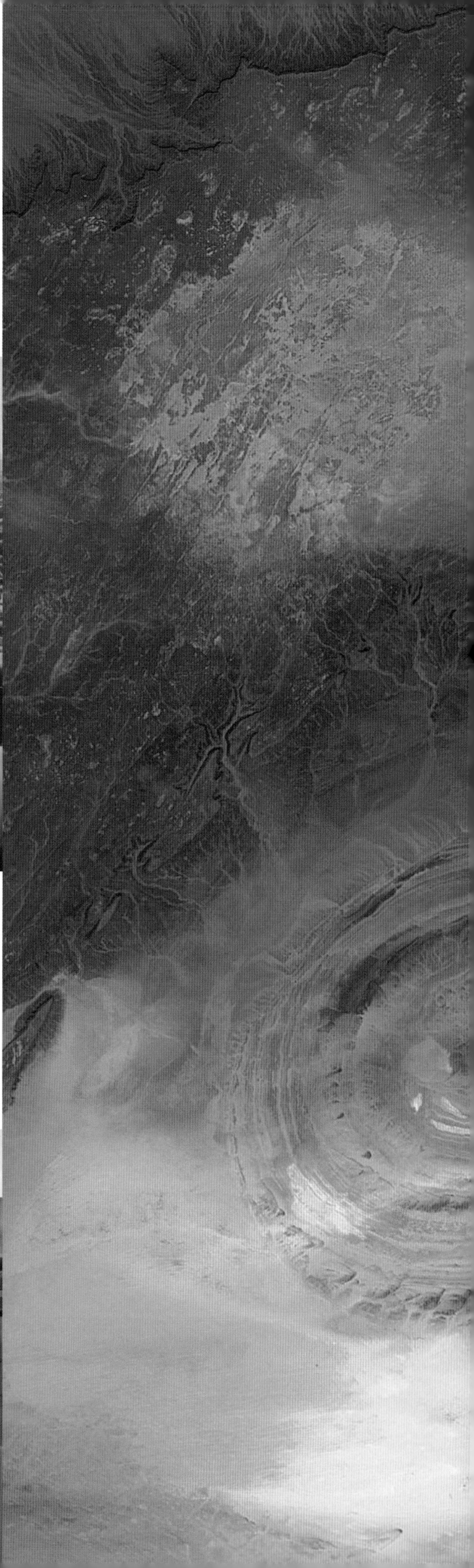

“地球之眼”

撒哈拉名为沙漠，沙是它的腹地景观。除了风成的沙丘、沙地外，还有岩漠、冰水平原、干谷、盐盘，还有至今成因为谜团的，位于毛里塔尼亚的理查特结构——椭圆的环形结构，犹如大地上的眼睛，被称为“地球之眼”。

三面临海

常人的眼里，黄沙与大海几乎是两个世界，一个是水乡，一个是旱海。可是，在热带，撒哈拉沙漠的边界就是大海，它的西端界限是北非的西海岸线，临大西洋；东端则是红海，北部则是地中海；唯有南部是陆地，南部边缘先是干旱的荒漠草原，然后过渡到稀疏高草的热带草原气候区。世界上最大的沙漠，三面是海——是谁，制造了如此神奇、独特的撒哈拉？

阿杰尔高原

阿杰尔高原，也译作艾尔高原，以史前岩画遗迹而著称。新石器时代，当地气候比现今湿润，地表被稀树草原覆盖而非沙漠。创作于约 9000 ～ 1 万年前的岩画描绘了大型野生动物鳄鱼、牛群，以及人类的狩猎、舞蹈等活动。

撒哈拉的“水牛时期”

约公元前 1 万年至公元前 8000 年，撒哈拉岩画出现在阿尔及利亚东南部、乍得和利比亚，它们是人类使用目前已灭绝的动物奶汁混合颜料画在岩石上的，内容有水牛、大象、河马和犀牛，这些都是典型的热带草原动物，需要有充足的水源才能存活的大型哺乳动物。这一时期，被称为撒哈拉的“水牛时期”。

亚马逊森林

亚马逊雨林位于南美洲亚马逊盆地，占地 700 万平方千米。亚马逊森林是一个与我们的现代文明相距几个世纪的神秘的世界，远离都市的尘嚣和人类工业、商业的文明，使它成为一座返璞归真的孤岛绿洲，被称为“地球之肺”和“绿色心脏”。亚马逊雨林覆盖了大约 6% 的地球表面，超过 16 亿人依靠雨林维持生计。

森林的光合作用

生物学家曾说：“森林是地球之肺”。

森林通过植物的光合作用能够转化太阳能形成各种各样的有机物，还能够依靠光合作用吸收二氧化碳释放氧气，维系了大气中二氧化碳和氧气的平衡，净化了环境，使人类不断地获得新鲜空气，就好像人类的肺一样让人类呼吸新鲜空气。

地球之肺

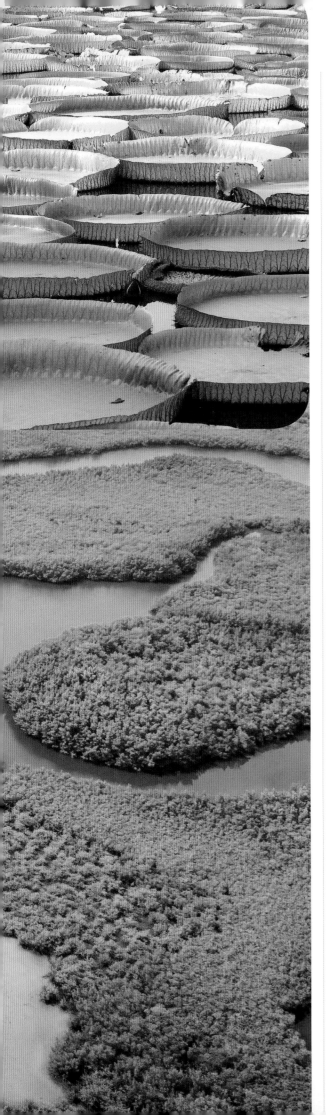

而亚马逊森林作为全球最大的热带雨林，覆盖南美洲700万平方千米，横穿8个国家，其雨林面积之大占据了世界雨林面积的一半，占全球森林面积的20%，因此亚马逊森林常被人们称为“地球之肺”或“绿色心脏”。亚马逊森林覆盖的面积十分广阔，这里每天产生的氧气随着大气环流送往地球上的各个地方，有数据分析认为地球上大约有十分之一的氧气都来自这里。

世界动植物王国

既然是世界上最大的森林，那么动植物的种类自然繁多，亚马逊森林还因此有了“世界动植物王国”之称。奇珍异兽可谓是数不胜数，但是最奇怪的是亚马逊森林里的小动物大都有一个共同的特点，那就是体型大。世界上五分之一的鸟类生活在亚马逊雨林，亚马逊州的睡莲叶直径可超过3米，世界上五分之一的淡水位于亚马逊盆地。

一座森林宝库

人类大约80%的食物来自亚马逊，食物包括但不限于：咖啡、巧克力、大米、西红柿、土豆、香蕉、黑胡椒、菠萝和玉米。亚马逊雨林分布在多个南美洲国家：巴西、哥伦比亚、秘（bì）鲁、委内瑞拉、厄瓜多尔、玻利维亚和三个圭亚那。亚马逊雨林大约有4000亿棵树，亚马逊雨林产生的氧气约占地球氧气的20%，在热带雨林中，70%的植物具有抗癌作用。亚马逊河是世界上第二大河流，亚马逊森林每年都有9英尺的雨水。

尼亚加拉瀑布

尼亚加拉瀑布位于加拿大和美国交界的尼亚加拉河上，它号称世界7大奇景之一。尼亚加拉河是连接伊利湖和安大略湖的一条水道，仅长56千米，却从海拔174米直降至海拔75米，经过左岸加拿大的昆斯顿、右岸美国的利维斯顿，冲过“魔鬼洞急流”，沿着最后的“利维斯顿支流峡谷”，由西向东进入安大略湖，演绎出世界上最狂野的漩涡急流。尼亚加拉瀑布与伊瓜苏瀑布、维多利亚瀑布并称为世界三大跨国瀑布。

雷神之水

“尼亚加拉瀑布”也直译作拉格科瀑布，尼亚加拉在印第安语中意为“雷神之水”，印第安人认为瀑布的轰鸣是雷神说话的声音，在他们实际见到瀑布之前，就听到持续不断打雷的声音，故他们把它称为“巨大的水雷”。

“新娘的婚纱”

尼亚加拉大瀑布是由尼亚加拉河形成的，在加拿大和美国分别形成大小两个瀑布。小瀑布在美国境内，高达 55 米，瀑布的岸长度 328 米。

大瀑布形状有如马蹄，在加拿大境内，高达 56 米，岸长约 675 米，蔚为壮观。

很有意思的是位于美国的小瀑布，又有一道宛如轻纱的更小的瀑布，被美国人称作“新娘的婚纱”。

中国长江三峡

长江流经四川盆地东缘时冲开崇山峻岭，夺路奔流形成了壮丽雄奇的、举世无双的大峡谷即长江三峡。三峡西起重庆奉节白帝城，东至湖北宜昌南津关，全长193千米，由瞿塘峡、巫峡、西陵峡组成。三峡沿岸有古悬棺、古栈道、白帝城、屈原祠、昭君故里、三峡大坝等人文景观。

瞿塘峡

瞿塘峡，位于重庆的奉节县境内，长8千米，是三峡中最短的一个峡，是雄伟险峻的一个峡。端入口处，两岸断崖壁立，相距不足一百米，形如门户，名夔门，也称瞿塘峡关，山岩上有“夔门天下雄”五个大字。左边的名赤甲山，相传古代巴国的赤甲将军曾在此屯营，尖尖的山嘴活像一个大蟠桃。右边的名白盐山，不论天气如何，总是磨出一层层或明或暗的银辉。瞿塘峡虽短，却能镇渝川之水，扼巴鄂咽喉，有“西控巴渝收万壑，东连荆楚压万山”的雄伟气势。古人形容瞿塘峡说，“案与天关接，舟从地窟行。”

巫峡

巫峡，位置位于重庆的巫（wū）山县和湖北的巴东县境内。它跨越两省，起点是西起巫山县的大宁河口，东到巴东县的官渡口。整个巫峡的长度大约是 45 千米，是三峡之中第二长的。巫峡又名大峡，以幽深秀丽著称。是三峡中最可观的一段，著名的巫山十二峰就在巫峡这一段，巫山十二峰被称为“景中景，奇中奇”。清人许汝龙“巫峡”诗中说：“放舟下巫峡，心在十二峰。”也就间接的证明了巫山十二峰的美丽。

西陵峡

西陵峡，在湖北宜昌市秭归县境内，西起香溪口，东至南津关，约长 66 千米，是长江三峡中最长、以滩多水急闻名的山峡，整个峡区由高山峡谷和险滩礁石组成，峡中有峡，大峡套小峡；滩中有滩，大滩含小滩。自西向东依次是兵书宝剑峡、牛肝马肺峡、崆岭峡、灯影峡四个峡区，以及青滩、泄滩、崆岭滩、腰叉河等险滩，形成了一环套一环、一滩连一滩的特别景观。

中国桂林山水

桂林山水所指的范围很广，项目繁多。桂林山水山青、水秀、洞奇、石美，包括山、水、喀斯特岩洞、石刻等。在桂林山水中又以漓江流经阳朔的那一段最为美丽，所以有“桂林山水甲天下，阳朔山水甲桂林”的美誉。

桂林

桂林是一座文化古城。两千多年的历史，使它具有丰厚的文化桂林底蕴。秦始皇统一天下后，设置桂林郡，开凿灵渠，沟通湘江和漓江。桂林从此便成为南通海域，北达中原的重镇。宋代以后，它一直是广西政治、经济、文化的中心，号称“西南会府”，直到新中国成立。桂林是世界著名的风景游览城市和中国历史文化名城，是“万年智慧圣地”，是中国陶器起源地之一，是目前世界上唯一具有三处万年古陶遗址（甑皮岩、大岩、庙岩）的城市，桂林甑皮岩发现的“陶雏器”填补世界陶器起源空白点。桂林拥有世界自然遗产桂林山水、世界灌溉遗产灵渠两大世界遗产。

岩溶地貌

桂林是典型的岩溶地貌。岩溶地貌的最重要特点就是在流水的长年侵蚀下，一方面会形成各种奇形怪状的洞穴，并不断地改变着形态，另一方面又会生长出各种不同的石笋、石幔、钟乳石，两者构成了奇妙的岩溶洞穴奇观。由于流水的经久不息的切割作用，桂林的石山削壁陡立，构成石山的石头形成通透瘦峻的不同造型，成为著名的美石。

漓江渔火

2009 年，桂林漓江风景区以 83 千米岩溶水景入选世界纪录协会世界最大的岩溶山水风景区，成为中国自然奇观的又一世界之最。漓江渔火是阳朔具有千年历史积淀的人文民俗景观，原是漓江上的一种传统渔事活动，如今打鱼人已不再打鱼，而是为游客展示这充满诗情画意的民俗。夜幕中的漓江水面，倏地燃起一团团橘黄色的火苗，灯火照亮渔家竹排、渔夫和鸬鹚，小竹筏上耀眼的灯光引来了游鱼，鱼鹰借着灯光，把鱼儿捕获。点点渔火，与美丽的漓江山水大背景融成一幅令人叹为观止的奇妙景观。

龙脊梯田

龙脊梯田，位于桂林龙胜各族自治县龙脊镇。梯田距今至少有 2300 多年的历史，堪称世界梯田原乡。

在漫长的岁月中，人们在大自然中求生存的坚强意志，在认识自然和建设家园中所表现的智慧和力量，在这里被充分地体现出来。站在山上放眼望去，层层梯田整齐有序，线条丰富多彩，如潮水般涌动奔放，又似行云流水般的乐章。让人沉浸妩媚潇洒的曲线世界。

喜马拉雅山脉

珠穆朗玛峰(珠峰)是喜马拉雅山脉的主峰，是世界海拔最高的山峰，位于中国与尼泊尔边境线上，藏语中“珠穆”是女神的意思，“朗玛”是第三的意思。因为在珠穆朗玛峰的附近还有四座山峰，珠峰位居第三，所以称为珠穆朗玛峰。

两种高度

登山者登上的是总体高度，尼泊尔等使用登山者采用的雪盖高（总高）8848 米（29029 英尺），2005 年中国国家测绘局测量的岩面高（裸高即地质高度）为 8844.43 米，2010 年起承认两种高度的测量数据。除了是海拔最高的山峰之外，它也是距离地心第五远的高峰。两种高度各有意义——总高（雪盖高）异于裸高（岩面高）：登山者登上的是总体高度，裸高是地质高度。

人类首次登顶珠穆朗玛峰

1953 年 5 月 29 日，人类首次登顶珠穆朗玛峰，新西兰登山运动员艾德蒙・希拉里和尼泊尔夏尔巴人向导丹增・诺盖成为首次征服世界最高峰的人。因峰顶空气稀薄，两人在峰顶仅待了 15 分钟。

巨型金字塔状

珠穆朗玛峰山体呈巨型金字塔状，威武雄壮昂首天外，地形极端险峻，环境非常复杂。东北山脊、东南山脊和西山山脊中间夹着三大陡壁，在这些山脊和峭壁之间又分布着548条大陆型冰川，冰川的补给主要靠印度洋季风带两大降水带积雪变质形成。冰川上有千姿百态、瑰丽罕见的冰塔林，又有高达数十米的冰陡崖和步步陷阱的明暗冰裂隙，还有险象环生的冰崩雪崩区。

群峰环绕

珠峰不仅巍峨宏大，而且气势磅（páng）礴（bó）。在它周围20千米的范围内，群峰林立，山峦叠障。仅海拔7000米以上的高峰就有40多座，在这些巨峰的外围，还有一些世界一流的高峰遥遥相望：东南方向有世界第三高峰干城章嘉峰（海拔8585米，尼泊尔和印度的界峰）；西面有海拔7998米的格重康峰、8201米的卓奥友峰和8012米的希夏邦马峰。形成了群峰来朝，峰头汹涌的波澜壮阔的场面。

珠峰早期勘测

早在清朝康熙时期，清朝政府已经派出专业的测绘官员到珠峰进行早期勘测。1715年入藏勘测的楚尔沁藏布、兰本占巴和胜住，是世界最高峰——珠穆朗玛峰的发现者。由于他们的工作，1719年的铜版《皇舆全览图》最早在地图上正确地标志了珠穆朗玛峰的位置和满文名称。

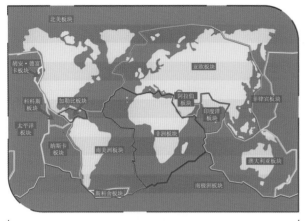

阿尔卑斯山脉

阿尔卑斯山脉是欧洲最高大的山脉。位于欧洲中南部。呈一弧形，东西延伸。覆盖了意大利北部、法国东南部、瑞士、列支敦士登、奥地利、德国南部及斯洛文尼亚。不单独属于哪一个国家，就跟珠穆朗玛峰一样，位于中国和尼泊尔国境线上。

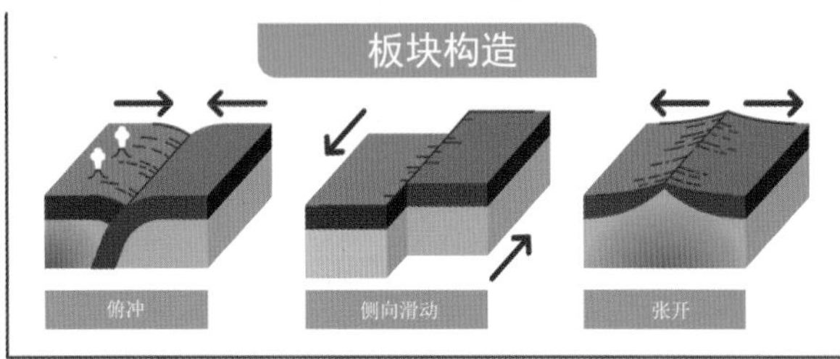

形成原因

阿尔卑斯山是由于非洲板块与亚欧板块相互碰撞形成。大约 1.5 亿年以前，现在的阿尔卑斯山区还是古地中海的一部分，随后陆地逐渐隆起，形成了高大的阿尔卑斯山脉。整个山区的地壳至今还不稳定，地震频繁。近百万年以来，欧洲经历了几次大冰期，阿尔卑斯山区形成了很典型的冰川地形，许多山峰岩石嶙峋，角峰尖锐，山区还有很多深邃的冰川槽谷和冰碛湖。直到现在，阿尔卑斯山脉中还有 1000 多条现代冰川，总面积达 3600 平方千米，比欧洲国家卢森堡还要大。

主峰勃朗峰

勃朗峰海拔 4810 米，是阿尔卑斯山的最高峰，位于法国的上萨瓦省和意大利的瓦莱达奥斯塔的交界处，它是西欧的最高峰。

欧洲许多大河的发源地

长约 1200 多千米。平均海拔 3000 米左右，山势雄伟，风景幽美，许多高峰终年积雪。晶莹的雪峰、浓密的树林和清澈的山间流水共同组成了阿尔卑斯山脉迷人的风光。欧洲许多大河都发源于此。

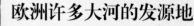

欧洲屋脊

阿尔卑斯山绵亘欧、非大陆，有五条主要的山脉：阿尔卑斯山（在瑞士、奥地利一带）、比利牛斯山（在西班牙、法国、安道尔交界处）、亚平宁山（在意大利半岛）、喀尔巴阡山（在巴尔干）和阿特拉斯山（在突尼斯和阿尔及利亚北部）。这五条山脉中，阿尔卑斯山主峰勃朗峰（在瑞士境内）海拔4810米，是瑞士也是欧洲最高峰，有“欧洲屋脊”之称。

阿尔卑斯的传说故事

早期在阿尔卑斯及其他的一些山中存在着某种山神形象，他们主要化身为大型岩石、石块、水源、山洞及树木。至今保留下来的是阿尔卑斯山居民的上帝护卫兵列队仪式及朝拜活动。格劳宾登州的小教堂每年被朝拜两次，它位于海拔2433米高处，是欧洲最高圣地。接近自然派宗教认为山是有神灵的，而且神灵居住在渺无人烟的顶峰中，因为那里是天地交接之处。而阿尔卑斯地区却正相反，他们的传说来自民间，传说中的人物是一些小野人或者是被理想化了的男女牧民，当人们做了好事的时候，会得到他们的奖赏，做坏事时会受到他们的惩罚。

落基山脉

“落基山脉”是科迪勒拉山系在北美的主干，科迪勒拉山系是世界陆地上最长的褶皱山系，该山系是由于太平洋板块、南极洲板块和美洲板块之间相互碰撞挤压而隆起形成的。科迪勒拉山系位于美洲板块的西侧，西临太平洋，北起北美洲西北部的阿拉斯加，南至南美洲南端的火地岛，总长度超过 1.5 万千米，其中科迪勒拉山系位于北美洲的部分称为“落基山脉”，位于南美洲的部分称为“安第斯山脉”。

最长的褶皱山系

落基山脉主要的部分从加拿大不列颠哥伦比亚省加到美国西南部的新墨西哥州，绵延总长度达 4800 千米，包括一些小山脉共同组成，其中有名称的山脉就有 39 个，规模十分巨大，其宽度在有些区域可以达到数百千米宽。落基山脉的平均海拔在 2000 至 3000 米左右，相对于北美洲东部的阿巴拉契亚山脉而言，落基山脉的海拔就高得多了。

年轻的山脉

落基山脉有很多山峰的海拔超过了 4000 米，其中主峰埃尔伯特峰的海拔为 4399 米。落基山脉和世界上许多高大险峻的山脉，如喜马拉雅山脉、阿尔卑斯山脉、安第斯山脉等一样，都是属于年轻的山脉。

北美洲的“脊梁骨”

从整个北美洲的地形分布来看，可以分为三大区域，西部为高山高原分布区，主要就是落基山脉，中部为贯穿南北的大平原，东部为相对低矮的拉布拉多高原和阿巴拉契亚山脉。所以在北美洲，西部的落基山脉区域是地势起伏最大，海拔最高的地区，就像是北美洲的“脊梁骨”。

依旧在生长发展中

落基山脉大约是在距今6500万年至1.4亿年左右的白垩纪时期隆起的，其地质结构主要是火山岩和变质岩，在第三纪时期板块碰撞更加剧烈，发生了大规模的造山运动和火山喷发，形成了巨大的褶皱山系，目前两大板块在这一区域的相互碰撞作用依旧在继续，所以落基山脉依旧在生长发展中。

路易斯湖

山谷间有天然的湖泊，如一块块翡翠镶嵌在茫茫碧野上。地毯似的草地上点缀着各种各样姹紫嫣红的小花。“落基山脉的明珠”路易斯湖，湖水呈珍珠色。水是至清的，甚至可以看到沉在水底的、那些死去的麋鹿的角，你难以想象它们活着时有多庞大，光那些“角”就有半个人大。

尼罗河

尼罗河是世界上最长的河流，埃及的母亲河。尼罗河位于非洲东部和北部，发源于非洲东北部的布隆迪高原，自南向北流动注入地中海，全长 6670 千米，是世界上最长的河流，比世界第二长河流亚马逊河（全长 6400 千米）长 270 千米。尼罗河上游的白尼罗河为干流，主要支流有阿丘瓦河、加扎勒河、索巴特河、青尼罗河和阿特巴拉河。

埃及的母亲河

尼罗河是一条流量季节变化很大的河流，每年5至8月为丰水期，河水泛滥，带来洪涝，其他季节为流量较小季节。

尼罗河这种定期的泛滥，对于位于尼罗河下游的埃及人民来说，就是上天的馈赠，因为每年尼罗河泛滥，都会给尼罗河两岸带来肥沃的土壤，等洪水退去，埃及人民就可以开始农业劳动了，埃及人民视尼罗河为“母亲河”。

尼罗河赠礼

早在公元前3000年的古埃及文明时期，埃及地区就被称为“尼罗河赠(zèng)礼”，流经埃及境内的尼罗河河段虽只有1350千米（全长6671千米），却是自然条件最好的一段，平均河宽800～1000米，深10～12米，且水流平缓。每年尼罗河水的泛滥，给河谷披上一层厚厚的淤泥，使河谷区土地极其肥沃，庄稼可以做到一年三熟。

古埃及文明

古埃及文明作为四大古文明之一。文化渊远流长、博大精深、绚烂多彩，是西亚北非地中海文化圈的文化宗主国之一，在世界文化体系内占有重要地位除此之外，文学、医学、科学等方方面面都对后世影响深远。正应了那句老话，埃及并不是一个历史悠久的国度，而是先有了埃及，然后才有了历史。然而正是有了尼罗河，才有了埃及。尼罗河作为世界第一长河，不仅沿途滋润了流域内的数亿人口，更在历史长河中孕育了古往今来不朽（xiǔ）的文明。

马里亚纳海沟

现在人类的足迹已经踏遍了地球的各个角落，甚至人类已经造出宇宙飞船登上了月球，各种太空探测器也造访了太阳系八大行星。可是，有一个地方，就在地球上仅仅有几个人到达过。这里就是世界上海洋最深的地方——马里亚纳海沟。

海水压力

不少探险家成功地登上了珠穆朗玛峰的峰顶，然而要潜到海洋的最深处确实是非常困难的。那里对于人类来说是一个神秘的世界。在深海有一个致命的因素决定了人类很难到达那里。这就是海水的压力。一万一千米深处的海水压力是相当恐怖的。一般情况下，在海洋中深度每增加 10 米，海水的压力就会增加 1 个大气压。因此在深度 11034 米的马里亚纳海沟最低点，那里的海水压力超过了 1000 个大气压。

挑战海沟

人类历史上只有两次潜水器载人潜到了这里。第一次是在 1960 年 1 月。科学家首次乘坐“迪利亚斯特”深海潜水器到达了马里亚纳海沟最深处。2012 年 3 月，美国好莱坞著名导演詹姆斯卡梅隆，即《阿凡达》的导演下潜到了海沟的最深处，在那里呆了 3 个小时。这是人类第二次下潜到海沟的最深处。此外中国的海斗号无人潜水器在 2016 年 6 月 22 日也下潜到了海底 10767 米的地方。

人类下潜的最大深度

也许很多朋友对这样的压力数字没有什么概念？平时的我们就是生活在空气中，根本感受不到大气的压力。然而这仅仅是 1 个大气压的情况，我们的身体已经适应空气的正常压力。根据测试，正常情况下，咱们普通人身体只能承受三个大气压的力。也就是说，人类在没有防护设备的情况下潜水的最大深度是 30 米左右。再深就身体就受不了了。在水下 30 米深的地方，我们的身体承受的压力相当于 300 多个成年人压在身上的感觉，实在是太恐怖了。那么在深度 11034 米的马里亚纳海沟那里承受的压力就相当于 10 万个人叠加在一起的压在身上，别说是人了，普通的潜艇如果到了那里也会瞬间压瘪（biě）。

马里亚纳海沟位于太平洋西部马里亚纳群岛以东，是世界上最深的海沟，也是地球上的最低点。最开始探测的深度为 10836 米，现在科技越来越发达，这一记录也不断被新的记录修正。马里亚纳海沟超过 11 千米的深度是个什么概念呢？咱们可以和其他海洋深度比较一下就有印象了。南海的平均水深是 1212 米，最深的地方有 5559 米。马里亚纳海沟的深度是南海最深点的整整两倍！这么深的海洋底部到底是个怎样的存在？自从人类发现了它之后，就对它产生了浓厚的兴趣。

中国钱塘江大潮

钱塘江大潮位于杭州湾，这一奇观是因为天体引力和地球自转的离心作用，加上杭州湾喇叭口的特殊地形而形成的。每年的农历八月十八，钱塘江大潮便会如约而至，海潮来临时，犹如万马奔腾，声势浩大，场面十分震撼。

世界三大涌潮之一

中国历史上，最著名的涌潮地有三处：山东青州涌潮、广陵涛和钱塘潮。而在世界上，钱塘潮是世界三大涌潮之一，这三潮分别是印度恒河潮、亚马逊潮与钱塘潮。

“海宁潮”

“八月十八潮，壮观天下无。”这是北宋大诗人苏东坡咏赞钱塘秋潮的千古名句。千百年来，钱塘江以其奇特卓绝的江潮，不知倾倒了多少游人看客。其实观赏钱塘江大潮的最佳地点并不是在杭州市区，而是在杭州附近的海宁市盐官镇为观潮第一胜地（最佳观潮胜地），故亦称“海宁潮”。

《酒泉子》

观赏钱塘秋潮，早在汉、魏、六朝时就已蔚成风气，至唐、宋时，此风更盛。相传农历8月18日，是潮神的生日，故潮峰最高。南宋朝廷曾经规定，这一天在钱塘江上校阅水师，以后相沿成习，八月十八逐渐成为观潮节。北宋诗人潘阆的《酒泉子》中写道：长忆观潮，满郭人争江上望。来疑沧海尽成空，万面鼓声中。弄潮儿向涛头立，手把红旗旗不湿。别来几向梦中看，梦觉尚心寒。这首诗便是当年“弄潮”与“观潮”活动的真实写照。

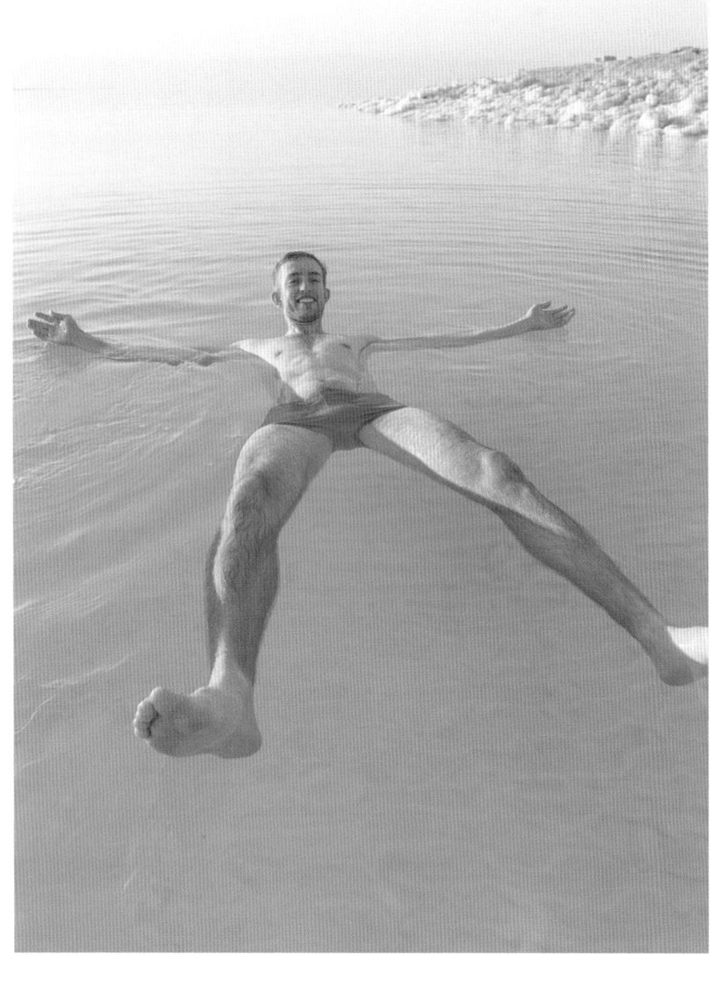

死海

死海位于约旦和巴勒斯坦交界处，虽然它的名字叫死海，但它是一个湖泊，全世界海拔最低的湖泊，海拔负422米，是世界陆地最低处。它是世界上最深的咸水湖，也是最咸的湖。死海的湖水盐度为一般海水的8.6倍。

死海南北狭长，面积1049平方千米，平均水深301米。

两个湖盆

死海东岸有利桑半岛突入湖中，将死海分为南北两个湖盆。北部面积780多平方千米，最大深度约400米。南部面积260多平方千米，平均深度只有6米。目前，由于死海水面下降，南北两个湖盆已不再相通。

湖面日趋缩小

死海地处东非裂谷带北延部分，中新世断裂下陷（xiàn），其后蓄水成湖。死海地区气候炎热，年降水量仅50～60毫米，但年蒸发量却高达1400毫米，因而湖面日趋缩小。死海无出口，进水主要来自约旦河。但约旦河水被大量抽取用于灌溉，入湖水量减少，死海水面下降更快。

盐分极高

死海是世界上盐度最高的天然水体之一，盐矿蕴藏量高达110亿吨。

由于死海湖水的盐分极高，湖里基本没有生物能够存活，这也是死海的名称来历之一。偷偷的告诉你，死海里游泳是不会沉下去的哦。

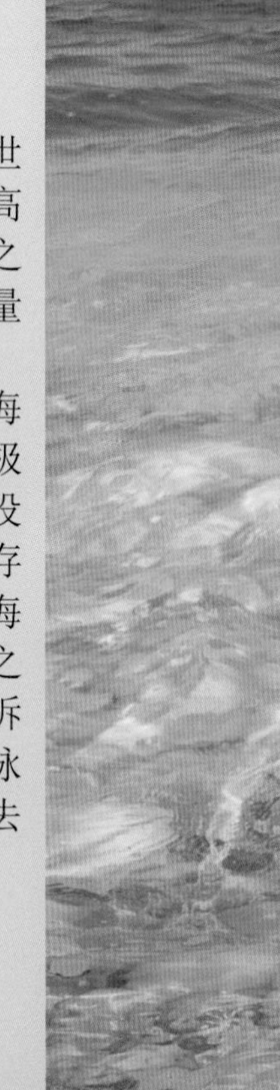

百慕大三角

百慕大三角地区指的是美国东南沿海的大洋上百慕大、迈阿密和波多黎各首府圣胡安连成的一个三角地区，据说它是一个神秘的漩涡，可以随意夺走人的性命，吞没飞机和船只。所以又被称为魔鬼三角地区。

写给国王的信

写给国王的信最早经历百慕大三角异样的是著名的航海家哥伦布，在他写给国王的信中，形容当时发生了非常狂烈且持续时间长的风暴，以至于两只眼睛看不到太阳与星辰。哥伦布的形容在当时的人们看来这只是一场大风暴，大约在1840年。当时，一艘名为“罗莎里”号的船只，运载大批香水和葡萄酒，行驶到古巴附近失去联络。百慕大三角失踪事件频繁发生，这才引起了科学家们的注意。

“独眼巨人号”

在船只失事类故事中，最常被用来佐证魔鬼三角恐怖程度的是军舰失踪案和幽灵船（在海上如幽灵般漂荡，没有人驾驶的船），经典案例当属“独眼巨人号”和“卡罗迪林号”。独眼巨人号是海军运输舰，船上载员300多人，排水量近两万吨。1918年3月，它满载着矿石出发，结果在途径魔鬼三角区的时候突然失踪，连船带人都消失得无影无踪。设备强大、吨位相当于轻型航空母舰的钢铁巨船居然会莫名其妙消失，甚至连痕迹都没留下，这确实让人很诧异。

海底潜（qián）流

据认为百慕大三角区的海底有一股不同于海面潮水涌动流向的潜流。有人在太平洋东南部的圣大杜岛沿海，发现了在百慕大失踪船只的残骸。当然只有这股潜流才能把这船的残骸推到圣大杜岛来；当上下两股潮流发生冲突时，就是海难产生的时候。而海难发生之后，那些船的残骸又被那股潜流拖到远处，这就是为什么在失事现场找不到失事船只的原因了。

漩涡

百慕大三角位于巴哈马群岛附近。巴哈马群岛本身就是一个谜，岛屿底部有一个奇怪的结构。有时，原本沙质的地面会被巨大的黑暗洞所取代，就像一些巨型鳗鱼的栖身之所。有时潮波会使这些洞穴产生漩涡。它们把成吨的水吸入海底，没有什么东西能逃脱。那么，这些漩涡能解释发生在百慕大三角的失踪事件吗？

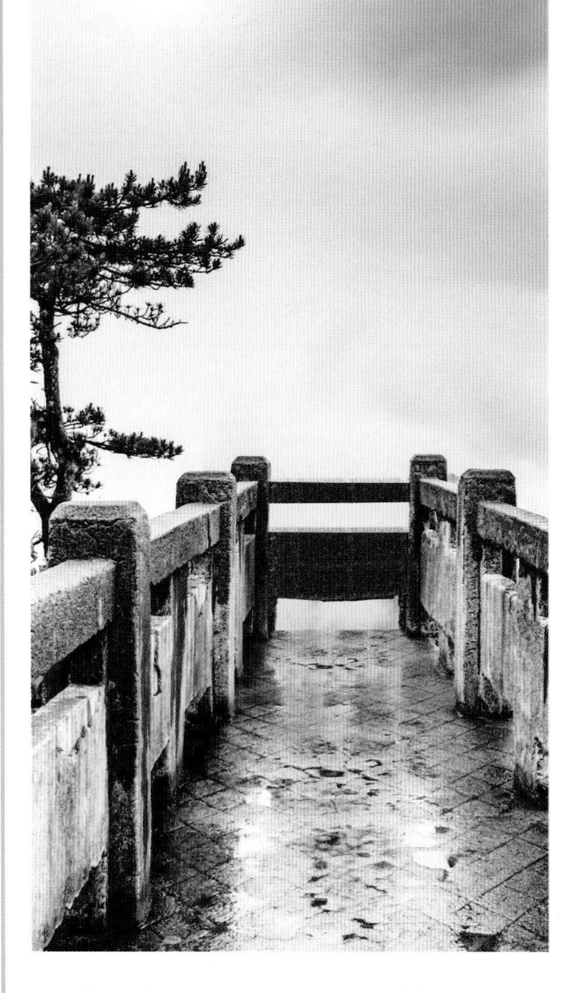

中国黄山

黄山是中华十大名山之一，是世界文化与自然双重遗产。位于安徽省黄山市境内，黄山经历了漫长的造山运动和地壳抬升，以及冰川和自然风化作用，才形成其特有的峰林结构。有“三十六大峰，三十六小峰”群峰林立。

清凉台

狮子峰山腰上的清凉台，突出在三面临空谷的危岩上，是观日出和云海的最佳处之一。清凉台还可观赏到猪八戒吃西瓜、飞来柱、扇子松、达摩面壁等景；而在狮子峰峰顶则可以看到一个平顶山峰上的岩石，其状如猴，名为“猴子观海”。在曙光亭上，可观十八罗汉朝南海、丞相观棋、仙人下棋、仙人背包、猪八戒背媳妇、石钟、童子拜观音等美景。

始信峰

为黄山36小峰之一。始信峰风光绮丽，游人至此，都以“始信黄山天下奇”之赞。始信峰奇松林立，有接引松、黑虎松、连理松、龙爪松、卧龙松、探海松等。有“不到始信峰，不见黄山松”之誉。

天都峰

天都峰位于玉屏峰南，是黄山三大主峰中最为险峻之处，海拔 1830 米。上天都的路极为险峻，天都峰顶有“登峰造极”石刻，使人有“海到尽处天是岸，山登绝顶我为峰”之感。

玉屏楼

玉屏楼地处天都峰、莲花峰之间，而驰名中外的迎客松挺立在玉屏楼左侧，右侧则有送客松，楼前有陪客松、文殊台，楼后是玉屏峰，著名的“玉屏卧佛”就在峰顶，头左脚右，惟妙惟肖。峰石上刻有毛泽东草书“江山如此多娇”，徐霞客曾称它为“黄山绝胜处”。

光明顶

光明顶是黄山的主峰之一。位于黄山中部，海拔 1841 米，为黄山第二高峰，与天都峰、莲花峰并称黄山三大主峰。顶上平坦而高旷，可观东海奇景、西海群峰，炼丹、天都、莲花、玉屏、鳌鱼等诸峰尽收眼底。是黄山看日出、日落观云海的最佳地点之一。

委内瑞拉天使瀑布

天使瀑布又叫安赫尔瀑布或者丘伦梅鲁瀑布，是世界上最高的瀑布，位于委内瑞拉东南部、卡罗尼河支流卡劳河源流丘伦河上，当地的印第安人取名为“出龙”。

落差最大的瀑布

卡罗尼河支流卡劳河源流丘伦河上，河水从圭亚那高原奥扬特普伊山的陡壁直泻下来，落差达 979 米，大约是尼亚加拉瀑布高度的 18 倍，是世界上落差最大的瀑布。瀑布分为两级，先泻下 807 米，落在一个岩架上，然后再跌落 172 米，落在山脚下一个宽 152 米的大水池内。

“平顶山”

“平顶山”也叫桌山，当地帕蒙人称为“特普伊”，与罗赖马山一样都属于桌山类型，耸立在人迹罕至的热带雨林中，山下生气盎然，猴子的吱吱叫声和金刚鹦鹉的鸣声此起彼落，山顶因为海拔较高的原因，降水相对山下较少，则是一片热带稀树草原的景象，因流水侵蚀作用而成瀑布。四周覆盖着棉花糖般的云，边缘攀爬着前所未见的热带植物，岩层错动位移形成巨大的落差，恍如浩瀚碧海上散布着的小岛。在这云蒸雾罩的密林深处，就藏着被称为“天堂瀑布”的世界上最大落差瀑布——安赫尔瀑布。

詹姆斯·安赫（hè）尔发现

这个地区的热带雨林非常茂密，不可能步行抵达瀑布的底部。雨季时，河流因多雨而变深，人们可以乘船进入。在一年的其他时间里，只能从空中观赏瀑布。1937 年首次为美国飞行员詹姆斯·安赫尔发现，故以其名命名。

巨人之路

巨人之路位于北爱尔兰首府贝尔法斯特西北大约 80 千米的大西洋海岸，是由数万根大小不均匀的玄武岩石柱聚集成一条绵延数千米的堤道，被视为世界自然奇迹。1986 年，联合国教科文组织把它列为世界自然遗产。

成因

地质学家在几十年研究它的构造以后，发现这条天然阶梯是由活火山不断喷发，熔岩反复溢出之后凝结而成的。经过亿万年海浪的不断冲刷和腐蚀，岩石在不同高度被截断，便呈现出今天看到的石柱群地貌景观。在“巨人之路”海岸，4 万多根六角形石柱高低错落的排列开来，延绵 6 千米，形状规则，秩序井然，看起来犹如人工雕琢一般。在整个“巨人之路”的区域，包含着低潮区、峭壁和通向峭壁顶端的道路以及一块高地，峭壁平均高度为 100 米，而“巨人之路”当然是这段海岸线上最具特色的地方了。

巨人之路的传说

很久以前，有两个巨人——芬·麦克库尔与芬·盖尔，分别住在爱尔兰和苏格兰。他们都认为自己是最强大的，彼此从未见面却都不服气对方，所以相约进行一场决斗。为了这场决斗，爱尔兰巨人芬·麦克库尔精心准备，历尽艰辛开凿出一根根石柱，把它们移到海底，铺成一条堤道直通苏格兰。直到路终于铺好，才回到家安心睡觉，准备养足精神去应战。苏格兰巨人芬·盖尔偷偷来到他家侦察敌情。看到睡床上的人身形如此巨大，有些吃惊。盖尔听了非常害怕，连婴儿都如此巨大，才有如今的“巨人之路”。

黑暗树篱

黑暗树篱，它位于北爱尔兰阿莫伊村附近，距离“巨人之路”不到20分钟的车程，被誉为世界上最美的十条树木隧道之一。18世纪50年代，斯图亚特家族在自家别墅周围的大道两旁，种下了一片山毛榉树，他们希望用这些交错成长的树木，给来访的宾客留下深刻印象。让他们没想到的是，300多年后，这条不足1000米的林荫道却成了北爱尔兰最为著名的观光地。

中国泰山

著名的“五岳之尊”泰山，古称东岳，泰山不仅是山东第一名山，更有“天下第一山”的美誉。泰山位于山东泰安，其主峰玉皇顶海拔 1530 多米，是山东最高的山，泰山于 1987 年 12 月份被列入《世界文化与自然双重遗产》，是中国也是世界上首个文化与自然双重遗产。

文化圣山

自古以来泰山就是一座文化圣山，东方文化的重要发祥地之一，在古人眼里泰山是“直帝座”的神山，百姓来这里崇拜，历代帝王来此封禅，自秦始皇到清朝之间，就有 13 位帝王亲自登泰山封禅或祭祀多达 27 次，借助泰山来巩固统治，在那时，泰山的神圣地位是无法被超越的，因此也有“泰山安，四海皆安”的说法。

独特的文化景观

历代帝王不仅在泰山封禅，还在泰山上营建了许多的庙宇建筑，并留下了许多的诗文石刻，引得不少文人墨客来此游历，在泰山上发现有摩崖石刻多达 2200 多处，那些石刻、碑碣，堪称我国历代书法和石刻艺术的博览馆，形成了泰山独特的文化景观。

“五岳独尊”

在五岳中，泰山并不是最高的，海拔 1500 多米看似也并不太高，甚至景色也不如西岳华山，为何泰山能成“五岳独尊”“五岳之首”？这与泰山雄伟的身姿和深厚的文化底蕴分不开，历朝有 13 代帝王来此封禅，当时的帝王认为泰山是群山中最高的一座，因此有“天下第一山”之称；在古时，因日出东方有“以东为大”的思想，而五岳中仅泰山为东。在泰山山顶玉皇阁旁有耸立着一块“五岳独尊”的石刻，这是泰山的标志性景观，为当时泰安府宗室玉构所提。

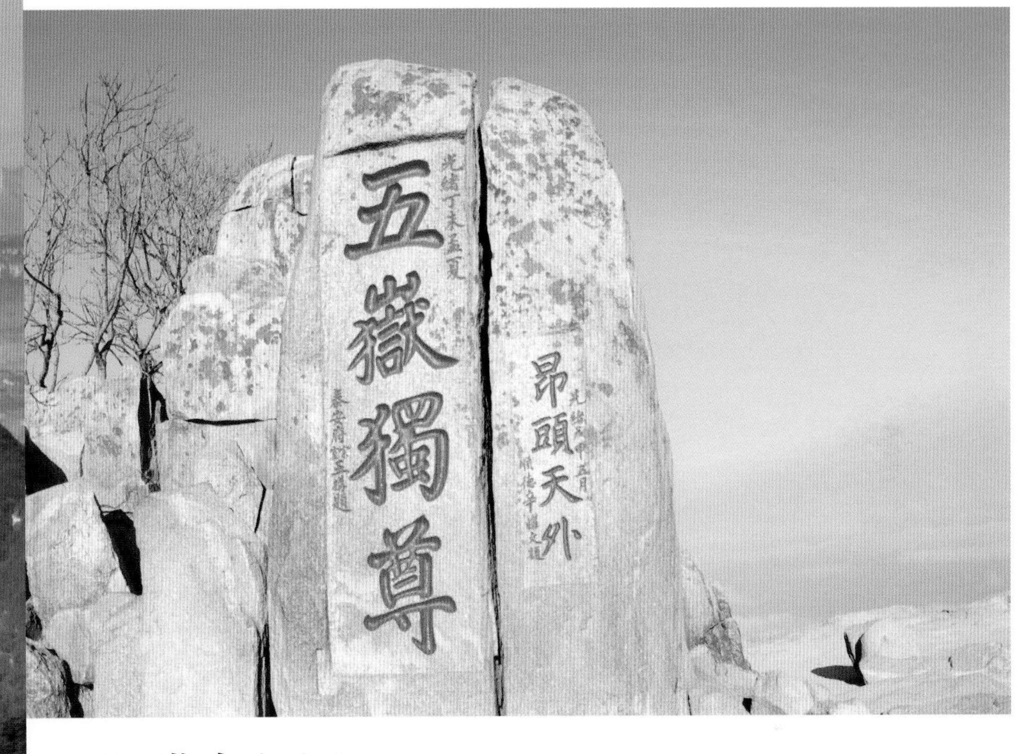

“一览众山小”

南天门是泰山最险要的一段，全程共有 79 盘、1633 级石阶。十八盘的尽头是南天门，为登泰山顶的门户，这是一座清代风格的山门，始建于 1264 年，其间经过多次重修。过了南天门便来到了山顶玉皇顶，在玉皇顶有玉皇庙、天街、碧霞祠、白云亭等建筑，玉皇庙为天山最高的建筑物，在一旁还有古登封台，这里的历代皇帝封禅的场所，站在山顶，确有“一览众山小”的感觉。

中国台湾省日月潭

日月潭位于中国台湾省西部的南投县，是台湾省最大的天然湖泊，卧伏在玉山和阿里山之间的山头上。湖岸周长 35 千米，面积 7.7 平方千米，水深二三十米。水面比中国另一个著名湖泊——杭州西湖略大，水深却超过西湖 10 多倍。

珠仔岛

日月潭四周青山环抱，山峦层叠，水映着山，湖面宛似一个巨大的碧玉盘。远远望去，潭中的美丽小岛——珠仔岛，却像玉盘托着的一颗珠子。珠仔岛把湖面分为南北两半：东北面的形状好像圆日，故叫日潭；西南边的如同一弯新月，故称月潭。

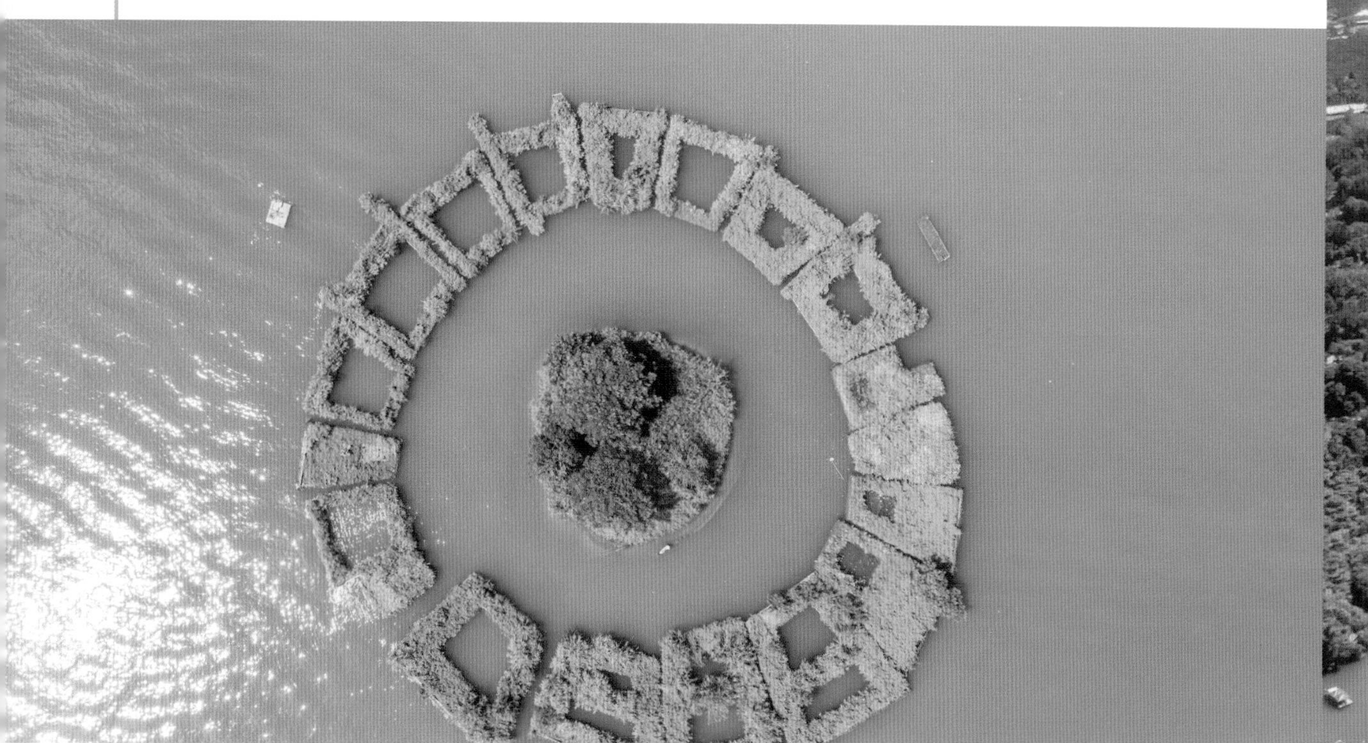

万山丛中突现明潭

日月潭是全国少数著名的高山湖泊之一。其地环湖皆山，湖水澄碧，湖中有天然小岛浮现，圆若明珠，形成“青山拥碧水，明潭抱绿珠”的美丽景观。清人曾作霖说它是“山中有水水中山，山自凌空水自闲”；陈书游湖，也说是“但觉水环山以外，居然山在水之中”。

300 年来，日月潭就凭着这“万山丛中，突现明潭”的奇景而成为宝岛诸胜之冠，驰名于五洲四海。

玄光寺

寺中塑唐三藏（zàng）法师全身，曾是玄奘法师灵骨暂藏之所。寺后有石径，登 1300 多级台阶才到山腰的玄奘寺。玄奘寺是为纪念唐三藏法师玄奘而建的寺庙。寺中大殿三层，三楼有小塔曰“玄奘塔”，玄奘法师的头顶灵骨就安藏于塔中。

中国杭州西湖

杭州西湖以自然山水、文物古迹、寺庙古塔、碑刻造像和新建公园绿地组合而成。有湖不广，平静如镜；山多不高，绵亘（gèn）蜿蜒；湖山依傍，自然尺度协调，显得妩媚多姿。“三面云山一面城”，是西湖的特点。西湖园林建设既突出了西湖风景的独特性，又注意了与地方特色相协调的整体性。

苏堤春晓

苏堤是北宋诗人苏东坡任杭州知州时命人挖空的湖泥堆筑了的一条长堤，后人为了纪念苏轼所以取名为苏堤。堤上有六座桥分别是映波桥、锁澜桥、望山桥、压堤桥、东浦桥和跨虹桥，这里可以欣赏杭州西湖的全景。

三潭印月

位于西湖南部的小瀛洲岛，在杭州西湖十大景点中是最具有标志性的景观，这里可以赏月、观赏湖景，这个岛上以亭台楼阁配以花木构成美丽迷人的风景，也象征着古代神话中的蓬莱仙岛。

南屏晚钟

是佛教文化的历史古迹，这里曾是佛教圣地创建于公元 954 年，是净慈寺与灵隐寺的道场。这里经常可以听到佛寺晚钟敲响悠扬共振齐鸣的钟声成为每年迎新年的一个撞钟活动场所。

断桥残雪

指的是西湖美丽的雪景，当雪过后太阳高照断桥上面的雪就会融化露出褐色的桥面一痕，就好像从此中断了一样呈现出断桥残雪的美景，这里还流传着家喻户晓的爱情故事白蛇传，许仙和白娘子就是在断桥相识的，所以这里成为了具有爱情象征意义的名桥。

雷峰夕照

这里主要的景点是雷峰塔，这座塔建立于吴越国时期曾经被销毁但是后来建造之后保留了古文化遗址，黄昏的时候在这里观赏美丽的落日。这里还有一个美丽的爱情传说就是白蛇传中白娘子就是被压在雷峰塔下面，有着丰富的历史内涵。

历史古迹

大自然的鬼斧神工与世界各地的人文景观相辅相成，熠（yì）熠生辉。人文景观是历史的产物，是人类文明创造形成的独有景观，是人类文化的结晶，见证着人类文明进步的历史。

中国秦始皇兵马俑

兵马俑，又称为秦始皇兵马俑，位于今陕西省西安市临潼区秦始皇陵以东 1.5 千米，是千古一帝秦始皇的地下军队，曾被黄土掩埋了 2000 余年，在 1974 年因为一个偶然的机会，被当地打井的村民发现。

发掘经过

西安市（临潼区）西杨村的村民在村南打井时，无意中发现了秦兵马俑。1975 年 8 月，国务院决定建立秦始皇兵马俑博物馆。1979 年 4 月底，占地 1.6 万平方米的一号坑遗址大厅及一些辅助工程竣工。1979 年 10 月 1 日，正值中华人民共和国成立三十周年的日子，秦始皇兵马俑博物馆正式开馆对外展出。

秦始皇与郡县制

秦始皇，在战国烽火中相继灭掉六国，一统天下。他对华夏民族最伟大的贡献，是在统一后做出的设立郡县制，由皇帝来任命官员的政治举措。它的出现直接打破了周朝维持了将近 800 年以血缘政治为核心的政治格局，使得地方与地方之间的关系从各自独立的小国，变成了归属于皇帝管辖范围内的行省，由皇帝统一管理。全国一盘棋，统一法律，统一文字，统一度量衡。这是一次伟大的探索，在汉武帝时期，达到了巅峰，延伸出了一系列为了维护集权统治的经济、思想制度，对现在的中国社会产生了非常深远的影响。

1 号坑

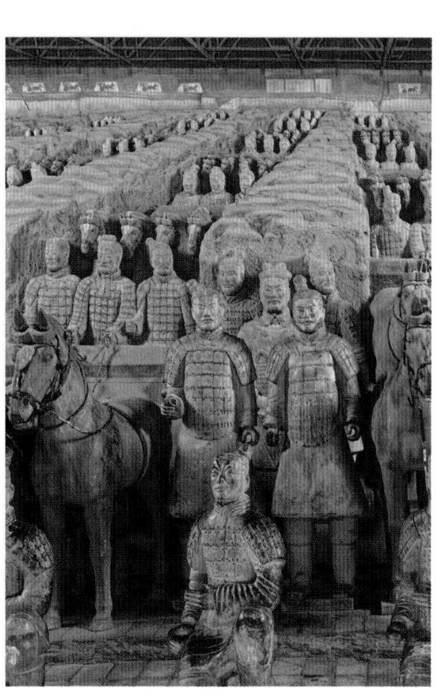

兵马俑开采最完整，最大的一个坑，1 号坑。该坑全长 230 米，宽 62 米，为东西向长方形坑，中间为九条东西向过洞，过洞中间以夯土墙间隔，以车、兵为主体组合联合静态防御军阵，里面共有 6000 多个士兵，现已修复完成 1000 余位。前三列弓弩手面向东方蓄势待发，最后一列身着铠甲的重装步兵向西警惕后方威胁，两边配件的左右翼面向南北，时刻待命，中央则是战车与步兵有序相间，形成了全副武装的军阵。

2 号坑

2 号坑是 1976 年 4 月修建 1 号坑展示厅的时候发现的，平面呈曲尺形，东西跨度 124 米，南北跨度 98 米。它的规模虽然没有 1 号坑的那么震撼，但布阵更为复杂，兵种也更为齐全，是 3 个坑里最为壮观的兵阵，有骑兵、战车、步兵、弩兵等多个兵种。

3 号坑

位于 1、2 号坑的后方，位置隐蔽，相对安全，很有可能是整个大军的指挥机关。将其独立出来，无论是对于研究制定作战方案，还是对保证指挥将领的安全，都起到了非常重要的作用。

印度泰姬（jī）陵

泰姬陵是印度的标志，印度历史上最杰出的建筑之一。与我国的长城一样，不仅是世界文化遗产，也是“世界新七大奇迹”之一，有“完美建筑”“印度明珠”的美誉。泰姬陵是印度莫卧儿王朝皇帝沙·贾汗为了纪念他的已故皇后泰姬·玛哈尔而建立的陵墓。印度诗翁泰戈尔形容泰姬陵，像“一滴爱的泪珠”。

纯白大理石砌建

泰姬陵最引人瞩目的是用纯白大理石砌建而成的主体建筑，皇陵上下左右工整对称，中央圆顶高六十二米，令人叹为观止。四周有四座高约四十一米的尖塔，塔与塔之间耸立了镶满三十五种不同类型的半宝石的墓碑。陵园占地十七公顷，为一略呈长形的圈子，四周围以红沙石墙，进口大门也用红岩砌建，大门一直通往沙杰罕王和王妃的下葬室，室的中央则摆放了他们的石棺，壮严肃穆泰姬陵的前面是一条清澄水道，水道两旁种植有果树和柏树，分别象征生命和死亡。

建筑工艺成就

泰姬陵的工艺成就第一在于建筑群总体布局的完善。第二个成就是创造了陵墓本身肃穆而又明朗的形象。第三个成就是，熟练地运用了构图的对立统一规律，使这座很简纯的建筑物丰富多姿。

建造过程

泰姬陵始建于1631年，历时22年时间、动用数万名工人建成，整座建筑为白色大理石建成，是莫卧儿皇帝沙·贾汗为纪念其爱妃而建造的陵墓（清真寺），因此这座建筑也被赋予了浓郁的爱情气息，吸引了不少情侣来此游玩，并许下终生的誓言，希望爱情能够长长久久。

泰戈尔写给泰姬陵的诗

印度著名诗人泰戈尔为泰姬陵写过的诗：这你知道，印度的主人，沙贾汗：生命和青春，财富和荣誉，漂浮在时间的流动中。只有内心的痛苦才会长久——让它去吧。这是帝国领导的道路吗？国王的力量，严厉的雷霆像黄昏的血腥的激情；让天空仁慈：这是你心中的希望。由宝石、钻石和珍珠建造就像空荡荡的地平线上闪烁的彩虹般神奇让它被隐藏起来。只让这一滴泪闪闪发光的存在时间的脸颊，这个泰姬陵。

墨西哥玛雅古迹

奇琴伊察玛雅城邦遗址，曾是古玛雅帝国最大最繁华的城邦遗址，位于尤卡坦半岛中部，始建于公元514年。城邦的主要古迹有千柱广场，它曾支撑巨大的穹窿形房顶，可见此建筑物之大。

奇琴伊察

位于尤卡坦半岛中部的奇琴伊察，南北长3千米，东西宽2千米，是众多玛雅遗迹中名气最大的一个，也是古典期晚期及后古典期早期最强大的城邦之一。早在公元5世纪就有人在此居住，7世纪晚期崛起，8世纪步入鼎盛，在与科巴的抗衡中逐渐取胜占据了主导地位，迅速累积财富，城市也一点点扩大。

玛雅和托尔特克风格的遗迹

十世纪末期，来自墨西哥中部的一支托尔特克人攻陷了奇琴伊察，他们和玛雅统治者"强强联合"建立了新的政权，把墨西哥中部地区的宗教文化和玛雅文明融合到了一起，也给这里注入了强大的战斗力，再次称雄尤卡坦半岛，成了后古典时期最强盛的玛雅城市。所以，我们今天看到的奇琴伊察，是一座兼具玛雅和托尔特克风格的遗迹。

三种文化融合之地

玛雅人奠定了城市的基础，将天文历法融入到建筑中，托尔特克文明的到来使城市达到鼎盛，金字塔一部分的构造就是典型的舶来品。而西班牙殖民者无法解读文明的本意，按照他们的思路给建筑起了奇奇怪怪的名字，使得奇琴伊察成了三种文化融合之地。这是一座保存完整的玛雅城市，统治者居住的千柱宫殿、祭祀用的金字塔、天文台……覆盖了宗教、文化、生活各个方面，而且保存（修复）都相当完好。

羽蛇神金字塔

提到金字塔，绝大多数人第一反应都是文明古国埃及。其实世界上拥有金字塔最多的地方不是埃及，而是墨西哥。在尤卡坦半岛的玛雅遗迹中散落着大大小小的金字塔，只不过古玛雅人的金字塔不是坟墓，而是用来祭祀。奇琴伊察最著名的有羽蛇神金字塔。

秘鲁印加遗址

20 世纪初，人们传说在秘鲁安第斯山脉的崇山峻岭中有一座神秘的古城。西班牙人在长达 300 年的殖民统治期间，对它一无所知，秘鲁独立后 100 年间也无人涉（shè）足。400 多年的时光，只有翱翔的山鹰一睹古城的雄姿，它就是今天的马丘比丘印加遗址。

印加帝国的崛起

当其玛文化、钦查文化和奇穆文化蓬勃发展之时，在库斯科比卡诺塔河谷，另一旁支的印加文化正在孕育，他们合纵连横，实现了领土的扩张。在战胜了阿普里马克和阿亚库乔的昌卡人之后，印加人（历史给了他们这个名字）建立了当时美洲大陆最大的帝国。该帝国领土覆盖当今世界的六个国家，以强硬的社会控制和高效的行政管理系统，将当时互相之间差异巨大的人口统一到了同一旗帜下。公元十二至十五世纪，印加人创造了前无古人的伟大国度，道路交通阡陌，文化智慧交融。

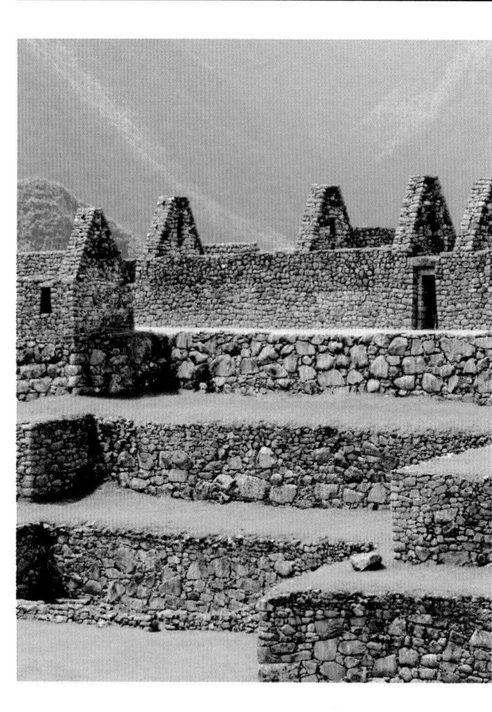

马丘比丘

马丘比丘在一个世纪前由海勒姆·宾厄姆发现，这座印加古城是秘鲁最为宏伟的考古遗迹。研究认为城池主要建于 15 世纪下半叶，帕查库特克王的统治时期，也是印加帝国发展的顶峰。尽管有大量学者对其进行了研究，此地的实际作用仍然是一个迷。主要包括印加王的私人寓所、驯化野生植物的农业场所、防御亚马逊部落的要塞、观星台，或者为宗教或印加帝王崇拜服务的女祭司居住的神庙。

美国人海勒姆·宾厄姆

1911 年，美国人海勒姆·宾厄姆在当地曼多村居民梅切·阿特加的带领下来到了马丘比丘，并将这座失落的印加城池介绍给了全世界。马丘比丘及其周围地区在 1981 年被宣布为历史保护区。两年后，联合国教科文组织将其认定为世界自然及文化遗产。2007 年 7 月 7 日，马丘比丘被评为世界新七大奇迹之一。

“太阳节”庆典

萨克塞华曼这座军事要塞兼祭祀中心，分三层由大型石墙支撑的平台组成，长达 360 米，呈之字形曲折分布。平台间有石阶和道路相连，其中还有一座太阳之门。由于位处一座小山之上，可将库斯科城尽收眼底，地理位置极具战略意义。在这片绵延的巨大石墙之间，每年 6 月 24 日都会举办全秘鲁最盛大多彩的因蒂·拉伊米“太阳节”庆典。

莫瑞

莫瑞位于库斯科印加圣谷。圆形梯田系统由空中摄影家希皮约翰逊于 1932 年在一次探索中发现。考古研究发现该地当时被用于进行农业试验，包括驯化野生可食用植物、物种杂交以及改良外来物种（如古柯）以适应当地气候条件等。

约旦佩特拉城

佩特拉是约旦著名古城遗址，位于约旦安曼南250千米处，希腊文意为“岩石”。佩特拉古城处于与世隔绝的深山峡谷中，位于干燥的海拔一千米的高山上，几乎全在岩石上雕刻而成，周围悬崖绝壁环绕，其中有一座能容纳两千多人的罗马式的露天剧场，舞台和观众席都是从岩石中雕凿出来，紧靠山岩巨石风格浑然一体。

纳巴泰王国

相传那隐藏的佩特拉古城是公元前四世纪到公元前二世纪纳巴泰王国居住的城市，纳巴泰人是阿拉伯游牧民族，约在公元前6世纪从阿拉伯半岛北移进入该地区，在此依山修建了这一片谜一样的古城。这里是阿拉伯和地中海区域一个重要的交叉地区，所以曾经一度繁华。

纳巴泰人消失

历史长河会冲淡所有曾经不可一世的辉煌，大约在公元七世纪左右，这里突然变得冷清，慢慢消失在文明的视线里。而建造这辉煌的纳巴泰人也迷一般地消失了，没有留下任何文字记录，好像他们从来没有出现过一样。这精妙绝伦的佩特拉城堡慢慢地淹没在了历史的风沙中。

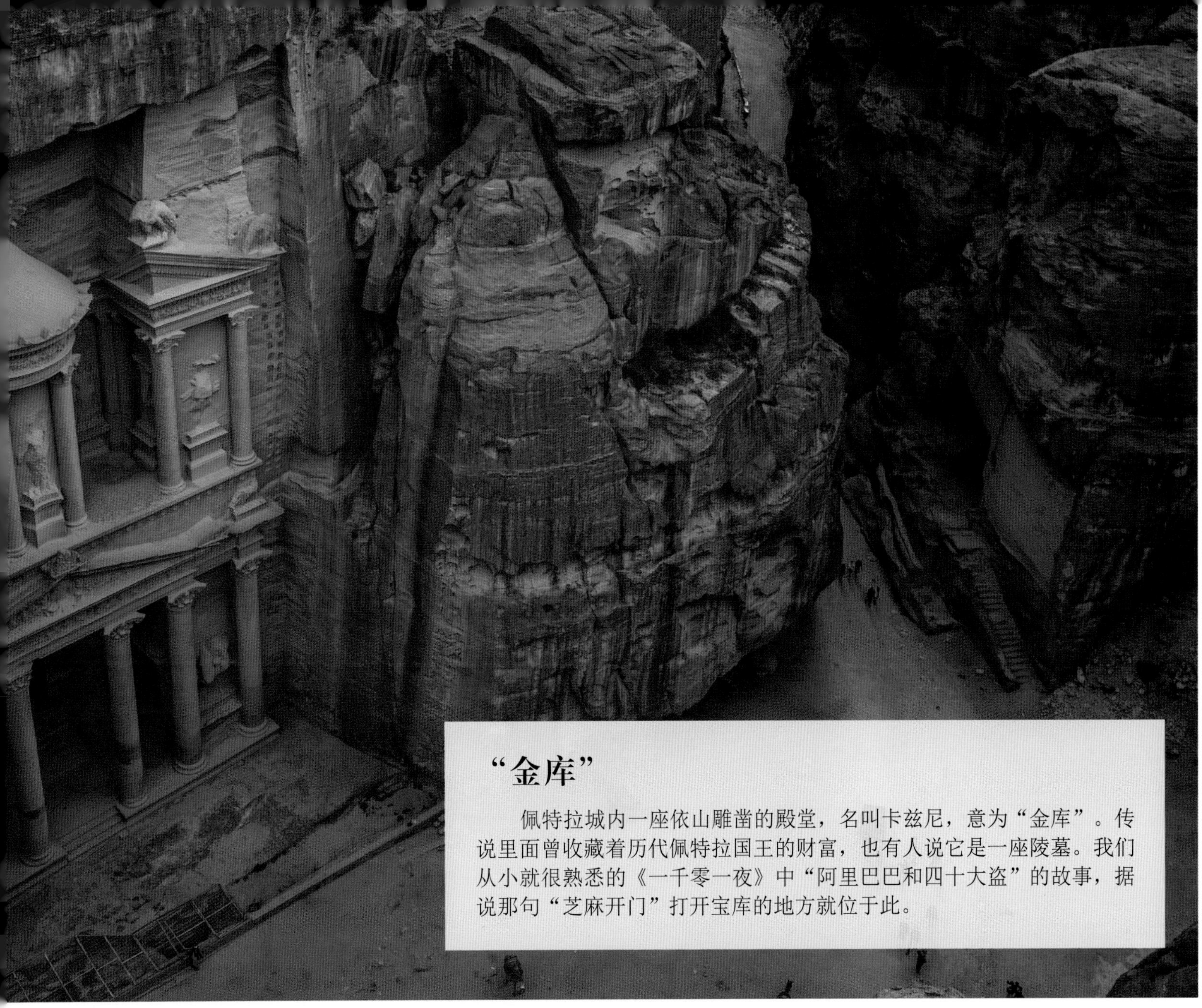

“金库”

佩特拉城内一座依山雕凿的殿堂，名叫卡兹尼，意为“金库”。传说里面曾收藏着历代佩特拉国王的财富，也有人说它是一座陵墓。我们从小就很熟悉的《一千零一夜》中“阿里巴巴和四十大盗”的故事，据说那句“芝麻开门”打开宝库的地方就位于此。

重见天日

1812 年，瑞士一位探险家冒着生命危险，乔装打扮成当地人，终于重新发现了这里，在销声匿迹了几百年后，佩特拉终于重见天日。思绪在这谜一样的历史中旋转，而佩特拉现代城镇又营造出了另一翻梦幻的景象。

一座玫瑰红的城市

19 世纪的英国诗人柏根的一首诗里的一句：“一座玫瑰红的城市，其历史有人类历史的一半。”遥想当年，纳巴泰人在这片以红褐色和粉色为主的岩石上生生凿出来自己的城堡，崇山包围，只留下一些细长的峡谷进出，这无疑是绝佳的安全生活之地。而当年这里又因贸易路线繁华一时，最后却因红海海上贸易兴起代替了陆上商路，佩特拉逐渐衰落，直到最后消失在历史的记忆中。当它再次出现在人类视野时，已经成为见证历史的世纪文化遗产。

埃及金字塔

拜占庭菲所分的七大奇迹中，只有埃及金字塔依然巍然存在。目前埃及有八十多座金字塔，始建于公元前 2686 年至公元前 2181 年，它能被列入七大奇迹之首，是因为在没有先进科技的帮助下，仅靠一些原始工具及人力竟可建成如此宏伟的建筑，甚至至今最先进的科技也未能做到。

法老的陵墓

约从公元前 3500 年开始，尼罗河两岸陆续出现几十个奴隶制小国。公元前 3100 年，初步统一的古代埃及国家建立起来。古埃及国王也称法老，是古埃及最大的奴隶主，拥有至高无上的权力。他们被看作是神的化身。他们为自己修建了巨大的陵墓金字塔，金字塔就成了法老权力的象征。因为这些巨大的陵墓外形形似汉字的“金”字，因此我们将其称之为“金字塔”。在胡夫拉金字塔前，还有一尊狮身人面像守卫着法老们的陵墓。

狮身人面像

狮身人面像的面部参照哈佛拉，身体为狮子，高 22 米，长 57 米，雕像的一个耳朵就有 2 米高。整个雕像除狮爪外，全部由一块天然岩石雕成。由于石质疏松，且经历了 4000 多年的岁月，整个雕像风化严重。另外面部严重破损，有人说是马穆鲁克把它当作靶子练习射击所致，也有人说是 19 世纪拿破仑入侵埃及时炮击留下的痕迹。

胡夫金字塔

胡夫金字塔是世界上最大的金字塔，是第四王朝第二个国王胡夫的陵墓，建于公元前 2690 年左右。在 1888 年巴黎建筑起埃菲尔铁塔以前，它一直是世界上最高的建筑物。原高 146.5 米，因年久风化，顶端剥落 10 米，现高 136.5 米；底座每边长 230 多米，现长 220 米，三角面斜度 52 度，塔底面积 52900 平方米；塔身由 230 万块石头砌成，每块石头平均重 2.5 吨，最大的重达 160 吨；有学者估计，如果用火车装运金字塔的石料，大约要用 60 万节车皮；如果把这些石头凿碎，铺成一条一尺宽的道路，大约可以绕地球一周。据说，10 万人用了 30 年的时间才得以建成。

红色金字塔

红色金字塔是法老萨夫罗在弯曲金字塔附近修建的另一座金字塔。它是埃及最古老的，“真正”的金字塔，底部为边长约 220 米的正方形，高约 104 米。因其主题建筑材料采用红色石灰而得名（表面包裹（guǒ）的装饰性白色石灰石已所剩无几）。

建筑史上的奇迹

胡夫金字塔除了以其规模的巨大而令人惊叹以外，还以其高超的建筑技巧而得名。塔身的石块之间，没有任何水泥之类的黏着物，而是一块石头叠在另一块石头上面的。每块石头都磨得很平，至今已历时数千年，就算这样，人们也很难用一把锋利的刀刃插入石块之间的缝隙，所以能历数千年而不倒，这不能不说是建筑史上的奇迹。让人们叹为观止。

中国万里长城

长城诞生于公元前七百多年，几乎伴随了中国封建社会发展的全过程，它是世界上有史以来最长的一道军事防御工程，它蜿蜒曲折像一条巨龙，跨越崇山峻岭江河湖海，横卧在中国北方的土地上，它的总长度几经变化，全部加起来超过了五万千米。长城是有史以来唯一在太空中可看到的三度空间建筑物，以现代科技来修筑都不容易，而我国竟能建筑于两千多年前的春秋战国时代，实在难得。

烽火台

公元前九世纪，在这片以农耕为本的土地上，诞生了一个新兴的国家——西周。西周依托黄河流域而建，地处中原，国土四周分布有氐、夷、羌、戎等众多的少数民族。为有效地保卫国土，防御外敌入侵，西周军队开始不断地修筑一种土堆，这种土堆在当时有一个形象的名字——烽火台。烽火台以夯土构筑，看似土堆，实际上却是一套先进实用的烽燧系统。烽和燧外观相似，功能不同，日间点燃，以烟报警叫燧；夜间点燃，以火为号叫烽。

"烽火戏诸侯"

西周的最后一个帝王——周幽王，为博得美人一笑，竟把烽火台当作玩物，无故燃起火光，引来四面八方的援兵如热锅上的蚂蚁乱成一团。美人笑了，周王朝的运数也到了尽头。公元前771年，西周灭亡。在给后世留下"烽火戏诸侯"的笑柄之后，当时先进的防御系统——烽火台也流传了下来，它成为长城最早的雏形。周朝灭亡后，中国进入了四分五裂、诸侯割据的春秋战国时期，各个诸侯国居住的领地需要明确的划分，也需要自我保护，于是他们筑起一道一道的高墙，将自己的居住地围在中间。

早期长城

当时中国的北方居住着许多游牧民族，他们逐水草而居，没有耕地进行耕作，旱季到来为了生存，牧民们便骑上快马闯入中原地区掠夺粮食。游牧民族飘忽不定的行踪和迅疾猛烈的攻击力，总是令中原边疆的农民，甚至军队束手无策、叫苦连连。为了阻挡游牧民族的进攻，中国北部各诸侯国开始用墙把烽火台加以连接，以保卫家园，形成早期长城。从春秋战国各诸侯国开始修筑长城时起，长城这个伟大的军事防御体系就在华夏大地上不断重复着重建与毁坏的历史。没人知道到底有多少长城遗址散落于山川之间，静静地等候着人们发现的足迹。长城太古老了，自公元前五世纪的战国时期，它便屹立在华夏大地上，无声地见证着无数王朝的兴衰成败。

秦始皇修缮长城

公元前 221 年，秦始皇统一了中国，建立起中国历史上第一个统一的中央集权的封建王朝，他自称始皇帝，意味着秦王朝将成为二世三世四世，直至万世永继的铁打江山。秦始皇很清楚游弋在北方的草原民族是帝国存亡的最大边患。从公元前 214 年开始，他下令拆除原来诸侯国之间相互防范的长城，把原来燕、赵、秦三国专门用来对付游牧民族的旧长城进行修缮（shàn）、连接，并在北部边疆的其他地方增修新的长城。七年后，一条西起陇西临洮（táo）、东到辽东长达五千千米的长城完工了，成为名副其实的万里长城。

伟大的工程

根据史书记载，秦时参加修筑长城的军队约四十万，除此之外还征用了五十多万民夫，包括囚犯、贫民、女人，总人数近百万。当时秦朝约有两千万左右的人口，根据这个数据计算，每二十个人中就有一个人参与了长城的修筑，可以说秦朝是动用了整个国家的人力和物力才完成了这项伟大的工程。

柬埔寨吴哥窟

吴哥城，也叫大吴哥，占地 10 平方千米，是高棉帝国最后一座都城；吴哥窟也叫小吴哥，距大吴哥 3.3 千米，建筑面积 195 万平方米，是世界上最大的寺庙。柬埔寨国旗上的国徽就是吴哥窟的图案。它不仅仅代表了高棉古典艺术的最高峰，还是现存最大最完整的婆罗门教（古印度教）遗址、是世界文化遗产，它和中国的长城、印度的泰姬陵和印度尼西亚的千佛坛被誉为东方四大奇迹。

柬埔寨国家的标志

吴哥窟之所以闻名世界，一是它不仅是世界上最大的庙宇，而且它浮雕回廊的规模、雕刻之精美也是世界之最；二是在整个吴哥遗迹中，它的保存和维护最完整，也最具代表性；三是它是吴哥王朝时期到达巅峰时期的代表作，吴哥窟的造型，已经成为柬埔寨国家的标志，柬埔寨的国旗就是以它的五座高塔做国徽；四是吴哥窟至今还有一些未解之谜，更为这座庙宇增添了一层神秘的色彩。

吴哥王朝的国都

吴哥窟原始的名字意思为“毗湿奴的神殿”，中国佛学古籍称之为“桑香佛舍”。是吴哥王朝国王苏耶跋摩二世在12世纪时，花了大约 35 年建造兴建的一座规模宏伟的石窟寺庙，作为吴哥王朝的国都和国寺。

城中之城

其实吴哥窟并不在吴哥城中，它独立在大吴哥城南门外约两千米的地方，有独立的护城河，有四面城门，有外墙内墙，所有城市应该具有的格局它都有，已经远远超过了一个“寺庙”的元素和规模。因此，吴哥窟算得上一个五脏俱全的“城中之城”。吴哥寺外墙东西长达 1025 米，南北宽 800 米。

浮雕回廊

浮雕回廊是吴哥寺另一个突出的建筑艺术特色。吴哥寺的回廊除去实用功能之外，更注重了美感的设计，长长的画廊，数十根立柱，一字排开，为吴哥寺的总体外观，添加横向空间的节奏感。三层台基各有回廊，如同乐曲旋律的重复，步步高，步步增强，最终归结到主体中心宝塔。吴哥寺的回廊不愧为世界上最大的浮雕回廊，其中围绕主殿第1层台基的回廊就长达800米，壁面满布浮雕，叙述着印度的两大史诗《摩诃婆罗多》和《罗摩衍那》及印度教神话《搅动乳海》，也有战争、皇家出行、农业生产、人民生活等场景。

未解之谜

吴哥寺至今还有一些未解之谜，更为这座神庙增添了一层神秘色彩。吴哥窟建筑之宏伟，回廊浮雕之精美，然而却在15世纪初突然人去城空，一百多万人仿佛一夜间消失。没有留下任何文字记载。在此后的几个世纪里，吴哥都城又变成了树木和杂草丛生的林莽与荒原。直到十九世纪，法国生物学家亨利·墨奥发现以前，连柬埔寨当地的居民对此都一无所知。

埃及路克索神庙

路克索，是古埃及帝国的千年之都。路克索在阿拉伯语中的意思就是宫殿之城。路克索现是埃及第二大城市，位于市中心的路克索神庙跟卡纳克神庙，是全埃及最大的神庙，这两座神庙历经数代法老不断拓建，面积大得惊人，现在出土的，还只是当时的一小部分。埃及人常说：“没有到过路克索，就不算到过埃及”。

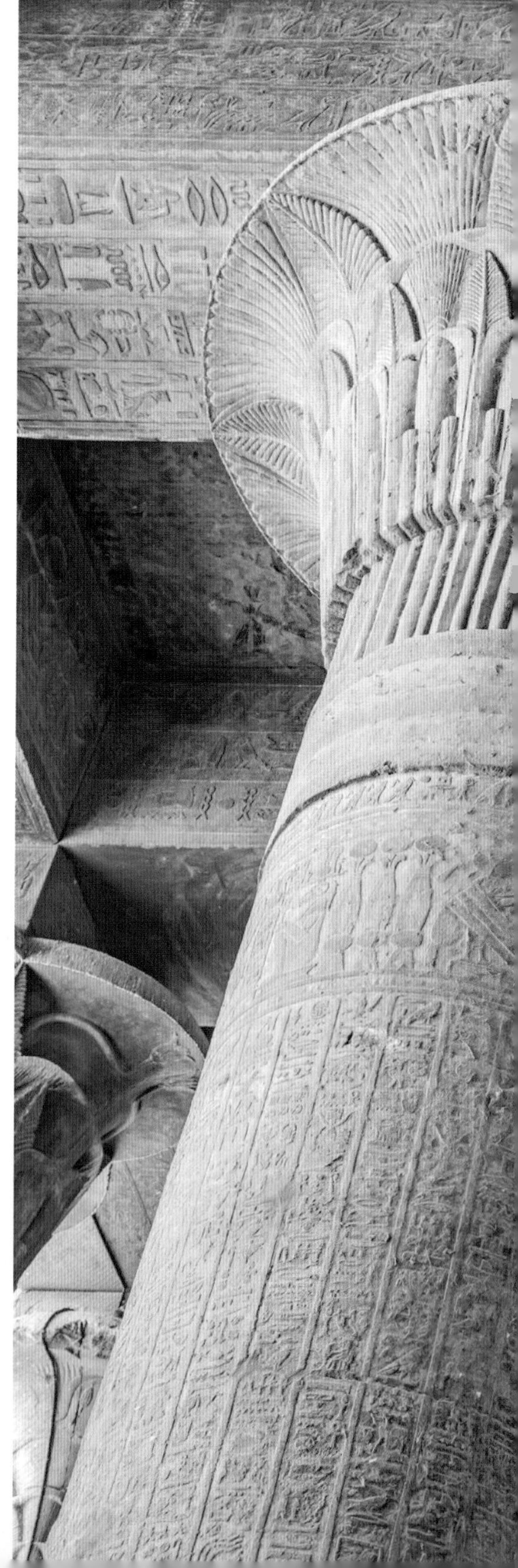

阿蒙－莱神庙

阿蒙－莱神庙始建于三千多年前的十七王朝，在此后的一千三百多年不断增修扩建，共有十座巍峨的门楼、三座雄伟的大殿。阿蒙－莱神庙的石柱大厅最为著名，有134根石柱，分成16排。中央两排的柱子最为高大，其直径达3.57米，6个人才能抱的巨柱，高21米，重达12吨。上面承托着长9.21米，重达65吨的大梁。这些石柱历经三千多年无一倾倒，令人赞叹。主神殿内有16排共134根高大的石柱。殿内石柱如林，仅以中部与两旁屋面高差形成的高侧窗采光，光线阴暗，形成了法老所需要的“王权神化”的神秘压抑的气氛。

卡纳克神庙

卡纳克神庙，不但是以往的决策中心，也是古埃及最神圣的神庙，庙中大祭司的权力几乎与法老相当。神庙中还有一座 1700 公尺长人工湖，是当年阿曼霍特普三世为了取悦他的伊拉克公主太太，特地派人在 15 天内挖出来的。

古埃及建筑艺术的高峰

在过去的漫长岁月中，埃及的历代国王和权贵在路克索大兴土木，建造了宫殿和神庙，这段建造时期堪称埃及建筑艺术的高峰，神庙将埃及人的想象力发挥到了极点，太阳与尼罗河代表着埃及这个古老民族对生与死的全部思考，尼罗河给予了他们生命的源泉，也孕育了世代不衰的灿烂文明。

中国西藏布达拉宫

布达拉宫坐落于西藏拉萨中心的红山之上，海拔 3700 余米，建筑总面积 13 万余平方米，主楼高 115.703 米，共 13 层，是世界上海拔最高，集宫殿、城堡和寺院于一体的宏伟建筑，是西藏地区现存规模最大，样式最全，保存最完整的宫堡式建筑群。

藏王松赞干布的王宫

据史记记载：公元 7 世纪 30 年代吐蕃第三十三代藏王松赞干布迁都拉萨，并建布达拉宫为王宫，当时修建的这座宫堡规模宏大，外有三道城墙，内有千座宫室，是吐蕃（bō）王朝处理政务的中心，地位十分显赫。公元 9 世纪，吐蕃王朝解体，在之后的 800 余年中，由于战争和自然灾害等原因，布达拉宫遭到大规模的破坏，变成隶属拉萨大昭寺的一处纯宗教活动场所。

扩建增建

公元 1642 年，五世达赖喇嘛阿旺罗桑嘉措建立了甘丹颇章西藏地方政权，并于公元 1645 年，在早期布达拉宫的遗址上修建了白宫为主体的建筑，于公元 1653 年，甘丹颇章政权机构从哲蚌寺迁到布达拉宫。公元 1682 年，五世达赖喇嘛在布达拉宫圆寂，其灵塔殿便修在于此，同时，在保留法王洞和圣观音殿，等一部分公元 7 世纪建筑的基础上扩建了红宫。后于十三达赖喇嘛时期，在白宫东侧顶层增建了东日光殿和布达拉宫红山脚下的部分附属建筑。1933 年十三世达赖喇嘛圆寂，其灵塔被建于红宫西侧，至此，从公元 17 世纪中叶开始的布达拉宫重建和增建工程全部完成，也就形成了布达拉宫现在的规模。

世界屋脊明珠

这座被誉为世界屋脊明珠的宫堡建筑，无论从宫殿布局，土石木结构，金属冶炼，还是雕塑、壁画都体现了古代藏族人民的勤劳智慧和藏族建筑艺术的伟大成就，几乎是浓缩了我国藏民族的全部历史，是研究我国藏民族的历史、文化、艺术的宝库。1961 年，国务院将布达拉宫列入第一批全国重点文物保护单位，1994 年列入《世界遗产名录》。

意大利斗兽场

斗兽场曾经是罗马帝国最大的圆形剧场，现在是世界上最雄伟的建筑遗址之一。斗兽场建于公元70年至72年，是古罗马帝国专供奴隶主、贵族和自由民观看斗兽或奴隶角斗的场地。这座巨大的建筑因为已经荒废，所以不管是在外围还是内部，都深刻的残留了被风雨腐蚀的痕迹，不过，这也间接说明了这座建筑见证了一段不可磨灭的历史。

庞大的建筑

遗址位于意大利首都罗马市中心，它在威尼斯广场的南面，古罗马市场附近。从外观上看，它呈正圆形；俯瞰时，它是椭圆形的。它的占地面积约2万平方米，长轴长约为188米，短轴长约为156米，圆周长约527米，围墙高约57米，这座庞大的建筑可以容纳近九万人数的观众。

独特的造型

从建筑特点来看，罗马斗兽场围墙共分四层，前三层均有柱式装饰，依次为多立克柱式、爱奥尼柱式、科林斯柱式，也就是在古代雅典看到的三种柱式。科洛西姆斗兽场以宏伟、独特的造型闻名于世。罗马斗兽场是古罗马时期最大的圆形角斗场，建于公元 72 至 80 年由 4 万名战俘用 8 年时间建造起来的，现仅存遗迹。

野蛮（mán）的快感

古罗马人最喜爱的娱乐就是对血淋淋的角斗场面作壁上观。大批的角斗士被驱赶上角斗场，相互残杀，或与野兽肉搏，嗜血的贵族奴隶主则在角斗士的流血牺牲中获得一种野蛮的快感。

为期百天的庆典

而罗马斗兽场的功能，却让人觉得残忍与血腥，其实就是让野兽与奴隶战斗，以供贵族们娱乐。听说当时为了庆祝完工，统治者们举行了为期百天的庆典，让 5000 头野兽与 3000 名奴隶、战俘上场“表演”。为了生存，人们不得不举起手中的武器对抗野兽的尖牙。这场血腥的厮杀，据说持续了近百天。

希腊帕特农神庙

这座雄伟的建筑是由古雅典人在公元前 447 年至 432 年建造的，里面供奉着城市的守护神——雅典娜女神。这里曾经是一座美丽的神庙，但由于经历了数次战争和地震的破坏，现在留下的只是它曾经令人敬畏的美丽片段，但人们仍不断涌向雅典，观赏神庙遗址。

2000 多年屹立不倒

帕特农神庙坐落在希腊首都雅典中心卫城的最高点上，其所在的石灰岩山岗三面都是悬崖。帕特农神庙由 2.2 万吨珍贵的大理石构建而成，神庙中 1.3 万块石头彼此契合，无缝对接，58 根高耸的石柱能够抗震，2000 多年来屹立不倒。

美丽的传说

古希腊由大大小小的城邦组成，每个城邦都有自己的保护神。传说雅典娜女神和海神波塞冬争夺雅典这座城市，最后宙斯裁定：谁能给雅典人一样有用的东西，这座城便归谁。波塞冬唤出一匹战马，象征战争；雅典娜拿出的东西是一棵橄榄树，象征和平，直到现在橄榄树都是和平的象征。最终雅典娜胜出，成为雅典人民的守护神，雅典这座城市也由雅典娜的名字而命名。雅典娜始终保持独身，也被称为“处女神”，在希腊语中，“处女”译为“帕特农”，毫无疑问，帕特农神庙供奉的是雅典娜女神。

庄严之美

在古希腊。神庙被认为是神灵在凡间的居所，为了表示对神的敬意，古希腊人在建筑和装饰上都力图做到最精。古希腊人在哲学、数学上造诣颇多，哲学家毕达哥拉斯提出“万物皆可数”的理念。帕特农神庙的庄严之美正是源自数学于艺术的完美融合。从整体上来看，整个帕特农神庙地面，顶部，宽和高，全部都是黄金分割比。这也难怪后人感叹帕特农神庙真是“不能多加一点，也不能减少分毫。”

女神雅典娜

作为西方文明的起源，古希腊神话绝对是人类文明中浓墨重彩的一笔。作为智慧化身的雅典娜女神同时还掌管着农业、艺术、法律及军事。在神话中，雅典娜生于天父宙斯的前额，是她将纺织、裁缝、雕刻等工艺传授给人类，成为人类的保护神。

静穆（mù）之美

帕特农神庙的艺术价值，绝不仅仅只是它外在的建筑结构，它最吸引人的，是其内部的塑像及长廊上的浮雕。帕特农神庙的塑像浮雕由古典时期最伟大的雕塑家菲迪亚斯及其门徒创造。神庙里原先供奉着一座顶级宝物——雅典娜女神像。神像高达 12 米，由黄金象牙镶嵌，是全希腊最高大的雅典娜女神像，不过它在公元 146 年的战争中，被东罗马帝国国王掳走，摔碎在运输途中。

英国古罗马浴场

位于巴斯市的浴场是英国保存最完好的罗马遗址之一，它是古罗马人用来休息、放松和进行一些社交活动的庞大建筑群。过去池内是清澈的水，用于沐浴，现在由于藻类的生长，池水已经变成了绿色。

大自然的馈赠

巴斯市位处英伦西南，毗邻布里斯托湾的门迪普丘陵上，形成于早石炭纪时期（距今3亿年前）的石灰岩丘陵，由于不断受到构造运动和侵蚀作用，巴斯附近具有很多天然形成的奇特岩洞和山谷等地貌奇观。在凝灰岩矿床的特殊地貌特性以及靠近海湾的丰富地下水资源共同作用下，2000米到4000米下的地下水自然上涌，所以被地热加热到45度左右的泉水通过断层来到地面。每天巴斯附近有117万升天然热泉来到地面，这也自然造就了巴斯的天然温泉。

历史的造就

公元43年，罗马帝国入侵英格兰，征服英国的罗马人在此修建寺庙，在公元100年前后逐渐建成了罗马风格的浴场，当地人直接唤作巴斯的罗马，以至于最后引申到了该种沐浴方式便以这座著名的城市名称命名。在公元2世纪，巴斯已经建成了具有热水浴、温水浴以及冷水浴的具一定规模的浴场了。随着罗马帝国的分裂，罗马的势力范围于公元5世纪左右退回欧洲大陆，罗马浴场便因长久缺乏修缮从而荒废。

现代的保护

罗马浴场内所含文物和遗迹最早可追溯到罗马帝国时期，包括因为祭祀投入深泉的物品，其中有大约1万多枚古罗马铸造的硬币。镀金的青铜女神头像以及凯尔特太阳神头像于1727年被发掘，现藏于巴斯罗马浴场博物馆。不仅是珍惜物品，石雕和铜像等容易受到热空气和酸雨等影响。19世纪末期为了保护罗马帝国皇帝的雕塑，就已经开始每隔几年给雕塑加上防护罩进行保护。

祭祀（sì）的功能

不仅是沐浴，罗马浴场还有着祭祀的功能。根据考古研究和挖掘的神像都表明，浴场的位置是古凯尔特人进行祭祀的宗教中心。普遍认为祭祀对象是女神苏利斯，她被认为是滋养生命的母神。苏利斯（Sulis）一词很有可能源于古爱尔兰语的“Suli”泉眼之义，这与当地丰富的温泉资源具有很大关联。从被发掘的镀金苏利斯女神头像也能看出一些当年祭祀时候的影子。

建筑灵感启发后人

现如今的古浴场虽已不再使用，但是很多灵感启发着后人，现在的很多大型洗浴中心和水疗中心都可以找到古罗马时期的罗马浴场的影子。清澈的泉水中，倒映着繁盛的帝国的影子。轻击水花，似能看到千年多前戏水的姑娘。而这一切，都随着帝国的消亡，湮没在时光的淘沙卷浪中。

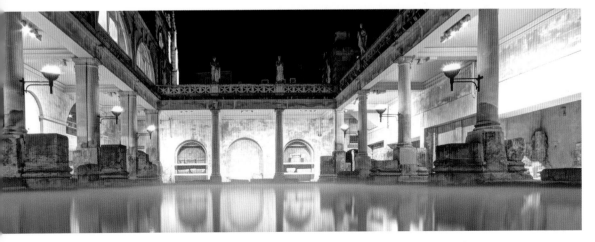

英国史前石柱

从石器时代遗留下来的巨石遗迹中，位于英国伦敦西南方约两百千米，在索尔斯堡平原上的史前巨石柱，可说是最有名的。虽然有很多巨石已经不见踪影，但仍隐约看到它原来的风貌。是世界七大奇迹之一，是英国最著名的史前建筑遗迹。占地约 11 公顷。

建造非常艰巨

巨石柱排成两个圆，外圆半径约为 15 公尺，本有 30 个巨石柱，加上 30 个横石，形成一个多拱门的圆。这些巨石的材质都是沙鹿仙，所以外圆叫做沙鹿仙圆，它们平均有四公尺高，26 公吨重。内圆的石头也是沙鹿仙，但体积更庞大，最重的达五十公吨，内圆是五个三石塔组成一个马蹄形，面向东北方。以当时是只有石器的时期，史前巨石柱的建造可想而知是非常的艰巨。

不同时期建成

史前巨石柱整个遗迹据估计并不是同一个时期建成，其中经过 2000 年左右，最早在公元前 3000 年，遗迹最外围半径约有 50 公尺的土堆便已经完成，另外还有东北方在土堆外大道上的高跟石。而沙鹿仙圆及五个三石塔则建于约公元前 2000 年，然后陆陆续续都有小型的更改，直到公元前 1000 年左右。经考古学家鉴定，巨石阵大约建于公元前 4000 至 2000 年。也就是在新石器时代末期到青铜时代期间，比埃及最古老的金字塔还要早 700 年。

颇具规律性

这些石柱最高有8米，最重达50吨，顶上还架有石横梁。在它的外围，还分布直径约90米的圆形土沟和土岗，土岗内侧分布56个圆坑洞。这些沟、岗、洞、柱等结构，几乎呈规则的同心圆形，颇具规律性。

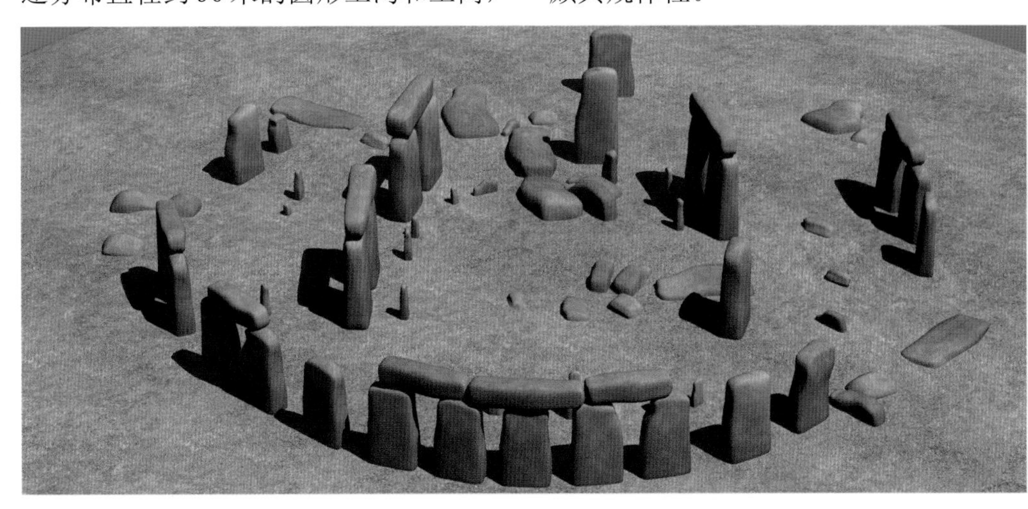

有目的的人类活动

英国科学家在威尔士普瑞斯里山的两个采石场内，发现了建造巨石阵的较小岩石的踪迹。在进一步考察这些采石场的时候，他们发现了石楔及挖掘的痕迹。这些证据可追溯到公元前3000年，刚好是巨石阵刚开始建造的时间。该项研究也破解了巨石阵的一大谜团，确定了其建造石料确是来自有目的的人类活动。

为何造出这么一个建筑

据估算，以当时的生产力水平，建造巨石阵至少需3000万小时的人工。也就是说，至少需1万人连续工作1年。那么，古人们为什么要如此大动干戈地造出这么一个建筑呢？有人说巨石阵是太阳神庙，有人说是祭坛，有人说是天象台，还有人说是乐器……为了解开笼罩在巨石阵上的又一层迷雾，科学家于2010年开展了“巨石阵隐藏地貌项目”。他们使用了激光雷达地下成像技术，对巨石阵及其周边地区展开了扫描。成像结果显示，巨石阵附近12平方千米范围内有古代墓葬、定居点、专属的活动空地等。从整体来看，巨石阵只是复杂网络结构中的一部分而已。这一次借助新技术发现新的遗迹，极大地改变我们对已知遗迹的认知。

希腊雅典卫城

美国国家地理杂志曾这样形容卫城，“雅典的卫城，希腊的眼睛，尘世间每一个旅行者精神与理想的栖息地。”

帕特农神庙

帕特农神庙，被视为西方文化的象征，位于雅典市中心的卫城山丘上。始建于公元前 580 年的卫城是用于防范外敌入侵的要塞，更是古雅典人政治、宗教和经济的中心。卫城上有着供奉古希腊神话中雅典娜等众神的神庙，虽然因战争与岁月的侵蚀，大部分都已破败不堪。但历史与文明从来都不可磨灭，这里带给欧洲以及全世界文明的影响都是无可比拟的。

希罗德·阿迪库斯剧场

建于公元 161 年，由罗马大帝时代的哲学家 Tiberius Claudius Atticus Herodes 为纪念他妻子而建造的剧场，如今成为了世界上最古老的剧场，也是同时期最杰出的建筑物之一。用罗马式窗型高墙为舞台背景，直径 38 米、大于 180 度的半圆形露天剧场可容纳 6000 多人。

伊瑞克提翁神庙

卫城一隅的伊瑞克提翁神庙是雅典人民献给波塞冬的，虽然雅典人选择了雅典娜作为自己城市的保护神，但也未忘记海神给予的舟楫（jí）之便，便在传说雅典娜与波塞东斗智的地方建起了神庙。神庙有三个神殿，分别供奉希腊的主神宙斯、海神波塞冬和铁匠之神赫菲斯托斯。

马里廷巴克图

廷巴克图位于沙漠中心一个叫做“尼日尔河之岸”的地方，距尼日尔河 7 千米。它坐落在尼日尔河河道和萨赫勒地区陆地通道的交汇处，是从开罗或的黎波里经贡达姆漫长之路的终点。廷巴克图建于公元 1100 年，历史上是贸易和文化中心。是古代西非和北非骆驼商队的必经之地，也是伊斯兰文化向非洲传播的中心。享有“苏丹的珍珠”之美称。

津加里贝尔清真寺

津加里贝尔清真寺的金字塔状平头光塔在市区以外也清晰可见，已成为城市一道景观。建于公元1325年曼丁哥王朝统治时期的津加里贝尔清真寺整体厚重，但其拱廊使这一感觉有所缓解。另外两个清真寺也为城市景观增添了这一基本视觉效果，其中桑克尔清真寺已转变成为大学。

传统的建筑艺术

廷巴克图的清真寺以及圣地在其发展的鼎盛时期，为伊斯兰教在非洲的传播过程发挥了巨大的作用。16世纪由班迪亚拉基拉修复的廷巴克图三大清真寺，是阿士基亚王朝末期廷巴克图作为首府达到黄金时代的见证。廷巴克图清真寺向世人解说了传统的建筑艺术。

历史渊源

廷巴克图于公元1100年由图阿雷格人所建，并成为旅客的中途短暂停留地以及苏丹商人进行贸易的场所。公元13世纪，随着以尼日尔河为经济中心的马里帝国的崛起，廷巴克图日渐重要。由于它与杰姆之间发展的食盐、谷粮和黄金贸易，其商业影响远远超过了它的军事作用。它不仅接纳了许多从撒哈拉沙漠边界城镇逃出来的外国商人，而且吸引了众多伊斯兰学者。所有这些人为廷巴克图的发展及其包括贡达姆等邻近地区的确立做出了贡献。

古阿拉伯文手稿

在撒哈拉沙漠的边缘，廷巴克图曾是声名远播的学术文化中心，留存着珍贵的古阿拉伯文手稿。在历史的动乱中，手稿被摧毁、掩埋，直到1984年一个名叫阿卜杜勒·卡迪尔·海达拉的年轻人横穿撒哈拉沙漠，沿尼日尔河搜集、保护和修复手稿，廷巴克图的文化得以复兴。

中国苏州园林

苏州园林又称“苏州古典园林”，世界文化遗产的组成部分，中国十大风景名胜之一，素有“园林之都”，享有“江南园林甲天下，苏州园林甲江南”之美誉，誉为“咫（zhǐ）尺之内再造乾坤”，是中华园林文化的翘楚和骄傲，是中国园林的杰出代表。

苏州四大名园

苏州园林始于春秋时期吴国建都姑苏时，形成于五代，成熟于宋代，兴旺鼎盛于明清。到清末苏州已有各色园林 170 多处，现保存完整的有 60 多处，对外开放的有 19 处，其中沧浪亭、狮子林、拙政园和留园并称苏州四大园林，代表着宋（960 年 -1278 年）、元（1271 年 -1368 年）、明（1368 年 -1644 年）、清（1644 年 -1911 年）四个朝代的艺术风格，被称为苏州四大名园。

沧浪亭

沧浪亭，是世界文化遗产，位于苏州市城南三元坊附近，在苏州现存诸园中历史最为悠久。以山林为核心，四周环列建筑，亭及依山起伏的长廊又利用园外的水画，通过复廊上的漏窗的渗透作用，沟通园内、外的山、水，使水面、池岸、假山、亭榭（xiè）融成一体。园内以山石为主景，山上古木参天，山下凿有水池，山水之间以一条曲折的复廊相连。

狮子林

狮子林以假山著称，是中国园林大规模假山的仅存者，具有重要的历史价值和艺术价值。狮子林假山群峰起伏，奇峰怪石。通过模拟与佛教故事有关的人体、狮形、兽像等，喻佛理于其中，以达到渲染佛教气氛之目的。山体分上、中、下三层，有山洞二十一个，曲径九条。在假山顶上，耸立着著名的五峰：居中为狮子峰，东侧为含晖峰，西侧为吐月峰。两侧为立玉、昂霄峰及数十小峰。假山上有石峰和石笋，石缝间长着古树和松柏。

拙政园

拙政园位于苏州城东北隅，是苏州存在的最大的古典园林，占地 78 亩（约合 5.2 公顷）。全园以水为中心，山水萦绕，厅榭精美，花木繁茂，具有浓郁的江南地方水乡特色。花园分为东、中、西三部分，东花园开阔疏朗，中花园是全园精华所在，西花园建筑精美，各具特色。园南为住宅区，体现典型江南地区传统民居多进的格局。园南还建有苏州园林博物馆，是国内唯一的园林专题博物馆。

留园

留园位于苏州阊门外留园路 338 号，留园为中国大型古典私家园林，占地面积 23300 平方米，代表清代风格，以园内建筑布置精巧、奇石众多而知名，建筑艺术精湛著称，厅堂宏敞华丽，庭院富有变化，太湖石以冠云峰为最，有“不出城郭而获山林之趣”。造园家运用各种艺术手法，构成了有节奏有韵律的园林空间体系，成为世界闻名的建筑空间艺术处理的范例。现园分四部分，东部以建筑为主，中部为山水花园，西部是土石相间的大假山，北部则是田园风光。

中国故宫博物院

故宫位于北京市中心，旧称紫禁城。于明代永乐十八年（1420 年）建成，是明、清两代的皇宫，无与伦比的古代建筑杰作，世界现存最大、最完整的木质结构的古建筑群。

“前朝”与“内廷”

故宫全部建筑由“前朝”与“内廷”两部分组成，四周有城墙围绕。四面由筒子河环抱。城四角有角楼。四面各有一门，正南是午门，为故宫的正门。故宫被誉为世界五大宫之一（北京故宫、法国凡尔赛宫、英国白金汉、美国白宫、俄罗斯克里姆林宫），并被联合国教科文组织列为“世界文化遗产”。1406 年（永乐四年），明成祖颁诏迁都北京，下令仿照南京皇宫营建北京宫殿。

“殿宇之海”

故宫的宫殿建筑是中国现存最大、最完整的古建筑群，总面积达 72 万多平方米，有殿宇宫室 9999 间半，被称为“殿宇之海”，气魄宏伟，极为壮观。无论是平面布局，立体效果，还是形式上的雄伟堂皇，都堪称无与伦比的杰作。

布局严谨有序

一条中轴贯通着整个故宫，这条中轴又在北京城的中轴线上。三大殿、后三宫、御花园都位于这条中轴线上。在中轴宫殿两旁，还对称分布着许多殿宇，也都宏伟华丽。这些宫殿可分为外朝和内廷两大部分。外朝以太和、中和、保和三大殿为中心，文华、武英殿为两翼。内廷以乾清宫、交泰殿、坤宁宫为中心，东西六宫为两翼，布局严谨有序。

建筑风格

故宫严格地按《周礼·考工记》中“前朝后寝，左祖右社”的帝都营建原则建造。整个故宫，在建筑布置上，用形体变化、高低起伏的手法，组合成一个整体。在功能上符合封建社会的等级制度。同时达到左右均衡和形体变化的艺术效果。中国建筑的屋顶形式是丰富多彩的，在故宫建筑中，不同形式的屋顶就有 10 种以上。

故宫四门

故宫有四个大门，正门名为午门。其平面为凹形，宏伟壮丽。午门后有五座精巧的汉白玉拱（gǒng）桥通往太和门。东门名东华门，西门名西华门，北门名神武门。故宫的四个城角都有精巧玲珑的角楼，角楼高 27.5 米，十字屋脊，三重檐迭（dié）出，四面亮山，多角交错，是结构奇丽的建筑。

法国埃菲尔铁塔

埃菲尔铁塔位于塞纳河南岸巴黎的战神广场，于 1889 年建成，得名于设计它的著名设计师、结构工程师古斯塔夫·埃菲尔。埃菲尔铁塔是世界著名建筑，法国的文化象征之一，巴黎的城市地标之一，巴黎最高建筑物。被法国人爱称为“铁娘子”。

巴黎的沉静之美

埃菲尔铁塔高 312 米，钢铁构件有 18038 个，重达 10000 吨，施工时共钻孔 700 万个，使用 12000 个金属部件，用铆钉 250 万个。埃菲尔铁塔共分三层，站在顶层可远眺 72 千米，整个巴黎尽收眼底。在天幕低垂之际登上埃菲尔铁塔，观赏落日辉映晚霞，等待星辰交替的城市夜景，是巴黎最迷人的沉静之美。

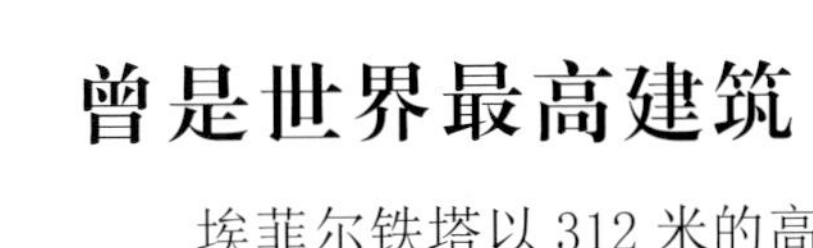

曾是世界最高建筑

埃菲尔铁塔以 312 米的高度，占据世界最高人造建筑的位置长达四十年。其位于 279.11 米处观景平台是欧盟范围内公众能够抵达的最高观景台，在全欧洲范围内仅次于莫斯科的奥斯坦金诺电视塔。铁塔的总高度曾通过安装天线而多次提高，这些天线曾被用于许多科学实验，现在主要用于发射广播电视信号。

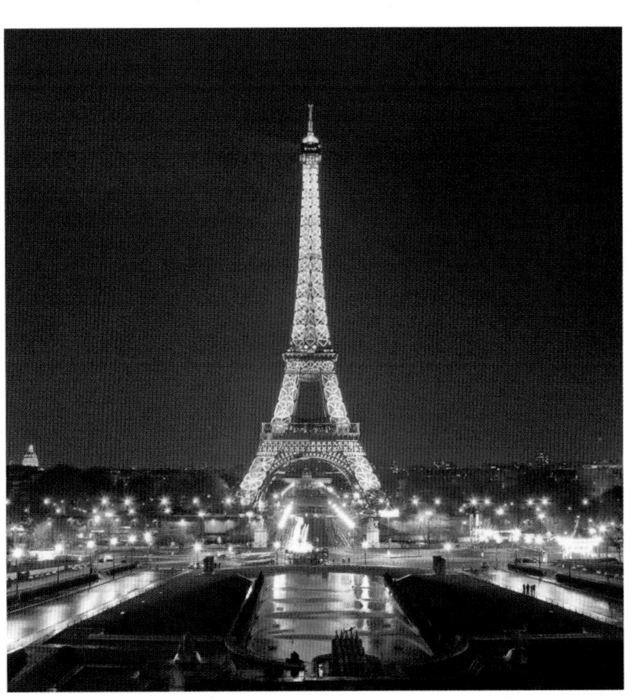

古斯塔夫·埃菲尔

埃菲尔铁塔的设计者是法国建筑师古斯塔夫·埃菲尔。早年他以旱桥专家而闻名。他一生中杰作累累，遍布世界，但使他名扬四海的还是这座以他名字命名的铁塔。1889 年 5 月 15 日，为给世界博览会开幕典礼剪彩，埃菲尔亲手将法国国旗升上铁塔的 300 米高空，由此，人们为了纪念他对法国和巴黎的这一贡献，特别还在塔下为他塑造了一座半身铜像。埃菲尔铁塔的四个面上共刻有72个法国科学家、工程师和其他知名人士的名字，古斯塔夫·埃菲尔以此来铭记他们做出的贡献。

经典之作

埃菲尔铁塔是由很多分散的碎片组成，看起来就像一堆模型的组件。由于铁塔上的每个部件事先都严格编号，所以装配时没出一点差错。施工完全依照设计进行，中途没有进行任何改动，可见设计之合理、计算之精确。据统计，仅铁塔的设计草图就有 5300 多张，其中包括 1700 张全图。

印度阿旃陀石窟

阿旃陀石窟由30座佛教寺庙组成，位于印度西部阿扬塔村附近的山体上，是在花岗岩马蹄形悬崖上精心雕刻而成。这些寺庙被联合国教科文组织列为世界文化遗产，它们拥有美丽的古代雕塑、祈祷大厅、装饰复杂的洞壁、神龛和一些世界上最迷人的壁画型绘画，是佛教宗教艺术建筑的最佳范例。

阿旃陀石窟壁画

阿旃陀石窟集古代建筑、雕刻、绘画之大成，融佛教信仰、文化变迁、社会生活于一体，驰誉遐迩，其壁画更为令人瞩目，依时代风格可分为早中晚三期。早期壁画构图多为横幅长条形，人物造型。中期画面构图壮阔繁密，作风沉着老练，色彩典丽，例如第十九窟中的列柱和板框上的采花女子像及蛇王像等。晚期雕像规模宏大，壁画创作在艺术上更臻完善，人物形象更加丰富，姿态更加优美，构图更加庄重。

涅槃佛像

26号窟左侧回廊有一尊长达5米的涅槃佛像。佛陀弥留之际，众弟子感到非常悲痛，佛陀便向他们作出最后的遗训：你们不要以为失掉我，便没有导师了。我灭度后，以往所说的言教和戒律，就是你们的导师呀！吩咐完毕，佛陀就在公元前543年的2月15日夜半，右胁而卧，入涅槃了。

最古老的石窟

10号石窟被认为是最古老的石窟，佛教在印度没落之后，石窟渐渐隐没在丛林里，直到1819年4月28日，英国军官约翰·史密斯打猎时追踪一头老虎来到溪谷，老虎在布满植物的岩壁上突然消失了。史密斯仔细观察岩壁，终于发现了沉睡几百年的石窟，并在右边支撑（chēng）的一根柱子上刻了自己的名字，给后人留下记号。

建筑特色

阿旃陀石窟，始凿于公元前二世纪，一直延续到七世纪中叶。唐代僧人玄奘大师曾对它作了最早的记载。阿旃陀石窟分为支提和毗诃罗两类。支提石窟是依循着天然岩石开凿的，中央置窣堵坡，殿内四周有建造的石柱，早期石窟装饰简洁大方，有着明显的仿竹木构造，到中后期石窟变得越来越精美。毗诃罗石窟的风格相对简洁，陈设也很简单，殿内有石床、石枕、佛龛等物品陈列。

缅甸蒲甘寺

蒲甘是东南亚甚至于世界上著名的“佛塔之国”，有着许多吸引人的千年佛塔古迹。蒲甘寺分布在缅甸的蒲甘平原上，由3500多座古佛塔以及其他宗教建筑组成，占地面积约为4144公顷。这些建筑大约有800年的历史。

阿南达寺

阿南达寺，蒲甘最美的一座大庙，也是至今最优雅美丽的佛教建筑，被称为艺术巅峰的杰作。建于1105年，其建筑工艺大大超越了之前的佛塔，并且融入了缅甸特有的风格。阿南达寺不但是蒲甘佛塔艺术的代表作，其精美的造型艺术在整个蒲甘地区堪称“前无古人，后无来者”，绝无仅有，而且其造型之宏大与精美，堪称世界级艺术建筑。

菩提树

相传，释迦牟尼佛在菩提树下打坐修道时，菩提树神便以树叶为释迦佛挡风遮雨，保护他安心修道，因此菩提树被认为是佛教最早的护法神。在佛寺里，她的形象特点是两手拿一树枝，打扮成年轻妇女的样子。菩提树本名毕钵罗树，这种树为常绿乔木，叶子呈卵形，茎干黄白色，花隐于花托中，树籽可作念珠。由于它是佛教圣树，东南亚佛教国家信徒常焚香散花，绕树礼拜，沿习成俗。

蒲甘金皇宫

蒲甘金皇宫位于蒲甘平原西北角，在真正皇宫的对面，是缅甸为数不多的纯柚木寺庙之一，虽然本身并未太多保留原有皇宫建筑的风格，但其依然是平原上蒲甘王国的代言人。整座皇宫全部用柚木建成，内外都贴有金箔，珍贵稀有的建筑材料加上珍贵的黄金，不得不说这是一座金碧辉煌，富有的皇宫。

智利复活节岛巨像

在智利复活节岛上，分布着 600 多尊巨人石像。根据一些资料记载，这些石像：“或卧于山野荒坡，或躺倒在海边。”其中有几十尊竖立在海边的人工平台上，单独一个或成群结队，面对大海，昂首远视。

复活节岛

在南美洲，有一个神奇小岛。这个岛呈三角形状，长 24 千米，最宽处 17.7 千米，总面积为 117 平方千米。岛上死火山颇多，有 3 座较高的火山雄踞岛上三个角的顶端，而其海岸也不是沙滩，大多为悬崖陡峭。这个岛很早就有人类居住，但直到 1722 年，荷兰探险家雅各布·洛吉文在南太平洋上航行探险，才发现了这个小岛。从此之后，才为世人所知。荷兰船员上岛时，发现当天正好是复活节，于是就以节日的名字为小岛命名，称为“复活节岛”。

造型奇特

岛上无腿的半身石像，造型生动，高鼻梁、深眼窝、长耳朵、翘嘴巴，双手放在肚子上。石像一般高 5 ～ 10 米，重几十吨，最高的一尊有 22 米，重 300 多吨。有些石像头顶还带着红色的石帽，重达 10 吨。石像由玄武岩、凝灰岩雕凿而成，有些还用贝壳镶嵌成眼睛，炯炯有神。石像造型之奇特，工艺之精湛，实在令人叹为观止。

石像是谁雕刻的

雕刻它们的目的是什么？是作为偶像崇拜或仅供观赏？当时落后的技术又是如何完成如此杰作的？而一些尚未完工的石像，又是遇到什么问题而突然停了下来？当然这些问题，几百年来一直困扰着考古学、历史学以及人类学等领域的专家学者。他们根据自己所学，提出了各种观点，但各方莫衷一是，至今仍没有完全令人信服的答案。

祖先崇拜之用

不少学者研究指出，复活节岛上的原住民拉帕努伊人，就是“莫埃”（原住民的称呼）的雕刻者。拉帕努伊人崇尚祖先崇拜，他们的观念与中国类似，认为逝去的祖先或部落的酋长，就会变成鬼神，从而荫庇活着的后代。于是他们雕刻先人的巨大石像，以作为祖先崇拜之用。

并非当地人修建

并非当地人修建说法存在一个漏（lòu）洞。有专家对此提出反驳意见。他们指出：“石像的高鼻、薄嘴唇，是典型的白种人相貌，而岛上的居民是波利尼西亚人，他们的长相没有这些特征。世界任何地方的雕塑艺术，总会蕴含着那个地方人的特征，而这些石像的造型，并无当地人的特征。”因此，不可能是原住民为了纪念祖先而雕刻的。而且以拉帕努伊人的生产力水平，也无法完成这样的杰作。

俄罗斯克里姆林宫

克里姆林宫高大坚固的围墙和钟楼、金顶的教堂、古老的楼阁和宫殿构成了一组无比美丽而雄伟的艺术建筑群，是世界上最大的建筑群之一。克里姆林宫是俄罗斯国家的象征，总统府所在地，也是历史瑰宝、文化和艺术古迹的宝库，享有“世界第八奇景”的美誉。

珍贵的文化遗产

建于公元 18 世纪的枢密院大厦，以及建于公元 19 世纪的大克里姆林宫和兵器陈列馆等。每一座建筑都蕴含着俄罗斯人民无与伦比的智慧，是世界建筑史上不可多得的杰作。宫内保存有俄国铸造艺术的杰作：重达 40 吨的“炮王”和 200 吨的“钟王”。克里姆林宫由此成为俄罗斯备受珍视的文化遗产。

主要建筑

列宁陵墓、20座塔楼、圣母升天教堂、天使教堂、伊凡大帝钟楼、捷列姆诺依宫、大克里姆林宫、兵器库、大会堂、古兵工厂、苏联部长会议大厦、苏联最高苏维埃主席团办公大厦、特罗依茨克桥、无名战士墓。克里姆林宫的建筑形式融合了拜占廷、俄罗斯、巴罗克、希腊和罗马等不同的建筑风格。

内城

克里姆林宫的“克里姆林”在俄语中意为“内城”，在蒙古语中，是“堡垒”之意。克林姆林宫位于俄罗斯首都的最中心的博罗维茨基山岗上，南临莫斯科河，西北接亚历山大罗夫斯基花园，东南与红场相连，呈三角形。

克里姆林宫红星

保持至今的围墙长2235米，厚6米，高14米，围墙上有塔楼18座，参差错落地分布在三角形宫墙上，其中最壮观、最著名的要属带有鸣钟的斯巴斯基钟楼。5座最大的城门塔楼和箭楼装上了红宝石五角星，这就是人们所说的克里姆林宫红星。

日本京都清水寺

清水寺始建于778年。现存的大部分建筑重建于公元1633年，虽然曾被烧毁多次然后重建。但至今的气象仍然瑰丽壮观，不失当年的风采。1994年被列入世界文化遗产名录。现已被日本列为“国宝建筑”。四季朝拜者源源不断，因此被日本人称之为“日本心灵的故乡”并与金阁寺、二条城并列为京都三大名胜，也是著名的赏枫及赏樱景点。

相传慈恩大师所建

具有千年历史的清水寺相传是唐玄奘在日本的第一个徒弟慈恩大师所建，那么为何有类似的传说呢？在中国的历史上，前往日本传播佛法的中国僧人非常多，以唐、宋期间名气最大莫过于鉴真东渡。但是唐玄奘西天取经路过100多个国家，记载中并没有日本。但是确实是有一位叫慈恩的重要弟子。

建于日本平安时代

根据现有的记录显示清水寺是由一位名为延镇的僧人从建造一个小佛堂开始的。798年，由大将军坡上田村麻吕兴建，此时是日本的平安时代，也是中国的唐朝中期，属于两国文化交流往来的全盛阶段。除了有大量日本僧人来中国学习，也有中国僧人去日本的，按照传说那么慈恩算是抵达日本的另外一位中国僧人。

清水舞台

清水舞台是清水寺的主建筑，气势恢宏，结构更是精妙，据说没有一根钉子，前面的清水舞台可以远眺京都全景。这个舞台正殿宽 19 米，进深 16 米，大殿的顶部铺设有数层珠形的桧树皮瓦。由 139 根巨大的木柱支撑，建在悬崖峭壁之上，可见当年的工程之浩大。日本有一谚语：“从清水的舞台上跳下去”，用以形容破釜沉舟做某事。

音羽瀑布

清水寺因寺中清水而得名，顺着奥院的石阶而下，便是音羽瀑布，清泉一分为三，分别代表长寿、健康、智慧，被视为具有神奇力量，据说可以预防疾病及灾厄。除此之外，清水寺还有正殿、随求堂、轰门等不同的古迹。

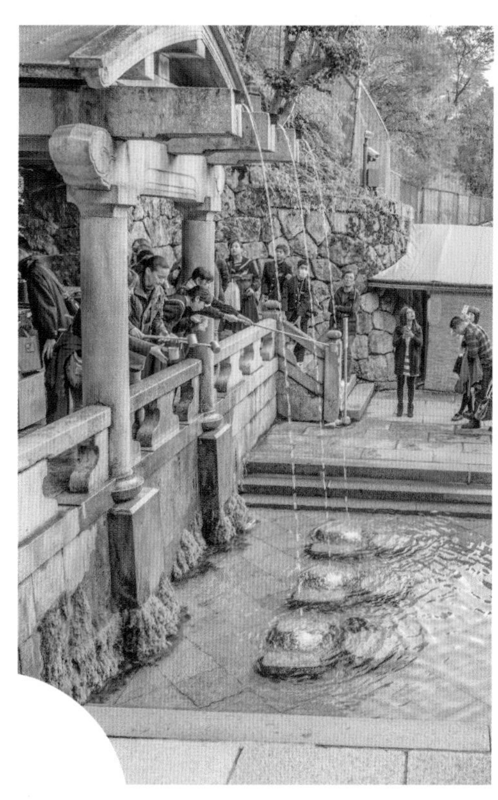

德国福森白雪公主城堡

新天鹅城堡又名“福森白雪公主城堡”，新天鹅城堡是德国的象征，是座白墙蓝顶的神话城堡，坐落在阿尔卑斯山脉中，始建于 1869 年。今日所见的城堡是前人与后人合作的经典之作。

梦想中的城堡

城堡的建造非常具有戏剧性，最初它是由巴伐利亚国王路德维西二世的梦想所设计，国王是艺术的爱好者，一生受着瓦格纳歌剧的影响，他构想了那传说中的曾是白雪公主居住的地方。他邀请剧院画家和舞台设计者绘制了建筑草图，梦幻的气氛，无数的天鹅画面，加上围绕城堡四周的湖泊，宛如人间仙境。

路德维西二世

路德维西二世是茜茜公主的表弟，据说他一直暗恋茜茜公主，在他入住尚未完工的新城堡时，茜茜公主送了一只瓷制的天鹅祝贺，于是路德维西二世就将此城堡命名为新天鹅城堡。路德维西二世并不喜欢政事，他专注于督促城堡的建造，由于当时城堡的建造花费相当大，他被认为不适于统治而去位，国王生前并未看到自己的梦想完工。

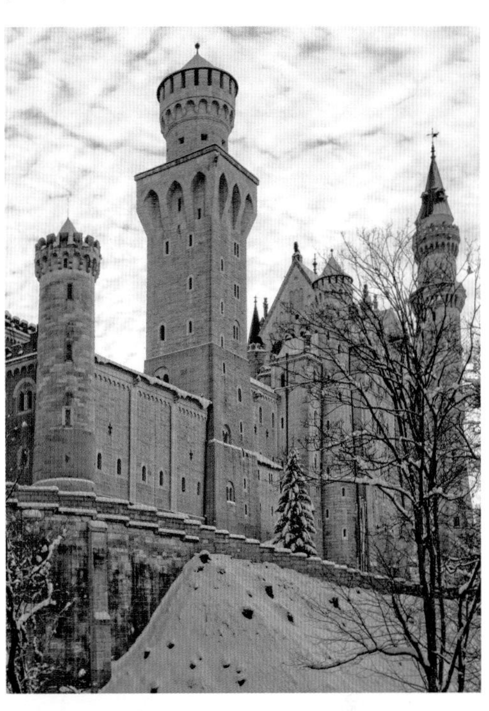

建造费用

新天鹅城堡，这么一座光芒四射的城堡，它的造价到底花费了多少钱？根据历史记载，从设计到完工，总计花费了 620 万马克，如果换算成现在的费用，那会是多少钱？工程耗时 17 年的时间，其间的投入也无法精确的计算。幸亏路德维西二世是个“疯子”，否则人们也绝不会看到如此绝美的城堡。沧海桑田，故人已去，唯有这座城堡散发着无穷的魅力。

土耳其圣索菲亚大教堂

圣索菲亚大教堂，位于土耳其伊斯坦布尔，是一座拥有近1500年漫长历史的宗教建筑。为供奉智慧之神“索非亚”，罗马帝国君士坦丁大帝于公元325年，建造了一座被誉为当时世上最出色历史建筑物之一的圣索菲亚大教堂。

艺术成就非凡

圣索菲亚大教堂承载了丰富的历史内涵和宗教价值，写有《古兰经》或安拉及先知名字的圆盘，至今仍挂在圆顶四周，和基督形象画等马赛克镶嵌画互相映衬，烘托出圣索菲亚不可思议的空间氛围；大圆顶下写着“安拉”和“穆罕默德”的大字和更高处的《圣母子》马赛克镶嵌画同聚一堂。伊斯兰教和基督教在此共存，艺术成就非凡，独特的画面是一道难得一见的风景。

建筑特色

在建筑布局上，圣索菲亚大教堂东西长77米，南北长71米，平面采用了希腊式十字架的造型，空间上创造性采用了以穹顶为中心的复杂拱券结构平衡体系，直径32.6米的中央穹隆突出，穹顶距地54.8米，以拱门、扶壁、小圆顶等设计来支撑和分担穹隆重量，通过帆拱支撑在四个大柱墩上（其横推力由东西两个半穹顶及南北各两个大柱墩来平衡），底部密排着一圈40个窗洞，让人仰望天界的美好与神圣。

东西方建筑风格和谐交融的象征

现在还有很多人仍习惯于将阿亚索菲亚博物馆称作圣索菲亚大教堂，这或许是反映了人们对拜占廷建筑艺术的热爱与怀恋。从远处眺望这座作为“拜占廷拱形建筑艺术经典代表”的壮丽外观，古罗马巴西利卡式整体结构的磅礴气势，古希腊圆柱式的鲜明造型，古西亚拱券式的独特风格完美地融为了一体，是东西方建筑风格和谐交融的象征。

真正意义上的“博物馆”

无论它是教堂或清真寺或博物馆，它都是一座真正意义上的“博物馆”，给人们展现出来的是西方文化和东方文化、基督文明和伊斯兰文明的相互碰撞（zhuàng）与交融的结晶。

西班牙阿勒罕布拉王宫

阿勒罕布拉王宫是西班牙格拉那达的象征，原是摩尔人作为要塞的宫堡，但建成后，其无与伦比的神秘而壮观的气质，使得这座宏伟的宫殿不仅成为伊斯兰艺术开放在西班牙最璀璨的花朵，更是建筑史上的经典之作。在如今西班牙诸多宫廷建筑中出现的伊斯兰元素，都能在这里找到对应和起源。

格拉纳达

说到西班牙，当然少不了这座最具风情的城市，维克多·雨果曾这样赞美她："没有一个城市，像格拉纳达那样，带着优雅和微笑，带着闪烁的东方魅力，在明净的苍穹下铺展。"在西班牙语中，石榴就叫"格拉纳达"，这是一个位于西班牙南部安达卢西亚自治区内的古老城市。

格拉纳达王国

从公元八世纪开始，信仰伊斯兰教的摩尔人，开始从西非向西班牙、葡萄牙所属的伊比利亚半岛进军，并征服了西班牙南部地区，在那里建立了国家。随着时间的推移，摩尔人的国家分裂为多个小国，而于十三世纪中期开始建造阿尔罕布拉宫的格拉纳达王国只是其中之一。不过，在摩尔人王国与信仰基督的西班牙和法国势力角逐的过程中，格拉纳达王国是坚守到最后的力量。

红堡

据说在西班牙有这样一句名言："世上没有比生在格拉纳达却是个瞎子更悲惨的遭遇了。"从这句名言就可以看出阿尔罕布拉宫的魅力是绝对不容错过的。阿尔罕布拉宫在西班牙的地位相当于中国的故宫，是中世纪摩尔人在西班牙建立的格拉纳达王国的王宫，是穆斯林摩尔国王艺术的顶峰之作。"阿尔罕布拉"在阿拉伯语中就是红色的意思，据说宫殿的设计师是受到夕阳余晖色调的启发，将这里的建筑定调为深红色，因此这里又被称为"红堡"。

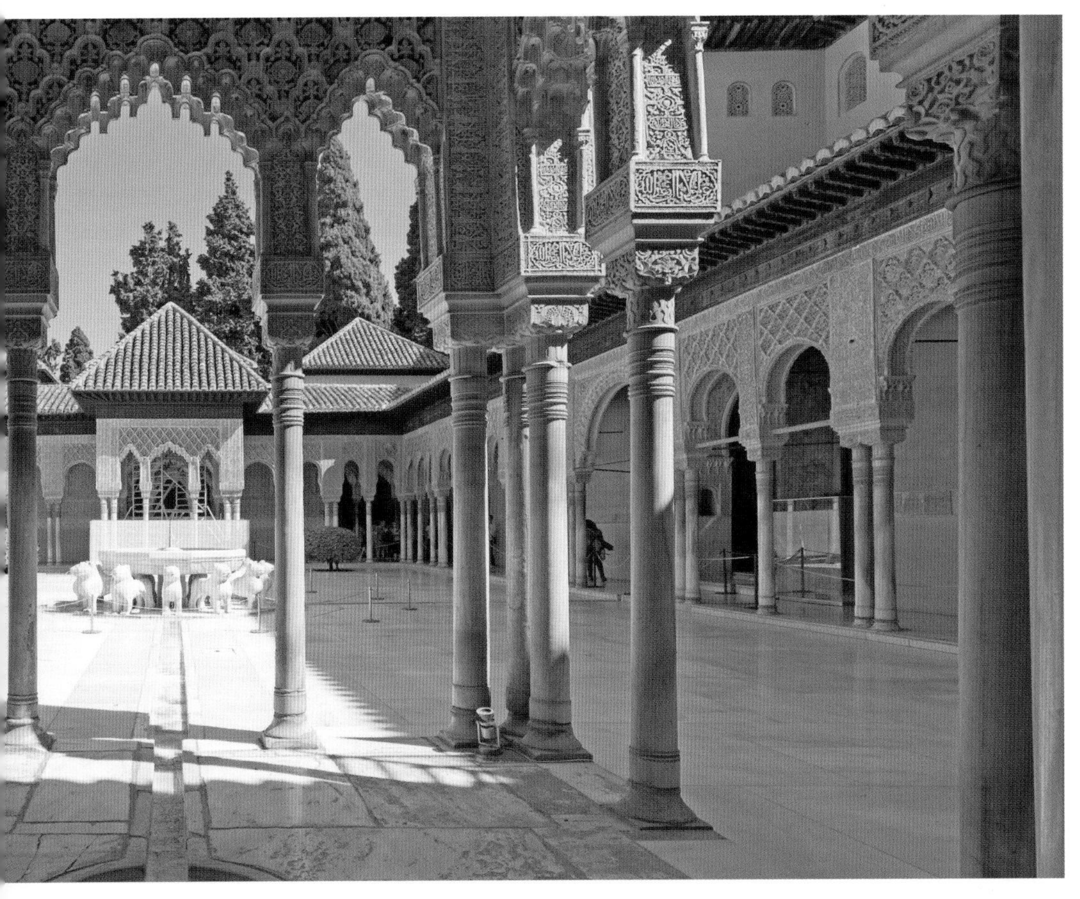

狮子园

狮子园是阿勒罕布拉王宫里按照“天园”的模式建造的，它采用十字形水渠将庭院四等分，形成4个下沉式。水渠交叉点上有一个由12头栩栩如生的石狮子驮着的喷泉，做工精细、考究、错综复杂，喷出来的水沿着水渠流入到柱廊里，加强了室内外空间的渗透。旁边又有橘树和花卉，从这种庭院的布局和元素运用来看，狮子园是阿尔罕布拉宫内最典型的阿拉伯花园。而且它严格按照比例分割装饰，这种水景体系既有制冷作用，又具有装饰性。

阿勒罕布拉王宫

远眺阿勒罕布拉王宫，最高的尖塔是科马列斯塔，塔下就是最负盛名的纳塞瑞斯皇宫，旁边四方平顶的建筑是卡洛斯五世宫殿，最右边的就是阿尔卡萨瓦碉堡。虽然阿宫外表看上去仿佛一个敦实方正的城堡，但实际上它的内部错综复杂，宛如迷宫。

金娘园

金娘园是阿勒罕布拉王宫里面一个近似黄金分割比例的矩形庭院，在庭院中央有大水池，两侧各有桃金娘绿篱，为建筑气氛很浓的庭园增添点自然气息。水池两端有柱廊，倒影在水池中，廊里各有一个喷泉，水喷出以后静静地流入水池。桃金娘园的景观样式简洁，使庭院显得典雅宁静，与四周华丽的建筑相互映衬。

巴西救世主耶稣雕像

上帝用了六天创造世界，却把完整的第七天全部献给了里约。在巴西的里约热内卢，无论贫穷还是富有，只要你身在里约就身在人间天堂。这里依山傍海、鬼斧神工的山海景色与多姿多彩的文化生活交织勾勒出里约独一无二的美景。而在里约众多的美景中，耶稣山与堪称世界新七大奇迹之一的“耶稣像”又备受世界各地推崇。

建成于 1931 年

雕像位于里约国家森林公园的科科瓦多山顶，建成于 1931 年，人像总高 38 米，如此巨大的耶稣，经过设计师的灵感设计，张开双臂向世人敞开怀抱，将他的悲悯与慈爱，毫无保留地撒向人间。

设计建造者

耶稣像建造设计之初，经过残酷角逐，设计稿花落拿下当年设计大奖的当地建筑师海托・达・席尔瓦・科斯卡，他骄傲地向世人宣称，“要建造一座迎着朝阳的基督像，耶稣永远闪耀万丈光芒。”最后他选择了法国雕塑家保罗・兰多斯基来完成这项艰巨的任务。

落成典礼

1931 年 10 月 12 日，是里约历史上值得铭记的一天，这一天，是巴西的圣母显灵日，也是耶稣像的落成典礼日。这座总耗资 25 万美金（相当于今天的 340 万美金），矗立于高达 700 米的科科瓦多山顶上，俯瞰整个里约的雕像，迅速成为巴西的地标性建筑，很快就被列为“世界新七大奇迹”之一，每年都吸引着成千上万的人士前来瞻仰，其中不乏信教人士。

《圣象的历史、象征和意义》

《圣象的历史、象征和意义》里这样写道：“在所有时代和文化中，圣象不仅仅是一件艺术品，更是基督教传统和信仰的表达方式。圣灵通过圣象与人交流。圣象被安放在何处，何处就是敬拜和祈祷（dǎo）的地方。圣象是一扇窗户，通过这扇窗，我们可以用我们的肉眼窥见天国和灵性体验的领域。”

交通工具

随着时代的变迁，交通是人类生活中必备的交通工具给人的生活带来了方便。汽车、轮船、飞机等也是出行的必然选择；火箭和宇宙飞船的发明也让人类对太空的探索成为了现实，极大地促进了人类社会的繁荣进步。

形形色色的汽车

汽车的神秘出现，也是人类对汽车的需求，推动了汽车生产和推动汽车后服务市场的发展，汽车在服务市场中扮演着重要的角色，需求量也越来越多，这样的角色是演变而来的。随着服务行业专业化的提高，发展形成了重要的汽车俱乐部。

家用旅行车→

家用旅行车是一个特色车型，有后通风口和全景天窗的旅行车，但扭转梁程度不一样的。

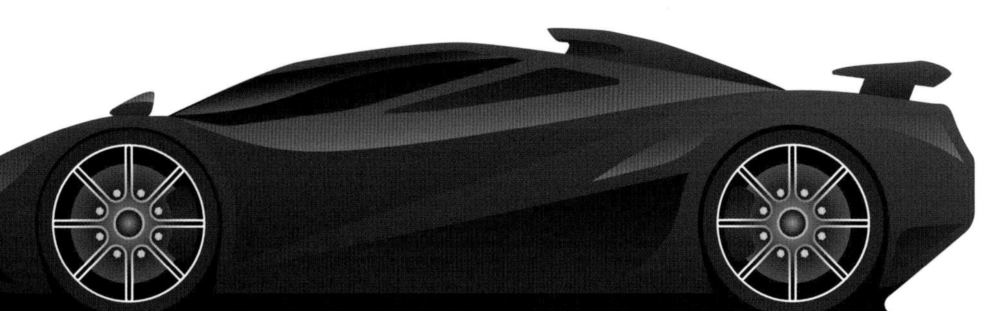

←超级跑车

超级跑车属于经典车型，随着时代发展，精品由于稀有而价值不菲的车，很有珍藏意义。

古典汽车↓

古典汽车是一种漂亮大气的设计，魅力十足，让人十分惊叹，给人舒服的感觉。

↓欧式跑车

欧式跑车动力比较好，注重操纵性、追求驾驶乐趣。

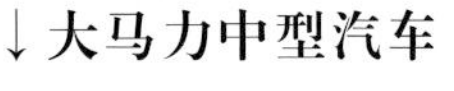

↓大马力中型汽车

大马力中型汽车动力性、燃油经济性、排放性都比较好，有一定的平衡性。

轿车↑

轿车是一个给乘客提供方便快捷舒适的汽车。

↓古典豪华轿车

古典豪华轿车整体给人的感觉就是比较复古大气的感觉！整个车子看起来颜色比较舒服很柔和。

←跨界车

跨界车的外观时尚和有一定的舒适性，轿车化的SUV和自由空间组合于一身的车型。

弹头汽车↑

弹头汽车整体造型类似于子弹头，流线型发展成为长弧曲线。

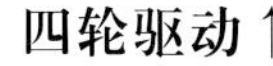

四轮驱动↑

四轮驱动采用机械式分动装置，每个车轮得到最佳的驱动力。

←三轮汽车

三轮汽车主要用于载货，是载货汽车的一种，具有三个车轮的车。

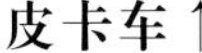

皮卡车↑

皮卡车有轿车般的舒适性和动力强劲的双重特性，家用车与商用车合二为一的车。

↑三门掀背式汽车

三门掀背式汽车造型变化非常明显，是拥有引擎室、乘客室与行李厢的，增加三门版的运动感的车。

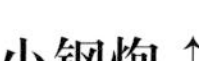

小钢炮↑

小钢炮是外形独特、比较灵活，高性能动力配备，属于紧凑型车。

概念车→

概念车有超前的构思，体现了独特的创意，鉴赏价值极高。

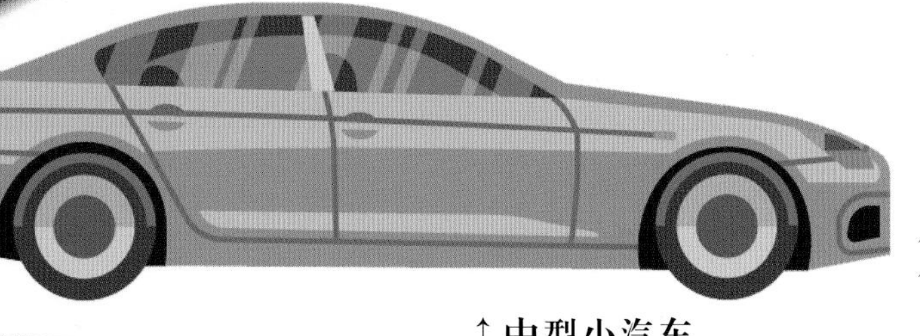

↑中型小汽车

中型小汽车轴距长度不一，排量在1.0～1.3左右的车型。

←甲壳虫汽车

甲壳虫汽车整体外观可爱，安全性能好，造型十分典雅。

加长豪华轿车↑

加长豪华轿车内部都是用户个性化设计，给人以视觉冲击的感觉，有大屏幕电视，特殊的灯光效果，支革车座等。

古典跑车↓

古典跑车造型优雅，流畅优美的曲线，是个性化古典主义跑车。

太阳能汽车→

太阳能汽车技术含量高，可以摆脱石油，能够有效降低全球环境污染，创造洁净的生活环境。

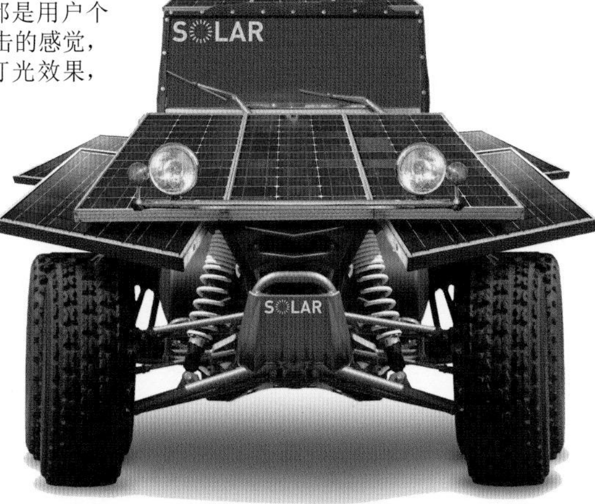

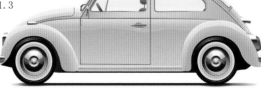

品牌车

作为全球汽车发动机研发和生产的中心，汽车发展历史悠久，汇集了世界领先的企业、大学、赛车产业及自主项目，已经具备实现转型研发的实力来展示汽车的风采。

宝马↓

宝马是德国豪华汽车品牌，B.M.W. 是巴伐利亚发动机制造厂的意思，标志的色彩和组合来自宝马所在地巴伐利亚州的州徽。百年来，宝马汽车由最初的一家飞机引擎生产厂发展成为以高级轿车为主导，并生产享誉全球的飞机引擎、越野车和摩托车的企业集团，名列世界汽车公司前列。

奔驰↑

奔驰是德国豪华汽车品牌，汽车的发明者，被认为是世界上最成功的高档汽车品牌之一。“三叉星”作为轿车的标志，象征着陆上、水上和空中的机械化和合体。

吉普车↓

吉普车是世界上第一辆Jeep越野车，是1941年在“二战”中为满足美军军需生产的。

兰博基尼↑

兰博基尼是一家意大利汽车生产商，全球顶级跑车制造商及欧洲奢侈品标志之一。标志是一头充满力量、正向对方攻击的斗牛，彰显了创始人斗牛般不甘示弱的个性。

保时捷↑

保时捷是德国大众汽车旗下世界著名豪华汽车品牌，是欧美汽车的主要代表之一。图形车标采用公司所在地斯图加特市的盾形市徽。

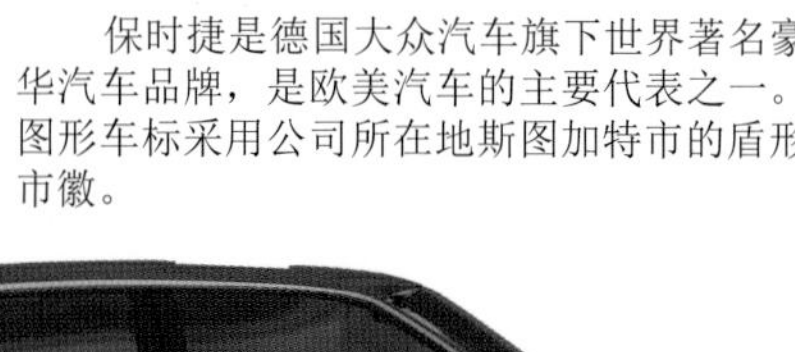

克莱斯勒↑

克莱斯勒是美国著名汽车公司，同时也是美国三大汽车公司之一。使用飞翼型标志，此次的变动保留飞翼，中间是克莱斯勒的英文衬以蓝底，更具有流线型美感。

法拉利↑

法拉利是举世闻名的赛车和运动跑车的生产厂家。熟悉的跃马盾牌还包含其他元素，黄色底色取自于摩德纳的金丝雀，以纪念恩佐·法拉利的故乡，而上方的绿、白、红三种颜色则代表意大利国旗。

迷你→

新迷你引擎盖的造型，大又圆的头灯赋予它迷你家族的风貌。短小而紧凑的车身、平坦的车顶、造型怪异的尾灯让它看起来十分精简灵巧。

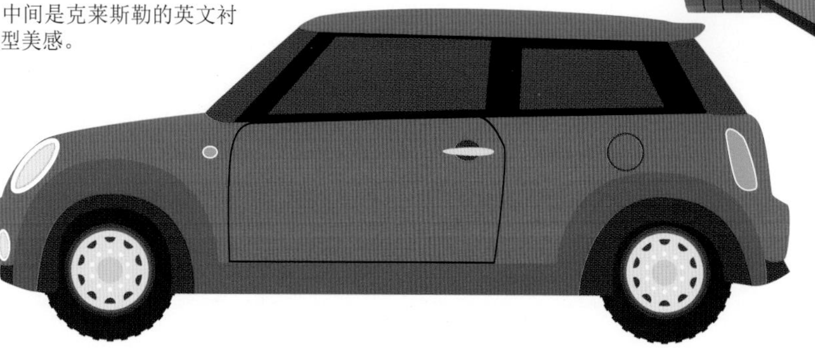

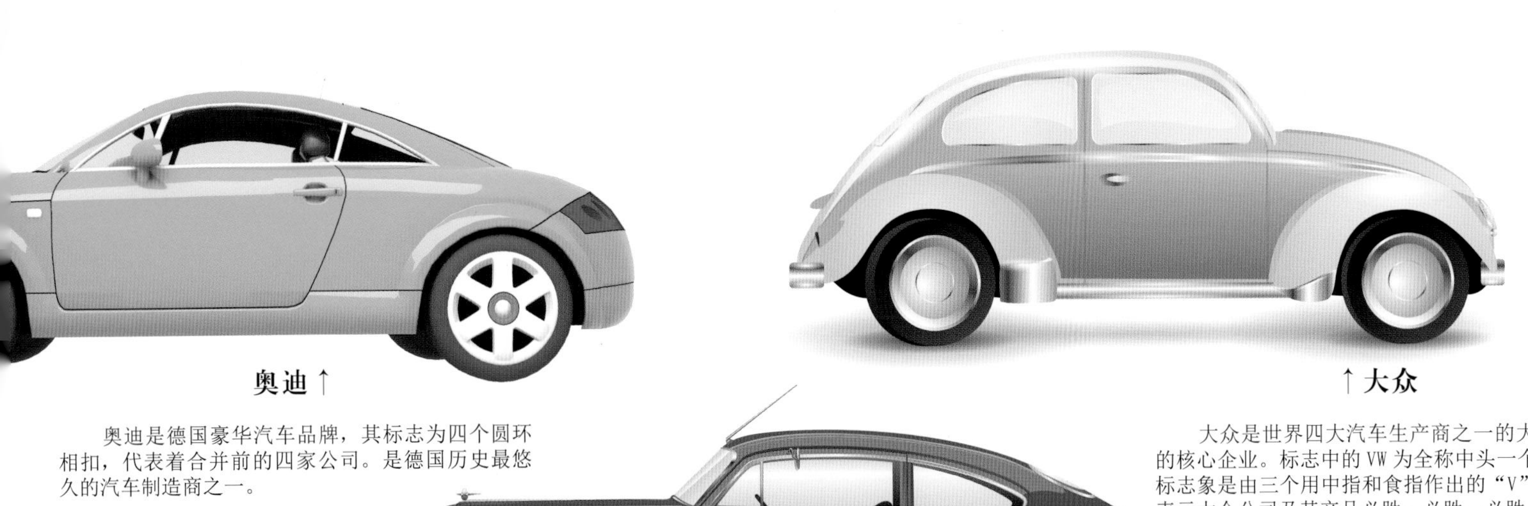

奥迪↑

奥迪是德国豪华汽车品牌，其标志为四个圆环相扣，代表着合并前的四家公司。是德国历史最悠久的汽车制造商之一。

↑大众

大众是世界四大汽车生产商之一的大众集团的核心企业。标志中的VW为全称中头一个字母。标志象是由三个用中指和食指作出的“V”组成，表示大众公司及其产品必胜－必胜－必胜。

←别克

克是美国通用汽车，商标中那形似“三个盾牌”的图案为其图形商标，它是别克分部的标志。它被安装在汽车散热器格栅上。

凯迪拉克↑

凯迪拉克汽车选用的著名的花冠盾形徽章象征着其在汽车行业中的领导地位。这个含义深刻而精致的标志也是凯迪拉克家族曾作为皇家贵族的象征。

玛莎拉蒂(dì)→

玛莎拉蒂曾经是法拉利的一部分，现为菲亚特克莱斯勒汽车直接拥有。品牌的标志为一支三叉戟，是意大利设计美学以及优质工匠设计思维的完美结合。

布加迪→

布加迪起源于意大利，是由意大利人埃多尔·布加迪在1909年创造的，专门生产运动跑车和高级豪华轿车。

菲亚特↑

菲亚特是意大利著名汽车制造，是世界上第一个微型汽车生产厂家，肩负的使命将意大利人追求完美设计与创造力的热情和每个车型的高效、通用性融为一体的。

雪佛兰↑

雪佛兰作为通用汽车旗下最为国际化和大众化的品牌，拥有强大的技术和市场资源。商标表示了图案化了的蝴蝶结，象征雪佛兰轿车的大方、气派和风度。

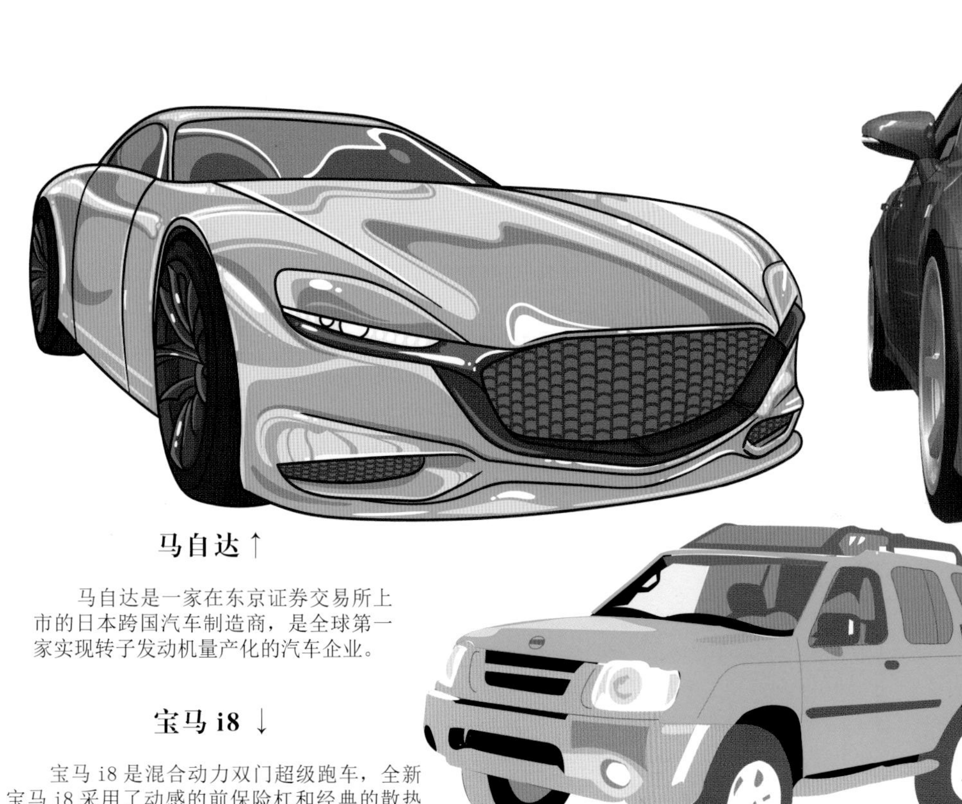

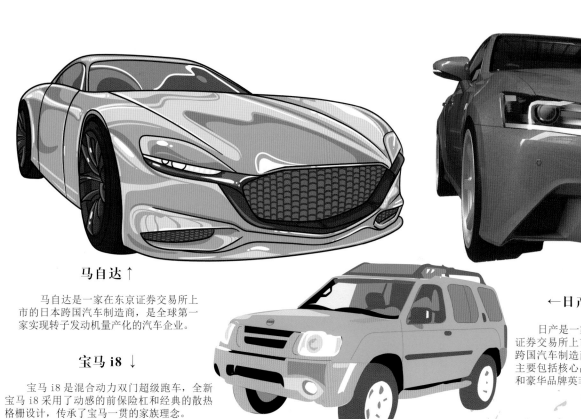

马自达↑

马自达是一家在东京证券交易所上市的日本跨国汽车制造商，是全球第一家实现转子发动机量产化的汽车企业。

雷克萨斯↑

雷克萨斯是日本丰田集团旗下全球著名豪华汽车品牌，商标采用车名“Lexus”字母“L”的大写，“L”的外面用一个椭圆包围的图案。椭圆代表着地球，表示雷克萨斯轿车遍布全世界。

←日产

日产是一家在东京证券交易所上市的日本跨国汽车制造商，旗下主要包括核心品牌日产和豪华品牌英菲尼迪。

宝马 i8 ↓

宝马 i8 是混合动力双门超级跑车，全新宝马 i8 采用了动感的前保险杠和经典的散热格栅设计，传承了宝马一贯的家族理念。

←林肯

林肯是美国著名汽车企业福特公司旗下的豪华车品牌，商标是在一个矩形中含有一颗闪闪放光的星辰，表示林肯总统是美国联邦统一和废除奴隶制的启明星，也喻示福特·林肯牌轿车光辉灿烂。

←宾利

宾利是世界优质汽车的制造商之一。车标设计运用简洁圆滑的线条，晕染、勾勒形成一对飞翔的翅膀，整体恰似高飞的雄鹰。中间的字母“B”为宾利汽车创始人，具有帝王般的尊贵气质。

丰田↓

丰田品牌象征丰田公司立足于未来，标志象征着用户的心和汽车厂家的心是连在一起的，具有相互信赖感，同时喻示着丰田的高超技术和革新潜力。

↓捷豹

捷豹又称美洲虎，它的汽车标识被设计成一只纵身跳跃的美洲豹，造型生动、形象简练、动感强烈，蕴含着力量、节奏与勇猛。

萨博↑

萨博是由斯堪尼亚公司和瑞典飞机有限公司合并，原飞机公司瑞典文缩写为SAAB，后即作为公司轿车的标志。商标正中是一头戴王冠的狮子头像，王冠象征着轿车的高贵，狮子则为欧洲人崇尚的权利象征。

悍马↑

悍马最早是美国公司（简称AMG）生产的，商标使用权和生产权归美国通用汽车公司所有。

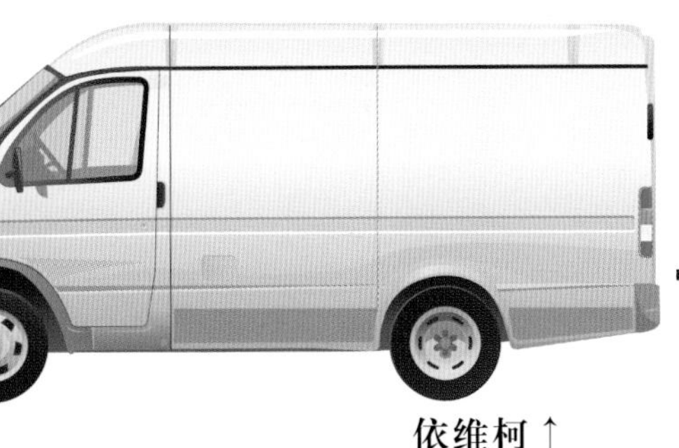

依维柯↑

依维柯是意大利公司设计开发的具有世界一流水平的SOFIM 8140、8142系列柴油发动机。

吉姆斯↑

吉姆斯是美国最早实行股份制和专家集团管理的特大型企业之一。通用汽车公司生产的汽车，典型地表现了美国汽车豪华、宽大、内部舒适、速度快、储备功率大等特点。

路虎↑

路虎是英国一家古老的汽车公司，罗孚（Rover）是北欧的一个民族，商标采用了一艘海盗船，张开红帆象征着公司乘风破浪、所向披靡的大无畏精神。

罗孚→

罗孚是源自世界上最著名的流浪族－维京人的双关语。而“Rover”这个词，英语中包含流浪者、航海者的意思。

斯巴鲁↑

斯巴鲁是富士重工有限公司旗下专业从事汽车制造的公司生产的汽车，核心技术是独立思考、灵活性和无限热情完美结合的产物。

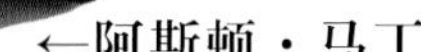

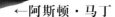

←阿斯顿·马丁

阿斯顿·马丁拥有GT跑车驾驶质感的超豪华SUV。标志为一只展翅飞翔的大鹏，喻示该公司像大鹏鸟一样，具有从天而降的冲刺速度和远大的志向。

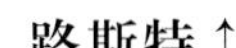

路斯特↑

路斯特是与法拉利、保时捷齐名的世界著名豪华跑车与赛车品牌，旗下的跑车以纯粹的驾驶乐趣和轻量化的设计而著称。

城市篇

城市发展主要动力是运送人流、物流，重要通道是交通连接城市的重要纽带。交通对生产要素的流动、城镇体系的发展有着决定性的影响。公共汽车在城市公共交通结构中逐步发展，建有地下铁道或快速有轨电车线路为主体。

校车↑

校车是接送学生上下学的专用载客汽车。

快速公交车↑

快速公交车是一种运输乘载量比较大的公共快速公交。

↑电动汽车

电动汽车是以电动机为驱动系统和新能源的汽车。

双层巴士↓

双层巴士是由车厢上下两层组成的公共汽车，源于英国，是英国的“国宝”。

纽约地铁列车↑

纽约地铁列车是美国纽约市的城市轨道交通系统，也是史上最悠久的公共地下铁路之一。

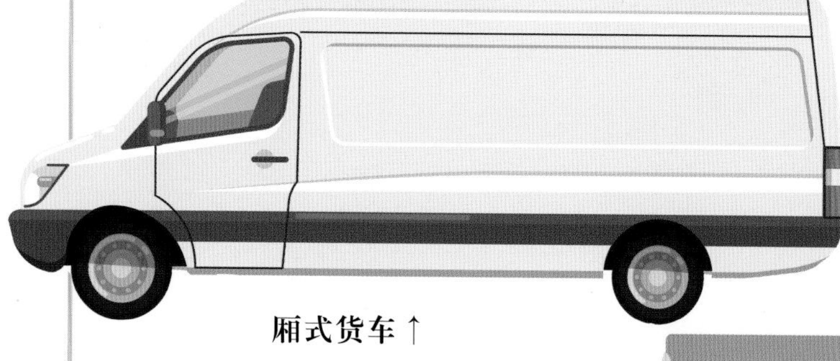

厢式货车↑

厢式货车是整体的封闭结构车厢，是商用车。

小巴↑

小巴一般采用面包车，乘载客量比较少的交通工具。

挂接巴士↓

挂接巴士车身为长方体，单层地板，装置相连接且互相连通的两个车厢体所组成的客车。

←莫斯科地铁列车

莫斯科地铁列车造型各异、华丽典雅，被称为世界上最漂亮的地铁列车。

厢式送货车↑

厢式送货车是独立的封闭结构车厢，用于送货物。

←房车

房车是旅行中生活中的时尚，拥有固定顶棚的车辆。

黑色出租车↑

黑色出租车是涂装与标准出租车不同，而产生的黑色。

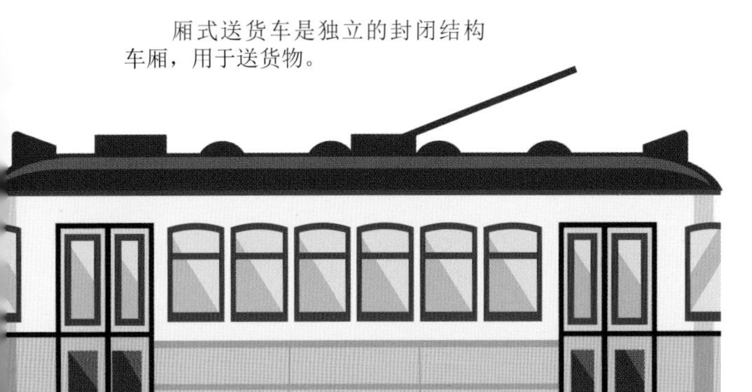

有轨电车↑

有轨电车一般不会超过 5 节，采用电力驱动轨道来运行，无污染。

↓移动广播车

移动广播车是这类广播受众文化程度较高，信息消费需求大，消费能力较强，主要消费者是社会文化的引领者。

←弯顶车

弯顶车是采用帽形结构，加工质量要求较高，由中顶梁和侧顶梁组成。

出租面包车→

出租面包车前后没有突出的仓体，像当时市面上的面包一样的车辆。

邮编车↑

邮编车是寄送邮件的专用车辆。

扫路机↑

扫路机是小型的清扫设备，体积小，采用电池驱动，区域清扫强度不大。

←印度机动三轮车

印度机动三轮车是采用省力杠杆机械结构，自动锁装置，大大提高工作效率。

黄色出租车↑

黄色出租车远远就可以看到，颜色比较显目，很容易察觉。

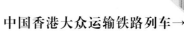

中国香港大众运输铁路列车→

中国香港大众运输铁路列车是大众运输铁路。安全、可靠等服务，是中国香港最大的铁路运输系统。

↑泰国嘟嘟车

泰国嘟嘟车是由乘客拖车与摩托车部分相结合，大部分车辆用于出租。

电动代步车↑

电动代步车是采用笼式高强钢车身骨架设计结构，一般续航、充电等限制，用于作短途代步的老人等行动不方便的人使用的车辆。

动力轮椅↓

动力轮椅是硬件双电机驱动，马力十足，双电子刹车，安全保障，一般供老人及行动不方便人使用。

←快餐拖车

快餐拖车是可以美化城市，派送食物，实用新型涉及餐饮工具领域的车辆。

←废物处理车

废物处理车是处理一些废弃物，把垃圾运送到指定的废弃物加工厂进行处理。

←小型摩托车

小型摩托车分类标准也叫轻便摩托车，只供单人乘骑的摩托车。

赛格威↑

赛格威是电动个人辅助机动装置，流畅平顺地走，是号称平衡车的“鼻祖”。

←送披萨的踏板车

送披萨的踏板车是用于送披萨专用的车辆，但踏板车耗油量比较大些。

独轮平衡车→

独轮平衡车具有自我平衡能力，电力驱动，既可以锻炼身体，也可以作为时尚的代步平衡工具。

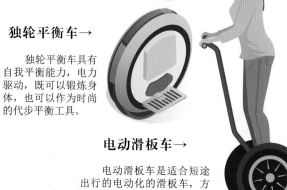

电动滑板车→

电动滑板车是适合短途出行的电动化的滑板车，方便携带，可折叠。

↓功能式自行车

功能式自行车是可以锻炼腿部肌肉等部位，功能较多，方便体验。

单速自行车↑

单速自行车只有一种速度，比较单一，普通的交通工具。

←变速自行车

变速自行车是有多种变速方式，从而改变链条齿轮的快慢。

摩托自行车↑

摩托自行车是有发动机作为辅助的自行车，发动机起着重要的作用。

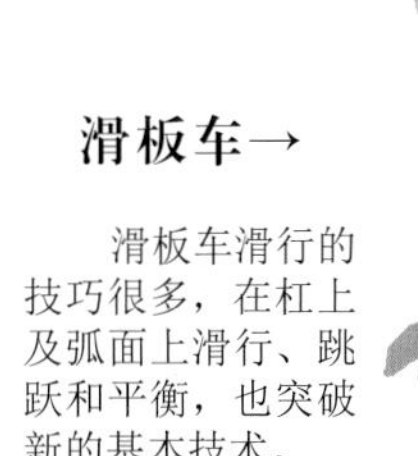

折叠式自行车→

折叠式自行车构思奇特、造型新颖、结构紧凑、用料特殊、比较新奇的交通工具。

滑板车→

滑板车滑行的技巧很多，在杠上及弧面上滑行、跳跃和平衡，也突破新的基本技术。

←共享式自行车

共享式自行车方便出行，提高出行效率，节能环保。

←钓鱼自行车

钓鱼自行车是一种休闲，较为省力，适合户外游玩的车。

老式自行车↑

老式自行车是比较老的款式形式，比较复古的自行车。

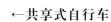

↓印度人力三轮车

印度人力三轮车一般乘客坐的位置有高低不同的标准，这样也方便于骑行。

←泰国人力车

泰国人力车是用人力拖拉的客运工具的车辆。

死飞自行车↑

死飞自行车又称死飞车。曲柄的旋转方向始终与后轮的运动方向保持一致，不能滑行，没有刹车器，通过踏板来减速的车。

←电动自行车

电动自行车是以人力和电力驱动为核心的双重特性的车。

踏板驱动、拉动、推动

在技术领域涉及一种踏板式自行车人力驱动及其驱动方法，拉动式是生产模式支柱之一，推动式是指按照 MRP 的计算的，实质是不一样的。

矮座自行车↓

矮座自行车是适合身高较为矮的人骑行，也有一定的舒服性。

山地自行车↑

山地自行车一般为越野车，如今成为一种极限运动的车。

独轮脚踏车↑

独轮脚踏车主要是力的作用点与力的大小要保持平衡。

后置式货运自行车↓

后置式货运自行车是轻便，灵活，全轴承转动，适合于拉货或拉小孩的车。

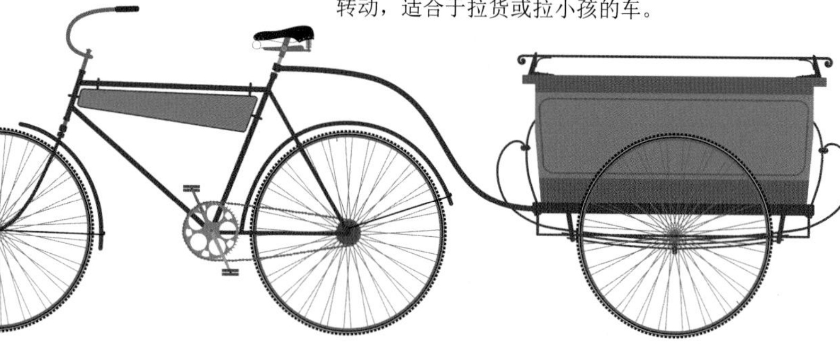

三座串联自行车↑

三座串联自行车是具有三个座位的合力驱动，速度更为快。

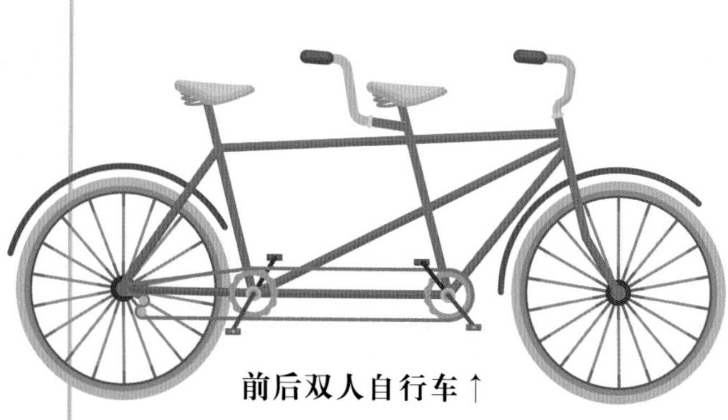

←小轮自行车

小轮自行车是比较省力的，可以很轻松的骑行。

座车↑

座车是前方有座位，提供方便，后方就是与自行车部分一样的车。

前后双人自行车↑

前后双人自行车是双座、两人乘骑合力驱动的，增添一人的驱动力，具有速度较快的新型自行车。

↓前置式货运自行车

前置式货运自行车重心驱动转动费力，有些阻碍，适合于拉比较轻的货物。

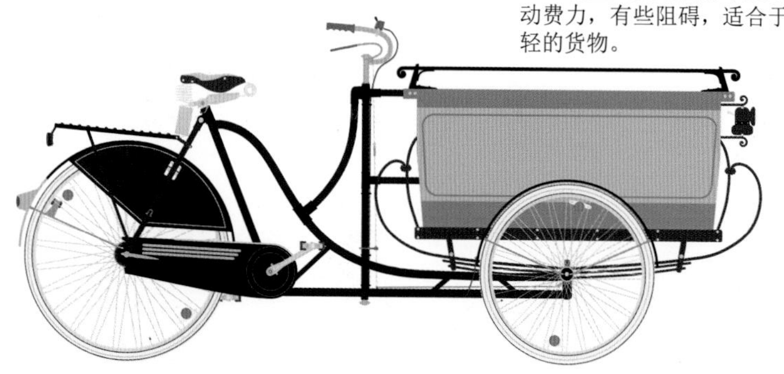

←带座自行车

带座自行车是后方有可调节的座位，一般用于接送小孩的。

攀爬自行车↑

攀爬自行车是要求在保持平衡与力量控制运用和身体协调等方面有良好的能力。

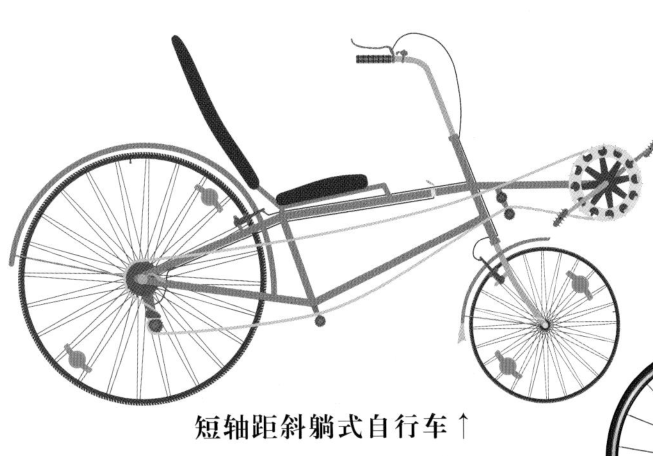

短轴距斜躺式自行车↑

短轴距斜躺式自行车重心低，风阻小，有利于高速骑行。

碳纤维自行车↓

碳纤维自行车固有本征特性，纺织纤维的柔软可加工性，主要是用于比赛的自行车。

多人自行车↑

多人自行车车载空间大，有多个座位可以一起享受骑车的乐趣。

复古三轮车↓

复古三轮车的座椅可调节，重心低，比较复古的款式。

←弹跳球

弹跳球的弹性比较好，可以提高质量的可比性。

滑板自行车↑

滑板自行车拥有性能超群的制动装置，结合了滑板车与自行车的最佳特征。

长尾自行车↑

长尾自行车的后座的空间比较大，可以乘坐两人左右。

沙滩自行车↑

沙滩自行车在沙地或雪地不会像普通自行车陷下去的，阻力是很大的。

↓四轮脚踏

四轮脚踏车是一种新型的休闲四轮自行车，可以健身，运动，旅行等的代步工具。

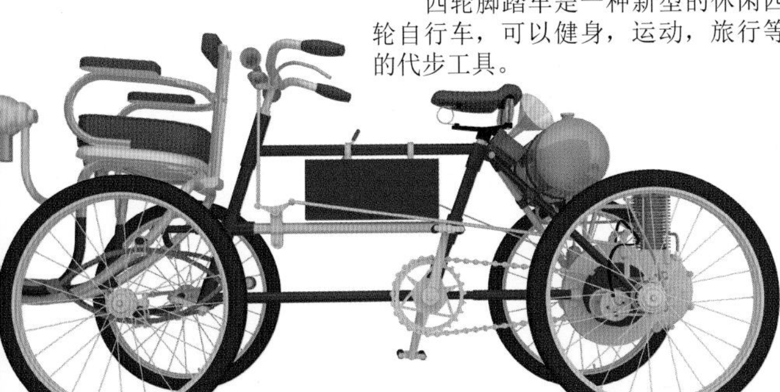

↓长轴距斜躺式自行车

长轴距斜躺式自行车与短轴距型号相比，车重更大，骑行时有些困难，要注意平衡的把控。

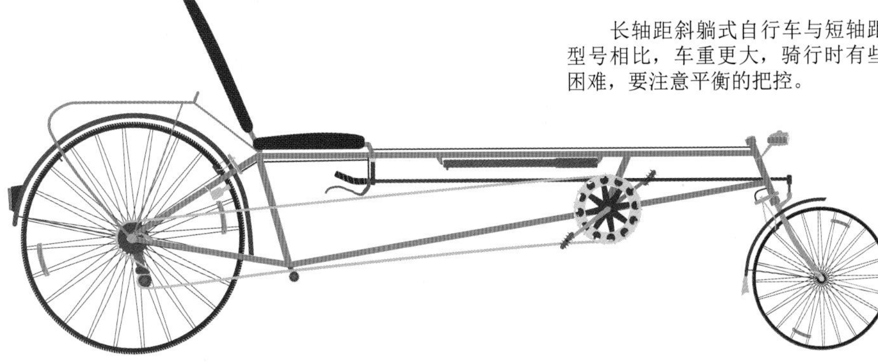

←轮椅

轮椅是残疾人行动不方便的代步工具的专用车。

躺骑车↑

躺骑车就是躺着骑车，拥有比普通自行车长得多的车架和传动系统。

←儿童三轮车

儿童三轮车可以锻炼儿童的平衡能力和协调能力，以及应变能力的发展。

婴儿推车↑

婴儿推车是婴儿的代步工具，是需要有人陪伴推着走的。

小型滑板车→

小型滑板车是儿童的工具，可锻炼身体的灵活性，提高反应能力。

↓风筝车

风筝车是以风筝为动力拉动的车。

↓手动托盘搬运车

手动托盘搬运车是一种适用于仓库等比较重、多的货物运输工具。

购物车↑

购物车是用于在超市购买东西，存放商品来进行结算下单的。

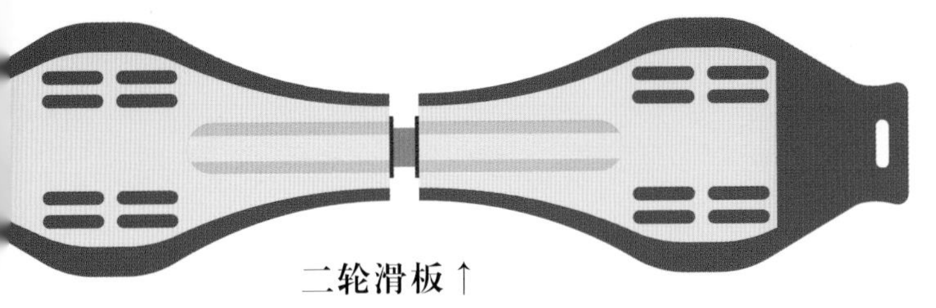

二轮滑板↑

二轮滑板是一种新型滑板，运动起来比较困难的活力板。

双翘滑板↑

双翘滑板的灵活性比较强，需要一定的技术性。

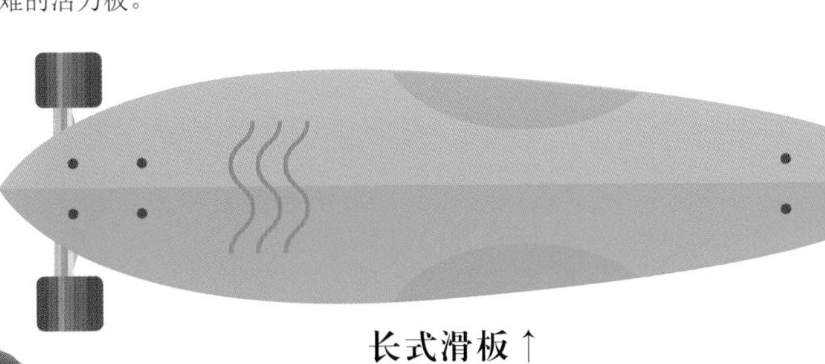

长式滑板↑

长式滑板拥有上手时间的操作感，更长的续航能力和路面适应能力。

香蕉板↑

香蕉板是有塑料的，轮子直径较大适合刷街代步的工具。

←儿童自行车

儿童自行车是骑行舒适，能使儿童骑车保持平衡。

滑雪单板→

滑雪单板是用一个滑雪板，利用身体和双脚来控制方向的把控。

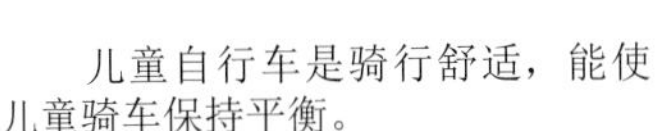

←冲浪短板

冲浪短板是比较短，和长板的作用差不多，形状上各不相同。

单翘滑板↓

单翘滑板只有一面翘起的滑板，但延伸的动作比较少。

手指滑板↓

手指滑板的配置和正式的滑板在外观上没有什么变化，在交流滑板动作研究时，手指滑板成了一个不错的小型工具。

金属手推车↑

金属手推车是使用方便，既可以推又可以拉，大多数用于运输货物。

火车和电车

电车和火车是一种轻轨运输系统，路面电车从市区轨道驶入与传统列车共享的铁路路线。此系统结合路面电车的弹性、可达性与火车较高的行驶速度，并连接了主要铁路车站与市中心。车组配有双用设备，以适应路面电车和火车运行模式的需要，包含多电压供电和安全设备。

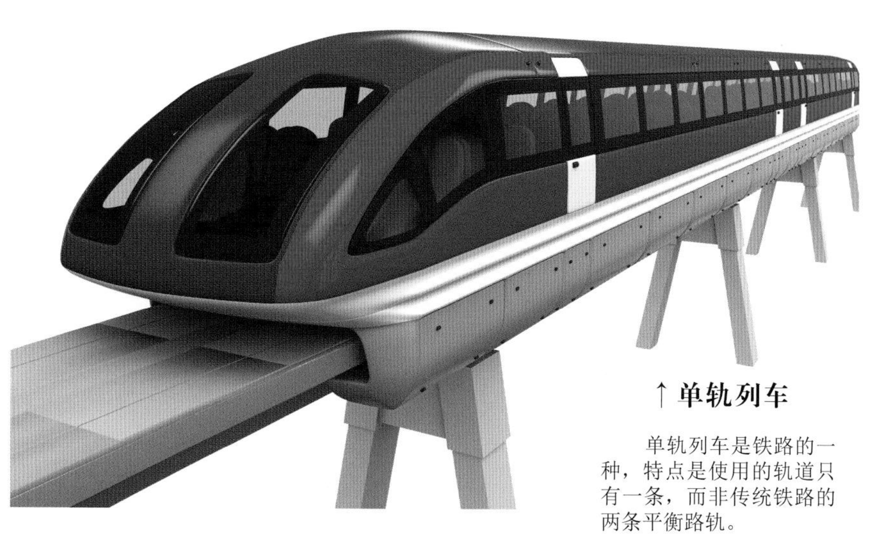

↑单轨列车

单轨列车是铁路的一种，特点是使用的轨道只有一条，而非传统铁路的两条平衡路轨。

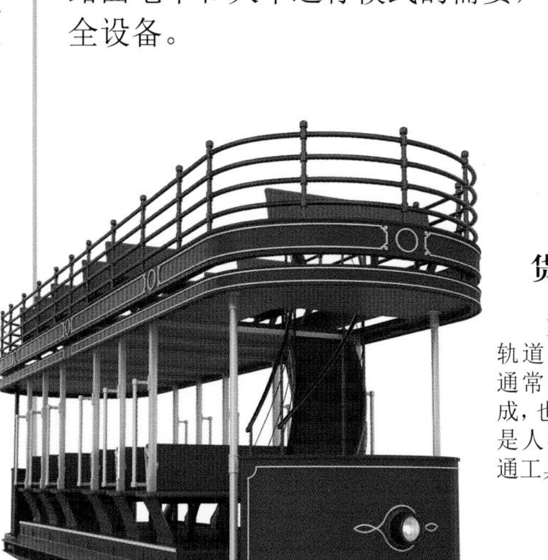

货运火车→

货运火车在铁路轨道上行驶的车辆，通常由多节车厢所组成，也可以运输货物，是人类的现代重要交通工具之一。

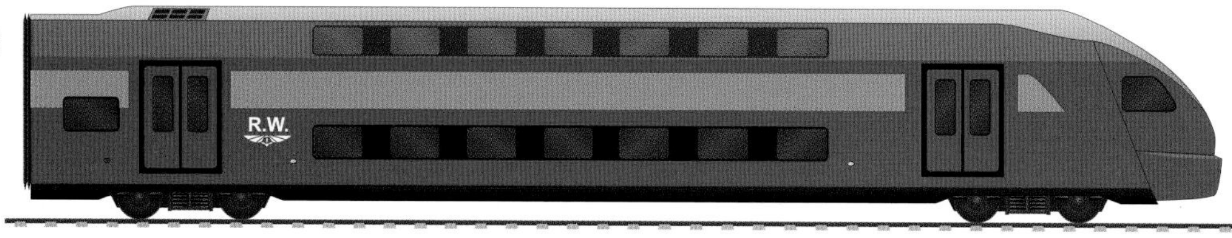

←双层火车

双层火车是中长途双层旅客列车，异于中短途双层旅客列车，也异于双层集装箱列车。

双层电车↑

双层电车用电做动力的公共交通工具，有两层组成，电能从架空的电源线供给，分无轨和有轨两种。

高速列车→

高速列车又称高速火车，是指能以高速度持续运行的列车，最高行驶速度一般要达到 200 千米 / 小时之上。

↑泰国内燃机车

泰国内燃机车以内燃机作为原动力，通过传动装置驱动车轮的机车。

索道缆车↑

索道缆车由驱动机带动钢丝绳，牵引车厢沿着铺设在地表并有一定坡度的轨道上运行，用以提升或下放人员和货物的运输机械。

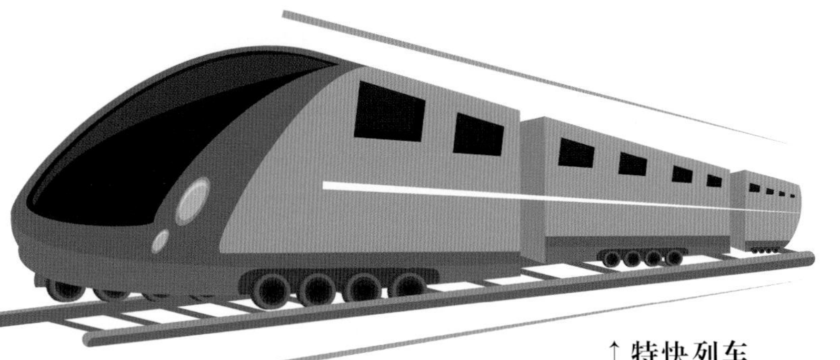

↑特快列车

特快列车属于传统铁路即普速铁路里的列车分级，比较于普通旅客列车、快速旅客列车、直达特快列车。其最高时速为140千米。

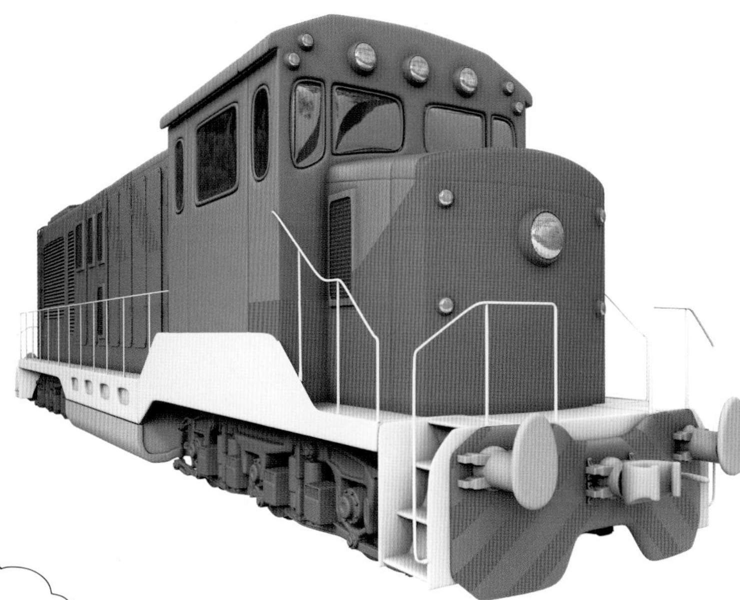

柴油火车↑

柴油火车是一种机车用柴油驱动的火车，柴油只是方程式的一部分，电力是另一部分。

甘蔗小火车↑

甘蔗小火车用于运输甘蔗等货物的小型火车。

小火车→

小火车是人们对寸轨铁路上火车的称呼，有时也称米轨上的火车为小火车，小于普轨铁路火车。

↓八轮电动货运车

八轮电动货运车是以可充电之蓄电池为其动力来源的货运车，是为解决工厂、码头等小范围内货物运输而设计的一种现代化环保车型。

特快货车↑

特快货车是速度极快的一种火车。

低地板电车↑

低地板电车采用无弓受流、超级电容等尖端技术，地板距轨面仅35厘米，无须站台，最大运量是公交车的6至8倍。

电力火车↓

电力火车又称电力机车，是从供电网或供电轨中获取电能，再通过电动机驱动车辆行驶的火车。

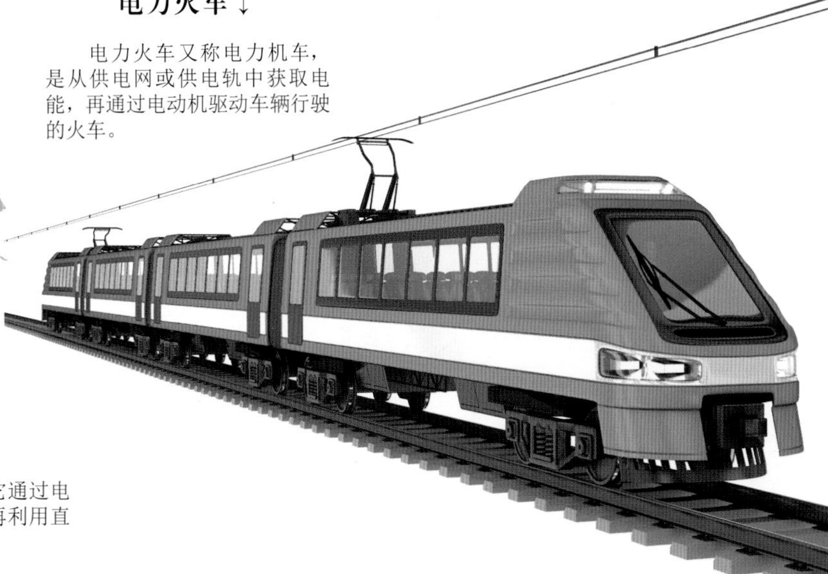

↑磁悬浮列车

磁悬浮列车是一种靠磁悬浮力来推动的列车，它通过电磁力实现列车与轨道之间的无接触的悬浮和导向，再利用直线电机产生的电磁力牵引列车运行。

蒸汽机车

蒸汽机车是利用蒸汽机，把燃料的化学能变成热能，再变成机械能，而使机车运行的一种火车机车。

↓“巨人”号机车

“巨人”号机车是体积较大、功率较高的机车。

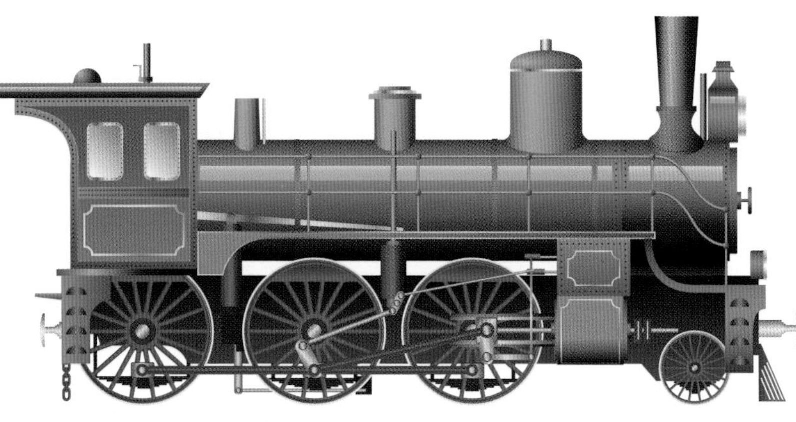

普芬比利蒸汽机车↑

普芬比利蒸汽机车作为现存保留最好的蒸汽火车之一，是维多利亚州首府墨尔本最引人入胜的旅游项目之一。

“狮子”号蒸汽机车↑

精灵女王快车↓

↓疾速苏格兰

“特鲁罗”号蒸汽机车↑

“特鲁罗”号蒸汽机车是“特鲁罗”号专用蒸汽机车。

电动蒸汽机车↓

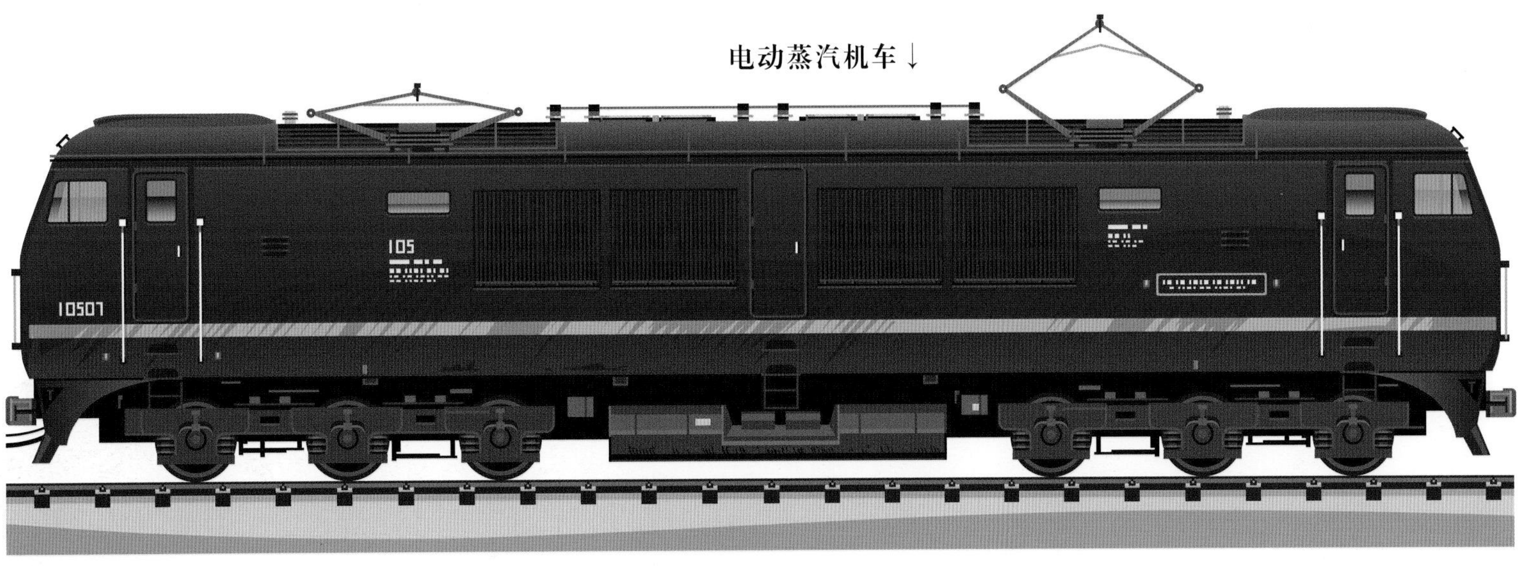

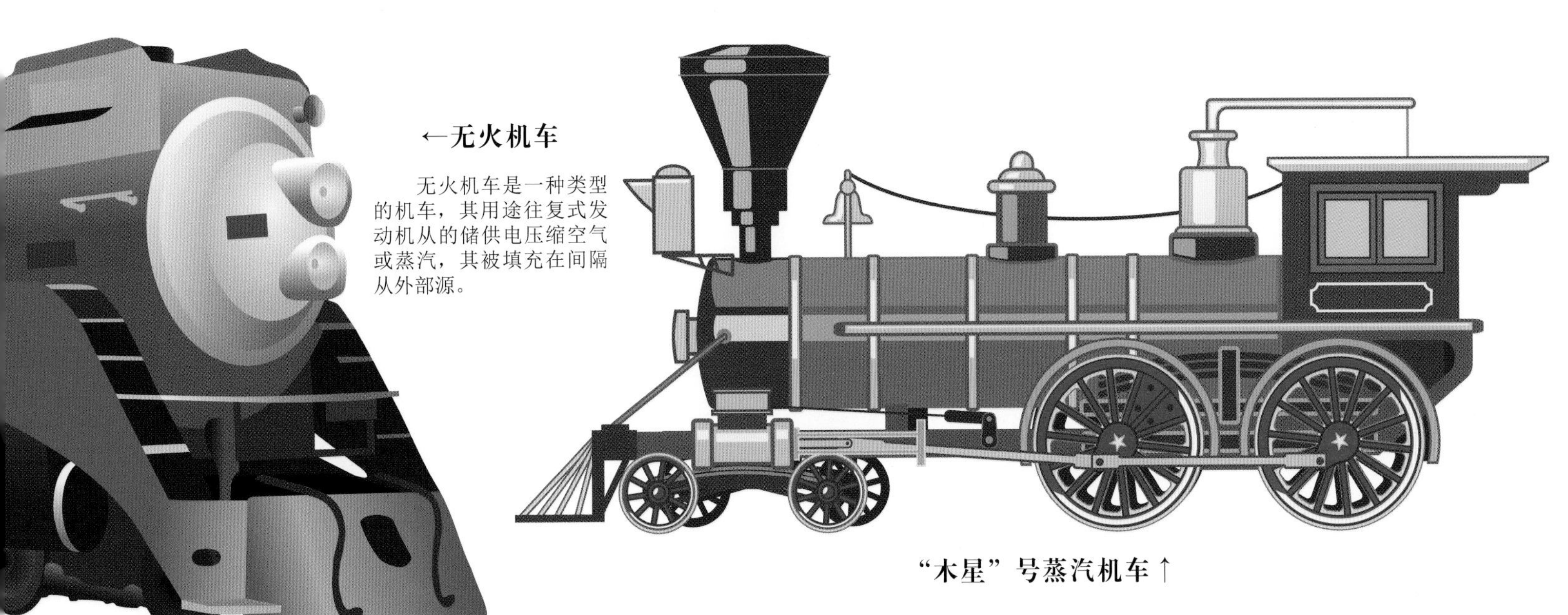

←无火机车

无火机车是一种类型的机车，其用途往复式发动机从的储供电压缩空气或蒸汽，其被填充在间隔从外部源。

“木星”号蒸汽机车↑

七轴机车→

七轴机车是由七个车轴为制动装置，牵引或推送铁路车辆运行的机车。

复式机车↓

复式机车是牵引或推送铁路车辆运行，而本身不装载营业载荷的自推进车辆。

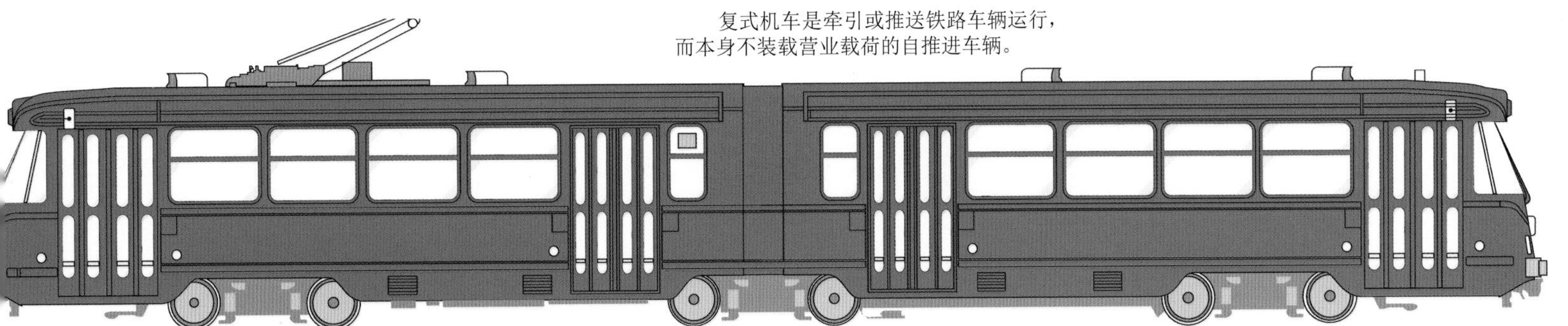

旧式交通工具

在远古时期，人们的出行运输基本靠步行采集、狩猎，用木棍或长矛扁担背运东西，到公元前 1 万年时期的部落首领会将牛、马作为动力用“橇”作为载人载货的工具。马车和各种具有特点的车不仅是王公贵族的代步工具，更是国家强盛的象征，是战争中最重要的武器。

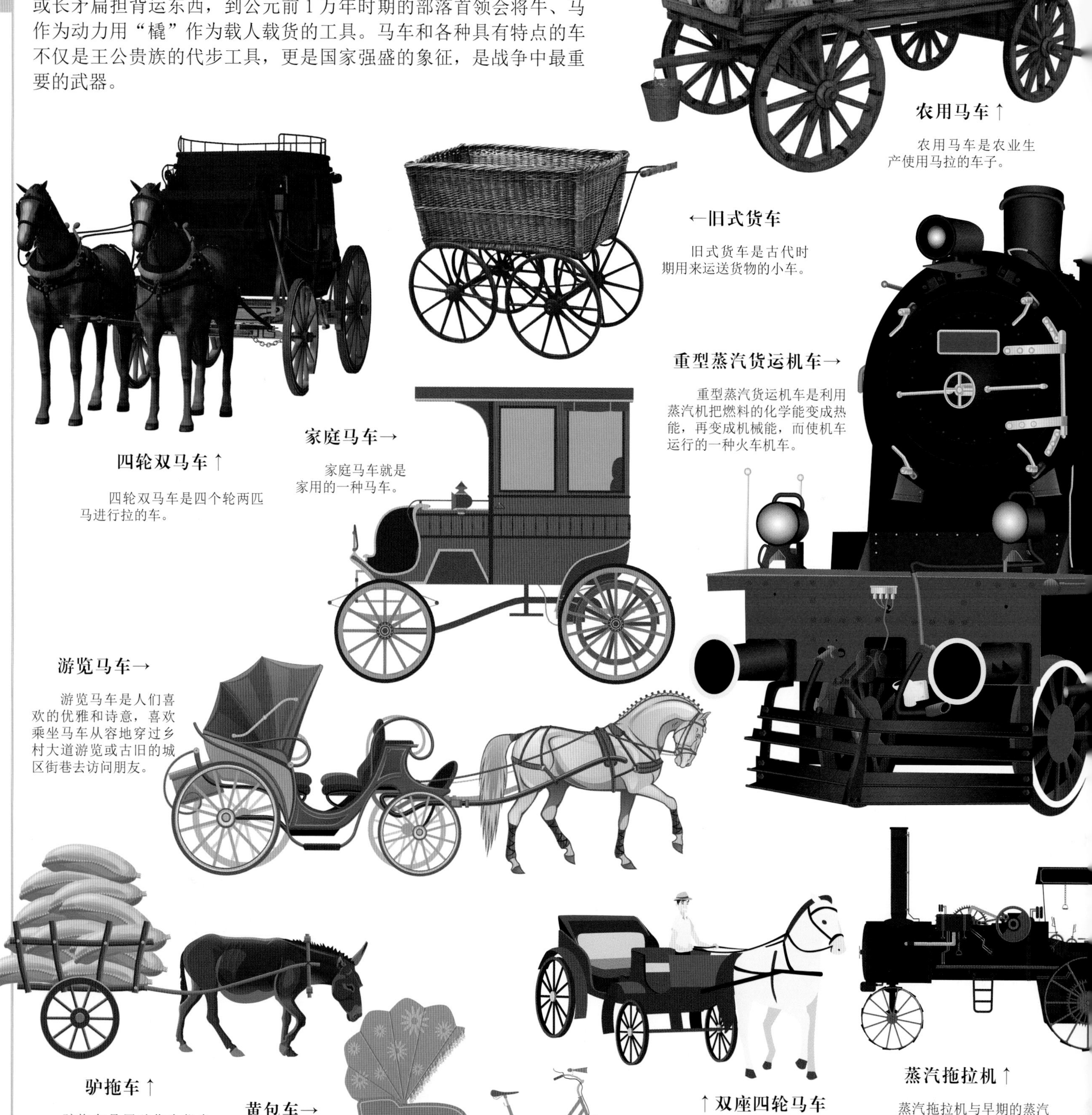

农用马车↑

农用马车是农业生产使用马拉的车子。

←旧式货车

旧式货车是古代时期用来运送货物的小车。

四轮双马车↑

四轮双马车是四个轮两匹马进行拉的车。

家庭马车→

家庭马车就是家用的一种马车。

重型蒸汽货运机车→

重型蒸汽货运机车是利用蒸汽机把燃料的化学能变成热能，再变成机械能，而使机车运行的一种火车机车。

游览马车→

游览马车是人们喜欢的优雅和诗意，喜欢乘坐马车从容地穿过乡村大道游览或古旧的城区街巷去访问朋友。

驴拖车↑

驴拖车是用驴作为代步工具进行货物运输的拖车。

黄包车→

黄包车是一种用人力拖拉的双轮客运工具，前身叫“东洋车”，又称人力车。

↑双座四轮马车

双座四轮马车是有两个座位的四轮马车。

蒸汽拖拉机↑

蒸汽拖拉机与早期的蒸汽机汽车很像，但马力更大，行驶速度较慢。由锅炉、汽机、车架和走行部以及煤水车等组成。将蒸汽的热变为机械能的部件。

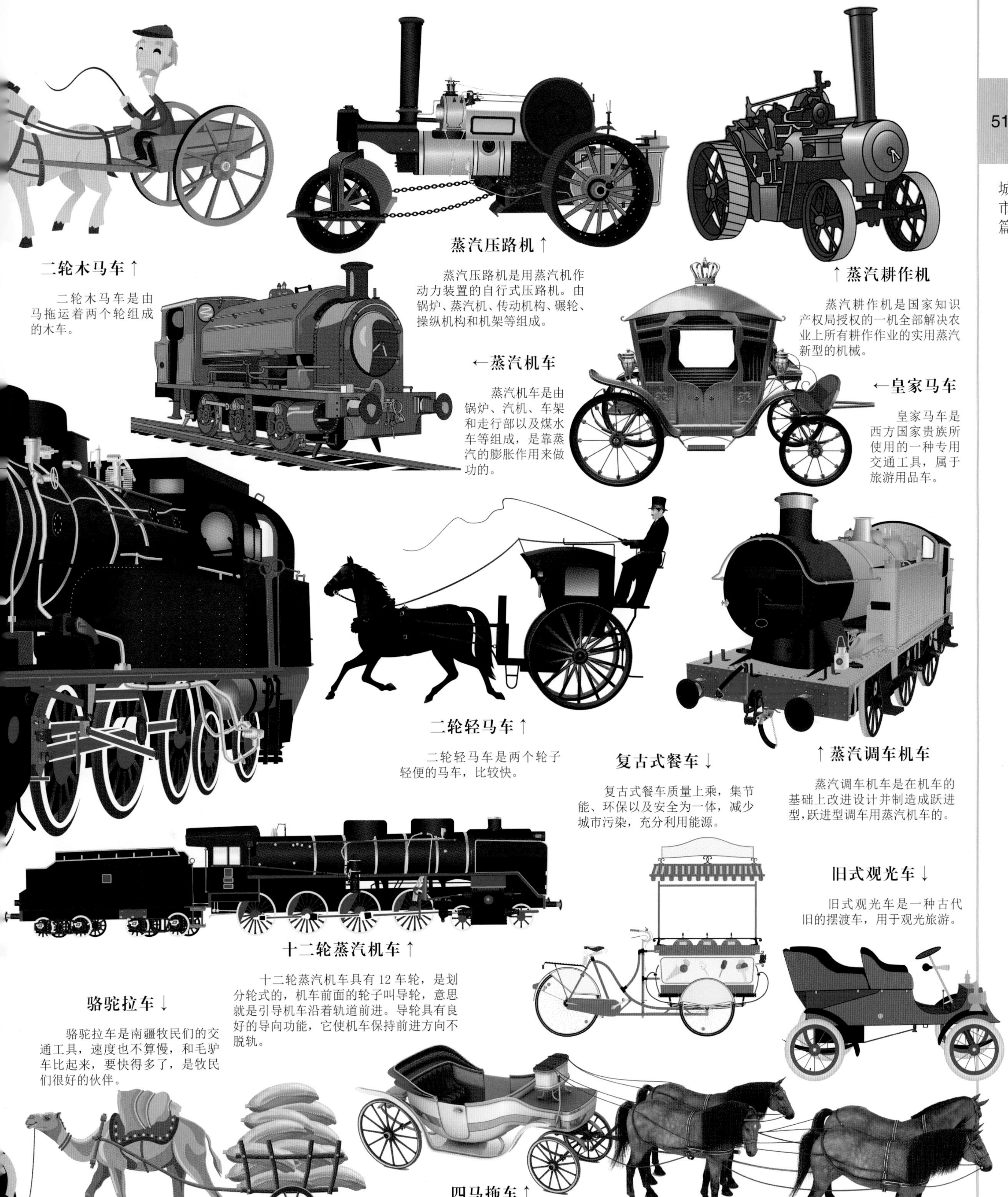

二轮木马车↑

二轮木马车是由马拖运着两个轮组成的木车。

蒸汽压路机↑

蒸汽压路机是用蒸汽机作动力装置的自行式压路机。由锅炉、蒸汽机、传动机构、碾轮、操纵机构和机架等组成。

↑蒸汽耕作机

蒸汽耕作机是国家知识产权局授权的一机全部解决农业上所有耕作作业的实用蒸汽新型的机械。

←蒸汽机车

蒸汽机车是由锅炉、汽机、车架和走行部以及煤水车等组成，是靠蒸汽的膨胀作用来做功的。

←皇家马车

皇家马车是西方国家贵族所使用的一种专用交通工具，属于旅游用品车。

二轮轻马车↑

二轮轻马车是两个轮子轻便的马车，比较快。

复古式餐车↓

复古式餐车质量上乘，集节能、环保以及安全为一体，减少城市污染，充分利用能源。

↑蒸汽调车机车

蒸汽调车机车是在机车的基础上改进设计并制造成跃进型，跃进型调车用蒸汽机车的。

旧式观光车↓

旧式观光车是一种古代旧的摆渡车，用于观光旅游。

十二轮蒸汽机车↑

十二轮蒸汽机车具有12车轮，是划分轮式的，机车前面的轮子叫导轮，意思就是引导机车沿着轨道前进。导轮具有良好的导向功能，它使机车保持前进方向不脱轨。

骆驼拉车↓

骆驼拉车是南疆牧民们的交通工具，速度也不算慢，和毛驴车比起来，要快得多了，是牧民们很好的伙伴。

四马拖车↑

四马拖车是潮汕地区有名的建筑风格，整个建筑格局就像一驾由四匹马拉着的车子。

应急交通工具

良好的交通工具是实施快速救援的可靠保证，在应急救援行动中常用汽车和飞机作为主要的运输工具。目前，我国的救援队伍主要以汽车作为交通工具。任何交通工具，只要对救援工作有利，都能运用，如各种汽车、畜力车、民航和铁路运输，甚至人力车等。

全地形消防车↑

全地形消防车是根据特殊环境的灭火实战需要而研制的特种消防装备，采用水陆两栖全地形车底盘，爬坡越野性能好，跨越障碍能力强，操纵灵活。

救护直升机↓

救护直升机是用来在陆上、水上搜索并救护因飞机失事或被击中跳伞飞行人员及其他遇难人员的直升机。

交通警用车↓

交通警用车是一种机动车辆，公安机关、国家安全机关、监狱管理机关、社区矫正机关和人民法院、人民检察院等单位用于执行紧急职务。

←警用巡逻摩托车

警用巡逻摩托车是警务人员不可缺少的交通工具，具有快速灵活、机动性强的优势，用于巡逻。

救火车→

救火车又称消防车，是载运救火员小队及设备的卡车，供消防部队用于灭火、辅助灭火或消防救援的车辆。

←警用船

警用船是警察机关用来巡逻水体的船只或舰艇，通常在主要河流，城市附近的封闭港口，近海或其他需要显示警方存在的水面上使用。

↑特警车

特警车是在有大型重大活动、重要任务等情况时，需要各警种按专业互相配合完成的任务，就是按岗抽调警力，进行任务的顺利进行。

应急救援船↓

应急救援船是提供了一种既可自动运行，也可远程操控，且信息化程度高，体积小，救援速度快，同时能减少救援人员伤亡的应急救援船。

←救援直升机

救援直升机是把直升机应用于应急救援，能更快速到达作业现场，实施搜索救援工作，是世界上许多国家普遍采用的最有效的应急救援。

警用直升机↑

警用直升机是一种可以垂直起降、留空悬停、超低空飞行、不依赖机场和跑道的航空器，具有机动性强、使用灵活的特点。

←救生船

救生船是在轮船上或港口等处设置的用以援救水上遇难者的小船。

↑消防轰炸机

消防轰炸机是以商业客机改装而成的灭火飞机，优异的性能，是美国民间和政府灭火单位将作为“消防轰炸机”沿用多年的最大原因。

←急诊医生用车

急诊医生用车是急诊救助病人的专用车辆。

←警用快艇

警用快艇是警察机关用来巡逻水体的船只或舰艇来惩治犯罪的有力手段。

消防救援车↑

消防救援车是担负抢险救援任务的专勤消防车。

↑矿山救援车

矿山救援车主要由提升绞车、液压泵站、救援舱、龙门架、底盘等组成，全液压控制。直接救生钻孔施工完成后，采用救援车系统将井下被困人员救到地面。

云梯消防车→

云梯消防车是设有液压升高平台，供消防人员进行登高扑救高层建筑、高大设施、油罐等火灾，营救被困人员，抢救贵重物资以及完成其他救援任务。

摩托车

一种灵便快速的交通工具，也用于军事和体育竞赛。装有内燃发动机。有两轮和三轮摩托车。由发动机、传动系统、行走系统、转向、制动系统和电气仪表设备五部分组成。德国人戴姆勒于 1885 年 8 月 29 日获得专利发明的世界上第一辆摩托车。

←耐力赛型摩托车

耐力赛型摩托车是一种在规定赛道上进行长时间连续行驶的耐久性比赛的车辆。

←运动型巡游摩托车

运动型巡游摩托车是像跑车的摩托，有流线形车身，巡航摩托车的造型如出一辙，豪放大气。

运动摩托车→

运动摩托车是借助于摩托车从事训练和比赛的运动项目。具有体积小、速度快、机动性强、越野性好、操纵简便等特点。

斧型摩托车↑

斧型摩托车类似于斧头型，是其裸露的车身和两条粗大的轮胎，给人带来的视觉冲击非常大，看着非常过瘾，富有肌肉感。

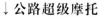

电动摩托车↓

电动摩托车是电动车的一种，用电瓶来驱动电机行驶。电力驱动及控制系统由驱动电动机、电源和电动机的调速控制装置等组成。

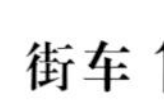

街车↑

街车是摩托车的一种，主要适合于城市中代步，其最大的特点是发动机常裸露，也有半导流罩。

↓公路超级摩托

公路超级摩托是公路上的王者，速度快，也是一辆极限越野的车辆。

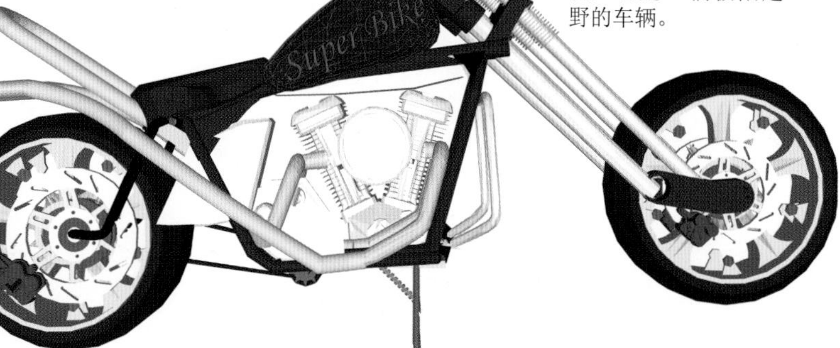

超级摩托车↑

超级摩托车是一种快速全面的行动比赛赛车，具有最前沿的设计理念和技术。

两用摩托车↑

两用摩托车是越野车的滑胎车，轮胎是巧克力胎的及轮胎为光头胎，既可以烧油，又可以用电作为动力。

↓表演摩托

表演摩托是用特技表演方式进行娱乐等活动的车。

←拉力摩托车

拉力摩托车是场地长时间运动的摩托车，要求长时间行驶无故障。

四轮摩托车↑

四轮摩托车又称全地形四轮越野机车，可以在任何地形上行驶的车辆，在普通车辆难以机动的地形上行走自如。车辆简单实用，越野性能好，外观一般无篷。

轻型摩托↑

轻型摩托车是摩托车的一种，必须满足作为机动车所规定的要求，无论采用何种驱动方式，其最大设计车速不大于 50 千米 / 小时的摩托车。

踏板车↑

踏板车是一种介于摩托车与汽车之间的车辆，是一种大众化的交通工具。

↑山地摩托车

山地摩托车主要是在屈曲不平的路面骑行的山地车辆。

复杂地形

随着城市规模的不断扩大和交通需求的不断增长，各种交通工具也越来越多，复杂地形下的交通在山区公路行驶过程中面对着巨大的困难和挑战。

山地越野车→

山地越野车可在山地崎岖地面使用的越野车辆。

全地形汽车→

全地形汽车可以在任何地形上行驶的车辆，在普通车辆难以机动的地形上行走自如。

履带式沙滩摩托车↓

履带式沙滩摩托车是一种靠履带在沙滩上行驶的摩托车，适合所有地形交通工具。

摩托雪橇↓

摩托雪橇是结构简单、可靠耐用，全部为履带式，大多采用金属丝加强的橡胶履带，履带较宽，爬坡度大，是现装备雪地车的基本特点。

←高性能越野车

高性能越野车是越野性能非常卓越的车，主要消费对象是经常在特殊路段驾驶的用户，或者纯粹是越野车爱好者。

铲雪车↑

铲雪车是用于清除路面冰雪，保障车辆、飞机和行人安全的冬季路场养护专用设备。

↓木质雪橇

木质雪橇是用木制品制作出的雪橇，也是雪上运动项目之一。

↑鹿拉雪橇

鹿拉雪橇是一种鹿在雪地或冰上滑行牵引拖拉的、没有轮子的交通运输工具。

沙漠越野车↑

沙漠越野车采用汽车技术，发动机功率匹配，通过性，可靠性的底盘，机动灵活等特点，综合技术性能及可靠性已经达到或接近国外同类车型水平，居国内领先地位。

水陆两用拖船↑

水陆两用拖船具有安全可靠、操作简便、运行阻力小和不受方向限制等优点。

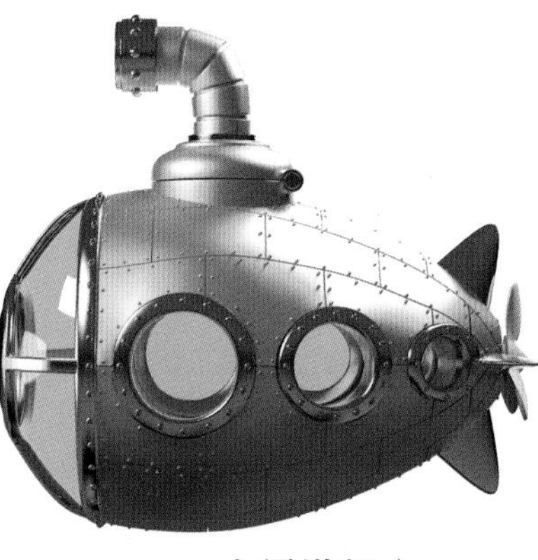

金属潜艇↑

金属潜艇是由金属制作的潜艇，潜舰是能够在水下运行的舰艇。

←采矿挖掘机

采矿挖掘机专门用于采矿使用的挖掘机，操作简单。

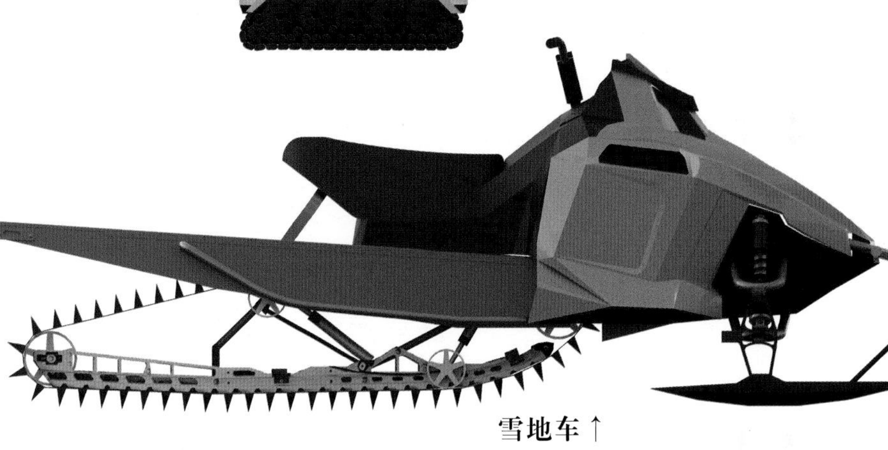

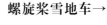

雪地车↑

雪地车是用于救护、输送、娱乐的专用车辆。一般为前滑撬后履带式，能快速在雪地移动。

螺旋浆雪地车→

螺旋浆雪地车是可以自由改变运动方向，机动灵活；其带足燃油或途中加油，可长途开行。

←豪华雪橇(qiāo)

豪华雪橇是具有趣味性，故享有多种运动车辆上限。行车时根据情况进行滑行，摆臂和看挂起落等操作需求。

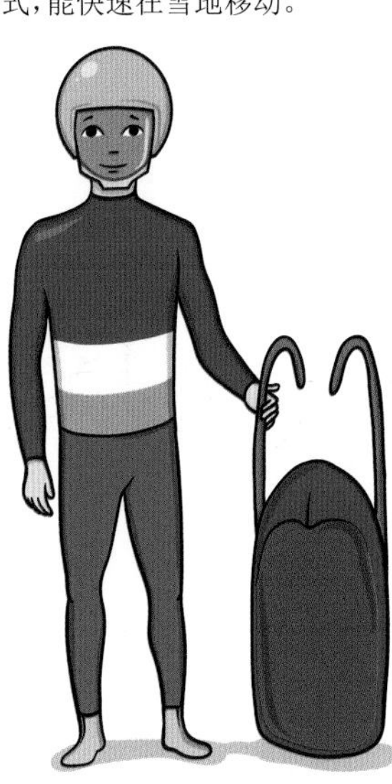

无舵雪橇↑

无舵雪橇也称平底雪橇。雪橇运动项目之一，一种仰面躺在雪橇上，双脚在前，通过变换身体姿势来操纵雪橇高速回转滑降的运动。为木制，底面有一对平行的金属滑板。

←高速充气船

高速充气船是一种极速充气的船，大多以橡皮为材质，在水面上高速行驶。

空中篇

空中飞行器能够自由飞行，作为个人交通工具，必须严格遵守空中智能交通规则，航行计算机中心控制按预定轨迹路线飞行，所以整个驾驶过程是自动和智能的。城市交通拥挤，人们在消耗能源、时间和大量的公路基础建设付出了沉重的代价。

←充气气球

充气气球在气球受的浮力减少而上升，重力和浮力相同时停止后会继续上升。

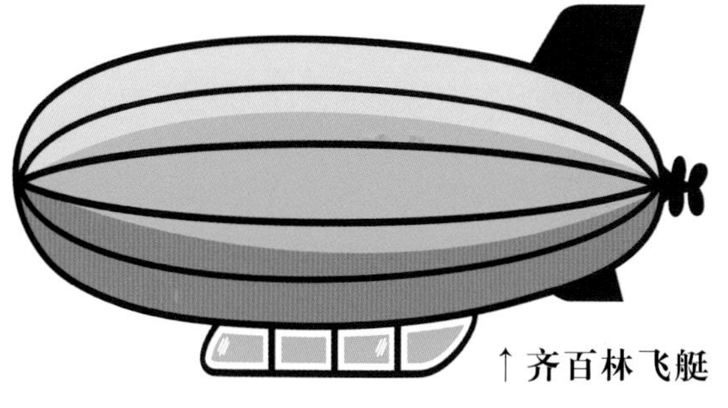

↑齐百林飞艇

齐百林飞艇有很好飞行性能，装载量较大，始终保持完整的架构外形。

战斗机→

战斗机是军用的一种飞机，用来进行作战，发动机全面运用，性能超好。

滑翔机↓

滑翔机没有启动装置，需要借助飞机进行飞行来确保安全性和效率。

热气球↑

热气球根据热空气密度氢气球的升高性能好、滞空时间长的用途来联络的通信工具。

←机动式滑翔飞翼

机动式滑翔飞翼是一种空中游乐的工具，坐在滑翔飞翼上，居高临下来享受其中乐趣。

↑悬挂式滑翔机

悬挂式滑翔机没有座位和启动装置，是一种简易的悬挂式滑翔机。

←双旋翼直升机

双旋翼直升机的两副旋翼相同，旋转方向不一样且相反，反作用维持平衡状态。

↑多用途直升机

多用途直升机的用途很多，可用来侦查、运输和急救等。

↑软式小型飞船

软式小型飞船的外形是靠气体压力和容器的强度来维持的。

飞碟↓

飞碟（UFO）是一个椭圆形飞行器的发光体，不明飞行物。

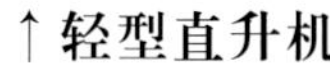

↑轻型直升机

轻型直升机的飞行能力有多样性的独特优势，起着不可替代的重要作用。

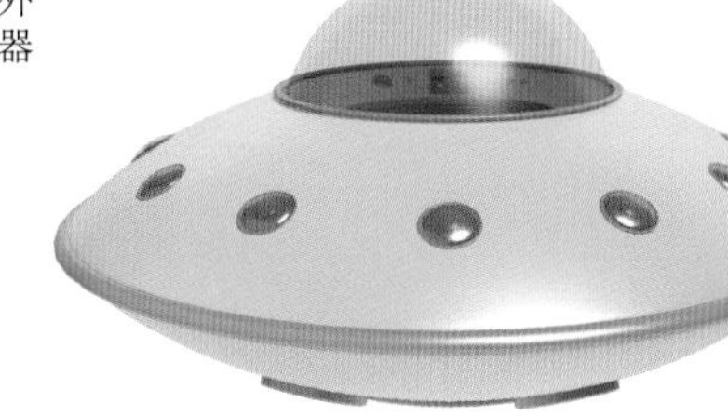

←运动飞机

运动飞机的飞行速度和重力都是和周围环境紧密相关的，每个飞机运动也各不相同。

←小型螺旋机

小型螺旋机提供了强大的动力，机身保证了足够的载油量，在土地狭小的地区特别适用。

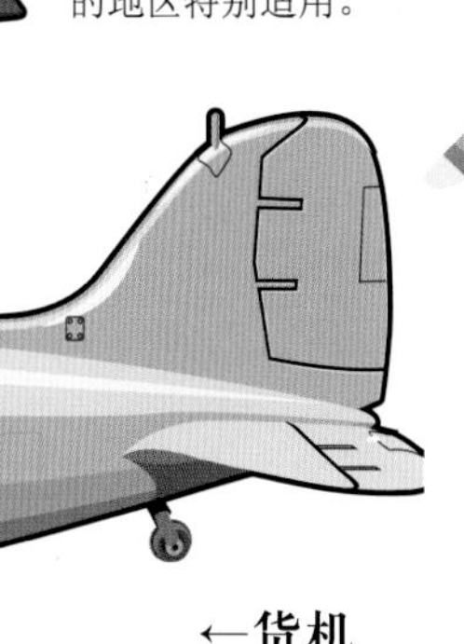

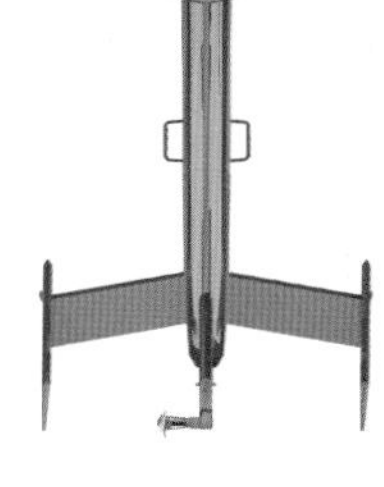

←货机

货机与客机相似，一般都是民用的货机供运输使用。

四叶式直升机↑

四叶式直升机水平尾翼的两端固定在两个尾撑上，起落的前、主起落架均为双轮，发动机马力也很大。

无人驾驶飞机→

无人驾驶飞机就是没有人驾驶可以操纵的飞机。

特技直升机→

特技直升机有着与固定翼飞机截然不同的飞行特性，全方位的飞行表演充满挑战性与风险性。

轻型飞行机↓

轻型飞行机轻便、安全、使用要求低，体积小，结构简单。

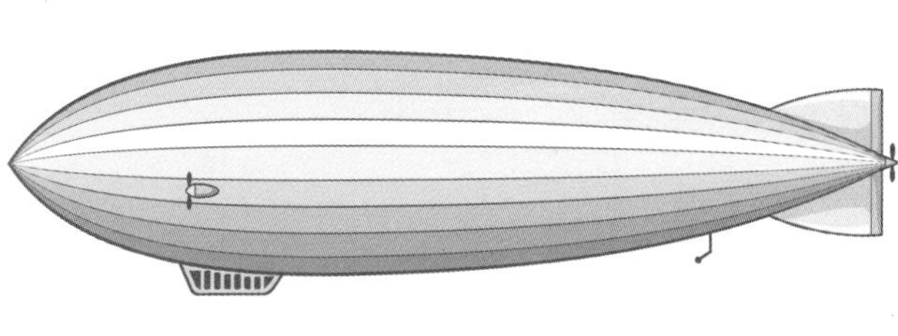

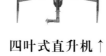

←高空飞艇

高空飞艇是美国研制的一个飞行设备，体内有4台发动机，飞行性能比较好。

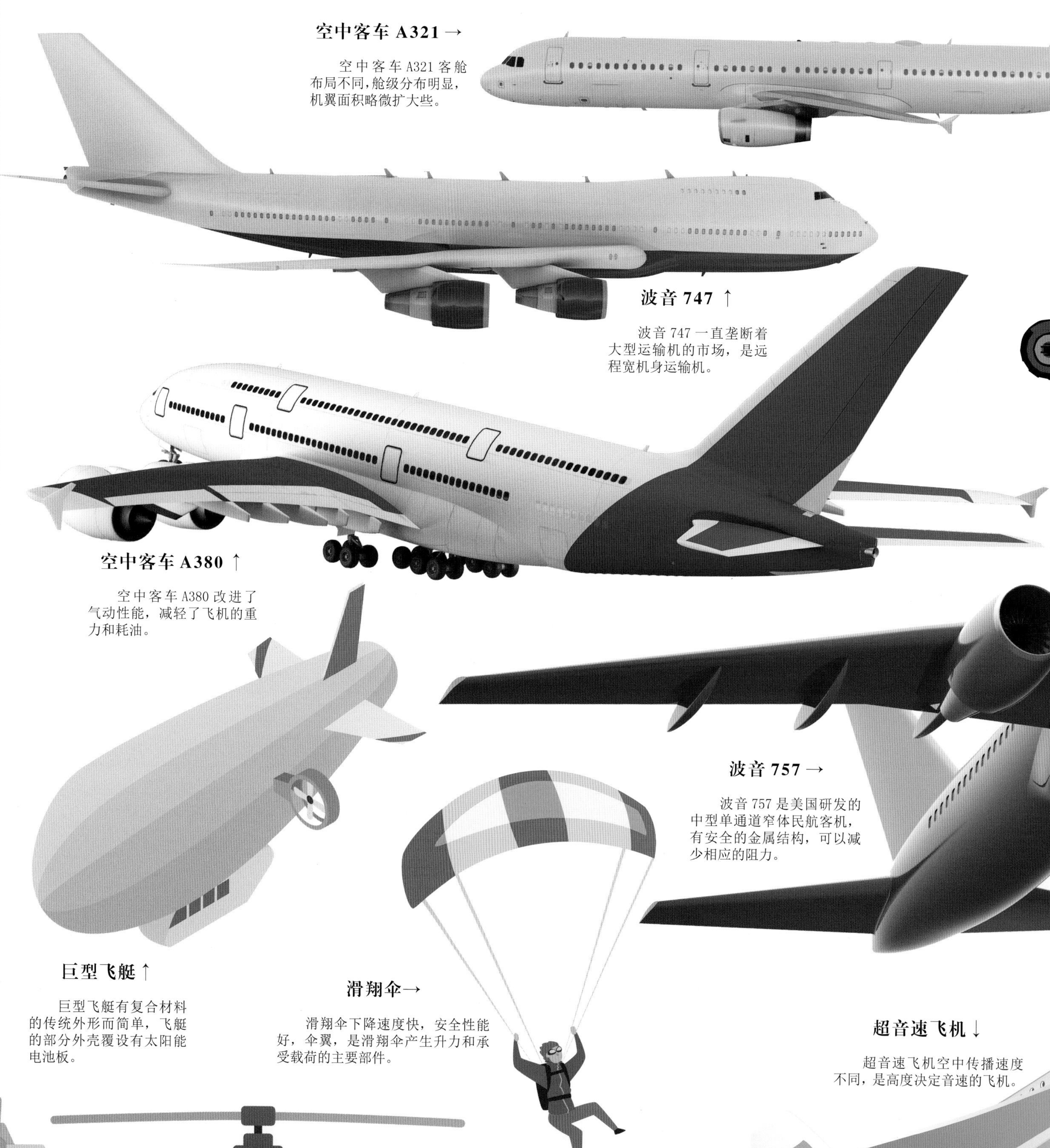

空中客车 A321→

空中客车 A321 客舱布局不同，舱级分布明显，机翼面积略微扩大些。

波音 747 ↑

波音 747 一直垄断着大型运输机的市场，是远程宽机身运输机。

空中客车 A380 ↑

空中客车 A380 改进了气动性能，减轻了飞机的重力和耗油。

波音 757→

波音 757 是美国研发的中型单通道窄体民航客机，有安全的金属结构，可以减少相应的阻力。

巨型飞艇↑

巨型飞艇有复合材料的传统外形而简单，飞艇的部分外壳覆设有太阳能电池板。

滑翔伞→

滑翔伞下降速度快，安全性能好，伞翼，是滑翔伞产生升力和承受载荷的主要部件。

超音速飞机↓

超音速飞机空中传播速度不同，是高度决定音速的飞机。

←货运直升机

货运直升机就是把物资运到指定地点，克服一切困难，需要一定的高技术。

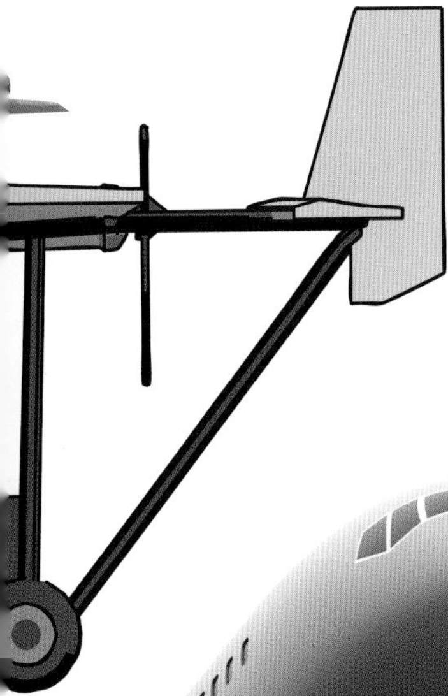

←超轻型飞机

超轻型飞机是最轻的一类飞机，主要强调安全性、经济性和舒适性。

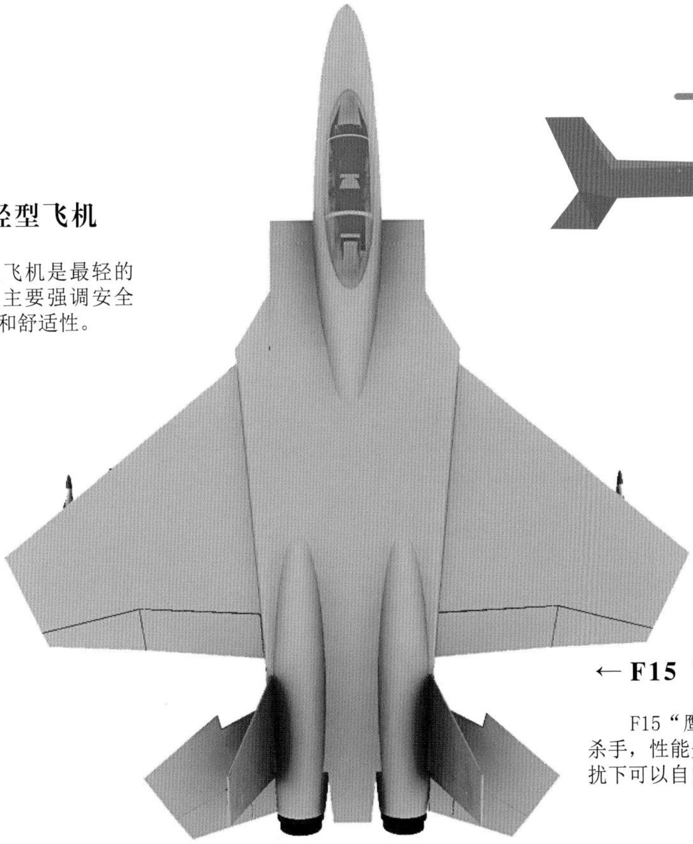

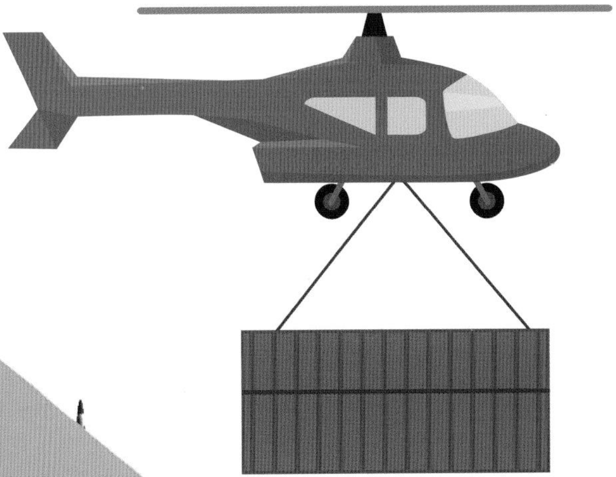

空中起重机↑

空中起重机质量稳定，安全可靠，马力大，载重能力强。

← F15“鹰”歼击机

F15“鹰”歼击机是空中杀手，性能先进，在敌方的干扰下可以自由飞行。

↑空中客车 A320

空中客车 A320 在设计上提高客舱适应性和舒适性，是短程窄体商用客机。

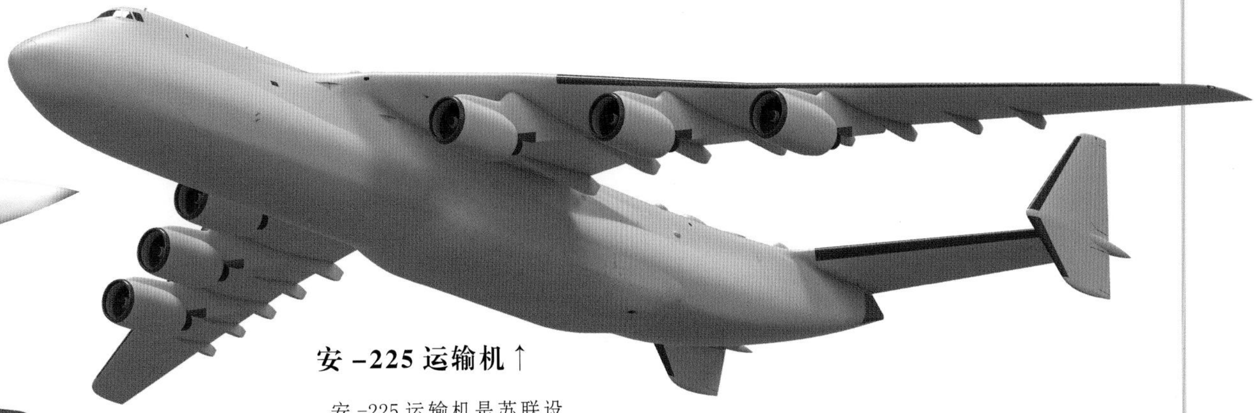

安 -225 运输机↑

安 -225 运输机是苏联设计局研制的超大型军用的运输机，机身庞大而耗油。

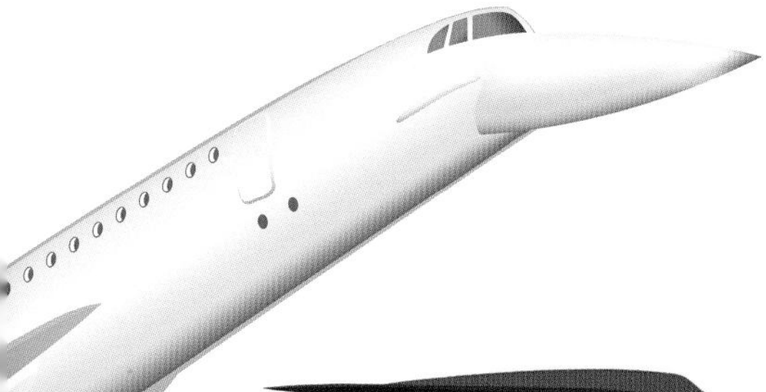

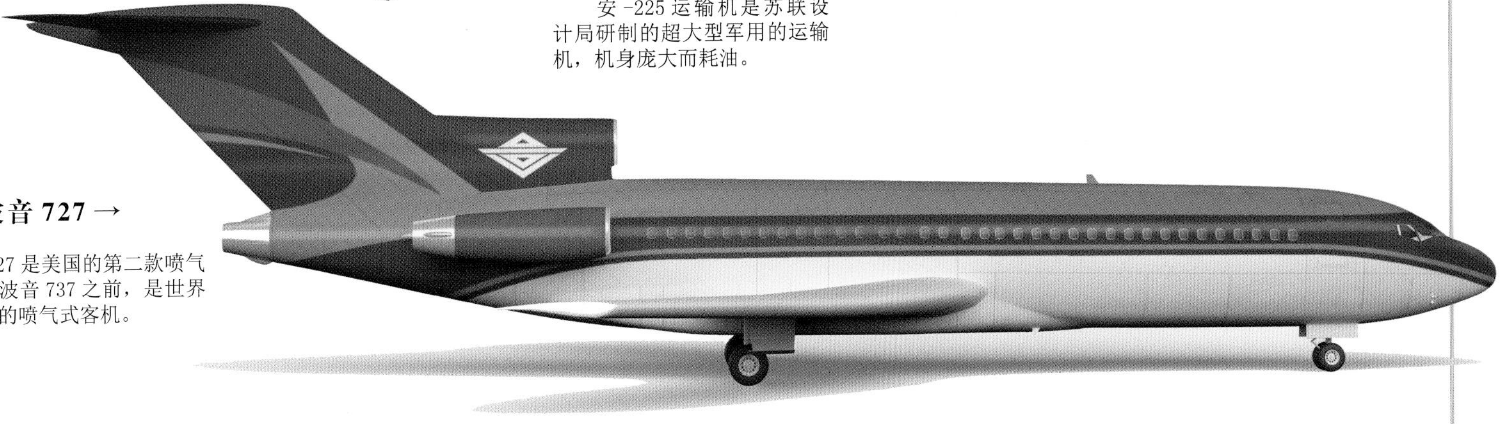

波音 727 →

波音 727 是美国的第二款喷气式客机，在波音 737 之前，是世界上产量最大的喷气式客机。

火箭太空

火箭是火箭发动机喷射工质产生的反作用力向前推进的飞行器。它自身携带全部推进剂，不依赖外界工质产生推力，可以在稠密大气层外飞行，是实现航天飞行的运载工具。

←载人探测飞行器

载人探测飞行器，是搭载航天员、能够在大气层内或大气层外空间（太空）飞行的器械。

月球着陆器↑

月球着陆器是人造卫星、宇宙飞船等在降落过程中，逐渐减低降落速度，使得航天器在接触地球垂直速度降低到很小，最后不受损坏地降落到地面或其他星体表面上，从而实现安全着陆的技术。

←NASA 航天飞机

NASA 航天飞机是美国航空航天局的像运载火箭那样垂直起飞，又能像飞机那样在返回大气层后在机场着陆。航天飞机由轨道器、外贮箱和固体助推器组成。

阿丽亚娜 5 号火箭↓

阿丽亚娜 5 号火箭是两级火箭，它的第一级装有固体燃料发动机，第二级则有高冷冻液体燃料发动机，是欧洲航天局的高技术产品。

←土星 5 号火箭

土星 5 号火箭是美国国家航空航天局在阿波罗计划和天空实验室计划两项太空计划中使用的多级可抛式液体燃料火箭。

战神 5 号火箭↑

战神 5 号火箭是可以将体积更大的望远镜送入太空。它可以运送大型分段式望远镜，分段式望远镜有多个镜片，这些镜片可以折叠以利于运输。

←运载火箭

运载火箭是将人们制造的各种将航天器推向太空的载具，由箭体、动力装置系统和控制系统组成，这三大系统称为运载火箭的主系统。

←火星探测器

火星探测器是一种用来探测火星的人造航天器，包括从火星附近掠过的太空船、环绕火星运行的人造卫星、登陆火星表面的着陆器、可在火星表面自由行动的火星漫游车以及未来的载人火星飞船等。

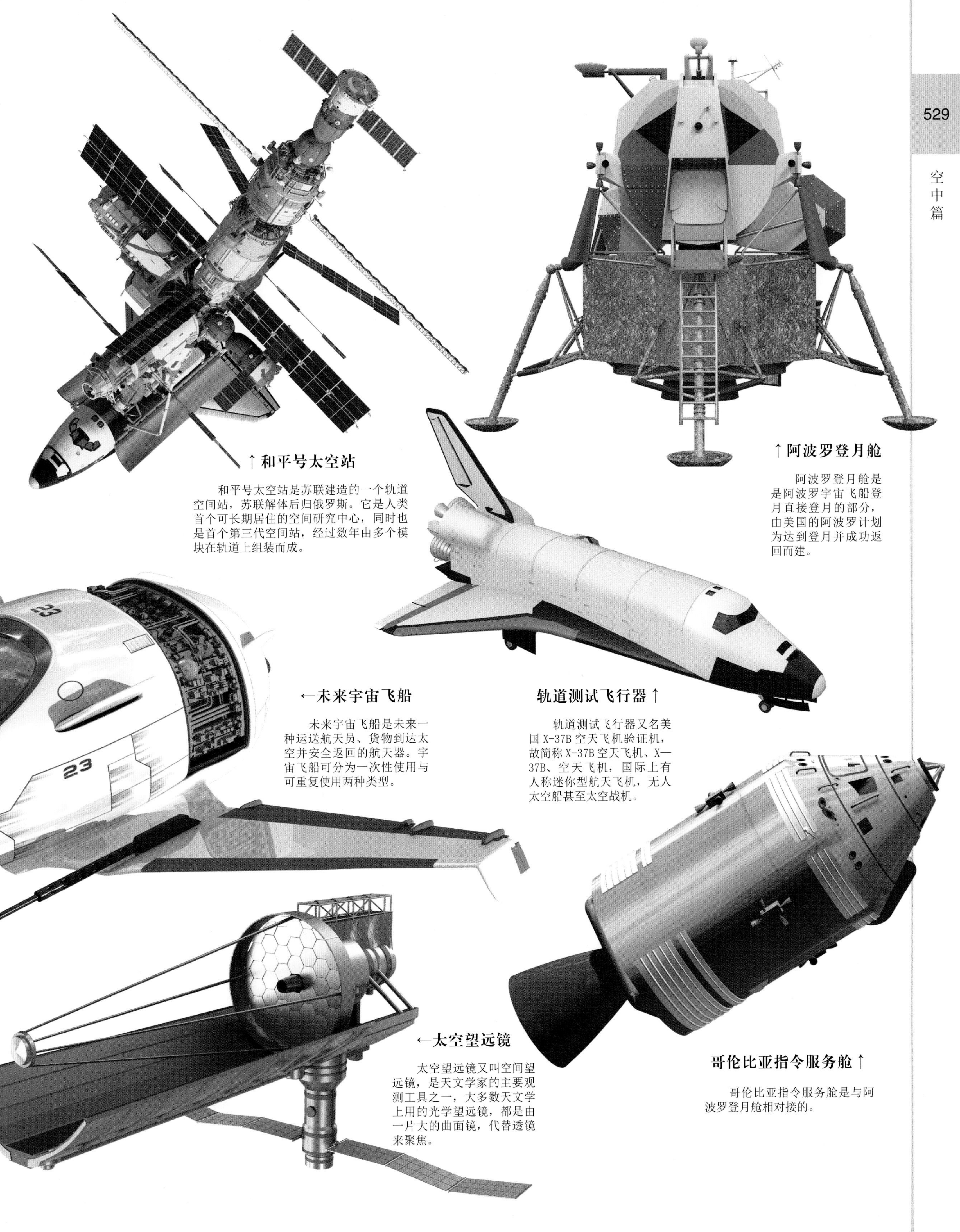

↑和平号太空站

和平号太空站是苏联建造的一个轨道空间站，苏联解体后归俄罗斯。它是人类首个可长期居住的空间研究中心，同时也是首个第三代空间站，经过数年由多个模块在轨道上组装而成。

↑阿波罗登月舱

阿波罗登月舱是是阿波罗宇宙飞船登月直接登月的部分，由美国的阿波罗计划为达到登月并成功返回而建。

←未来宇宙飞船

未来宇宙飞船是未来一种运送航天员、货物到达太空并安全返回的航天器。宇宙飞船可分为一次性使用与可重复使用两种类型。

轨道测试飞行器↑

轨道测试飞行器又名美国 X-37B 空天飞机验证机，故简称 X-37B 空天飞机、X—37B、空天飞机，国际上有人称迷你型航天飞机，无人太空船甚至太空战机。

←太空望远镜

太空望远镜又叫空间望远镜，是天文学家的主要观测工具之一，大多数天文学上用的光学望远镜，都是由一片大的曲面镜，代替透镜来聚焦。

哥伦比亚指令服务舱↑

哥伦比亚指令服务舱是与阿波罗登月舱相对接的。

水中篇

随着时代，人类的技艺越来越强，科技也发达。轮船给我们带来很多方便，利用它我们可以去领会大江大海的壮阔和欣赏美丽景色，在社会生产中运输成为流水线，船和游艇等也成为我们的代步工具。

航空母舰↓

航空母舰是主要武器并作为海上活动基地的大型军舰，高贵而优雅的游姿，很赏心悦目。

←拖网渔船

拖网渔船是用拖网进行捕鱼，效果很好的方法。

机动游艇↑

机动游艇随时在海面上待命的机动游艇，材质对产品性能要求较高。

豪华游轮↑

豪华游轮是海上进行游玩等运输体验的大型客运游轮交通工具。

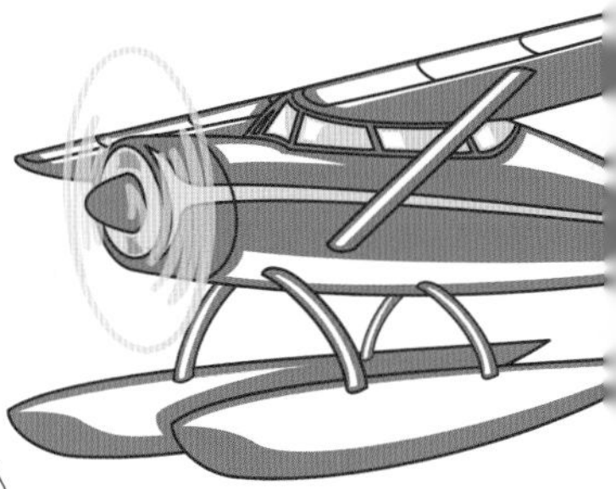

水上飞机↑

水上飞机是利用水面起飞，降落与停靠的现代科技的飞机。水上飞机主要用于海上巡逻、救援和运动等活动。

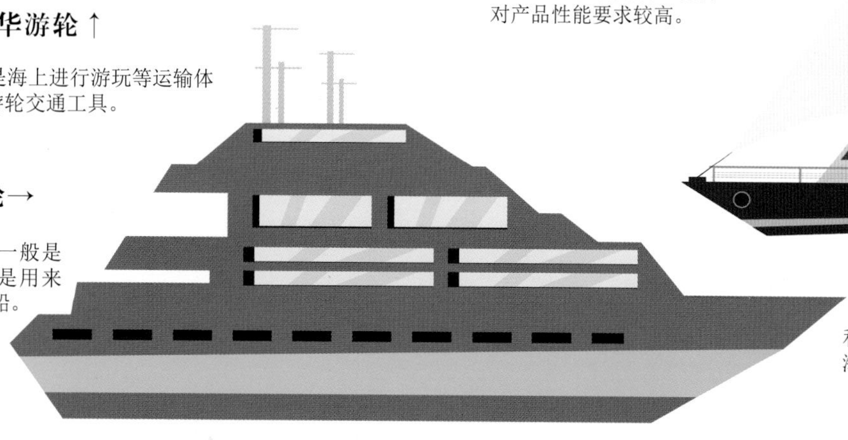

中型游轮→

中型游轮一般是民用的游轮，是用来旅游运输的轮船。

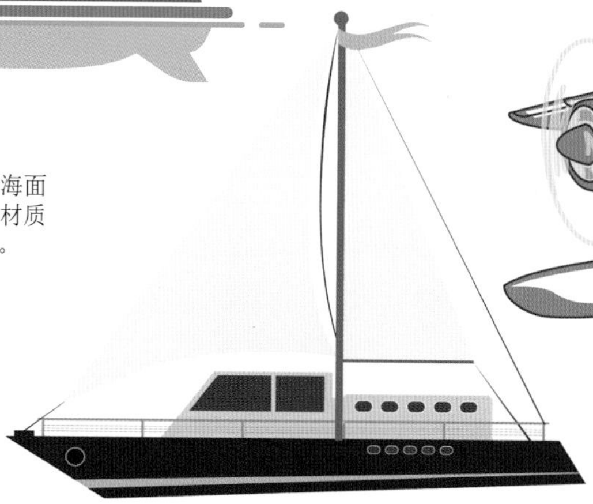

帆船游艇↑

帆船游艇有最优化的动力配置和最时尚的外观设计融为一体，航海性能也起着重要的作用。

捕鱼船→

捕鱼船用来捕捞鱼类的船舶。

←观光汽艇

观光汽艇是海上旅游时欣赏景色的观光大游艇。

木拖船→

迷你船↑

迷你船因小而得名的小船。

←水翼船

水翼船是高速船，速度很快可以大大减少阻力。

←深潜器

深潜器是潜水员的保护神，能在大气压深海的情况下进行水下工作的潜水设备。

气垫船→

气垫船是充气船，利用高压空气在船底或地面形成气垫，但耐波性比较差。

港口拖轮↓

港口拖轮是典型的拖船，把船拖进港口。

单桅(wéi)竹筏→

单桅竹筏是一种小型的竹筏，造型简单。

↑舷外支架轻舟

舷外支架轻舟是有舷外支架防止受干扰的适于远航的轻舟。

竹筏→

竹筏是用竹材捆扎排列而成的工具。

↓小船

小船造型结构简单，可以自由游动，比较单一。

←驳船

驳船设备简单，载货量大，没有自航能力，需要进行拖船而继续前行的货船。

凤尾船↓

凤尾船是威尼斯便利又享受的交通工具。

远洋班轮→

远洋班轮是按一定的时间，在航线上，以安排好的港口顺序，进行货物、邮付等运输。

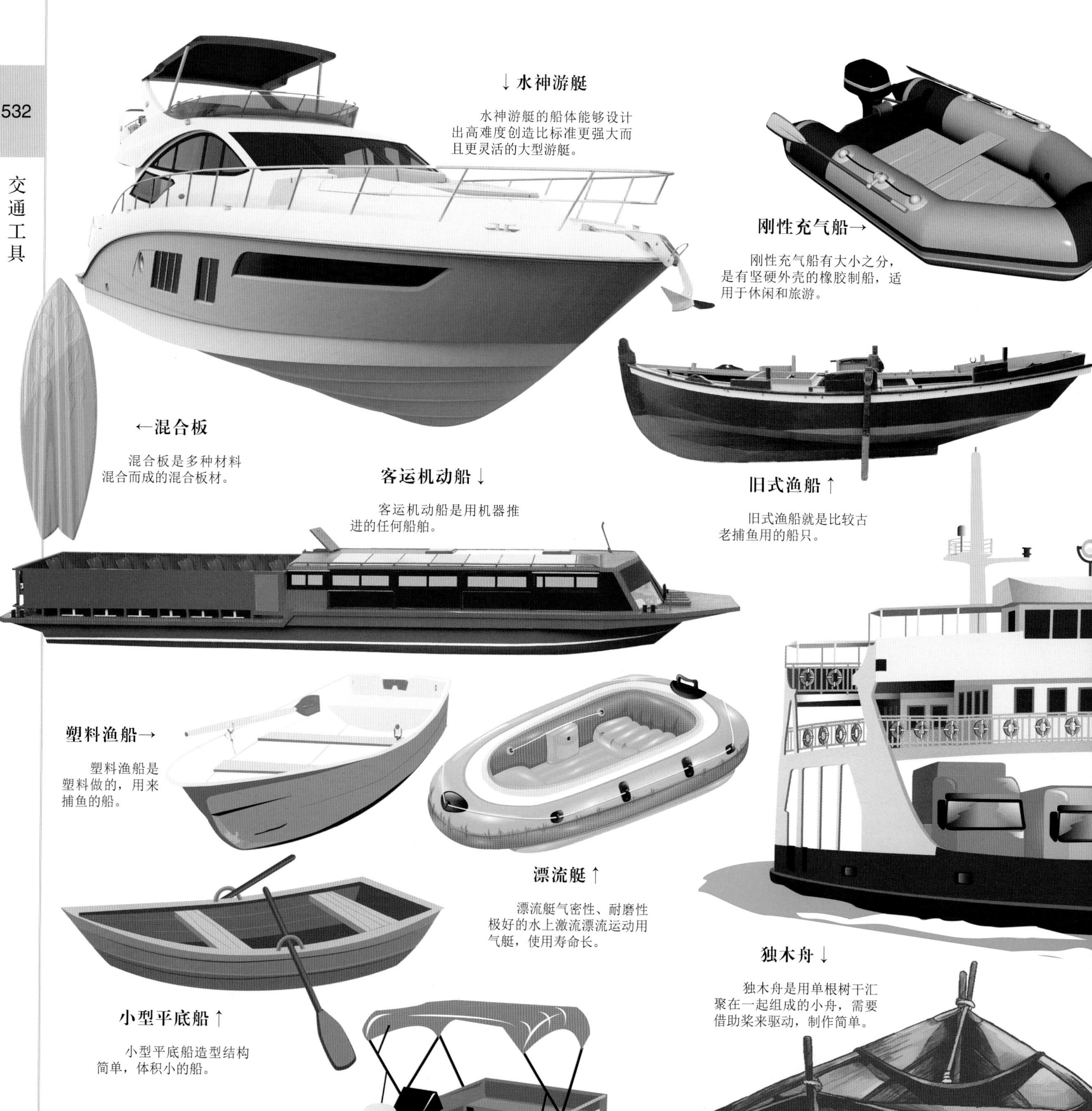

↓水神游艇

水神游艇的船体能够设计出高难度创造比标准更强大而且更灵活的大型游艇。

刚性充气船→

刚性充气船有大小之分，是有坚硬外壳的橡胶制船，适用于休闲和旅游。

←混合板

混合板是多种材料混合而成的混合板材。

客运机动船↓

客运机动船是用机器推进的任何船舶。

旧式渔船↑

旧式渔船就是比较古老捕鱼用的船只。

塑料渔船→

塑料渔船是塑料做的，用来捕鱼的船。

漂流艇↑

漂流艇气密性、耐磨性极好的水上激流漂流运动用气艇，使用寿命长。

独木舟↓

独木舟是用单根树干汇聚在一起组成的小舟，需要借助桨来驱动，制作简单。

小型平底船↑

小型平底船造型结构简单，体积小的船。

趸船→

趸船是没有动力装置的，作为浮码头使用，用于装卸货物的矩形平底船。

旅游船↓

旅游船是观赏风景秀丽的水域周游巡航的旅游“客船”。续航力较大，有平稳和舒适的防摇装置。

充气钓鱼船↑

充气钓鱼船是充气的渔船用于海上钓鱼。

卡通漂浮船→

卡通漂浮船都是充气的，一般都是皮筏的，用卡通来表现出孩子的童真。

↓渡车船

渡车船是属于渡轮的一种。在隧道以及一种接载汽车渡河或渡海的水上工具。

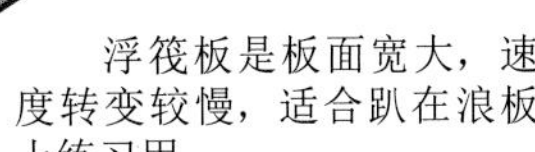

←浮筏板

浮筏板是板面宽大，速度转变较慢，适合趴在浪板上练习用。

木架蒙皮船↑

木架蒙皮船是一种简易的船只。

↓单人皮艇

单人皮艇是一种类似独木舟的水上工具，比木制的独木舟轻巧得多的。

家庭渔船↓

家庭渔船就是家庭主要用来捕鱼的船只。

历史上的船只

从古至今，船舶业的发展最能体现出一个国家的兴旺与发展，自从人类造出第一个木筏，海洋就开始成为了人类历史的重要部分。中国封建历史几千年的领先技术让我们前进，时间慢慢的推移，人类建造的船成千上万，其中一些让世人瞩目，成为史上传奇。

军舰→

军舰是武器装备能执行作战任务的军用舰艇。

←巴尔的摩帆船

新港号属于巴尔的摩帆船经典船型之一，能更好地与风帆压力中心相平衡，利于抢风航行和减小横漂。

中式平底帆船→

中式平底帆船的这种平衡纵帆，操作灵便，能承受各个方向的风力。

半牛型船↓

大型帆船↑

大型帆船是一种大型的木制运输工具，可以配备武器和进行炮轰，还可以运送部队。

蒸汽邮艇→

桨帆并用战舰↑

桨帆并用战舰是追加使用人力划桨的战舰，是为外海战斗而制造的大型桨帆帆船，需比较多的水手来划桨，有着比较强大的防护能力。

三层桨座式战船↑

三层桨座式战船是古希腊人和罗马人所用的战船。战船每边有三排桨，一个人控制一支桨。

↓客运汽轮

客运汽轮是用于海上运载乘客的蒸汽轮船。

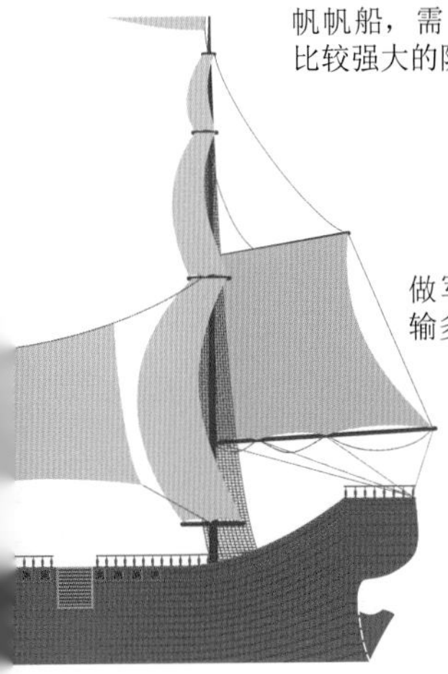

←双桅船

双桅船是既可以做军舰又可以用来运输多用途的船只。

←维京长船

维京长船的船首以龙头雕像作为标志，船体十分修长，中间竖立一支巨型的桅杆，并挂有方型的风帆。

雄榫船→

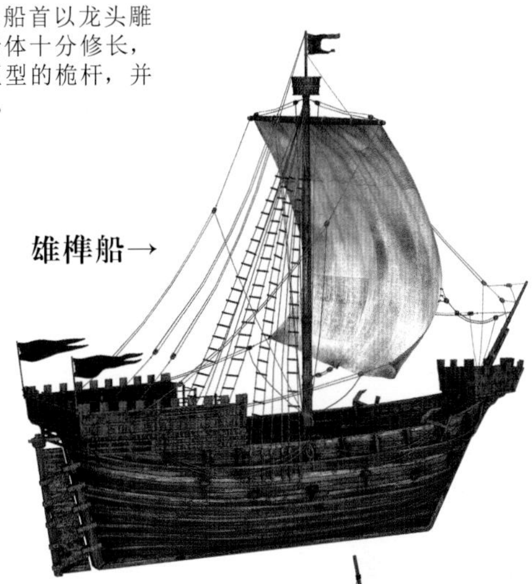

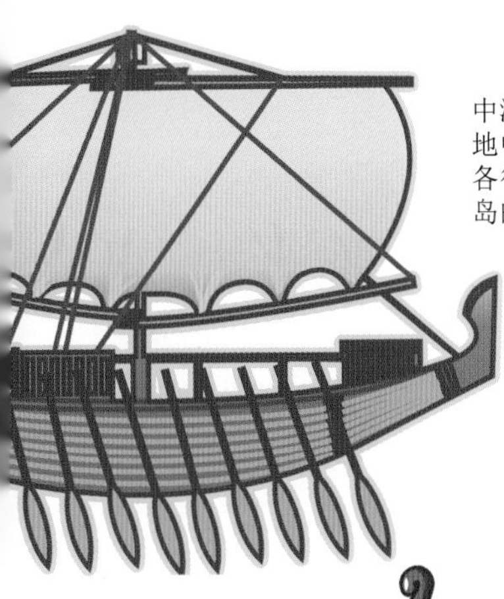

罗马商船→

罗马商船在罗马统治地中海的时代，大量商船通过地中海的商业航线，把来自各行省的物资运往意大利半岛的港口。

北欧单桅商船→

北欧单桅商船为单桅，因流行于欧洲，多用于商业运输而出名。

古埃及船只↑

古埃及船只是在日常捕猎活动和客货运输的主要用途。

←海盗船

海盗船是一种游乐项目。海盗用以打劫的交通工具，已经成为一种神秘文化。

←马耳他划艇

←埃及运河船

埃及运河船是苏伊士运河流经埃及的河段，运河上的船只承担着大量的运输。

←前桅横帆三桅帆船

前桅横帆三桅帆船的最主要的特征是只有最前桅挂横帆，其他所有桅杆都挂纵帆。

阿拉伯独桅船↑

阿拉伯独桅船是一种船。它的船体结构更加合理，有一根桅。

塞莫皮莱号→

塞莫皮莱号是大航海时代冒险用的大型船。

↑海王号

海王号是大型训练帆船“海王丸”以“日本的海上王者”而著名，被世人称赞为“海上贵夫人”。

↑五月花号

五月花号是英国移民驶往北美的第一艘船只，也是英国移民驶往北美的一艘最为著名的船只。

古中国货船→

古中国货船是古代水上运输工具，由浮具开始，因它比筏子和独木舟更早出现。

←卡欧克帆船

←小吨位轻快帆船

小吨位轻快帆船用来发现新大陆的极佳船只，速度和安全性赞赏不已。

古代快船→

古代快船在古代都是木舟，能够在顺风的情况下借助风力和人力划桨，达到快速航行的要求。

卡拉维尔帆船→

卡拉维尔帆船的航海家普遍采用它来进行海上探险，操舵性及速度，成为当时欧洲最盛行的帆船。

←木帆海防舰

木帆海防舰是古代军舰的一种，轻型的护卫舰。

西班牙大帆船↑

西班牙大帆船最显著的特点是高耸的船首和船尾甲板，具有远距离海上航行的适航能力。

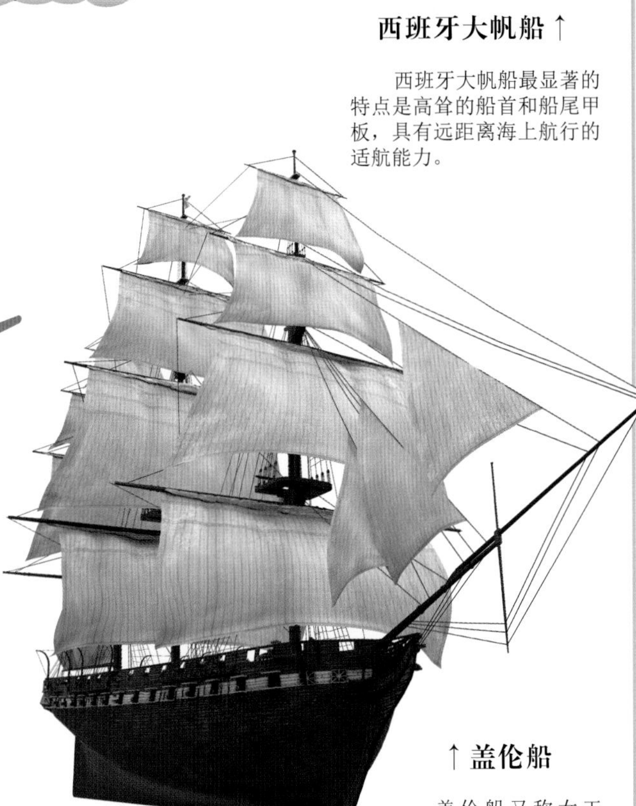

中世纪船↑

中世纪船主要以海战和远洋贸易用，主帆和前帆受风面积小。

泰坦尼克号↓

泰坦尼克号是当时世界上体积最庞大、内部设施最豪华的客运轮船，有“永不沉没”的美誉。

↑罗马单层甲板大帆船

罗马单层甲板大帆船是军舰舰长用的大划艇，利用风力前进的船，是继舟、筏之后的一种古老的水上交通工具。

↑盖伦船

盖伦船又称女王船，有较好的续航力，在很长时间内是世界上最大的海船。

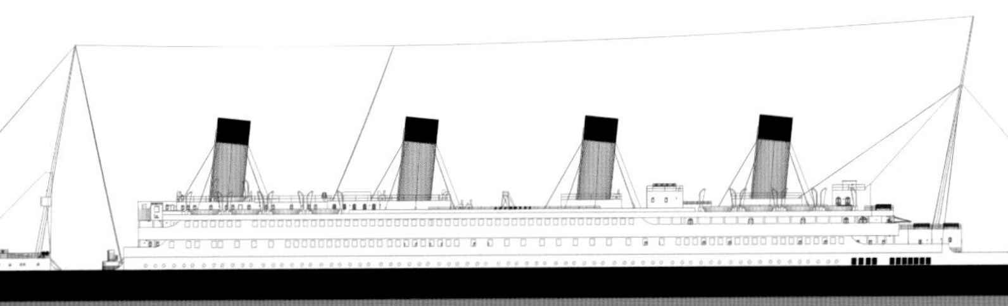

轮船

船舶是随着人类的发展而开发的。不论是战时或是平时，都有船舶的出现。一艘大船，它带着我们航行在心中的海洋与星空之间。航行的尽头是哪里，没有人知道。在历史上，船舶对于地理探索及科学技术的发展都有重要的角色。

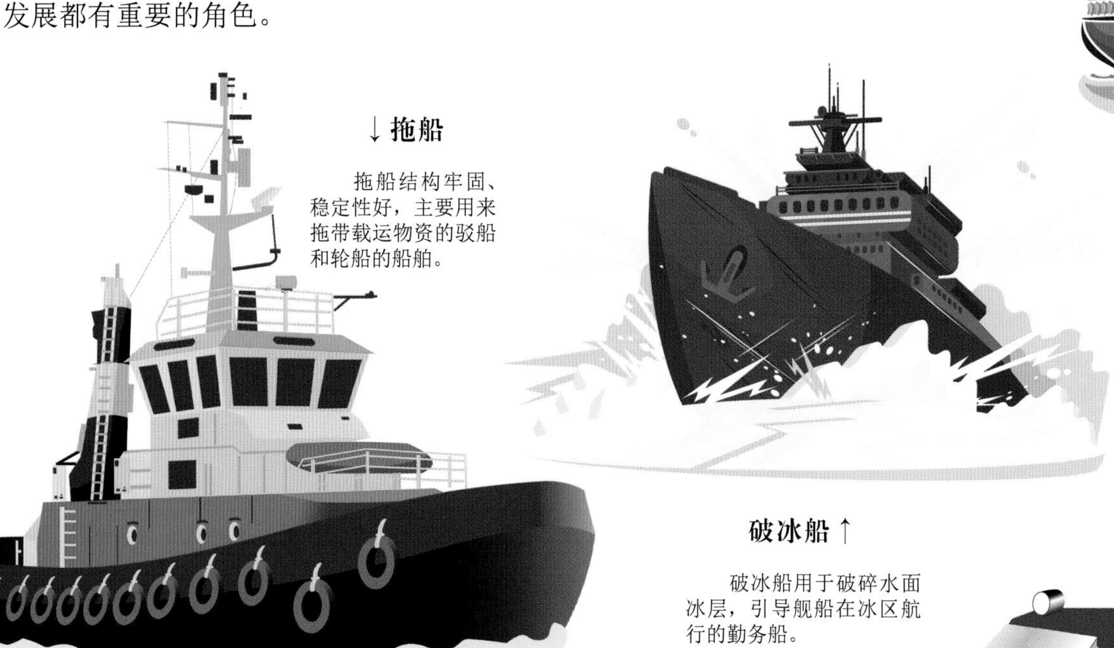

↓拖船

拖船结构牢固、稳定性好，主要用来拖带载运物资的驳船和轮船的船舶。

破冰船↑

破冰船用于破碎水面冰层，引导舰船在冰区航行的勤务船。

商船↑

商船以商业为目的，运载货物和旅客的船只。

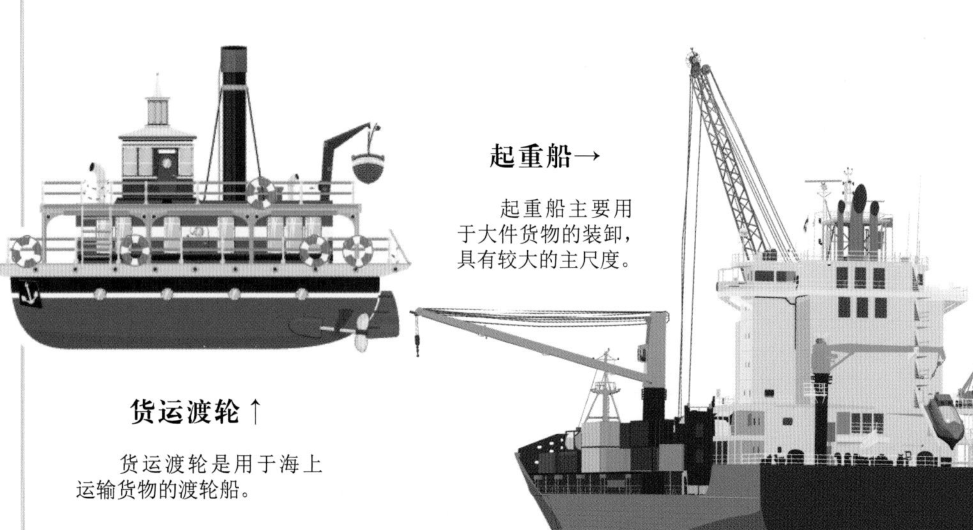

起重船→

起重船主要用于大件货物的装卸，具有较大的主尺度。

货运渡轮↑

货运渡轮是用于海上运输货物的渡轮船。

五大湖货轮→

五大湖货轮是路程经过圣劳伦斯水道航行于美国、加拿大交界处五大湖区的散货船。

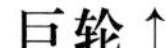

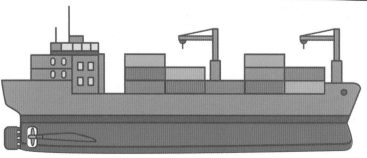

巨轮↑

巨轮就是一种大型的巨型轮船。

↓巴拿马型船

巴拿马型船是一种专门设计适合巴拿马运河船闸的大型船只。

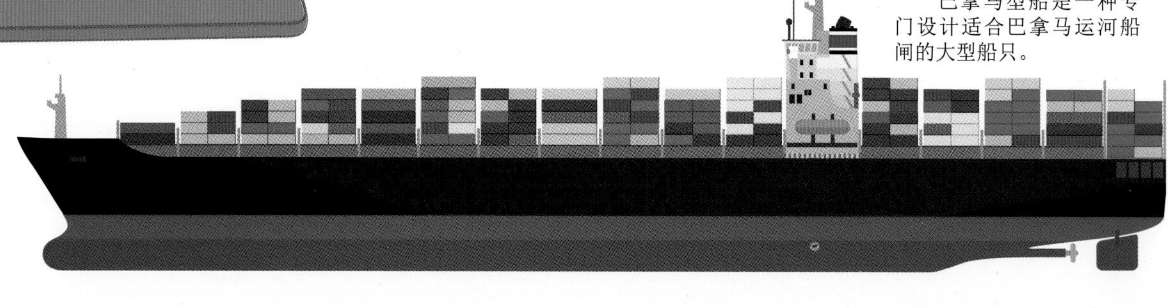

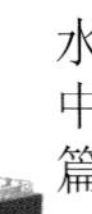

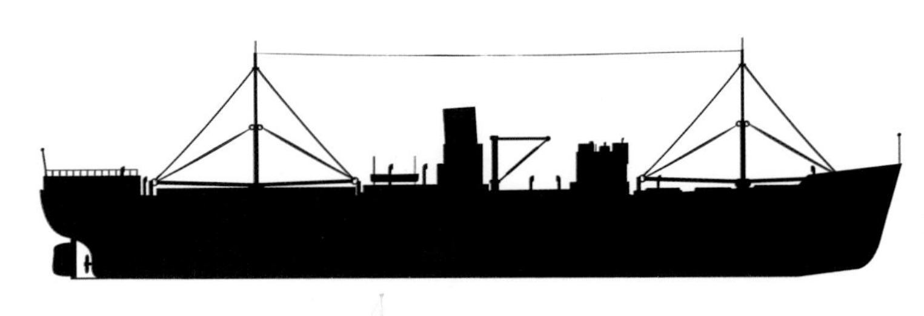

←不定期航行货轮

不定期航行货轮就是不固定的期限进行运送货物的轮船。

↑ LNG 运输汽轮

LNG 运输汽轮是从传统的锅炉汽轮机装置向柴油机装置转变的这一趋势。

原油运输船→

原油运输船是专门用于运输原油的船。

←货柜船

货柜船是专门运输货柜的船舶。

←钻探船

钻探船是专用于对海底地质构造进行钻井作业的船只。

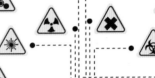

超级油轮↓

超级油轮的形状、构造特殊，是一些超过16万吨载重量，可以运输200到300万桶原油的油轮。

↑化学品运输船

化学品运输船的货箱通常镀一层不锈钢或用不锈钢制成，除少数化学品外，可载货品种类繁多。

拖网加工渔船→

拖网加工渔船具有较大的冻结和加工能力的拖网渔船。

连锁渡轮↑

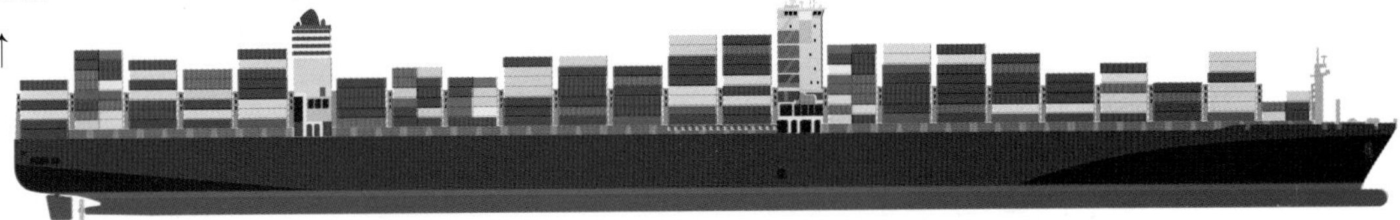

←超大型集装箱船

超大型集装箱船用于装载国际标准集装箱的大型船舶。

←维京游轮

维京游轮是远洋巡游河轮部门的小型船舶。维京的游轮部门获得来自旅游和游轮行业内众多刊物和组织机构和旅游新闻授予的许多奖项和认可。

渡船↓

渡船航行于江河、湖泊、海峡及岛屿之间的运输船舶。

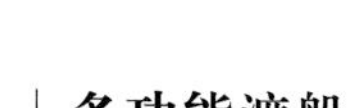

↓多功能渡船

多功能渡船是具备多功能的海上轮渡的船。

巨型战船↑

巨型战船是古代的一种用于水上作战的巨大型的船舶。

现代战船↑

现代战船出现了以战机为主要武器的航空母舰，以导弹为主要武器的新型巡洋舰、驱逐舰、护卫舰等多种类型的军舰战船。

海洋科考船↑

海洋科考船具有全球航行能力及全天候观测能力，是中国国内综合性能最先进的科考船。

↑普通货船

普通货船造型简单，运载成包、成箱、成捆杂件货的船。

老海商船↑

老海商船是用于一种商业活动的商船。

钻井平台供应船↑

钻井平台供应船专为具有船形结构的海上钻井平台服务设计的船舶。

←滚装船

滚装船装卸效率很高，通过跳板采用滚装方式装卸载货车辆的“船舶”。

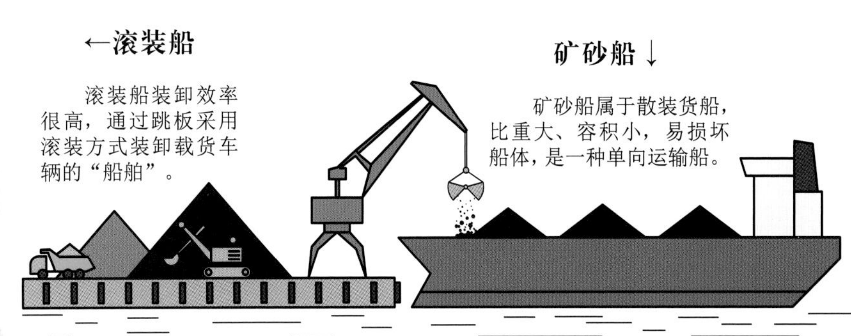

矿砂船↓

矿砂船属于散装货船，比重大、容积小，易损坏船体，是一种单向运输船。

海洋卫生船↑

海洋卫生船主要用于海上承担水上救护、治疗后送伤病员的专用船只。

散货船→

散货船专门用来运输不加包扎的货物，干散货物的船舶。

←定期货轮

定期货轮是在一定时间内运输货物的轮船。

←重型起重船

重型起重船是用于超大件的货物装卸和运输。

←成品油轮

成品油轮载运散装石油或成品油的液货运输船舶。

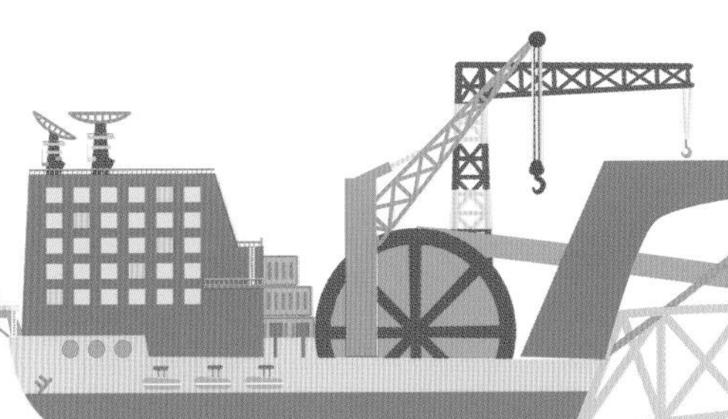

铺管船↑

铺管船是用于铺设海底管道专用的大型设备。多用于海底输油管道、海底输气管道、海底输水管道的铺设。

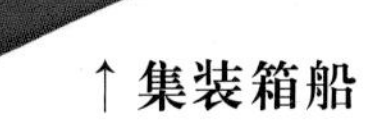

↑集装箱船

集装箱船的结构和形状跟常规货船有明显不同，是一种新型的船。

帆船

17 世纪依靠作用在帆具上的风力来推进的船，起源于欧洲，它的历史可以追溯至远古时代，是人类向大自然作斗争的一个见证，帆船历史同人类文明史一样悠久。帆船不再是承载大量运输任务的水运工具，而成为一种文化和娱乐的象征。

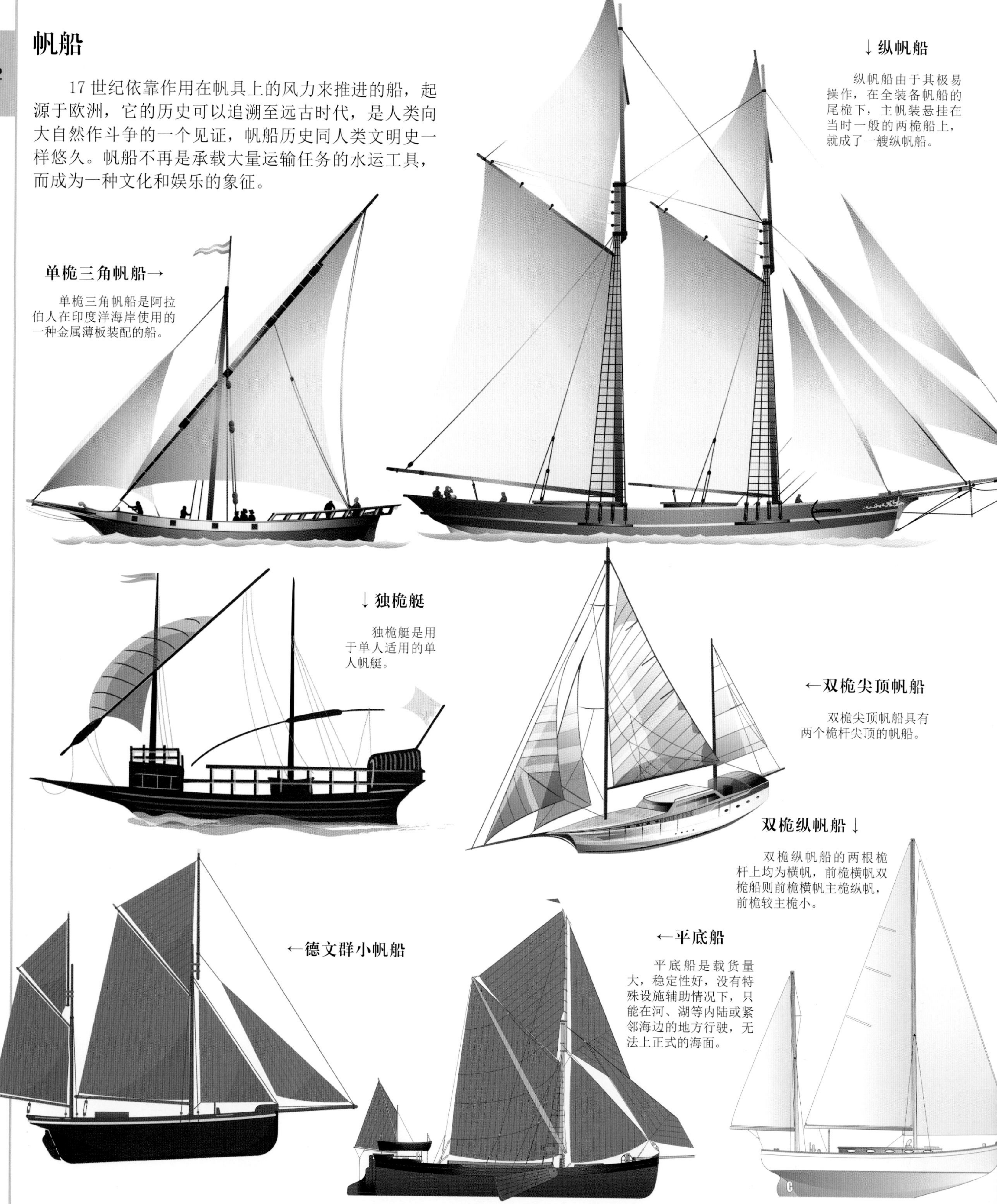

单桅三角帆船→

单桅三角帆船是阿拉伯人在印度洋海岸使用的一种金属薄板装配的船。

↓纵帆船

纵帆船由于其极易操作，在全装备帆船的尾桅下，主帆装悬挂在当时一般的两桅船上，就成了一艘纵帆船。

↓独桅艇

独桅艇是用于单人适用的单人帆艇。

←双桅尖顶帆船

双桅尖顶帆船具有两个桅杆尖顶的帆船。

双桅纵帆船↓

双桅纵帆船的两根桅杆上均为横帆，前桅横帆双桅船则前桅横帆主桅纵帆，前桅较主桅小。

←德文群小帆船

←平底船

平底船是载货量大，稳定性好，没有特殊设施辅助情况下，只能在河、湖等内陆或紧邻海边的地方行驶，无法上正式的海面。

←双桅帆船

双桅帆船的船体比双桅纵帆船大，体形上已近于三桅全帆装船。

冲浪帆船→

冲浪帆船是在海面上冲浪的运动帆船。

双体船↑

双体船是在两个分离的水下船体上部用加强构架连接成一个整体的“船舶”。

小帆船→

小帆船是一种小型利用风力进行前进的船。

↑龙骨帆船

龙骨帆船由法国著名船厂公司生产制造的达卡24尺帆船，体验比较刺激。

←旅人小艇

旅人小艇是海上旅游使用的小艇。

←复古帆船

复古帆船是古代比较复古的一种帆船。

←尖顶快船

桅杆属于尖顶的风帆快船为尖顶快船。

漫游者帆船→

←摩托小艇

摩托小艇驾驶以汽油机、柴油机或涡轮喷气发动机等为动力的机动艇，在水上竞速的一种体育活动。

←激光艇

激光艇用激光设备提供动能驱动的快艇。

英国渔船↓

英国渔船是英国制造的从事捕捞作业的渔船。

←横臂悬臂式双桅帆船

横臂悬臂式双桅帆船是有两根桅杆，帆装为横帆悬挂式的帆船。

木底小帆船↑

木底小帆船是用木头作为底部支撑的小型帆船。

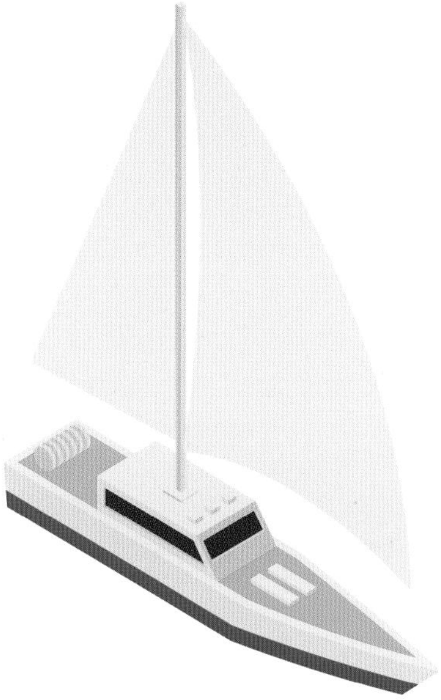

现代帆船↑

现代帆船利用的是无污染的风能前进的船。

地中海游览小帆船↑

地中海游览小帆船是在地中海地区用于观光游览的小型帆船。

←地中海三桅小帆船

地中海三桅小帆船船体结构小，有三根桅的小型帆船。

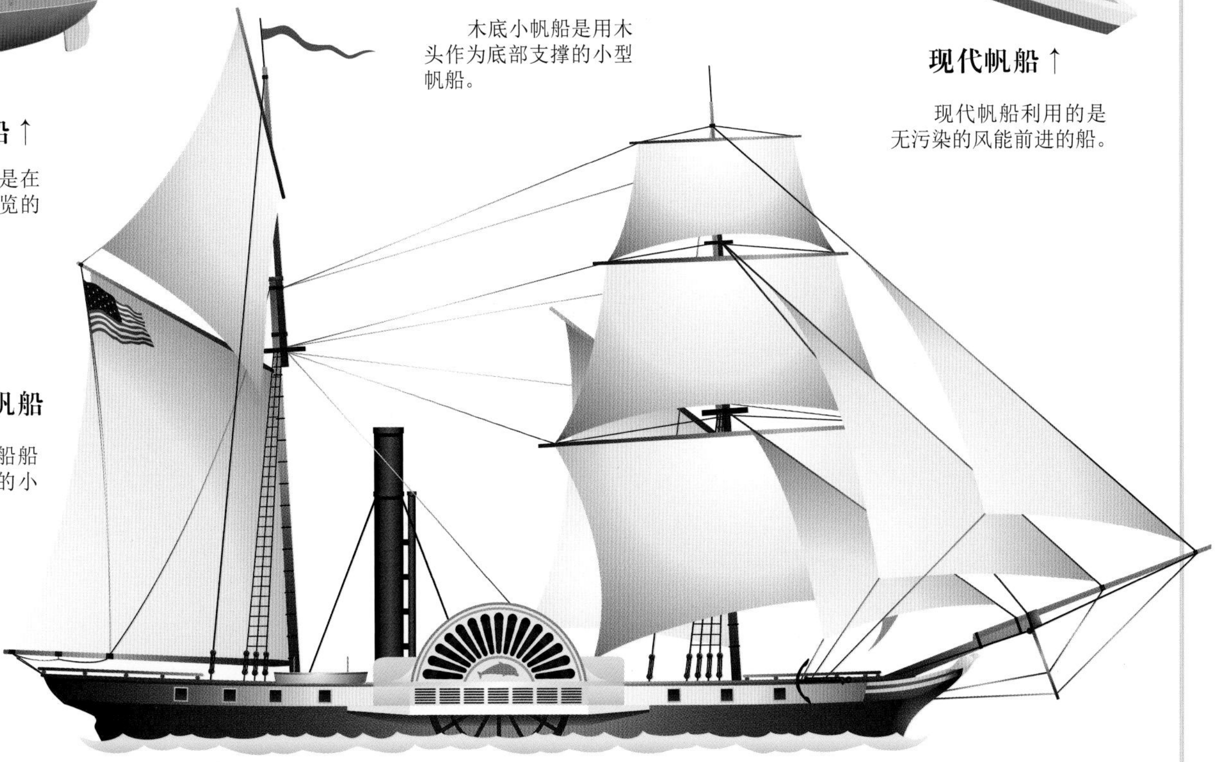

↑蒸汽帆船

蒸汽帆船是将蒸汽轮机功效进一步提升，以蒸汽机为动力的帆船。

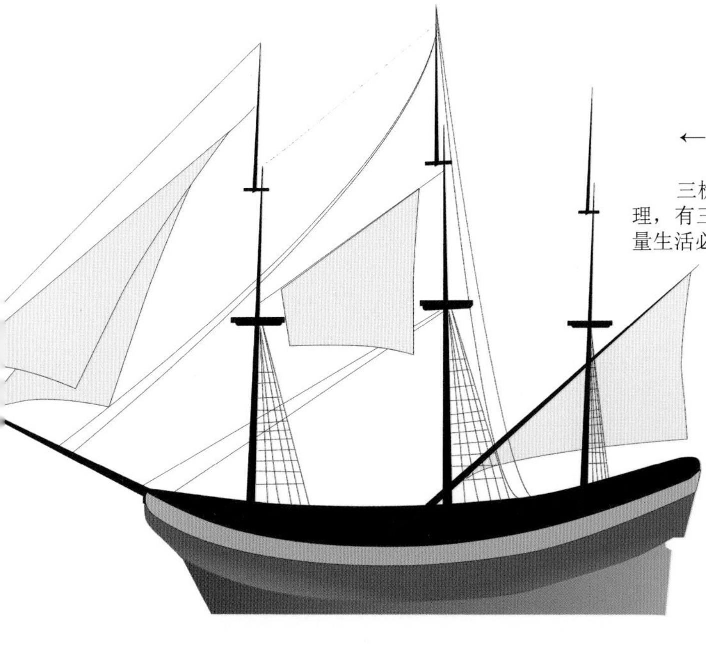

←三桅帆船

三桅帆船船体结构合理，有三根桅的能装载大量生活必需品的帆船。

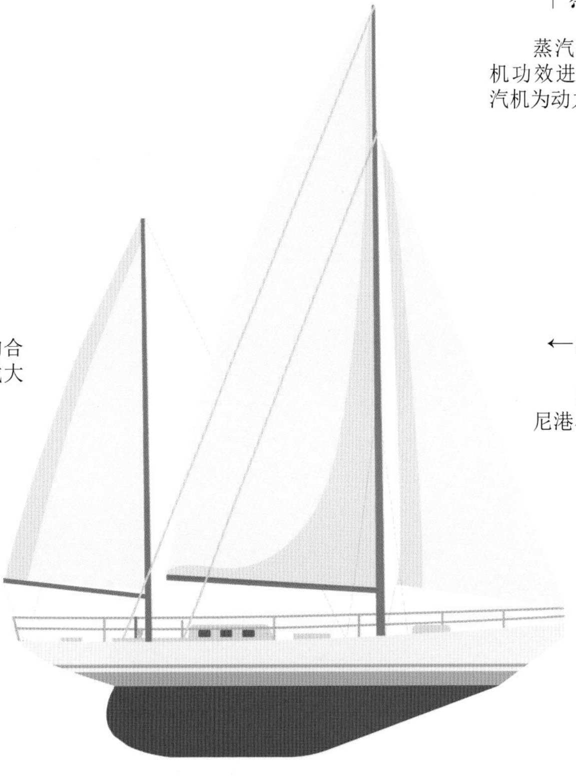

←悉尼港小艇

悉尼港小艇是悉尼港小型轻快的帆艇。

战舰和潜艇

最早的军种是英国皇家海军起源于16世纪，17世纪中叶和18世纪为争夺海上霸权，先后打败荷兰、法国海军，“一战”时成长为世界第一海军。“二战”结束时，英国海军仍拥有4800余艘各型舰只，是当之无愧的世界第二大舰队。

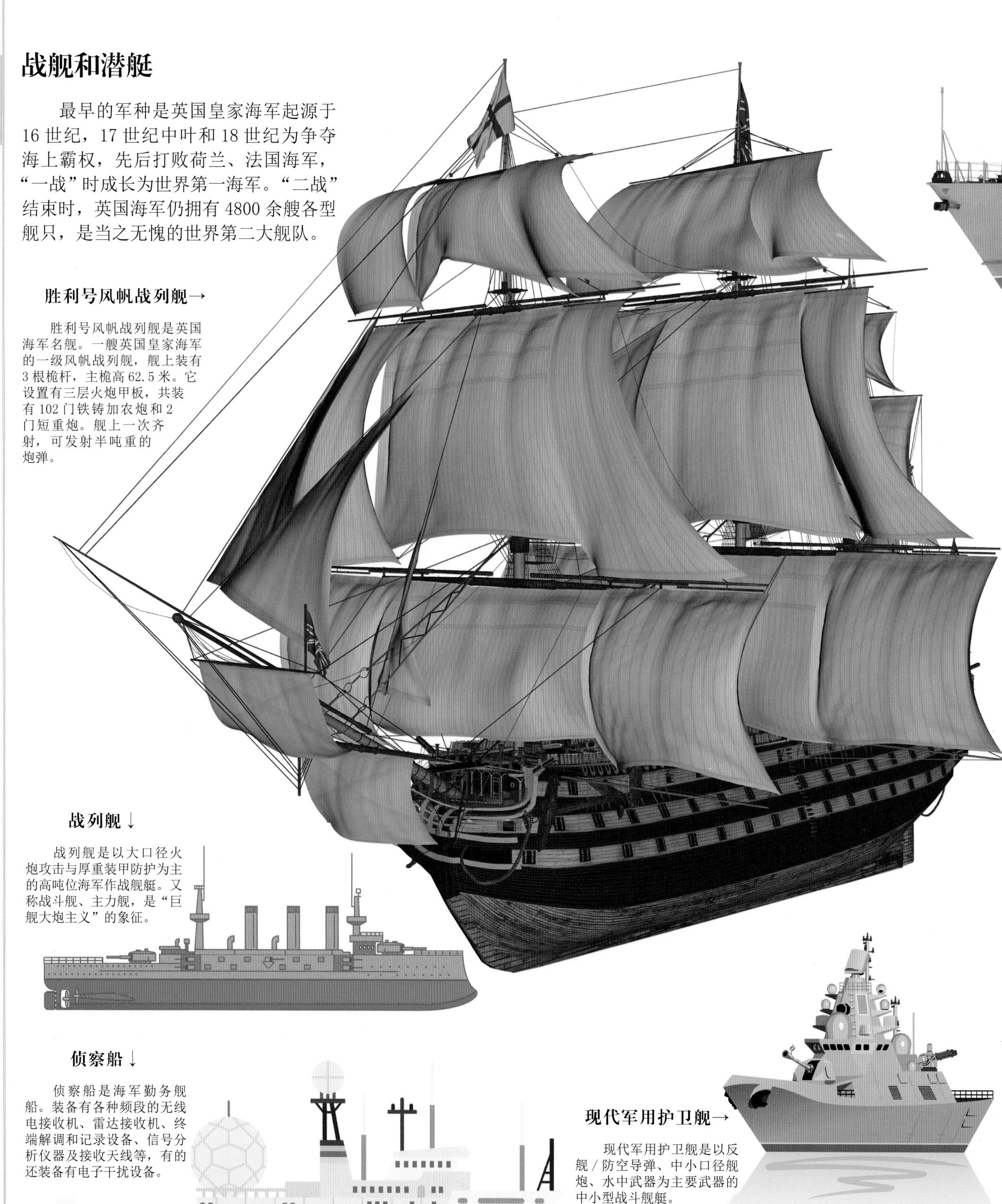

胜利号风帆战列舰→

胜利号风帆战列舰是英国海军名舰。一艘英国皇家海军的一级风帆战列舰，舰上装有3根桅杆，主桅高62.5米。它设置有三层火炮甲板，共装有102门铁铸加农炮和2门短重炮。舰上一次齐射，可发射半吨重的炮弹。

战列舰↓

战列舰是以大口径火炮攻击与厚重装甲防护为主的高吨位海军作战舰艇。又称战斗舰、主力舰，是“巨舰大炮主义”的象征。

侦察船↓

侦察船是海军勤务舰船。装备有各种频段的无线电接收机、雷达接收机、终端解调和记录设备、信号分析仪器及接收天线等，有的还装备有电子干扰设备。

现代军用护卫舰→

现代军用护卫舰是以反舰/防空导弹、中小口径舰炮、水中武器为主要武器的中小型战斗舰艇。

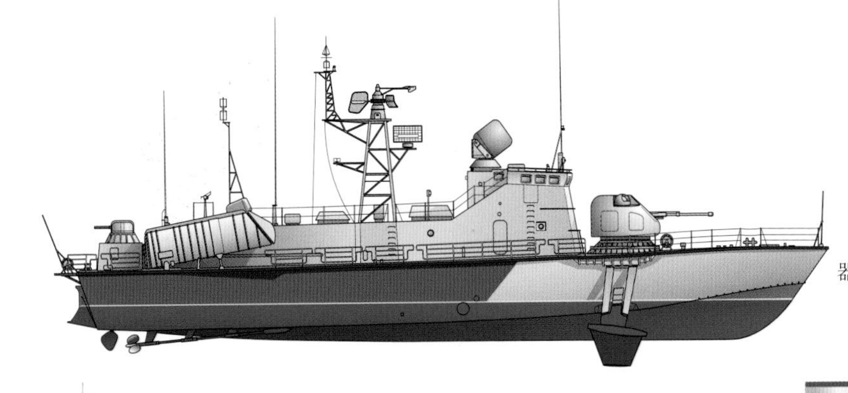

←导弹快艇

导弹快艇是以反舰导弹为主要武器，用于近海作战的小型战斗舰艇。

↑昭通号护卫舰

昭通号护卫舰是中国研制建造的053H1型护卫舰（北约代号：江湖Ⅱ级）之一，不适合长途远洋护航。

↓导弹轻型巡洋舰

导弹轻型巡洋舰是以导弹为主要舰载武器的大型军舰，它的诞生大大提高了海军的作战能力。

炮塔船↑

炮塔船是固定于船舰的弹丸射击武器装置，用以保护船舰人员地区。

莫尼特号装甲战舰↑

莫尼特号装甲战舰是美国南北战争时期北军舰队的一艘装甲战舰，主船体完全在水线以下，排水量有987吨，机动性好。

弗吉尼亚号铁甲舰→

弗吉尼亚号铁甲舰是美国邦联海军建造的第一艘蒸汽动力铁甲舰，由原联邦的蒸汽快速帆船“梅里马克”号的龙骨改建而成的。

超大和级战舰↓

超大和级战舰是第二次世界大战时期旧日本海军继大和级战列舰后计划建造的下一级战列舰，不过只停留在图纸上从未开工建造。

↓风帆号战列舰

风帆号战列舰是曾经是海军舰队的主力，它是一种大型军舰，以火炮为主要战斗武器。

核动力航空母舰→

核动力航空母舰是以核反应堆为动力装置的航空母舰。它是一种以舰载机为主要作战武器的大型水面舰艇。

↑防护巡洋舰

防护巡洋舰是来源于其船体中设有平式或是穹顶式的装甲板以保护机器不被炮弹破片击伤的一种巡洋舰。

驱逐舰↓

驱逐舰是海军舰队中突击力较强的中型军舰之一。是一种可以装备对空、对海、对潜和对陆攻击等武器，具有一定综合作战能力的中型水面舰艇。

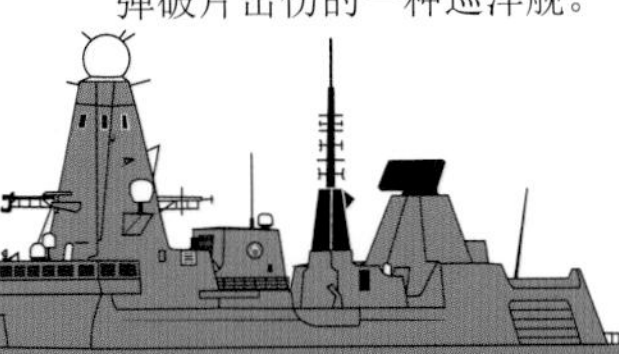

↓直升机驱逐舰

直升机驱逐舰是第二次世界大战结束后逐渐发展成熟的一种主要用于运载直升机和垂直起降战斗机的航空母舰技术的中型水面舰艇。

↑外海巡逻艇

外海巡逻艇是适合用于海上国土安全保护任务，用于低强度近海冲突/海上反恐作战中执行近海战斗突击任务的外海区域。

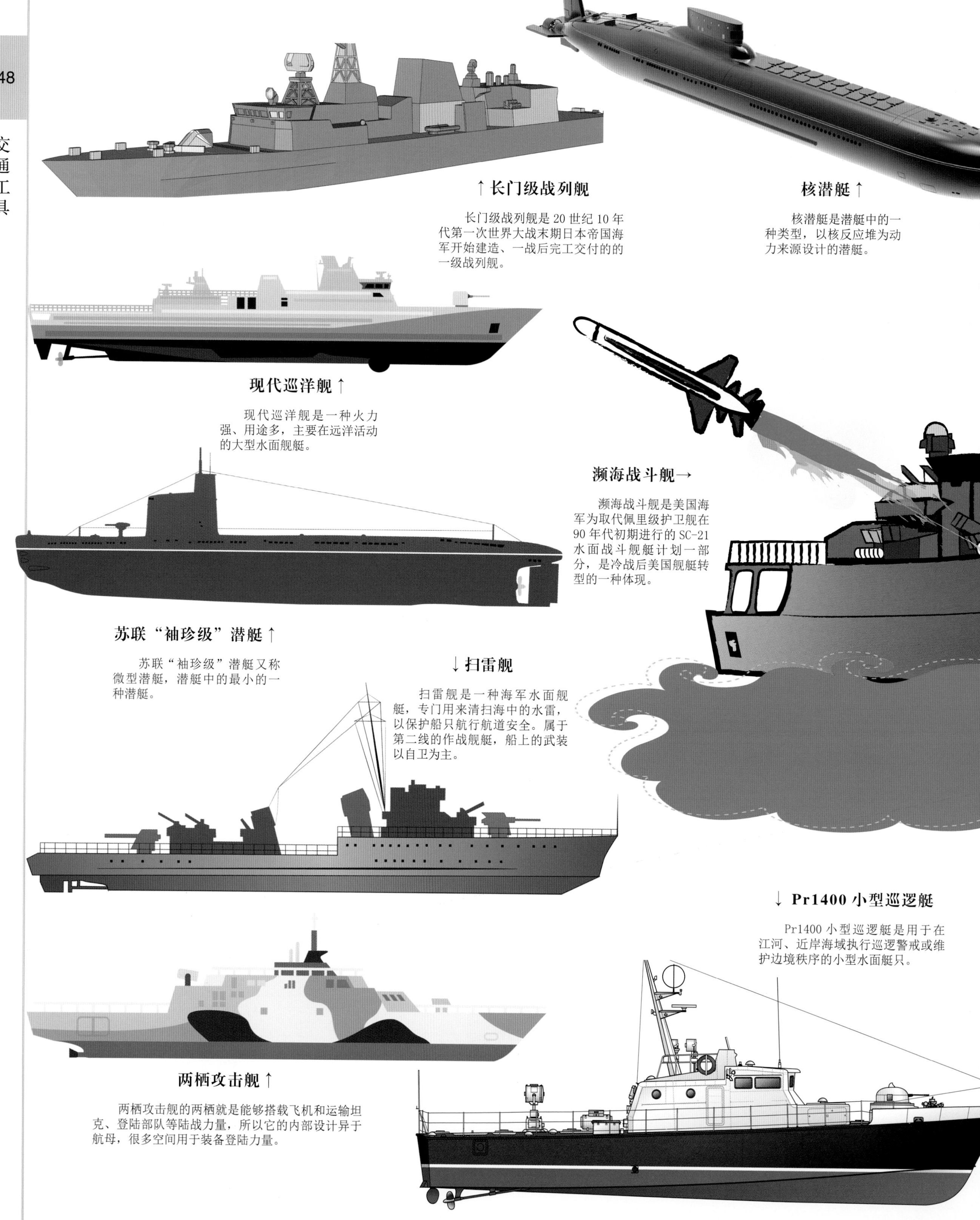

↑长门级战列舰

长门级战列舰是 20 世纪 10 年代第一次世界大战末期日本帝国海军开始建造、一战后完工交付的的一级战列舰。

核潜艇↑

核潜艇是潜艇中的一种类型，以核反应堆为动力来源设计的潜艇。

现代巡洋舰↑

现代巡洋舰是一种火力强、用途多，主要在远洋活动的大型水面舰艇。

濒海战斗舰→

濒海战斗舰是美国海军为取代佩里级护卫舰在 90 年代初期进行的 SC-21 水面战斗舰艇计划一部分，是冷战后美国舰艇转型的一种体现。

苏联"袖珍级"潜艇↑

苏联"袖珍级"潜艇又称微型潜艇，潜艇中的最小的一种潜艇。

↓扫雷舰

扫雷舰是一种海军水面舰艇，专门用来清扫海中的水雷，以保护船只航行航道安全。属于第二线的作战舰艇，船上的武装以自卫为主。

↓ Pr1400 小型巡逻艇

Pr1400 小型巡逻艇是用于在江河、近岸海域执行巡逻警戒或维护边境秩序的小型水面艇只。

两栖攻击舰↑

两栖攻击舰的两栖就是能够搭载飞机和运输坦克、登陆部队等陆战力量，所以它的内部设计异于航母，很多空间用于装备登陆力量。

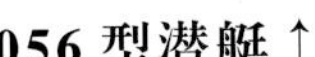

056 型潜艇↑

056 型潜艇是新一代多用途轻型护卫舰。采用深 V、长桥楼船型，适航性较好，可提供较大的舰体空间。

↑鱼雷舰

鱼雷舰是一款很优秀的通用战舰，其射程是护卫舰中最远的，除了维格尔的渗透舰外，护卫舰级的舰艇中，鱼雷护卫舰是航速最快的。

216 型潜艇↑

216 型潜艇艇长 89 米，宽 8.1 米，水下排水量 4000 吨，螺旋桨叶片由复合材料制成，具有较高的阻尼特性。

033 型潜艇↑

033 型潜艇采用常规水面线型，艇艏水平舵，双轴双桨推进，在 R 级潜艇的基础上做出了多项改进，降低航行噪音大约 20 分贝。

209 型潜艇↑

209 型潜艇是德国研制的一型常规潜艇，是一型出口外销型潜艇，是以鱼雷为主要武器的中型攻击潜艇。

装甲巡洋舰↓

装甲巡洋舰是 19 世纪中期以后，世界舰船领域出现的一款新型军舰。

↑二战驱逐舰

二战驱逐舰是“二战”时期以反潜为主要任务的护航驱逐舰。

农场篇

农用运输车是具有特殊用途的一类机动车辆，主要用于农村道路货物运输。农用运输车是在 20 世纪 70 年代末 80 年代初诞生的。农用运输车发展的 20 多年间，经历了起步阶段，即 1979 ～ 1986 年；高速发展阶段，即 1987 ～ 1995 年；相对稳定发展阶段，即 1996 年以后。

马车↓

马车是马拉的车子，重型双轮车，没有弹簧，用于载人或运货。

←牛车

牛车是牛拉的车子。是从东汉末年开始，在历史上牛车是非常重要的交通、运输工具。

联合收割机↑

联合收割机是收割农作物的联合机，能够一次完成谷类作物的收割、脱粒、分离茎杆、清除杂余物等工序，从田间直接获取谷粒的收获机械。

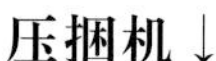

压捆机↓

压捆机是将疏松牧草在压缩室内压缩成高密度草捆的农业机械机。

装载机↑

装载机是主要用于铲装土壤、砂石、石灰、煤炭等散状物料作轻度铲挖作业的土石方施工机械。

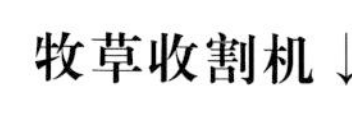

牧草收割机↓

牧草收割机是一种收获机械，主要用来快速收获牧草，以便牧草的存储。

←小型多用型拖拉机

小型多用型拖拉机是专门为大棚种植，果园和园林管理设计等的新一款小型拖拉机，省油耐用，动力损耗小。

迷你拖拉机↑

迷你拖拉机是一种小型迷你的拖拉机。

←木箱车

木箱车是由木头组装成的车。

大田喷雾机↑

大田喷雾机具有独特的合金喷杆设计，重量轻结实稳固，能够保护喷嘴及其他配置，减少泵井中的农药残留。

↓履带式拖拉机

履带式拖拉机是通过一条卷绕的环形履带支承在地面上，具有对土壤的单位面积压力小和对土壤的附着性能好的特点。

花园式拖拉机↑

←割草机

割草机是一种用于修剪草坪、植被等的机械工具。

农场载货车→

农场载货车是用来运输货物等食品的载货车。

窄轮距拖拉机↑

窄轮距拖拉机结构紧凑，农艺适应性强，适用于大棚、果园丘陵、沙质土壤等空间作业。

←撒药飞机

撒药飞机是用来农用飞机进行撒药。

↓干草打包机

干草打包机用来将干草收成团打包起来。

玉米收割机↑

玉米收割机是一种新型农业机械，用机械来完成对玉米秸秆收割的作业农机具。

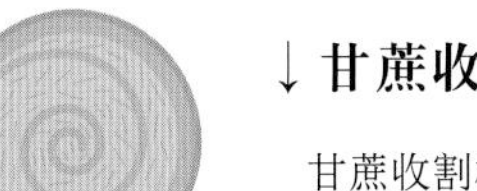

↓甘蔗收割机

甘蔗收割机是与拖拉机配套，利用拖拉机发动机的动力带动和拖拉机的行进，即可进行甘蔗收获作业的机械。

高作物拖拉机↑

高作物拖拉机就是农用拖拉机的一种。

自动化农用拖拉机↓

自动化农用拖拉机是用于农业生产的拖拉机，实现自动化形式工作。

运粮拖车↑

运粮拖车是用来运输粮食的拖车的运输工具。

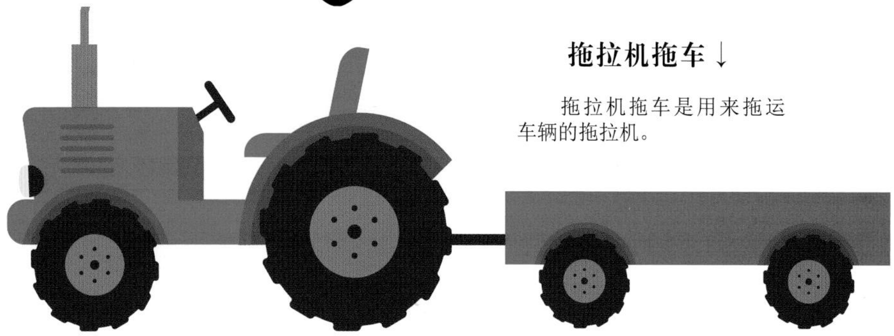

拖拉机拖车↓

拖拉机拖车是用来拖运车辆的拖拉机。

←前牵引式拖拉机

前牵引式拖拉机是牵引和驱动作业机械完成各项移动式作业的自走式动力机。

大型拖拉机↑

大型拖拉机功率大于或等于73.53kW(100马力)但小于147.06kW(200马力)的拖拉机。

牲畜卡车↑

牲畜卡车供运送活的牛、猪等家畜和家禽等用的铁路货车。

小麦收割机→

小麦收割机进草快，麦子不排队，改中间轴齿轮，可以节省了很多道程序也就节省了大量的人力物力。

橡胶履带式拖拉机→

橡胶履带式拖拉机是一种新型的拖拉机，爬坡抓地性能好，机动灵活，操作省力。

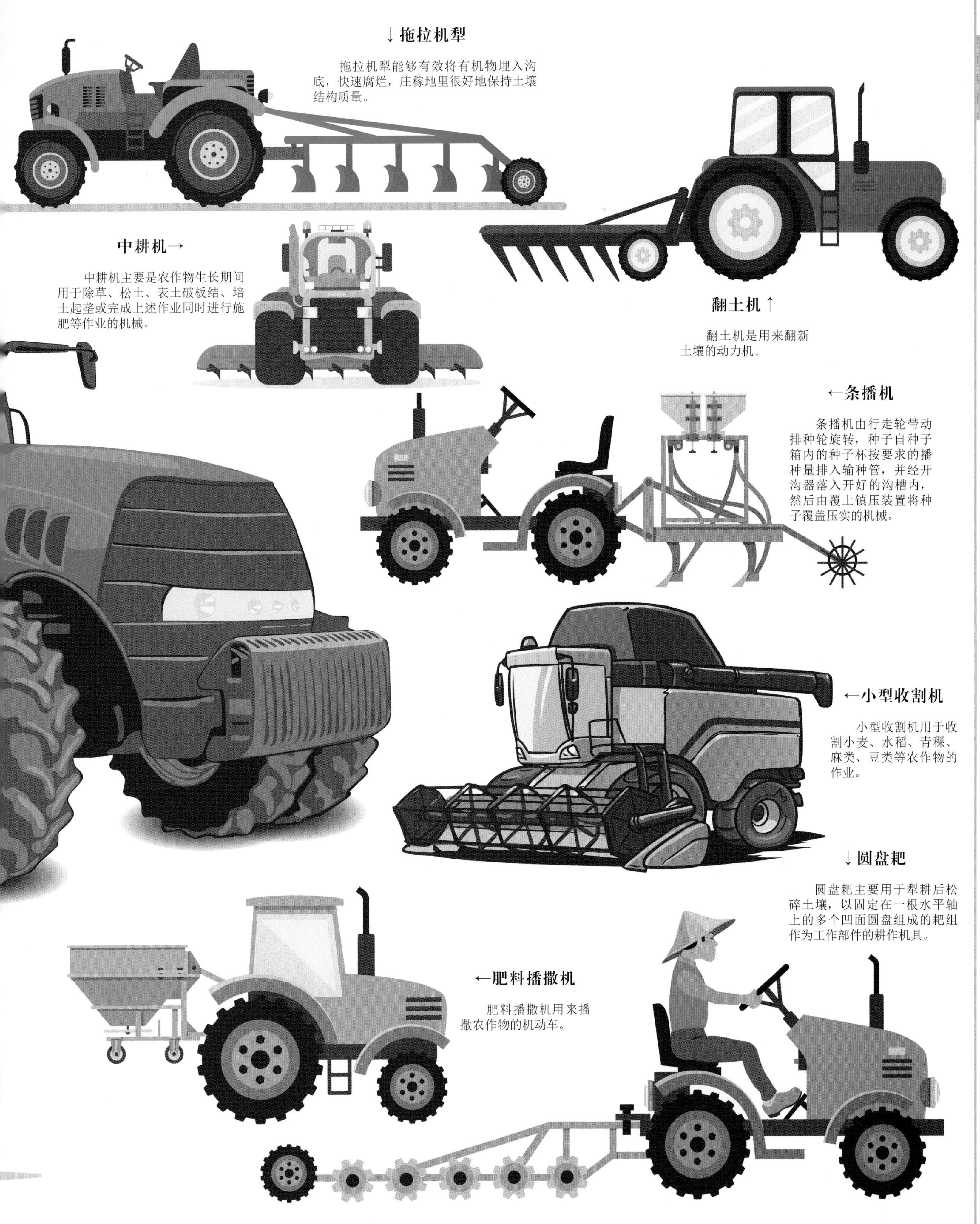

↓拖拉机犁

拖拉机犁能够有效将有机物埋入沟底，快速腐烂，庄稼地里很好地保持土壤结构质量。

中耕机→

中耕机主要是农作物生长期间用于除草、松土、表土破板结、培土起垄或完成上述作业同时进行施肥等作业的机械。

翻土机↑

翻土机是用来翻新土壤的动力机。

←条播机

条播机由行走轮带动排种轮旋转，种子自种子箱内的种子杯按要求的播种量排入输种管，并经开沟器落入开好的沟槽内，然后由覆土镇压装置将种子覆盖压实的机械。

←小型收割机

小型收割机用于收割小麦、水稻、青稞、麻类、豆类等农作物的作业。

↓圆盘耙

圆盘耙主要用于犁耕后松碎土壤，以固定在一根水平轴上的多个凹面圆盘组成的耙组作为工作部件的耕作机具。

←肥料播撒机

肥料播撒机用来播撒农作物的机动车。

机场篇

机场业作为交通运输服务的重要环节，在我国得到了长足发展。在高质量发展的战略背景与稳中求进的总基调下，基于航班运行视角的发展质量改善明显，航班执行率与航班正常性基本达到了发达国家的平均水平。机场交通是在机场机动区的航空器和车辆的交通活动，包括在机场附近和起落航线上飞行的所有航空器的领域。

喷气式飞机↑

喷气式飞机是一种使用喷气发动机作为推进力来源的飞机。

大型喷气式客机↑

大型喷气式客机最快的是协和，普通波音、空中客车都是亚音速的，大约 1000 千米 / 小时。

飞机牵引车↑

飞机牵引车是一种在机场地面牵引飞机的保障设备，在飞机制造过程中也可以同于移动飞机大部件或飞机。

公司商务机→

公司商务机就是公司为商务人士设计的通信工具。

←双引擎飞机

双引擎飞机是一架飞机安装有两台发动机。飞机的双引擎一般是分别安装在飞机的左右两边。

←小型客机

小型客机是一切非军事用途的小型飞机。

←三引擎喷气式飞机

三引擎喷气式飞机是在双引擎的基础上多加了一个发动机的飞机。

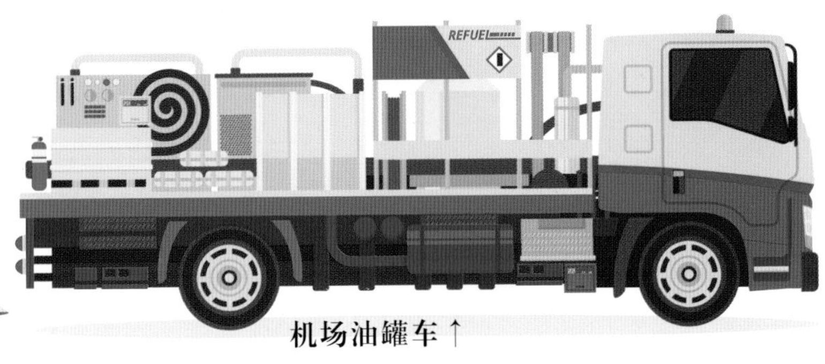

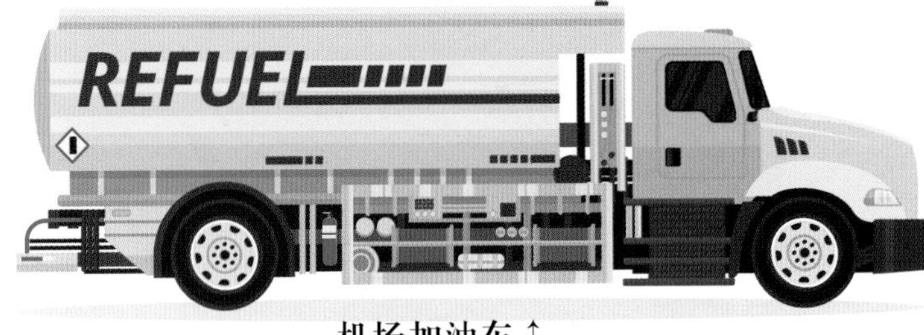

机场油罐车↑

机场油罐车具有吸油、泵油，多种油分装、分放等功能，适用于运送汽油、煤油、柴油等及非石油产品液态物质。

机场加油车↑

机场加油车就是供给飞机加油的车。

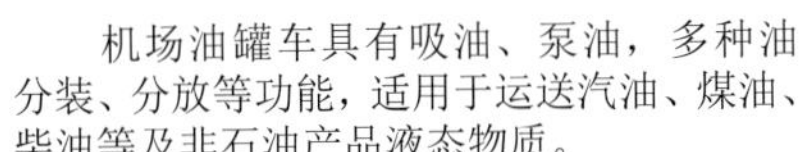

登机梯车↓

登机梯车一种将车厢升起，与飞机舱门对接，把乘客送上飞机的汽车。登机车上设置一可以自动升降的登机梯。

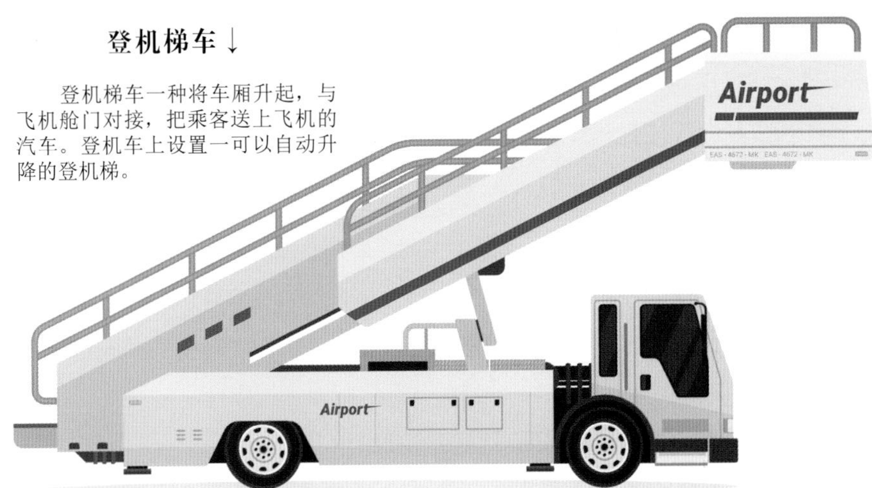

←复翼飞机

复翼飞机就是有多个翼的飞机。

货物拖车↑

货物拖车主要用于运输货物的拖车。

飞机食品车↑

飞机食品车是剪刀式叉架结构、玻璃钢整板车厢、前后卷帘门、液压四动前工作平台，方便定位飞机服务舱门。

双层飞机↓

双层飞机是具有上下两层的客舱的飞机。

涡轮螺旋桨飞机→

涡轮螺旋桨飞机是用涡轮螺旋桨发动机作为动力的飞机。

四引擎喷气式飞机→

四引擎喷气式飞机是机体较大，载油量多，航程远，载客量也大，具有4个发动机。

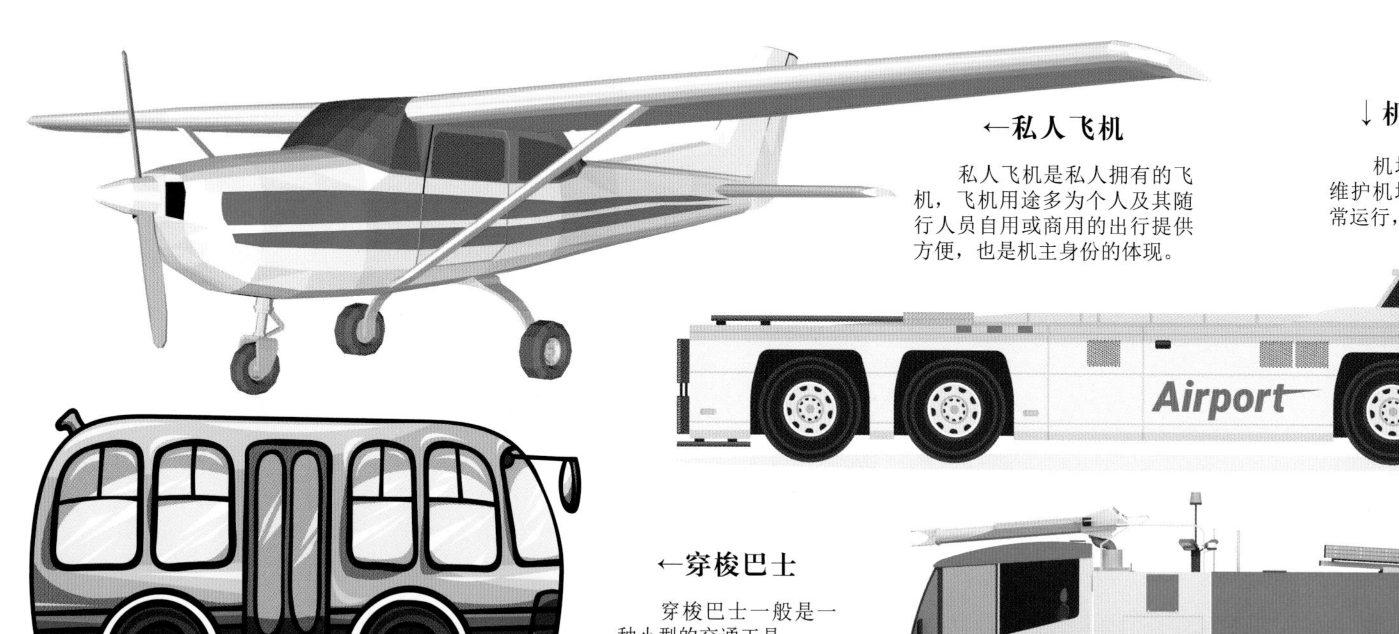

←私人飞机

私人飞机是私人拥有的飞机，飞机用途多为个人及其随行人员自用或商用的出行提供方便，也是机主身份的体现。

↓机场维保车

机场维保车主要是维护机场基础设置的正常运行，进行维修保养。

←穿梭巴士

穿梭巴士一般是一种小型的交通工具。

机场消防车↑

机场消防车是专门用于预防及扑救飞机火灾，并对机上乘员予以及时救援，可在车辆行驶中喷射灭火剂的消防车辆。

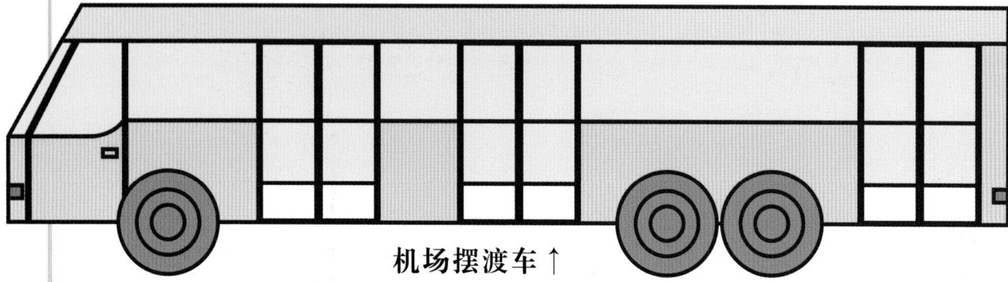

机场摆渡车↑

机场摆渡车是一种用于接送乘客的摆渡车，分为三种，分别是候机厅—远机位飞机之间短途接送乘客、航站楼—停车场之间的短途接送、机场出发层—附近车站的短途接送。

载客升降机→

载客升降机是一种多功能起重装卸机械设备，升降稳定性好，提高升降平台的机动性，广泛适用于各类工业企业及生产流水线作业。

行李小推车→

行李小推车是为旅客提供行李手推车服务的小推车。

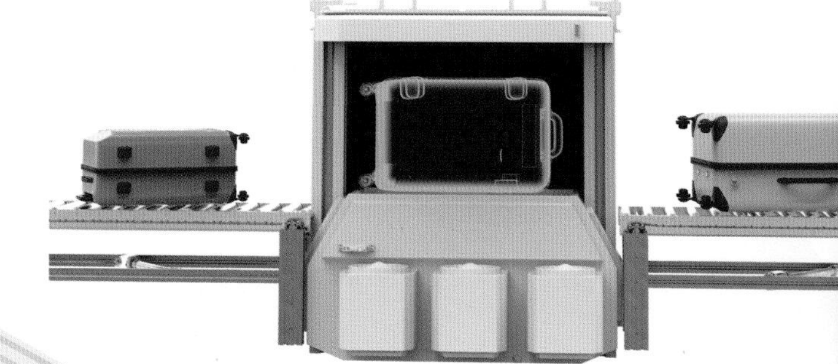

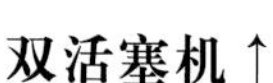

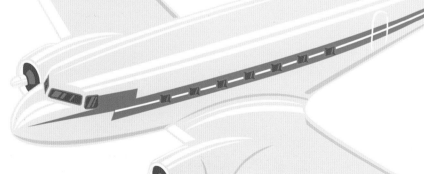

双活塞机↑

双活塞机主以活塞式航空发动机作为动力，通过螺旋桨产生推进力的飞机。

安检机↑

安检机是一种借助于输送带将被检查行李送入 X 射线检查通道而完成检查的电子设备。

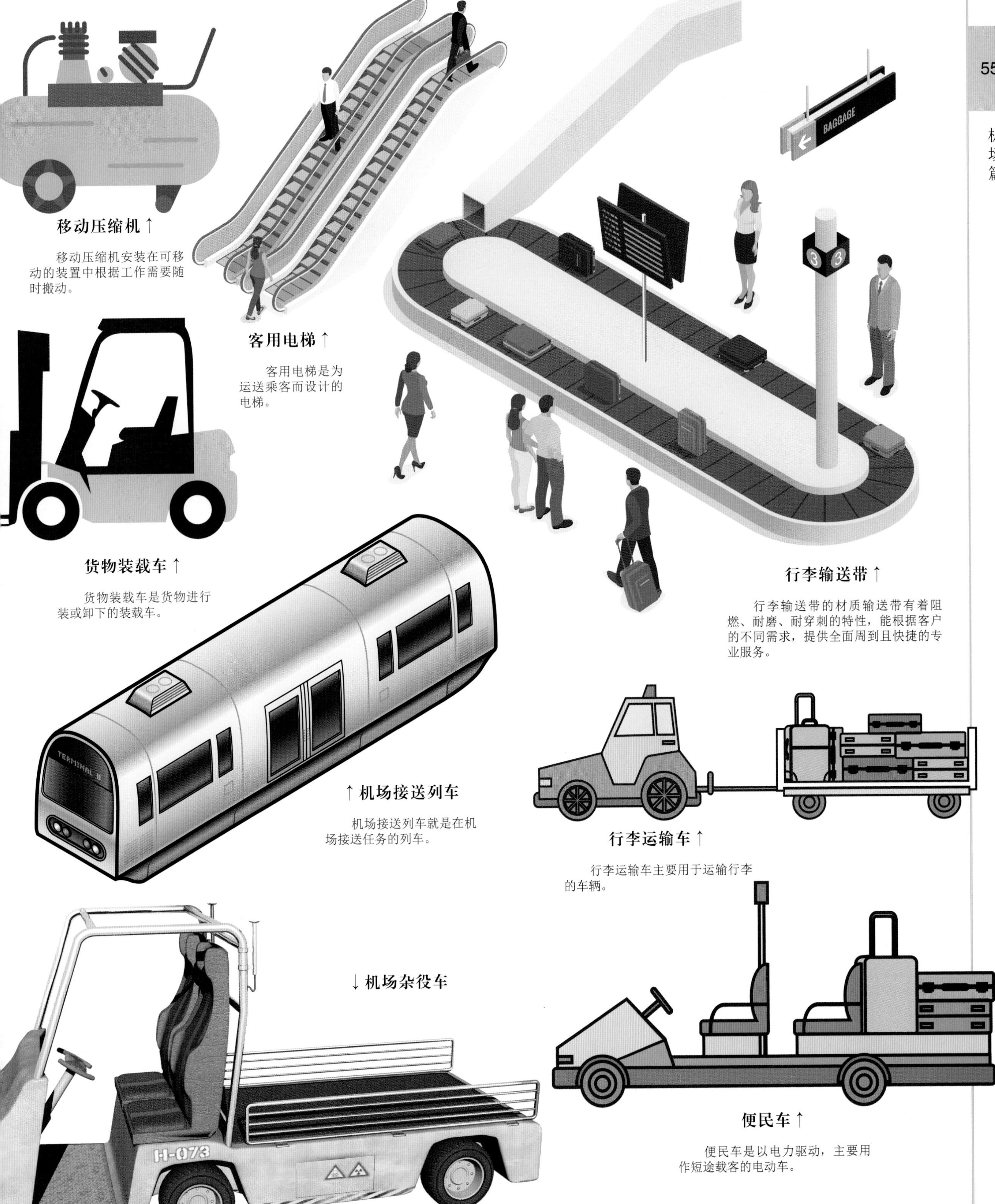

移动压缩机↑

移动压缩机安装在可移动的装置中根据工作需要随时搬动。

客用电梯↑

客用电梯是为运送乘客而设计的电梯。

货物装载车↑

货物装载车是货物进行装或卸下的装载车。

行李输送带↑

行李输送带的材质输送带有着阻燃、耐磨、耐穿刺的特性，能根据客户的不同需求，提供全面周到且快捷的专业服务。

↑机场接送列车

机场接送列车就是在机场接送任务的列车。

行李运输车↑

行李运输车主要用于运输行李的车辆。

↓机场杂役车

便民车↑

便民车是以电力驱动，主要用作短途载客的电动车。

赛场篇

随着体育行业的不断发展，赛车也渐入人们的生活。把赛车看作运动员，赛车场就是运动场，车手驾驶赛车在赛道上争分夺秒，观众在看台上热血沸腾。世界上五花八门、各种类别的赛车吸引着人们的眼球，它们在赛场上的精彩演出堪称汽车界的闪电王子。

比赛安全车↑

比赛安全车是在封闭赛道的赛车赛事中，限制他们的车速，以维护赛车及车手安全。

拉力赛车→

拉力赛车用于长途拉力的跑车，是按规定的平均速度、行驶路线等到达目的地。

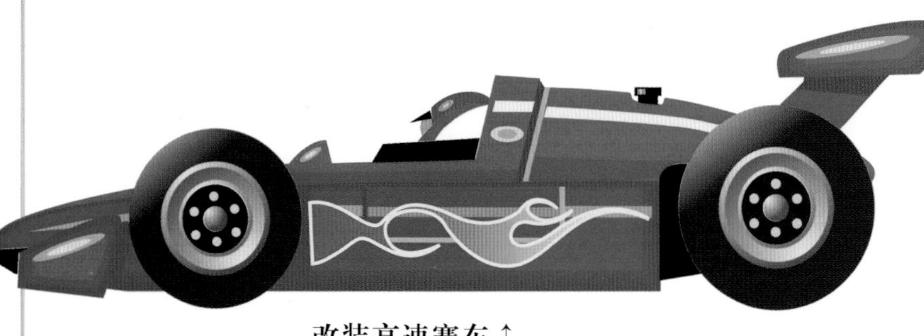

改装高速赛车↑

改装高速赛车一种改装高速度的赛车。

←公路越野自行车

公路越野自行车就是公路越野比赛，冬季混合骑行，起源于欧洲。

↓汽艇

汽艇是用汽油机作动力的小艇，尤指使用改装过的汽车引擎的小艇。

↑古典旧式改装高速车

古典旧式改装高速车是古典时期改装成速度与动力的高速车。

↓一级方程式赛车

一级方程式赛车一般指世界一级方程式锦标赛，是国际汽车运动联合会（FIA）举办的最高等级的年度系列场地赛车比赛。

←水上滑艇

水上滑艇是在水面上高速运动时处于滑行状态的小艇。

↓龙船

龙船是刻有或画有龙形的大船或端午节用为竞渡的龙形船。

←双人无舵手单桨赛艇

双人无舵手单桨赛艇是方向由一位桨手操作，用脚拨动特殊装置的操舵板，牵动绳索带动船尾的舵杆。

←皮艇

皮艇的外型源自传统爱斯基摩伊努伊特人的兽皮艇，所以比木制的独木舟轻巧得多，是一种类似独木舟的水上载具。

↓划艇

划艇形状像独木舟，艇身较矮，用胶合板或玻璃钢制成。

←计时赛自行车

计时赛自行车是运动员按照规定的间隔时间单独出发，以运动员到达终点的成绩优劣排名。

竞速快艇↑

竞速快艇是在比赛中速度较快的快艇。

竞速单桅帆船↑

竞速单桅帆船是中世纪的一种小型竞速帆船。

竞赛自行车↑

竞赛自行车是用于进行竞速比赛的自行车，具有强度高、自重轻、骑行轻快灵活的特点。

赛艇↑

赛艇由一名或多名桨手坐在舟艇上，背向舟艇前进的方向，通过桨和桨架简单杠杆作用进行划水，使舟艇前进的一项水上运动。

公路自行车→

公路自行车是在公路路面上使用的自行车车种，可用于公路自行车竞赛。

铁人三项自行车→

铁人三项自行车是一项新型的体育运动项目，是考验运动员体力和意志的运动项目。

←无舵手四人划艇

无舵手四人划艇是一种比赛用的专用划艇。

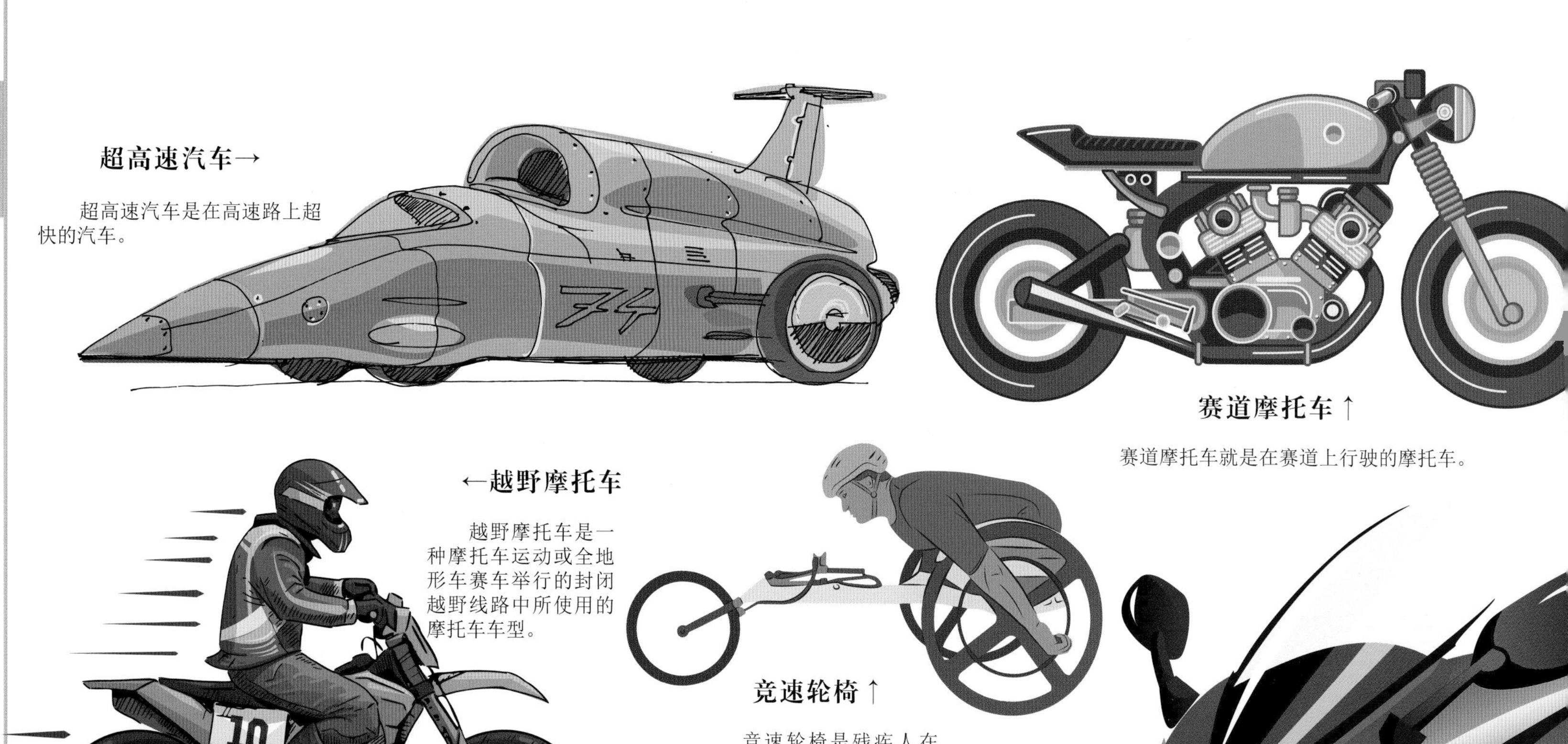

超高速汽车→

超高速汽车是在高速路上超快的汽车。

赛道摩托车↑

赛道摩托车就是在赛道上行驶的摩托车。

←越野摩托车

越野摩托车是一种摩托车运动或全地形车赛车举行的封闭越野线路中所使用的摩托车车型。

竞速轮椅↑

竞速轮椅是残疾人在体育运动中使用的。

大奖赛摩托车↓

大奖赛摩托车是用于多种项目类别的摩托大型比赛的专用摩托车。

小型赛车↑

是一种体型比较小的小型赛车。

泥道车手摩托车↑

泥道车手摩托车是在泥道中行驶的摩托车。

←竞速摩托车

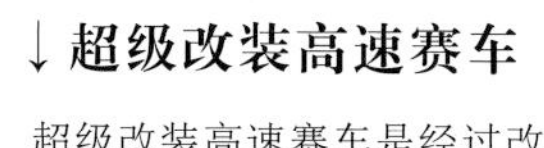

高速赛车↑

高速赛车是驾驶时速300千米的赛车在跑道上驰骋，在速度的极限中感受人与机械完美的结合。

↓超级改装高速赛车

超级改装高速赛车是经过改装后的高速赛车。

竞速双轮车↑

越野竞速卡车↑

越野竞速卡车是用于越野比赛的专用卡车。

旅游车↑

旅游车是一种为旅游而设计和装备的车，旅行车机动灵活，也有很好的舒适性。

←印地赛车

三级方程式赛车↑

三级方程式赛车是高成本花费和高技术等级的单座位四轮赛车比赛，赛事等级仅次于一级方程式赛车和GP2及GP3。

↑超级两轮车

超级两轮车重视摩托车的高速行驶性能。乘用这种摩托车，骑手可以充分感受到发动机、轮胎和路面变动时的快感和乐趣。

日本铃鹿赛车↑

日本铃鹿赛车是产于日本比赛用的车辆。

↑运动卡丁车

运动卡丁车是赛车的一种。它的动力按目前的国际规则只能是小型汽油机或电动机，使用柴油机或其他类型动力装置的不属于卡丁车的范畴。

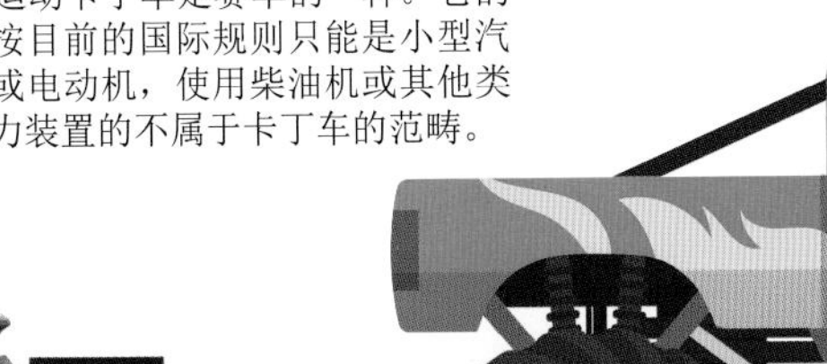

F1蓝色赛车↑

F1蓝色赛车是科技含量高，速度快，魅力大，商业价值高，最吸引人看的体育赛事。

卡车赛车→

工地篇

工地车是建筑工地上常用的运输工具，用于运输各种建筑材料。具有操作简单，运输方便，可装载不同建筑材料的优点。

↓叉车

叉车是工业搬运车辆，是对成件托盘货物进行装卸、堆垛和短距离运输作业的各种轮式搬运车辆。

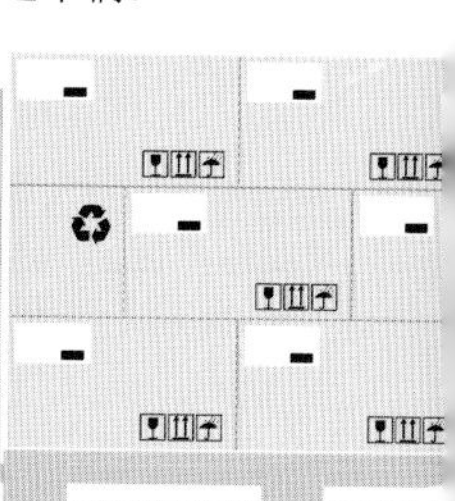

←混凝土搅拌车

混凝土搅拌车是用来运送建筑用预拌混凝土的专用卡车，由于它的外形，也常被称为田螺车。

↓推土机

推土机是一种能够进行挖掘、运输和排弃岩土的土方工程机械，在露天矿有广泛的用途。

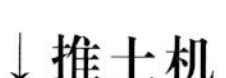

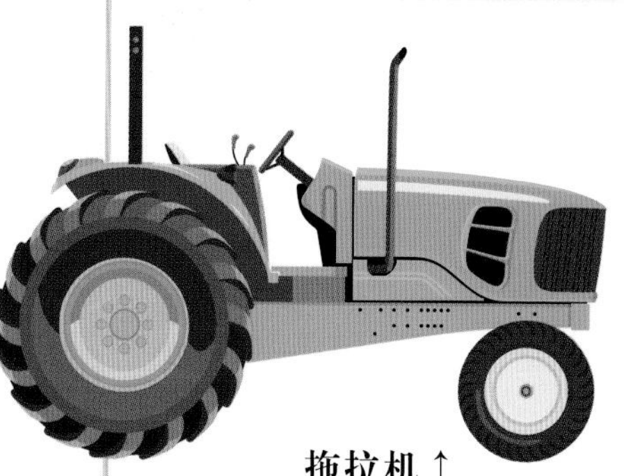

拖拉机↑

拖拉机用于牵引和驱动作业机械完成各项移动式作业的自走式动力机。

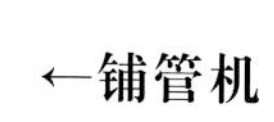

←铺管机

铺管机是专门用于吊起管道放入沟道中的起重机械。

←沥青铺撒机

沥青铺撒机是一种用来运输与洒布各类液态沥青的路面机械。

伐木归堆机↓

伐木归堆机是能完成伐木、打枝、造材、归堆作业的联合机。

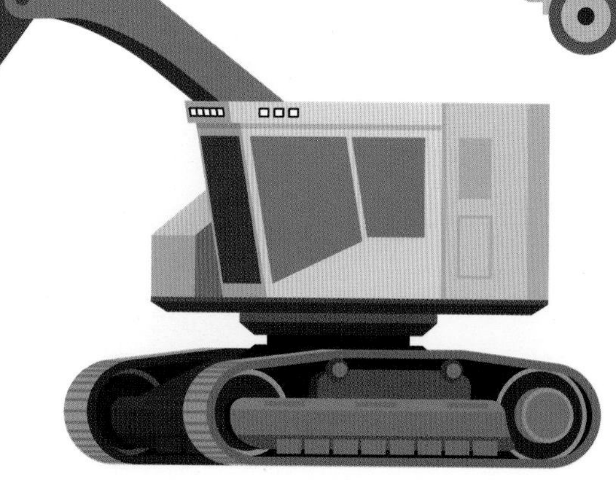

↓重型卡车

重型卡车是一种地道的、传统的、非正式的重型货车和半挂牵引车。

小型货车↓

小型货车是货车的一种，具有经济、舒适、安全性强等优点。

←垃圾车

垃圾车主要用于市政环卫及大型厂矿运输各种垃圾，主要是运载生活垃圾，亦可支输灰、砂、石、土等散装建筑材料。

←油罐车

油罐车主要用作石油的衍生品（汽油、柴油、原油、润滑油及煤焦油等油品）的运输和储藏。

自卸车↑

自卸车是通过液压或机械举升而自行卸载货物的车辆。

←起重机卡车

起重机卡车的起重机也可设置在卡车底盘的后侧，这样就可使起重机在卡车后侧之上实现近乎100%额定装载能力。

轮式装载机↓

轮式装载机的主要功能是对松散物料进行铲装及短距离运输作业。它是工程机械中发展最快、产销量及市场需求最大的机种之一。

↓平地机

平地机是利用刮刀平整地面的土方机械。刮刀装在机械前后轮轴之间，能升降、倾斜、回转和外伸。

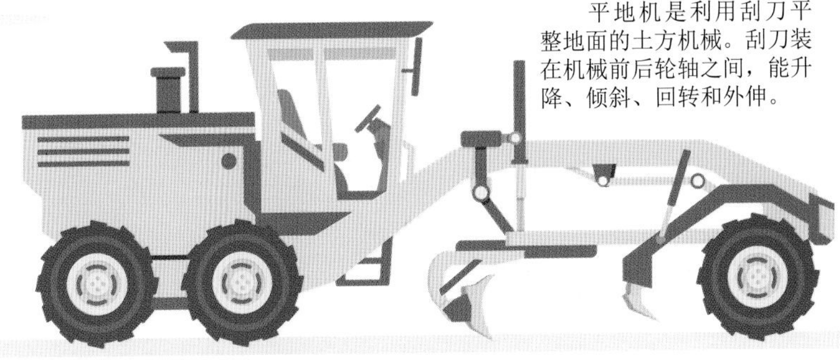

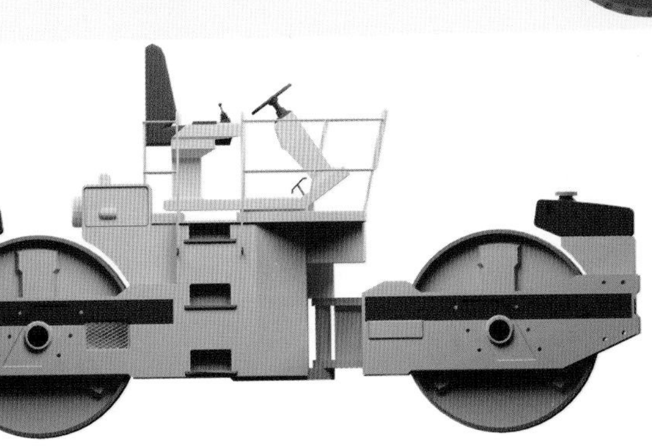

←钢轮式压路机

钢轮式压路机是利用其自身的重力和振动压实各种建筑和筑路材料的机械设备。

↓抓岩机

抓岩机是一种大斗容抓岩机，它直接固定在凿井吊盘上，以压风作为动力。

←刚性自卸（xiè）卡车

刚性自卸卡车是自动卸货的卡车。

轮式铲运车↓

轮式铲运车是一种适合于建筑工地、城镇、工厂、农村工程机械小型装载机。

码垛车↑

码垛车是对成件托盘货物进行装卸、堆高、短距离运输作业的各种轮式搬运车辆。

履带式挖掘机↑

履带式挖掘机是用铲斗挖掘高于或低于承机面的物料，并装入运输车辆或卸至堆料场的土方机械。

↓升运式铲运车

升运式铲运车是一种作业效率高、机动灵活、用途广泛的工程机械。

铲路机→

铲路机是专门用于修路的机械。

分级机↓

分级机是广泛适用金属选矿流程中对矿浆进行粒度分级，也可用于洗矿作业中脱泥、脱水，常与球磨机组成闭路流程。

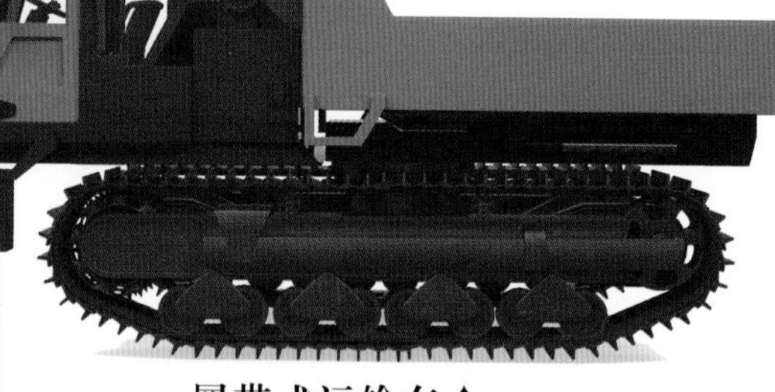

履带式运输车↑

履带式运输车是一种用于农业坡地运输的履带式坡地运输车，它可载粮食、果实、肥料等坡地需要运输的货物。

起重机↑

起重机是工业、交通、建筑企业中实现生产过程机械化、自动化，减轻繁重体力劳动，提高劳动生产率的重要工具和设备，在我国已拥有大量的各式各样的起重设备。

救险车→

救险车是以搭载检修人员，装载工机具和施工材料为一体，以专用车发动机作为动力源，为抢修现场提供足够的电源和紧急排水抢险。

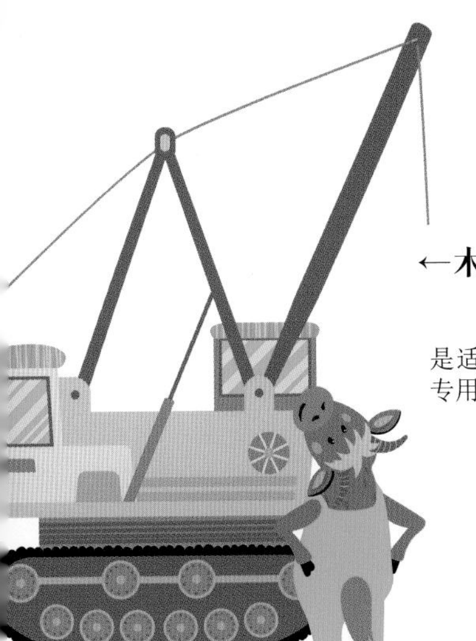

←木场曳引机

木场曳引机是适用于木场的专用机械设备。

↓旋挖钻机

旋挖钻机又称旋挖钻机。是进行道路交通，高层建筑施工的工具，是一种综合性的钻机。

↓打桩机

打桩机是利用冲击力将桩贯入地层的桩工机械。由桩锤、桩架及附属设备等组成。

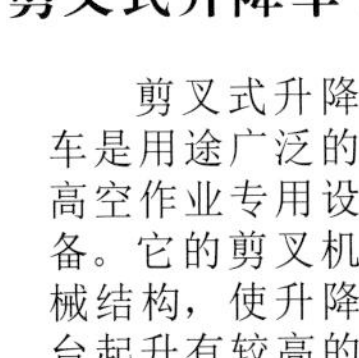

剪叉式升降车→

剪叉式升降车是用途广泛的高空作业专用设备。它的剪叉机械结构，使升降台起升有较高的稳定性。

↓桅杆式起重机

桅杆式起重机是一类简易的、移动不方便且需拉设较多缆风绳保持稳定的起重和安装用起重机。

←高空作业车

高空作业车是运送工作人员和使用器材到现场并进行空中作业的专用车辆，平台载重量大，可供两人或多人同时作业并可搭载一定的设备。

现场监督（dū）车↑

现场监督车是现场管理的约束机制，落实现场管理责任并依靠质监视频监管车。

←夯土机

夯土机是利用冲击和冲击振动作用分层夯实回填土的压实机械。

低架拖车↓

低架拖车是一种用于工厂、物流、港口运输的牵引车辆。

↓混凝土泵车

混凝土泵车利用压力将混凝土沿管道连续输送的机械，由泵体和输送管组成。

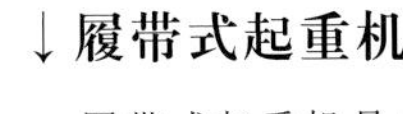

↓履带式起重机

履带式起重机是具有较高的起升高度，非常适合于狭小的施工现场，是一种高层建筑施工用的自行式起重机。

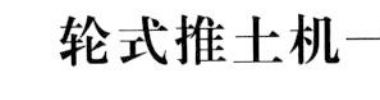

←伸缩臂叉车

伸缩臂叉车被称为伸缩臂叉车，是一种具有越野性能带伸缩臂的多用途叉车。

轮式推土机→

轮式推土机与履带式推土机相比，可以更快的速度、更高的效率来完成土石方作业；具有十分强的机动灵活性。

挖掘机

从近几年工程机械的发展来看，挖掘机的发展相对较快，挖掘机挖掘的物料主要是土壤、煤、泥沙以及经过预松后的土壤和岩石。挖掘机已经成为工程建设中最主要的工程机械之一。传动机构通过液压泵将发动机的动力传递给液压马达、液压缸等执行元件，推动工作装置动作，从而完成各种作业。

滑移式装载机→

滑移式装载机是一种利用两侧车轮线速度差而实现车辆转向的轮式专用底盘设备。主要用于作业场地狭小、地面起伏不平、作业内容变换频繁的场合。

双功能抓斗↑

双功能抓斗是起重机抓取干散货物，靠左右两个组合斗或多个颚板的开合抓取和卸出散状物料的多功能专用吊具。

轮式挖沟机↓

轮式挖沟机是以车轮驱动的，用铲斗挖掘高于或低于承机面的物料，并装入运输车辆或卸至堆料场的土方机械。常用于中小型工程施工。

链式挖沟机↑

链式挖沟机是一种高效实用的新型链条式开沟装置。其主要由动力系统、减速系统、链条传动系统和分土系统组成。

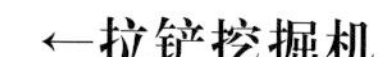

←拉铲挖掘机

拉铲挖掘机是一种相当古老的挖掘机类型。动臂较长，没有斗杆，靠提升钢索和回拉钢索控制铲斗的位置和倾角，铲斗靠重力切土，适合于挖掘停机面以下相对较软的物料。

↓运输自吊车

运输自吊车是取物装置从取物地把物品提起，然后水平移动到指定地点降下物品，接着进行反向运动，使取物装置返回原位，以便进行下一次循环。

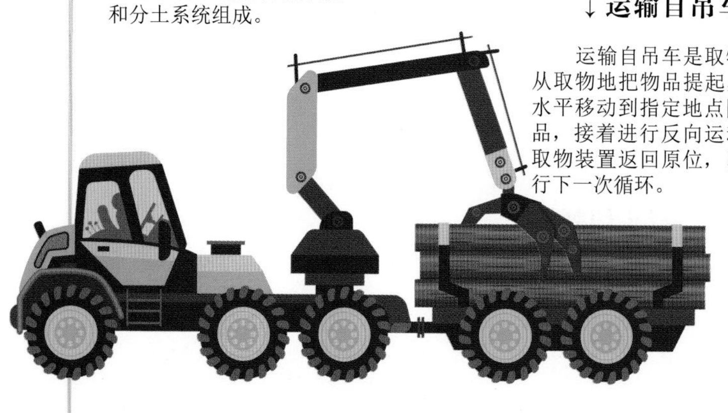

↓履带链开沟机

履带链开沟机主要应用于需要进行水利工程作业、农业基础建设、农业施肥种植等领域中。

↓采矿旋挖钻机

采矿旋挖钻机是进行道路交通，高层建筑施工的工具。是一种综合性的钻机，它可以用短螺旋钻头进行干挖作业，也可以用回转钻头在泥浆护壁的情况下进行湿挖或采矿作业。

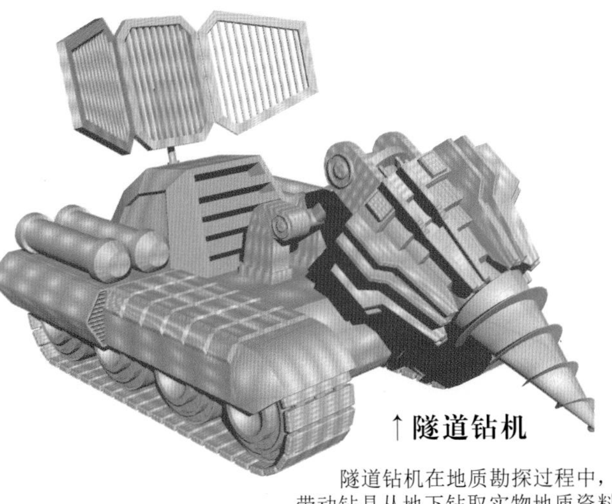

↑隧道钻机

隧道钻机在地质勘探过程中，带动钻具从地下钻取实物地质资料岩心、矿心、岩屑、液态样、气态样等的主要专用机械设备。

螺旋式挖掘机↓

螺旋式挖掘机适用于整地，中耕，也适用于开山，挖地，挖掘高于或低于承机面的物料。

轮式牵引铲运机↓

轮式牵引铲运机是属于一种铲、装；运一体化机械。主要用来铲、装、卸、运土和石料一类散状物料，也可以对岩石、硬土进行轻度铲掘作业。

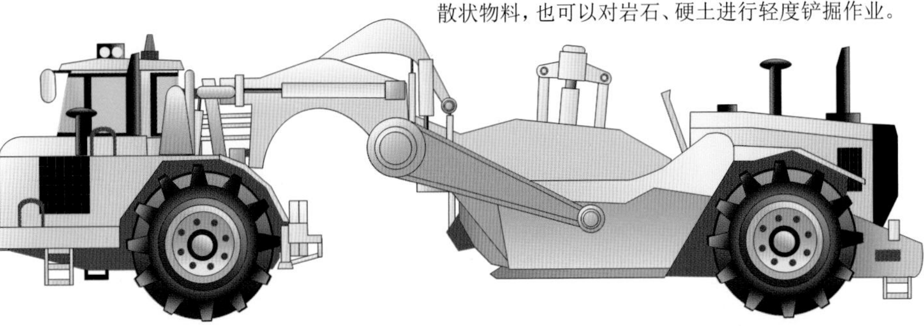

平路机↑

平路机是利用刮刀平整地面的土方机械，适用于构筑路基和路面、修筑边坡、开挖边沟，也可搅拌路面混合料、扫除积雪、推送散粒物料以及进行土路和碎石路的养护工作。

↑土壤压实机

土壤压实机是土壤在外力作用下，容重增加而土壤孔隙度相应降低的过程的农业机械。

大型装载机↑

大型装载机是一种广泛用于大面积建设工程的土石方大型施工机械，主要用于铲装土壤、砂石、石灰、煤炭等散状物料，也可对矿石、硬土等做铲挖作业。

大型搅（jiǎo）拌车↑

大型搅拌车是用来运送建筑用的混凝土的专用大型卡车，由于它的外形，也常被称为田螺车、橄榄车。

切煤机→

切煤机又称采煤机。是一个集机械、电气和液压为一体的大型复杂系统，是实现煤矿生产机械化和现代化的重要设备之一。

石头切割机→

石头切割机是切割刀组、石料输送台、定位导板及机架组成的多刀多级石材切割机。

战场篇

交通运输具有生命线作用，必须建立完备的战场交通设施，才能保障作战力量的有效运用。未来战争中，高强度精确打击已成为重要的作战手段，提高对交通线的控制和利用能力，确保交通线的畅通。要积极发展高技术抢修保障手段，研制机动性强、拆装方便的交通抢修器材，为保障战时交通线的畅通创造条件。

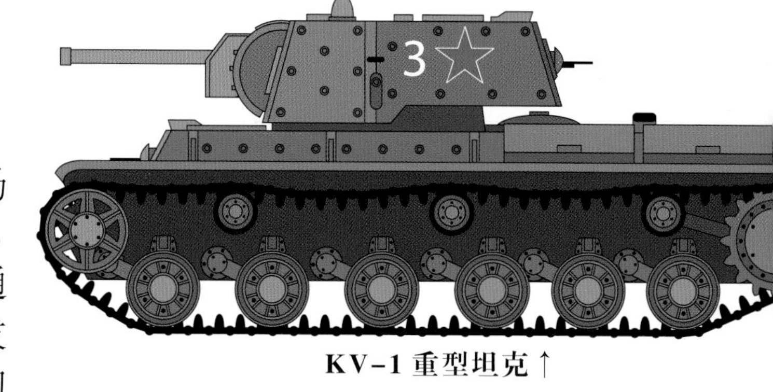

KV-1 重型坦克↑

KV-1 重型坦克是苏联在第二次世界大战中的主力重型坦克 KV 系列第一型，是苏联红军在第二次世界大战初期的重要装备。

←三号坦克 J 型

三号坦克 J 型是三号坦克系列中生产数量最多的一种，也是德军第一种装甲加强到 50 毫米的坦克。

← KV-2 重型坦克

KV-2 重型坦克是搭载 152 毫米榴弹炮的强大的火力，其巨大车体被德军称为“巨人”。

美洲豹装甲车→

美洲豹装甲车是侦察车的车体和炮塔将采用焊接铝装甲，采用附加装甲组件可进一步提高防护水平。

美国轻型坦克↑

美国轻型坦克具有良好的运输适应性，尤其是空运适应性；有很好的机动性和灵活性，以增强护力。

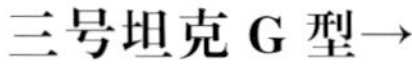

三号坦克 G 型→

三号坦克 G 型是作为 F 型到 H 型的过渡性车辆投产的，G 型中的部分车辆因配件不足而安装老式的车长指挥塔。

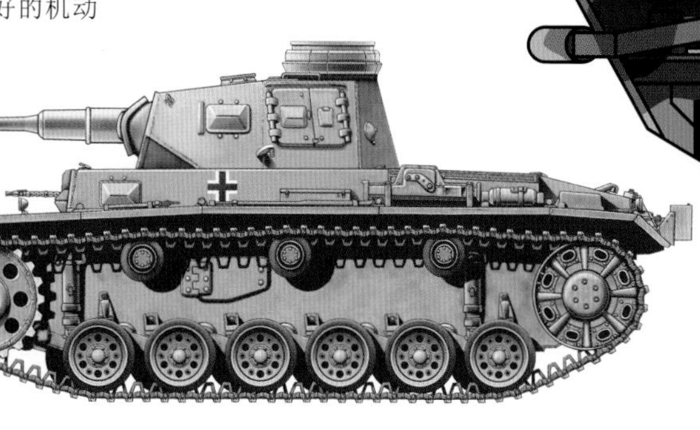

←巨型坦克

巨型坦克是“二战”末期一种偏执的产物，现在叫主战坦克，主战坦克是集老式坦克优点为一体的综合性火力输出平台。

↓ M4 谢尔曼中型坦克

M4 谢尔曼中型坦克是在 M3 中型坦克的基础上研制的，有高度的兼容性，谢尔曼坦克是“二战”中产量最大的坦克之一。

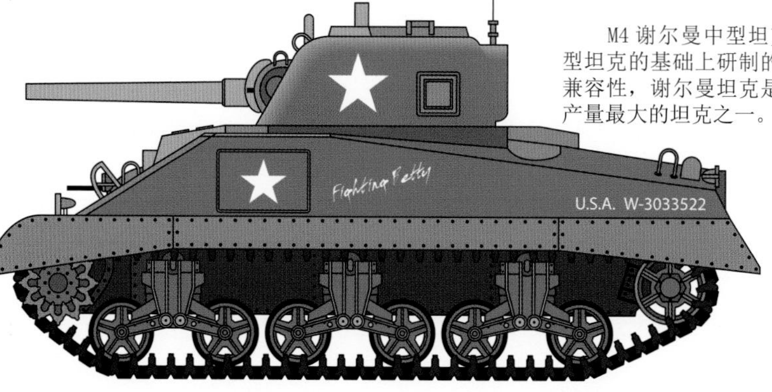

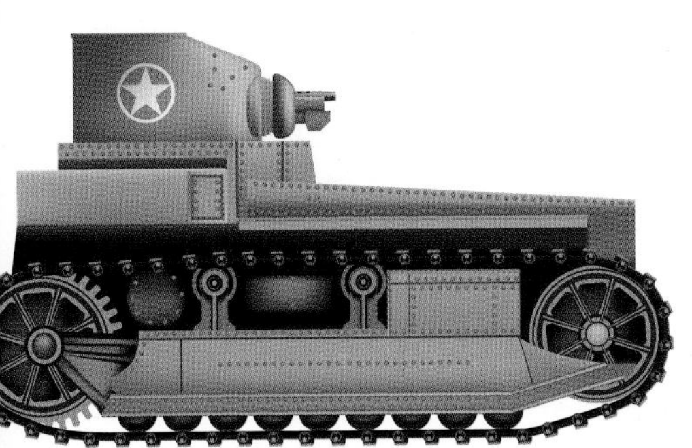

T1 轻型坦克↑

T1 轻型坦克是 1927 年由科宁汉姆公司研制成功。T1 轻型坦克战斗重量 7 吨，最大公路速度 28 千米每小时，坦克最大行程 120 千米。

猎虎坦克歼击车↓

猎虎坦克歼击车是纳粹德国生产设计的一种重型坦克歼击车，可以轻易地在盟军绝大多数火炮的范围以外击毁盟军的坦克。

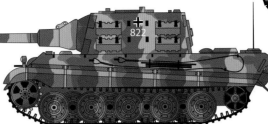

M3 斯图尔特轻型坦克↑

M3 斯图尔特轻型坦克是美国车辆和铸造公司 20 世纪 40 年代的产品，主要用于侦察、警戒或遂行快速机动作战任务。

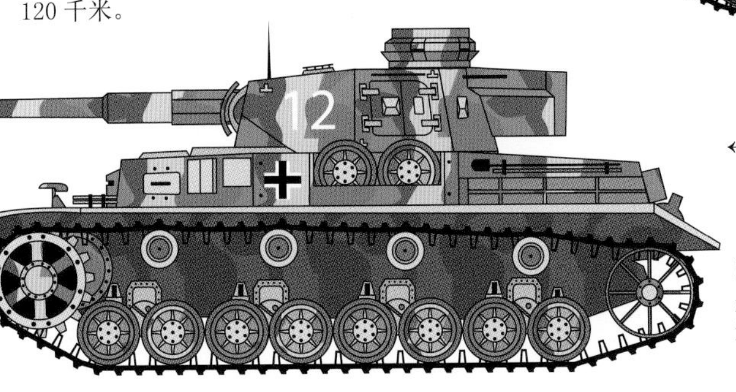

←四号 G 型坦克

四号 G 型坦克是“二战”德军装甲部队的主力武器之一，是战争期间唯一保持连续生产的坦克。

虎王坦克→

虎王坦克重 68 吨，是菱形车体，除了车体两侧下装甲为垂直放置外，其他部位的装甲都带一定倾角。

四号 H 型坦克→

四号 H 型坦克是 IV 号坦克系列中产量最大的，与 G 型相比装了甲侧裙板，采用了新设计的主动轮、防空 MG34 型机枪和天线装置。

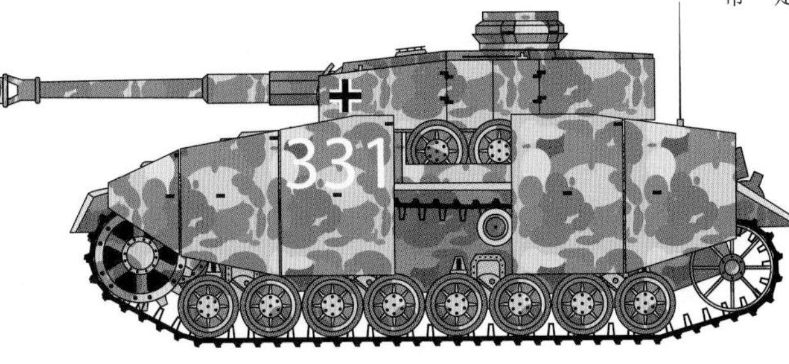

德国黄蜂自行火炮↑

德国黄蜂自行火炮是第二次世界大战纳粹德国以二号战车车体为基础，开发出来的一款自行火炮，主要武装为一门 105 毫米榴弹炮。

M2 轻型坦克↑

M2 轻型坦克是美国在“二战”期间使用的轻型坦克，在太平洋战争初期的战斗中使用。

38t 坦克↑

38t 坦克就是原捷克的 LT-38 轻型坦克，德国占领了捷克斯洛伐克而获得的坦克，是捷克斯洛伐克工业最成功的产品。

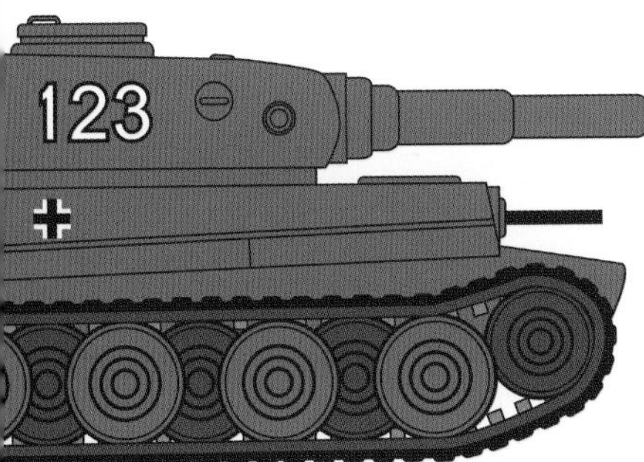

←虎式重型坦克

虎王重型坦克采用炮塔中置、动力舱后置的总体布局，乘员舱在车体前中部，是 20 世纪 40 年代纳粹德国研制的一种重型坦克。

黄鼠狼坦克歼击车↑

黄鼠狼坦克歼击车是在第二次世界大战期间由纳粹德国所开发的对坦克自行火炮。

轻型坦克↓

轻型坦克是装备轻型机械化部队、空降兵和海军陆战队，用于侦察、警戒和特定条件下作战。

虎I坦克↑

虎I坦克是陆军兵器部提出了一项喷火坦克的终极方案，即开发出拥有厚重装甲及较远有效喷火距离的重型喷火坦克。

T-70坦克→

T-70坦克是苏联红军于第二次世界大战中使用的轻型坦克，用来取代T-60轻型坦克的侦查与T-50轻型坦克支援步兵的用途。

旋风式防空坦克↓

旋风式防空坦克是第二次世界大战后期德军以四号坦克底盘研制出的自走防空炮，因此亦被叫作“旋风式自走防空炮”，于1944年研制作为家具车式防空坦克的替代品。

三号突击炮→

三号突击炮是为德国在第二次世界大战中生产量最多的装甲战斗车辆，它以三号坦克的底盘作为基础而制造。

M3李氏中型坦克↓

M3李氏中型坦克是第二次世界大战前期的著名坦克，在世界战车发展史中，占有一定的地位。

毫须式装甲车→

毫须式装甲车又称ZJ-JP1型装甲吉普车，作为战场侦察和巡逻的专用车辆。

美国自行火炮→

美国自行火炮是同车辆底盘构成一体自身能运动的火炮，是一个设有装甲的自走多管火箭炮武器系统。

鼠式超重型坦克↑

鼠式超重型坦克是由德国保时捷公司在第二次世界大战末期设计的超重型坦克，战斗全重达188吨，是当时最重的坦克。

←BT-7快速坦克

BT-7快速坦克是30年代苏联著名的坦克，在苏联装备史中起了承上启下的效果，坦克的装甲厚度不能太厚。

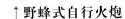

↑野蜂式自行火炮

野蜂式自行火炮是第二次世界大战纳粹德国以三号/四号坦克混种车体为基础，开发出来的一款自行火炮，主要武装为一门150毫米榴弹炮。

←突击虎

突击虎又叫“强虎”，是一种自行重迫击炮(臼炮)，主要用于城市巷战。

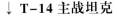

美国M7牧师式自行火炮↑

美国M7牧师式自行火炮为美军在第二次世界大战时研发的一款自走炮。

↓T-14主战坦克

T-14主战坦克是21世纪初期俄罗斯研制的新一代主战坦克。

↑丘吉尔坦克

丘吉尔坦克是英国的最后一种步兵坦克，也是第二次世界大战中英国生产数量最多的一种坦克，总生产量达5640辆，是战时英国产量最大的一种坦克。

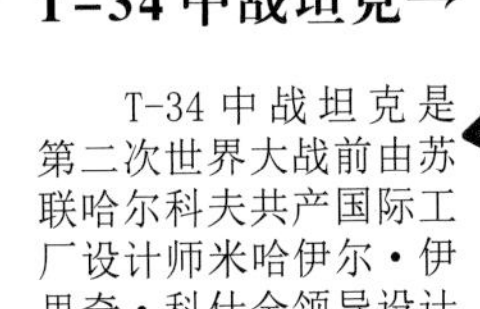

T-90坦克↑

T-90坦克是20世纪90年代初期苏联/俄罗斯研制的一型第三代主战坦克。总体布局基本沿用了T-72主战坦克的构型。

T-34中战坦克→

T-34中战坦克是第二次世界大战前由苏联哈尔科夫共产国际工厂设计师米哈伊尔·伊里奇·科什金领导设计的中型坦克。

野牛自行火炮↑

野牛自行火炮是“二战”德军使用过的改良型自行火炮。以二号战车的底盘为基础、配搭SiG33150毫米榴弹炮作为主炮构成。

↑T-76坦克

T-76坦克是苏联第二次世界大战后研制、1950年装备其陆军和海军陆战队的唯一轻型（水陆）坦克，主要用于侦察、警戒和指挥。

猎豹坦克歼击车↓

猎豹坦克歼击车是采用“黑豹”坦克的底盘，保留了原车的动力装置和车体，增加了一种新的上部结构。

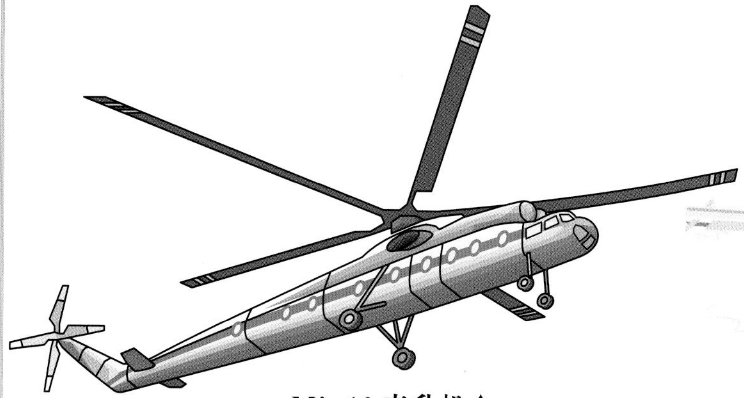

Mi-10 直升机↑

Mi-10 直升机是苏联米里设计局研制的重型有升机，主要用于运输大型货物。

鸭式飞机↑

鸭式飞机是早期的鸭式布局飞起来像一只鸭子，前移的前翼也由此而被称为“鸭翼”。鸭式飞机的重心位于主翼升力作用点的前面，为了保持飞机的俯仰平衡，前翼升力需要产生正升力。

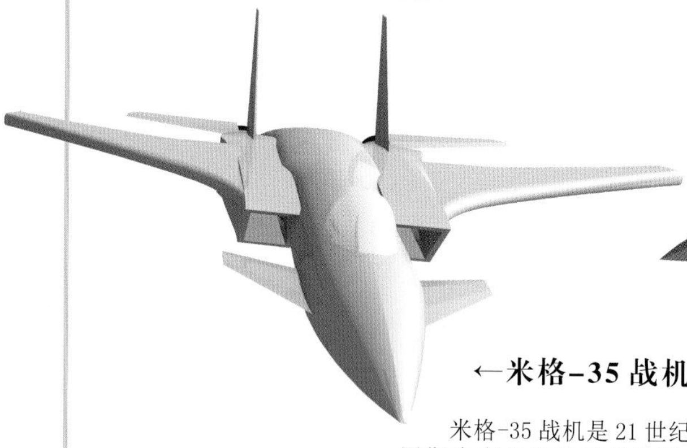

←米格-35 战机

米格-35 战机是 21 世纪初期俄罗斯米高扬设计局在米格-29M/M2 和米格-29K/KUB 技术基础上的发展型号，属于四代半战斗机。

B-52 轰炸机↑

B-52 轰炸机是美国一型八发动机远程战略轰炸机，也是美国战略轰炸机当中可以发射巡航导弹的唯一型号。

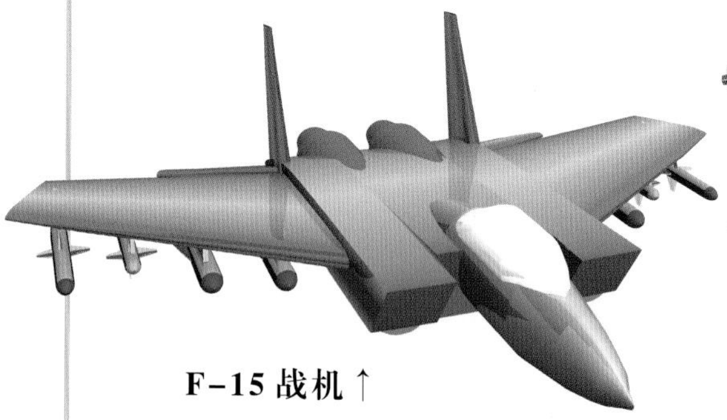

F-15 战机↑

F-15 战机是美国空军一型超音速喷气式第四代战斗机，具备高机动性作战能力。

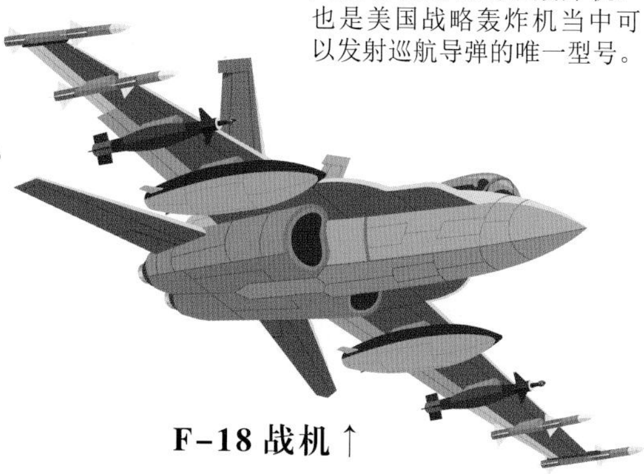

F-18 战机↑

F-18 战机是美国海军一型超音速喷气式第三代战斗机。是一型多用途舰载战斗机，是美国军方第一种兼具战斗机与攻击机身份的型号，具备优秀的对空、对地和对海攻击能力。

F-16 战机↑

F-16 战机是美国空军一型喷气式多用途战斗机，为单座单发布局，是美国第三代或第三代半战斗机，也是世界上最成功的战斗机之一。

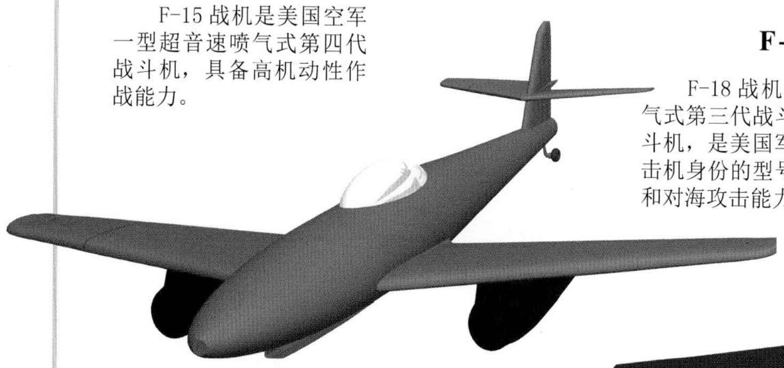

米格-23 战机↑

米格-23 战机是苏联/俄罗斯一型超音速喷气式第二代战斗机。米格-23 战斗机采用单座可变后掠翼气动布局，该机的突出性能是飞行速度大，水平加速性好，利于低空突防、高速拦截和攻击后脱离。

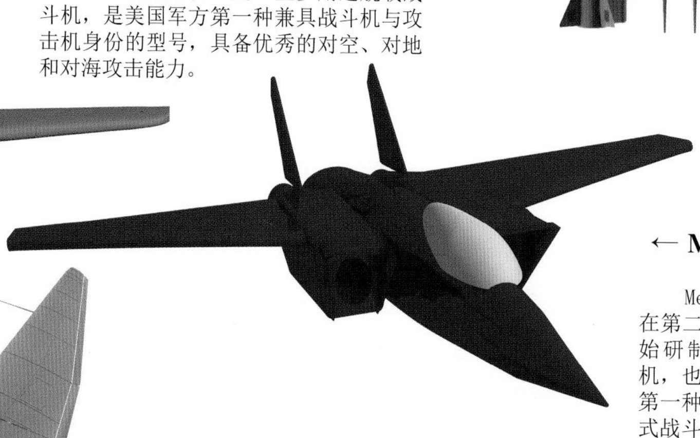

← Me-62 战机

Me-62 战机是德国在第二次世界大战前开始研制的喷气式战斗机，也是人类航空史上第一种用于实战的喷气式战斗机。

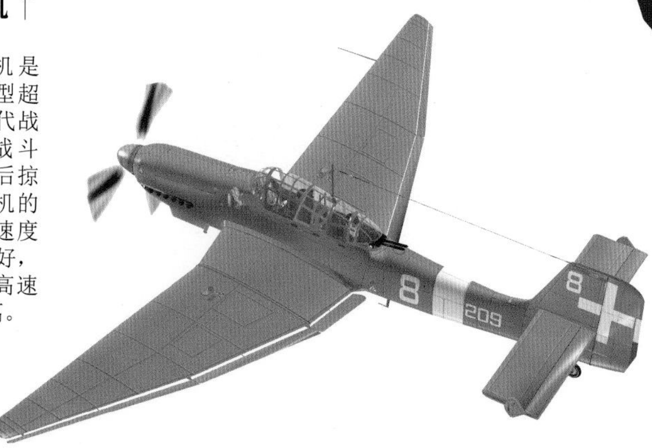

← Ju87 俯冲轰炸机

Ju87 俯冲轰炸机是 20 世纪 30 年代纳粹德国研制的一种螺旋桨俯冲轰炸机，具有弯曲的鸥翼型机翼、固定式的起落架及独有低沉的尖啸声的特征。

MQ-1C 灰鹰无人机↑

MQ-1C 灰鹰无人机是由捕食者改进而来的无人攻击机。可以提高师级指挥官在战场侦查和空对地袭击作战中的技术作战能力，它隶属于每个师中的航空作战旅。

F-111 战斗轰炸机↑

F-111 战斗轰炸机是美国一型多用途中距离战斗 / 攻击机。F-111A 是美国空军使用的以对地攻击为主的型号，它是 F-105D 的后继型。

F-117 夜鹰战斗机↑

F-117 夜鹰战斗机是美国一型单座双发飞翼亚音速喷气式多功能隐身攻击机，是世界上第一型完全以隐形技术设计的飞机。

F-22 战机↑

F-22 战机是美国一型单座双发高隐身性第五代战斗机，是世界上第一种进入服役的第五代战斗，具有隐身性能、灵敏性、精确度和态势感知能力结合。

← F-35 战斗机

F-35 战斗机是美国一型单座单发战斗机 / 联合攻击机，在世界上属于第五代战斗机，是世界上最大的单发单座舰载战斗机和世界上唯一一种已服役的舰载第五代战斗机。

米格 25 战机↑

米格 25 战机是 20 世纪 60 年代末期苏联米高扬设计局研制的高空高速截击战斗机，是世界上首型最大飞行速度超过 3 马赫的战斗机。

↑ 飓风战斗机

飓风战斗机是英国单座单发单翼活塞式战斗机，是“二战”期间英国空军的主力战斗机之一，也是“二战”期间综合性能最优秀的轻型战斗机之一。

↑ SR-71 侦察机

SR-71 侦察机是采用了大量当时的先进技术，钛结构、涡喷 / 冲压变循环发动机，至今仍然不失其先进性。该机是第一种成功突破热障的实用型喷气式飞机，实战记录中没有任何一架曾被敌机或防空导弹击落过。

↑喷火战斗机

喷火战斗机是“二战”期间英国的一型活塞式战斗机，是欧洲最优秀的活塞式战斗机之一，也是“二战”名机。

双引擎战机→

双引擎战机是一架飞机安装有两台发动机。飞机的双引擎一般是分别安装在飞机的左右两边。

喷气式战机↑

喷气式战机由喷气式发动机推动飞行的战斗机区别于螺旋桨发动机推动飞行的战斗机。

P40 战鹰↓

P40 战鹰是美国一型单座单发平直翼活塞式战斗机。

↑ A6M2 零式战斗机

A6M2 零式战斗机是“二战”期间日本一型螺旋桨式战斗机。该机在“二战”初期以转弯半径小、速度快、航程远等特点优于其他战斗机。

←Jas-39 战机

Jas-39 战机是瑞典一型战斗机，在世代上属于第四代战斗机，为战斗、攻击、侦察兼具的多功能战斗机。

↓ A-10 攻击机

A-10 攻击机是美国一型单座双引擎攻击机。是美国空军现役唯一一种负责提供对地面部队的密集支援任务的型号。

He162 战斗机↑

He162 战斗机是德国于第二次世界大战时第二架量产的喷射战斗机。

←蚊式轰炸机

蚊式轰炸机是由德·哈维兰公司设计制造的木质轻型轰炸机，被视为英国航空史上的创新之作，也是第二次世界大战时期为数不多的木质军用飞机之一。

A-4 天鹰攻击机↑

A-4 天鹰攻击机是 20 世纪 50 年代初期美国道格拉斯公司研制的一型攻击机，原型机为 A4D，最初被设计用来做为美国海军航空母舰的舰载机。

↑ Su-37 战斗机

Su-37 战斗机是俄罗斯空军隶下的一型单座双发多功能全天候超音速喷气式战斗机。

鹞式战斗机→

鹞式战斗机是由英国一型亚音速喷气式第二代半战斗机。是世界上第一种实用型垂直／短距起降战斗机，主要遂行海上巡逻、舰队防空、攻击海上目标、侦察和反潜等任务。

F4U 战斗机↑

F4U 战斗机是美国海军一型螺旋桨式舰载与陆基战斗机。为单座单发平直翼布局，加速性能好，火力强大，爬升快，坚固耐用。

← B-2 轰炸机

B-2 轰炸机是当今世界上唯一一种的隐身战略轰炸机，最主要的特点就是低可侦测性，即俗称的隐身能力。

幻影战斗机↑

幻影战斗机是“幻影”系列凭借高可靠性和极高的性价比畅销世界各地。

Bf-110 战斗机↑

Bf-110 战斗机是 20 世纪 30 年代中期德国研制装备的一种螺旋桨双发重型战斗机。

↑索普维斯骆驼战机

索普维斯骆驼战机是英国索普维斯飞机公司在第一次世界大战期间设计的一系列战斗机中最著名的机型，它装有普通的双层机翼。

Bf-109 战斗机→

Bf-109 战斗机是德国单座单发单翼全金属活塞式战斗机，是“二战”期间纳粹德国空军的主力战斗机之一，也是“二战”期间综合性能最优秀的轻型战斗机之一。

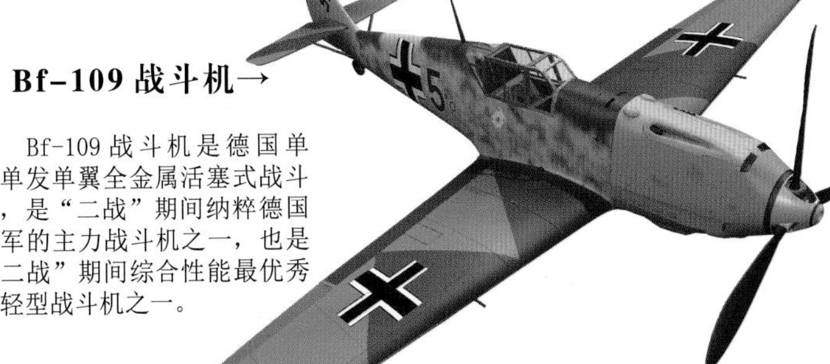

← AV-8A 战斗机

AV-8A 战斗机是美国海军陆战队从英国购买的的垂直／短距起落攻击机。

货车篇

←大型油罐车

大型油罐车根据不同的用途和使用环境有多种加油或运油功能，具有吸油、泵油，多种油分装、分放等功能。

国民经济高速增长带来公路货运需求大幅增长，从而促进货车的需求增长。货车由发动机、底盘、车身和电器系统四部分组成。货车运行主要由发动机和底盘参加运动，其中底盘包括传动系、行驶系、转向系和制动系。重型卡车中牵引车和自动卸货车将是主力车型，载货车和厢式车市场占有率将逐步缩小。

←流动餐车

流动餐车是包括具有驾驶区的车体，车体上于驾驶区与厨房区之间设置有连通驾驶区和厨房区以供行人通过的第一区间行人通道。

←燃料运输车

燃料运输车主要用于各种燃料运输的装载车。

←双车厢卡车

双车厢卡车是由两个车厢组成的双车厢的卡车。

BANK

运钞车↑

运钞车是应用于银行业务之中，是专为武装押运量身定做的防弹运送钞票的专用车辆。

←运奶车

运奶车是主要运输牛奶等的车辆。

←邮递卡车

邮递卡车是传送货物的一种专用车，属于中国邮政的业务。

←汽油车

汽油车是以汽油为燃料的车。

艺术车↑

艺术车是现代美学艺术与汽车工业艺术的完美结合，创造出适合车主个性的一种艺术表现。

←拖车

拖车主要用于道路故障车辆，城市违章车辆及抢险救援等。

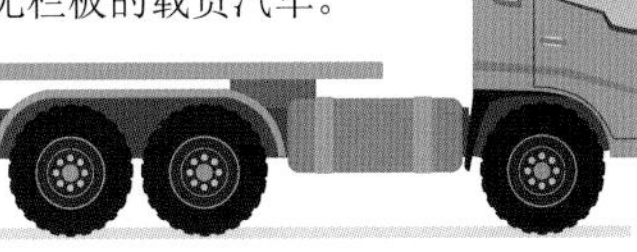

卡车运输车↑

卡车运输车在运输业中所占的比重一直稳步上升。与其他运输方式在城市间运输的重要性相比，卡车在城市内运输所占比重最大。

平板货车↓

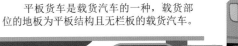

平板货车是载货汽车的一种，载货部位的地板为平板结构且无栏板的载货汽车。

秸秆运输车↑

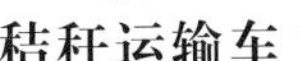

秸秆运输车的车厢属于机械技术领域，秸秆是成熟农作物茎叶（穗）部分的总称，秸秆在装到运输车或者从运输车上卸料时，现有的方式还是通过人力的方式进行装卸，这样就增加了劳动力。

↑木材运输卡车

木材运输卡车主要是用于运输木材的卡车。

冷藏车↑

冷藏车是用来维持冷冻或保鲜的货物温度的封闭式厢式运输车。

←扫路车

可单独作为扫路车进行路面清扫抽吸作业，又可作为高压冲洗车进行路面冲洗抽吸作业。

↑汽车运输车

汽车运输车是工程机械里面运输的车辆。

↑运煤车

运煤车主要用于运输煤，专门用于装卸煤炭的车箱体。

↑倾卸卡车

倾卸卡车的车厢由一端翘起，使所装的东西由另一端倒出的车辆。

←轻运货车

轻运货车装载货物的货厢通常与驾驶室安装在一个车架上，并根据运输的要求制成各种形式。

↑自动升降车

自动升降车具备普通液压叉车和自动升降机的双重功能，使用位置可根据需要随意移动。

↑超级卡车

超级卡车是一个节能、高效、安全、智能的物流解决方案，自动化的卡车。

移动式起重机↑

移动式起重机是整机可以沿着轨道或无轨道自由移动的起重机。

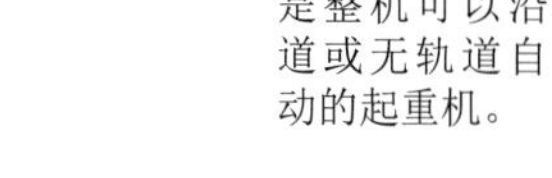

←垃圾集运车

垃圾集运车主要用于市政环卫及大型厂矿运输各种垃圾，使其密度增大，体积缩小，大大地提高了垃圾收集和运输的效率。

集材机↑

集材机性能高，森林环境好、作业方便、油耗低、易于维护、卡特机油、降低运营成本等，适合森林环境作业。

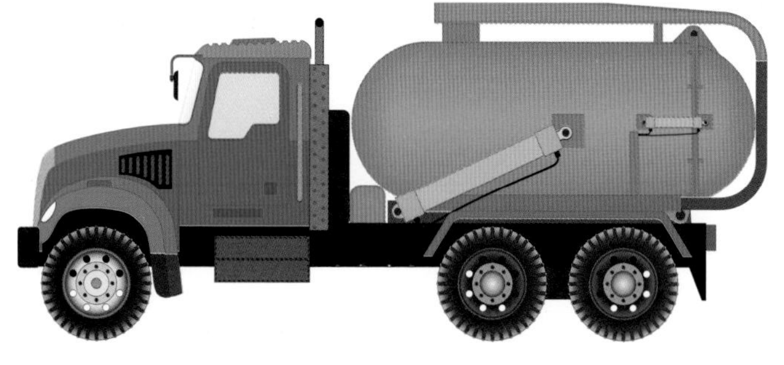

←冲洗车

冲洗车是以二类原装底盘的基础上加以给装而成，上装部分为罐体，配置高压水泵工作。

机动平板货车→

机动平板货车是载货汽车的一种，载货部位的地板为平板结构且无栏板的载货汽车。

←长途运输车

长途运输车是运距在25千米以上为长途运输，迅速、简便、直达、运输距离长、周转时间长、行驶线路比较固定。

采油车→

采油车是为后置式结构，主要用于油井的采油、强排、试油等作业。

←重载货车

重载货车是用于运载大散货的总重大、轴重大的货车。

←牵挂式运粮车

牵挂式运粮车是一种高效运粮车，运输效率高、安全性号、程序简单运输成本低。

←蔬菜运输车

蔬菜运输车主要在抽水泵的作用下，能对蔬菜盒里的蔬菜进行适量的喷水，防止在运输过程中蔬菜枯萎的车。

←搬家车

搬家车是汽车运输企业的一项综合性业务，一般选用适用的车辆或设备为家庭迁居而提供的运输。

运货卡车↑

运货卡车是主要为载运货物而设计和装备的卡车。

←新闻直播车

新闻直播车是一个流动播出载体，具有室内直播间的所有功能。以全向数字微波传输和无线调频发射传输相结合作为传输方式，是一个集多功能于一身的系统总成。

废水车↑

废水车是属于废水回收技术领域，方便将废水中的大杂质进行过滤，有效地避免了下水道的堵塞。

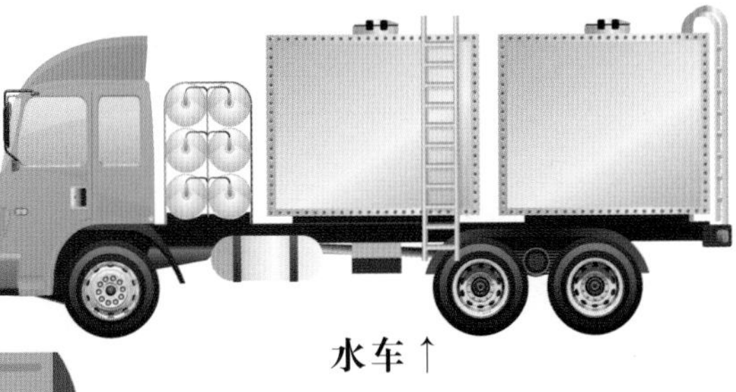

水车↑

水车是古代中国劳动人民，充分利用水力发展出来的一种运转机械。

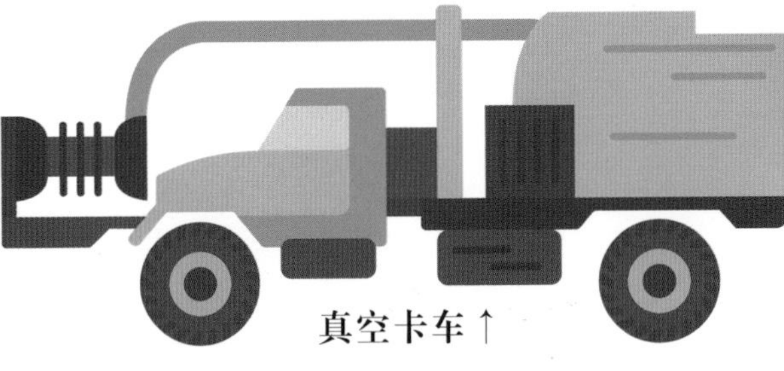

真空卡车↑

真空卡车的轮胎有较高的弹性和耐磨性，并有良好的附着力和散热性能。通常由一个储存容器和安装在卡车底盘上的抽吸电机组成。

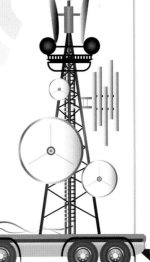

↓广播卡车

广播卡车需要将声音放在被称为“载波”的“卡车”上，将“卡车”上被称为“载体”的货物卸载下来，而进行的广播卡车。

超巨型卡车→

超巨型卡车全新定义了卡车的生产模式，是数字经济与实体经济的结合，被誉为“卡车界”的新物种，引爆整个商用车领域。是互联网平台与卡车制造的深度结合，运用满帮平台大数据及全方位调研，结合深厚的制造技术与创新思维，全新定义了超巨型卡车的生产参数。

度假篇

←溜冰鞋

溜冰鞋俗称旱冰鞋，既是一种娱乐活动，也是一种运动，也可以是一种交通工具。

长颈羚↑

长颈羚也是游戏设施的一种交通便利工具。

由于旅游度假是享受型消费，精神因素和文化含量的影响很突出，这就决定了旅游者对所有产品服务的要求和选择都不同于基本生存型消费。在度假时期，旅游交通远远高于一般客运交通的交通运输产品形态。通过融合发展，加快旅游交通的转型升级，是我国交通运输业和旅游业转型升级发展的迫切需要。

↓碰碰车

碰碰车是一种机动游戏设施，设备包括碰碰车车辆及一个室内的场地。

香蕉船↑

香蕉船是一种模仿外形香蕉的长形休闲用橡皮艇，游戏者透过香蕉船考验其平衡力。

↑双排溜冰鞋

双排溜冰鞋主要由上鞋，轴架，轴承与轮子四大部件组成，是双排轮滑轮子硬度普遍比单排轮滑轮子高。

↑过山车

过山车是一种机动游乐设施，常见于游乐园和主题乐园中。是非常安全的设施，深受很多年轻游客的喜爱。

↑滑浪风帆板

滑浪风帆板是介于帆船和冲浪之间的新兴水上运动帆板项目，帆板由带有稳向板的板体、有万向节的桅杆、帆和帆杆组成。

←滑冰鞋

滑冰鞋是一种利用特别的轮滑鞋为比赛工具的竞赛项目，也是一种生活休闲的工具。

←滑雪板

滑雪板是滑雪运动器材，一般分为高山板、越野冬季两项板、跳台板、自由式板、单板等。

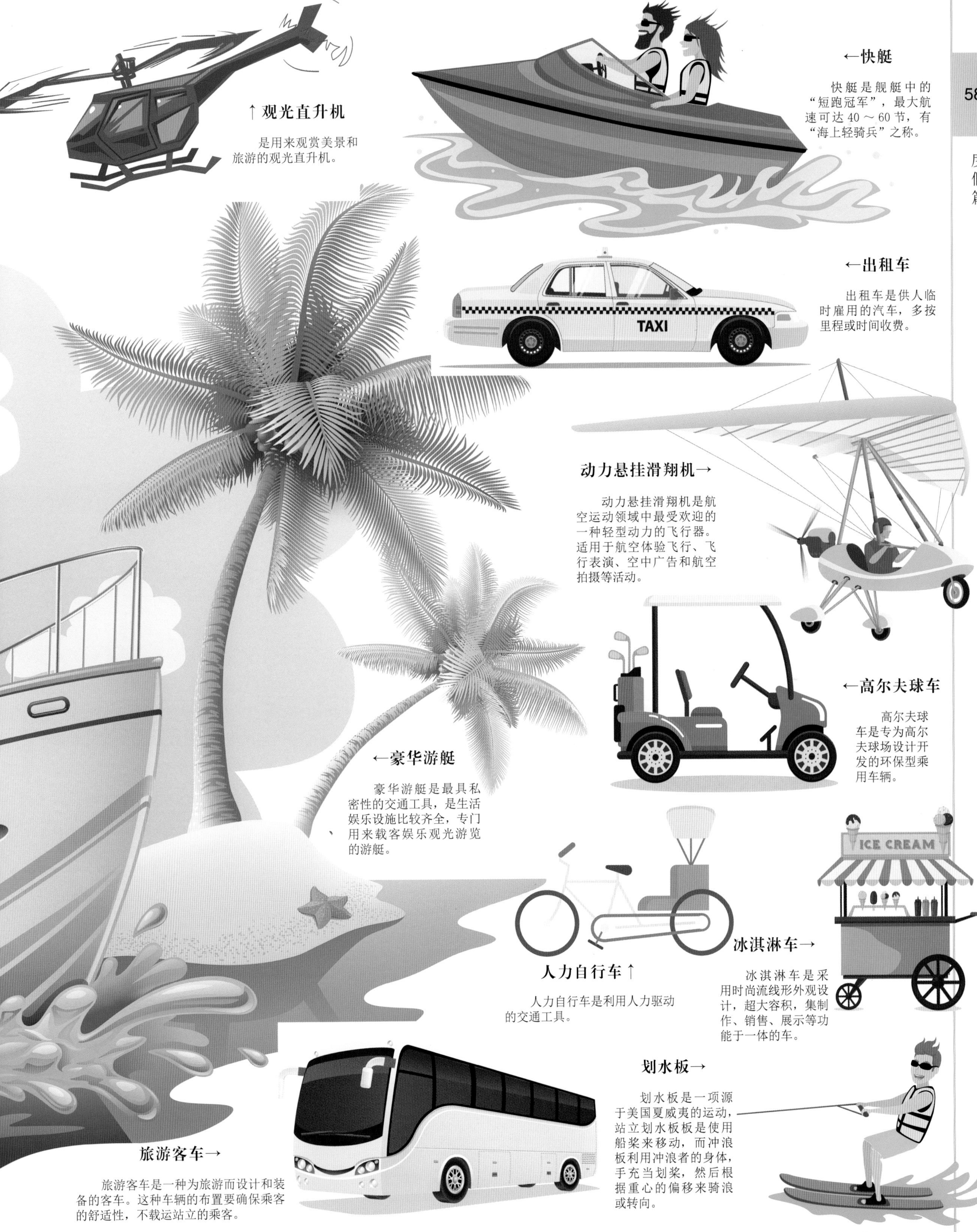

↑观光直升机

是用来观赏美景和旅游的观光直升机。

←快艇

快艇是舰艇中的“短跑冠军”，最大航速可达 40 ～ 60 节，有“海上轻骑兵”之称。

←出租车

出租车是供人临时雇用的汽车，多按里程或时间收费。

动力悬挂滑翔机→

动力悬挂滑翔机是航空运动领域中最受欢迎的一种轻型动力的飞行器。适用于航空体验飞行、飞行表演、空中广告和航空拍摄等活动。

←高尔夫球车

高尔夫球车是专为高尔夫球场设计开发的环保型乘用车辆。

←豪华游艇

豪华游艇是最具私密性的交通工具，是生活娱乐设施比较齐全，专门用来载客娱乐观光游览的游艇。

人力自行车↑

人力自行车是利用人力驱动的交通工具。

冰淇淋车→

冰淇淋车是采用时尚流线形外观设计，超大容积，集制作、销售、展示等功能于一体的车。

划水板→

划水板是一项源于美国夏威夷的运动，站立划水板板是使用船桨来移动，而冲浪板利用冲浪者的身体，手充当划桨，然后根据重心的偏移来骑浪或转向。

旅游客车→

旅游客车是一种为旅游而设计和装备的客车。这种车辆的布置要确保乘客的舒适性，不载运站立的乘客。

←野营车

野营车具有居家必备的基本设施的车种。

↓轮船

轮船是用机械发动机推动的船只，多用钢铁制造，现代轮船多用涡轮发动机。

明轮船→

在船的两侧按有轮子的一种船，由于轮子的一部分露在水面上边，因此被称为明轮船。

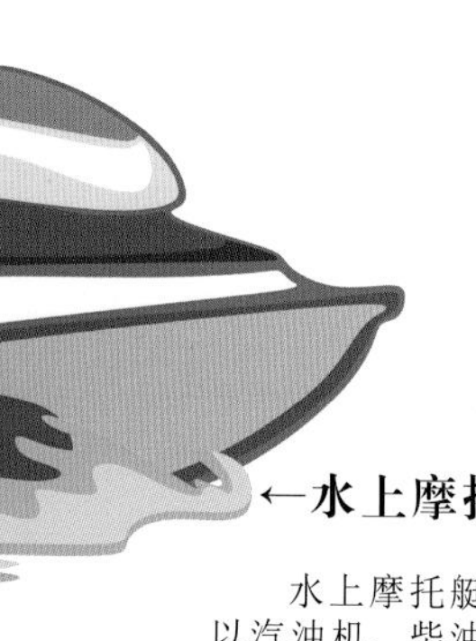

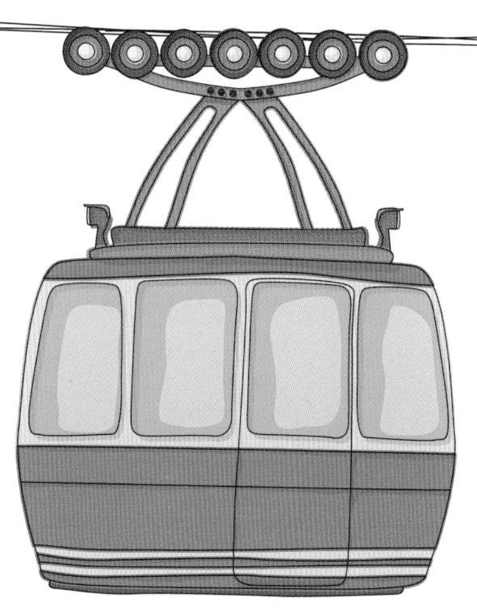

←水上摩托艇

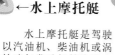

水上摩托艇是驾驶以汽油机、柴油机或涡轮喷气发动机等为动力的机动艇在水上竞速的一种体育活动。

缆车↑

缆车是由驱动机带动钢丝绳，牵引车厢沿着铺设在地表并有一定坡度的轨道上运行，用以提升或下放人员和货物的运输机械。

观光巴士车↓

观光巴士是主要目的在于旅游观光，是为了满足游客能更好地欣赏路边的景色。

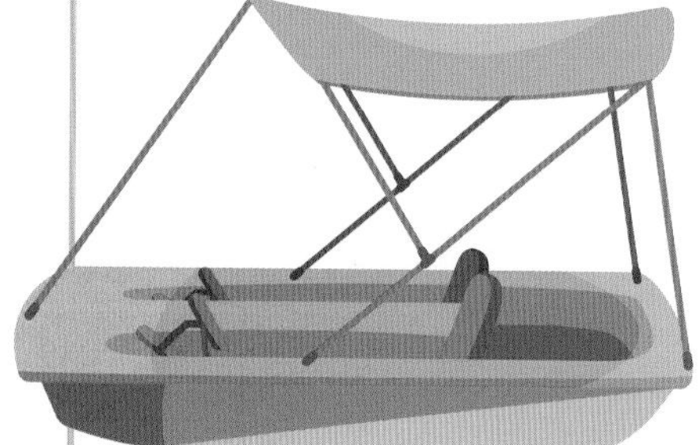

←脚踏船

脚踏船集运动、娱乐、休闲等功能于一体，满足个人及家庭享受生活的需要，船体的前进后退都很方便灵活。

滑水拖船→

滑水拖船是人借助动力的牵引在水面上用来水上运动拖动船的船舶。

旅宿车→

旅宿车是旅游和住宿一体的车辆。

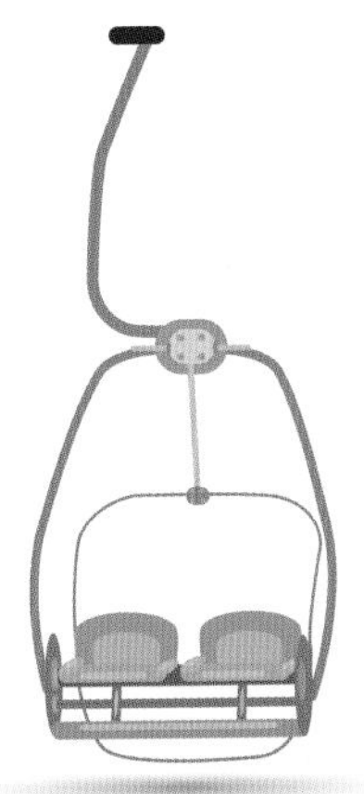

架空滑车↑

架空滑车设置液压连杆装置，在连续金具通过时能形成平衡过渡，起到保护连续的功能，提高安装质量。

电动平衡车↑

电动平衡车市场上主要有独轮和双轮两类。其运作原理主要是建立在一种被称为“动态稳定”的基本原理上。

←河船

河船也称内河船，是航行于内陆的江、河、湖泊、水库等水库的船，主要用于在内河行驶，一般不再海上行驶。

←电动观光车

电动观光车是属于区域用电动车的一种，可分为旅游观光车。

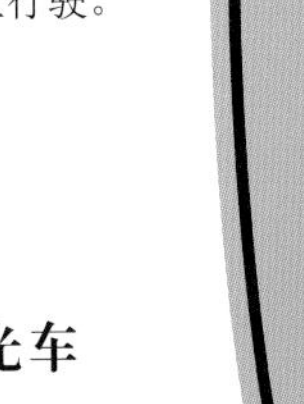

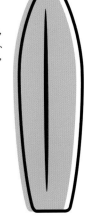

冲浪板↑

冲浪板是人们用于冲浪运动的运动器材。

←飓风飞椅

飓风飞椅是集旋转、升降、变倾角等多种运动形式于一体的大型飞行塔类游艺机。

↑电动达菲艇

电动达菲艇是电动艇的两侧有机翼，当电动艇速度达到每2米/小时，气流作用于机翼产生升力，从而减少水的阻力。

三人脚踏（tà）船↑

三人脚踏船是由一种由水三人在上娱乐用消费品，通过游客脚踏来游行的，脚踏转动叶轮，叶轮排水推进。

旋转木马↑

旋转木马是游乐场机动游戏的一种，即旋转大平台上有装饰成木马且上下移动的座位供游客乘坐。

←摩天轮

摩天轮是一种大型转轮状的机械建筑设施，上面挂在轮边缘的是供乘客乘搭的座舱。

风筝冲浪→

风筝冲浪是一项借助充气风筝，脚踩冲浪板的一种集聚刺激、惊险的水上运动。

天鹅游艇↑

天鹅游艇整体造型非常别致，优美的弧度加上流畅的线条，从侧面看就像一只优雅的天鹅。“天鹅”的整个头部被巧妙地当做游艇的控制塔，可以操作这艘庞然大物。

↑帆伞

帆伞包含一个特殊设计的降落伞，被称作帆伞。它用绳子绑在船上，升力准确的数目取决于风速和船速。

橡皮艇→

橡皮艇由最早的木制船模型衍生而来，属于从公元前4000年，它复制了当时尼罗河上常见的渡船。

索引

A

B

C

D

J

K

L

M

N

O

P

Q

R